Hugo Reinhardt
Quantenmechanik 2
De Gruyter Studium

I0131593

Weitere empfehlenswerte Titel

Quantenmechanik
Hugo Reinhardt, 2026
Band 1: Funktionalintegralformulierung und Operatorformalismus
ISBN 978-3-11-126677-0, e-ISBN 978-3-11-126825-5
Band 3: Vielteilchensysteme und Relativistische Felder
ISBN 978-3-11-162508-9, e-ISBN 978-3-11-162512-6

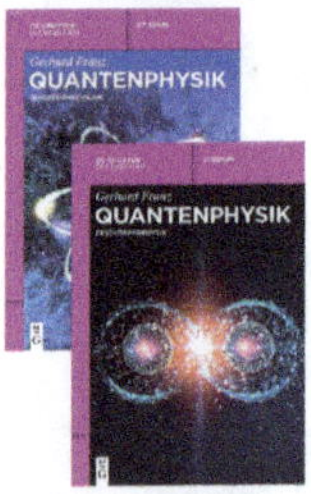

Quantenphysik
Gerhard Franz, 2023
Quantenmechanik
ISBN 978-3-11-123798-5, e-ISBN (PDF) 978-3-11-123867-8
Festkörperphysik
ISBN 978-3-11-124075-6, e-ISBN (PDF) 978-3-11-124157-9

Moderne Physik
Von Kosmologie über Quantenmechanik zur Festkörperphysik
Jan Peter Gehrke, Patrick Köberle, 2024
ISBN 978-3-11-125881-2, e-ISBN (PDF) 978-3-11-126057-0

Klassische Mechanik Kapieren
Experimentalphysik
Matthias Zschornak, Dirk C. Meyer, 2023
ISBN 978-3-11-102989-4, e-ISBN (PDF) 978-3-11-103027-2

Quantum Mechanics
An Introduction to the Physical Background and Mathematical Structure
Gregory L. Naber, 2021
ISBN 978-3-11-075161-1, e-ISBN (PDF) 978-3-11-075194-9

Hugo Reinhardt

Quantenmechanik 2

Zeitabhängige Prozesse, Symmetrien, Relativistische Teilchen

3., überarbeitete Auflage

DE GRUYTER
OLDENBOURG

Autor
Prof. Dr. Hugo Reinhardt
Eberhard-Karls-Universität
Institut für theoretische Physik
Auf der Morgenstelle 14
72076 Tübingen
hugo.reinhardt@uni-tuebingen.de

ISBN 978-3-11-126937-5
e-ISBN (PDF) 978-3-11-127150-7
e-ISBN (EPUB) 978-3-11-127170-5

Library of Congress Control Number: 2025943005

Bibliografische Information der Deutschen Nationalbibliothek
Die Deutsche Nationalbibliothek verzeichnet diese Publikation in der Deutschen Nationalbibliografie; detaillierte bibliografische Daten sind im Internet über
http://dnb.dnb.de abrufbar.

Coverabbildung: Studio-Pro / DigitalVision Vectors / Getty Images
Satz: VTeX UAB, Lithuania

www.degruyterbrill.com
Fragen zur allgemeinen Produktsicherheit:
productsafety@degruyterbrill.com

Meinen Eltern

Vorwort zur 1. Auflage

Dieses Lehrbuch gibt eine moderne Darstellung des Stoffes, der typischerweise Gegenstand der Vorlesung Quantenmechanik II ist. Schwerpunkte des Buches sind neben den Symmetrien, der Streutheorie und der relativistischen Quantenmechanik vor allem die Vielteilchentheorie einschließlich der Quantenstatistik. Ausführlich wird die Zweite Quantisierung behandelt. Die statistischen Ensembles werden aus dem Prinzip der maximalen Entropie abgeleitet. Aufgenommen wurde auch die Berry-Phase, in deren Kontext der Bohm-Aharonov-Effekt erklärt wird. Wie schon in Band 1 wird neben dem traditionellen Operatorformalismus auch die Pfad- oder Funktionalintegralbeschreibung entwickelt, die bisher noch recht wenig Einzug in die Standardkursvorlesungen gefunden hat, aber eine Reihe von konzeptionellen und praktischen Vorzügen besitzt. Detailliert wird deshalb die Funktionalintegralbeschreibung von Bose- und Fermi-Systemen ausgearbeitet, die den unmittelbaren Einstieg in die Quantenfeldtheorie ermöglicht.

Groŝe Sorgfalt wird auf Verständlichkeit gelegt: Bei den mathematischen Ableitungen werden sämtliche erforderlichen Teilschritte angegeben, so dass das Buch auch zum Selbststudium geeignet ist. Wesentliche Formeln sind besonders markiert, Nebenrechnungen sowie erläuternde Bemerkungen sind grau hinterlegt. Erstmals benutzte Fachbegriffe sowie wichtige Textpassagen sind *kursiv* gedruckt. Einige Kapitel bzw. Unterkapitel, die für ein Verständnis des restlichen Stoffes nicht unmittelbar notwendig sind und deshalb bei einer ersten Lektüre übergangen werden können, sind mit einem Stern * gekennzeichnet. Zur einfacheren Referenzierung der Kapitel wurden diese fortlaufend von Band 1 nummeriert.

Wie schon im Band 1 wird in diesem Buch durchgängig das in der Quantenfeldtheorie übliche Heaviside-Lorentz-Maŝsystem benutzt, das eine Reihe von Vorteilen bietet. In Abweichung von den Gepflogenheiten der Quantenfeldtheorie wird aus didaktischen Gründen jedoch $\hbar$ und c *nicht* auf Eins gesetzt.

Das vorliegende Buch ist aus Skripten zu Vorlesungen entstanden, die der Autor an der TU Dresden und vor allem an der Universität Tübingen gehalten hat. Allen Studenten, die durch ihre konstruktive Kritik zur Verbesserung des Buches beigetragen haben, sei an dieser Stelle gedankt, auch wenn sie nicht alle namentlich erwähnt werden können. Das gesamte Manuskript wurde von Herrn Marco Herbst aus der Sicht eines Studenten hinsichtlich Verständlichkeit gelesen. Neben zahlreichen Hinweisen zum Inhalt hat er sehr zur Vereinheitlichung der Notation beigetragen. Einige Abbildungen wurden von Dr. Davide Campagnari und Priv. Doz. Dr. Markus Quandt angefertigt. Das LaTeX-Manuskript inklusive Abbildungen wurde von meiner Sekretärin, Frau Ingrid Estiry, erstellt. Ihnen allen sei für ihre mühevolle Arbeit und ihr Engagement gedankt. Mein besonderer Dank gilt Herrn Priv. Doz. Dr. Markus Quandt und Herrn Dr. Davide Campagnari, die das gesamte Manuskript gelesen haben und durch zahlreiche wertvolle Hinweise und Kommentare zur Verbesserung des Buches beigetragen haben. Schlieŝ-

https://doi.org/10.1515/9783111271507-203

lich sei dem Verlag für die aufgebrachte Geduld und die angenehme Zusammenarbeit gedankt.

Tübingen, im August 2013 Hugo Reinhardt

Vorwort zur 2. Auflage

Die 2. Auflage wurde in großen Teilen komplett überarbeitet. Auch die Themenanordnung wurde teilweise verändert, um eine noch kohärentere Darstellung des Stoffes zu erreichen. Einige Themen sind in der neuen Auflage ausführlicher behandelt, wie z. B. die Quantentheorie des starren Körpers, die in vielen Bereichen, insbesondere in der Atom- und Kernphysik, benötigt wird. Die Wärmestrahlung, die in der ersten Auflage im einleitenden Kapitel über historische Experimente zur Entstehung der Quantenmechanik besprochen wurde, ist jetzt in das Kapitel *Quantenstatistik* eingearbeitet. Neu aufgenommen wurden die Vielteilchen-Green'schen Funktionen und deren erzeugendes Funktional sowie die zeitabhängige Hartree-Fock-Theorie.

Das Layout wurde komplett überarbeitet und an die neuen Vorgaben des Verlages angepasst. Wichtige Gleichungen sind eingerahmt, wichtige Aussagen farbig hinterlegt und bei besonderer Bedeutung zusätzlich mit dem Icon versehen. Beweise sind durch ein , Kommentare durch ein gekennzeichnet.

Tübingen, im Juni 2019 Hugo Reinhardt

https://doi.org/10.1515/9783111271507-204

Vorwort zur 3. Auflage

Die dritte Auflage wurde gegenüber der zweiten Auflage durch einige Stoffgebiete erweitert. Dadurch bedingt, erscheint das Buch jetzt in drei statt wie bisher in zwei Bänden. Neu aufgenommen wurden in Band 3 u. a. die relativistischen Quantenfelder, wodurch das Buch jetzt auch eine didaktische Einführung in die Quantenfeldtheorie bietet.

Die vorliegende dritte Auflage des zweiten Bandes unterscheidet sich sehr wesentlich von der zweiten Auflage: Die zuvor im ersten Band enthaltenen Kapitel „Algebraischer Zugang zur Quantenmechanik" und „Geladenes Teilchen im Magnetfeld" wurden in den vorliegenden zweiten Band eingeschlossen, wo sie sich thematisch besser einfügen. Neu aufgenommen in diesen Band wurde die Ableitung der Klein-Gordon-Gleichung aus dem Pfadintegral über die Trajektorien im Minkowski-Raum. Die gesamte Vielteilchentheorie einschließlich der Zweiten Quantisierung, der kohärenten Bose- und Fermi-Zustände sowie der Funktionalintegralquantisierung von Vielteilchensystemen wurde hingegen in den dritten Band verschoben.

Die neuen sowie die überarbeiteten Kapitel wurden freundlicherweise von den Herrn Privatdozenten Dr. D. Campagnari und Dr. M. Quandt kritisch durchgesehen. Dafür und für die vielen wertvollen Anregungen sei ihnen an dieser Stelle herzlichst gedankt.

Tübingen, im Februar 2025 Hugo Reinhardt

https://doi.org/10.1515/9783111271507-205

Inhaltsübersicht

https://doi.org/10.1515/9783111271507-206

Band 3

Inhalt

* Dieses Kapitel ist für das Verständnis der übrigen Kapitel nicht erforderlich und kann deshalb beim ersten Lesen übersprungen werden.

21 Zeitabhängige Prozesse

Im vorangegangenem Band haben wir die Grundlagen der Quantenmechanik kennengelernt und im Rahmen dieser Theorie vorwiegend zeitunabhängige Systeme betrachtet. Quantenmechanische Systeme unterliegen jedoch häufig äußeren, zeitabhängigen Störungen, die eine nichttriviale Evolution dieser Systeme hervorrufen. Nachfolgend werden wir deshalb die zeitliche Entwicklung von Quantensystemen untersuchen. Diese wird bekanntlich durch die zeitabhängige Schrödinger-Gleichung beschrieben, die die zeitliche Evolution der Wellenfunktion liefert. Im nachfolgenden Abschnitt 21.1 werden wir eine formale Lösung der zeitabhängigen Schrödinger-Gleichung mittels des sogenannte *Zeitentwicklungsoperators* kennenlernen.

Die Schrödinger-Gleichung ist eine Wellengleichung. Deshalb wird der auf ihr basierende und von ERWIN SCHRÖDINGER geprägte Zugang zur Quantenmechanik oftmals auch als *Wellenmechanik* bzw. Schrödinger-Bild bezeichnet. Im Schrödinger-Bild steckt die gesamte Zeitabhängigkeit in der Wellenfunktion, während die Observablen (Operatoren) zeitunabhängig sind.

Eine alternative Formulierung der Quantenmechanik geht auf WERNER HEISENBERG zurück und wurde von ihm zusammen mit MAX BORN und PASCUAL JORDAN ausgearbeitet. In dieser Formulierung bleiben die Zustandsvektoren (Wellenfunktionen) zeitunabhängig und die Dynamik eines Systems wird durch zeitabhängige Observablen beschrieben. Dies ist das sogenannte *Heisenberg-Bild*, das in Abschnitt 21.2 behandelt wird. Da in diesem Bild die gesamte Dynamik in den Operatoren steckt, die, in einer diskreten Hilbertraumbasis dargestellt, als Matrizen erscheinen, wird dieser Zugang zur Quantenmechanik auch als *Matrizenmechanik* bezeichnet.

Eine Zwischenstellung zwischen Schrödinger- und Heisenberg-Bild nimmt das *Wechselwirkungsbild* ein, siehe Abschnitt 21.3. Hierbei wird der Hamilton-Operator in einen ungestörten Anteil H_0 und eine Störung (Wechselwirkung) V aufgespaltet. Während die Zeitabhängigkeit der Observablen allein durch H_0 generiert wird, bewirkt V die Zeitabhängigkeit der Wellenfunktion. Im Abschnitt 21.6 werden wir das Wechselwirkungsbild benutzen, um Quantensysteme in äußeren zeitabhängigen Feldern zu untersuchen.

21.1 Der Zeitentwicklungsoperator

21.1.1 Definition und Eigenschaften

Die Quantenmechanik ist eine *kausale* Theorie, die es gestattet, aus der Kenntnis eines Systems zu einem Zeitpunkt t_0 das Verhalten zu einem späteren Zeitpunkt $t > t_0$ vorherzusagen. Wie bereits in früheren Kapiteln erläutert, ist sie jedoch *keine streng deterministische* Theorie, sondern erlaubt nur Wahrscheinlichkeitsaussagen, welche in

https://doi.org/10.1515/9783111271507-001

einer Wahrscheinlichkeitsamplitude, der Wellenfunktion, enthalten sind. Für die Wellenfunktionen zu verschiedenen Zeiten muss deshalb ein kausaler Zusammenhang

$$|\psi(t = t_0)\rangle \to |\psi(t > t_0)\rangle$$

bestehen. Wie wir bereits wissen, wird dieser Zusammenhang durch ein differentielles Evolutionsgesetz, die zeitabhängige Schrödinger-Gleichung

$$i\hbar \frac{d}{dt}|\psi(t)\rangle = H(t)|\psi(t)\rangle ,$$

beschrieben. Da diese Differentialgleichung linear ist, muss es einen linearen Zusammenhang zwischen der Wellenfunktion zu verschiedenen Zeiten $|\psi(t_0)\rangle$ und $|\psi(t)\rangle$ geben, den wir in der Form

$$\boxed{|\psi(t)\rangle = U(t, t_0)|\psi(t_0)\rangle} \tag{21.1}$$

schreiben können. Hierbei ist $U(t, t_0)$ ein linearer Operator, der offenbar die Zeitentwicklung der Wellenfunktion festlegt und deshalb als *Zeitentwicklungsoperator* bezeichnet wird. Die explizite Form dieses Operators wird durch die Schrödinger-Gleichung festgelegt. Setzen wir (21.1) in die zeitabhängige Schrödinger-Gleichung ein, so erhalten wir:

$$i\hbar \frac{d}{dt} U(t, t_0)|\psi(t_0)\rangle = H(t)U(t, t_0)|\psi(t_0)\rangle .$$

Da diese Gleichung für beliebige Anfangszustände $|\psi(t_0)\rangle$ gilt, folgt für den Zeitentwicklungsoperator das Evolutionsgesetz

$$\boxed{i\hbar \frac{d}{dt} U(t, t_0) = H(t)U(t, t_0) .} \tag{21.2}$$

Damit ist $U(t, t_0)$ unabhängig vom Anfangszustand und allein durch den Hamilton-Operator bestimmt. Der durch den Zeitentwicklungsoperator U vermittelte lineare Zusammenhang (21.1) muss insbesondere auch zur Anfangszeit $t = t_0$ gelten. Der Zeitentwicklungsoperator muss deshalb der Anfangsbedingung

$$U(t_0, t_0) = \hat{1} \tag{21.3}$$

genügen. Damit ist $U(t, t_0)$ eindeutig festgelegt. Bevor wir $U(t, t_0)$ explizit bestimmen, wollen wir einige Eigenschaften angeben, die bereits aus seiner Definition folgen:

1. Der Zeitentwicklungsoperator $U(t, t_0)$ besitzt die Gruppeneigenschaft

$$U(t_2, t_1)U(t_1, t_0) = U(t_2, t_0) , \tag{21.4}$$

welche analog zum Zerlegungssatz (3.4) für Übergangsamplituden ist.
Setzen wir $t = t_2$ in (21.1), so erhalten wir

$$|\psi(t_2)\rangle = U(t_2, t_0)|\psi(t_0)\rangle\,. \tag{21.5}$$

Die zweimalige Anwendung der Definition von $U(t, t_0)$ liefert andererseits:

$$\begin{aligned}|\psi(t_2)\rangle &= U(t_2, t_1)|\psi(t_1)\rangle\\ &= U(t_2, t_1)U(t_1, t_0)|\psi(t_0)\rangle\,.\end{aligned}$$

Da der Anfangszustand $|\psi(t_0)\rangle$ beliebig sein kann, liefert der Vergleich mit (21.5) die gesuchte Beziehung (21.4).

2. Bei Umkehrung der Zeitrichtung geht U in sein Inverses über, d. h.

$$U^{-1}(t, t_0) = U(t_0, t)\,. \tag{21.6}$$

Tatsächlich setzen wir in (21.4) $t_2 = t_0$, so erhalten wir unter Beachtung der Randbedingung (21.3):

$$U(t_0, t)U(t, t_0) = U(t_0, t_0) = \hat{1}\,,$$

was $U(t_0, t)$ als Inverses zu $U(t, t_0)$ definiert.

3. Der Operator $U(t, t_0)$ ist unitär, d. h.

$$U^{-1}(t, t_0) = U^{\dagger}(t, t_0)\,, \tag{21.7}$$

und wegen (21.6):

$$U^{\dagger}(t, t_0) = U(t_0, t)\,. \tag{21.8}$$

Der Beweis ergibt sich wieder unmittelbar aus der Definition von $U(t, t_0)$: Bilden wir das Adjungierte von Gl. (21.1),

$$\langle\psi(t)| = \langle\psi(t_0)|U^{\dagger}(t, t_0)\,,$$

so lässt sich die Norm als

$$\langle\psi(t)|\psi(t)\rangle = \langle\psi(t_0)|U^{\dagger}(t, t_0)U(t, t_0)|\psi(t_0)\rangle \tag{21.9}$$

schreiben. Wie wir in Abschnitt 7.3.2 gesehen hatten, bleibt die Norm der Wellenfunktion (als Lösung der zeitabhängigen Schrödinger-Gleichung) für beliebige zeitabhängige Hamilton-Operatoren erhalten, d. h.

$$\langle\psi(t)|\psi(t)\rangle = \langle\psi(t_0)|\psi(t_0)\rangle\,.$$

Die Gleichung (21.9) verlangt deshalb:

$$U^{\dagger}(t, t_0)U(t, t_0) = \hat{1}\,, \tag{21.10}$$

womit die Beziehung (21.7) bewiesen ist.

---

i Ähnlich wie die Erhaltung der Norm folgt auch (21.10) unmittelbar aus der Schrödinger-Gleichung: Wegen der Anfangsbedingung (21.3) ist (21.10) richtig für $t = t_0$. Da die rechte Seite von (21.10) unabhängig von t ist, bleibt nur noch zu zeigen, dass auch die linke Seite unabhängig von t ist. Dazu benutzen wir die Produktregel

$$i\hbar\frac{d}{dt}\left(U^{\dagger}(t,t_0)U(t,t_0)\right) = i\hbar\left(\frac{d}{dt}U^{\dagger}(t,t_0)\right)U(t,t_0) + U^{\dagger}(t,t_0)i\hbar\frac{d}{dt}U(t,t_0)\,.$$

Das Einsetzen der Schrödinger-Gleichung (21.2) und ihr Adjungiertes,

$$-i\hbar\frac{d}{dt}U^{\dagger}(t,t_0) = U^{\dagger}(t,t_0)H(t)\,, \tag{21.11}$$

liefert unmittelbar das gewünschte Ergebnis

$$\frac{d}{dt}\left(U^{\dagger}(t,t_0)U(t,t_0)\right) = \hat{0}\,.$$

Mit (21.8) erhalten wir aus (21.11) die Beziehung

$$\boxed{-i\hbar\frac{d}{dt}U(t_0,t) = U(t_0,t)H(t)\,.} \tag{21.12}$$

21.1.2 Explizite Darstellung

Für einen *zeitunabhängigen* Hamilton-Operator wird die zeitliche Entwicklung von U durch eine lineare Differentialgleichung (21.2) mit konstanten (Operator-)Koeffizienten gegeben. Die Lösung dieser Gleichung mit der Anfangsbedingung (21.3) lautet:

$$\boxed{U(t,t_0) = e^{-\frac{i}{\hbar}H(t-t_0)}\,.} \tag{21.13}$$

Aus dieser expliziten Darstellung folgt sofort das Multiplikationsgesetz (Gruppeneigenschaft) (21.4)

$$U(t_2,t_1)U(t_1,t_0) = U(t_2,t_0)\,.$$

Beachten wir, dass der Hamilton-Operator hermitesch ist, so folgt aus dieser Darstellung auch sofort, dass der Zeitentwicklungsoperator unitär sein muss,

$$\begin{aligned} U^{\dagger}(t,t_0) &= e^{\frac{i}{\hbar}H(t-t_0)} = U^{-1}(t,t_0) \\ &= e^{-\frac{i}{\hbar}H(t_0-t)} = U(t_0,t)\,, \end{aligned}$$

in Übereinstimmung mit unseren früher gefundenen Eigenschaften von U, die auch für zeitabhängige $H(t)$ gültig sind.

Für einen *zeitabhängigen* Hamilton-Operator stellt die den Operator U definierende Evolutionsgleichung (21.2) eine Differentialgleichung erster Ordnung mit zeitabhängigen (Operator-)Koeffizienten dar, die sich i. A. nicht in geschlossener Form lösen lässt. Wir betrachten deshalb zunächst infinitesimale Zeitintervalle.

Für infinitesimal benachbarte Zeitargumente erhalten wir aus der Bewegungsgleichung des Zeitentwicklungsoperators (21.2) bis auf Terme der Ordnung ε^2:

$$\begin{aligned} U(t+\varepsilon, t_0) &= U(t, t_0) + \varepsilon \frac{d}{dt} U(t, t_0) \\ &= \left(\hat{1} - \frac{i}{\hbar}\varepsilon H(t)\right) U(t, t_0) \\ &= e^{-\frac{i}{\hbar}\varepsilon H(t)} U(t, t_0)\,, \end{aligned}$$

d. h. für infinitesimale Zeitintervalle ε hat der Zeitentwicklungsoperator für zeitabhängige Hamilton-Operatoren dieselbe Gestalt wie für zeitunabhängige. Wir können deshalb den Zeitentwicklungsoperator für zeitabhängige $H(t)$ explizit konstruieren, indem wir das endliche Zeitintervall in infinitesimal kleine Intervalle der Länge ε unterteilen:

$$t - t_0 = N\varepsilon, \qquad t_k = t_0 + k\varepsilon\,.$$

Sukzessive Anwendung der obigen Beziehung liefert dann:

$$\begin{aligned} U(t_1, t_0) = U(t_0 + \varepsilon, t_0) &= e^{-\frac{i}{\hbar}\varepsilon H(t_0)}\,, \\ U(t_2, t_0) = U(t_1 + \varepsilon, t_0) &= e^{-\frac{i}{\hbar}\varepsilon H(t_1)} U(t_1, t_0) \\ &= e^{-\frac{i}{\hbar}\varepsilon H(t_1)} e^{-\frac{i}{\hbar}\varepsilon H(t_0)}\,, \\ \vdots \qquad \vdots \qquad &\qquad \vdots \\ U(t, t_0) = U(t_N, t_0) &= e^{-\frac{i}{\hbar}\varepsilon H(t_{N-1})} \ldots e^{-\frac{i}{\hbar}\varepsilon H(t_0)}\,. \end{aligned} \tag{21.14}$$

Die einzelnen Exponenten der infinitesimalen Zeitevolution sind nach wachsendem Zeitargument angeordnet. Die Reihenfolge ist absolut wichtig, da die Operatoren $H(t)$ zu verschiedenen Zeiten i. A. nicht kommutieren. Um diese Darstellung für $U(t, t_0)$ in eine kompaktere Form zu bringen, führen wir das sogenannte *zeitgeordnete Produkt* ein: Für zwei zeitabhängige Operatoren $A(t)$ und $B(t')$ ist das zeitgeordnete Produkt $T(A(t)B(t'))$ durch

$$T(A(t)B(t')) = \begin{cases} A(t)B(t'), & t > t' \\ \frac{1}{2}(A(t)B(t) + B(t)A(t)), & t = t' \\ B(t')A(t), & t < t' \end{cases} \tag{21.15}$$

definiert. Dabei ist T der *Zeitordnungsoperator* (oder chronologischer Operator), der die Operatoren nach wachsenden Zeitargumenten anordnet. Bei $t = t'$ ist dieses Produkt unstetig, falls $[A(t), B(t)] \neq \hat{0}$, andernfalls jedoch stetig.[1] Die Reihenfolge der Operatoren spielt in einem zeitgeordneten Produkt keine Rolle,

$$T(A(t)B(t')) = T(B(t')A(t)),$$

da diese von T stets nach wachsenden Zeitargumenten angeordnet werden. Die Zeitordnung ist offenbar eine lineare Operation.

Unter Benutzung des zeitgeordneten Produktes können wir schließlich (21.14) schreiben als:

$$U(t, t_0) = T \prod_{k=0}^{N-1} \exp\left[-\frac{i}{\hbar}\varepsilon H(t_k)\right] = T \exp\left[-\frac{i}{\hbar}\varepsilon \sum_{k=0}^{N-1} H(t_k)\right]. \tag{21.16}$$

Im Limes $\varepsilon \to 0$ liefert der Exponent das gewöhnliche Riemann-Zeitintegral über den Hamilton-Operator, und wir erhalten schließlich:

$$\boxed{U(t, t_0) = T \exp\left[-\frac{i}{\hbar}\int_{t_0}^{t} dt'\, H(t')\right].} \tag{21.17}$$

Dies ist eine formal geschlossene Darstellung des Zeitentwicklungsoperators. Seine explizite Berechnung verlangt jedoch i. A., dass auf seine Definition auf dem Zeitgitter (21.16) bzw. (21.14) zurückgegriffen werden muss. Aus dieser Definition ergeben sich unmittelbar die folgenden Beziehungen für die Differentiation des zeitgeordneten Exponenten:

$$\frac{d}{dt}\left(T \exp\left[-\frac{i}{\hbar}\int_{t_0}^{t} dt'\, H(t')\right]\right) = -\frac{i}{\hbar}H(t)\, T \exp\left[-\frac{i}{\hbar}\int_{t_0}^{t} dt'\, H(t')\right], \tag{21.18}$$

$$\frac{d}{dt_0}\left(T \exp\left[-\frac{i}{\hbar}\int_{t_0}^{t} dt'\, H(t')\right]\right) = T \exp\left[-\frac{i}{\hbar}\int_{t_0}^{t} dt'\, H(t')\right]\frac{i}{\hbar}H(t_0).$$

Mit diesen Beziehungen erhält man durch Differentiation von Gl. (21.17) nach t bzw. t_0 die Schrödinger-Gleichung (21.2) für $U(t, t_0)$ bzw. ihr Adjungiertes (21.12).

Ableitung des Zeitentwicklungsoperators nach einem Parameter des Hamilton-Operators.

Wir betrachten den Zeitentwicklungsoperator für einen Hamilton-Operator $H(t;\lambda)$, der neben der Zeit noch von einem externen Parameter λ abhängt:

---

1 Im vorliegenden Fall, wo $A(t) = H(t)$ und $B(t') = H(t')$, tritt dieses Problem nicht auf.

$$U(t,t_0;\lambda) = T\exp\left[-\frac{i}{\hbar}\int_{t_0}^{t} dt'\, H\big(t';\lambda\big)\right]. \tag{21.19}$$

In spätere Anwendungen benötigen wir die Ableitung von $U(t,t_0;\lambda)$ nach λ. Diese läßt sich sehr einfach berechnen, wenn wir für $U(t,t_0;\lambda)$ die zeit-diskretisierte Form (siehe Gl. (21.16)):

$$\begin{aligned} U(t,t_0;\lambda) &= T\prod_{k=0}^{N-1}\exp\left[-\frac{i}{\hbar}\varepsilon H(t_k;\lambda)\right] \\ &= e^{-\frac{i}{\hbar}\varepsilon H(t_{N-1};\lambda)}\cdots e^{-\frac{i}{\hbar}\varepsilon H(t_k;\lambda)}\cdots e^{-\frac{i}{\hbar}\varepsilon H(t_0;\lambda)} \end{aligned} \tag{21.20}$$

benutzen. Anwendung der Produktregel liefert unmittelbar

$$\begin{aligned} \frac{dU(t,t_0;\lambda)}{d\lambda} = &\left[-\frac{i}{\hbar}\varepsilon\frac{dH(t_{N-1};\lambda)}{d\lambda}\right]e^{-\frac{i}{\hbar}\varepsilon H(t_{N-1};\lambda)}\cdots e^{-\frac{i}{\hbar}\varepsilon H(t_k;\lambda)}\cdots e^{-\frac{i}{\hbar}\varepsilon H(t_0;\lambda)} \\ &\vdots \\ &+e^{-\frac{i}{\hbar}\varepsilon H(t_{N-1};\lambda)}\cdots\left[-\frac{i}{\hbar}\varepsilon\frac{dH(t_k;\lambda)}{d\lambda}\right]e^{-\frac{i}{\hbar}\varepsilon H(t_k;\lambda)}\cdots e^{-\frac{i}{\hbar}\varepsilon H(t_0;\lambda)} \\ &\vdots \\ &+e^{-\frac{i}{\hbar}\varepsilon H(t_{N-1};\lambda)}\cdots e^{-\frac{i}{\hbar}\varepsilon H(t_k;\lambda)}\cdots\left[-\frac{i}{\hbar}\varepsilon\frac{dH(t_0;\lambda)}{d\lambda}\right]e^{-\frac{i}{\hbar}\varepsilon H(t_0;\lambda)} \end{aligned} \tag{21.21}$$

Die Produkte der Exponentialfaktoren vor bzw. nach dem Ableitungsterm $\frac{dH(t_k;\lambda)}{d\lambda}$ liefern die Zeitentwicklungsoperatoren $U(t,t_k;\lambda)$ bzw. $U(t_k,t_0;\lambda)$ und im Limes $\varepsilon \to 0$, d. h. $N \to \infty$, wird aus der Summe das Riemann-Integral:

$$\frac{dU(t,t_0;\lambda)}{d\lambda} = -\frac{i}{\hbar}\int_{t_0}^{t} dt'\,U\big(t,t';\lambda\big)\frac{dH(t';\lambda)}{d\lambda}U\big(t',t_0;\lambda\big). \tag{21.22}$$

Diese Beziehung läßt sich unmittelbar auf Hamilton-Operatoren $H[\lambda](t)$ verallgemeinern, die Funktionale einer äußeren Funktion $\lambda(x)$ sind. Man erhält dann die analoge Beziehung:

$$\frac{\delta U[\lambda](t,t_0)}{\delta\lambda(x)} = -\frac{i}{\hbar}\int_{t_0}^{t} t'\,U[\lambda]\big(t,t'\big)\frac{\delta H[\lambda](t')}{\delta\lambda(x)}U[\lambda]\big(t',t_0\big). \tag{21.23}$$

Wir betrachten einen *zeitunabhängigen* Hamilton-Operator $H(\lambda)$ und reskalieren die Zeit $t \to \tau$ so, dass τ dimensionslos ist. Dazu setzen wir

$$-\frac{i}{\hbar}t\,H(\lambda) = \tau A(\lambda), \tag{21.24}$$

wobei der Operator $A(\lambda)$ ebenfalls dimensionslos ist und voraussetzungsgemäß nicht von der Variable τ abhängt. Mit dieser Ersetzung erhalten wir aus dem Zeitentwicklungsoperator (21.19)

$$U(t,t_0;\lambda) = \exp\left(-\frac{i}{\hbar}(t-t_0)H(\lambda)\right) = \exp\big[(\tau-\tau_0)A(\lambda)\big] =: U(\tau,\tau_0;\lambda) \tag{21.25}$$

und aus Gl. (21.22)

$$\frac{dU(\tau,\tau_0;\lambda)}{d\lambda} = \int_{\tau_0}^{\tau} d\tau' U[\lambda](\tau,\tau';\lambda)\frac{dA(\lambda)}{d\lambda}U(\tau',\tau_0;\lambda). \tag{21.26}$$

Setzen wir hier $\tau_0 = 0$ und $\tau = 1$, so erhalten wir die Relation (C.8):

$$\frac{d}{d\lambda}e^{A(\lambda)} = \int_0^1 d\tau e^{(1-\tau)A(\lambda)}\,\frac{dA(\lambda)}{d\lambda}\,e^{\tau A(\lambda)}. \tag{21.27}$$

Man beachte, dass i. A. $[A(\lambda), \frac{dA(\lambda)}{d\lambda}] \neq 0$.

Bei der Ableitung der Beziehung (21.22) haben wir keinerlei Forderungen an den Operator $H(\lambda)$ gestellt, außer dass er differenzierbar nach λ sein muss. Insbesondere haben wir nicht von der Unitarität des Zeitentwicklungsoperators Gebrauch gemacht und somit auch nicht vorausgesetzt, daß der Operator $H(\lambda)$ hermitesch ist. Damit gilt auch die Beziehung (21.27) auch für beliebige, differenzierbare Operatoren $A(\lambda)$.

21.1.3 Funktionalintegraldarstellung

Die oben gefundene Darstellung (21.1) der zeitabhängigen Wellenfunktion durch den Zeitentwicklungsoperator stellt eine formale Lösung der Schrödinger-Gleichung dar. In der Ortsdarstellung lautet diese Gleichung:

$$\psi(x,t) = \langle x|\psi(t)\rangle = \langle x|U(t,t')|\psi(t')\rangle\,.$$

Benutzen wir die Vollständigkeit der Ortseigenfunktionen $|x\rangle$ (siehe Gl. (10.54)), so können wir diese Gleichung schreiben als:

$$\psi(x,t) = \int dx'\ \langle x|U(t,t')|x'\rangle\psi(x',t')\,.$$

Vergleichen wir diese Gleichung für die Zeitentwicklung der Wellenfunktion mit der früher über die quantenmechanische Übergangsamplitude (Propagator) $K(x,t;x',t')$ gewonnenen Beziehung (4.6)

$$\psi(x,t) = \int dx'\ K(x,t;x',t')\psi(x',t')\,,$$

so stellen wir fest, dass der Propagator gerade das Matrixelement des Zeitentwicklungsoperators in der Ortsdarstellung repräsentiert:

$$\boxed{K(x,t;x',t') = \langle x|U(t,t')|x'\rangle\,.} \tag{21.28}$$

i Diese Identität kommt nicht überraschend: Sowohl der Propagator K als auch das Matrixelement des Zeitentwicklungsoperators in der Ortsdarstellung erfüllen dieselbe Differentialgleichung (zeitabhängige

Schrödinger-Gleichung) (siehe Gln. (7.9) und (21.2)) und genügen auch derselben Anfangsbedingung (siehe Gln. (3.5) und (21.3))

$$K\big(x,t;x',t'=t\big)=\delta\big(x-x'\big),$$
$$\langle x|U\big(t,t'=t\big)|x'\rangle=\langle x|\hat{1}|x'\rangle=\langle x|x'\rangle=\delta\big(x-x'\big).$$

Aus der Theorie der linearen Differentialgleichungen folgt dann, dass beide Lösungen der Schrödinger-Gleichung, $K(x,t;x',t')$ und $\langle x|U(t,t')|x'\rangle$, identisch sein müssen.

Wir erinnern uns, dass wir früher für den Propagator $K(x,t;x',t')$ eine Pfadintegraldarstellung (3.24) gefunden hatten. Für zeitabhängige Hamilton-Operatoren H finden wir deshalb aufgrund der obigen Identität (21.28) folgende Pfadintegraldarstellung der Matrixelemente des Zeitentwicklungsoperators:

$$\boxed{\langle x|Te^{-\frac{i}{\hbar}\int_{t'}^{t}dt''H(t'')}|x'\rangle=\int\limits_{y(t')=x'}^{y(t)=x}\mathcal{D}y(t)\,e^{\frac{i}{\hbar}S[y]}\,.}\tag{21.29}$$

Diese Beziehung liefert einen Zusammenhang zwischen der klassischen Wirkung und dem quantenmechanischen Hamilton-Operator. Tatsächlich hatten wir diesen in Kap. 7 erst aus der Pfadintegraldarstellung gefunden. Das Pfadintegral erlaubt es uns also, allein aus Kenntnis der klassischen Wirkung die quantenmechanische Übergangsamplitude und daraus die explizite Form des Hamilton-Operators zu bestimmen.[2] Es besitzt deshalb große konzeptionelle Bedeutung in all den Fällen, in denen der Hamilton-Operator a priori nicht bekannt ist, wie dies z. B. in der Quantenfeldtheorie häufig der Fall ist. Falls einmal die explizite Form des Hamilton-Operators gefunden wurde, lässt sich dann die quantenmechanische Übergangsamplitude zwischen beliebigen Zuständen aufgrund der Identität (21.28) alternativ als Matrixelement des Zeitentwicklungsoperators berechnen, ohne dabei auf das Pfadintegral zurückgreifen zu müssen. Dies ist besonders dann vorteilhaft, wenn eine strenge quantenmechanische Beschreibung erforderlich ist. Andererseits lassen sich semiklassische Betrachtungen sehr viel einfacher anhand der Pfadintegraldarstellung durchführen, da diese hier unmittelbar aus der stationären Phasenapproximation folgen, siehe Kap. 5.

---

2 Wie wir im Abschnitt 25.2 bei der Ableitung des Hamilton-Operators einer Ladung im elektromagnetischen Feld gesehen haben, kann unter Umständen die Operatorordnung im erhaltenen Hamilton-Operator von der im Pfadintegral gewählten Diskretisierungsvorschrift abhängen. Letztere wurde jedoch durch Forderung der Eichinvarianz eindeutig festgelegt.

21.1.4 Spektraldarstellung

Für *zeitunabhängige* Hamilton-Operatoren hatten wir oben eine explizite Darstellung des Zeitentwicklungsoperators (21.13) gefunden. Aus dieser ist ersichtlich, dass in diesem Fall H mit dem Zeitentwicklungsoperator U kommutiert,

$$[H, U(t, t_0)] = \hat{0} ,$$

und deshalb U und H gemeinsame Eigenfunktionen besitzen (siehe Anhang C.1). In der Eigenbasis von H,

$$H|n\rangle = E_n|n\rangle ,$$

finden wir für den Zeitentwicklungsoperator

$$U(t, t_0)|n\rangle = e^{-\frac{i}{\hbar}E_n(t-t_0)}|n\rangle .$$

Seine Eigenwerte sind durch reine Phasen gegeben, besitzen also den Betrag 1, wie das allgemein für unitäre Operatoren der Fall ist. In der Eigenbasis von H besitzt $U(t, t_0)$ deshalb die Spektraldarstellung:

$$U(t, t_0) = \sum_n |n\rangle e^{-\frac{i}{\hbar}E_n(t-t_0)}\langle n| .$$

Hieraus erhalten wir die Ortsdarstellung:

$$\begin{aligned} K(x, t; x_0, t_0) &\equiv \langle x|U(t, t_0)|x_0\rangle \\ &= \sum_n \varphi_n(x)\varphi_n^*(x_0)e^{-\frac{i}{\hbar}E_n(t-t_0)} . \end{aligned} \tag{21.30}$$

Diese Darstellung verdeutlicht, dass der Propagator in der Tat die gesamte quantenmechanisch relevante Information (Eigenzustände, Eigenenergien, Zeitentwicklung) des Systems enthält. Führen wir noch die zugehörigen Lösungen der zeitabhängigen Schrödinger-Gleichung

$$\psi_n(x, t) = e^{-\frac{i}{\hbar}E_n t}\varphi_n(x)$$

ein, so nimmt der Propagator die Gestalt

$$K(x, t; x_0, t_0) = \sum_n \psi_n(x, t)\psi_n^*(x_0, t_0) \tag{21.31}$$

an. Damit ist der Propagator vollständig durch die Lösungen der Schrödinger-Gleichung ausgedrückt.

Für einen zeitunabhängigen Hamilton-Operator hängt der Propagator (21.30) wie der Zeitentwicklungsoperator (21.13) nur von der Zeitdifferenz $T = t - t_0$ ab. Es empfiehlt sich dann, die Fouriertransformierte von (21.30) bezüglich der Zeit zu nehmen

$$K(x, x_0; E) = \int_{-\infty}^{\infty} dT e^{\frac{i}{\hbar}ET} K(x, T; x_0, 0) .$$

Mit der Fourier-Darstellung der δ-Funktion (A.17) finden wir

$$K(x, x_0; E) = 2\pi\hbar \sum_n \varphi_n(x)\varphi_n^*(x_0)\delta(E - E_n) . \tag{21.32}$$

Die Fourier-Transformierte des Propagators besitzt eine δ-förmige Singularität an den exakten Eigenenergien. Diesen Sachverhalt hatten wir bereits beim harmonischen Oszillator in Abschnitt 12.1 gefunden. Setzen wir in (21.32) $x_0 = 0$, integrieren über x und benutzen die Orthonormiertheit der Eigenfunktionen $\varphi_n(x)$, so erhalten wir die Beziehung

$$\int_{-\infty}^{\infty} dT e^{\frac{i}{\hbar}ET} \mathrm{Sp} e^{-\frac{i}{\hbar}HT} \equiv \int_{-\infty}^{\infty} dx K(x, x; E) = 2\pi\hbar \sum_n \delta(E - E_n) , \tag{21.33}$$

die es gestattet, die Eigenenergien E_n aus dem Propagator zu extrahieren.

21.2 Das Heisenberg-Bild

Wir betrachten den Erwartungswert einer beliebigen physikalischen Observablen A, den wir mithilfe der Darstellung (21.1) der Wellenfunktion mittels des Zeitentwicklungsoperators schreiben können als:

$$\begin{aligned} \langle A \rangle_\psi &= \langle \psi(t)|A|\psi(t)\rangle \\ &= \langle \psi(t_0)|U^\dagger(t, t_0) A\, U(t, t_0)|\psi(t_0)\rangle . \end{aligned}$$

Diese Darstellung suggeriert, den zeitabhängigen Operator

$$\boxed{A_H(t) := U^\dagger(t, t_0) A\, U(t, t_0) = U(t_0, t) A\, U(t, t_0)} \tag{21.34}$$

einzuführen, wobei wir im letzten Ausdruck (21.8) benutzt haben. Der Erwartungswert der Observable A zu einem beliebigen Zeitpunkt t ist dann durch den Erwartungswert des zeitabhängigen Operators $A_H(t)$ im Anfangszustand gegeben:

$$\langle A \rangle_\psi = \langle \psi(t_0)|A_H(t)|\psi(t_0)\rangle .$$

Damit ist die gesamte Zeitabhängigkeit von den Zuständen auf die Observablen übergegangen. Wir haben deshalb zwei alternative Betrachtungsweisen:

1. Die Wellenfunktion $\psi(t)$ entwickelt sich zeitlich nach der Schrödinger-Gleichung und die Observablen A sind zeitunabhängig, d. h. sie besitzen keine dynamische Zeitabhängigkeit, sondern höchstens eine explizite Zeitabhängigkeit, die von außen vorgegeben ist, nicht aber durch die dynamische Evolution des Systems generiert wird. Dies ist das sogenannte *Schrödinger-Bild*.
2. Alternativ können wir die zeitabhängigen Operatoren $A_H(t)$ benutzen und benötigen dann aber nur die Wellenfunktion zum Anfangszeitpunkt $\psi(t_0)$. Dies ist das sogenannte *Heisenberg-Bild*.

Je nach den vorliegenden Problemen kann die eine oder die andere Betrachtungsweise vorteilhaft sein. Wir betonen, dass alle unsere bisherigen Betrachtungen im Schrödinger-Bild erfolgten.

Die Wellenfunktion im Heisenberg-Bild ist durch die Wellenfunktion des Schrödinger-Bildes zum Anfangszeitpunkt $|\psi(t_0)\rangle$ gegeben:

$$|\psi_H\rangle := |\psi(t_0)\rangle\,.$$

Nach (21.1) gilt deshalb der Zusammenhang

$$\boxed{|\psi(t)\rangle = U(t,t_0)|\psi_H\rangle\,.}$$

Wir betrachten im Folgenden eine beliebige Observable eines Teilchens[3] $A = A(\hat{x},\hat{p},t)$. Die Observable kann eine explizite Zeitabhängigkeit besitzen. Wir setzen voraus, dass sie in eine Taylor-Reihe nach Potenzen des Ortes und des Impulsoperators entwickelbar ist:[4]

$$A(\hat{x},\hat{p},t) = \sum_{n,m} A_{nm}(t)\hat{x}^n\hat{p}^m\,.$$

Die dabei auftretenden Entwicklungskoeffizienten A_{nm} sind für explizit zeitabhängige Observablen ebenfalls zeitabhängig. Multiplizieren wir diese Darstellung von links mit $U^\dagger \equiv U^\dagger(t,t_0)$ und von rechts mit $U \equiv U(t,t_0)$ und benutzen, dass U unitär ist, so finden wir:

$$\begin{aligned} U^\dagger A(\hat{x},\hat{p},t)U &= \sum_{n,m} A_{nm}(t)U^\dagger\hat{x}^n\hat{p}^m U \\ &= \sum_{n,m} A_{nm}(t)(U^\dagger\hat{x}U)^n(U^\dagger\hat{p}U)^m\,. \end{aligned}$$

3 Zur Unterscheidung von den klassischen Variablen bezeichnen wir in diesem Kapitel Orts- und Impulsoperator mit einem „$\hat{}$“.

4 Durch Ausnutzen der kanonischen Vertauschungsrelationen können die Operatoren $\hat{x}$ und $\hat{p}$ stets so angeordnet werden, dass alle Potenzen von $\hat{x}$ links von den Potenzen von $\hat{p}$ stehen.

Beachten wir, dass die Heisenberg-Darstellung des Orts- und Impulsoperators

$$\hat{x}_H(t) = U^\dagger(t,t_0)\,\hat{x}\,U(t,t_0) = U(t_0,t)\,\hat{x}\,U(t,t_0)\,,$$
$$\hat{p}_H(t) = U^\dagger(t,t_0)\,\hat{p}\,U(t,t_0) = U(t_0,t)\,\hat{p}\,U(t,t_0)$$

ist und benutzen wieder die Taylor-Entwicklung, so finden wir, dass die Heisenberg-Darstellung der Observable A durch

$$A_H(\hat{x},\hat{p},t) \equiv U^\dagger(t,t_0)A(\hat{x},\hat{p},t)U(t,t_0) = A(\hat{x}_H(t),\hat{p}_H(t),t)$$

gegeben ist. Die Heisenberg-Darstellung einer Observable $A(\hat{x},\hat{p},t)$ erhält man also aus der Schrödinger-Darstellung, indem man die Schrödinger-Operatoren $\hat{x}$ und $\hat{p}$ durch ihre Heisenberg-Bilder ersetzt. Insbesondere gilt für den Hamilton-Operator im Heisenberg-Bild:

$$\boxed{H_H(\hat{x},\hat{p},t) = H(\hat{x}_H(t),\hat{p}_H(t),t)\,.}$$

Benutzen wir die Evolutionsgleichung für U und deren Adjungiertes,

$$-i\hbar\frac{d}{dt}U^\dagger(t,t_0) = U^\dagger(t,t_0)H(t) = U(t_0,t)H(t)\,,$$

so erhalten wir für die zeitliche Ableitung eines Operators im Heisenberg-Bild (21.34):

$$\begin{aligned}
&\frac{d}{dt}A_H(\hat{x},\hat{p},t)\\
&\quad= U(t_0,t)\frac{\partial A}{\partial t}U(t,t_0) + \left(\frac{d}{dt}U(t_0,t)\right)A\,U(t,t_0) + U(t_0,t)A\frac{d}{dt}U(t,t_0)\\
&\quad= U(t_0,t)\frac{\partial A(\hat{x},\hat{p},t)}{\partial t}U(t,t_0)\\
&\qquad- \frac{i}{\hbar}U(t_0,t)[A(\hat{x},\hat{p},t)H(t) - H(t)A(\hat{x},\hat{p},t)]U(t,t_0)\,.
\end{aligned} \tag{21.35}$$

Der erste Term auf der rechten Seite dieser Gleichung entsteht durch eine explizite Zeitabhängigkeit des Operators A. Benutzen wir, dass das Heisenberg-Bild aus dem Schrödinger-Bild entsteht durch Ersetzen von Ort- und Impulsoperator durch die entsprechenden Heisenberg-Operatoren. So können wir diesen Term schreiben als:

$$\begin{aligned}
U(t_0,t)\frac{\partial A(\hat{x},\hat{p},t)}{\partial t}U(t,t_0) &\equiv \frac{\partial}{\partial t'}\left(U(t_0,t)A(\hat{x},\hat{p},t')\,U(t,t_0)\right)\Big|_{t'=t}\\
&= \frac{\partial A(\hat{x},\hat{p},t)}{\partial t}\Big|_{\hat{x}=\hat{x}_H(t),\hat{p}=\hat{p}_H(t)}\,.
\end{aligned}$$

Man beachte, dass die Zeitableitung hier nicht auf die implizite Zeitabhängigkeit von $\hat{x}_H(t)$, $\hat{p}_H(t)$ wirkt!

Den zweiten Term auf der rechten Seite von (21.35) können wir unter Benutzung von $UU^\dagger = \hat{1}$ als Kommutator der entsprechenden Heisenberg-Operatoren schreiben:

$$\begin{aligned} U^\dagger AHU - U^\dagger HAU &= U^\dagger AUU^\dagger HU - U^\dagger HUU^\dagger AU \\ &= [U^\dagger AU, U^\dagger HU] \\ &= [A_H(t), H_H(t)]\,. \end{aligned}$$

Damit finden wir für die zeitliche Änderung eines Operators im Heisenberg-Bild den Ausdruck

$$\boxed{\frac{d}{dt}A_H(t) = \frac{\partial A_H(t)}{\partial t} + \frac{i}{\hbar}[H_H(t), A_H(t)]\,.} \tag{21.36}$$

Dieser Ausdruck ist dem Evolutionsgesetz in der klassischen Mechanik sehr ähnlich. In der klassischen Mechanik sind Observablen durch Phasenraumfunktionen $f(x,p,t)$ gegeben. Für ihre zeitliche Änderung findet man:

$$\frac{d}{dt}f(x,p,t) = \frac{\partial f(x,p,t)}{\partial t} + \{f(x,p,t), \mathcal{H}(x,p,t)\}\,,$$

wobei die geschweifte Klammer die Poisson-Klammer und $\mathcal{H}(x,p,t)$ die klassische Hamilton-Funktion bezeichnet, siehe Abschnitt 7.3.3.

Für den Hamilton-Operator verschwindet der Kommutator-Term $[H_H(t), H_H(t)] = \hat{0}$ in Gl. (21.36) und die totale Zeitableitung von $H_H(t)$ reduziert sich auf seine partielle Ableitung.

Erhaltungsgrößen

Im Folgenden wollen wir der Einfachheit halber annehmen, dass der Hamilton-Operator nicht explizit von der Zeit abhängt, sodass Gl. (21.13) gilt und somit $[H, U(t,t_0)] = \hat{0}$. Aus (21.34) folgt dann:

$$H_H(t) = H\,.$$

Die Evolutionsgleichung (21.36) für eine Observable im Heisenberg-Bild lautet deshalb für *zeitunabhängige* H:

$$\boxed{\frac{d}{dt}A_H(t) = \frac{\partial A_H(t)}{\partial t} + \frac{i}{\hbar}[H, A_H(t)]\,.} \tag{21.37}$$

Für Observablen, die nicht explizit von der Zeit abhängen, $\partial A/\partial t = 0$, vereinfacht sich deren Evolutionsgesetz (21.37) auf:

$$\frac{d}{dt}A_H(t) = \frac{i}{\hbar}U(t_0,t)[H,A]U(t,t_0)\,.$$

Kommutiert außerdem die Observable im Schrödinger-Bild mit dem Hamilton-Operator, $[H, A] = \hat{0}$, so ist die Observable im Heisenberg-Bild ebenfalls zeitunabhängig:

$$\frac{d}{dt} A_H(t) = \hat{0} \, .$$

Damit sind auch die Erwartungswerte dieser Observablen zeitunabhängig. Solche Observablen werden bekanntlich als *Erhaltungsgrößen* bezeichnet.

Bewegungsgleichungen im Heisenberg-Bild

Schließlich wollen wir die Bewegungsgleichung für Orts- und Impulsoperator im Heisenberg-Bild angeben. Da diese Größen beide nicht explizit zeitabhängig sind, finden wir:

$$\boxed{\begin{aligned} \dot{\hat{x}}_H(t) &= \frac{i}{\hbar} [H_H, \hat{x}_H] \, , \\ \dot{\hat{p}}_H(t) &= \frac{i}{\hbar} [H_H, \hat{p}_H] \, . \end{aligned}}$$

Erfolgt die Bewegung in einem Potential, sodass der Hamilton-Operator die übliche Form

$$H = \frac{\hat{p}^2}{2m} + V(\hat{x})$$

besitzt, so vereinfachen sich die Heisenberg'schen Bewegungsgleichungen für Ort und Impuls auf die Beziehungen

$$\begin{aligned} \dot{\hat{x}}_H(t) &= \frac{1}{m} \hat{p}_H(t) \, , \\ \dot{\hat{p}}_H(t) &= -\left(\nabla_x V(x)\right)\big|_{x=\hat{x}_H} \, , \end{aligned}$$

die formal dieselben sind wie die kanonischen Bewegungsgleichungen der klassischen Mechanik. Dies ist in Anbetracht unserer obigen Bemerkungen über die Korrespondenz zwischen der Zeitabhängigkeit einer klassischen und einer quantenmechanischen Observablen nicht verwunderlich.

21.3 Das Wechselwirkungsbild

Die beiden oben besprochenen Bilder, das Schrödinger-Bild und das Heisenberg-Bild, sind völlig äquivalent. Welches der beiden Bilder man zweckmäßigerweise benutzt, hängt von dem betrachteten Problem ab. In vielen praktischen Problemen lässt sich der

Hamilton-Operator des Systems vorteilhaft in einen dominanten, oftmals einfach oder exakt lösbaren, Hamilton-Operator H_0 und eine (oftmals kleine) Störung $V(t)$ zerlegen:

$$H = H_0(t) + V(t) .$$

Die Störung kann z. B. ein schwaches äußeres elektromagnetisches Feld repräsentieren. Bringen wir etwa Atome in ein äußeres elektromagnetisches Feld, so empfiehlt es sich, auf die bereits bekannte Beschreibung eines isolierten Atoms zurückzugreifen. In diesem Fall wird man H_0 mit dem Hamilton-Operator des isolierten Atoms und $V(t)$ mit dem äußeren elektromagnetischen Feld identifizieren. Ferner sind die Felder, die sich im Labor erzeugen lassen, i. A. klein im Verhältnis zu den atomaren elektromagnetischen Feldern. Aus diesem Grunde ist das äußere Störpotential $V(t)$ i. A. klein gegenüber dem atomaren Hamilton-Operator H_0, sodass keine strenge Lösung des Problems erforderlich ist, sondern es ausreicht, den Einfluss des äußeren Feldes auf das Atom genähert in Störungstheorie zu berechnen. In solchen Fällen ist es zweckmäßig, die durch den ungestörten Hamilton-Operator H_0 induzierte und i. A. bekannte Zeitabhängigkeit von der gesamten Zeitevolution der Wellenfunktion zu extrahieren. Dazu führen wir den zu H_0 gehörigen Zeitentwicklungsoperator $U_0(t, t_0)$ ein, der durch die Evolutionsgleichung (vgl. (21.2))

$$i\hbar \frac{d}{dt} U_0(t, t_0) = H_0(t) U_0(t, t_0)$$

und die Anfangsbedingung (vgl. (21.3))

$$U_0(t_0, t_0) = \hat{1}$$

definiert ist. Ist der ungestörte Hamilton-Operator H_0 zeitunabhängig, so hat der zugehörige freie Entwicklungsoperator die Gestalt (vgl. Gl. (21.13))

$$U_0(t, t_0) = e^{-\frac{i}{\hbar} H_0 (t-t_0)} .$$

Den ungestörten Evolutionsoperator und damit die durch H_0 induzierte Zeitabhängigkeit ziehen wir aus der Wellenfunktion heraus:

$$\boxed{|\psi(t)\rangle = U_0(t, t_0) |\psi_W(t)\rangle .} \tag{21.38}$$

Für die so definierte reduzierte Wellenfunktion $|\psi_W(t)\rangle$ finden wir unter Benutzung der Darstellung (21.1) für die Wellenfunktion $|\psi(t)\rangle$ im Schrödinger-Bild:

$$\begin{aligned} |\psi_W(t)\rangle &= U_0^\dagger(t, t_0) |\psi(t)\rangle \\ &= U_0^\dagger(t, t_0) U(t, t_0) |\psi(t_0)\rangle \\ &= U_W(t, t_0) |\psi(t_0)\rangle , \end{aligned} \tag{21.39}$$

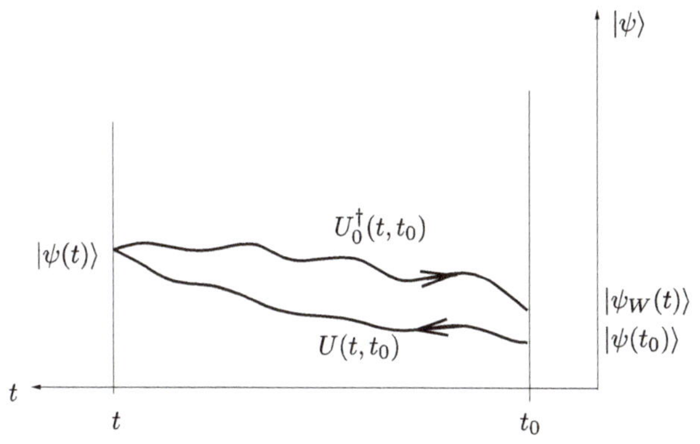

Abb. 21.1: Illustration der Zeitentwicklung der Wellenfunktion im Wechselwirkungsbild.

wobei wir die Abkürzung

$$U_W(t, t_0) = U_0^\dagger(t, t_0)U(t, t_0) = U_0(t_0, t)U(t, t_0) \tag{21.40}$$

eingeführt haben. Die reduzierte Wellenfunktion $|\psi_W(t)\rangle$ definiert das *Wechselwirkungsbild*. Sie genügt nach (21.38) der Anfangsbedingung

$$|\psi_W(t = t_0)\rangle = |\psi(t_0)\rangle\,, \tag{21.41}$$

und ihre zeitliche Entwicklung wird durch den Entwicklungsoperator $U_W(t, t_0)$ des Wechselwirkungsbildes generiert:

$$\boxed{|\psi_W(t)\rangle = U_W(t, t_0)|\psi_W(t_0)\rangle\,.} \tag{21.42}$$

Die zeitliche Entwicklung der Wellenfunktion im Wechselwirkungsbild ist in Abb. 21.1 illustriert. Die Anfangswellenfunktion $|\psi(t_0)\rangle$ wird zunächst mit dem vollen Zeitentwicklungsoperator $U(t, t_0)$ bis zur Zeit t propagiert. Daran anschließend wird die so gewonnene Wellenfunktion $|\psi(t)\rangle$ mit dem ungestörten Propagator $U_0(t, t_0)$ zurück zum Anfangszeitpunkt t_0 propagiert. Dadurch wird die durch die ungestörte Bewegung hervorgerufene Zeitentwicklung aus der Wellenfunktion $|\psi_W\rangle$ eliminiert.

Die oben gefundene Darstellung (21.40) des Zeitentwicklungsoperators im Wechselwirkungsbild $U_W(t, t_0)$ gilt nur, wenn t_0 die Referenzzeit ist, für welche die Wellenfunktion im Wechselwirkungsbild und Schrödinger-Bild zusammenfallen (siehe Gl. (21.41)). Um den Entwicklungsoperator des Wechselwirkungsbildes $U_W(t, t')$ für beliebige Zeitargumente t' zu erhalten, gehen wir ähnlich wie bei der Ableitung von (21.40) vor (siehe Gl. (21.39)), benutzen jedoch neben der Beziehung (21.38) auch Gl. (21.1)

$$\begin{aligned}|\psi_W(t)\rangle &\overset{(21.39)}{=} U_0^\dagger(t, t_0)|\psi(t)\rangle\\ &\overset{(21.1)}{=} U_0^\dagger(t, t_0)U(t, t')|\psi(t')\rangle\end{aligned}$$

$$\stackrel{(21.39)}{=} U_0^\dagger(t,t_0)U(t,t')U_0(t',t_0)|\psi_W(t')\rangle$$
$$=: U_W(t,t')|\psi_W(t')\rangle\,, \tag{21.43}$$

wobei

$$\boxed{U_W(t,t') = U_0^\dagger(t,t_0)U(t,t')U_0(t',t_0) = U_0(t_0,t)U(t,t')U_0(t',t_0)} \tag{21.44}$$

der Zeitentwicklungsoperator des Wechselwirkungsbildes für beliebige Zeitargumente t und t' ist. Für $t' = t_0$ fällt dieser Operator wegen $U_0(t_0,t_0) = \hat{1}$ mit dem in Gl. (21.40) definierten Operator zusammen.[5]

Verlangen wir, dass der Erwartungswert einer physikalischen Observablen (oder allgemein eines nicht-notwendigerweise hermiteschen Operators) auch in diesem Bild eine einfache Gestalt (ähnlich wie im Schrödinger-Bild) besitzt,

$$\begin{aligned}\langle A\rangle_\psi &= \langle\psi(t)|A|\psi(t)\rangle\\ &= \langle\psi_W(t)|U_0^\dagger(t,t_0)AU_0(t,t_0)|\psi_W(t)\rangle\\ &=: \langle\psi_W(t)|A_W(t)|\psi_W(t)\rangle\,,\end{aligned}$$

so müssen wir die Observablen im Wechselwirkungsbild durch

$$\boxed{A_W(t) = U_0^\dagger(t,t_0)A(t)U_0(t,t_0) = U_0(t_0,t)A(t)U_0(t,t_0)} \tag{21.45}$$

definieren. Man beachte, dass ein analoger Zusammenhang zwischen Schrödinger- und Wechselwirkungsbild auch für den Zeitentwicklungsoperator (21.44) selbst gilt.

Benutzen wir die Analogie zwischen $A_H(t)$ (21.34) und $A_W(t)$ (21.45) ($U(t,t_0)$ ist durch $U_0(t,t_0)$ ersetzt), so können wir aus $dA_H(t)/dt$ (21.36) unmittelbar auf die zeitliche Änderung von $A_W(t)$ schließen:

$$\boxed{\frac{dA_W(t)}{dt} = \frac{\partial A_W(t)}{\partial t} + \frac{i}{\hbar}[H_W^0(t), A_W(t)]\,,}$$

wobei $H_W^0(t)$ das Wechselwirkungsbild des ungestörten Hamilton-Operators H_0 bezeichnet (siehe Gl. (21.45)). Benutzen wir die Bewegungsgleichungen für U und U_0, so erhalten wir für die zeitliche Änderung des Zeitentwicklungsoperators im Wechselwirkungsbild

$$\begin{aligned}i\hbar\frac{d}{dt}U_W(t,t') &= i\hbar\frac{d}{dt}(U_0(t_0,t)U(t,t')U_0(t',t_0))\\ &= U_0(t_0,t)(-H_0+H)U(t,t')U_0(t',t_0)\end{aligned}$$

5 Wie aus Gl. (21.44) ersichtlich ist, hängt $U_W(t,t')$ nicht nur von den Zeiten t und t', sondern auch von t_0 ab. Wir werden die t_0-Abhängigkeit der Operatoren des Wechselwirkungsbildes (siehe auch Gl. (21.45)) jedoch nicht explizit angeben.

$$= \underbrace{U_0(t_0, t) V U_0(t, t_0)}_{V_W(t)} \underbrace{U_0^\dagger(t, t_0) U(t, t') U_0(t', t_0)}_{U_W(t,t')} .$$

Unter Benutzung der Wechselwirkungsdarstellung (21.45) für V können wir diese Gleichung schreiben als:

$$\boxed{i\hbar \frac{d}{dt} U_W(t, t') = V_W(t) U_W(t, t') .} \tag{21.46}$$

Demzufolge erfüllt die Wellenfunktion im Wechselwirkungsbild $|\psi_W(t)\rangle$ (21.42) die Evolutionsgleichung

$$\boxed{i\hbar \frac{d}{dt} |\psi_W(t)\rangle = V_W(t) |\psi_W(t)\rangle .}$$

Die Zeitentwicklung der Wellenfunktion wird in diesem Bild offensichtlich allein durch die Wechselwirkung, d. h. die Störung $V_W(t)$ (im Wechselwirkungsbild selbst) generiert, während die Zeitentwicklung der physikalischen Observablen (21.45) allein durch den ungestörten Hamilton-Operator H_0 erzeugt wird. Dies rechtfertigt den Namen „Wechselwirkungsbild". Es nimmt eine Zwischenstellung zwischen dem Schrödinger- und dem Heisenbergbild ein. Für eine verschwindende Störung $V(t) = 0$ ($H_0 = H$) reduziert sich das Wechselwirkungsbild auf das Heisenberg-Bild, während es für $H_0 = 0$ ($V(t) = H$) in das Schrödinger-Bild übergeht.

Der Zeitentwicklungsoperator im Wechselwirkungsbild (21.44) genügt der Anfangsbedingung

$$U_W(t, t) = \hat{1} .$$

Mit dieser Bedingung wird $U_W(t, t')$ eindeutig durch die Differentialgleichung (21.46) festgelegt. In Analogie zum Heisenberg-Bild (vgl. Gln. (21.2), (21.3) und (21.17)) finden wir:

$$\boxed{U_W(t, t') = T \exp\left[-\frac{i}{\hbar} \int_{t'}^{t} dt'' \; V_W(t'') \right] .} \tag{21.47}$$

Das Wechselwirkungsbild ist die geeignete Darstellung, um den Effekt einer äußeren Störung auf die Zeitevolution eines quantenmechanischen Systems zu studieren. Es ist deshalb der Ausgangspunkt für die zeitabhängige Störungstheorie. Dabei wird der Zeitentwicklungsoperator des Wechselwirkungsbildes U_W in eine Neumann-Reihe nach Potenzen der zeitabhängigen Störung $V_W(t)$ entwickelt. Dies ist Gegenstand des folgenden Kapitels.

21.4 Zeitabhängige Störungstheorie

Eine strenge Lösung der quantenmechanischen Evolutionsgleichung ist nur für einige wenige Modellsysteme möglich. In nahezu allen praktisch relevanten Problemen ist man auf genäherte bzw. numerische Lösungen angewiesen. Letztere sind jedoch oftmals wenig instruktiv. Analytische Ergebnisse lassen sich dennoch für ein realistisches System gewinnen, wenn dieses nicht sehr stark von einem exakt lösbaren Modellsystem abweicht, d. h. der Hamilton-Operator besitzt die Gestalt

$$H = H_0 + V(t)\,,$$

wobei H_0 den Hamilton-Operator eines exakt lösbaren Modellsystems darstellt und $V(t)$ eine kleine Störung ist. Für *zeitunabhängige* Störungen haben wir im Kapitel 19 bereits eine Störungstheorie zur genäherten Lösung der stationären Schrödinger-Gleichung entwickelt. Im vorliegenden Kapitel interessieren wir uns für *zeitabhängige* Prozesse, bei denen $V(t)$ i. A. ein von außen angelegtes zeitabhängiges Feld repräsentiert, während H_0 weiterhin zeitunabhängig ist. Im Folgenden wollen wir eine genäherte Lösung der quantenmechanischen Evolutionsgleichung finden unter der Annahme, dass die Störung $V(t)$ klein gegenüber dem Hamilton-Operator H_0 des ungestörten Problems ist. Dies ist Gegenstand der *zeitabhängigen Störungstheorie*, die zweckmäßigerweise im Wechselwirkungsbild durchgeführt wird, da sämtliche Informationen über die durch die Störung $V(t)$ verursachte Zeitevolution im Zeitentwicklungsoperator des Wechselwirkungsbildes

$$U_W(t,t_0) = U_0(t_0,t)U(t,t_0)$$

enthalten sind, während die triviale, von H_0 verursachte Zeitabhängigkeit eliminiert ist.

21.4.1 Ableitung der Störreihe

Wie wir in Gl (21.46) gefunden hatten, genügt der Zeitentwicklungsoperator im Wechselwirkungsbild der Bewegungsgleichung

$$i\hbar\frac{d}{dt}U_W(t,t_0) = V_W(t)U_W(t,t_0) \tag{21.48}$$

und erfüllt die Anfangsbedingung

$$U_W(t_0,t_0) = \hat{1}\,. \tag{21.49}$$

Die formale Lösung dieses Anfangswertproblems hatten wir bereits in Gl. (21.47) gefunden. Im Folgenden soll diese Lösung auf eine alternative Weise abgeleitet werden, was uns auf ein allgemeines Lösungsverfahren führt.

Das durch Gln. (21.48) und (21.49) definierte Anfangswertproblem ist äquivalent zur folgenden Integralgleichung

$$U_W(t,t_0) = \hat{1} - \frac{i}{\hbar}\int_{t_0}^{t} dt'\, V_W(t')U_W(t',t_0)\,, \tag{21.50}$$

was man sehr leicht nachprüft: Differentiation von (21.50) nach t liefert unmittelbar die Differentialgleichung (21.48). Ferner verschwindet das Integral auf der rechten Seite von (21.50) für $t = t_0$. Die Integralgleichung enthält somit neben der Differentialgleichung bereits die Anfangsbedingung.

Für eine kleine zeitabhängige Störung lässt sich die Integralgleichung (21.50) iterativ lösen. Da der Zeitentwicklungsoperator $U_W(t,t_0)$ als unitärer Operator von der Ordnung 1 ist (seine sämtlichen Eigenwerte sind betragsmäßig 1), verlangt dies:

$$\int_{t_0}^{t} dt'\, \|V_W(t')\| \ll \hbar\,.$$

Da für die Norm von Operatoren A, B gilt

$$\|AB\| \le \|A\|\,\|B\|$$

und ferner ein unitärer Operator U die Norm $\|U\| = 1$ besitzt (siehe Gl. (10.24)), folgt aus (21.45)

$$\|V_W(t)\| \le \|U_0^\dagger(t,t_0)\|\,\|V(t)\|\,\|U_0(t,t_0)\| = \|V(t)\|$$

sodass sich die obige Bedingung zu

$$\int_{t_0}^{t} dt'\, \|V(t')\| \le \hbar$$

vereinfacht. Eine kleine Störung bedeutet also, dass entweder das Störpotential $V(t)$ klein (gegenüber H_0) im gesamten Zeitintervall ist, wobei das Zeitintervall $t - t_0$ sehr groß sein kann, oder, falls das Störpotential $V(t)$ groß ist, die Zeitevolution auf kleine Zeitintervalle beschränkt ist, sodass das Störpotential nicht genügend Zeit besitzt, das System wesentlich zu stören.[6] Bedingung für die Anwendbarkeit der Störungstheorie ist deshalb:

6 In der stationären Störungstheorie wirkt die Störung über ein unendlich langes Zeitintervall. In diesem Falle muss deshalb das Störpotential sehr klein sein.

$$|t-t_0| \sup_{t'\in[t_0,t]} \{\|V(t')\|\} \ll \hbar\,.$$

Im Folgenden nehmen wir an, dass diese Bedingung erfüllt ist, und lösen die Integralgleichung (21.50) iterativ. In nullter Ordnung vernachlässigen wir den Effekt der Störung vollkommen, indem wir $V(t) = \hat{0}$ auf der rechten Seite der Integralgleichung setzen. Der Zeitentwicklungsoperator des Wechselwirkungsbildes nimmt in dieser Ordnung die triviale Gestalt

$$U_W^{(0)}(t,t_0) = \hat{1}$$

an. Ersetzen wir den exakten Zeitentwicklungsoperator auf der rechten Seite der Integralgleichung (21.50) durch seinen ungestörten Wert $U_W^{(0)}(t,t_0)$, so erhalten wir den Zeitentwicklungsoperator in Störungstheorie erster Ordnung:

$$\begin{aligned} U_W^{(1)}(t,t_0) &= \hat{1} - \frac{i}{\hbar}\int_{t_0}^{t} dt_1\, V_W(t_1) U_W^{(0)}(t_1,t_0) \\ &= \hat{1} - \frac{i}{\hbar}\int_{t_0}^{t} dt_1\, V_W(t_1)\,. \end{aligned}$$

Die Abweichung des Zeitentwicklungsoperators erster Ordnung von seinem ungestörten Wert wird durch das Zeitintegral des Störpotentials in der Wechselwirkungsdarstellung gegeben.

Den Zeitentwicklungsoperator in Störungstheorie zweiter Ordnung erhalten wir, indem wir unter dem Integral auf der rechten Seite von (21.50) den exakten Evolutionsoperator durch die oben gewonnene Näherung erster Ordnung ersetzen:

$$\begin{aligned} U_W^{(2)}(t,t_0) &= \hat{1} - \frac{i}{\hbar}\int_{t_0}^{t} dt_1\, V_W(t_1) U_W^{(1)}(t_1,t_0) \\ &= \hat{1} - \frac{i}{\hbar}\int_{t_0}^{t} dt_1\, V_W(t_1)\left(\hat{1} - \frac{i}{\hbar}\int_{t_0}^{t_1} dt_2\, V_W(t_2)\right) \\ &= \hat{1} - \frac{i}{\hbar}\int_{t_0}^{t} dt_1\, V_W(t_1) + \left(-\frac{i}{\hbar}\right)^2 \int_{t_0}^{t} dt_1\, V_W(t_1) \int_{t_0}^{t_1} dt_2\, V_W(t_2)\,. \end{aligned}$$

Ganz allgemein folgt der Ausdruck n-ter Ordnung für den Zeitentwicklungsoperator, indem wir auf der rechten Seite der Integralgleichung den exakten Operator durch die Näherung in $(n-1)$-ter Ordnung ersetzen:

$$U_W^{(n)}(t,t_0) = \hat{1} - \frac{i}{\hbar}\int_{t_0}^{t} dt_1\, V_W(t_1) U_W^{(n-1)}(t_1,t_0)\,.$$

Sukzessives Lösen dieser Iterationsgleichung führt auf die *Neumann-Reihe* für den Zeitentwicklungsoperator:

$$\begin{aligned} U_W(t,t_0) &= \hat{1} - \frac{i}{\hbar}\int_{t_0}^{t} dt_1\, V_W(t_1) + \left(-\frac{i}{\hbar}\right)^2 \int_{t_0}^{t} dt_1 \int_{t_0}^{t_1} dt_2\, V_W(t_1)V_W(t_2) + \cdots \\ &= \sum_{n=0}^{\infty}\left(-\frac{i}{\hbar}\right)^n \int_{t_0}^{t} dt_1 \int_{t_0}^{t_1} dt_2 \cdots \int_{t_0}^{t_{n-1}} dt_n\, V_W(t_1)\ldots V_W(t_n) \\ &\equiv \sum_{n=0}^{\infty} \mathcal{U}_W^{(n)}(t,t_0)\,, \end{aligned} \tag{21.51}$$

wobei $\mathcal{U}^{(n)}(t,t_0)$ den n-ten Term der Neumann-Reihe bezeichnet. In vielen praktischen Fällen ist die Störung klein genug, sodass diese Neumann-Reihe nach dem ersten nichttrivialen Term abgebrochen werden kann.

21.4.2 Aufsummation der Störreihe mittels des zeitgeordneten Produktes

Im Folgenden wollen wir die Neumann-Reihe des Zeitentwicklungsoperators formal aufsummieren. Dazu betrachten wir zunächst den Term zweiter Ordnung etwas genauer. Das hier auftretende Doppelintegral

$$I = \int_{t_0}^{t} dt_1 \int_{t_0}^{t_1} dt_2\, V_W(t_1)V_W(t_2) \tag{21.52}$$

erstreckt sich über das in der Abb. 21.2(a) schraffierte Dreieck. Bei der Berechnung des Doppelintegrals ist zu beachten, dass i. A. im Wechselwirkungsbild die Störungen $V_W(t)$ zu verschiedenen Zeiten nicht miteinander kommutieren:

$$[V_W(t_1), V_W(t_2)] \neq \hat{0}\,.$$

Wir können jedoch die Integrationsvariable umbenennen, $t_1 \leftrightarrow t_2$, und erhalten:

$$I = \int_{t_0}^{t} dt_2 \int_{t_0}^{t_2} dt_1\, V_W(t_2)V_W(t_1)\,. \tag{21.53}$$

Die Integration erstreckt sich jetzt über das in Abb. 21.2(b) dargestellte schraffierte Dreieck und wird zunächst entlang der horizontalen Richtung ausgeführt. Alternativ können

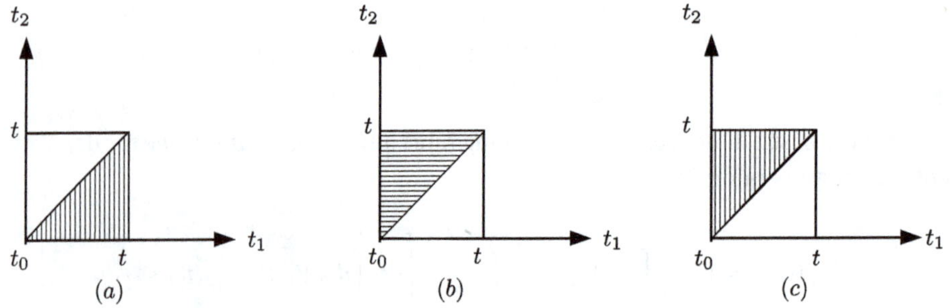

Abb. 21.2: Integrationsbereich (schraffiert) (a) in Gl. (21.52), (b) in Gl. (21.53) und (c) in Gl. (21.54).

wir auch zuerst in vertikaler Richtung, d. h. über t_2 integrieren. (Die Riemann-Summe des Integrals hängt bekanntlich nicht von der Reihenfolge der Summanden ab.) Wir erhalten dann:

$$I = \int_{t_0}^{t} dt_1 \int_{t_1}^{t} dt_2\, V_W(t_2) V_W(t_1)\,. \tag{21.54}$$

Unter Benutzung von Gl. (21.52) und Gl. (21.54) können wir das Doppelintegral schreiben als:

$$I = \frac{1}{2} \int_{t_0}^{t} dt_1 \left[\int_{t_0}^{t_1} dt_2\, V_W(t_1) V_W(t_2) + \int_{t_1}^{t} dt_2\, V_W(t_2) V_W(t_1) \right].$$

Die Integranden der beiden Integrale unterscheiden sich hier lediglich in der Reihenfolge der beiden Operatoren, die jedoch nicht belanglos ist. Beachten wir, dass im ersten Integranden $t_1 \geq t_2$ ist, während im zweiten Integranden $t_1 \leq t_2$ ist, so können wir dennoch die beiden Integranden in einheitlicher Form schreiben, und zwar durch Benutzung des zeitgeordneten Produktes (21.15) und erhalten:

$$I = \frac{1}{2} \int_{t_0}^{t} dt_1 \int_{t_0}^{t} dt_2\, T\big(V_W(t_1) V_W(t_2)\big)\,.$$

In analoger Weise lassen sich die Terme höherer Ordnung in der Neumann-Reihe mittels des zeitgeordneten Produktes darstellen. Für den Term n-ter Ordnung erhalten wir:[7]

7 Die Beziehung (21.55) gilt offensichtlich für beliebige zeitabhängige Operatoren $V_W(t)$, d. h. $V_W(t)$ muss *nicht* ein Operator im Wechselwirkungsbild sein.

$$\begin{aligned}&\int_{t_0}^{t} dt_1 \int_{t_0}^{t_1} dt_2 \cdots \int_{t_0}^{t_{n-1}} dt_n\, V_W(t_1)\ldots V_W(t_n)\\&= \frac{1}{n!}\int_{t_0}^{t} dt_1 \cdots \int_{t_0}^{t} dt_n\, T(V_W(t_1)\ldots V_W(t_n))\,.\end{aligned} \tag{21.55}$$

Wir können dann den Zeitentwicklungsoperator im Wechselwirkungsbild schreiben als:

$$U_W(t,t_0) = \sum_{n=0}^{\infty} \frac{1}{n!}\left(-\frac{i}{\hbar}\right)^n \int_{t_0}^{t} dt_1 \cdots \int_{t_0}^{t} dt_n\, T(V_W(t_1)\ldots V_W(t_n))\,.$$

Der Zeitordnungsoperator kann vor die Integrale und die Summe gezogen werden, da er ein linearer Operator ist

$$U_W(t,t_0) = T\sum_{n=0}^{\infty} \frac{1}{n!}\left(-\frac{i}{\hbar}\right)^n \left[\int_{t_0}^{t} dt'\, V_W(t')\right]^n .$$

Unter Benutzung der Taylor-Reihe für Exponentialfunktion erhalten wir dann:

$$U_W(t,t_0) = T\exp\left[-\frac{i}{\hbar}\int_{t_0}^{t} dt'\, V_W(t')\right].$$

Dieses Ergebnis stimmt mit dem bereits früher gewonnenen Ausdruck (21.47) für den Zeitentwicklungsoperator eines zeitabhängigen Hamilton-Operators überein, den wir durch Diskretisierung der Zeit gefunden hatten.

21.5 Zeitabhängige Störungstheorie im Pfadintegralzugang

Im Folgenden wollen wir die in Abschnitt 21.4 im Operatorformalismus entwickelte zeitabhängige Störungstheorie im Rahmen des Pfadintegralzuganges zur Quantenmechanik behandeln. Wir hatten im Abschnitt 21.1.2 einen fundamentalen Zusammenhang zwischen den Übergangsamplituden $K(b,a)$ und dem Matrixelement des Zeitentwicklungsoperators im Schrödinger-Bild $U(t_b,t_a)$ kennengelernt, der durch die Beziehung (21.28)

$$K(b,a) = K(x_b,t_b;x_a,t_a) = \langle x_b|U(t_b,t_a)|x_a\rangle$$

gegeben war. Diese Beziehung gilt für beliebige zeitabhängige Hamilton-Operatoren und bleibt deshalb insbesondere gültig, wenn eine zeitabhängige Störung vorliegt. Wie in der

Operatorformulierung der zeitabhängigen Störungstheorie werden wir wieder annehmen, dass der gesamte Hamilton-Operator des Systems sich schreiben lässt als

$$H = H_0 + V(t)\,, \tag{21.56}$$

wobei H_0 ein quantenmechanisch exakt zu behandelndes System beschreibt, dessen Lösung wir im Prinzip kennen, und $V(t)$ eine zeitabhängige Störung an dem Modellsystem repräsentiert.

21.5.1 Störentwicklung des Propagators

Wie wir bereits oben festgestellt hatten, werden sich bei beliebig zeitabhängigen äußeren Störungen keine stationären Zustände mehr ausbilden, sondern das System vollzieht ständig Übergänge zwischen den einzelnen ungestörten Zuständen. Die entsprechenden Übergangswahrscheinlichkeiten lassen sich alle aus der exakten Wellenfunktion $|\psi(t)\rangle$ extrahieren. Im Operatorformalismus hatten wir die gestörte Wellenfunktion im Wechselwirkungsbild bestimmt. Im Folgenden wollen wir die Wellenfunktion bzw., was dieser äquivalent ist, die Übergangsamplitude $K(b,a)$ direkt im Schrödinger-Bild bestimmen. Dazu benutzen wir die Funktionalintegraldarstellung dieser Amplitude, die durch (3.39)

$$K(b,a) = \int_{x_a}^{x_b} \mathcal{D}x(t)\; e^{\frac{i}{\hbar}S[x](b,a)}$$

gegeben ist, wobei wir die Abkürzung

$$\int_{x_a}^{x_b} \mathcal{D}x(t) \equiv \int_{x(t_a)=x_a}^{x(t_b)=x_b} \mathcal{D}x(t)$$

eingeführt haben. Für den Fall, dass das Störpotential nur eine Funktion des Ortes und der Zeit, nicht aber des Impulses ist, ist die klassische Wirkung, die der obigen Aufspaltung (21.56) des Hamilton-Operators entspricht, durch

$$\begin{aligned} S[x](b,a) &= \int_{t_a}^{t_b} dt\; \left[\mathcal{L}_0(x(t),\dot{x}(t),t) - V(x(t),t)\right] \\ &= S_0[x](b,a) - \int_{t_a}^{t_b} dt\; V(x(t),t) \end{aligned}$$

gegeben, wobei $\mathcal{L}_0$ die zu H_0 gehörige klassische Lagrange-Funktion ist. Wir setzen voraus, dass der ungestörte Propagator

$$K_0(b,a) = \int_{x_a}^{x_b} \mathcal{D}x(t)\, e^{\frac{i}{\hbar}S_0[x](b,a)} \tag{21.57}$$

bekannt ist.[8] Des weiteren nehmen wir an, dass die durch das Störpotential erzeugte Wirkung klein gegenüber $\hbar$ ist:

$$\left|\int_{t_a}^{t_b} dt\, V(x(t),t)\right| \ll \hbar\,.$$

Wir können dann das Funktionalintegral in eine Taylor-Reihe nach Potenzen des Störpotentials entwickeln:

$$\exp\left[-\frac{i}{\hbar}\int_{t_a}^{t_b} dt\, V(x(t),t)\right] = \sum_{n=0}^{\infty}\frac{1}{n!}\left(-\frac{i}{\hbar}\right)^n\left(\int_{t_a}^{t_b} dt\, V(x(t),t)\right)^n .$$

Den exakten Propagator $K(b,a)$ erhalten wir dann in Form einer Störentwicklung nach Potenzen der Störung

$$K(b,a) = \sum_n K_n(b,a)\,,$$

wobei der Term nullter Ordnung durch den freien Propagator (21.57) gegeben ist. Der Term erster Ordnung im Störpotential lautet:

$$K_1(b,a) = \int_{x_a}^{x_b} \mathcal{D}x(t)\, e^{\frac{i}{\hbar}S_0[x](b,a)}\left(-\frac{i}{\hbar}\right)\int_{t_a}^{t_b} dt_c\, V(x(t_c),t_c)\,.$$

Hierbei ist zu beachten, dass das Störpotential von den einzelnen Trajektorien $x(t)$ (zum Zeitpunkt $t = t_c$) abhängt, über die durch das Funktionalintegral summiert wird. Deshalb muss die Funktionalintegration vor der Integration über t_c durchgeführt werden, was wir durch die Schreibweise

$$K_1(b,a) = -\frac{i}{\hbar}\int_{t_a}^{t_b} dt_c \int_{x_a}^{x_b} \mathcal{D}x(t)\, e^{\frac{i}{\hbar}S_0[x](b,a)}\, V(x(t_c),t_c)$$

8 D. h. das zugehörige Funktionalintegral berechnet wurde oder alternativ, die zu H_0 gehörige zeitabhängige Schrödinger-Gleichung gelöst wurde. $K_0(b,a)$ lässt sich dann mittels Gl. (21.31) aus den zeitabhängigen Wellenfunktionen $\psi_0(x,t)$ berechnen.

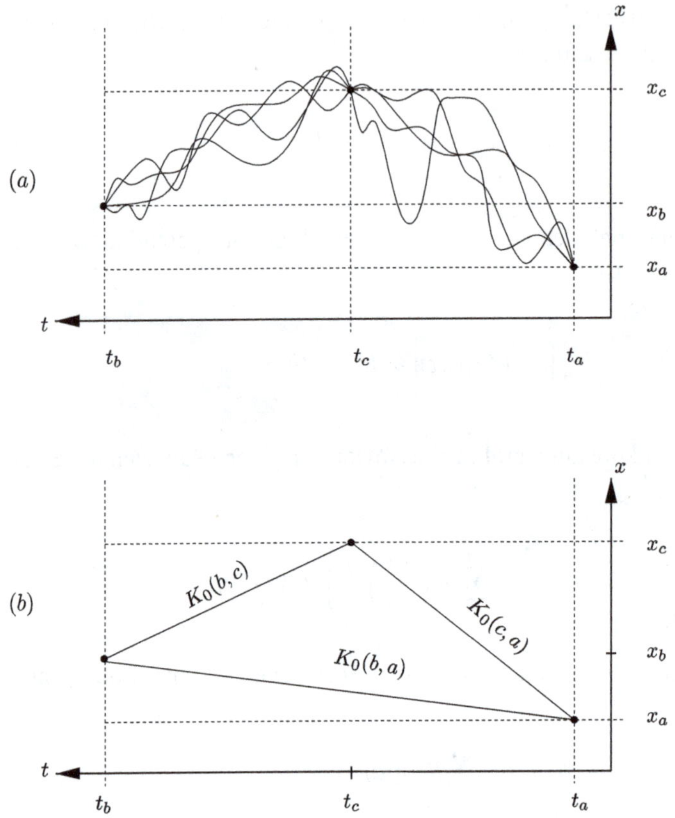

Abb. 21.3: (a) Illustration der Trajektorien, die in erster Ordnung Störungstheorie zum Propagator beitragen. Die δ-Funktion (21.59) schränkt das Funktionalintegral auf solche Trajektorien ein, die zum Zeitpunkt $t = t_c$ durch den Ort $x(t_c) = x_c$ laufen. (b) Grafische Illustration des Propagators in Störungstheorie nullter und erster Ordnung.

andeuten. Für die nachfolgenden Betrachtungen ist es zweckmäßig, die Trajektorienabhängigkeit aus dem Störpotential durch Einführung einer δ-Funktion zu eliminieren:

$$K_1(b,a) = -\frac{i}{\hbar}\int_{t_a}^{t_b} dt_c \int_{-\infty}^{\infty} dx_c\ V(x_c,t_c) \int_{x_a}^{x_b} \mathcal{D}x(t)\ e^{\frac{i}{\hbar}S_0[x](b,a)}\delta(x_c - x(t_c))\,. \tag{21.58}$$

Ohne die δ-Funktion wäre das Funktionalintegral gerade die ungestörte Übergangsamplitude $K_0(b,a)$. Die δ-Funktion bewirkt, dass nur Trajektorien beitragen, die zum Zeitpunkt $t = t_c$ durch den Ort $x(t_c) = x_c$ laufen, siehe Abb. 21.3. Unter Benutzung der ursprünglichen Definition des Pfadintegrals auf dem Zeitgitter (siehe Gl. (3.22) mit (3.8)) erkennt man, dass das durch die δ-Funktion eingeschränkte Funktionalintegral gerade das Produkt der Übergangsamplituden für die Ausbreitung von a nach c und anschließend von c nach b darstellt, d. h. es gilt:

$$\int_{x_a}^{x_b} \mathcal{D}x(t)\, e^{\frac{i}{\hbar}S_0[x](b,a)}\delta(x_c - x(t_c)) = K_0(b,c)K_0(c,a)\,. \tag{21.59}$$

Diese Beziehung lässt sich als „differentielle" Form des Zerlegungssatzes (3.4) interpretieren: Integrieren wir Gl. (21.59) über x_c, so liefert die linke Seite:

$$\int \mathcal{D}x(t)\, e^{\frac{i}{\hbar}S_0[x](b,a)} = K_0(b,a)$$

und wir erhalten den bekannten Zerlegungssatz für Übergangsamplituden:

$$K_0(b,a) = \int dx_c\, K_0(b,c)K_0(c,a)\,.$$

Mit der obigen Beziehung (21.59) finden wir für den Propagator in Störungstheorie erster Ordnung (21.58):

$$K_1(b,a) = -\frac{i}{\hbar}\int_{t_a}^{t_b} dt_c \int_{-\infty}^{\infty} dx_c\, K_0(b,c)V(x_c,t_c)K_0(c,a)\,. \tag{21.60}$$

Dieses Ergebnis lässt sich natürlich auch in der Operatorformulierung der Quantenmechanik im Schrödinger-Bild unter Benutzung des Zusammenhanges (21.28) ableiten. Der Vorteil der Funktionalintegralableitung besteht darin, dass wir mit dem klassischen Potential $V(x,t)$ arbeiten können und im Gegensatz zum Operatorformalismus kein Ordnungsproblem erhalten, das dadurch entsteht, dass die Störungen zu verschiedenen Zeiten i. A. nicht miteinander kommutieren.

21.5.2 Feynman-Diagramme

Die hier in der Pfadintegralformulierung gefundene Störentwicklung lässt sich sehr anschaulich grafisch interpretieren, siehe Abb. 21.3(b): In Störungstheorie nullter Ordnung bewegt sich das Teilchen ohne Einwirkung des Potentials von a nach b (beschrieben durch $K_0(b,a)$). In erster Ordnung der Störung, beschrieben durch $K_1(b,a)$, bewegt sich das Teilchen nach Gl. (21.60) zunächst ungestört von a nach c (beschrieben durch $K_0(c,a)$), wird dort einmal am Potential $V(c) = V(x_c,t_c)$ gestreut und bewegt sich dann ungestört von c nach b (beschrieben durch $K_0(b,c)$), wobei über alle Zwischenpunkte c, die in der Reichweite des Potentials liegen (für die also das Potential nicht verschwindet), summiert wird. Häufig wird $V(x,t)$ ein räumlich lokalisiertes zeitunabhängiges Potential sein, sodass nur seine räumliche Reichweite eingeschränkt ist.

Zur Berechnung des Terms n-ter Ordnung benutzen wir die Identität[9]

$$\frac{1}{n!}\left(\int_{t_a}^{t_b} dt\, V(x(t),t)\right)^n = \int_{t_a}^{t_b} dt_n\, V(x_n,t_n) \int_{t_a}^{t_n} dt_{n-1}\, V(x_{n-1},t_{n-1})\cdots \int_{t_a}^{t_2} dt_1\, V(x_1,t_1)\,, \tag{21.61}$$

wobei wir die Abkürzung $x(t_k) = x_k$ benutzt haben. Es sei darauf hingewiesen, dass wir hier (im Gegensatz zu Gl. (21.55)) mit keinem Ordnungsproblem konfrontiert sind, da wir es hier mit den klassischen Potentialen $V(x,t)$ zu tun haben.

Unter Benutzung der obigen Identität lässt sich durch analoges Vorgehen wie bei der Ableitung von $K_1(b,a)$ (21.60) für die Korrektur n-ter Ordnung zum Propagator der folgende Ausdruck ableiten:

$$K_n(b,a) = \left(-\frac{i}{\hbar}\right)^n \int dc_n \cdots \int dc_1\, K_0(b,c_n)V(c_n)K_0(c_n,c_{n-1})V(c_{n-1})\ldots V(c_1)K_0(c_1,a)\,,$$

wobei

$$\int dc_k := \int_{t_a}^{t_{k+1}} dt_k \int_{-\infty}^{\infty} dx_k\,, \quad k = 1,\ldots,n\,.$$

Die Zeitintegration ist nach (21.61) auf

$$t_b \equiv t_{n+1} \geq t_n \geq t_{n-1} \geq \cdots \geq t_2 \geq t_1 \geq t_a$$

beschränkt. Analog zu $K_1(b,a)$ lässt sich auch dieser Term als n-fach-Streuung interpretieren. Damit erhalten wir für den Propagator die Reihenentwicklung

$$\boxed{\begin{aligned} K(b,a) &= K_0(b,a) - \frac{i}{\hbar}\int dc\, K_0(b,c)V(c)K_0(c,a) \\ &\quad + \left(-\frac{i}{\hbar}\right)^2 \int dc_2 \int dc_1\, K_0(b,c_2)V(c_2)K_0(c_2,c_1)V(c_1)K_0(c_1,a) \\ &\quad + \cdots \end{aligned}} \tag{21.62}$$

9 Gleichung (21.61) ist ein Spezialfall der Identität (21.55) für klassische (kommutierende) Potentiale, für welche sich das zeitgeordnete Produkt auf das gewöhnliche reduziert.

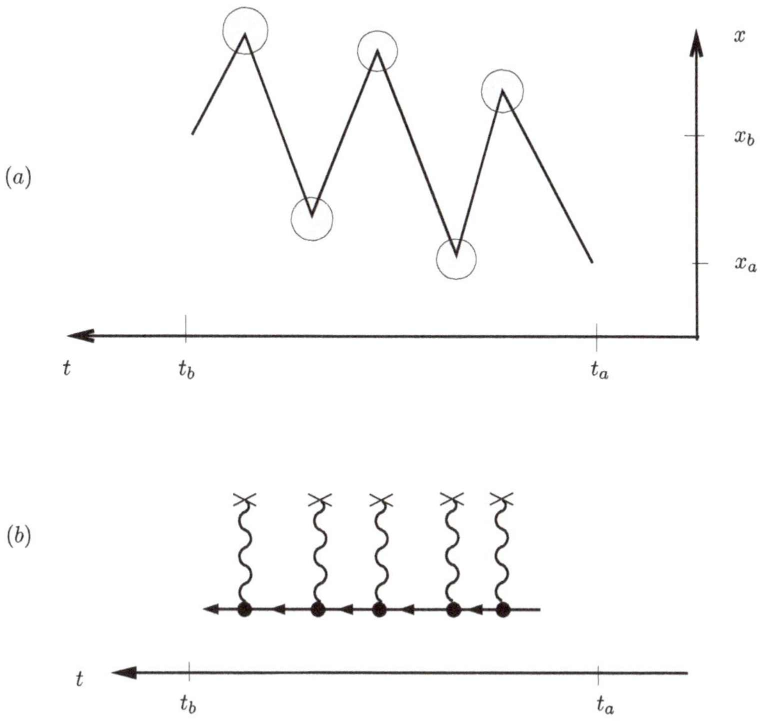

Abb. 21.4: Diagrammatische Darstellung der Störreihenentwicklung (21.62) des Propagators. Dargestellt ist der Term fünfter Ordnung. (a) Schematische Darstellung als Mehrfachstreuung des Teilchens am Störpotential V, dessen Wirkungsgebiet durch offene Kreise illustriert ist. Durch Projektion dieser Darstellung auf die Zeitachse entsteht die Feynman-diagrammatische Darstellung der Abbildung (b).

Diese Reihe ist äquivalent zu der früher gefundenen Störreihenentwicklung des Zeitentwicklungsoperators (Neumann-Reihe, siehe Gl. (21.51)) und lässt sich grafisch als Vielfachstreuentwicklung im oben angegebenen Sinne interpretieren, siehe Abb. 21.4. Dabei hat es sich eingebürgert, nur die Zeitkoordinaten des Propagators anzugeben, von der Ortskoordinate aber zu abstrahieren. Eine dünne Linie repräsentiert den ungestörten Propagator, eine dicke Linie den exakten (gestörten) Propagator. Das Störpotential ist durch eine Wellenlinie mit einem Stern dargestellt (siehe Abb. 21.5(a)), an die zwei (Propagator-)Linien angreifen. Die bei der grafischen Darstellung der Störreihe (21.62) entstehenden Bilder werden als *Feynman-Graphen* oder *Feynman-Diagramme* bezeichnet. (R. FEYNMAN war der Erste, der auf diese Weise die Störreihe grafisch illustrierte.)

Die Störreihe (21.62) lässt sich formal zu der folgenden Integralgleichung für den exakten Propagator aufsummieren:

$$\boxed{K(b,a) = K_0(b,a) - \frac{i}{\hbar}\int dc\, K_0(b,c)V(c)K(c,a)\,,} \tag{21.63}$$

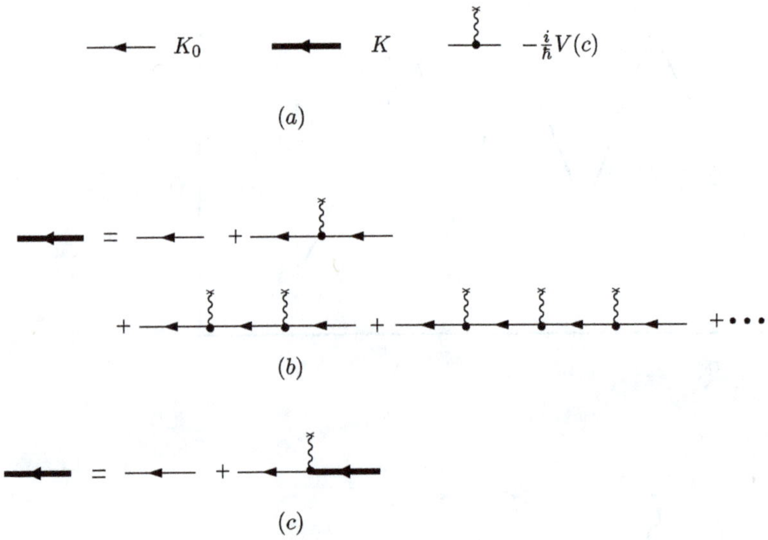

Abb. 21.5: (a) Basiselemente der Feynman-Diagramme für eine Punktmasse in einem Potential $V(c) \equiv V(x_c, t_c)$. Feynman-diagrammatische Darstellung (b) der Störentwicklung (21.62) und (c) der Dyson-Gleichung (21.63) des quantenmechanischen Propagators einer Punktmasse.

die als *Dyson-Gleichung* bezeichnet wird und die in Abb. 21.5(c) gegebene grafische Darstellung besitzt. Durch Iteration dieser Gleichung erzeugt man in der Tat sofort die gesamte Störreihe (21.62). Dies lässt sich unmittelbar an der Feynman-diagrammatischen Darstellung ablesen.

---

i Gl. (21.63) ist nichts weiter als die Ortsdarstellung der Integralgleichung (21.50) für den Zeitentwicklungsoperator. Mit der Definition des Wechselwirkungsbildes (21.45) und (21.40) lautet Gl. (21.50)

$$U_0^\dagger(t,t_0)U(t,t_0) = \hat{1} - \frac{i}{\hbar}\int_{t_0}^{t} dt' U_0^\dagger(t',t_0)V(t')U_0(t',t_0)U_0^\dagger(t',t_0)U(t',t_0).$$

Multiplizieren wir diese Gleichung mit $U_0(t,t_0)$ und benutzen die Unitarität dieses Operators sowie Gl. (21.4), so folgt

$$U(t,t_0) = U_0(t,t_0) - \frac{i}{\hbar}\int_{t_0}^{t} dt' U_0(t,t')V(t')U(t',t_0).$$

Schreiben wir diese Gleichung in der Ortsdarstellung auf und setzen rechts und links von $V(t)$ den Einheitsoperator in der Ortsdarstellung

$$1 = \int dx |x\rangle\langle x|$$

ein und beachten, dass

$$\langle x|V(t)|x'\rangle = \delta\big(x-x'\big)V(x,t)\,,$$

so erhalten wir

$$\langle x_b|U(t,t_0)|x_a\rangle = \langle x_b|U_0(t,t_0)|x_a\rangle - \frac{i}{\hbar}\int_{t_0}^{t} dt' \int dx_c\, \langle x_a|U_0\big(t,t'\big)|x_c\rangle \times V\big(x_c,t'\big)\langle x_c|U\big(t',t_0\big)|x_a\rangle\,.$$

Mit (21.28) folgt hieraus die Dyson-Gleichung (21.63).

Die oben im Rahmen des Funktionalintegralzuganges entwickelte grafische Störungstheorie lässt sich direkt auf kompliziertere Systeme verallgemeinern. Sie bildet die Grundlage der Feynman-diagrammatischen Störentwicklungen in der Quantenfeldtheorie sowie in der Thermodynamik von Vielteilchensystemen.

21.6 Systeme in zeitabhängigen äußeren Feldern

Im Folgenden betrachten wir quantenmechanische Systeme, die sich in einem äußeren zeitabhängigen Feld befinden. Diese Art von Problemstellung tritt bei fast allen Messprozessen in atomaren Systemen auf. Als typisches Beispiel sei ein Atom in einem von außen angelegten elektromagnetischen Feld genannt. Wir interessieren uns für den Einfluss des äußeren Feldes auf das quantenmechanische System. Das isolierte System werde durch einen (zeitunabhängigen) Hamilton-Operator H_0, das äußere Feld durch ein zeitabhängiges Potential $V(t)$ beschrieben. Bei Abwesenheit von äußeren Feldern wird sich das isolierte Quantensystem in seinem Grundzustand befinden. Durch Einschalten des äußeren Feldes kann Energie in das Quantensystem gepumpt werden und dieses aus dem Grundzustand in energetisch höher liegende Eigenzustände von H_0 angeregt werden. Ziel unserer Untersuchungen wird es sein, die Wahrscheinlichkeit für diese Anregung als Funktion der Zeit zu berechnen.

21.6.1 Übergänge infolge einer äußeren Störung

Wir nehmen an, dass das durch $V(t)$ gestörte System so präpariert ist, dass es sich zur Zeit $t = t_0$ in einem Eigenzustand $|m\rangle$ des ungestörten Hamilton-Operators H_0 befindet:

$$H_0|m\rangle = E_m|m\rangle\,.$$

Bei Abwesenheit der Störung würde sich dieser Zustand in der Zeit wie

$$|m,t\rangle := U_0(t,t_0)|m\rangle$$

$$= e^{-\frac{i}{\hbar}E_m(t-t_0)}|m\rangle \qquad (21.64)$$

entwickeln, wobei offenbar $|m, t_0\rangle = |m\rangle$ gilt. Wegen der Störung $V(t)$ ist jedoch zu einem späteren Zeitpunkt $t > t_0$ das System i. A. nicht mehr im Zustand $|m, t\rangle$, sondern die Wellenfunktion des Systems (im Schrödinger-Bild) ist durch (vgl. Gl. (21.1))

$$|\psi_m(t)\rangle = U(t, t_0)|m, t_0\rangle$$

gegeben und stellt eine Überlagerung der zeitabhängigen Zustände (21.64) $|n, t\rangle$ dar,

$$|\psi_m(t)\rangle = \sum_n C_{nm}(t)|n, t\rangle\,,$$

die wegen der Unitarität von U_0 eine vollständige orthonormale Basis bilden:

$$\langle m, t|n, t\rangle = \langle m|n\rangle = \delta_{mn}\,.$$

Wir fragen nach der Wahrscheinlichkeit, mit der das System unter dem Einfluss der Störung $V(t)$ nach der Zeit $t - t_0$ aus dem Zustand $|m, t_0\rangle$ in den Zustand $|n, t\rangle$ übergegangen ist. Für diesen Prozess ist die Wahrscheinlichkeitsamplitude durch

$$\begin{aligned} C_{nm}(t) &= \langle n, t|\psi_m(t)\rangle \\ &= \langle n, t_0|U_0(t_0, t)U(t, t_0)|m, t_0\rangle \\ &= \langle n|U_W(t, t_0)|m\rangle \end{aligned} \qquad (21.65)$$

gegeben. Sie enthält allein den Wechselwirkungsanteil des Zeitentwicklungsoperators $U_W(t, t_0)$ und ist durch dessen Matrixelement in den ungestörten zeitunabhängigen Zuständen $|m\rangle$ gegeben. *Das Wechselwirkungsbild ist damit die geeignete Darstellung, um den Einfluss einer äußeren Störung zu beschreiben.*

Aus der Übergangsamplitude finden wir die Übergangswahrscheinlichkeit

$$\boxed{w_{m\to n}(t) = \left|C_{nm}(t)\right|^2 = \left|\langle n|U_W(t, t_0)|m\rangle\right|^2} \qquad (21.66)$$

und aus dieser die *Übergangsrate* (Übergangswahrscheinlichkeit pro Zeiteinheit)

$$\boxed{\Gamma_{m\to n}(t) = \frac{dw_{m\to n}(t)}{dt}\,.} \qquad (21.67)$$

Es ist diese Übergangsrate, die in den meisten Experimenten direkt gemessen wird, während die Übergangswahrscheinlichkeit erst durch Integration (Summation) der gemessenen Übergangsraten über ein endliches Zeitintervall erhalten wird.

21.6.2 Störreihe für die Übergangsamplitude

Setzen wir die in Abschnitt 21.4 gewonnene Störreihe für den Zeitentwicklungsoperator im Wechselwirkungsbild $U_W(t,t_0)$ in den Ausdruck (21.65) für die Übergangsamplitude ein, so erhalten wir für die Letztere ebenfalls eine Störreihenentwicklung, welche die Gestalt

$$\begin{aligned} C_{nm}(t) &= \langle n|U_W(t,t_0)|m\rangle \\ &= C^{(0)}_{nm}(t) + C^{(1)}_{nm}(t) + C^{(2)}_{nm}(t) + \cdots = \sum_{k=0}^{\infty} C^{(k)}_{nm}(t)\,, \\ C^{(k)}_{nm}(t) &= \langle n|\mathcal{U}^{(k)}_W(t,t_0)|m\rangle \end{aligned}$$

besitzt, wobei $\mathcal{U}^{(k)}_W(t,t_0)$ den k-ten Term (21.51) der Neumann-Reihe für $U_W(t,t_0)$ bezeichnet. Im Folgenden wollen wir die einzelnen Terme dieser Störreihe etwas genauer untersuchen. Der Term nullter Ordnung ist durch

$$C^{(0)}_{nm}(t) = \langle n|m\rangle = \delta_{nm}$$

gegeben. In dieser Ordnung, in der der Effekt der Störung völlig vernachlässigt wird, gibt es keine Übergänge, da die Eigenzustände des ungestörten Hamilton-Operators orthogonal sind. Für die Koeffizienten erster Ordnung finden wir:

$$\begin{aligned} C^{(1)}_{nm}(t) &= -\frac{i}{\hbar}\int_{t_0}^{t} dt'\;\langle n|V_W(t')|m\rangle \\ &= -\frac{i}{\hbar}\int_{t_0}^{t} dt'\;\langle n|U_0(t_0,t')V(t')U_0(t',t_0)|m\rangle \\ &= -\frac{i}{\hbar}\int_{t_0}^{t} dt'\;e^{i\omega_{nm}(t'-t_0)}V_{nm}(t')\,. \end{aligned} \tag{21.68}$$

Hierbei haben wir die Übergangsfrequenz

$$\omega_{nm} = \frac{E_n - E_m}{\hbar}\,,$$

sowie die abkürzende Schreibweise

$$V_{nm}(t) = \langle n|V(t)|m\rangle$$

für das Übergangsmatrixelement eingeführt. In dieser Ordnung gibt es offenbar nur dann eine von null verschiedene Übergangswahrscheinlichkeit zwischen den äußeren

Zuständen $|m\rangle$ und $|n\rangle$, wenn das Störpotential ein von null verschiedenes Matrixelement zwischen diesen beiden Zuständen besitzt. Die Störung induziert in diesem Falle einen direkten Übergang zwischen den beiden betrachteten Zuständen.

Falls das direkte Matrixelement des Störpotentials zwischen den betrachteten Zuständen verschwindet, sind dennoch indirekte Übergänge möglich, die durch die Koeffizienten höherer Ordnung beschrieben werden. Für den Koeffizienten zweiter Ordnung erhalten wir nach Einsetzen der Vollständigkeitsrelation (10.45):

$$
\begin{aligned}
C_{nm}^{(2)}(t) &= \left(-\frac{i}{\hbar}\right)^2 \int_{t_0}^{t} dt_1 \int_{t_0}^{t_1} dt_2 \sum_k \langle n|V_W(t_1)|k\rangle\langle k|V_W(t_2)|m\rangle \\
&= \left(-\frac{i}{\hbar}\right)^2 \int_{t_0}^{t} dt_1 \int_{t_0}^{t_1} dt_2 \sum_k e^{i\omega_{nk}(t_1-t_0)+i\omega_{km}(t_2-t_0)} V_{nk}(t_1)V_{km}(t_2)\,.
\end{aligned}
$$

Diese Ordnung der Störungstheorie beschreibt den Übergang aus dem Zustand $|m\rangle$ in den Zustand $|n\rangle$ über einen Zwischenzustand $|k\rangle$. Im Gegensatz zu dem direkten Übergangsprozess, der durch die Störungstheorie erster Ordnung beschrieben wird, werden solche Prozesse als *indirekte Übergänge* bezeichnet. Ganz allgemein beschreibt die Störungstheorie k-ter Ordnung Prozesse, bei denen der Übergang aus dem Zustand $|m\rangle$ in den Zustand $|n\rangle$ über $(k-1)$ Zwischenzustände verläuft. Dies ist in Abb. 21.6 für die Prozesse nullter, erster, zweiter und dritter Ordnung illustriert.

Die gesuchte Übergangswahrscheinlichkeit (21.66) erhalten wir schließlich durch kohärente Summation der Störbeiträge zu den Übergangsamplituden:

$$
w_{m\to n} = \left|C_{nm}^{(0)} + C_{nm}^{(1)} + C_{nm}^{(2)} + \cdots\right|^2 .
$$

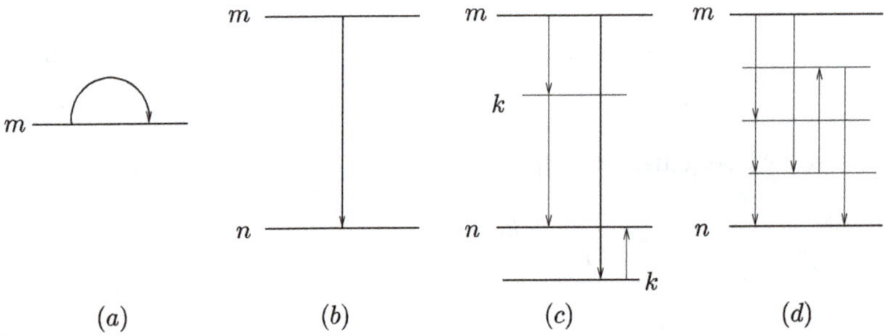

Abb. 21.6: Illustration der durch die Störung induzierten Übergänge zwischen den ungestörten Zuständen von H_0. (a) Kein Übergang zwischen verschiedenen Zuständen $|n\rangle$ und $|m\rangle \neq |n\rangle$ in nullter Ordnung, (b) direkter Übergang zwischen den Zuständen $|m\rangle$ und $|n\rangle$, der in der Störungstheorie erster Ordnung beschrieben wird. (c) und (d) zeigen die Prozesse zweiter bzw. dritter Ordnung, bei denen sich der Übergang über einen bzw. zwei Zwischenzustände vollzieht.

Dabei kann es zu Interferenzphänomenen zwischen den einzelnen Ordnungen der Störungstheorie kommen.

Abschließend sei bemerkt, dass die oben berechnete Größe $C_{mn}(t)$ die Wahrscheinlichkeitsamplitude für den Übergang zwischen den *ungestörten* Zuständen $|m\rangle$ und $|n\rangle$ von H_0 angibt. Zwischen den *exakten* Eigenzuständen von $H = H_0 + V$ (mit zeitunabhängigem V) gibt es natürlich ohne zusätzliche äußere Störung keine Übergänge.

21.7 Die Übergangswahrscheinlichkeit für charakteristische zeitabhängige Störungen

21.7.1 Zeitlich begrenzte Störung

Im Folgenden nehmen wir an, dass die äußere Störung $V(t)$ klein genug ist, sodass Störungstheorie erster Ordnung ausreichend ist. Die Übergangswahrscheinlichkeit (21.66) ist dann für $m \neq n$ mit (21.68) durch

$$w_{m\to n}(t) = \frac{1}{\hbar^2}\left|\int_{t_0}^{t} dt'\, e^{i\omega_{nm}(t'-t_0)} V_{nm}(t')\right|^2 \tag{21.69}$$

gegeben. Die Gültigkeit dieser Formel setzt voraus, dass entweder der Betrag von $V_{nm}(t)$ oder die Zeitdauer, über die $V(t)$ wirkt, klein sind. Ohne äußere Störung $V(t) = 0$ bleibt das System natürlich unendlich lange in dem ursprünglichen stationären Eigenzustand[10] $|m\rangle$.

Bei den meisten praktischen Anwendungen haben wir es mit einer zeitlich begrenzten Störung zu tun, d. h. die Störung wird zu einem Zeitpunkt $t = t_0$ eingeschaltet, wirkt über eine endliche Zeitdauer τ und verschwindet wieder für $t > t_0 + \tau$, siehe Abb. 21.7. Bei Ein- und Ausschalten der Störung ändert sich diese zwar abrupt, aber stetig. Bezüglich der Zeit t können wir drei Fälle unterscheiden:

1. $t < t_0$:
   In diesem Falle wirkt keine Störung und die Übergangswahrscheinlichkeit verschwindet.
2. $t_0 < t < t_0 + \tau$:
   Dies ist der interessanteste Fall, da hier die Übergangswahrscheinlichkeit zeitabhängig ist, d. h. von dem aktuellen Wert von t abhängt.
3. $t > t_0 + \tau$:
   Da die Störung für Zeiten $t > t_0 + \tau$ verschwindet, ändert sich die Übergangswahrscheinlichkeit $w_{m\to n}(t)$ für diese Zeiten nicht mehr.

---

10 Dies gilt zumindest im Rahmen der nichtrelativistischen Quantenmechanik. Wie jedoch in der Quantenfeldtheorie erklärt wird, gibt es immer Störungen (Quantenfluktuationen des Vakuums), die das System aus einem angeregten Zustand in den Grundzustand übergehen lassen (spontane Emission).

Das in dem Ausdruck (21.69) für die Übergangswahrscheinlichkeit auftretende Zeitintegral reduziert sich wegen $V_{nm}(t) = 0$ für $t > t_0 + \tau$ auf

$$\int_{t_0}^{t_0+\tau} dt'\, e^{i\omega_{nm}t'}\, V_{nm}(t') =: V_{nm}(\omega_{nm})$$

und definiert eine Funktion der Übergangsfrequenz ω_{nm}. Die konstante Phase $e^{-i\omega_{nm}t_0}$ fällt bei der Betragsbildung heraus. Im vorliegenden Fall können wir wegen des Verschwindens der Störung für $t < t_0$ und $t > t_0 + \tau$ die untere bzw. obere Integrationsgrenze nach $-\infty$ bzw. $+\infty$ verschieben. Die Frequenzfunktion $V(\omega_{nm})$ ist dann gerade die Fourier-Transformierte der zeitabhängigen Störung. Mittels der Fourier-Transformierten lässt sich der Ausdruck für die Übergangswahrscheinlichkeit in Störungstheorie erster Ordnung zu

$$\boxed{w^{(1)}_{m\to n} = \frac{1}{\hbar^2}\left|V_{nm}(\omega_{nm})\right|^2}$$

vereinfachen. In dieser Ordnung gibt es demnach zwischen zwei Zuständen m und n nur dann einen Übergang, wenn die Energiedifferenz

$$\omega_{nm} = \frac{E_n - E_m}{\hbar}$$

im Fourier-Spektrum der Störung enthalten ist, d. h. wenn $V_{nm}(\omega_{nm}) \neq 0$. Die Übergänge haben also in dieser Ordnung Resonanzcharakter.

21.7.2 Instantanes Ein- bzw. Ausschalten der Störung

Jeder realistische Ein- bzw. Ausschaltprozess dauert eine endliche Zeit τ_s, die sogenannte *Schaltzeit*, und hat den in Abb. 21.7(a) dargestellten qualitativen Verlauf. Die Schaltzeit ist eine Eigenschaft der Störung bzw. der Apparatur, mit der die Störung generiert wird, und ist deshalb unabhängig von dem zu messenden System, auf das die Störung einwirkt. Die *charakteristische Zeitskala* τ_c des ungestörten Systems ist die Zeit, welche das System benötigt, um einen Übergang zwischen den (ungestörten) Eigenzuständen zu vollziehen. Für Übergänge zwischen Zuständen mit Energieunterschied

$$\Delta E = \hbar\omega_{nm} = E_n - E_m$$

ist nach der Unschärferelation (11.14) die charakteristische Zeit τ_c durch

$$\tau_c \simeq \frac{\hbar}{\Delta E} = \frac{1}{\omega_{nm}} \tag{21.70}$$

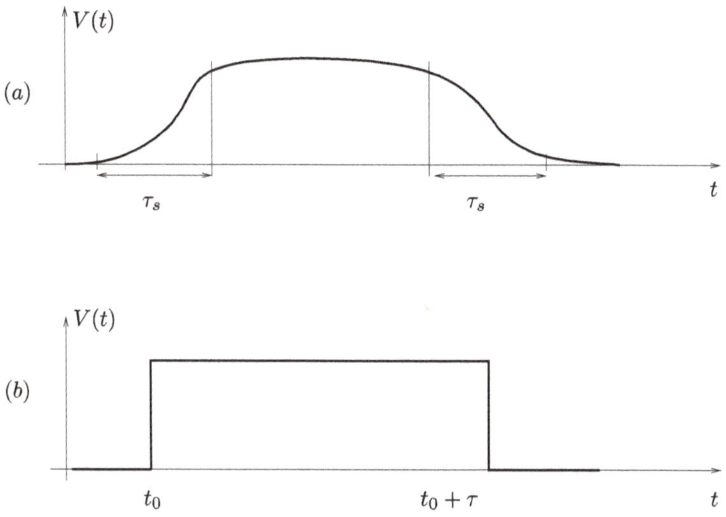

Abb. 21.7: Zeitverlauf eines (a) realistischen Schaltprozesses und (b) seiner mathematischen Idealisierung ($\tau_s \to 0$).

gegeben. In vielen praktischen Anwendungen ist die Schaltzeit τ_s klein gegenüber der charakteristischen Zeit τ_c des untersuchten Systems und wir können die mathematische Idealisierung $\tau_s \to 0$ vornehmen. Der Zeitverlauf der Störung eines solchen idealisierten Schaltprozesses ist in Abb. 21.7(b) dargestellt und besitzt die Form:

$$V(x,t) = V(x)\Theta(t - t_0)\Theta(t_0 + \tau - t)\,. \tag{21.71}$$

Die Störung wird hier instantan eingeschaltet, ist über eine Periode τ zeitlich konstant und wird danach wieder instantan abgeschaltet. Diese mathematische Idealisierung ist sehr gut realisiert, wenn Störung und gestörtes System zwei sehr verschiedene Zeitskalen besitzen. Als Beispiel sei hier der α-Zerfall erwähnt. Ein Atomkern emittiert ein α-Teilchen (^{4}He-Kern), was die Kernladungszahl um zwei verringert und somit die Elektronenhülle stört. Die Elektronen müssen sich an die neue Kernladungszahl (d. h. an das damit verknüpfte Coulomb-Potential) anpassen. Die dazu notwendige charakteristische Zeit ist sehr viel größer als die Dauer des α-Zerfalls. In der Tat sind die Anregungsenergien eines Nukleons im Atomkern von der Ordnung MeV, während die Anregungsenergien eines Elektrons in der Atomhülle im eV-Bereich liegen. Demzufolge laufen in einem Atom die Kernprozesse in Zeiten von der Ordnung

$$\tau_K \simeq \frac{\hbar}{1\,\mathrm{MeV}} \simeq \frac{200\,\mathrm{fm}}{c} \simeq 10^{-21}\,\mathrm{s}$$

ab, während die charakteristische Zeit für atomare Prozesse, d. h. für die Elektronenbewegung in der Hülle, von der Ordnung

$$\tau_A \simeq \frac{\hbar}{1\,\mathrm{eV}} \simeq 10^{-15}\,\mathrm{s}$$

ist. Beim α-Zerfall ist die Schaltzeit $\tau_s = \tau_K$ also sechs Größenordnungen kleiner als die charakteristische Zeit $\tau_c = \tau_A$, sodass dieser Prozess in sehr guter Näherung als eine instantane Störung der Elektronenhülle betrachtet werden kann.

Wie bereits oben allgemein festgestellt wurde, bleibt die Übergangswahrscheinlichkeit nach Abschalten der Störung zeitlich konstant. Wir beschränken uns deshalb auf eine Zeit t, zu der die Störung von null verschieden ist:

$$t_0 < t < t_0 + \tau\,.$$

Ohne Beschränkung der Allgemeinheit können wir den Anfangszeitpunkt $t_0 = 0$ setzen. Die durch die Störung (21.71) hervorgerufene Übergangswahrscheinlichkeit ist in Störungstheorie erster Ordnung nach (21.69) mit $t_0 = 0$, $t > 0$ durch

$$\begin{aligned} w_{m\to n}(t) &= \frac{1}{\hbar^2}\left|\int_0^t dt'\, e^{i\omega_{nm}t'}\, V_{nm}(t')\right|^2 \\ &= \frac{1}{\hbar^2}|V_{nm}|^2\left|\int_0^t dt'\, \Theta(\tau - t')e^{i\omega_{nm}t'}\right|^2 \\ &= \frac{1}{\hbar^2}|V_{nm}|^2\left[\Theta(\tau - t)\left|g_t(\omega_{nm})\right|^2 + \Theta(t-\tau)\left|g_\tau(\omega_{nm})\right|^2\right] \end{aligned} \tag{21.72}$$

gegeben, wobei

$$V_{nm} = \langle n|V(\hat{x})|m\rangle \tag{21.73}$$

zeitunabhängig ist (siehe Gl. (21.71)) und wir die Funktion

$$\begin{aligned} g_t(\omega) &= \int_0^t dt'\, e^{i\omega t'} = \frac{1}{i\omega}(e^{i\omega t} - 1) \\ &= \frac{1}{i\omega}[\cos(\omega t) - 1] + \frac{\sin(\omega t)}{\omega}\,, \end{aligned} \tag{21.74}$$

eingeführt haben. Für ihr Betragsquadrat erhalten wir

$$\begin{aligned} f_t(\omega) &:= \left|g_t(\omega)\right|^2 \\ &= \frac{[\cos(\omega t) - 1]^2 + \sin^2(\omega t)}{\omega^2} = 2\,\frac{1 - \cos(\omega t)}{\omega^2} \\ &= \frac{\sin^2(\omega t/2)}{(\omega/2)^2}\,. \end{aligned} \tag{21.75}$$

Die Übergangswahrscheinlichkeit $w_{m\to n}(t)$ (21.72) ist für $0 < t < \tau$

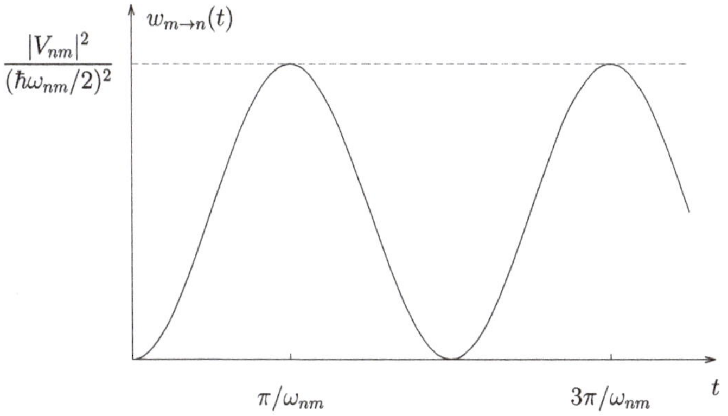

Abb. 21.8: Die Übergangswahrscheinlichkeit $w_{m\to n}(t)$ (21.76) als Funktion der Zeit t.

$$\omega_{m\to n}(t) = \frac{1}{\hbar^2}|V_{nm}|^2 f_t(\omega_{nm}) = \frac{1}{\hbar^2}|V_{nm}|^2 \frac{\sin^2(\omega_{nm}t/2)}{(\omega_{nm}/2)^2} \tag{21.76}$$

offensichtlich eine periodische Funktion der Zeit, siehe Abb. 21.8.

21.7.3 Die Übergangswarscheinlichkeit für große Zeiten

Wir wollen jetzt die Abhängigkeit der Übergangswahrscheinlichkeit von der Frequenz ω_{nm} etwas genauer untersuchen. Die Funktion $f_t(\omega)$ ist in Abb. 21.9 dargestellt. Sie besitzt ein ausgeprägtes Maximum bei $\omega = 0$, dessen Höhe durch t^2 gegeben ist und dessen Breite proportional zu $1/t$ ist. Ferner gilt die Beziehung (siehe Anhang A, Gl. (A.8)):

$$\lim_{t\to\infty} \frac{1}{t} f_t(\omega) = 2\pi\delta(\omega)\,. \tag{21.77}$$

Für Argumente $|\omega| > \frac{2\pi}{t}$ erreicht die Funktion $f_t(\omega)$ nur noch Werte, die sehr klein gegenüber dem Hauptmaximum $f_t(\omega = 0) = t^2$ sind. Die Übergangswahrscheinlichkeit zu einem festen Zeitpunkt t ist deshalb nur wesentlich von null verschieden für Frequenzen der Ordnung

$$|\omega_{nm}| \le \frac{2\pi}{t}\,.$$

Beachten wir, dass

$$\omega_{nm} = \frac{E_n - E_m}{\hbar} = \frac{\Delta E}{\hbar}$$

und dass wegen $t_0 = 0$ unsere Zeit t die Zeitdauer $\Delta t = t_0 + t - t_0 = t$ der Störung darstellt, so finden wir, dass im Wesentlichen nur Übergänge stattfinden, für die

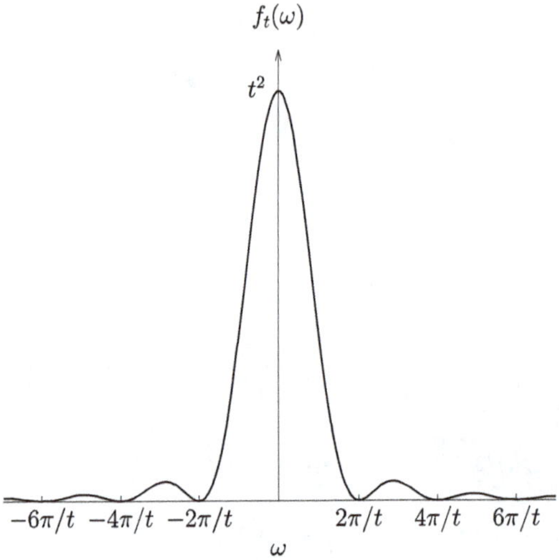

Abb. 21.9: Die Funktion $f_t(\omega)$ (21.75).

$$\Delta E\,\Delta t \lesssim \hbar{\cdot}2\pi$$

gilt. Andererseits gilt wegen der Unschärferelation (11.14):

$$\Delta E\,\Delta t \geq \frac{\hbar}{2},$$

sodass nach der Zeit $\Delta t = t$ nur Zustände mit Anregungsenergie

$$\Delta E \simeq \frac{\hbar}{t}$$

angeregt sind.

---

i Dieses Ergebnis hat eine sehr anschauliche Erklärung: Für $0 < t < \tau$ ($t_0 = 0$) hat die oben betrachtete Störung (21.71) die Form einer Stufenfunktion. Die Stufenfunktion besitzt beliebig hohe Fourier-Frequenzen (siehe Gl. (A.23)), d. h. durch das plötzliche Einschalten werden zunächst Zustände mit beliebig großer Anregungsenergie ΔE angeregt. Diese hoch angeregten Zustände verletzen jedoch sehr stark die Energieerhaltung und regen sich gemäß der Unschärferelation nach der Zeit $t \equiv \Delta t \simeq \hbar/\Delta E = 1/\omega_{mn}$ wieder ab. Das für $0 < t < \tau$ vorliegende konstante Störpotential regt für große $(\tau >)t \gg 1/\omega_{mn}$ jedoch praktisch keine Zustände mehr an, da für diese Zeiten seine Fourier-Transformierte nach (21.77) de facto durch $\delta(\omega_{mn})$ gegeben ist. Nach einer Zeit $t = \Delta t$ nach dem Einschalten sind deshalb nur noch Zustände mit der Energie $\Delta E = |E_n - E_m| \simeq \hbar/\Delta t$ angeregt. Je größer die Zeit $t = \Delta t$, umso weniger können sich deshalb die Energien der durch die Störung angeregten Zustände von der Energie des Anfangszustandes unterscheiden und für sehr große Zeiten $t = \Delta t(< \tau) \to \infty$ können nur Zustände mit $\Delta E = 0$, d. h. $E_n = E_m$ überleben. Für kleine Zeiten t hingegen ist die Verteilung $f_t(\omega)$ breit und Übergänge mit relativ großen Energieänderungen $\Delta E = \hbar\omega_{nm}$ können stattfinden, in Übereinstimmung mit der Unschärferelation.

Ist t groß gegenüber der charakteristischen Zeit τ_c (21.70), so können wir die für $t \to \infty$ gültige asymptotische Darstellung (21.77) benutzen und die stark lokalisierte Funktion $f_t(\omega)/2\pi t$ durch die δ-Funktion ersetzen. Für die Übergangswahrscheinlichkeit (21.76) erhalten wir dann:

$$w_{m\to n}(t) = t\frac{2\pi}{\hbar}|V_{nm}|^2\delta(E_n - E_m)\,. \tag{21.78}$$

Hierbei haben wir die Beziehung (A.11)

$$\delta(ax) = \frac{1}{|a|}\delta(x)$$

verwendet.

Für große t ist die Übergangswahrscheinlichkeit (21.78) proportional zur Zeitdauer der Störung, ein plausibles Ergebnis. Hieraus finden wir für die Übergangswahrscheinlichkeit pro Zeiteinheit, d. h. die Übergangsrate, siehe Gl. (21.67):

$$\boxed{\Gamma_{m\to n} = \frac{2\pi}{\hbar}|V_{nm}|^2\delta(E_n - E_m)\,.} \tag{21.79}$$

Diese Übergangsrate ist unabhängig von der Zeit. Wir betonen, dass dieser Ausdruck (genau wie derjenige für die Übergangswahrscheinlichkeit (21.78)) nur für große t gilt. Die δ-Funktion $\delta(E_n - E_m)$ drückt die Energieerhaltung beim Übergang $|m\rangle \to |n\rangle$ aus und ist eine Konsequenz des Limes $t \to \infty$. Für endliche Zeiten t hingegen erhalten wir anstatt der δ-Funktion die Funktion $f_t(\omega)/2\pi t$, die eine endliche Breite besitzt. Es sind dann auch Übergänge in Zuständen erlaubt, deren Energie sich von der des Anfangszustandes unterscheidet.

21.7.4 Fermi's Goldene Regel

Für entartete Systeme mit $E_n = E_m$ ist die obige Formel unmittelbar anwendbar. Sie ist jedoch wenig sinnvoll für Energien E_n, E_m aus dem diskreten Spektrum. Bei allen praktisch relevanten Problemen gehören jedoch entweder Anfangs- oder Endzustand oder beide zum kontinuierlichen oder nahezu kontinuierlichen Spektrum des ungestörten Hamilton-Operators[11] H_0. Zur Illustration betrachten wir einige Beispiele:

1. *Elastische Streuung von Elektronen:*
   Wir betrachten die Streuung von Elektronen an einem lokalisierten Potential endlicher Reichweite, siehe Abb. 21.10. Anfangs- und Endzustände der Elektronen sind

11 Die gemessenen Spektrallinien werden gewöhnlich von bewegten Quellen ausgesandt. (Atome in einem Gas sind in Bewegung.) Durch die Bewegung kommt es zu einer sogenannten Doppler-Verschiebung, was zu einer „Ausschmierung" der Spektrallinien führt. Damit wird ein ursprünglich diskretes Spektrum quasikontinuierlich.

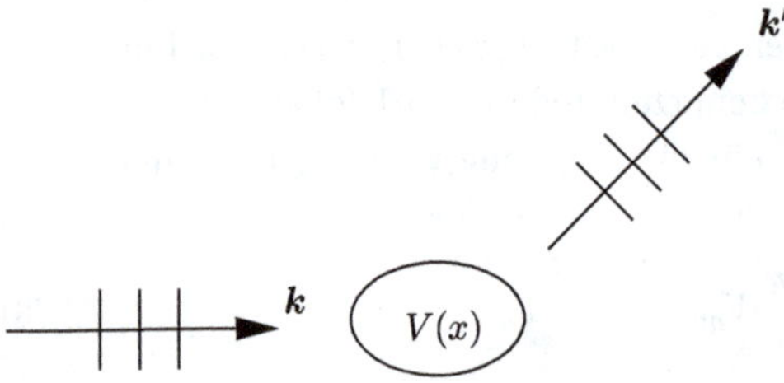

Abb. 21.10: Streuung von Elektronen an einem Potential endlicher Reichweite.

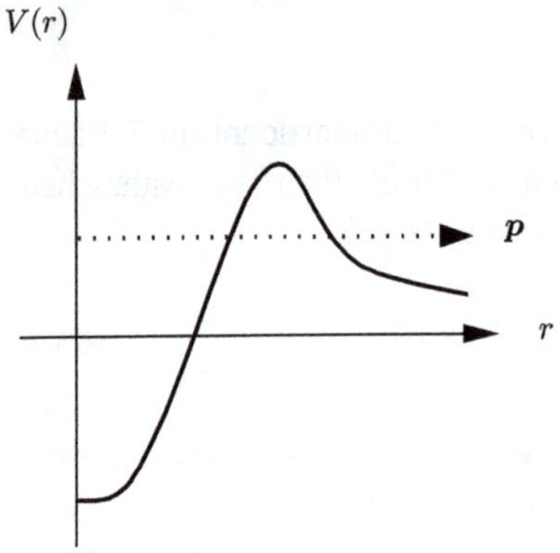

Abb. 21.11: Illustration des Potentials, das ein α-Teilchen im Atomkern spürt. Der kurzreichweitige anziehende Teil wird durch die Starke Wechselwirkung, der abstoßende langreichweitige Teil durch die Coulomb-Wechselwirkung hervorgerufen. Durch das Wechselspiel von Kernkräften und Coulomb-Wechselwirkung entsteht eine Potentialbarriere, die das α-Teilchen beim Zerfall durchtunnelt.

ebene Wellen mit den Wellenzahlen $\boldsymbol{k}$ bzw. $\boldsymbol{k}'$. Bei der elastischen Streuung (einfallendes und gestreutes Teilchen besitzen dieselbe Energie) haben die Wellenvektoren des Anfang- und Endzustandes gleiche Länge, $|\boldsymbol{k}| = |\boldsymbol{k}'|$, besitzen jedoch i. A. verschiedene Richtungen. Bei fest vorgegebenem Anfangsimpuls $\boldsymbol{k}$ kann die Richtung des Impulses der gestreuten Welle $\boldsymbol{k}'$ kontinuierlich auf der Kugeloberfläche variieren. Die Endstreuzustände sind damit entartet.

2. *Der α-Zerfall:*
   Der Atomkern zerfällt unter Aussendung eines α-Teilchens (^{4}He-Kern) in einen Kern mit einer um zwei Einheiten geringeren Kernladungszahl (siehe Abb. 21.11). Der Impuls des α-Teilchens ist kontinuierlich verteilt. Wir haben deshalb auch hier ein Kontinuum von Endzuständen.

Selbst wenn Anfangs- und Endzustand des gestörten Systems in einem diskreten Spektrum liegen, so können wir dennoch die einzelnen Zustände nicht auflösen, da jede Messapparatur nur ein endliches (begrenztes) Auflösungsvermögen besitzt. Wir können deshalb in einem Messprozess i. A. nur die Übergänge in eine Gruppe von Endzuständen

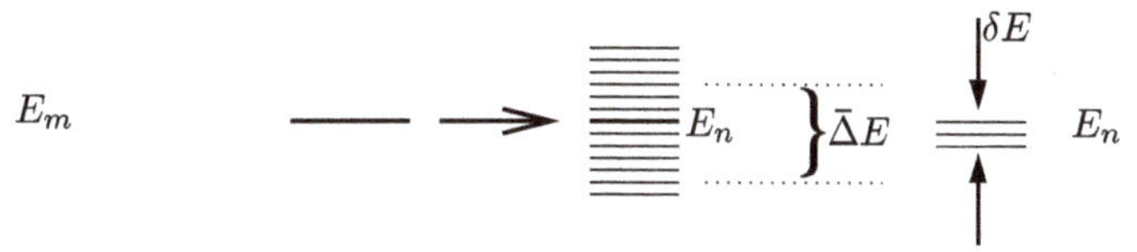

Abb. 21.12: Zur Ableitung von Fermi's Goldenen Regel: Gezeigt ist das Energieauflösungsvermögen $\bar{\Delta}E$ der Messapparatur, sowie der Niveauabstand δE im Spektrum des gestörten System.

erfassen, deren Energien in einem Intervall $\bar{\Delta}E$ liegen, welches das Auflösungsvermögen der Messapparatur charakterisiert,[12] siehe Abb. 21.12.

Wir sind deshalb nur an der Berechnung der Gesamtübergangsrate aus einem gegebenen Anfangszustand $|m\rangle$ in eine Gruppe von Endzuständen im Energieintervall $\bar{\Delta}E$ um eine Energie E_n,

$$\Gamma_m(\bar{\Delta}E) = \sum_{E_n \in \bar{\Delta}E} \Gamma_{m\to n} ,$$

interessiert, wobei $\Gamma_{m\to n}$ die oben berechnete Übergangsrate aus dem Zustand m in einen einzelnen Zustand n ist. Zur Ausführung der Summation ist es bequem, die *Niveaudichte* bzw. *Zustandsdichte* $\rho(E)$ einzuführen, welche durch

$$dN(E) = \rho(E)\, dE \equiv \frac{\partial N(E)}{\partial E}\, dE$$

definiert ist. Sie gibt die Anzahl der Zustände pro Energieintervall an. Mit der Definition der Niveaudichte können wir die Summation über die Endzustände durch ein Integral über das Energieintervall $\bar{\Delta}E$ ersetzen und erhalten für die Übergangsrate:

$$\Gamma_m(\bar{\Delta}E) = \int_{\bar{\Delta}E} dN(E_n)\, \Gamma_{m\to n} = \int_{\bar{\Delta}E} dE_n\, \rho(E_n)\Gamma_{m\to n} .$$

Der Einfachheit halber nehmen wir im Folgenden an, dass die Wechselwirkungsmatrixelemente V_{nm} in (21.79) für alle Zustände mit nahezu gleicher Energie E_n denselben Wert besitzen. Für alle Endzustände aus dem Intervall $\bar{\Delta}E$ haben wir dann das gleiche Störungsmatrixelement. Für die Gesamtübergangsamplitude erhalten wir damit:

$$\Gamma_m(\bar{\Delta}E) = \frac{2\pi}{\hbar}|V_{nm}|^2 \int_{\bar{\Delta}E} dE_n\, \rho(E_n)\, \delta(E_n - E_m) , \tag{21.80}$$

wobei voraussetzungsgemäß der Zustand $|n\rangle$ (mit Energie E_n), für den das Matrixelement V_{nm} der Störung genommen wird, im betrachteten Energieintervall $\bar{\Delta}E$ liegt.

12 Aus konzeptioneller Sicht stellt der Messprozess eine Störung des Systems dar. Wir können deshalb den Messapparat wie eine äußere Störung behandeln.

Aufgrund der δ-Funktion lässt sich nun die Integration über die Energie explizit ausführen. Falls die Anfangsenergie E_m im Intervall $\bar{\Delta}E$ um E_n liegt, d. h. die singuläre Stelle der δ-Funktion sich im Integrationsbereich befindet, erhalten wir:

$$\boxed{\Gamma_m = \frac{2\pi}{\hbar} |V_{nm}|^2 \rho(E_m)\,.} \tag{21.81}$$

Dieser Ausdruck für die Übergangsrate wird als *Fermi's Goldene Regel* bezeichnet. Er wurde jedoch zuerst von W. PAULI gefunden. Die Gesamtübergangsrate ist demnach umso größer, je größer das Wechselwirkungsmatrixelement der Störung V_{nm} und die Niveaudichte der Endzustände bei der Energie des Anfangszustandes ist. Fermi's Goldene Regel hat vielfältige experimentelle Bestätigung erfahren.

Abschließend wollen wir die Bedingungen für die Gültigkeit dieser Formel zusammenstellen. Bei der Ableitung von (21.81) wurden folgende Annahmen gemacht:

1. Instantanes Einschalten: Dazu muss die Einschaltzeit τ_s deutlich kleiner sein als die charakteristische Zeit $\tau_c \sim \hbar/(E_n - E_m)$ des gestörten Systems:
$$\tau_s \ll \tau_c\,.$$
2. Nach dem instantanen Einschalten wirkt die Störung zeitlich konstant über ein sehr großes Zeitintervall $t \to \infty$. Die Funktion $f_t(\omega)/2\pi t$ (21.75) wurde für große Zeiten t durch eine δ-Funktion ersetzt (siehe Gl. (21.77)). Für endliches t besitzt $f_t(\omega)$ die Breite $2\pi/t$ bzw. in Energieeinheiten $2\pi\hbar/t$. Damit diese Funktion durch die δ-Funktion ersetzt werden kann, muss ihre Breite kleiner sein als das Auflösungsvermögen der Messapparatur $\bar{\Delta}E$, d. h. die Breite $\bar{\Delta}E$ der Energieverteilung der Endzustände, über die wir in (21.80) mitteln, siehe Abb. 21.13. Daher erhalten wir die Bedingung
$$\bar{\Delta}E \gg \frac{2\pi\hbar}{t}\,.$$
3. Die zeitunabhängigen Matrixelemente V_{nm} (21.73) der Störung sind über das Energieintervall $\bar{\Delta}E$ energieunabhängig.
4. Damit das Spektrum der Endzustände als Kontinuum betrachtet werden kann und somit die Definition einer Niveaudichte $\rho(E)$ sinnvoll ist, müssen sehr viele Zustände des ungestörten Systems innerhalb der Breite $2\pi\hbar/t$ der Verteilung $f_t(\omega)$ liegen, d. h. für den mittleren Energieniveauabstand[13] δE muss gelten:
$$\frac{2\pi\hbar}{t} \gg \delta E\,,$$
siehe Abb. 21.13. Der mittlere Energieabstand δE definiert aber über

---

13 Der mittlere Niveauabstand δE bei der Energie E lässt sich über

$$\int\limits_E^{E+\delta E} dE'\,\rho(E') = 1$$

definieren.

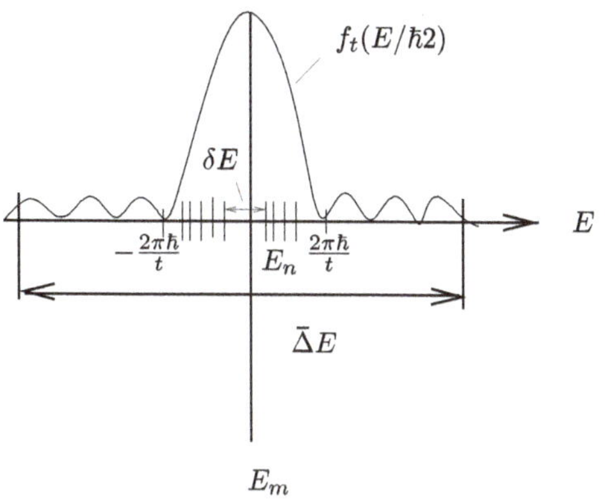

Abb. 21.13: Illustration der Bedingungen für die Anwendbarkeit von Fermi's Goldene Regel, siehe Text.

$$\frac{\hbar}{\delta E} \sim \tau_c$$

die charakteristische Zeit τ_c, sodass

$$t \ll \tau_c$$

gelten muss.

Aus 2) und 4) erhalten wir somit als Bedingung für die Anwendbarkeit von Fermi's Goldener Regel

$$\bar{\Delta}E \gg \frac{2\pi\hbar}{t} \gg \delta E \quad \text{bzw.} \quad \frac{2\pi\hbar}{\bar{\Delta}E} \ll t \ll \tau_c\,.$$

Die charakteristische Zeit der Messapparatur $2\pi\hbar/\bar{\Delta}E$ muss sehr klein gegenüber der Zeitdauer der Störung t sein, die wiederum klein gegenüber der charakteristischen Zeit des ungestörten Systems $2\pi\hbar/\delta E$ sein muss.

21.7.5 Periodische Störung

Bei vielen praktischen Anwendungen, insbesondere mit einem äußeren elektromagnetischen Feld, haben wir es häufig mit Störungen zu tun, die zur Zeit $t = 0$ eingeschaltet werden und eine periodische Zeitabhängigkeit besitzen. Eine solche Störung können wir nach Fourier-Zerlegung bezüglich der Zeit auf die Form

$$V(x,t) = \Theta(t)\big(V(x)e^{-i\omega t} + V^\dagger(x)e^{i\omega t}\big) \tag{21.82}$$

reduzieren, wobei $V(x)$ ein zeitunabhängiger Operator ist, der von der Koordinate des zu störenden Systems abhängen kann. Die Übergangsamplitude aus einem Zustand

m in einen Zustand n ist in Störungstheorie erster Ordnung nach Gl. (21.68) durch ($t_0 = 0$)

$$\begin{aligned} C_{nm}(t) &= -\frac{i}{\hbar}\int_0^t dt' \left[e^{i(\omega_{nm}-\omega)t'}\langle n|V|m\rangle + e^{i(\omega_{nm}+\omega)t'}\langle n|V^\dagger|m\rangle\right] \\ &= -\frac{i}{\hbar}[g_t(\omega_{nm}-\omega)V_{nm} + g_t(\omega_{nm}+\omega)V^*_{mn}] \\ &\equiv C^{(-)}_{nm}(t) + C^{(+)}_{nm}(t) \end{aligned} \tag{21.83}$$

gegeben. Hierbei ist $g_t(\omega)$ die in Gl. (21.74) eingeführte Funktion. Wie $f_t(\omega) = |g_t(\omega)|^2$ (21.75) ist $g_t(\omega)$ für große t bei $\omega = 0$ stark gepeakt, wobei die Breite des Peakes $2\pi/t$ beträgt. Ist die Übergangsfrequenz ω_{nm} größer als diese Peakbreite, siehe Abb. 21.14, so besitzen die beiden Funktionen

$$g_t(\omega_{nm} \mp \omega)\,,$$

die bei $\omega = \pm\omega_{nm}$ gepeakt sind, praktisch keinen Überlapp, sodass gilt:

$$\left|C_{nm}(t)\right|^2 \simeq \left|C^{(-)}_{nm}(t)\right|^2 + \left|C^{(+)}_{nm}(t)\right|^2.$$

Wegen des verschwindenden Überlapps gibt es keine Interferenz zwischen der Störung mit positiver und negativer Frequenz. Für die Übergangswahrscheinlichkeit finden wir deshalb aus (21.83)

$$\begin{aligned} w_{m\to n} &= \left|C_{nm}(t)\right|^2 = \frac{1}{\hbar^2}|V_{nm}|^2\left(\left|g_t(\omega_{nm}-\omega)\right|^2 + \left|g_t(\omega_{nm}+\omega)\right|^2\right) \\ &= \frac{1}{\hbar^2}|V_{nm}|^2[f_t(\omega_{nm}-\omega) + f_t(\omega_{nm}+\omega)]\,. \end{aligned}$$

Ersetzen wir hier die Funktion $f_t(\omega)$ für große t wieder durch ihren asymptotischen Wert (21.77) $2\pi t\delta(\omega)$,

$$w_{m\to n} = \frac{2\pi}{\hbar^2}t|V_{nm}|^2[\delta(\omega_{nm}-\omega) + \delta(\omega_{nm}+\omega)]\,,$$

und drücken hierin die Frequenzen durch die Energien aus, so erhalten wir schließlich für die Übergangsrate:

$$\Gamma_{m\to n} = \frac{2\pi}{\hbar}|V_{nm}|^2[\delta(E_n - E_m - \hbar\omega) + \delta(E_n - E_m + \hbar\omega)]\,. \tag{21.84}$$

Diese Größe ist zeitunabhängig und besitzt Resonanzcharakter, siehe Abb. 21.14: Eine periodische Störung (21.82) mit Frequenz ω bewirkt Übergänge in Zustände, deren Energien sich um $\pm\hbar\omega$ unterscheiden:

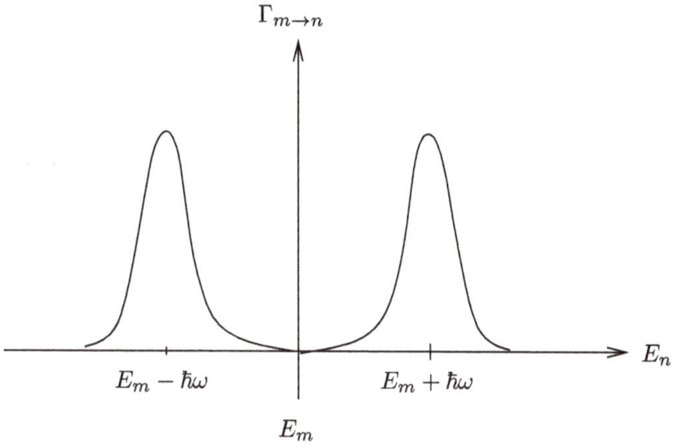

Abb. 21.14: Die Übergangsrate $\Gamma_{m\to n}$ (21.84) als Funktion der Energie E_n.

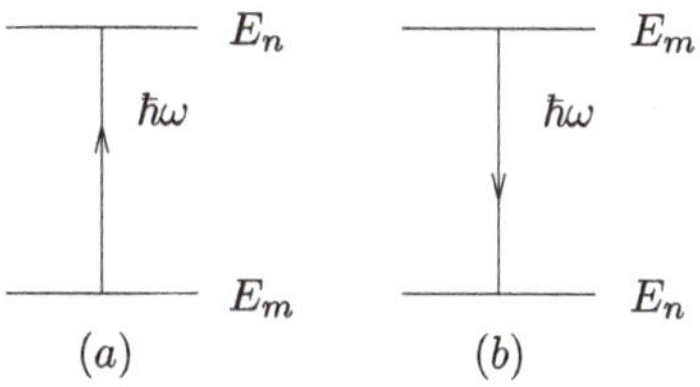

Abb. 21.15: (a) Absorption, (b) stimulierte Emission.

$$E_n = E_m \pm \hbar\omega\,. \tag{21.85}$$

Dabei ist $\hbar\omega$ offenbar die Energie, die durch die Störung in das System hinein- bzw. aus dem System herausgepumpt wird. Im Falle der Bestrahlung eines Atoms ist $\hbar\omega$ die Energie der Strahlung, d. h. des elektromagnetischen Feldes. Bringt die Störung Energie in das System hinein, d. h. wird das System angeregt (oberes Vorzeichen in Gl. (21.85)), so spricht man von *Absorption*. Wird hingegen durch die Störung dem System Energie entzogen, wobei das System sich abregt, sprechen wir von *stimulierter Emission*, siehe Abb. 21.15.

Der obige Ausdruck für die Übergangsrate wurde abgeleitet unter der Voraussetzung, dass die Zeitdauer der Störung t groß gegenüber der charakteristischen Zeit $2\pi/\omega_{nm}$ ist. Nur für solche Zeiten können wir die Funktion $f_t(\omega)$ durch eine δ-Funktion ersetzen, was auf die energieerhaltenden Übergänge führt. Für periodische Störungen, die nur über eine kurze Zeit wirken, werden die Abweichungen der Funktion $f_t(\omega)$ von der δ-Funktion wesentlich, und wir erhalten auch Übergänge, bei denen sich die Energie ändert.

21.8 Die Green'sche Funktion der Schrödinger-Gleichung

Green'sche Funktionen erlauben es sehr bequem, die Lösungen von linearen, inhomogenen Differentialgleichungen darzustellen. Im Folgenden betrachten wir die Green'sche Funktion der Schrödinger-Gleichung die wir bei der Entwicklung der Streutheorie benötigen.

21.8.1 Zeitabhängige und stationäre Green'sche Funktion

Aus mathematischer Sicht ist die zeitabhängige Schrödinger-Gleichung

$$\left(i\hbar\frac{d}{dt} - H\right)\psi(t) = 0$$

eine lineare homogene Differentialgleichung erster Ordnung bezüglich der Zeit. Die zugehörige Green'sche Funktion $G(t, t')$ ist als Lösung der Differentialgleichung mit einer δ-förmigen Inhomogenität

$$\boxed{\left(i\hbar\frac{d}{dt} - H\right)G(t,t') = \delta(t-t')} \tag{21.86}$$

definiert. Beachten wir, dass der Zeitentwicklungsoperator $U(t, t')$ der homogenen Gleichung

$$\left(i\hbar\frac{d}{dt} - H\right)U(t,t') = \hat{0}$$

genügt, so lautet die allgemeine Lösung der inhomogenen Gleichung (21.86)

$$G(t,t') = \frac{1}{\hbar}[-i(1-\alpha)\Theta(t-t') + i\alpha\Theta(t'-t)]U(t,t'), \tag{21.87}$$

wobei α ein beliebiger (reeller) Parameter ist, der durch die Randbedingungen an die Green'sche Funktion fixiert wird. Für die in Kapitel 22 zu entwickelnde Streutheorie sind zwei Spezialfälle der Green'schen Funktion relevant:

1. $\alpha = 0$: Dies liefert die *retardierte* oder *kausale* Green'sche Funktion

$$G^{(+)}(t,t') = -\frac{i}{\hbar}\Theta(t-t')U(t,t'),$$

welche nur für $t > t'$ von null verschieden ist. Sie beschreibt die Evolution des Quantensystems in positiver Zeitrichtung.

2. $\alpha = 1$: Dies liefert die *avancierte* oder *akausale* Green'sche Funktion

$$G^{(-)}(t,t') = \frac{i}{\hbar}\Theta(t'-t)U(t,t'),$$

welche nur für $t < t'$ von Null verschieden ist und die die Zeitentwicklung in die negative Zeitrichtung, d. h. von der Gegenwart in die Vergangenheit, beschreibt.

Für *zeitunabhängige* Hamilton-Operatoren kann die Green'sche Funktion $G(t,t')$ wegen der Homogenität der Zeit[14] nur von der Zeitdifferenz abhängen:

$$G(t,t') = G(t-t'),$$

was auch unmittelbar aus der expliziten Darstellung (21.87) ersichtlich ist, wenn man beachtet, dass für zeitunabhängige Hamilton-Operatoren der Zeitentwicklungsoperator durch

$$U(t,t') = e^{-\frac{i}{\hbar}H(t-t')}$$

gegeben ist. Es empfiehlt sich dann, eine Fourier-Transformation der Green'sche Funktion bezüglich der Zeit vorzunehmen:

$$G(E) = \int_{-\infty}^{\infty} d\tau\, e^{\frac{i}{\hbar}\tau E} G(\tau).$$

Unter Benutzung der Fourier-Darstellung der Θ-Funktion (siehe Gl. (A.23))

$$\Theta(\pm\tau) = \pm\lim_{\bar{\varepsilon}\to 0}\int_{-\infty}^{\infty}\frac{d\omega}{2\pi i}\frac{e^{i\omega\tau}}{\omega\mp i\bar{\varepsilon}} = \pm\lim_{\varepsilon\to 0}\hbar\int_{-\infty}^{\infty}\frac{d\omega}{2\pi i}\frac{e^{i\omega\tau}}{\hbar\omega\mp i\varepsilon}, \qquad \varepsilon = \hbar\bar{\varepsilon} \tag{21.88}$$

erhalten wir[15] mit $\tau := t - t'$:

$$\begin{aligned} G^{(\pm)}(E) &= -i\int_{-\infty}^{\infty} d\tau \int_{-\infty}^{\infty}\frac{d\omega}{2\pi i}\frac{e^{\frac{i}{\hbar}\tau(\hbar\omega+E-H)}}{\hbar\omega\mp i\varepsilon} \\ &\overset{(A.17)}{=} -\hbar\int_{-\infty}^{\infty} d\omega\,\frac{\delta(\hbar\omega+E-H)}{\hbar\omega\mp i\varepsilon} \end{aligned}$$

---

14 Homogenität der Zeit bedeutet, dass die physikalischen Gesetze invariant unter Zeittranslationen sind.

15 Im Folgenden werden wir nicht immer den Limes $\varepsilon \to 0$ explizit angeben, aber stets voraussetzen, dass er zu nehmen ist. Ferner werden wir in den formalen Manipulationen für const$\cdot\varepsilon$ mit const > 0 gewöhnlich nur ε schreiben. In dieser Notation ist es nicht notwendig, zwischen ε und $\bar{\varepsilon}$ zu unterscheiden, wie explizit in Gl. (21.88) getan.

$$= -\int_{-\infty}^{\infty} dE' \, \frac{\delta(E' + E - H)}{E' \mp i\varepsilon} \,,$$

bzw. nach Ausführen der verbleibenden Integration:

$$G^{(\pm)}(E) = \frac{1}{E - H \pm i\varepsilon} := (E - H \pm i\varepsilon)^{-1} \,. \tag{21.89}$$

Diese Energiedarstellung der Green'schen Funktion, die auch als *stationäre Green'sche Funktion* bezeichnet wird, werden wir des Öfteren, insbesondere bei der Entwicklung der Streutheorie, benutzen. Wie aus dieser Darstellung ersichtlich ist, folgt die *kausale* bzw. *akausale* Green'schen Funktion $G^{(\pm)}(E)$ aus der *Resolvente* des Operators H,

$$G(E) = \frac{1}{E - H} \,, \tag{21.90}$$

durch die Ersetzung:

$$\boxed{H \to H \mp i\varepsilon \,.} \tag{21.91}$$

Diese Ersetzung erlaubt es uns, auf einfache Weise kausale bzw. akausale Rndbedingungen zu implementieren, wovon wir später noch Gerauch machen werden.

Die normierten Eigenfunktionen des Hamilton-Operators H,

$$H|n\rangle = E_n|n\rangle \,,$$

bilden ein vollständiges Orthonormalsystem:

$$\langle n|m\rangle = \delta_{nm} \,, \quad \hat{1} = \sum_n |n\rangle\langle n| \,.$$

Multiplizieren wir die Green'sche Funktion von rechts und links mit der Vollständigkeitsrelation und benutzen die Eigenwertgleichung und Orthonormiertheit der Eigenfunktionen, so erhalten wir die Spektraldarstellung

$$G^{(\pm)}(E) = \sum_n |n\rangle \frac{1}{E - E_n \pm i\varepsilon} \langle n| \,,$$

oder im Ortsraum mit $\langle \boldsymbol{x}|n\rangle = \varphi_n(\boldsymbol{x})$:

$$G^{(\pm)}(\boldsymbol{x}, \boldsymbol{x}'; E) \equiv \langle \boldsymbol{x}|G^{(\pm)}(E)|\boldsymbol{x}'\rangle = \sum_n \varphi_n(\boldsymbol{x}) \frac{1}{E - E_n \pm i\varepsilon} \varphi_n^*(\boldsymbol{x}') \,.$$

21.8.2 Die Green'sche Funktion des freien Teilchens

Die Green'sche Funktion des freien Teilchens

$$\boxed{G_0^{(\pm)}(E) = \frac{1}{E - H_0 \pm i\varepsilon}, \quad H_0 = \frac{\hat{\boldsymbol{p}}^2}{2m},} \tag{21.92}$$

nimmt eine besonders einfache Form in der Impulsdarstellung an:

$$G_0^{(\pm)}(\boldsymbol{k}, \boldsymbol{k}'; E) \equiv \langle \boldsymbol{k} | G_0^{(\pm)}(E) | \boldsymbol{k}' \rangle = \frac{1}{E - E_k \pm i\varepsilon} \langle \boldsymbol{k} | \boldsymbol{k}' \rangle , \tag{21.93}$$

wobei

$$E_k = \frac{(\hbar k)^2}{2m} . \tag{21.94}$$

Für viele Anwendungen ist es bequem, die Green'sche Funktion in der Ortsdarstellung zu benutzen. Die Ortsraumdarstellung der (retardierten) Green'schen Funktion

$$G_0^{(+)}(\boldsymbol{x}, \boldsymbol{x}'; E) = \langle \boldsymbol{x} | G_0^{(+)}(E) | \boldsymbol{x}' \rangle$$

lässt sich aus ihrer Impulsraumdarstellung (21.93) durch Einfügen der Vollständigkeitsrelation (10.53)

$$\hat{1} = \int \frac{d^3k}{(2\pi)^3} \, |\boldsymbol{k}\rangle \langle \boldsymbol{k}| \tag{21.95}$$

gewinnen. Mit

$$\langle \boldsymbol{x} | \boldsymbol{k} \rangle = e^{i\boldsymbol{k}\cdot\boldsymbol{x}} , \quad \langle \boldsymbol{k} | \boldsymbol{k}' \rangle = (2\pi)^3 \delta(\boldsymbol{k} - \boldsymbol{k}')$$

erhalten wir:

$$\begin{aligned} G_0^{(+)}(\boldsymbol{x}, \boldsymbol{x}'; E) &= \int \frac{d^3k}{(2\pi)^3} \int \frac{d^3k'}{(2\pi)^3} \langle \boldsymbol{x} | \boldsymbol{k} \rangle \langle \boldsymbol{k} | G_0^{(+)}(E) | \boldsymbol{k}' \rangle \langle \boldsymbol{k}' | \boldsymbol{x}' \rangle \\ &= \int \frac{d^3k}{(2\pi)^3} e^{i\boldsymbol{k}\cdot(\boldsymbol{x}-\boldsymbol{x}')} \frac{1}{E - E_k + i\varepsilon} . \end{aligned}$$

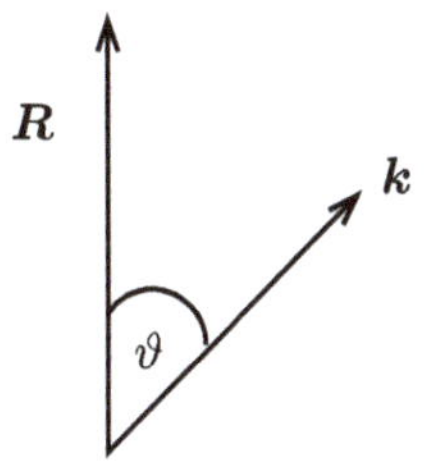

Das verbleibende Impulsintegral lässt sich elementar ausführen. Dazu gehen wir zu Kugelkoordinaten (k, ϑ, φ) im Impulsraum über und legen die Polarachse $(\vartheta = 0)$ in Richtung von $\boldsymbol{x} - \boldsymbol{x}' =: \boldsymbol{R}$ und erhalten mit $R = |\boldsymbol{R}|$:

$$G_0^{(+)}(\boldsymbol{x}, \boldsymbol{x}'; E) = \left(\frac{1}{2\pi}\right)^3 \int_0^{2\pi} d\varphi \int_0^{\pi} d\vartheta \, \sin\vartheta \int_0^{\infty} dk \, k^2 \frac{e^{ikR\cos\vartheta}}{E - E_k + i\varepsilon} .$$

Das φ-Integral ist trivial. Das ϑ-Integral liefert mit der Substitution $z = \cos\vartheta$:

$$\int_{-1}^{1} dz \, e^{ikRz} = \frac{e^{ikR} - e^{-ikR}}{ikR} .$$

Für die Green'schen Funktionen finden wir damit:

$$G_0^{(+)}(\boldsymbol{x}, \boldsymbol{x}'; E) = \left(\frac{1}{2\pi}\right)^2 \frac{1}{iR} \left[\int_0^{\infty} dk \, k \frac{e^{ikR}}{E - E_k + i\varepsilon} - \int_0^{\infty} dk \, k \frac{e^{-ikR}}{E - E_k + i\varepsilon} \right] .$$

Nehmen wir ferner im zweiten Integral eine Umbenennung der Integrationsvariable $k \to (-k)$ vor, so erhalten wir schließlich:

$$G_0^{(+)}(\boldsymbol{x}, \boldsymbol{x}'; E) = \left(\frac{1}{2\pi}\right)^2 \frac{1}{iR} \int_{-\infty}^{\infty} dk \, k \frac{e^{ikR}}{E - E_k + i\varepsilon} . \tag{21.96}$$

Das verbleibende k-Integral lässt sich mithilfe der Residuentheorie in der komplexen Ebene auswerten. Wegen $R > 0$ können wir den Integrationsweg in der oberen komplexen Halbebene schließen,

$$\int_{-\infty}^{\infty} dk \quad \longrightarrow \quad \oint dk ,$$

denn der Beitrag vom Integral über den Halbkreis verschwindet, da der Integrand für $k \to \infty$ auf dem Halbkreis verschwindet, siehe Abb. 21.16(a).

Die Pole der freien Green'schen Funktion liegen bei:

$$k = \pm(k_0 + i\varepsilon) , \quad k_0 = \frac{\sqrt{2mE}}{\hbar} \equiv k_0(E) . \tag{21.97}$$

Durch Partialbruchzerlegung

$$\begin{aligned} \frac{1}{E - E_k + i\varepsilon} &\equiv \frac{2m}{\hbar^2} \frac{1}{k_0^2 - k^2 + i\varepsilon} \\ &= \frac{2m}{\hbar^2} \frac{1}{2k} \left[\frac{1}{k_0 + i\varepsilon - k} - \frac{1}{k_0 + i\varepsilon + k} \right] \end{aligned}$$

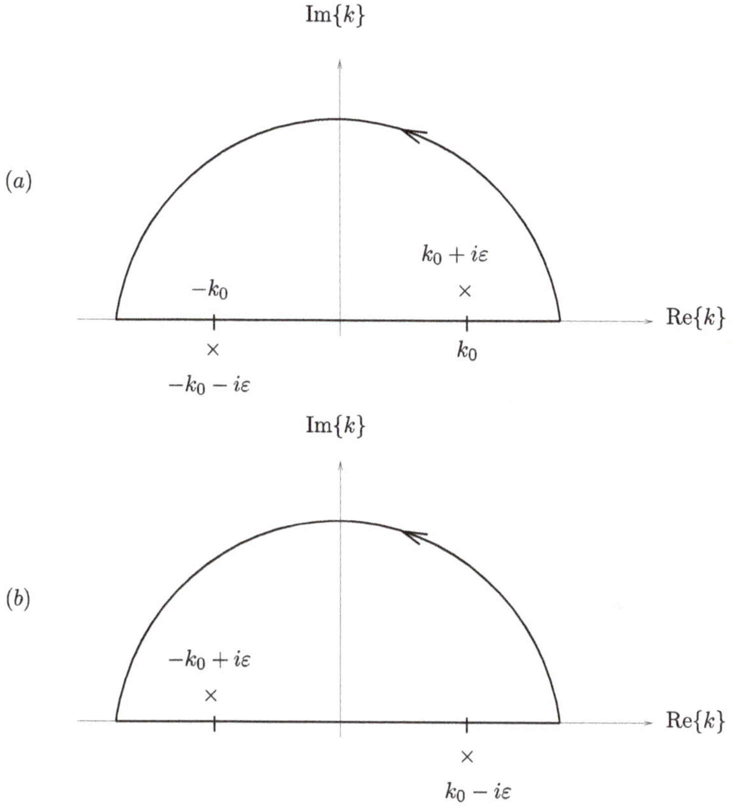

Abb. 21.16: Integrationsweg in der komplexen k-Ebene für die Berechnung der Green'schen Funktionen $G_0^{(\pm)}$. Die Kreuze (×) geben die Lage der Pole (a) für $G_0^{(+)}$ und (b) für $G_0^{(-)}$ an.

erhalten wir:

$$\oint\limits_{\frown} dk\, k \frac{e^{ikR}}{E - E_k + i\varepsilon} = \frac{m}{\hbar^2} \oint\limits_{\frown} dk \left(\frac{e^{ikR}}{k_0 + i\varepsilon - k} - \frac{e^{ikR}}{k_0 + i\varepsilon + k} \right). \tag{21.98}$$

Die verbleibenden Integrale werten wir mithilfe der Residuentheorie (*Cauchy'sche Integralformel* als Anwendung des *Residuensatzes*) aus,

$$\boxed{\oint_C \frac{dz\, f(z)}{z - z_0} = 2\pi i f(z_0)\,,}$$

wobei z_0 ein Punkt der komplexen Ebene im Inneren der geschlossenen Kurve C und f eine im eingeschlossenen Gebiet holomorphe Funktion ist. Es trägt nur der Pol oberhalb der reellen Achse (d. h. lediglich der erste Summand in (21.98)) zum Integral bei (siehe Abb. 21.16(a)) und wir erhalten schließlich im Limes $\varepsilon \to 0$ für $G_0^{(+)}$ (21.96) mit $R = |\mathbf{x} - \mathbf{x}'|$:

$$G_0^{(+)}(\mathbf{x}, \mathbf{x}'; E) = -\frac{m}{2\pi\hbar^2} \frac{e^{ik_0(E)|\mathbf{x}-\mathbf{x}'|}}{|\mathbf{x} - \mathbf{x}'|},$$

wobei $k_0(E)$ in (21.97) definiert ist. Für $E = E_k$ (21.94) haben wir $k_0(E_k) = k$ und erhalten:

$$\boxed{G_0^{(+)}(\mathbf{x}, \mathbf{x}'; E_k) = -\frac{2m}{\hbar^2} \frac{e^{ik|\mathbf{x}-\mathbf{x}'|}}{4\pi|\mathbf{x} - \mathbf{x}'|}, \quad E_k = \frac{(\hbar k)^2}{2m}.} \tag{21.99}$$

Die retardierte Green'sche Funktion stellt eine *auslaufende Kugelwelle* dar. In großen Entfernungen sieht die Kugelwelle lokal wie eine ebene Welle aus.

Durch analoge Rechnungen findet man die *avancierte* Green'sche Funktion. Die freie avancierte Green'sche Funktion $G_0^{(-)}(E)$ unterscheidet sich (im Impulsraum) von der retardierten $G_0^{(+)}(E)$ nur im Vorzeichen des Dämpfungsgliedes $i\varepsilon$, das die akausalen Randbedingungen festlegt (siehe Gl. (21.92)). Ersetzen von $i\varepsilon$ durch $(-i\varepsilon)$ in Gl. (21.96) liefert:

$$G_0^{(-)}(\mathbf{x}, \mathbf{x}'; E) = \left(\frac{1}{2\pi}\right)^2 \frac{1}{iR} \int_{-\infty}^{\infty} dk\, k \frac{e^{ikR}}{E - E_k - i\varepsilon}.$$

Dieses Integral lässt sich wieder durch Schließen des Integrationsweges im Komplexen (siehe Abb. 21.16(b)) mittels Residuentheorie berechnen, wobei die Pole jetzt bei (vgl. Gl. (21.97))

$$k = \pm(k_0 - i\varepsilon), \quad k_0 = \frac{\sqrt{2mE}}{\hbar} \equiv k_0(E)$$

liegen. Wir erhalten dann für die freie avancierte Green'sche Funktion eine *einlaufende Kugelwelle*:

$$\boxed{G_0^{(-)}(\mathbf{x}, \mathbf{x}'; E_k) = -\frac{2m}{\hbar^2} \frac{e^{-ik|\mathbf{x}-\mathbf{x}'|}}{4\pi|\mathbf{x} - \mathbf{x}'|}, \quad E_k = \frac{(\hbar k)^2}{2m}.}$$

Die beiden Green'schen Funktionen $G_0^{(\pm)}$ unterscheiden sich damit nur im Vorzeichen des Exponenten. Man beachte, dass

$$G_0^{(\pm)}(\mathbf{x}, \mathbf{x}'; E_k \equiv 0) \equiv -\langle \mathbf{x}|H_0^{-1}|\mathbf{x}'\rangle = -\left\langle \mathbf{x}\middle|\left(-\frac{\hbar^2}{2m}\triangle\right)^{-1}\middle|\mathbf{x}'\right\rangle,$$

woraus die bekannte Green'sche Funktion des Laplace-Operators Δ folgt

$$\boxed{\langle \mathbf{x}|(-\triangle)^{-1}|\mathbf{x}'\rangle = \frac{1}{4\pi|\mathbf{x} - \mathbf{x}'|}.} \tag{21.100}$$

22 Streutheorie

Um die Struktur kleiner Objekte wie Mikroorganismen (z. B. Bakterien) zu untersuchen, betrachten wir diese unter einem Mikroskop. Das Prinzip des Mikroskopierens basiert auf der Streuung des Lichtes an dem zu untersuchenden Objekt: Licht fällt auf das zu untersuchende Objekt, wird an diesem gestreut und gelangt schließlich über ein System von optischen Linsen in unser Auge. Das gestreute Licht enthält die gesamte Information über die Struktur des zu untersuchenden Objektes. Das Linsensystem dient lediglich zur Vergrößerung, d. h. der „Spreizung" der gestreuten Lichtstrahlen, damit wir die in ihnen enthaltene Information mit unserem Auge auflösen, d. h. wahrnehmen können. Das Auflösungsvermögen eines Mikroskops wird bekanntlich durch die Wellenlänge des Lichtes begrenzt. Die Wellenlänge der benutzten Wellen muss klein gegenüber den Abmessungen der zu untersuchenden Objekte sein, da sonst Interferenzeffekte das Bild verwaschen.

Um die Struktur von sehr kleinen Objekten wie den Atomkernen oder den Elementarteilchen auflösen zu können, reichen Lichtwellen nicht mehr aus. Man benötigt dazu Wellen sehr viel kleinerer Wellenlängen, wie sie quantenmechanische Wellen hochenergetischer Teilchen besitzen. Aus diesem Grunde baut man gigantische Teilchenbeschleuniger, um Ionen, Atomkerne oder Elementarteilchen auf sehr hohe Energien zu beschleunigen und diese hochenergetischen Teilchen dann an den zu untersuchenden Mikroobjekten zu streuen. Vom konzeptionellen Standpunkt her sind diese Streuexperimente nichts weiter als Mikroskopieren mit sehr kurzwelligen Strahlen. Die meisten unserer Daten bzw. Informationen über den Aufbau von Atomkernen und Elementarteilchen sind aus Streuexperimenten gewonnen. Durch die Streuung von geladenen Teilchen (z. B. α-Teilchen, E. Rutherford 1900) wissen wir, dass Atome aus einem positiv geladenen Kern bestehen, der nahezu die gesamte Masse trägt und von Elektronen umgeben ist. Die Streuung von Elektronen oder Photonen (Röntgen-Strahlung) am Festkörper gibt Information über die räumliche Anordnung der Atome. Diese können z. B. periodische Strukturen (Kristalle) bilden. Durch Elektronenstreuung an Atomkernen bzw. Nukleonen lassen sich die Ladungsverteilungen dieser Objekte bestimmen. Dabei wurde gefunden, dass die Protonen und Neutronen keine „elementaren Teilchen" sind, sondern eine innere Struktur besitzen. Die Streuung von Protonen an Protonen oder schwereren Atomkernen gibt Aufschlüsse über die Form, Stärke und Reichweite der starken Wechselwirkung (Kernkräfte). Um die in den experimentellen Streudaten enthaltene Information zu extrahieren, benötigt man eine theoretische Analyse dieser Streuexperimente. Im Folgenden soll deshalb die Quantentheorie der Streuung behandelt werden.

https://doi.org/10.1515/9783111271507-002

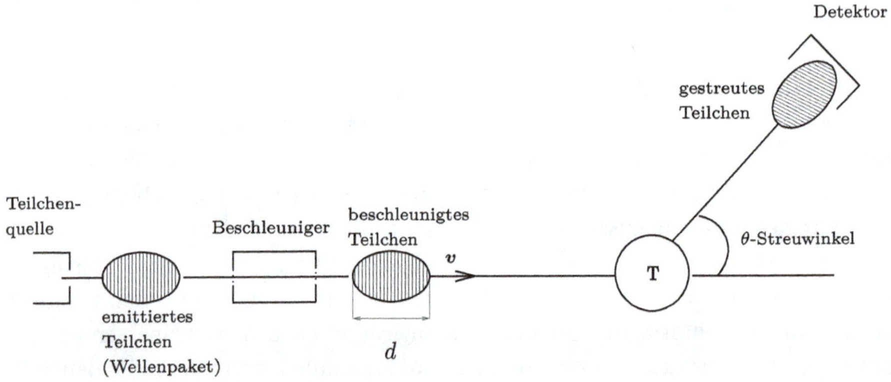

Abb. 22.1: Schematische Darstellung eines Streuexperimentes.

22.1 Der Streuprozess

Der prinzipielle Aufbau eines Streuprozesses ist in der Abb. 22.1 dargestellt. Eine Teilchenquelle, die z. B. bei Elektronen oder α-Teilchen durch eine radioaktive Substanz gegeben sein kann, emittiert Teilchen, die anschließend in einem Beschleuniger auf eine bestimmte Energie beschleunigt werden. Die Teilchen, welche die Quelle bzw. den Beschleuniger verlassen, repräsentieren Wellenpakete mit mittlerem Impuls p, die sich kräftefrei auf das Streuzentrum, das sogenannte *Target* („Zielscheibe"), zubewegen. Damit diese Teilchen einen einigermaßen gut definierten Impuls besitzen, muss die mittlere Wellenlänge λ klein gegenüber der räumlichen Ausdehnung d des Wellenpaketes sein: Ein wohl definierter Impuls verlangt, dass die Impulsunschärfe Δp klein gegenüber dem Impuls $p = k\hbar = 2\pi\hbar/\lambda$ ist. Die räumliche Ausdehnung d definiert die Ortsunschärfe $\Delta x \simeq d$ und aufgrund der Unschärferelation gilt:

$$\Delta p \gtrsim \frac{\hbar}{\Delta x} \simeq \frac{\hbar}{d} .$$

Daher finden wir:

$$\frac{\Delta p}{p} \gtrsim \frac{\hbar}{d} \frac{\lambda}{2\pi\hbar} \simeq \frac{\lambda}{d} ,$$

sodass ein wohl definierter Impuls $\Delta p/p \ll 1$ in der Tat $\lambda \ll d$ impliziert. Dennoch sollte das Wellenpaket hinreichend scharf gebündelt sein, damit das Teilchenbild noch realisiert ist. Am Target, welches durch ein zweites Teilchen gegeben sein kann, wird ein Teil des Wellenpaketes gestreut.

Bei der theoretischen Beschreibung des Streuprozesses werden wir voraussetzen, dass die Wechselwirkung zwischen einfallendem Teilchen und Streuzentrum eine relativ *kurze Reichweite* besitzt und durch ein (lokalisiertes und zeitunabhängiges) Potential

$V(\boldsymbol{x})$ beschrieben werden kann, das in diesem Zusammenhang als *Streupotential* bezeichnet wird. Letztere Annahme impliziert, dass das Target ruht und unendlich schwer ist, sodass kein Rückstoß entsteht. Für ein zeitunabhängiges Streupotential tritt wegen der Energieerhaltung nur *elastische Streuung* auf. Wir nennen ein Potential *kurzreichweitig*, wenn die Bedingung

$$\lim_{|\boldsymbol{x}|\to\infty} |\boldsymbol{x}|\,\big|V(\boldsymbol{x})\big| = 0 \tag{22.1}$$

erfüllt ist. Dazu ist offenbar erforderlich, dass das Potential $V(\boldsymbol{x})$ für $|\boldsymbol{x}| \to \infty$ schneller als $1/|\boldsymbol{x}|$ abfällt. Das Coulomb-Potential erfüllt offensichtlich diese Bedingung gerade *nicht*.

In Abb. 22.2 ist die räumliche Ausdehnung der Wellenfunktion in den einzelnen Phasen des Streuexperimentes schematisch dargestellt. Das gestreute Wellenpaket besteht i. A., ähnlich wie im eindimensionalen Fall (siehe Abschnitt 9.2), aus einem gestreuten und einem ungestreuten Anteil (Abb. 22.2(b)) und bewegt sich asymptotisch (d. h. in großen Entfernungen vom Streuzentrum) wieder wechselwirkungsfrei (Abb. 22.2(c)). Der gestreute Teil des Wellenpaketes wird dann von einem Detektor in großer Entfernung vom Streuzentrum unter einem Winkel (θ, ϕ), dem sogenannten *Streuwinkel*, relativ zur Richtung des einfallenden Wellenpaketes registriert (Abb. 22.2(d)). Die Wahrscheinlichkeit, dass ein Teilchen in dem Detektor unter dem Raumwinkel $d\Omega(\theta, \phi) = d\Omega(\hat{\boldsymbol{x}})$ nachgewiesen wird, ist durch

$$dw(\hat{\boldsymbol{x}}) = d\Omega \int_0^{R_D\to\infty} dr\, r^2 \big|\psi(\boldsymbol{x}, t\to\infty)\big|^2 , \qquad r = |\boldsymbol{x}| , \quad \hat{x} = \frac{\boldsymbol{x}}{r}$$

gegeben, wobei $\psi(\boldsymbol{x}, t)$ die Wellenfunktion bezeichnet und R_D der Abstand des Detektors vom Streuzentrum ist.[1] Spricht der Detektor auf ein Teilchen an, so findet durch diesen Messprozess eine Zustandsreduktion statt. Der nicht in $d\Omega(\theta, \phi)$ gestreute Teil der Wellenfunktion (bzw. des Wellenpaketes), der eine Alternative zur detektierten Streuung darstellt, wird dabei vernichtet. Hatte die Wellenfunktion vor Registrierung des Teilchens im Detektor die Gestalt

$$\psi = \psi_{d\Omega(\theta,\phi)} + \psi' ,$$

wobei ψ' der Teil der Wellenfunktion ist, der nicht in den Raumwinkel $d\Omega(\theta, \phi)$ gestreut wird, so ist nach Registrierung des Teilchens im Detektor unter dem Raumwinkel $d\Omega(\vartheta, \phi)$ die Wellenfunktion durch

---

1 Da der Abstand Detektor–Streuzentrum als sehr groß gegenüber der Ausdehnung des Streuzentrums vorausgesetzt wird, können wir $R_D \to \infty$ setzen. Dies bedingt formal auch eine unendlich große Flugzeit $t \to \infty$. Im realen Streuexperiment ist die Flugzeit jedoch endlich und (in Abhängigkeit von der Teilchenenergie) i. A. auch sehr kurz. Dennoch ist die Flugzeit sehr groß gegenüber der Zeit, die das gestreute Teilchen im Gebiet mit $V(\boldsymbol{x}) \neq 0$ verbringt.

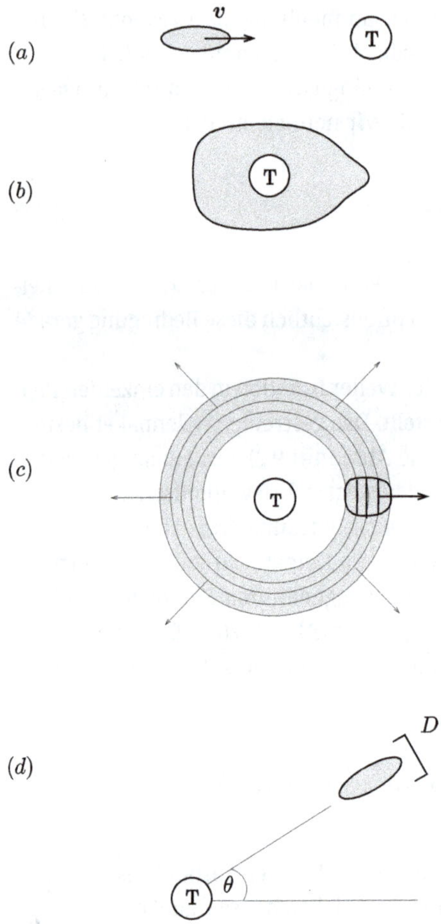

Abb. 22.2: Schematischer Ablauf des Streuprozesses: (a) einfallendes (ebenes) Wellenpaket, (b) eigentlicher Streuprozess: Wechselwirkung des eingelaufenen Wellenpakets mit dem Target (T), (c) Nach der Streuung: Überlagerung von durchlaufendem ebenen Wellenpaket und gestreutem kugelförmigen Wellenpaket. Wegen der Teilchenzahlerhaltung müssen einfallendes und gestreutes Wellenpaket *destruktiv* in Vorwärtsrichtung interferieren. (d) Detektierung (D) des gestreuten Teilchens (ebenes Wellenpaket).

$$\psi_{d\Omega(\theta,\phi)}$$

gegeben. Die durch die Teilchendetektierung erfolgte Zustandsreduktion $\psi \to \psi_{d\Omega(\theta,\phi)}$ ist eine Folge der Wechselwirkung des Teilchens mit dem Detektor, was ein allgemeines Charakteristikum eines quantenmechanischen Messprozesses ist und nicht Ergebnis des Streuprozesses.

In diesem Zusammenhang sei daran erinnert, dass das Wellenpaket zwar Lösung der freien zeitabhängigen Schrödinger-Gleichung, jedoch kein stationärer Eigenzustand von $H_0 = \boldsymbol{p}^2/2m$ ist, d. h. das Wellenpaket zerfließt auch bereits ohne Streupotential. Die

Flugzeit des Wellenpaketes darf deshalb nicht zu groß sein (d. h. seine Geschwindigkeit nicht zu klein), damit dieses Zerfließen vernachlässigt werden kann.

---

1. In einem Streuexperiment werden i. A. nicht einzelne Teilchen beschleunigt. Vielmehr fällt ein stetiger (oder gepulster) Teilchenstrom auf das Target. Die Teilchendichte in dem einfallenden Teilchenstrom muss so klein sein, dass deren Wechselwirkung untereinander vernachlässigt werden kann.
2. Damit eine Streuung (Störung) des Wellenpaketes stattfindet, muss seine transversale Ausdehnung in das Wirkungsgebiet des Potentials reichen (siehe Abb. 22.2(a)). Für zu große Stoßparameter b (siehe Abb. 22.4) überlappt das Wellenpaket nicht mehr mit dem Streupotential und es erfolgt keine Streuung.
3. Ein Target besteht i. A. aus vielen Atomen, die alle als Streuzentren fungieren. Zweckmäßigerweise werden deshalb gewöhnlich dünne Targets benutzt, sodass das einfallende Wellenpaket nur an einem einzelnen Atom gestreut wird (keine Mehrfachstreuung).
4. Der ungestört durchlaufende Teil und der in Vorwärtsrichtung gestreute Teil des Wellenpaketes lassen sich experimentell nicht trennen. Aus diesem Grunde muss ein Detektor unter hinreichend großem Winkel Θ aufgestellt werden, damit dieser durch den durchlaufenden Teil des Wellenpaketes nicht zerstört wird.

22.2 Streuung eines Wellenpaketes am Potential

Im Folgenden wollen wir die Streuung eines einzelnen Wellenpaketes beschreiben. Dazu müssen wir die zeitabhängige Schrödinger-Gleichung für das einfallende Wellenpaket bei Anwesenheit des Streupotentials lösen. Dies liefert uns dann ein dynamisches Bild des Streuprozesses, das die zeitliche Evolution des Wellenpaketes von der Quelle bis zum Detektor aufzeigt und in Abb. 22.2 schematisch dargestellt ist:

Zur Zeit $t_0 \to -\infty$ verlässt das einfallende Wellenpaket $\psi_0(\boldsymbol{x}, t)$ die Quelle bzw. den Beschleuniger. Das freie Wellenpaket $\psi_0(\boldsymbol{x}, t)$ zerlegen wir nach den Eigenzuständen $|\boldsymbol{k}\rangle$ des ungestörten Hamilton-Operators

$$H_0 = -\frac{\hbar^2}{2m}\Delta , \quad H_0|\boldsymbol{k}\rangle = E_k|\boldsymbol{k}\rangle , \quad E_k = \frac{\hbar^2 k^2}{2m} , \tag{22.2}$$

welche durch die ebenen Wellen

$$\langle \boldsymbol{x}|\boldsymbol{k}\rangle = e^{i\boldsymbol{k}\cdot\boldsymbol{x}}$$

gegeben sind:

$$|\psi_0(t)\rangle = \int \frac{d^3k}{(2\pi)^3}\, C(\boldsymbol{k}) e^{-\frac{i}{\hbar}E_k t}|\boldsymbol{k}\rangle . \tag{22.3}$$

Die Amplituden $C(\boldsymbol{k})$ sind bei dem Impuls $\hbar\boldsymbol{k} = \hbar\bar{\boldsymbol{k}}$ „gepeaked“, der durch die Gruppengeschwindigkeit (4.26) des Wellenpaketes

$$\boldsymbol{v}_g = \frac{\hbar\bar{\boldsymbol{k}}}{m}$$

gegeben ist. Das Wellenpaket $|\psi_0(t)\rangle$ (22.3) löst die zeitabhängige Schrödinger-Gleichung

$$i\hbar\frac{d}{dt}|\psi_0(t)\rangle = H_0|\psi_0(t)\rangle\,,$$

ist jedoch kein stationärer Eigenzustand zu H_0. Das Wellenpaket zerfließt deshalb selbst ohne äußere Störung. Dieses Zerfließen ist jedoch für die nachfolgenden Betrachtungen irrelevant.

Das Wellenpaket $|\psi_0(t)\rangle$ (22.3) repräsentiert den Anfangszustand des Streuprozesses:

$$\lim_{t_0\to-\infty}|\psi(t_0)\rangle = \lim_{t_0\to-\infty}|\psi_0(t_0)\rangle\,. \tag{22.4}$$

Die Veränderung der Wellenfunktion im Verlaufe des Streuprozesses wird durch die zeitabhängige Schrödinger-Gleichung

$$i\hbar\frac{d}{dt}|\psi(t)\rangle = H|\psi(t)\rangle$$

beschrieben. Hierbei ist

$$H = H_0 + V(x)$$

der vollständige Hamilton-Operator des Systems, der neben dem Operator der freien Bewegung H_0 auch das Streupotential $V(x)$ enthält, das die Wechselwirkung des einlaufenden Teilchens mit dem Streuzentrum repräsentiert.

Für ein *zeitunabhängiges* Streuzentrum ist die Lösung der zeitabhängigen Schrödinger-Gleichung durch

$$|\psi(t)\rangle = e^{-\frac{i}{\hbar}H(t-t_0)}|\psi(t_0)\rangle \tag{22.5}$$

gegeben. Der Streuzustand $|\psi(t)\rangle$, der sich aus dem für $t_0 \to -\infty$ vorgegebenen freien Wellenpaket $|\psi_0(t_0)\rangle$ entwickelt, muss der Randbedingung (22.4) genügen. Wir wählen deshalb in (22.5) $t_0 \to -\infty$ und erhalten nach Einsetzen der Randbedingung (22.4):

$$|\psi(t)\rangle = e^{-\frac{i}{\hbar}Ht}\lim_{t_0\to-\infty} e^{\frac{i}{\hbar}Ht_0}|\psi_0(t_0)\rangle\,. \tag{22.6}$$

Für $t_0 \to -\infty$ war das Wellenpaket $\psi_0(\boldsymbol{x}, t)$ in der Nähe der Quelle lokalisiert, wo das Streupotential verschwindet. Deshalb hat H auf $\psi_0(\boldsymbol{x}, t)$ asymptotisch (für $t_0 \to -\infty$) denselben Effekt wie H_0 und der Limes $t_0 \to -\infty$ existiert, da:

$$\begin{aligned}\lim_{t_0\to-\infty} e^{\frac{i}{\hbar}Ht_0}|\psi_0(t_0)\rangle &= \lim_{t_0\to-\infty} e^{\frac{i}{\hbar}H_0t_0}|\psi_0(t_0)\rangle\\ &= \lim_{t_0\to-\infty} e^{\frac{i}{\hbar}H_0t_0}e^{-\frac{i}{\hbar}H_0t_0}|\psi_0(0)\rangle = |\psi_0(0)\rangle\,.\end{aligned}$$

Setzen wir in (22.6) die Zerlegung (22.3) des Wellenpaketes $|\psi_0(t_0)\rangle$ ein, so erhalten wir für den Streuzustand:

$$|\psi(t)\rangle = e^{-\frac{i}{\hbar}Ht} \lim_{t_0\to-\infty} \int \frac{d^3k}{(2\pi)^3} C(\boldsymbol{k}) e^{-\frac{i}{\hbar}(E_k - H)t_0} |\boldsymbol{k}\rangle \,. \tag{22.7}$$

Aus der Tatsache, dass der Limes $t_0 \to -\infty$ für das gesamte (im Ortsraum lokalisierte) Wellenpaket $|\psi(t)\rangle$ existiert, kann noch nicht geschlossen werden, dass dieser Limes auch für eine einzelne (unendlich ausgedehnte) ebene Welle $|\boldsymbol{k}\rangle$ existiert. Im Abschnitt 22.3 wird sich jedoch zeigen, dass dies der Fall ist. Dann können wir den Grenzwert vor der Integration ausführen und der Streuzustand (Wellenpaket) $|\psi(t)\rangle$ (22.7) lässt sich in der Form

$$|\psi(t)\rangle = e^{-\frac{i}{\hbar}Ht} \int \frac{d^3k}{(2\pi)^3} C(\boldsymbol{k}) |\varphi_{\boldsymbol{k}}^{(+)}\rangle \tag{22.8}$$

schreiben, wobei

$$|\varphi_{\boldsymbol{k}}^{(+)}\rangle = \lim_{t_0\to-\infty} e^{-\frac{i}{\hbar}(E_k - H)t_0} |\boldsymbol{k}\rangle \,. \tag{22.9}$$

Für eine Funktion $f(t)$, für welche der Grenzwert $t \to -\infty$ existiert, kann dieser in der Form

$$\boxed{\lim_{t\to-\infty} f(t) = \lim_{\varepsilon\to 0} \varepsilon \int_{-\infty}^{0} dt'\, e^{\varepsilon t'} f(t') \,, \qquad \varepsilon > 0} \tag{22.10}$$

geschrieben werden, die als *Abel'scher Grenzwertsatz* bezeichnet wird. Zum Beweis bemerken wir, dass das Integral auf der rechten Seite dieser Gleichung nach Skalierung der Integrationsvariablen mit ε die Gestalt

$$\varepsilon \int_{-\infty}^{0} dt'\, e^{\varepsilon t'} f(t') = \int_{-\infty}^{0} dx\, e^x f\left(\frac{x}{\varepsilon}\right)$$

annimmt. Für alle $x < 0$ liefert der Limes $\varepsilon \to 0$:

$$\lim_{\varepsilon\to 0} f\left(\frac{x}{\varepsilon}\right) = f(-\infty) \,, \qquad x < 0 \,.$$

Den resultierenden Grenzwert $f(-\infty)$ können wir vor das Integral ziehen und erhalten mit

$$\int_{-\infty}^{0} dx\, e^x = 1$$

die gewünschte Beziehung (22.10). Mit dieser Darstellung des Grenzwertes $t_0 \to -\infty$ können wir den asymptotischen Zustand $|\varphi_{\boldsymbol{k}}^{(+)}\rangle$ (22.9) schreiben als:

$$|\varphi_{\boldsymbol{k}}^{(+)}\rangle = \lim_{\varepsilon\to 0} \frac{\varepsilon}{\hbar} \int_{-\infty}^{0} dt'\, e^{-\frac{i}{\hbar}(E_k - H + i\varepsilon)t'} |\boldsymbol{k}\rangle\,.$$

Im Folgenden wollen wir den hier erhaltenen Zustand $|\varphi_{\boldsymbol{k}}^{(+)}\rangle$ etwas genauer untersuchen. Nach Ausführen des Integrals nimmt dieser die Gestalt[2]

$$\boxed{|\varphi_{\boldsymbol{k}}^{(+)}\rangle = \lim_{\varepsilon\to 0} \frac{i\varepsilon}{E_k - H + i\varepsilon} |\boldsymbol{k}\rangle} \tag{22.11}$$

an. Aus dieser Darstellung erkennen wir sofort, dass bei Verschwinden des Streupotentials ($H = H_0$) dieser Zustand in die ebene Welle $|\boldsymbol{k}\rangle$ übergeht. Um Aufschluss über diesen Zustand bei Anwesenheit eines nichtverschwindenden Streupotentials zu erhalten, multiplizieren wir Gl. (22.11) mit $(E_k - H + i\varepsilon)$. Dies liefert:

$$\lim_{\varepsilon\to 0}(E_k - H + i\varepsilon)|\varphi_{\boldsymbol{k}}^{(+)}\rangle = \lim_{\varepsilon\to 0} i\varepsilon|\boldsymbol{k}\rangle \tag{22.12}$$

und nach Ausführung des Limes $\varepsilon \to 0$:

$$\boxed{H|\varphi_{\boldsymbol{k}}^{(+)}\rangle = E_k|\varphi_{\boldsymbol{k}}^{(+)}\rangle\,.} \tag{22.13}$$

Die Vektoren $|\varphi_{\boldsymbol{k}}^{(+)}\rangle$ sind also die stationären Eigenfunktionen des exakten Hamilton-Operators H zum selben kontinuierlichen Eigenwert

$$E_k = \frac{\hbar^2 k^2}{2m}$$

wie die ebene Welle $|\boldsymbol{k}\rangle$, die Eigenfunktion von H_0 ist, siehe Gl. (22.2). Dies ist nicht verwunderlich, da bei dem hier betrachteten zeitunabhängigen Streupotential die Energie erhalten bleibt und somit nur elastische Streuung stattfindet. Die $|\varphi_{\boldsymbol{k}}^{(+)}\rangle$ sind, wie die ebenen Wellen $|\boldsymbol{k}\rangle$, auf die δ-Funktion normiert, da nach Gl. (22.9) $|\varphi_{\boldsymbol{k}}^{(+)}\rangle$ sich nur durch eine unitäre (d. h. Norm erhaltende) Transformation[3] von $|\boldsymbol{k}\rangle$ unterscheidet:

$$\langle\varphi_{\boldsymbol{k}}^{(+)}|\varphi_{\boldsymbol{k}'}^{(+)}\rangle = \langle\boldsymbol{k}|\boldsymbol{k}'\rangle = (2\pi)^3\delta(\boldsymbol{k} - \boldsymbol{k}')\,.$$

Mit der Eigenwertgleichung (22.13), finden wir für den Streuzustand (22.8)

---

2 Der Superskript „(+)" bezieht sich auf das Vorzeichen von $i\varepsilon$ im Nenner.

3 Streng genommen ist diese Transformation nicht unitär, sondern nur *isometrisch*. Die Norm bleibt auch für isometrische Transformationen erhalten.

$$|\psi(t)\rangle = \int \frac{d^3k}{(2\pi)^3}\, C(\boldsymbol{k}) e^{-\frac{i}{\hbar}E_k t} |\varphi_{\boldsymbol{k}}^{(+)}\rangle \,. \tag{22.14}$$

Das gestreute Wellenpaket $|\psi(t)\rangle$ (22.14) ergibt sich durch Superposition der sich aus den „einfallenden Wellen"[4] $\langle \boldsymbol{x}|\boldsymbol{k}\rangle = e^{i\boldsymbol{k}\cdot\boldsymbol{x}}$ herausbildenden Streuwellen $|\varphi_{\boldsymbol{k}}^{(+)}\rangle$, u. z. mit denselben Amplituden $C(\boldsymbol{k})$, mit denen sich die ebenen Wellen $|\boldsymbol{k}\rangle$ zum ungestörten einfallenden Wellenpaket $|\psi_0(t)\rangle$ (22.3) überlagern.

Wegen der Linearität der quantenmechanischen Evolutionsgleichung (zeitabhängige Schrödinger-Gleichung) gilt das *Superpositionsprinzip*, und die Zustände mit verschiedenen Wellenvektoren $\boldsymbol{k}$ wechselwirken nicht miteinander. *Jede einzelne* $\boldsymbol{k}$*-Welle (*$\boldsymbol{k}$*-Komponente des Wellenpaketes) wird unabhängig von der Anwesenheit der übrigen* $\boldsymbol{k}$*-Komponenten gestreut.* Wir können deshalb auch statt der Streuung des gesamten Wellenpaketes die Streuung einer einzelnen Welle mit festem $\boldsymbol{k}$ betrachten. Dies ist Gegenstand der *stationären Streutheorie*, deren Ziel die Bestimmung der stationären Streuzustände $|\varphi_{\boldsymbol{k}}^{(+)}\rangle$ ist.

22.3 Stationäre Streutheorie: Die Lippmann-Schwinger-Gleichung

Im vorangegangenen Abschnitt haben wir die Streuung von Teilchen als einen zeitabhängigen Prozess behandelt, in dem wir die zeitliche Evolution der zu streuenden Teilchen (Wellenpakete) verfolgt haben. Diese Wellenpakete sind jedoch Überlagerungen von ebenen Wellen, die aufgrund des Superpositionsprinzips unabhängig voneinander am Streuzentrum gestreut werden. Es genügt deshalb, die Streuung einer einzelnen ebenen Welle $|\boldsymbol{k}\rangle$ zu betrachten, was wir im Folgenden tun wollen. Dies führt uns auf das folgende stationäre Bild des Streuprozesses:

Mit der aus dem Unendlichen einfallenden ebenen Welle $e^{i\boldsymbol{k}\cdot\boldsymbol{x}}$ ist ein stationärer Teilchenstrom verknüpft mit der Stromdichte

$$\boldsymbol{j} = \frac{\hbar\boldsymbol{k}}{m} \,.$$

Dieser einfallende Teilchenstrom wird durch die Wechselwirkung mit dem Streuzentrum in einen Strom auseinanderfliegender (gestreuter) Teilchen überführt. In großer Entfernung vom Streuzentrum wird der gestreute Teilchenstrom mittels eines Detektors registriert (siehe Abb. 22.1). Dieses stationäre Bild des Streuprozesses kommt auch der experimentellen Situation näher, wo gewöhnlich ein kontinuierlicher Teilchenstrom an einem Target gestreut wird.

Der Strom der gestreuten Teilchen lässt sich aus der Streuwellenfunktion $|\varphi_{\boldsymbol{k}}^{(+)}\rangle$ berechnen. Zur theoretischen Beschreibung des Streuexperimentes benötigen wir den

4 Der Kürze halber bezeichnen wir im Folgenden die ebenen Wellenkomponenten des einfallenden Wellenpaketes als „einfallende Wellen".

Strom der gestreuten Teilchen in großer Entfernung vom Streuzentrum als Funktion des einfallenden Teilchenstromes. Dazu müssen wir die stationäre Streufunktion $|\varphi_{\boldsymbol{k}}^{(+)}\rangle$ in großer Entfernung vom Streuzentrum bestimmen, was wir im Folgenden tun wollen.

Gleichung (22.11) gibt eine exakte Darstellung der Streuzustände $|\varphi_{\boldsymbol{k}}^{(+)}\rangle$. Zur Bestimmung von $|\varphi_{\boldsymbol{k}}^{(+)}\rangle$ in praktisch interessierenden Fällen ist diese Darstellung jedoch wenig hilfreich, da sie den i. A. nicht streng behandelbaren vollen Hamilton-Operator H im Nenner enthält. Um das Störpotential aus dem Nenner zu eliminieren, addieren wir eine Null auf der rechten Seite von Gl. (22.12),

$$o = (H_0 - E_k)|\boldsymbol{k}\rangle ,$$

und erhalten:

$$\lim_{\varepsilon\to 0}(E_k - H + i\varepsilon)|\varphi_{\boldsymbol{k}}^{(+)}\rangle = \lim_{\varepsilon\to 0}(E_k - H_0 + i\varepsilon)|\boldsymbol{k}\rangle .$$

Dividieren wir diese Gleichung durch $(E_k - H_0 + i\varepsilon)$ und benutzen die explizite Form des Hamilton-Operators $H = H_0 + V$, so finden wir

$$\lim_{\varepsilon\to 0}\left(1 - \frac{1}{E_k - H_0 + i\varepsilon}V\right)|\varphi_{\boldsymbol{k}}^{(+)}\rangle = |\boldsymbol{k}\rangle . \tag{22.15}$$

Der verbleibende Energienenner enthält nicht mehr das Störpotential und repräsentiert gerade die Fourier-Transformierte (bezüglich der Zeit) der retardierten Green'schen Funktion (21.92) des ungestörten Hamilton-Operators

$$G_0^{(+)}(E) = \lim_{\varepsilon\to 0}\frac{1}{E - H_0 + i\varepsilon} .$$

Mithilfe dieser Green'schen Funktion lässt sich die Gl. (22.15) schließlich schreiben als:

$$\boxed{|\varphi_{\boldsymbol{k}}^{(+)}\rangle = |\boldsymbol{k}\rangle + G_0^{(+)}(E_k)V|\varphi_{\boldsymbol{k}}^{(+)}\rangle .} \tag{22.16}$$

Diese Gleichung wird als *Lippmann-Schwinger-Gleichung* bezeichnet. Sie ist eine Integralgleichung für die gesuchte Streufunktion $|\varphi_{\boldsymbol{k}}^{(+)}\rangle$, wie wir weiter unten explizit sehen werden, und sie besitzt eine ähnliche Struktur wie die Dyson-Gleichung (21.63) für den Propagator $K(b, a)$. Während wir die Dyson-Gleichung in Abschnitt 21.5 in der Ort-Zeit-Darstellung kennengelernt haben, ist die Lippmann-Schwinger-Gleichung darstellungsunabhängig aufgeschrieben. Die strukturelle Ähnlichkeit beider Gleichungen ist nicht verwunderlich, da beide aus der zeitabhängigen Schrödinger-Gleichung folgen. *In die Lippmann-Schwinger-Gleichung wurde lediglich die beim Streuexperiment für $t_0 \to -\infty$ vorliegende Anfangsbedingung (22.4) eingearbeitet. Sie liefert deshalb spezielle Lösungen der Schrödinger-Gleichung, die einen Streuprozess beschreiben.* Wie bei der Dyson-Gleichung lässt sich auch die Lippmann-Schwinger-Gleichung (bzw. deren iterative Lösung) grafisch mittels Feynman-Diagrammen interpretieren, siehe Abb. 22.3.

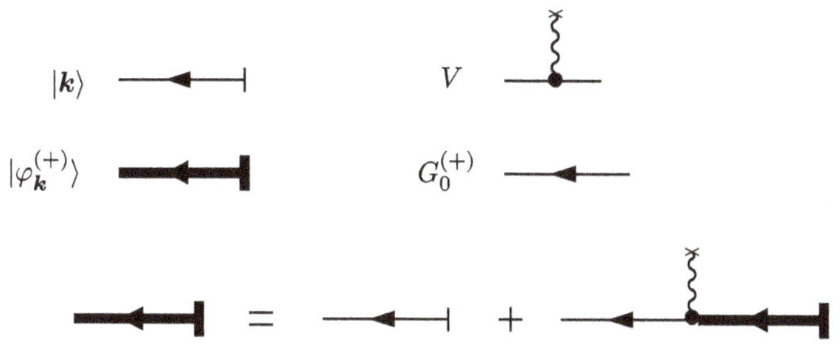

Abb. 22.3: Feynman-diagrammatische Darstellung der Lippmann-Schwinger-Gleichung.

Die Lippmann-Schwinger-Gleichung wurde oben darstellungsunabhängig aufgeschrieben. Zur Lösung dieser Gleichung muss eine konkrete Darstellung gewählt werden, was gewöhnlich die Orts- oder Impulsdarstellung ist. In der Impulsdarstellung (bzw. Wellenvektordarstellung) ist die freie Green'sche Funktion (21.92) durch Gl. (21.93) gegeben:

$$G_0^{(+)}(\boldsymbol{k},\boldsymbol{k}';E) = \langle \boldsymbol{k}|G_0^{(+)}(E)|\boldsymbol{k}'\rangle = \frac{1}{E - E_k + i\varepsilon}\langle \boldsymbol{k}|\boldsymbol{k}'\rangle\,, \quad E_k = \frac{(\hbar \boldsymbol{k})^2}{2m}\,.$$

In dieser Darstellung nimmt die Lippmann-Schwinger-Gleichung (22.16) dann unter Benutzung der Vollständigkeitsrelation (21.95) die Gestalt

$$\boxed{\langle \boldsymbol{k}'|\varphi_{\boldsymbol{k}}^{(+)}\rangle = \langle \boldsymbol{k}'|\boldsymbol{k}\rangle + \lim_{\varepsilon\to 0}\frac{1}{E_k - E_{k'} + i\varepsilon}\int \frac{d^3k''}{(2\pi)^3}\, V(\boldsymbol{k}',\boldsymbol{k}'')\varphi_{\boldsymbol{k}}^{(+)}(\boldsymbol{k}'')}$$

an, wobei

$$V(\boldsymbol{k},\boldsymbol{k}') \equiv \langle \boldsymbol{k}|V|\boldsymbol{k}'\rangle = \int d^3x'\, e^{-i\boldsymbol{x}'\cdot(\boldsymbol{k}-\boldsymbol{k}')}V(\boldsymbol{x}') =: \tilde{V}(\boldsymbol{k}-\boldsymbol{k}') \tag{22.17}$$

das Streupotential in der Impulsdarstellung ist, was gerade seine Fourier-Transformierte $\tilde{V}(\boldsymbol{k}-\boldsymbol{k}')$ ist.

Während die freie Green'sche Funktion eine sehr einfache Gestalt in der Impulsdarstellung annimmt, ist das Streupotential i. A. im Ortsraum definiert und seine Impulsdarstellung ist oftmals nicht explizit (d. h. in geschlossener Form) angebbar. Aus diesem Grund wollen wir im Folgenden die Lippmann-Schwinger-Gleichung (22.16) im Ortsraum aufschreiben:

$$\langle \boldsymbol{x}|\varphi_{\boldsymbol{k}}^{(+)}\rangle = \langle \boldsymbol{x}|\boldsymbol{k}\rangle + \int d^3x' \int d^3x''\, \langle \boldsymbol{x}|G_0^{(+)}(E_k)|\boldsymbol{x}'\rangle\langle \boldsymbol{x}'|V|\boldsymbol{x}''\rangle\langle \boldsymbol{x}''|\varphi_{\boldsymbol{k}}^{(+)}\rangle\,.$$

Setzen wir hier den Ausdruck (21.99) für die Green'sche Funktion im Ortsraum ein und benutzen Gl. (10.56), so erhalten wir die Lippmann-Schwinger-Gleichung in der Ortsdarstellung:

$$\boxed{\varphi_{\boldsymbol{k}}^{(+)}(\boldsymbol{x}) = e^{i\boldsymbol{k}\cdot\boldsymbol{x}} - \frac{m}{2\pi\hbar^2}\int d^3x'\,\frac{e^{ik|\boldsymbol{x}-\boldsymbol{x}'|}}{|\boldsymbol{x}-\boldsymbol{x}'|}V(\boldsymbol{x}')\varphi_{\boldsymbol{k}}^{(+)}(\boldsymbol{x}')\,.} \tag{22.18}$$

Bei vorgegebenem Streupotential $V(\boldsymbol{x})$ lässt sich aus dieser Gleichung prinzipiell die Streuwellenfunktion $|\varphi_{\boldsymbol{k}}^{(+)}\rangle$ bestimmen.

22.4 Die Streuamplitude

Wie oben in Gl. (22.18) gefunden, besteht die Streuwellenfunktion aus der einfallenden ebenen Welle und einem gestreuten Anteil:

$$\boxed{\varphi_{\boldsymbol{k}}^{(+)}(\boldsymbol{x}) = e^{i\boldsymbol{k}\cdot\boldsymbol{x}} + \varphi_{\boldsymbol{k}}^{\text{str}}(\boldsymbol{x})\,.} \tag{22.19}$$

Im Streuexperiment messen wir die gestreute Welle nur in großer Entfernung vom Streuzentrum. Andererseits erstreckt sich in der Lippmann-Schwinger-Gleichung (22.18) die Integration über $\boldsymbol{x}'$ nur über das Wechselwirkungsgebiet des Targets, wo $V(\boldsymbol{x}') \neq 0$. Aufgrund der vorausgesetzten endlichen Reichweite des Streupotentials $V(\boldsymbol{x})$ ist dieses Gebiet räumlich begrenzt. Deshalb benötigen wir zur Beschreibung eines Streuexperimentes die Streuwellenfunktion $\varphi_k^{(+)}(\boldsymbol{x})$ nur für Argumente $|\boldsymbol{x}| \gg |\boldsymbol{x}'|$. Wir können deshalb bei der Berechnung des Raumintegrals in der Lippmann-Schwinger-Gleichung ähnlich vorgehen wie bei der Multipolentwicklung der elektromagnetischen Strahlung bzw. deren Potentiale. Dazu entwickeln wir den Abstandsvektor $|\boldsymbol{x}-\boldsymbol{x}'|$ in (22.18) in eine Taylor-Reihe:

$$|\boldsymbol{x}-\boldsymbol{x}'| = \sqrt{(\boldsymbol{x}-\boldsymbol{x}')^2} = \sqrt{r^2 - 2\boldsymbol{x}\cdot\boldsymbol{x}' + r'^2} = r - \hat{\boldsymbol{x}}\cdot\boldsymbol{x}' + \mathcal{O}(r'^2)\,,$$

wobei

$$\hat{\boldsymbol{x}} = \frac{\boldsymbol{x}}{r}\,, \qquad r = |\boldsymbol{x}|\,, \qquad r' = |\boldsymbol{x}'|\,.$$

Im Nenner von (22.18), der eine glatte Funktion ist, genügt es,

$$|\boldsymbol{x}-\boldsymbol{x}'| \simeq r$$

zu setzen, während wir im rasch oszillierenden Zähler bis zur nächsten Ordnung entwickeln:

$$|\boldsymbol{x}-\boldsymbol{x}'| \simeq r - \hat{\boldsymbol{x}}\cdot\boldsymbol{x}'\,.$$

Das Einsetzen dieser Entwicklung in die Lippmann-Schwinger-Gleichung liefert:

$$\varphi_{\boldsymbol{k}}^{(+)}(\boldsymbol{x}) \simeq e^{i\boldsymbol{k}\boldsymbol{x}} - \frac{m}{2\pi\hbar^2}\frac{e^{ikr}}{r}\int d^3x'\,e^{-ik\hat{\boldsymbol{x}}\cdot\boldsymbol{x}'}\,V(\boldsymbol{x}')\varphi_{\boldsymbol{k}}^{(+)}(\boldsymbol{x}')\,.$$

Hieraus erkennen wir, dass die Streuwellenfunktion für $r \to \infty$ die asymptotische Form

$$\boxed{\varphi_{\boldsymbol{k}}^{(+)}(\boldsymbol{x}) \simeq e^{i\boldsymbol{k}\cdot\boldsymbol{x}} + f_{\boldsymbol{k}}(\hat{\boldsymbol{x}})\frac{e^{ikr}}{r}\,, \quad r \to \infty} \tag{22.20}$$

besitzt. Der erste Term hier ist die einfallende ebene Welle, während der zweite Term den gestreuten Teil der Welle repräsentiert. Dieser Teil ist durch eine auslaufende Kugelwelle e^{ikr}/r gegeben, die jedoch mit der *Streuamplitude*

$$\boxed{f_{\boldsymbol{k}}(\hat{\boldsymbol{x}}) \equiv f_{\boldsymbol{k}}(\theta,\phi) = -\frac{m}{2\pi\hbar^2}\int d^3x'\, e^{-ik\hat{\boldsymbol{x}}\cdot\boldsymbol{x}'}\, V(\boldsymbol{x}')\varphi_{\boldsymbol{k}}^{(+)}(\boldsymbol{x}')}$$

gewichtet ist. Die Streuamplitude hängt für gegebenes $\boldsymbol{k}$ nur von der Richtung $\hat{\boldsymbol{x}} = \hat{\boldsymbol{x}}(\theta,\phi)$, nicht jedoch vom Abstand r ab.

---

i

1. Die oben gefundene asymptotische Darstellung (22.20) der Streufunktion repräsentiert jedoch noch nicht die Lösung des Streuproblems. Die hierin enthaltene Streuamplitude hängt noch von der expliziten Lösung $\varphi_{\boldsymbol{k}}^{(+)}(\boldsymbol{x}')$ im gesamten Streugebiet ab, in welchem $V(\boldsymbol{x}') \neq 0$. In diesem Gebiet kennen wir die Wellenfunktion noch nicht. Bisher kennen wir nur ihre asymptotische Form (einlaufende ebene Welle plus modulierte auslaufende Kugelwelle), die universell und unabhängig von der speziellen Form des Streupotentials ist. Die Lösung des Streuproblems haben wir damit auf die Bestimmung der Streuamplitude reduziert.
2. Die oben benutzte „Multipolzerlegung" gilt nicht:
   i) wenn scharfe Resonanzen vorhanden sind, die eine starke Deformation des Wellenpaketes hervorrufen,
   ii) für langreichweitige Potentiale.

Definieren wir einen Impulsvektor $\boldsymbol{k}'$ in Streurichtung $\hat{\boldsymbol{x}}$,

$$\boldsymbol{k}' := k\hat{\boldsymbol{x}}\,, \quad |\boldsymbol{k}'| = |\boldsymbol{k}|\,, \quad \hat{\boldsymbol{k}}' \equiv \hat{\boldsymbol{x}}\,, \tag{22.21}$$

und benutzen die Ortsdarstellung der ebenen Welle durch $\langle \boldsymbol{x}|\boldsymbol{k}\rangle = e^{i\boldsymbol{k}\cdot\boldsymbol{x}}$, so können wir die Streuamplitude in der Form

$$\boxed{f_{\boldsymbol{k}}(\hat{\boldsymbol{x}}) \equiv f_{\boldsymbol{k}}(\hat{\boldsymbol{k}}') = -\frac{m}{2\pi\hbar^2}\langle \boldsymbol{k}'|V|\varphi_{\boldsymbol{k}}^{(+)}\rangle} \tag{22.22}$$

schreiben.

22.5 Der Wirkungsquerschnitt

Im Streuexperiment fließt gewöhnlich ein kontinuierlicher Teilchenstrom (mit Stromdichte $\boldsymbol{j}_{\text{ein}}$) zum Streuzentrum. Ein Teil der einfallenden Teilchen wird gestreut und

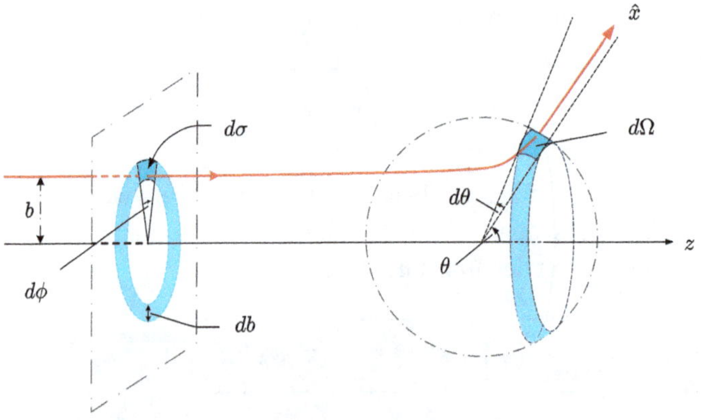

Abb. 22.4: Zur Definition des differentiellen Wirkungsquerschnittes: Klassische Teilchen, die durch die Fläche $d\sigma = b\,d\phi\,db$ einfliegen, werden in den Raumwinkel $d\Omega(\hat{\boldsymbol{x}}) = d\Omega(\theta,\phi) = \sin\theta d\theta d\phi$ gestreut. Der Stoßparameter b bezeichnet den senkrechten Abstand, mit welchem das Teilchen am Streuzentrum vorbeifliegen würde, wenn keine Streuung erfolgte.

unter einem Streuwinkel (θ,ϕ) mittels eines Detektors in großer Entfernung r vom Streuzentrum registriert. Ein Detektor besteht heutzutage gewöhnlich aus einer Vielzahl von (Teilchen-)Zählern, die auf einer Kugeloberfläche um das Streuzentrum angeordnet sind. Ein einzelner Zähler registriert nur die Teilchen, die auf ein Flächenelement $d\boldsymbol{S}$ der Detektoroberfläche (Kugelschale) auftreffen und damit gerade die Teilchen, die in den *Raumwinkel*

$$\boxed{d\boldsymbol{\Omega}(\hat{\boldsymbol{x}}) = \frac{d\boldsymbol{S}(\hat{\boldsymbol{x}})}{r^2}} \tag{22.23}$$

gestreut werden, siehe Abb. 22.4. Ist $\boldsymbol{j}_{\text{str}}(\hat{\boldsymbol{x}})$ die Stromdichte der gestreuten Teilchen (an der Detektoroberfläche $r \to \infty$), so beträgt die Zahl der Teilchen, die während der Zeit dt die Fläche $d\boldsymbol{S}$ durchlaufen

$$d^2N(\hat{x}) = \boldsymbol{j}_{\text{str}}(\hat{\boldsymbol{x}})\cdot d\boldsymbol{S}(\hat{x})\,dt\,.$$

Drücken wir hier $d\boldsymbol{S}$ mittels (22.23) durch den Raumwinkel

$$d\boldsymbol{\Omega}(\hat{\boldsymbol{x}}) = d\Omega\,\hat{\boldsymbol{x}}$$

aus, so erhalten wir

$$\frac{d^2N(\hat{x})}{dt} = \boldsymbol{j}_{\text{str}}(\hat{\boldsymbol{x}})\cdot\hat{\boldsymbol{x}}\,r^2 d\Omega\,. \tag{22.24}$$

Es hat sich eingebürgert, den Streuprozess durch den sogenannten *differentiellen Wirkungsquerschnitt* $d\sigma$ zu charakterisieren. Dieser ist definiert als das Verhältnis von der

Zahl der pro Zeiteinheit in den Raumwinkel $d\Omega = \sin\theta\, d\theta\, d\phi$ in Richtung $\hat{\boldsymbol{x}}(\theta,\phi) \equiv \hat{\boldsymbol{x}}(\Omega)$ gestreuten Teilchen $d^2N(\Omega)/dt$ zur Stromdichte der einfallenden Teilchen $\boldsymbol{j}_{\text{ein}}$:

$$d\sigma(\Omega) = \frac{d^2N(\Omega)/dt}{|\boldsymbol{j}_{\text{ein}}|}\,.$$

Mit (22.24) erhalten wir für den differentiellen Wirkungsquerschnitt

$$\frac{d\sigma(\Omega)}{d\Omega} = r^2 \frac{\boldsymbol{j}_{\text{str}}(\hat{\boldsymbol{x}})\cdot\hat{\boldsymbol{x}}}{|\boldsymbol{j}_{\text{ein}}|}\,. \tag{22.25}$$

Hieraus ist ersichtlich, dass $d\sigma$ offenbar die Dimension einer Fläche besitzt. Multiplizieren wir diese Beziehung mit $|\boldsymbol{j}_{\text{ein}}|d\Omega$ und benutzen (22.23), erhalten wir

$$|\boldsymbol{j}_{\text{ein}}|d\sigma(\Omega) = \boldsymbol{j}_{\text{str}}(\hat{x}) \cdot \boldsymbol{d\Omega}(\hat{x})r^2 \equiv \boldsymbol{j}_{\text{str}}(\hat{x}) \cdot \boldsymbol{dS}(\hat{x})\,.$$

Klassisch betrachtet, repräsentiert $d\sigma$ damit die Fläche durch die der Teil des einfallenden Teilchenstromes fließt, der in den Raumwinkel $\boldsymbol{d\Omega}(\hat{x})$ gestreut wird. Mit anderen Worten: Durch $d\sigma(\Omega)$ einfliegenden klassischen Teilchen werden in den Raumwinkel $d\Omega$ gestreut, siehe Abb. 22.4. Der *totale Wirkungsquerschnitt* σ ergibt sich durch Integration des differentiellen Wirkungsquerschnitts über sämtliche Streurichtungen, d. h. über sämtliche Raumwinkel

$$\sigma = \int d\sigma = \int d\Omega \frac{d\sigma}{d\Omega}\,.$$

Die einfallende ebene Welle $\varphi_{\boldsymbol{k}}(\boldsymbol{x}) = e^{i\boldsymbol{k}\cdot\boldsymbol{x}}$ besitzt einen Teilchenstrom (7.42)

$$\boldsymbol{j}_{\text{ein}} = \frac{1}{m}\text{Re}\{\varphi^*_{\boldsymbol{k}}(\boldsymbol{x})\boldsymbol{p}\varphi_{\boldsymbol{k}}(\boldsymbol{x})\} = \frac{\hbar}{m}\text{Im}\{\varphi^*_{\boldsymbol{k}}(\boldsymbol{x})\nabla\varphi_{\boldsymbol{k}}(\boldsymbol{x})\} = \frac{\hbar\boldsymbol{k}}{m} = \boldsymbol{v}\,.$$

Bei einem Streuexperiment messen die Teilchendetektoren die radiale Komponente des gestreuten Teilchenstromes $\hat{\boldsymbol{x}}\cdot\boldsymbol{j}_{\text{str}}(\boldsymbol{x})$ in großer Entfernung vom Streuzentrum. Diese lässt sich aus der asymptotischen Form der Streuwellenfunktion Gl. (22.20)

$$\boxed{\varphi^{\text{str}}_{\boldsymbol{k}}(\boldsymbol{x}) = f_{\boldsymbol{k}}(\hat{\boldsymbol{x}})\frac{e^{ikr}}{r}} \tag{22.26}$$

berechnen:

$$\boldsymbol{j}_{\text{str}}(\boldsymbol{x}) = \frac{\hbar}{m}\text{Im}\{\varphi^{\text{str}}_{\boldsymbol{k}}(\boldsymbol{x})^*\nabla\varphi^{\text{str}}_{\boldsymbol{k}}(\boldsymbol{x})\}\,. \tag{22.27}$$

---

i Bei der Berechnung des Stromes der gestreuten Teilchen $\boldsymbol{j}_{\text{str}}$ bleibt die einfallende Welle $e^{i\boldsymbol{k}\boldsymbol{x}}$ unberücksichtigt. Diese würde zwar zum Strom in Vorwärtsrichtung beitragen, jedoch wird beim Streuwinkel $\theta = 0$ nicht gemessen, da der einfallende Teilchenstrom hier den Detektor zerstören würde. Auf die Streuung in Vorwärtsrichtung $\theta = 0$ werden wir in Abschnitt 22.10 zurückkommen.

Zur Bestimmung von $\boldsymbol{j}_{\text{str}}$ (22.27) ist es zweckmäßig, den ∇-Operator in sphärischen Koordinaten (17.4) zu benutzen:

$$\begin{aligned}\nabla &= \boldsymbol{e}_r \frac{\partial}{\partial r} + \boldsymbol{e}_\theta \frac{1}{r}\frac{\partial}{\partial \theta} + \boldsymbol{e}_\phi \frac{1}{r \sin\theta}\frac{\partial}{\partial \phi} \\ &=: \boldsymbol{e}_r \frac{\partial}{\partial r} + \frac{1}{r}\nabla_\Omega , \quad \boldsymbol{e}_r = \hat{\boldsymbol{x}} ,\end{aligned} \tag{22.28}$$

wobei der Winkelanteil des ∇-Operators sich durch den Drehimpulsoperator $\boldsymbol{L} = \boldsymbol{x} \times \boldsymbol{p}$ ausdrücken lässt:

$$\frac{\hbar}{i}\nabla_\Omega = \boldsymbol{e}_r \times \boldsymbol{L} .$$

Wir erhalten dann aus (22.26) und (22.28):

$$\begin{aligned}\nabla\varphi_{\boldsymbol{k}}^{\text{str}}(\boldsymbol{x}) &= f_{\boldsymbol{k}}(\hat{\boldsymbol{x}})\boldsymbol{e}_r \frac{\partial}{\partial r}\frac{e^{ikr}}{r} + \frac{e^{ikr}}{r}\frac{1}{r}\nabla_\Omega f_{\boldsymbol{k}}(\hat{\boldsymbol{x}}) \\ &= \frac{e^{ikr}}{r}\left[f_{\boldsymbol{k}}(\hat{\boldsymbol{x}})\boldsymbol{e}_r \left(ik - \frac{1}{r}\right) + \frac{1}{r}\nabla_\Omega f_{\boldsymbol{k}}(\hat{\boldsymbol{x}})\right] .\end{aligned} \tag{22.29}$$

Man beachte, dass die Streuamplitude $f_{\boldsymbol{k}}(\hat{\boldsymbol{x}}(\Omega))$ nur vom Streuwinkel $\Omega(\theta, \phi)$, nicht aber vom Radius r abhängt. Da wir den Strom der gestreuten Teilchen nur für große Abstände vom Streuzentrum $r \to \infty$ benötigen (der Teilchendetektor befindet sich in großen Abständen vom Streuzentrum), brauchen wir in Gl. (22.29) nur den führenden Term in Ordnung $1/r$ zu berücksichtigen,

$$\nabla\varphi_{\boldsymbol{k}}^{\text{str}}(\boldsymbol{x}) = ik\boldsymbol{e}_r f_{\boldsymbol{k}}(\hat{\boldsymbol{x}})\frac{e^{ikr}}{r} + \mathcal{O}\left(\frac{1}{r^2}\right) ,$$

und erhalten für die Stromdichte (22.27) der gestreuten Teilchen in großen Abständen vom Streuzentrum mit $\boldsymbol{e}_r = \hat{\boldsymbol{x}}$:

$$\boldsymbol{j}_{\text{str}}(\hat{\boldsymbol{x}}) = \frac{\hbar k}{m}\frac{1}{r^2}\left| f_{\boldsymbol{k}}(\hat{\boldsymbol{x}})\right|^2 \hat{\boldsymbol{x}} .$$

Hieraus erhalten wir für den differentiellen Wirkungsquerschnitt (22.25)

$$\boxed{\frac{d\sigma(\Omega)}{d\Omega} = \left| f_{\boldsymbol{k}}(\Omega)\right|^2 ,} \tag{22.30}$$

wobei wir wie üblich $f_{\boldsymbol{k}}(\Omega)$ statt $f_{\boldsymbol{k}}(\hat{\boldsymbol{x}})$ geschrieben haben. Die Integration dieser Gleichung über sämtliche Streurichtungen $\hat{\boldsymbol{x}}(\Omega) = \hat{\boldsymbol{x}}(\theta, \phi)$ liefert den *totalen Wirkungsquerschnitt*

$$\sigma = \int d\sigma = \int d\Omega \frac{d\sigma(\Omega)}{d\Omega} = \int d\Omega |f_{\boldsymbol{k}}(\Omega)|^2$$
$$= \int_0^{2\pi} d\phi \int_0^{\pi} d\theta \sin\theta |f_{\boldsymbol{k}}(\theta,\phi)|^2 . \qquad (22.31)$$

Der differentielle Wirkungsquerschnitt ist allein durch die Streuamplitude $f_{\boldsymbol{k}}(\Omega)$ (22.22) bestimmt. Um diese zu berechnen, benötigt man die Lösung der Lippmann-Schwinger-Gleichung $\varphi_{\boldsymbol{k}}^{(+)}(x)$. In praktisch interessierenden Fällen lässt sich diese Gleichung i. A. nur numerisch lösen. Vereinfachungen ergeben sich, wenn das Streupotential schwach ist oder die einfallenden Teilchen eine große Geschwindigkeit $v = \hbar k/m$ besitzen, sodass das Streupotential nur kurze Zeit auf die einfallenden Teilchen einwirken kann und diese so nur wenig stören kann. Dann lässt sich die Lippmann-Schwinger-Gleichung störungstheoretisch lösen (analog zur Störungstheorie für den Zeitentwicklungsoperator im Wechselwirkungsbild). Dies liefert eine ähnliche Neumann-Reihe.

22.6 Die Born'sche Näherung

Wir setzen voraus, dass das Streupotential die einfallenden Teilchen nur wenig beeinflusst. Dann sollte sich die Streuwellenfunktion nicht sehr wesentlich von der einfallenden ebenen Welle unterscheiden,

$$|\varphi_{\boldsymbol{k}}^{(+)}\rangle \simeq |\boldsymbol{k}\rangle ,$$

und wir können die Lippmann-Schwinger-Gleichung (22.16) iterativ lösen, ähnlich wie wir dies bereits für den Zeitentwicklungsoperator bei der Ableitung der zeitabhängigen Störungstheorie taten (siehe Abschnitt 21.4). Dies führt auf die folgende Neumann-Reihe (geometrische Reihe in $G_0^{(+)}V$):

$$|\varphi_{\boldsymbol{k}}^{(+)}\rangle = |\boldsymbol{k}\rangle + G_0^{(+)}V|\boldsymbol{k}\rangle + (G_0^{(+)}V)^2|\boldsymbol{k}\rangle + \cdots$$
$$= \sum_{n=0}^{\infty} (G_0^{(+)}V)^n |\boldsymbol{k}\rangle , \qquad (22.32)$$

welche als *Born'sche Reihe* bezeichnet wird. Die einzelnen Terme dieser Reihe erlauben eine Interpretation als Mehrfachstreuung des einfallenden Teilchens, siehe Abb. 22.5.

Die Born'sche Reihe lässt sich auch wieder sehr anschaulich mithilfe der Feynman-Diagramme illustrieren, die wir im Zusammenhang mit der Dyson- bzw. Lippmann-Schwinger-Gleichung in Abschnitt 21.5 bzw. 22.3 eingeführt haben. Dies führt auf die in Abb. 22.6 dargestellte grafische Entwicklung der Streuwellenfunktion. Diese Entwicklung ergibt sich auch unmittelbar aus der graphischen Iteration der in Abb. 22.3 gezeigten Feynmann-diagrammatischen Darstellung der Lippmann-Schwinger-Gleichung.

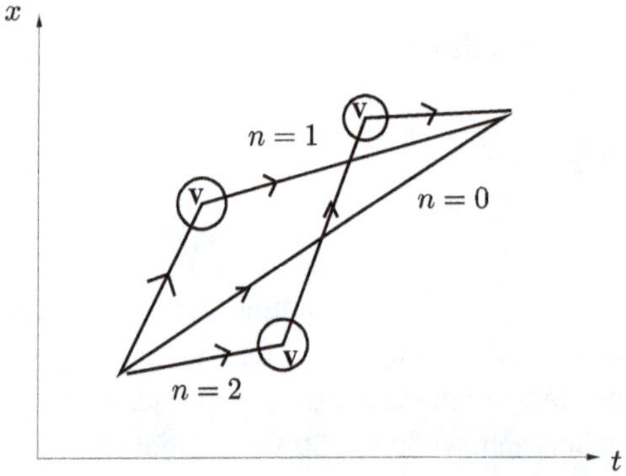

Abb. 22.5: Geometrische Interpretation der Born'schen Reihe als Vielfachstreuentwicklung.

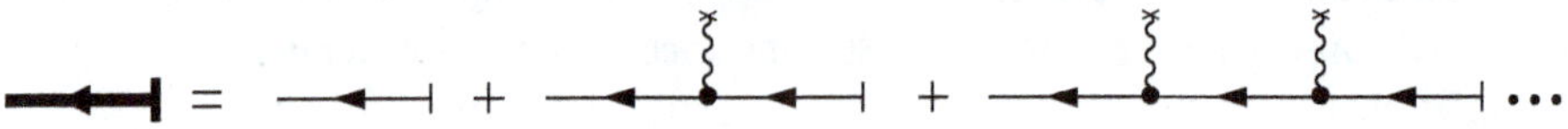

Abb. 22.6: Feynman-diagrammatische Darstellung der Born'schen Reihe.

In vielen praktischen Fällen reicht es aus, die Reihe (22.32) nach der ersten Ordnung abzubrechen, was als *Born'sche Näherung* bezeichnet wird. In dieser Näherung wird in der Streuamplitude (22.22) die gestreute Wellenfunktion $|\varphi_{\boldsymbol{k}}^{(+)}\rangle$ gerade durch die ungestörte ebene Welle $|\boldsymbol{k}\rangle$ ersetzt. Dies liefert:

$$\boxed{f_{\boldsymbol{k}}(\hat{\boldsymbol{k}'}) = -\frac{m}{2\pi\hbar^2}\langle\boldsymbol{k}'|V|\boldsymbol{k}\rangle\,.}$$

Das Matrixelement $\langle\boldsymbol{k}'|V|\boldsymbol{k}\rangle$ ist aber gerade die Fourier-Transformierte $\tilde{V}(\boldsymbol{k}'-\boldsymbol{k})$ (22.17) des Streupotentials. Damit erhalten wir für Streuamplitude (22.22) in Born'scher Näherung:

$$f_{\boldsymbol{k}}(\hat{\boldsymbol{k}'}) = -\frac{m}{2\pi\hbar^2}\tilde{V}(\boldsymbol{k}'-\boldsymbol{k})\,.$$

Im Folgenden berechnen wir die Fourier-Transformierte für den häufig auftretenden Fall eines *sphärisch symmetrischen Streupotentials* $V(\boldsymbol{x}) = V(r)$. Der Winkelanteil des Raumintegrals in der Fourier-Transformierten lässt sich explizit ausführen. Dazu ist es zweckmäßig, Kugelkoordinaten zu benutzen und die z-Achse parallel zum Impulsübertrag $\boldsymbol{q} = \boldsymbol{k}' - \boldsymbol{k}$ zu legen, siehe Abb. 22.7. Das Fourier-Integral (22.17) lautet dann mit $q = |\boldsymbol{q}|$:

$$\tilde{V}(\boldsymbol{q}) = \int d^3x'\, e^{-i\boldsymbol{q}\cdot\boldsymbol{x}'}V(r') = \int_0^\infty dr'\, r'^2 \int_0^\pi d\vartheta' \sin\vartheta' \int_0^{2\pi} d\varphi'\, e^{-iqr'\cos\vartheta'}V(r')\,.$$

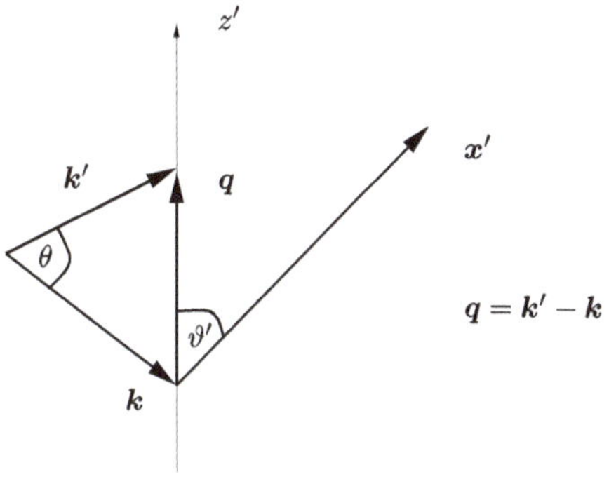

Abb. 22.7: Geometrie des Streuprozesses: $\boldsymbol{k}$ – Wellenvektor der einlaufenden Welle, $\hat{\boldsymbol{k}}'$ – Richtung, unter welcher die gestreute Welle detektiert wird, $\boldsymbol{x}'$ – Aufpunkt. (Man beachte, dass der Winkel ϑ' zwischen $\boldsymbol{q}$ und $\boldsymbol{x}'$ nichts mit dem Streuwinkel θ zu tun hat!)

Ausführen der Winkelintegration wie üblich durch Substitution $z' = \cos\vartheta'$ liefert:

$$\tilde{V}(q) = \frac{4\pi}{q} \int_0^\infty dr'\, r' \sin(qr') V(r') \,. \tag{22.33}$$

Durch elementare Vektoralgebra (vgl. Abb. 22.7)

$$\begin{aligned} q^2 = \boldsymbol{q}^2 = (\boldsymbol{k}' - \boldsymbol{k})^2 &= \boldsymbol{k}'^2 + \boldsymbol{k}^2 - 2\boldsymbol{k}' \cdot \boldsymbol{k} \\ &= k'^2 + k^2 - 2k'k\cos\theta \end{aligned}$$

folgt mit (22.21) $|\boldsymbol{k}| = |\boldsymbol{k}'| = k$ (und $1 - \cos\theta = 2\sin^2(\theta/2)$), dass der Betrag des übertragenden Impulses $\boldsymbol{q} = \boldsymbol{k}' - \boldsymbol{k}$ mit dem Streuwinkel θ über die Beziehung

$$q = 2k \sin\frac{\theta}{2} \tag{22.34}$$

verknüpft ist, d. h. $q = q(k, \theta)$. Für sphärisch symmetrische Streupotentiale erhalten wir damit für die Streuamplitude in Born'scher Näherung:

$$\boxed{f_k(\theta) = -\frac{2m}{\hbar^2 q} \int_0^\infty dr'\, r' V(r') \sin(qr') \,, \qquad q = 2k \sin\frac{\theta}{2} \,.}$$

Aufgrund der vorausgesetzten sphärischen Symmetrie des Streupotentials hängt die Streuamplitude und damit der differentielle Wirkungsquerschnitt nur vom Winkel θ, nicht aber vom Winkel ϕ ab.

Im Folgenden soll die Born'sche Näherung anhand einiger physikalisch relevanter Potentiale illustriert werden.

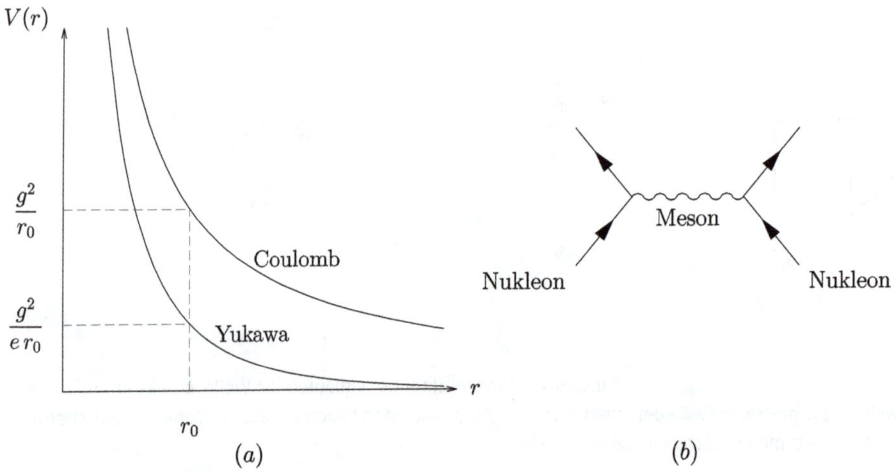

Abb. 22.8: (a) Yukawa-Potential und Coulomb-Potential. (b) Schematische Darstellung der Wechselwirkung zweier Nukleonen über den Austausch eines Mesons.

22.6.1 Streuung am Yukawa-Potential

Als illustratives Beispiel zur Born'schen Näherung behandeln wir das in Abb. 22.8 dargestellte *Yukawa-Potential*

$$\boxed{V(r) = g^2 \frac{e^{-\mu r}}{r} \, .}$$

Dieses Potential beschreibt die Wechselwirkung zwischen zwei Nukleonen durch Mesonenaustausch (siehe Abb. 22.8(b)). Hierbei bezeichnet $r = |\boldsymbol{x} - \boldsymbol{x}'|$ den Abstand der beiden stark wechselwirkenden Nukleonen, g ist die Meson-Nukleon-Kopplungskonstante und

$$r_0 = 1/\mu$$

repräsentiert die Reichweite der Kernkraft, die umgekehrt proportional zur Masse μ des ausgetauschten Mesons ist.

---

i Das realistische Potential der Nukleon-Nukleon-Wechselwirkung ist in Abb. 22.9 dargestellt. Die starke Wechselwirkung ist sehr kurzreichweitig. Der am längsten reichende Teil dieser Wechselwirkung wird durch das leichteste Meson, also durch Pion(π)-Austausch vermittelt, der eine anziehende Wechselwirkung repräsentiert. Für kürzere Reichweiten ist der 2-Pion(π, π)-Austausch relevant, der eine starke Attraktion und damit die Bindung der Nukleonen in den Atomkernen bewirkt. Bei sehr kleinen Abständen hingegen ist das Potential stark abstoßend. Dieser Teil wird durch den Austausch der vektoriellen Mesonen (mit Spin 1) wie dem ρ und dem ω vermittelt und bewirkt, dass sich in Kernmaterie eine Sättigungsdichte einstellt. Während das leichteste Meson, das Pion, nur eine Masse von etwa 140 MeV besitzt und damit eine Reichweite von etwa $r_0^\pi \simeq \hbar c/140\,\text{MeV} \simeq 1{,}4\,\text{fm}$ ($1\,\text{fm} = 10^{-15}\,\text{m}$) besitzt, haben die vektoriellen Mesonen ω und ρ eine

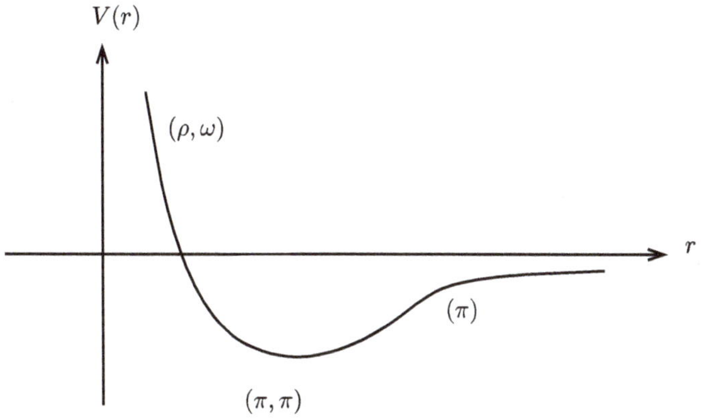

Abb. 22.9: Das durch Mesonaustausch erzeugte Potential der Nukleon-Nukleon-Wechselwirkung.

Masse von etwa 780 MeV und vermitteln eine abstoßende Kraft mit einer Reichweite $r_0^{\rho,\omega} \simeq \hbar c/780\,\text{MeV} \simeq$ 0,25 fm.

Für das Yukawa-Potential lässt sich die Fourier-Transformierte (22.33)

$$\tilde{V}(q) = \frac{4\pi g^2}{q} \int_0^\infty dr'\; e^{-\mu r'} \sin(qr')$$

analytisch berechnen. Dazu ist es zweckmäßig, den Sinus durch Exponentialfunktionen darzustellen:

$$\sin(qr) = \text{Im}\{e^{iqr}\}\,.$$

Wir erhalten dann:

$$\begin{aligned}\tilde{V}(q) &= \frac{4\pi g^2}{q}\,\text{Im}\left\{\int_0^\infty dr'\;\exp[-(\mu - iq)r']\right\}\\ &= \frac{4\pi g^2}{q}\,\text{Im}\{(\mu - iq)^{-1}\}\\ &= \frac{4\pi g^2}{\mu^2 + q^2}\,.\end{aligned}$$

Drücken wir den übertragenen Impuls mittels der Beziehung (22.34) durch den Streuwinkel aus, so erhalten wir für die Streuamplitude:

$$f_k(\theta) = -\frac{2mg^2}{\hbar^2}\frac{1}{\mu^2 + (2k\sin\frac{\theta}{2})^2}$$

und hieraus für den differentiellen Wirkungsquerschnitt:

$$\frac{d\sigma(\Omega)}{d\Omega} = |f_k(\theta)|^2 = \left(\frac{2mg^2}{\hbar^2}\right)^2 \left(\frac{1}{\mu^2 + (2k\sin\frac{\theta}{2})^2}\right)^2 . \tag{22.35}$$

Wie für sphärische Potentiale üblich, hängt der Wirkungsquerschnitt nur von θ, nicht aber von ϕ ab.

22.6.2 Streuung am Coulomb-Potential

Lassen wir die Reichweite des Yukawa-Potentials gegen unendlich gehen, $r_0 \to \infty$, d. h. $\mu \to 0$, so geht dieses in das Coulomb-Potential

$$V(r) = \frac{\alpha}{r} , \quad \alpha = g^2 = \frac{e^2}{4\pi}$$

über. Mit $\mu = 0$ erhalten wir aus Gl. (22.35) den differentiellen Wirkungsquerschnitt für die Streuung am Coulomb-Potential:

$$\boxed{\frac{d\sigma(\Omega)}{d\Omega} = \left(\frac{\alpha}{4E_k}\right)^2 \frac{1}{\sin^4(\theta/2)} , \quad E_k = \frac{(\hbar k)^2}{2m} .} \tag{22.36}$$

Dieser Ausdruck, der als *Rutherford-Formel* bezeichnet wird, weist einige Besonderheiten auf, die mit den $1/r$-Verhalten des Coulomb-Potentials zusammenhängen:

1. Der Wirkungsquerschnitt wird divergent für Streuung in Vorwärtsrichtung ($\theta \to 0$). Diese Divergenz hat ihre Ursache in der unendlichen Reichweite des Coulomb-Potentials.[5] Für die praktische Anwendbarkeit dieses Ausdruckes ist die Divergenz bei $\theta = 0$ jedoch belanglos, da in Vorwärtsrichtung keine Messungen durchgeführt werden. (Der einfallende Teilchenstrom würde den Detektor zerstören.)
2. Die Winkelabhängigkeit des differentiellen Wirkungsquerschnittes (22.36) ist unabhängig von der Energie des eingeschossenen Teilchens, im Gegensatz zum oben behandelten Yukawa-Potential. Ferner liefert die Born'sche Näherung für das Coulomb-Potential den exakten Streuquerschnitt. Dies hat seine Ursache in der zusätzlichen O(4)-Symmetrie des Coulomb-Potentials (siehe Abschnitt 18.6). Diese Symmetrie bewirkt auch, dass die Energien der stationären (gebundenen) Eigenzustände des Coulomb-Potentials unabhängig von der Drehimpulsquantenzahl l sind.

5 Bei der Ableitung der Streutheorie wurde immer vorausgesetzt, dass das Streupotential eine begrenzte Reichweite besitzt, siehe Gl. (22.1). Diese Voraussetzung ist für das Coulomb-Potential nicht erfüllt, jedoch für das Yukawa-Potential. Letzteres können wir deshalb als *regularisierte* Version des Coulomb-Potentials betrachten. Wir haben die Rechnungen zunächst für das regularisierte (Yukawa-)Potential (mit einem $\mu > 0$) durchgeführt, sodass sämtliche mathematischen Operationen erlaubt waren und erst am Ende der Rechnungen den *Regulator* μ entfernt, d. h. den Limes $\mu \to 0$ genommen.

3. Bemerkenswert ist andererseits auch, dass für das Coulomb-Potential der exakte quantenmechanische Streuquerschnitt mit dem klassischen Streuquerschnitt übereinstimmt, was seine Ursache wieder in der zusätzlichen O(4)-Symmetrie hat. Aufgrund dieser O(4)-Symmetrie entspricht das Coulomb-Potential einem vierdimensionalen harmonischen Oszillator, für den die semiklassische Behandlung exakt ist.

22.7 Die Streumatrix*

Aufgrund des Superpositionsprinzips, das auf der Linearität der Schrödinger-Gleichung beruht, hatten wir das zeitabhängige Bild der Streuung von Wellenpaketen auf das stationäre Bild der Streuung von Wellen zurückführen können. Aus der Lösung des stationären Streuproblems $|\varphi_{\boldsymbol{k}}^{(+)}\rangle$ können wir über Gl. (22.14) durch Superposition aller $\boldsymbol{k}$ wieder die zeitabhängige Wellenfunktion des gestreuten Wellenpaketes $|\psi(t)\rangle$ rekonstruieren. Für die Wahrscheinlichkeitsaussagen über den Ausgang des Streuexperimentes ist jedoch die Wellenfunktion $|\psi(t)\rangle$ zu einer endlichen Zeit t von geringer Bedeutung. Was aufgrund des experimentellen Aufbaus eines Streuexperimentes interessiert, ist die Wellenfunktion $|\psi(t)\rangle$ im asymptotischen Bereich $t \to \infty$, wo sich das gestreute Wellenpaket wegen der endlichen Reichweite des Streupotentials bereits wieder kräftefrei bewegt.[6] In diesem Gebiet muss es sich deshalb, wie auch der Anfangszustand $|\psi(t \to -\infty)\rangle$, siehe Gl. (22.3), als Überlagerung von ebenen Wellen schreiben lassen,

$$|\psi(t \to \infty)\rangle = \lim_{t\to\infty} \int \frac{d^3k}{(2\pi)^3}\, \tilde{C}(\boldsymbol{k}) e^{-\frac{i}{\hbar}E_k t} |\boldsymbol{k}\rangle ,$$

mit Koeffizienten $\tilde{C}(\boldsymbol{k})$, die sich aufgrund der Streuung von denen des einfallenden Wellenpaketes $C(\boldsymbol{k})$ unterscheiden. Ziel des Streutheorie ist es, die Koeffizienten $\tilde{C}(\boldsymbol{k})$ des gestreuten Wellenpaketes aus den $C(\boldsymbol{k})$ des einfallenden Wellenpaketes zu bestimmen. Diese Aufgabe lässt sich am einfachsten im Wechselwirkungsbild lösen, wo die ungestörte Evolution aus der Wellenfunktion eliminiert ist und eine nichttriviale Zeitevolution nur durch die Störung generiert wird (siehe Gl. (21.39)).

---

* Dieser Abschnitt ist für das Verständnis der übrigen Abschnitte nicht erforderlich und kann deshalb beim ersten Lesen übersprungen werden.

6 Die charakteristische Zeitskala beim Streuprozess ist durch $R/|\boldsymbol{v}_g|$ gegeben, wobei R die Reichweite des Streupotentials und $\boldsymbol{v}_g$ die Gruppengeschwindigkeit des Wellenpaketes bezeichnet. Asymptotisch große Zeiten bedeutet deshalb $t \gg R/|\boldsymbol{v}_g|$.

22.7.1 Die *S*-Matrix

Im Wechselwirkungsbild[7]

$$|\psi_W(t)\rangle = e^{\frac{i}{\hbar}H_0 t}|\psi(t)\rangle$$

werden die Wellenfunktionen von einlaufenden und auslaufenden Wellenpaketen asymptotisch zeitunabhängig:

$$\lim_{t\to-\infty} |\psi_W(t)\rangle = \int \frac{d^3q}{(2\pi)^3}\, C(\boldsymbol{q})|\boldsymbol{q}\rangle\,,$$
$$\lim_{t\to\infty} |\psi_W(t)\rangle = \int \frac{d^3q}{(2\pi)^3}\, \tilde{C}(\boldsymbol{q})|\boldsymbol{q}\rangle\,.$$

Beachten wir, dass die Zeitevolution im Wechselwirkungsbild sich mittels Evolutionsoperator $U_W(t,t_0)$ durch (21.43)

$$|\psi_W(t)\rangle = U_W(t,t')|\psi_W(t')\rangle$$

ausdrücken lässt, so erhalten wir für die exakte Wellenfunktion im Wechselwirkungsbild (unter Benutzung der Vollständigkeitsrelation der Impulseigenzustände) die Darstellung

$$\langle\boldsymbol{k}'|\psi_W(t)\rangle = \int \frac{d^3k}{(2\pi)^3}\, \langle\boldsymbol{k}'|U_W(t,t')|\boldsymbol{k}\rangle\langle\boldsymbol{k}|\psi_W(t')\rangle$$

Zwischen den asymptotischen Werten

$$C(\boldsymbol{k}) = \lim_{t\to-\infty} \langle\boldsymbol{k}|\psi_W(t)\rangle\,,$$
$$\tilde{C}(\boldsymbol{k}') = \lim_{t\to\infty} \langle\boldsymbol{k}'|\psi_W(t)\rangle$$

besteht daher ein linearer Zusammenhang

$$\tilde{C}(\boldsymbol{k}') = \int \frac{d^3k}{(2\pi)^3}\, S(\boldsymbol{k}',\boldsymbol{k})C(\boldsymbol{k})\,, \tag{22.37}$$

wobei die hier enthaltenen Koeffizienten

$$\boxed{S(\boldsymbol{k}',\boldsymbol{k}) = \lim_{\substack{t\to\infty\\ t'\to-\infty}} \langle\boldsymbol{k}'|U_W(t,t')|\boldsymbol{k}\rangle} \tag{22.38}$$

7 Den Referenzzeitpunkt t_0, (siehe Fußnote 5 in Abschnitt 21.3) an dem $|\psi_W(t_0)\rangle = |\psi(t_0)\rangle$ gilt, haben wir hier willkürlich auf $t_0 = 0$ gesetzt.

die Elemente der *Streumatrix* bzw. *S-Matrix* sind. Die S-Matrix, definiert durch die Matrixelemente des unitären Zeitentwicklungsoperators $U_W(t,t')$, ist offensichtlich auch unitär, was die Erhaltung der Wahrscheinlichkeit in einem Streuprozess ausdrückt.

Setzen wir in die Definition der S-Matrix (22.38) für den Zeitentwicklungsoperator im Wechselwirkungsbild den expliziten Ausdruck (21.44) ein und berücksichtigen, dass $|\boldsymbol{k}\rangle$ Eigenvektor zu H_0 mit Eigenwert E_k ist, so erhalten wir:

$$\begin{aligned} S(\boldsymbol{k}',\boldsymbol{k}) &= \lim_{\substack{t\to\infty \\ t'\to-\infty}} \langle \boldsymbol{k}'| e^{\frac{i}{\hbar}H_0 t} e^{-\frac{i}{\hbar}H(t-t')} e^{-\frac{i}{\hbar}H_0 t'} |\boldsymbol{k}\rangle \\ &= \lim_{\substack{t\to\infty \\ t'\to-\infty}} \langle \boldsymbol{k}'| e^{\frac{i}{\hbar}(E_{k'}-H)t} e^{-\frac{i}{\hbar}(E_k-H)t'} |\boldsymbol{k}\rangle \end{aligned}$$

Mit der Definition

$$|\varphi_{\boldsymbol{k}}^{(\pm)}\rangle = \lim_{t\to\mp\infty} e^{-\frac{i}{\hbar}(E_k-H)t}|\boldsymbol{k}\rangle \tag{22.39}$$

lässt sich die S-Matrix schreiben als

$$\boxed{S(\boldsymbol{k}',\boldsymbol{k}) = \langle \varphi_{\boldsymbol{k}'}^{(-)}|\varphi_{\boldsymbol{k}}^{(+)}\rangle\,.} \tag{22.40}$$

Nach Gl. (22.9) ist $|\varphi_{\boldsymbol{k}}^{(+)}\rangle$ gerade die bereits früher eingeführte Streuwellenfunktion. Die in den Abschnitten 22.2 und 22.3 für $|\varphi_{\boldsymbol{k}}^{(+)}\rangle$ vorgenommenen Manipulationen lassen sich analog für $|\varphi_{\boldsymbol{k}}^{(-)}\rangle$ durchführen. Unter Benutzung des Abel'schen Grenzwertsatzes[8]

$$\lim_{t\to\pm\infty} f(t) = \lim_{\varepsilon\to 0} \varepsilon \int_0^\infty dt'\, e^{-\varepsilon t'} f(\pm t')\,, \qquad \varepsilon > 0 \tag{22.41}$$

erhalten wir für die Funktionen $|\varphi_{\boldsymbol{k}}^{(\pm)}\rangle$ (22.39) die Darstellung (vgl. Gl. (22.11))

$$|\varphi_{\boldsymbol{k}}^{(\pm)}\rangle = \lim_{\varepsilon\to 0} \frac{i\varepsilon}{\pm(E_k - H) + i\varepsilon}|\boldsymbol{k}\rangle\,. \tag{22.42}$$

Hieraus findet man, dass $|\varphi_{\boldsymbol{k}}^{(-)}\rangle$ genau wie $|\varphi_{\boldsymbol{k}}^{(+)}\rangle$ der stationären Schrödinger-Gleichung, vgl. (22.13)

$$H|\varphi_{\boldsymbol{k}}^{(\pm)}\rangle = E_k|\varphi_{\boldsymbol{k}}^{(\pm)}\rangle\,, \qquad E_k = \frac{(\hbar\boldsymbol{k})^2}{2m}\,.$$

und außerdem der Lippmann-Schwinger-Gleichung (22.16)

8 Gl. (22.41) folgt für $t \to -\infty$ aus der früher bewiesenen Beziehung (22.10) durch Variablensubstitution $t' \to -t'$. Für $t \to +\infty$ lässt sich Gl. (22.41) analog zu Gl. (22.10) beweisen.

$$|\varphi_{\boldsymbol{k}}^{(\pm)}\rangle = |\boldsymbol{k}\rangle + G_0^{(\pm)}(E_k)V|\varphi_{\boldsymbol{k}}^{(\pm)}\rangle$$

genügt.

22.7.2 Die T-Matrix

Wir formen die Darstellung (22.42) der Streuwellenfunktionen noch etwas um, indem wir im Zähler eine 0 addieren

$$\begin{aligned}|\varphi_{\boldsymbol{k}}^{(\pm)}\rangle &= \lim_{\varepsilon\to 0}\frac{i\varepsilon \pm (E_k - H) \mp (E_k - H)}{\pm(E_k - H) + i\varepsilon}|\boldsymbol{k}\rangle\\ &= \lim_{\varepsilon\to 0}\left(1 + \frac{1}{E_k - H \pm i\varepsilon}(H - E_k)\right)|\boldsymbol{k}\rangle\,.\end{aligned}$$

Ersetzen wir hier im Zähler H durch seine explizite Form $H_0 + V$ und beachten, dass $|\boldsymbol{k}\rangle$ Eigenzustand zu H_0 mit Eigenwert E_k ist, so erhalten wir:

$$|\varphi_{\boldsymbol{k}}^{(\pm)}\rangle = \lim_{\varepsilon\to 0}\left(1 + \frac{1}{E_k - H \pm i\varepsilon}V\right)|\boldsymbol{k}\rangle\,.$$

Man beachte, dass hier im Nenner der volle Hamilton-Operator H steht. Mit der Definition (21.89) der vollen Green'schen Funktion $G^{(+)}(E)$ können wir diese Darstellung noch etwas kompakter schreiben

$$|\varphi_{\boldsymbol{k}}^{(\pm)}\rangle = (1 + G^{(\pm)}(E_k)V)|\boldsymbol{k}\rangle\,.$$

Hieraus ergibt sich unmittelbar der Zusammenhang

$$|\varphi_{\boldsymbol{k}}^{(-)}\rangle = |\varphi_{\boldsymbol{k}}^{(+)}\rangle + (G^{(-)}(E_k) - G^{(+)}(E_k))V|\boldsymbol{k}\rangle$$

bzw. die adjungierte Gleichung

$$\langle\varphi_{\boldsymbol{k}}^{(-)}| = \langle\varphi_{\boldsymbol{k}}^{(+)}| + \langle\boldsymbol{k}|V(G^{(+)}(E_k) - G^{(-)}(E_k)), \tag{22.43}$$

wobei wir die Beziehung

$$G^{(\pm)}(E)^\dagger = G^{(\mp)}(E)$$

benutzt haben, welche unmittelbar aus der Definition (21.89) der Green'schen Funktion folgt. Benutzen wir ferner die Tatsache, dass die Streuzustände $|\varphi_{\boldsymbol{k}}^{(\pm)}\rangle$ (nichtnormierbare) Eigenzustände des vollen Hamilton-Operators H sind, so gilt:

$$(G^{(+)}(E) - G^{(-)}(E))|\varphi_{\boldsymbol{k}}^{(+)}\rangle = \lim_{\varepsilon\to 0}\left(\frac{1}{E - H + i\varepsilon} - \frac{1}{E - H - i\varepsilon}\right)|\varphi_{\boldsymbol{k}}^{(+)}\rangle$$

$$= \lim_{\varepsilon\to 0}\left(\frac{1}{E - E_k + i\varepsilon} - \frac{1}{E - E_k - i\varepsilon}\right)|\varphi_{\boldsymbol{k}}^{(+)}\rangle$$
$$= \lim_{\varepsilon\to 0}\frac{-2i\varepsilon}{(E - E_k)^2 + \varepsilon^2}|\varphi_{\boldsymbol{k}}^{(+)}\rangle$$
$$= -i2\pi\delta(E - E_k)|\varphi_{\boldsymbol{k}}^{(+)}\rangle . \qquad (22.44)$$

Im letzten Schritt haben wir die Definition der δ-Funktion (A.5), (A.6) benutzt. Dasselbe Ergebnis lässt sich auch unmittelbar aus der bekannten Beziehung (A.27)

$$\lim_{\varepsilon\to 0}\frac{1}{x \pm i\varepsilon} = \mathrm{P}\frac{1}{x} \mp i\pi\delta(x)$$

gewinnen, wobei P den Hauptwert bezeichnet.

Unter Benutzung der oben abgeleiteten Beziehungen (22.43) und (22.44) erhalten wir für die S-Matrix (22.40) die Darstellung

$$S(\boldsymbol{k}', \boldsymbol{k}) = (2\pi)^3\delta(\boldsymbol{k}' - \boldsymbol{k}) - i2\pi\delta(E_{k'} - E_k)\langle\boldsymbol{k}'|V|\varphi_{\boldsymbol{k}}^{(+)}\rangle . \qquad (22.45)$$

Der erste Term verändert die Wellenfunktion nicht (siehe Gl. (22.37)) und gibt damit die durchgehende Welle wieder. Der zweite Term hingegen enthält den gesamten Effekt der Streuung und verschwindet offenbar für $V \to 0$. Das hier auftretende Matrixelement stellt bis auf Normierung gerade die früher eingeführte Streuamplitude $f_{\boldsymbol{k}}(\hat{\boldsymbol{k}}')$ (22.22) dar. Somit finden wir:

$$S(\boldsymbol{k}', \boldsymbol{k}) = (2\pi)^3\delta(\boldsymbol{k}' - \boldsymbol{k}) + i2\pi\delta(E_{k'} - E_k)\frac{2\pi\hbar^2}{m}f_{\boldsymbol{k}}(\hat{\boldsymbol{k}}') .$$

Die δ-Funktion in der S-Matrix garantiert die Energieerhaltung. Die oben abgeleitete S-Matrix beschreibt damit nur die *elastische Streuung*. Die durch die S-Matrix gewährleistete Energieerhaltung ist eine Folge der Annahme, dass die Streuung durch ein zeitunabhängiges Potential beschrieben wird. Wenn das Streuzentrum oder gestreutes Teilchen innere Anregung besitzt, so kann ein Teil der Bewegungsenergie des gestreuten Teilchens in Anregungsenergie umgewandelt werden. Wir sprechen dann von einer *inelastischen Streuung*. Energieerhaltung gilt dann nur für die Gesamtenergie, d. h. kinetische Energie plus innere (Anregungs-) Energie.

Es hat sich eingebürgert, die Matrixelemente $\langle\boldsymbol{k}'|V|\varphi_{\boldsymbol{k}}^{(+)}\rangle$ als Elemente einer Matrix zwischen ebenen Wellen zu interpretieren:

$$\boxed{\langle\boldsymbol{k}'|V|\varphi_{\boldsymbol{k}}^{(+)}\rangle =: \langle\boldsymbol{k}'|T|\boldsymbol{k}\rangle = T(\boldsymbol{k}', \boldsymbol{k}) .} \qquad (22.46)$$

Die so definierte Matrix $T(\boldsymbol{k}', \boldsymbol{k})$ wird als *Transfermatrix* bzw. *T-Matrix* bezeichnet. Setzen wir in der Definition der T-Matrix für die Streuwellenfunktion $|\varphi_{\boldsymbol{k}}^{(+)}\rangle$ die Lippmann-Schwinger-Gleichung (22.16) ein, so erhalten wir eine Integralgleichung für die T-Matrix,

$$
\begin{aligned}
\langle \boldsymbol{k}'|T|\boldsymbol{k}\rangle &= \langle \boldsymbol{k}'|V|\boldsymbol{k}\rangle + \langle \boldsymbol{k}'|VG_0^{(+)}(E_k)V|\varphi_{\boldsymbol{k}}^{(+)}\rangle \\
&= \langle \boldsymbol{k}'|V|\boldsymbol{k}\rangle + \int \frac{d^3k''}{(2\pi)^3}\,\langle \boldsymbol{k}'|VG_0^{(+)}(E_k)|\boldsymbol{k}''\rangle\langle \boldsymbol{k}''|V|\varphi_{\boldsymbol{k}}^{(+)}\rangle \\
&= \langle \boldsymbol{k}'|V|\boldsymbol{k}\rangle + \int \frac{d^3k''}{(2\pi)^3}\,\langle \boldsymbol{k}'|VG_0^{(+)}(E_k)|\boldsymbol{k}''\rangle\langle \boldsymbol{k}''|T|\boldsymbol{k}\rangle\,,
\end{aligned}
$$

die wir formal auch als

$$
T(E) = V + VG_0^{(+)}(E)T(E)
$$

schreiben können. Per Definition (22.46) der T-Matrix hängt sie mit der Streuamplitude (22.22) zusammen über:

$$
\boxed{\langle \boldsymbol{k}'|T|\boldsymbol{k}\rangle = -\frac{2\pi\hbar^2}{m}f_{\boldsymbol{k}}(\hat{\boldsymbol{k}}')}
$$

und die S-Matrix (22.45) besitzt die Gestalt:

$$
\boxed{S(\boldsymbol{k}',\boldsymbol{k}) = (2\pi)^3\delta(\boldsymbol{k}'-\boldsymbol{k}) - i2\pi\delta(E_{k'}-E_k)\langle \boldsymbol{k}'|T(E_{k'})|\boldsymbol{k}\rangle\,.}
$$

22.7.3 Das optische Theorem

Aus der Definition der S-Matrix als Matrixelement des Zeitentwicklungsoperators im Wechselwirkungsbild folgt unmittelbar, dass die S-Matrix unitär ist:

$$
(2\pi)^3\delta(\boldsymbol{k}'-\boldsymbol{k}) = \int \frac{d^3k''}{(2\pi)^3}\,S(\boldsymbol{k}',\boldsymbol{k}'')S^\dagger(\boldsymbol{k}'',\boldsymbol{k}) = \int \frac{d^3k''}{(2\pi)^3}\,S(\boldsymbol{k}',\boldsymbol{k}'')S^*(\boldsymbol{k},\boldsymbol{k}'')\,.
$$

Dies gewährleistet die Erhaltung der Teilchenzahl während des Streuprozesses. Setzen wir in die obige Unitaritätsbedingung den expliziten Ausdruck für die S-Matrix (22.45) ein, so erhalten wir:

$$
\begin{aligned}
(2\pi)^3\delta(\boldsymbol{k}'-\boldsymbol{k}') = \int \frac{d^3k''}{(2\pi)^3}\,&\left[(2\pi)^3\delta(\boldsymbol{k}'-\boldsymbol{k}'') - i2\pi\delta(E_{k'}-E_{k''})\langle \boldsymbol{k}'|V|\varphi_{\boldsymbol{k}''}^{(+)}\rangle\right] \\
&\times\left[(2\pi)^3\delta(\boldsymbol{k}-\boldsymbol{k}'') - i2\pi\delta(E_k-E_{k''})\langle \boldsymbol{k}|V|\varphi_{\boldsymbol{k}''}^{(+)}\rangle\right]^*
\end{aligned}
$$

und nach Auflösung der Klammern:

$$
\begin{aligned}
0 = &-i2\pi\delta(E_{k'}-E_k)\langle \boldsymbol{k}'|V|\varphi_{\boldsymbol{k}}^{(+)}\rangle + i2\pi\delta(E_k-E_{k'})\langle \boldsymbol{k}|V|\varphi_{\boldsymbol{k}'}^{(+)}\rangle^* \\
&+ (2\pi)^2\int \frac{d^3k''}{(2\pi)^3}\,\delta(E_{k'}-E_{k''})\delta(E_k-E_{k''})\langle \boldsymbol{k}'|V|\varphi_{\boldsymbol{k}''}^{(+)}\rangle\langle \boldsymbol{k}|V|\varphi_{\boldsymbol{k}''}^{(+)}\rangle^*\,.
\end{aligned}
$$

Im letzten Ausdruck lässt sich hier das Integral über den Betrag von $\boldsymbol{k}''$ aufgrund der δ-Funktion ausführen, und wir finden mit

$$d^3k = k^2\,dk\,d\Omega_k, \quad \delta(E_k - E_{k'}) = \frac{m}{\hbar^2 k}\delta(k - k')$$

die Beziehung

$$\Big\{ i\langle \boldsymbol{k}'|V|\varphi_{\boldsymbol{k}}^{(+)}\rangle - i\langle \boldsymbol{k}|V|\varphi_{\boldsymbol{k}'}^{(+)}\rangle^* \\ - \frac{k}{(2\pi)^3}\int d\Omega_{k''}\,\frac{2\pi m}{\hbar^2}\langle \boldsymbol{k}'|V|\varphi_{\boldsymbol{k}''}^{(+)}\rangle\langle \boldsymbol{k}|V|\varphi_{\boldsymbol{k}''}^{(+)}\rangle^* \Big\}\delta(E_k - E_{k'}) = 0\,,$$

wobei $|\boldsymbol{k}''| = |\boldsymbol{k}|$. Diese Gleichung ist trivial erfüllt für $E_k \neq E_{k'}$. Für $\boldsymbol{k} = \boldsymbol{k}'$ liefert sie jedoch eine nichttriviale Bedingung

$$-2\,\mathrm{Im}\{\langle \boldsymbol{k}|V|\varphi_{\boldsymbol{k}}^{(+)}\rangle\} = \frac{mk}{(2\pi)^2\hbar^2}\int d\Omega_{k''}\,\left|\langle \boldsymbol{k}|V|\varphi_{\boldsymbol{k}''}^{(+)}\rangle\right|^2.$$

Benutzen wir die Definition der Streuamplitude (22.22), so können wir die letzte Gleichung in der Form

$$2\,\mathrm{Im}\{f_{\boldsymbol{k}}(\hat{\boldsymbol{k}})\} = \frac{k}{2\pi}\int d\Omega_{k''}\,\left|f_{\boldsymbol{k}}(\Omega_{k''})\right|^2 \tag{22.47}$$

schreiben. Die beiden Vektoren $\boldsymbol{k}$ und $\boldsymbol{k}'$, von denen die Streuamplitude $f_{\boldsymbol{k}}(\hat{\boldsymbol{k}}')$ abhängt, besitzen den gleichen Betrag (elastische Streuung) $|\boldsymbol{k}'| = |\boldsymbol{k}|$ und spannen den Streuwinkel θ auf (siehe Abb. 22.7). Charakterisieren wir die Streuamplitude wie üblich durch den Streuwinkel θ und den Betrag der Wellenzahl,[9]

$$f_{\boldsymbol{k}}(\hat{\boldsymbol{k}}') \equiv f_k(\theta)\,,$$

und beachten, dass für $\boldsymbol{k}' = \boldsymbol{k}$ der Streuwinkel verschwindet, so liefert die linke Seite von Gl. (22.47):

$$2\,\mathrm{Im}\{f_k(\theta = 0)\}\,.$$

Mit der Definition des totalen Wirkungsquerschnittes (siehe Gl. (22.31))

$$\sigma = \int d\Omega\,\left|f_k(\Omega)\right|^2$$

erhalten wir dann aus Gl. (22.47):

9 Wir ignorieren hier die Abhängigkeit der Streuamplitude vom Polarwinkel ϕ (siehe Abb. 22.4), da in dem nachfolgend interessierenden Fall $\theta = 0$ der Winkel ϕ irrelevant ist.

$$\boxed{\sigma = \frac{4\pi}{k}\,\mathrm{Im}\{f_k(\theta = 0)\}\,.} \tag{22.48}$$

Dies ist das *optische Theorem*. Aus der obigen Ableitung wird ersichtlich, dass das optische Theorem eine unmittelbare Konsequenz aus der Unitarität der S-Matrix ist und damit die Erhaltung der Teilchenzahl im quantenmechanischen Streuprozess ausdrückt.

22.8 Streuung am Zentralpotential: Partialwellenzerlegung

22.8.1 Partialwellenzerlegung der Streufunktion

Falls das Streupotential sphärische Symmetrie besitzt, ist der Drehimpuls während des gesamten Streuprozesses erhalten. Ähnlich wie bei den gebundenen Zuständen lässt sich dann auch bei der Bestimmung der Streuzustände sehr vorteilhaft die Drehimpulserhaltung ausnutzen. Dazu zerlegen wir die Streuzustände nach Drehimpulseigenfunktionen

$$\varphi_{\boldsymbol{k}}^{(+)}(\boldsymbol{x}) = \langle \boldsymbol{x}|\varphi_{\boldsymbol{k}}^{(+)}\rangle = \sum_{l=0}^{\infty}\sum_{m=-l}^{l} a_{klm}(r)Y_{lm}(\hat{\boldsymbol{x}})\,. \tag{22.49}$$

Zweckmäßigerweise legen wir den Wellenvektor $\boldsymbol{k}$ der einfallenden ebenen Welle in z-Richtung (Quantisierungsachse des Drehimpulses):

$$\boldsymbol{k} = k\boldsymbol{e}_z\,.$$

Durch die einfallende ebene Welle wird die Richtung

$$\hat{\boldsymbol{k}} = \boldsymbol{e}_z$$

ausgezeichnet und somit die ursprüngliche durch das Zentralpotential $V(r)$ vorgegebene sphärische Symmetrie auf die axiale Symmetrie (Invarianz gegenüber Drehungen um die z-Achse) gebrochen. Aufgrund der axialen Symmetrie des Streuprozesses dürfen die Streuzustände $\varphi_{\boldsymbol{k}}^{(+)}(\boldsymbol{x})$ nicht vom Winkel ϕ abhängen. Da die Kugelfunktionen von der Form (15.60)

$$Y_{lm}(\theta,\phi) = e^{im\phi}\chi_{lm}(\theta)$$

sind, können dann zur obigen Zerlegung nach Drehimpulseigenzuständen (22.49) nur Zustände mit $m = 0$ beitragen. Benutzen wir (15.71)

$$Y_{l,m=0}(\theta,\phi) = \sqrt{\frac{2l+1}{4\pi}}P_l(\cos\theta)\,, \tag{22.50}$$

so können wir die Streufunktion in der Form

$$\boxed{\varphi_{\boldsymbol{k}}^{(+)}(\boldsymbol{x}) = \sum_{l=0}^{\infty} R_{kl}(r) P_l(\cos\theta) = \sum_{l=0}^{\infty} \frac{u_{kl}(r)}{r} P_l(\cos\theta)} \tag{22.51}$$

schreiben, wobei wie üblich (siehe Abschnitt 17.2)

$$R_{kl}(r) = \frac{u_{kl}(r)}{r}$$

die Radialfunktion bezeichnet. Unter Benutzung von (17.6) und[10]

$$\boldsymbol{L}^2 P_l(\cos\theta) = \hbar^2 l(l+1) P_l(\cos\theta)$$

reduziert sich dann die Schrödinger-Gleichung für die Streufunktionen, Gl. (22.13), auf die Radialgleichung (17.13) für einen festen Drehimpuls l

$$\boxed{u_{kl}''(r) + (k^2 - v_l(r)) u_{kl}(r) = 0\,,} \tag{22.52}$$

wobei $k = \sqrt{2mE}/\hbar$ wieder die Wellenzahl bezeichnet und

$$\boxed{v_l(r) = \frac{2m}{\hbar^2}\left(V(r) + \frac{\hbar^2 l(l+1)}{2mr^2}\right),}$$

das mit Faktor $2m/\hbar^2$ skalierte effektive Radialpotential (17.11) ist, das neben dem ursprünglichen Streupotential $V(r)$ noch das Zentrifugalpotential $\mathbf{L}^2/2mr^2$ enthält. Aufgrund der sphärischen Symmetrie des Streupotentials wird jede l-Komponente der Wellenfunktion unabhängig von den übrigen Drehimpulskomponenten gestreut. Eine l-Komponente der Streuwellenfunktion wird als *Partialwelle* bezeichnet.

22.8.2 Die Streuphase

Da das Streupotential nur eine endliche Reichweite besitzt, muss die Wellenfunktion $\varphi_{\boldsymbol{k}}^{(+)}(\boldsymbol{x})$ des vollen Streuproblems asymptotisch für $k|\boldsymbol{x}| \gg l$ (d. h. außerhalb der Reichweite des Potentials) ebenfalls die Form der Wellenfunktion der freien Bewegung besitzen. Wir kennen die Lösung der Radialgleichung für verschwindendes Streupotential $V(r) = 0$ (freie Bewegung). Dazu beachten wir, dass die Lösung der freien Schrödinger-Gleichung durch eine ebene Welle $e^{i\boldsymbol{k}\cdot\boldsymbol{x}}$ gegeben ist. Fällt diese parallel zur z-Achse ein (d. h. $\hat{\boldsymbol{k}} = \boldsymbol{e}_z$), so besitzt diese die Partialwellenzerlegung

10 Diese Beziehung folgt unmittelbar aus $\boldsymbol{L}^2 Y_{lm}(\theta,\varphi) = \hbar^2 l(l+1) Y_{lm}(\theta,\varphi)$ und (22.50).

$$e^{i\boldsymbol{k}\cdot\boldsymbol{x}} = e^{ikr\cos\theta} = \sum_{l=0}^{\infty} i^l(2l+1)j_l(kr)P_l(\cos\theta)\,. \tag{22.53}$$

Wir betonen, dass die Darstellung (22.53) nur für $\hat{\boldsymbol{k}} = \boldsymbol{e}_z$ gilt! Der Vergleich von (22.53) mit Gl. (22.51) liefert für die Radialfunktion der freien Bewegung

$$\frac{u_{kl}^{(0)}(r)}{r} = i^l(2l+1)j_l(kr)\,.$$

Dies ist in Übereinstimmung mit dem bereits früher bei der Behandlung der gebundenen Zustände gewonnenen Ergebnis (siehe Abschnitt 17.4): Die Lösungen der freien Radialgleichung (die mit der sphärischen Bessel'schen Differentialgleichung übereinstimmt) sind durch die sphärischen Bessel- bzw. Neumann-Funktionen, $j_l(kr)$ und $n_l(kr)$, bzw. deren Linearkombinationen $h_l^{(\pm)}(z) = j_l(z) \pm i n_l(z)$, den sphärischen Hankel-Funktionen, gegeben. Da die ebene Welle $e^{i\boldsymbol{k}\cdot\boldsymbol{x}}$ überall regulär ist, kann in ihrer Partialwellenzerlegung nur die reguläre sphärische Besselfunktion $j_l(kr)$, nicht aber die Neumann-Funktion auftreten.

Unter Benutzung des asymptotischen Ausdruckes für die sphärischen Bessel-Funktionen (17.36)

$$j_l(z) \simeq \frac{1}{z}\sin\left(z - \frac{l\pi}{2}\right), \quad z \gg l \tag{22.54}$$

nimmt die freie Lösung der Radialgleichung die asymptotische Gestalt

$$u_{kl}^{(0)}(r) \simeq \frac{1}{k} i^l(2l+1)\sin\left(kr - \frac{l\pi}{2}\right), \quad kr \gg l \tag{22.55}$$

an. Außerhalb der Reichweite des Potentials muss der Radialanteil $u_{kl}(r)$ der Streuwellenfunktion $\varphi_{\boldsymbol{k}}^{(+)}(\boldsymbol{x})$ (22.51) ebenfalls diese Form besitzen. Durch den Einfluss des Streupotentials ist die Streuwellenfunktion jedoch i. A. gegenüber der frei propagierenden, ungestreuten Welle (22.55) phasenverschoben, sodass ihr Radialanteil die asymptotische Gestalt

$$u_{kl}(r) = C_l \sin\left(kr - \frac{l\pi}{2} + \delta_l(k)\right), \quad kr \gg l \tag{22.56}$$

besitzt, wobei C_l ein noch zu bestimmender, komplexer Koeffizient ist, der von der Wellenzahl k abhängt. Die auftretende Phase $\delta_l(k)$ wird als *Streuphase* der l-ten Partialwelle bezeichnet. Sie ist eine für das jeweilige Streupotential charakteristische Größe, die von der Energie bzw. Wellenzahl k der einfallenden Teilchen abhängt und offenbar nur bis auf ein Vielfaches von π definiert ist, da $\sin(x+\pi) = -\sin x$ und das Vorzeichen der Wellenfunktion irrelevant ist.

Mit dem obigen Ausdruck (22.56) für die Radialfunktion nimmt die Streufunktion (22.51) asymptotisch für $kr \gg l$ die Gestalt

$$\varphi_{\boldsymbol{k}}^{(+)}(\boldsymbol{x}) \simeq \frac{1}{r}\sum_{l=0}^{\infty} C_l \sin\left(kr - \frac{l\pi}{2} + \delta_l\right)P_l(\cos\theta)$$

an. Benutzen wir jetzt

$$\sin x = \frac{1}{2i}(e^{ix} - e^{-ix})\,,$$

so lässt sich der asymptotische Ausdruck der Streufunktion als Summe von ein- und auslaufender Kugelwelle schreiben:

$$\begin{aligned}\varphi_{\boldsymbol{k}}^{(+)}(\boldsymbol{x}) \simeq\ & \frac{e^{ikr}}{r}\sum_l \frac{C_l}{2i}e^{i\delta_l - i\frac{l\pi}{2}}P_l(\cos\theta)\\ & - \frac{e^{-ikr}}{r}\sum_l \frac{C_l}{2i}e^{-i\delta_l + i\frac{l\pi}{2}}P_l(\cos\theta)\,, \quad r\to\infty\,.\end{aligned} \tag{22.57}$$

Die Summe läuft hier im Prinzip über alle Drehimpulse l. Für sehr große l ist die Voraussetzung für die Gültigkeit der asymptotischen Darstellung (22.54) der Bessel-Funktionen, $kr \gg l$, allerdings nicht mehr erfüllt. Wir werden jedoch im nächsten Abschnitt sehen, dass für ein kurzreichweitiges Potential nicht beliebig hohe Drehimpulse l zum Streuprozess beitragen können und somit die Summen in Gl. (22.57) de facto abbrechen.

Andererseits wissen wir, dass die Streufunktion ganz allgemein die asymptotische Gestalt (22.20)

$$\varphi_{\boldsymbol{k}}^{(+)}(\boldsymbol{x}) \simeq e^{i\boldsymbol{k}\cdot\boldsymbol{x}} + f_k(\theta)\frac{e^{ikr}}{r}\,, \quad r\to\infty \tag{22.58}$$

besitzen muss, die eine unmittelbare Konsequenz aus der Lippmann-Schwinger-Gleichung (22.16) war. Für die einfallende ebene Welle $e^{i\boldsymbol{k}\cdot\boldsymbol{x}}$, $\boldsymbol{k} = k\boldsymbol{e}_z$, nehmen wir die Zerlegung nach Drehimpulseigenzuständen (22.53) und benutzen dabei für die Bessel-Funktionen die für $kr \gg l$ gültige asymptotische Darstellung (22.54)

$$\begin{aligned}e^{i\boldsymbol{k}\cdot\boldsymbol{x}} &\simeq \sum_{l=0}^{\infty} i^l(2l+1)\frac{1}{kr}\sin\left(kr - \frac{l\pi}{2}\right)P_l(\cos\theta)\\ &= \sum_{l=0}^{\infty} i^l(2l+1)\frac{1}{2ikr}(e^{ikr - i\frac{l\pi}{2}} - e^{-ikr + i\frac{l\pi}{2}})P_l(\cos\theta)\,.\end{aligned} \tag{22.59}$$

Damit ergibt sich für die asymptotische Form (22.58) der Streuwellenfunktion:

$$\begin{aligned}\varphi_{\boldsymbol{k}}^{(+)}(\boldsymbol{x}) \simeq\ & \frac{e^{ikr}}{r}\left[\frac{1}{k}\sum_l \frac{i^l}{2i}(2l+1)e^{-i\frac{l\pi}{2}}P_l(\cos\theta) + f_k(\theta)\right]\\ & - \frac{e^{-ikr}}{r}\left[\frac{1}{k}\sum_l \frac{i^l}{2i}(2l+1)e^{i\frac{l\pi}{2}}P_l(\cos\theta)\right], \quad r\to\infty\,.\end{aligned} \tag{22.60}$$

Sie setzt sich damit aus einer einlaufenden und einer mit θ-abhängigen Amplitude modulierten auslaufenden Kugelwelle zusammen. Die auslaufende Kugelwelle enthält hier auch den gestreuten Anteil (proportional zu $f_k(\theta)$), während die einlaufende Kugelwelle e^{-ikr}/r allein durch die einfallende Welle $e^{i\boldsymbol{k}\cdot\boldsymbol{x}}$ generiert wird.

Vergleich des *einlaufenden* sphärischen Wellenteiles in Gln. (22.57) und (22.60) liefert wegen der linearen Unabhängigkeit der $P_l(\cos\theta)$ zu verschiedenen l für die Entwicklungskoeffizienten der Streufunktion:

$$C_l = \frac{1}{k} i^l (2l+1) e^{i\delta_l} = \frac{1}{k}(2l+1) e^{i(\delta_l + \frac{l\pi}{2})}\,, \tag{22.61}$$

wobei wir im letzten Ausdruck die Identität

$$e^{\pm i\frac{\pi}{2}l} = (\pm i)^l$$

benutzt haben. Vergleich der Amplituden der *auslaufenden* sphärischen Welle in Gl. (22.57) und Gl. (22.60) liefert:

$$\frac{1}{2i}\sum_l C_l e^{i\delta_l - i\frac{l\pi}{2}} P_l(\cos\theta) = \frac{1}{2ik}\sum_l (2l+1) P_l(\cos\theta) + f_k(\theta)\,. \tag{22.62}$$

Einsetzen von (22.61) in (22.62) liefert für die Streuamplitude:

$$f_k(\theta) = \frac{1}{k}\sum_{l=0}^{\infty}(2l+1)\frac{1}{2i}(e^{i2\delta_l} - 1) P_l(\cos\theta)\,.$$

Mit

$$\frac{1}{2i}(e^{i2\delta_l} - 1) = \frac{e^{i\delta_l}}{2i}(e^{i\delta_l} - e^{-i\delta_l}) = e^{i\delta_l}\sin\delta_l$$

erhalten wir schließlich *die Partialwellenzerlegung der Streuamplitude*:

$$\boxed{f_k(\theta) = \frac{1}{k}\sum_l (2l+1) e^{i\delta_l}\sin\delta_l \cdot P_l(\cos\theta)\,.} \tag{22.63}$$

Der Einfluss des Streupotentials ist hier vollständig in den Streuphasen $\delta_l(k)$ enthalten: Verschwinden sämtliche Streuphasen $\delta_l(k) = 0$, so verschwindet auch die Streuamplitude. Ferner gehen die einzelnen Partialwellen l mit komplexer Amplitude ein. Setzen wir den Ausdruck (22.61) für C_l in Gl. (22.56) ein, so erhalten wir die asymptotische Form der Radialfunktion $R_{kl}(r)$ in der Partialwellenzerlegung (22.51) der Streuwellenfunktion:

$$R_{kl}(r) = \frac{u_{kl}(r)}{r} \simeq \frac{i^l}{kr}(2l+1) e^{i\delta_l}\sin\left(kr - \frac{l\pi}{2} + \delta_l(k)\right), \quad kr \gg l\,. \tag{22.64}$$

Dieser Ausdruck gilt unabhängig von der konkreten Form des (sphärisch symmetrischen) Streupotentials. Für $\delta_l = 0$ reduziert sich dieser Ausdruck in der Tat auf die Radialfunktion der freien Bewegung (22.55). Die Streuphasen sind nur bis auf ein Vielfaches von π definiert. Diese Unbestimmtheit können wir eliminieren, indem wir die Streuphase für ein verschwindendes Potential auf $\delta_l = 0$ setzen und das gegebene Potential $V(r)$ aus dem Potential $\lambda V(r)$ $(\lambda > 0)$ durch stetige Variation des Parameters λ von 0 auf 1 erzeugen und dabei fordern, dass die Streuphase eine stetige Funktion von λ ist. Die Streuphase besitzt dann einen eindeutigen Wert. Mit dieser Konvention gilt folgender Zusammenhang zwischen dem (abstoßenden oder anziehenden) Charakter des Potentials und dem Vorzeichen der Streuphase: Für ein anziehendes Potential $V(r) < 0$ ist die Radialfunktion $u_{kl}(r)$ im Potential stärker gekrümmt als die Radialfunktion $u_{kl}^{(0)}(r)$ (22.55) des freien Teilchens. Die Wellenfunktion wird in das Potentialgebiet „hineingezogen", siehe Abb. 22.10(a). Dementsprechend ist die Streuphase positiv:

$$V(r) < 0\,, \quad \delta_l(k) > 0\,.$$

Im Fall eines abstoßenden Potentials $V(r) > 0$ hingegen ist die Radialfunktion $u_{kl}(r)$ im Potentialgebiet $V(r) < E_k$ schwächer gekrümmt als $u_{kl}^{(0)}(r)$ und wird folglich aus dem Potentialgebiet „herausgeschoben" (siehe Abb. 22.10(b)). Dementsprechend ist die Streuphase negativ:

$$V(r) > 0\,, \quad \delta_l(k) < 0\,.$$

Für ein anziehendes Potential $V(r) < 0$ befindet sich das gestreute Teilchen immer im klassisch erlaubten Bereich. Für ein abstoßendes Potential können auch klassisch verbotene Bereiche $E_k < V(r)$ existieren, in denen die Wellenfunktion bekanntlich exponentiell abfällt und somit nicht oszilliert. Durch den klassisch verbotenen Bereich wird die Wellenfunktion ebenfalls nach außen gedrängt (was zu einer positiven Streuphase führt), auch wenn dies vielleicht nicht offensichtlich ist. Wir werden dies explizit am Beispiel des abstoßenden Kastenpotentials demonstrieren (siehe Abschnitt 22.11.6).

22.8.3 Partialwellenzerlegung des Streuquerschnitts

Setzen wir die Partialwellenzerlegung der Streuamplitude (22.63) in Gl. (22.30) ein, so erhalten wir für den differentiellen Wirkungsquerschnitt:

$$\frac{d\sigma(\theta)}{d\Omega} = \frac{1}{k^2}\sum_{l,l'}(2l+1)(2l'+1)\sin\delta_l \sin\delta_{l'} e^{i(\delta_l-\delta_{l'})} P_l(\cos\theta) P_{l'}(\cos\theta)\,. \tag{22.65}$$

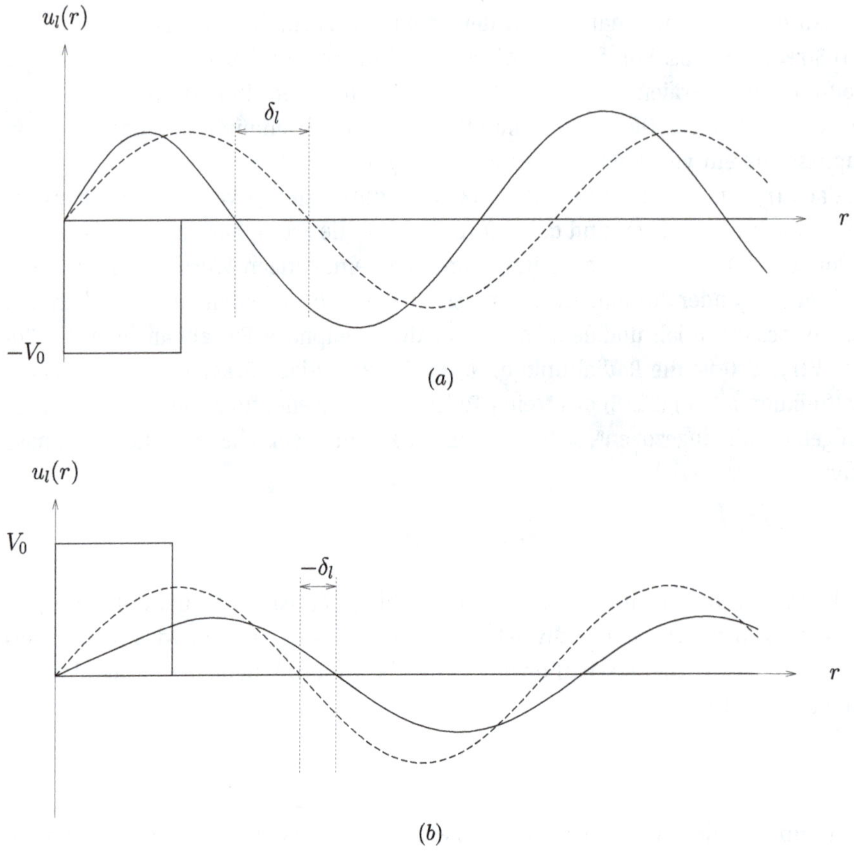

Abb. 22.10: Die Radialfunktion $u_{kl}(r)$ (durchgezogene Linie) für (a) ein anziehendes und (b) abstoßendes sphärisches Kastenpotential. Die gestrichelte Linie ist die Radialfunktion $u_{kl}^{(0)}$ des freien Teilchens.

Die verschiedenen Partialwellen interferieren hier miteinander und die Winkelverteilung wird i. A. typische Interferenzerscheinungen zeigen.

---

i Die Interferenz der verschiedenen Partialwellen im Wirkungsquerschnitt widerspricht nicht der Drehimpulserhaltung, sondern resultiert aus der einfallenden ebenen Welle, die sämtliche Drehimpulszustände (Partialwellen) enthält. Könnten wir unser Streuexperiment so gestalten, dass nur eine einzige Partialwelle einfiele (z. B. eine *s*-Welle durch eine sphärisch symmetrische Anordnung der Quelle[11]), so würde auch die gestreute Welle nur eine einzige Partialwelle enthalten.

---

11 Ein solcher sphärisch symmetrischer Streuprozess liegt bei der Zündung einer Atombombe vor, wo das spaltbare Material gleichmäßig auf einer Kugelschale verteilt ist, die wiederum von einer weiteren Kugelschale mit konventionellem Sprengstoff umgeben ist, der instantan gezündet wird.

Aus (22.65) erhalten wir für den *totalen Wirkungsquerschnitt*

$$\sigma = \int d\Omega \, \frac{d\sigma}{d\Omega} = \int_0^{2\pi} d\phi \int_0^{\pi} d\theta \, \sin\theta \, \frac{d\sigma(\theta)}{d\Omega}$$

unter Benutzung der Orthogonalitätsrelation für die Legendre-Polynome

$$\int_{-1}^{1} dz \, P_l(z) P_{l'}(z) = \frac{2}{2l+1} \, \delta_{ll'}$$

den einfachen Ausdruck

$$\boxed{\sigma = \sum_l \sigma_l \,, \qquad \sigma_l = \frac{4\pi}{k^2} (2l+1) \sin^2 \delta_l \,.} \tag{22.66}$$

Der totale Wirkungsquerschnitt setzt sich additiv aus den Beiträgen der einzelnen Partialwellen, den sogenannten *Partialquerschnitten* σ_l, zusammen, wie dies aufgrund der Drehimpulserhaltung zu erwarten war. In Analogie zu den gebundenen Zuständen bezeichnet man die $(l = 0, 1, 2, \ldots)$-Beiträge als $s, p, d, \ldots$-Streuung.

Wegen $\sin^2 \delta_l \leq 1$ ist der Beitrag einer Partialwelle zum totalen Wirkungsquerschnitt für feste Energie nach oben beschränkt

$$\sigma_l \leq \frac{4\pi}{k^2} (2l+1) =: \sigma_l^{\max} \sim \frac{1}{E_k} \,. \tag{22.67}$$

Für festes l nimmt der Beitrag einer einzelnen Partialwelle zum Streuquerschnitt mit wachsender Energie ab. Gleichzeitig tragen mit wachsender Energie mehr und mehr Partialwellen l zum Streuquerschnitt bei, siehe Gl. (22.68) unten.

Wegen $P_l(z = 1) = 1$ erhalten wir aus (22.63) für den Imaginärteil der Streuamplitude in Vorwärtsrichtung

$$\mathrm{Im}\{f_k(\theta = 0)\} = \frac{1}{k} \sum_l (2l+1) \sin^2 \delta_l(k) \,.$$

Vergleich mit (22.66) liefert für den totalen Wirkungsquerschnitt die Beziehung

$$\boxed{\sigma = \frac{4\pi}{k} \, \mathrm{Im}\{f_k(\theta = 0)\} \,.}$$

Dies ist das *optische Theorem*, das wir bereits in (22.48) gefunden hatten und das sich anschaulich wie folgt erklären lässt: Der Streuprozess ändert die Teilchenzahl nicht. Deshalb müssen die gestreuten Teilchen (die sämtlich durch den totalen Wirkungsquerschnitt erfasst werden) aus dem einfallenden Teilchenstrom entfernt werden. Dies ist

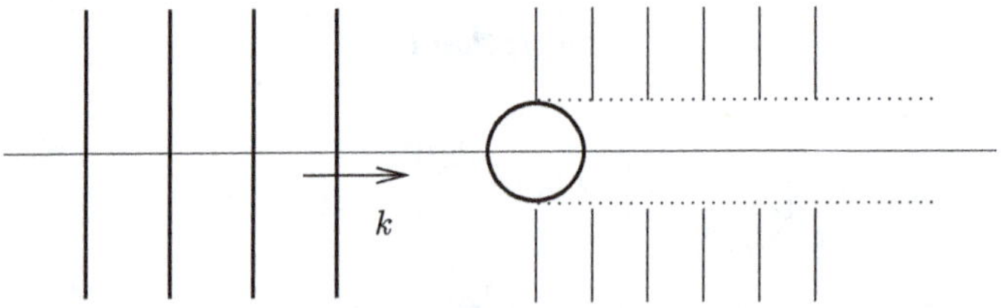

Abb. 22.11: Illustration des optischen Theorems.

quantenmechanisch nur durch Interferenz möglich. Interferenz ist aber nur zwischen (in Richtung $\theta = 0$) einfallender und in Vorwärtsrichtung ($\theta = 0$) gestreuter Welle möglich. Diese Interferenz bewirkt im einfallenden Teilchenstrahl einen sogenannten *Teilchenschatten*, der gerade dem gestreuten Teilchenstrom entspricht, siehe Abb. 22.11. Wir werden diesen Teilchenschatten etwas genauer in Abschnitt 22.10 anhand der Streuung an einer harten Kugel untersuchen.

22.8.4 Konvergenz der Partialwellenzerlegung

Der Vorteil der Partialwellenzerlegung besteht darin, dass für ein lokalisiertes Streupotential nur einige wenige Partialwellen zum Streuquerschnitt beitragen. Um dies zu veranschaulichen, betrachten wir zunächst die Streuung eines klassischen Teilchens an einem lokalisierten Potential mit effektiver Reichweite R. Klassisch findet keine Streuung statt, wenn der Stoßparameter b (siehe Abb. 22.4) größer als die Reichweite des Potentials ist. Damit eine Streuung stattfindet, muss also die Bedingung $b < R$ erfüllt sein. Für eine Bewegung im Zentralpotential, für welche die Partialwellenzerlegung definiert ist, bleibt der Drehimpuls

$$|\boldsymbol{L}| = |\boldsymbol{x} \times \boldsymbol{p}| = bp_\infty$$

erhalten. Hierbei ist $p_\infty = \sqrt{2mE}$ der asymptotische Wert des Teilchenimpulses in großer Entfernung vom Streuzentrum. Bei gegebener Teilchenenergie E erfolgt (klassische) Streuung nur für $b \leq R$, also nur für Drehimpulse mit:

$$|\boldsymbol{L}| \leq R\sqrt{2mE} .$$

Aus der Pfadintegralformulierung der Quantenmechanik wissen wir, dass die volle quantenmechanische Zeitentwicklung durch Überlagerung der Beiträge aller möglichen Trajektorien aufgebaut werden kann. Trajektorien, die außerhalb der Reichweite des Potentials verlaufen, liefern offenbar keinen Beitrag zum Streuprozess. Quantenmechanische Teilchen mit großem Drehimpuls besitzen auch eine große kinetische Energie. Hochenergetische Teilchen verhalten sich aber quasiklassisch und können folglich in der semiklassischen Näherung beschrieben werden. In dieser Näherung tragen zur quantenmechanischen Übergangsamplitude nur die Trajektorien in der Nähe der klassischen Trajektorie bei. Wie oben besprochen, tragen klassische Trajektorien nur zum Streuprozess bei, wenn ihr Stoßparameter b kleiner als die Reichweite R des Potentials ist, d. h. wenn der Drehimpuls $|\boldsymbol{L}| \leq |\boldsymbol{L}_{\max}| = R|\boldsymbol{p}_\infty|$ ist. Folglich tragen auch in der Quantenmechanik nur Partialwellen mit einem Drehimpuls $l\hbar \lesssim |\boldsymbol{L}_{\max}|$ zum Streuquerschnitt bei. Somit sind auch in der Quantentheorie die beitragenden Drehimpulse durch die Reichweite des Streupotentials begrenzt: Nur solche Partialwellen tragen wesentlich zum Wirkungsquerschnitt bei, für die

$$l \lesssim \sqrt{l(l+1)} \leq R\frac{1}{\hbar}\sqrt{2mE} = Rk \tag{22.68}$$

erfüllt ist. Für kleine Teilchenenergien und kurzreichweitige Streupotentiale sollte demnach dominante s-Streuung ($l = 0$) vorliegen, die wegen $P_{l=0}(z) = 1$ einen isotropen (d. h. vom Streuwinkel unabhängigen) partiellen Querschnitt (22.65)

$$\left(\frac{d\sigma}{d\Omega}\right)_{l=0} = \frac{1}{k^2}\sin^2\delta_0$$

liefert. Dies soll im Folgenden am Beispiel der Streuung an einer harten Kugel illustriert werden.

22.9 Hartkugelstreuung

Wie wir bereits in Abschnitt 22.6.1 kennengelernt haben, wird die Nukleon-Nukleon-Kraft dominant durch ein Zentralpotential $V(\boldsymbol{x}_1, \boldsymbol{x}_2) = V(|\boldsymbol{x}_1 - \boldsymbol{x}_2|) = V(r)$ beschrieben, das den in Abb. 22.12(a) dargestellten qualitativen Verlauf besitzt. Es ist anziehend bei mittleren Abständen von etwa 1 fm und stark abstoßend bei kurzem Abstand. Für die Streuung von hochenergetischen Protonen am Nukleon (Proton oder Neutron) können wir den anziehenden Teil des Potentials vernachlässigen und den abstoßenden Teil in erster Näherung durch ein unendlich hohes Kastenpotential ersetzen, das in diesem Zusammenhang auch als „hard core"-Potential bezeichnet wird (siehe Abb. 22.12(b)):

$$V(r) = \begin{cases} \infty, & r \leq R \\ 0, & r > R\,. \end{cases}$$

Ein solches Potential beschreibt auch die Wechselwirkung zwischen zwei sehr harten, d. h. ideal elastischen Kugeln mit Radius R. Dieses Potential besitzt daher ein weites Anwendungsfeld, nicht nur in der Kernphysik, sondern auch in der Atom-, Molekül- und Cluster-Physik. Im Folgenden wollen wir deshalb die Streuung an einem solchen Potential untersuchen.

Die Streuwellenfunktion $\varphi_{\boldsymbol{k}}^{(+)}(\boldsymbol{x})$ muss, wie jede Wellenfunktion, im Gebiet eines unendlich hohen Potentials verschwinden. Sie muss deshalb der Randbedingung

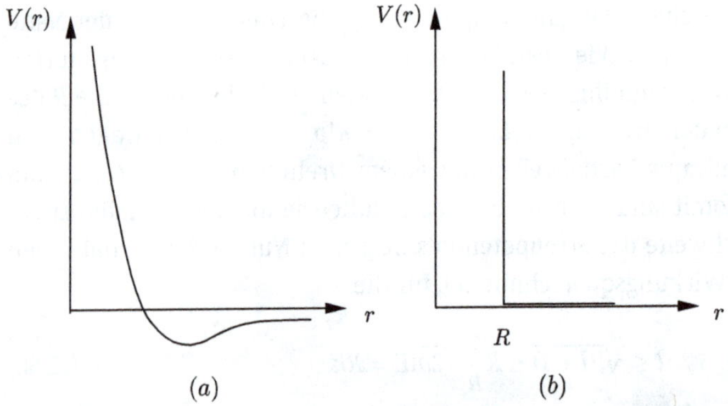

Abb. 22.12: Das Nukleon-Nukleon-Wechselwirkungspotential: (a) realistischer Potentialverlauf, (b) Idealisierung durch ein „hard core"-Potential.

$$\varphi_{\boldsymbol{k}}^{(+)}(\boldsymbol{x}) = 0\,, \quad |\boldsymbol{x}| \leq R \tag{22.69}$$

genügen. Für $|\boldsymbol{x}| > R$ verschwindet das Potential, und die Wellenfunktion muss der freien Schrödinger-Gleichung genügen. In Anbetracht der sphärischen Symmetrie der Randbedingung empfiehlt es sich, die Wellenfunktion in Kugelkoordinaten anzugeben. Legen wir den Impuls der einfallenden Welle wieder parallel zur z-Achse, so hat die Streufunktion die Gestalt (22.51), wobei $u_{kl}(r)$ eine Lösung der freien Radialgleichung (22.52) mit $V(r) = 0$ ist. Da aufgrund der unendlich hohen Potentialbarriere die Wellenfunktion im Gebiet $r \leq R$ nicht definiert ist, müssen wir im Außenraum $r \geq R$ auch Lösungen der freien Radialgleichung (sphärische Bessel'sche Differentialgleichung) zulassen, die am Ursprung $r = 0$ singulär sind. Die allgemeine Lösung dieser Gleichung lautet deshalb

$$R_{kl}(r) = \frac{u_{kl}(r)}{r} = a_l j_l(kr) + b_l n_l(kr)\,, \tag{22.70}$$

wobei j_l und n_l die sphärischen Bessel- bzw. sphärischen Neumann-Funktionen und a_l und b_l zunächst beliebige Koeffizienten sind, die jedoch so gewählt werden müssen, dass die Randbedingung (22.69) erfüllt ist. Alternativ lässt sich die allgemeine Lösung auch durch die sphärischen Hankel-Funktionen

$$h_l^{(\pm)}(z) = j_l(z) \pm i n_l(z)$$

oder durch zwei beliebige andere linear unabhängige Kombinationen der j_l und n_l ausdrücken. Des Weiteren müssen die in der Radialfunktion (22.70) auftretenden Koeffizienten a_l, b_l so gewählt werden, dass die resultierende Streufunktion (22.51) für $r \to \infty$ die asymptotische Form (22.20) (einfallende ebene Welle plus auslaufende Kugelwelle) annimmt. Die einfallende ebene Welle besitzt nach Gl. (22.53) gerade die sphärischen Bessel-Funktionen als Radialfunktionen. Die einzige Lösung der freien Radialgleichung

(Bessel'sche Differentialgleichung), welche die asymptotische Form einer auslaufenden Kugelwelle besitzt, ist die Hankel-Funktion (17.45)

$$h_l^{(+)}(kr) \simeq \frac{-i}{kr} e^{i(kr-\frac{l\pi}{2})} = \frac{e^{ikr}}{r}\left(-\frac{i}{k}e^{-i\frac{l\pi}{2}}\right), \quad kr \gg l\,.$$

Deshalb können wir den gestreuten Teil $\varphi_{\boldsymbol{k}}^{\text{str}}(\boldsymbol{x})$ der Wellenfunktion (22.19) in der Form

$$\varphi_{\boldsymbol{k}}^{\text{str}}(\boldsymbol{x}) = \sum_l c_l(2l+1)i^l h_l^{(+)}(kr)P_l(\cos\theta) \tag{22.71}$$

ansetzen, wobei die numerischen Faktoren $(2l+1)i^l$ in Analogie zur Partialwellenentwicklung (22.53) der einfallenden ebenen Welle gewählt wurden. Die Entwicklungskoeffizienten c_l werden sicherlich von der Energie bzw. Wellenzahl k des einfallenden Teilchens abhängen. Die Wellenfunktion (22.71) hat per Konstruktion die geforderte asymptotische Form einer auslaufenden Kugelwelle

$$\varphi_{\boldsymbol{k}}^{\text{str}}(\boldsymbol{x}) \to f_k(\theta)\frac{e^{ikr}}{r}, \quad kr \gg l$$

mit der Streuamplitude

$$\begin{aligned} f_k(\theta) &= -\frac{i}{k}\sum_l (2l+1)i^l e^{-i\frac{l\pi}{2}} c_l P_l(\cos\theta) \\ &= -\frac{i}{k}\sum_l c_l(2l+1)P_l(\cos\theta)\,. \end{aligned}$$

Vergleichen wir diesen Ausdruck mit der Streuphasendarstellung der Streuamplitude (22.63), so erhalten wir wegen der linearen Unabhängigkeit der Legendre-Polynome die Beziehung

$$c_l = ie^{i\delta_l}\sin\delta_l\,. \tag{22.72}$$

Damit sind die Streuphasen, welche ein Maß für die Stärke der Streuung sind, auf die Koeffizienten c_l der Streupartialwelle zurückgeführt. Letztere sind durch das Streupotential bestimmt, das die Randbedingung (22.69) erzwingt. Mit (22.53) und (22.71) hat die Streuwellenfunktion für $|\boldsymbol{x}| > R$ die Gestalt

$$\begin{aligned} \varphi_{\boldsymbol{k}}^{(+)}(\boldsymbol{x}) &= e^{i\boldsymbol{k}\cdot\boldsymbol{x}} + \varphi_{\boldsymbol{k}}^{\text{str}}(x) \\ &= \sum_l (2l+1)i^l\big(j_l(kr) + c_l h_l^{(+)}(kr)\big)P_l(\cos\theta) \\ &\equiv \sum_l R_{kl}(r)P_l(\cos\theta)\,. \end{aligned}$$

Wegen der linearen Unabhängigkeit der Legendre-Polynome muss jede einzelne Partialwelle l von $\varphi_{\boldsymbol{k}}^{(+)}(\boldsymbol{x})$ bei $r = R$ verschwinden:

$$R_{kl}(r = R) = 0 .$$

Diese Bedingung fixiert die Koeffizienten c_l auf:

$$c_l = -\frac{j_l(kR)}{h_l^{(+)}(kR)} = -\frac{j_l(kR)}{j_l(kR) + in_l(kR)} = -\frac{1}{1 + i\frac{n_l(kR)}{j_l(kR)}} .$$

Vergleich mit der Streuphasendarstellung (22.72) dieser Koeffizienten,

$$c_l = i\frac{\sin\delta_l}{e^{-i\delta_l}} = i\frac{\sin\delta_l}{\cos\delta_l - i\sin\delta_l} = -\frac{1}{1 + i\frac{1}{\tan\delta_l}} ,$$

liefert die Beziehung

$$\tan\delta_l = \frac{j_l(kR)}{n_l(kR)} . \tag{22.73}$$

Damit sind die Streuphasen vollständig durch die Energie des gestreuten Teilchens $E_k = (\hbar k)^2/2m$ und die Reichweite R des unendlich hohen Streupotentials festgelegt. Mit der Beziehung

$$\sin^2\delta_l = \frac{\sin^2\delta_l}{\sin^2\delta_l + \cos^2\delta_l} = \frac{\tan^2\delta_l}{1 + \tan^2\delta_l}$$

erhalten wir schließlich für den Streuquerschnitt (22.66):

$$\boxed{\sigma = \sum_l \sigma_l , \quad \sigma_l = \frac{4\pi}{k^2}(2l+1)\frac{j_l^2(kR)}{n_l^2(kR) + j_l^2(kR)} .} \tag{22.74}$$

Die vier untersten Partialquerschnitte $\sigma_{l=0,1,2,3}$ sind in Abb. 22.13(a) dargestellt. Für niedrige Energien $kR < 1$ dominiert die s-Streuung $\sigma_{l=0}$, die wir deshalb etwas genauer betrachten wollen.

Mit der expliziten Form der sphärischen Bessel- und Neumann-Funktion (siehe Abschnitt 17.4.1)

$$j_0(z) = \frac{\sin z}{z} , \quad n_0(z) = -\frac{\cos z}{z}$$

erhalten wir aus (22.73):

$$\tan\delta_0(k) = -\tan(kR) .$$

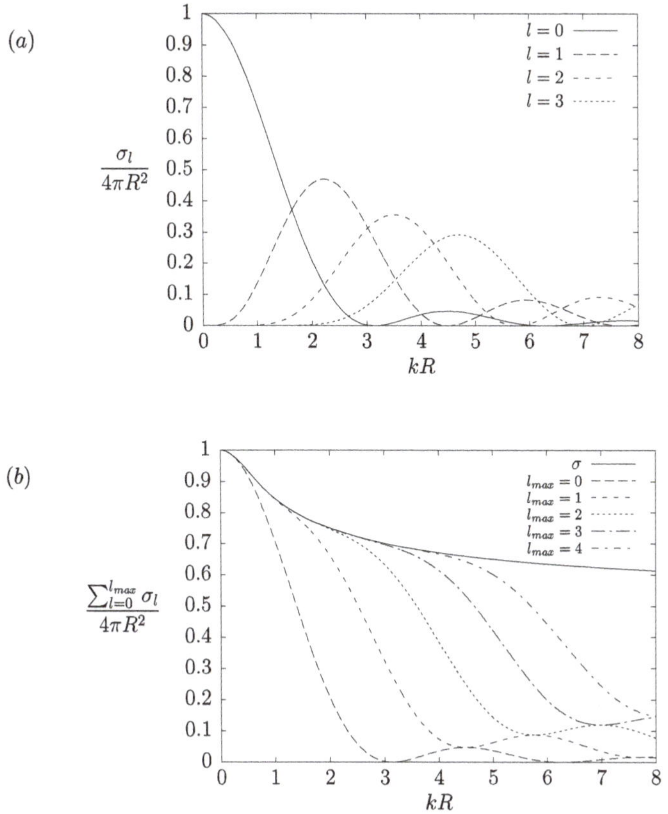

Abb. 22.13: (a) Die Partialquerschnitte σ_l der Hartkugelstreuung für $l = 0, 1, 2, 3$, sowie (b) der totale Wirkungsquerschnitt σ in Abhängigkeit von dem maximalen eingeschlossenen Drehimpuls l_{max} als Funktion von kR.

Mit unserer Konvention der Streuphasen ($\delta_l = 0$ für $V(r) = 0$) finden wir hieraus

$$\delta_0(k) = -kR\,.$$

Wie erwartet, ist die Streuphase für das abstoßende Hartkugelpotential negativ. Der zugehörige Partialquerschnitt

$$\sigma_{l=0}(k) = \frac{4\pi}{k^2}\sin^2\delta_0(k) = 4\pi R^2\big(j_0(kR)\big)^2$$

wird maximal für verschwindende Energie

$$\sigma_{l=0}(k \to 0) = 4\pi R^2\,.$$

Wir werden gleich streng zeigen, dass für $k \to 0$ die höheren Partialquerschnitte $\sigma_{l>0}$ sämtlich verschwinden. Mit wachsender Energie kommen die dominanten Beiträge je-

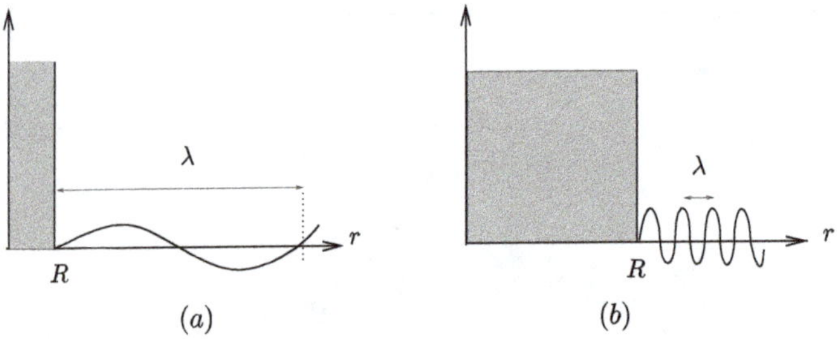

Abb. 22.14: Streuung (a) langsamer und (b) schneller Teilchen am Hartkugelpotential.

doch von zunehmend höheren Drehimpulsen, siehe Abb. 22.13(b). Für beliebige Partialwellen l können wir analytische Aussagen nur in den zwei folgenden Grenzfällen machen:

1. *Streuung sehr langsamer Teilchen* $kR \ll 1$:
   Die Wellenlänge $\lambda = 2\pi/k$ des Streuteilchens sei viel größer als die Reichweite R des Streupotentials, siehe Abb. 22.14(a). Für die sphärischen Bessel- und Neumann-Funktionen an der Stelle kR können wir dann ihre asymptotische Darstellung (17.42) für kleine Argumente $z \to 0$

$$j_l(z) \simeq \frac{z^l}{(2l+1)!!}\,, \quad n_l(z) \simeq -\frac{(2l+1)!!}{(2l+1)z^{l+1}} \tag{22.75}$$

   benutzen und erhalten für die Streuphase:

$$\tan\delta_l = -\frac{(2l+1)(kR)^{2l+1}}{((2l+1)!!)^2} \simeq \sin\delta_l\,. \tag{22.76}$$

   Diese Beziehung zeigt, dass für $kR < 1$ mit wachsendem Drehimpuls die Streuphasen sehr schnell abnehmen bzw. sehr nahe bei einem Vielfachen von π liegen. Für $kR \ll 1$ trägt praktisch nur die unterste Partialwelle $l = 0$ bei, sodass uns eine reine s-Streuung vorliegt. Dieses Ergebnis ist in Übereinstimmung mit unseren allgemeinen Überlegungen, dass nur Partialwellen $l \leq kR$ wesentlich zum Streuquerschnitt beitragen. Die s-Streuung liefert für das vorliegende Hartkugelpotential einen totalen Wirkungsquerschnitt

$$\sigma \simeq \sigma_0 = \frac{4\pi}{k^2}\sin^2\delta_0 = 4\pi R^2\,. \tag{22.77}$$

   Dies ist gerade das Vierfache des geometrischen Querschnittes πR^2, der für das betrachtete Potential mit dem klassischen Streuquerschnitt zusammenfällt. Der zusätzliche Faktor 4 im quantenmechanischen Wirkungsquerschnitt reflektiert offenbar den Effekt von Quantenfluktuationen. Ein quantenmechanisches Teilchen spürt offenbar die gesamte Kugeloberfläche $4\pi R^2$, während ein klassisches Teilchen nur den Querschnitt der Kugel πR^2 sieht. Diese „Flächenvergrößerung" wird auch in der Optik bei der Streuung von langwelligem Licht beobachtet und ist offenbar ein Wellenphänomen. Aufgrund der Wellennatur der Teilchen muss dieses Phänomen auch in der Quantenmechanik auftreten.

2. *Streuung sehr schneller Teilchen $kR \gg 1$:*
Die Wellenlänge $\lambda = 2\pi/k$ des betrachteten Streuteilchens soll jetzt sehr klein gegenüber der Reichweite des Potentials R sein, siehe Abb. 22.14(b). Das Streuteilchen sollte sich deshalb quasiklassisch verhalten. Dies bedeutet insbesondere, dass nur Partialwellen l bis zu einem maximalen Drehimpuls $l_{\text{max}} \simeq kR$ beitragen können (siehe Gl. (22.68)). Für $kR \gg l$ können wir die asymptotische Form der sphärischen Bessel- und Neumann-Funktionen für große Argumente, Gl. (17.36), benutzen

$$\begin{aligned} j_l(z) &\simeq \frac{1}{z}\sin\left(z - \frac{l\pi}{2}\right), \quad z \to \infty, \\ n_l(z) &\simeq -\frac{1}{z}\cos\left(z - \frac{l\pi}{2}\right), \quad z \to \infty, \end{aligned} \tag{22.78}$$

und finden aus (22.73):

$$\tan\delta_l \simeq -\tan\left(kR - \frac{l\pi}{2}\right), \quad kR \gg l.$$

Die Streuphase ist deshalb bis auf ein Vielfaches von π durch

$$\delta_l \to -kR + \frac{l\pi}{2}, \quad kR \gg l \tag{22.79}$$

gegeben.
Wie am Ende des Abschnittes 22.8.4 gezeigt, tragen nur die Drehimpulse

$$l \lesssim l_{\text{max}} \simeq kR \gg 1$$

zum Streuprozess bei. Außerdem gilt die asymptotische Form (22.79) für die Streuphase streng genommen nur für $l \leq kR$, d. h. wir dürfen ohnehin nicht beliebig hohe Partialwellen $l \geq kR$ aufsummieren. Zur Berechnung des totalen Wirkungsquerschnittes summieren wir deshalb alle Partialwellen $l \leq l_{\text{max}}$ auf. Elementare Rechnung liefert:

$$\begin{aligned} \sigma &= \frac{4\pi}{k^2}\sum_{l=0}^{l_{\text{max}}}(2l+1)\sin^2\delta_l = \frac{4\pi}{k^2}\sum_{l=0}^{l_{\text{max}}}\left[(l+1)\sin^2\delta_l + l\sin^2\delta_l\right] \\ &\overset{(22.79)}{=} \frac{4\pi}{k^2}\sum_{l=0}^{l_{\text{max}}}\left[(l+1)\cos^2\left(kR - (l+1)\frac{\pi}{2}\right) + l\sin^2\left(kR - l\frac{\pi}{2}\right)\right] \\ &= \frac{4\pi}{k^2}\left\{\sum_{l'=1}^{l_{\text{max}}} l'\left[\cos^2\left(kR - l'\frac{\pi}{2}\right) + \sin^2\left(kR - l'\frac{\pi}{2}\right)\right]\right. \end{aligned}$$

$$+ (l_{\max} + 1)\cos^2\left(kR - (l_{\max}+1)\frac{\pi}{2}\right)\Bigg\}$$

$$= \frac{4\pi}{k^2}\left\{\sum_{l'=1}^{l_{\max}} l' + (l_{\max}+1)\cos^2\left(kR - (l_{\max}+1)\frac{\pi}{2}\right)\right\}.$$

Unter der Annahme, dass $l_{\max} \gg 1$ ist, genügt es, diesen Ausdruck in führender Ordnung in $1/l_{\max}$ auszuwerten. Da

$$\sum_{l=1}^{l_{\max}} l = \frac{1}{2} l_{\max}(l_{\max}+1),$$

liefert dies

$$\sigma = \frac{4\pi}{k^2}\left\{\frac{l_{\max}(l_{\max}+1)}{2} + \mathcal{O}(l_{\max})\right\}$$
$$= \frac{2\pi}{k^2} l_{\max}^2 \left[1 + \mathcal{O}\left(\frac{1}{l_{\max}}\right)\right].$$

Für $l_{\max} \simeq kR \gg 1$ erhalten wir damit für den totalen Streuquerschnitt

$$\sigma \simeq 2\pi R^2 .$$

Bei sehr hohen Energien (kleine Wellenlängen) ist der quantenmechanische Wirkungsquerschnitt doppelt so groß wie der klassische Wirkungsquerschnitt, der hier durch den geometrischen Querschnitt πR^2 gegeben ist. Dieses Ergebnis ist sehr verwunderlich, da sehr hochenergetische Teilchen sich wie klassische Teilchen verhalten und folglich der quantenmechanische Wirkungsquerschnitt bei sehr großen Energien in den klassischen übergehen sollte. Wie wir im nächsten Abschnitt zeigen werden, besteht der quantenmechanische Wirkungsquerschnitt σ aus zwei Teilen: einem echten *Streuterm* („Reflexion“) σ_{ref}, der die tatsächliche Teilchenstreuung in Richtung $\theta > 0$ beschreibt und den korrekten klassischen Hochenergielimes enthält, und einem *Beugungsterm* („Schatten“) σ_{sch}, der eine „Teilchenstreuung“ in Vorwärtsrichtung ($\theta \simeq 0$) beschreibt. Die in Vorwärtsrichtung gestreute Welle interferiert destruktiv mit der einfallenden Welle, löscht diese teilweise aus und führt zu einem Schatten hinter der Kugel, wie wir bereits im Zusammenhang mit den optischen Theorem gefunden hatten. Wegen der Teilchenzahlerhaltung beim Streuprozess ist die Intensität (erfasst durch den Wirkungsquerschnitt[12]) σ_{ref} der unter

12 Die Intensität einer Welle ist durch das Betragsquadrat seiner Amplitude definiert. Die Amplitude der gestreuten (Kugel-)Welle (22.20) ist die Streuamplitude $f_k(\hat{x})$, deren Betragsquadrat den (differentiellen) Wirkungsquerschnitt (22.30) liefert. Deshalb lässt sich der Wirkungsquerschnitt auch als Intensität der gestreuten Welle interpretieren.

endlichen Winkeln $\theta > 0$ gestreuten Welle genau so groß wie die Intensität des Teils der einfallenden Welle, der durch die in Vorwärtsrichtung unter $\theta \simeq 0$ gestreute Welle ausgelöscht wird. Da diese Auslöschung durch Interferenz mit der in Vorwärtsrichtung gestreuten Welle erfolgt, muss auch die Intensität der in Vorwärtsrichtung gestreuten Welle σ_{sch} genauso groß sein wie die Intensität der unter $\theta > 0$ gestreuten Welle (eigentliche Streuung) σ_{ref}, d. h.

$$\sigma = \sigma_{\text{ref}} + \sigma_{\text{sch}} , \qquad \sigma_{\text{ref}} = \sigma_{\text{sch}} .$$

Im Folgenden wollen wir den eigentlichen Streuanteil in Richtung $\theta > 0$ (Reflexionsanteil) σ_{ref} und den Schattenanteil σ_{sch} am Streuquerschnitt identifizieren.

22.10 Erklärung der Schattenstreuung*

Zur Identifikation des Schattenteils am Streuquerschnitt setzen wir die Beziehung

$$e^{i\delta_l} \sin \delta_l = \frac{1}{2i}(e^{i2\delta_l} - 1)$$

in den ursprünglichen Ausdruck für die Streuamplitude (22.63) ein. Diese zerfällt dann in zwei Teile:

$$f(\theta) = f_{\text{ref}}(\theta) + f_{\text{sch}}(\theta) , \tag{22.80}$$

$$f_{\text{ref}}(\theta) = \frac{1}{2ik} \sum_l (2l+1) e^{i2\delta_l} P_l(\cos \theta) , \tag{22.81}$$

$$f_{\text{sch}}(\theta) = -\frac{1}{2ik} \sum_l (2l+1) P_l(\cos \theta) , \tag{22.82}$$

wobei $f_{\text{ref}}(\theta)$ die gesamte Abhängigkeit von der Streuphase enthält, während $f_{\text{sch}}(\theta)$ offenbar unabhängig vom Streupotential ist. Letztere ist rein imaginär und stark in Vorwärtsrichtung ($\theta \simeq 0$) gepeaked. Dies erkennt man sofort, wenn man beachtet, dass $P_l(1) = 1$ für alle l und wegen der Orthogonalität der $P_l(z)$ diese mit wachsenden l immer mehr Nullstellen besitzen müssen. Die einzelnen Partialwellen l liefern deshalb konstruktiv interferierende Beiträge zu $f_{\text{sch}}(\theta)$ für $\theta = 0$ und löschen sich hingegen für $\theta \neq 0$ aus. Mit wachsendem l wird die Auslöschung immer schärfer und $f_{\text{sch}}(\theta)$ immer mehr um $\theta = 0$ konzentriert (siehe Abb. 22.15). In der Tat führen wir die Summation über l bis $l \to \infty$ aus, so erhalten wir wegen[13]

* Dieser Abschnitt ist für das Verständnis der übrigen Abschnitte nicht erforderlich und kann deshalb beim ersten Lesen übersprungen werden.

13 Die Beziehung (22.83) ergibt sich unmittelbar aus der Vollständigkeitsrelation der Legendre-Polynome

$$\frac{1}{2}\sum_{l=0}^{\infty}(2l+1)(\pm 1)^l P_l(\cos\theta) = \delta(1 \mp \cos\theta) \tag{22.83}$$

für die Schattenamplitude:

$$f_{\text{sch}}(\theta) = \frac{i}{k}\,\delta(1-\cos\theta)\,. \tag{22.84}$$

Der von der Streuphase δ_l unabhängige Teil der Streuamplitude, f_{sch}, beschreibt offenbar den in Vorwärtsrichtung gestreuten Teil der einlaufenden Welle.

Mit der Zerlegung (22.80) zerfällt auch der gestreute Teil der Wellenfunktion (22.19), (22.20) asymptotisch für $r \to \infty$ in zwei Teile:

$$\begin{aligned}\varphi_{\boldsymbol{k}}^{\text{str}}(\boldsymbol{x}) &\simeq \varphi_{\boldsymbol{k}}^{\text{sch}}(\boldsymbol{x}) + \varphi_{\boldsymbol{k}}^{\text{ref}}(\boldsymbol{x})\,,\\ \varphi_{\boldsymbol{k}}^{\text{sch}}(\boldsymbol{x}) &= f_{\text{sch}}(\theta)\,\frac{e^{ikr}}{r}\,, \quad \varphi_{\boldsymbol{k}}^{\text{ref}}(\boldsymbol{x}) = f_{\text{ref}}(\theta)\,\frac{e^{ikr}}{r}\,.\end{aligned} \tag{22.85}$$

Es lässt sich nun leicht zeigen, dass der in Vorwärtsrichtung ($\theta \simeq 0$) konzentrierte Schattenteil $\varphi_{\boldsymbol{k}}^{\text{sch}}(\boldsymbol{x})$ gerade einen Teil der einlaufenden ebenen Welle durch destruktive Interferenz auslöscht. Dazu benutzen wir die Zerlegung der ebenen Welle nach Legendre-Polynomen (22.53) und verwenden für die sphärischen Bessel-Funktionen ihre asymptotische Darstellung (22.54) für $kr \gg l$, was auf Gl. (22.59) führt

$$e^{i\boldsymbol{k}\cdot\boldsymbol{x}} \simeq (e^{i\boldsymbol{k}\cdot\boldsymbol{x}})_{\text{ein}} + (e^{i\boldsymbol{k}\cdot\boldsymbol{x}})_{\text{aus}}\,,$$

wobei

$$(e^{i\boldsymbol{k}\cdot\boldsymbol{x}})_{\text{ein}} = -\frac{e^{-ikr}}{i2kr}\sum_l(-1)^l(2l+1)P_l(\cos\theta)$$

bzw.

$$(e^{i\boldsymbol{k}\cdot\boldsymbol{x}})_{\text{aus}} = \frac{e^{ikr}}{i2kr}\sum_l(2l+1)P_l(\cos\theta) \tag{22.86}$$

$$\frac{1}{2}\sum_{l=0}^{\infty}(2l+1)P_l(z')P_l(z) = \delta(z'-z)\,.$$

Setzen wir hier $z' = 1$ und $z = \cos\theta$, so erhalten wir mit $P_l(1) = 1$ die Beziehung (22.83) für das obere Vorzeichen:

$$\frac{1}{2}\sum_{l=0}^{\infty}(2l+1)P_l(\cos\theta) = \delta(1-\cos\theta)\,.$$

Ersetzen wir hier $\cos\theta \to -\cos\theta$ und beachten, dass $P_l(-z) = (-1)^l P_l(z)$, so folgt die Beziehung (22.83) für das untere Vorzeichen.

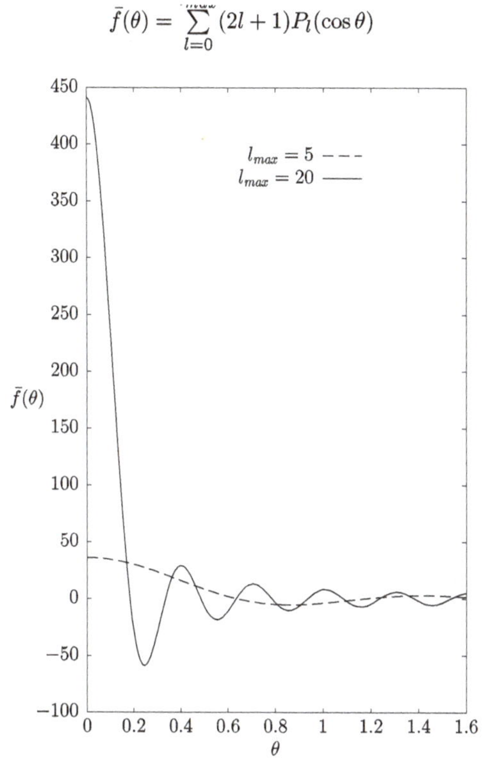

Abb. 22.15: Die Schattenstreuamplitude $-2ikf_{\mathrm{sch}}(\theta) =: \bar{f}(\theta)$ als Funktion des Streuwinkels θ in Abhängigkeit von der Zahl der eingeschlossenen Partialwellen l_{max}.

der Anteil der einfallenden Welle ist, der sich asymptotisch wie eine einlaufende bzw. auslaufende (modulierte) Kugelwelle verhält. Vergleich von (22.86) mit (22.82), (22.85) zeigt:

$$(e^{i\boldsymbol{k}\cdot\boldsymbol{x}})_{\mathrm{aus}} + \varphi_{\boldsymbol{k}}^{\mathrm{sch}}(\boldsymbol{x}) = 0\,.$$

Der Schattenteil der Streuwellenfunktion kompensiert in der Tat asymptotisch den vom Streuzentrum sphärisch auslaufenden Teil der einfallenden ebenen Welle und eliminiert diesen damit aus der Gesamtwellenfunktion $\varphi_{\boldsymbol{k}}^{(+)}(\boldsymbol{x})$. (Diese Kompensation gilt für jede einzelne Partialwelle $l \ll kr$.) Da $\varphi_{\boldsymbol{k}}^{\mathrm{sch}}(\boldsymbol{x}) \sim f_{\mathrm{sch}}(\theta)$ bei $\theta = 0$ gepeaked ist (siehe Abb. 22.15), führt diese Auslöschung zu einem Schatten hinter dem Streuzentrum. Dies rechtfertigt den Namen Schattenstreuung.

Der streuphasenabhängige Teil der Streuamplitude, $f_{\mathrm{ref}}(\theta)$, Gl. (22.81), verschwindet hingegen genähert für $\theta = 0$, da die Partialwellen sich hier destruktiv addieren: Für $kR \gg l$ erfüllen die Streuphasen die Beziehung (22.79)

$$2\delta_{l+1} = 2\delta_l + \pi\,, \tag{22.87}$$

sodass benachbarte Partialwellen mit entgegengesetzter Phase $e^{i\pi} = -1$ zu $f_{\text{ref}}(\theta)$ beitragen und sich bei $\theta = 0$ auslöschen. In der Tat, setzen wir den asymptotischen Ausdruck (22.79)

$$\delta_l = -kR + \frac{l\pi}{2} \tag{22.88}$$

in die Reflexionsamplitude $f_{\text{ref}}(\theta)$ (22.81) ein, so erhalten wir

$$f_{\text{ref}}(\theta) = \frac{e^{-i2kR}}{2ik} \sum_l (2l+1)(-1)^l P_l(\cos\theta)\,. \tag{22.89}$$

Führen wir hier die Summation über l bis $l \to \infty$ aus (was streng genommen wegen der Voraussetzung $kR \gg l$ nicht erlaubt ist), so erhalten wir mit (22.83)

$$f_{\text{ref}}(\theta) = \frac{e^{-i2kr}}{ik}\, \delta(1+\cos\theta)\,. \tag{22.90}$$

Diese Amplitude ist bei $\theta = \pi$ gepeakt, was den Namen Reflexionsamplitude rechtfertigt. Wir betonen jedoch, dass Gl. (22.89) und somit auch Gl. (22.90) nur genähert gelten, da hier der asymptotische Ausdruck (22.88) für die Streuphasen benutzt wurde, während Gl. (22.84) exakt ist.

Wird die Summation über l in (22.89) auf $l \le kR = l_{\max}$ eingeschränkt, so gilt zwar Gl. (22.90) nicht mehr, dennoch ist die resultierende $f_{\text{ref}}(\theta)$ bei $\theta \simeq 0$ stark unterdrückt. Deshalb beschreibt $f_{\text{ref}}(\theta)$ die Streuung in einen endlichen Winkel $\theta > 0$. Nur dieser Teil der Streuung besitzt ein klassisches Äquivalent, da wir in der klassischen Mechanik nur dann von einer Streuung eines Teilchens sprechen, wenn dieses um einen Winkel $\theta \neq 0$ aus seiner ursprünglichen Bahn abgelenkt wird. Um dies zu demonstrieren, berechnen wir die totalen Wirkungsquerschnitte, die durch die Reflexions- und Schattenamplituden separat hervorgerufen werden. Beachtet man, dass $f_{\text{sch}}(\theta)$ (22.82) mit der vollen Streuamplitude $f_k(\theta)$ (22.63) über $f_{\text{sch}}(\theta) = -\frac{1}{2} f_k(\theta)\big|_{\delta_l = \frac{\pi}{2}}$ verknüpft ist, so finden wir aus (22.66) unmittelbar für die Schattenstreuung

$$\sigma_{\text{sch}} = \int d\Omega\, |f_{\text{sch}}(\theta)|^2 = \frac{\pi}{k^2} \sum_l (2l+1)\,.$$

Denselben Wirkungsquerschnitt findet man von der Reflexionsamplitude (22.81)

$$\sigma_{\text{ref}} = \int d\Omega\, |f_{\text{ref}}(\theta)|^2 = \frac{\pi^2}{k^2} \sum_l (2l+1)\,, \tag{22.91}$$

wie man leicht durch Ausführen der Winkelintegration nachprüft.

Der obige Ausdruck für $\sigma_{\text{ref}} = \sigma_{\text{sch}}$ liefert ein divergentes Ergebnis, falls die Partialsummation nicht bei einem maximalen Drehimpuls $l_{\max}$ abgebrochen wird. Der exakte totale Wirkungsquerschnitt (22.74) bleibt hingegen endlich, selbst wenn die Summation über sämtliche Drehimpulse l ausgeführt wird. Der totale Wirkungsquerschnitt kann aber nur dann endlich werden, wenn der divergierende Anteil der Schattenamplitude $f_{\text{sch}}(\theta)$ durch einen entsprechenden Anteil der Reflexionsamplitude $f_{\text{ref}}(\theta)$ kompensiert wird. Dazu darf $f_{\text{ref}}(\theta)$ bei $\theta \simeq 0$ nicht verschwinden. Die oben gefundene Auslöschung aufeinander folgender Partialwellen in $f_{\text{ref}}(\theta)$ bei $\theta = 0$, siehe Gl. (22.87) bzw. (22.90), wurde aus dem asymptotischen Ausdruck (22.79) für die Streuphase gewonnen. Dieser asymptotische Wert verliert jedoch seine Gültigkeit für große Drehimpulse $l \gg Rk$. Für große Drehimpulse gilt deshalb der oben erklärte Auslöschungsmechanismus in Vorwärtsrichtung in der Reflexionsamplitude nicht mehr. Tatsächlich sollte für alle realistischen Potentiale ein Teilchen mit sehr hohem Drehimpuls und folglich mit sehr hoher Energie keine Ablenkung mehr durch das Streupotential erfahren, und die Streuphasen sollten asymptotisch für $k \to \infty$ verschwinden:

$$\delta_l(k) \to 0\,, \qquad k \to \infty\,.$$

Für verschwindende Streuphasen kompensiert sich aber gerade der Schatten- und Reflexionsanteil der Streuamplitude einer Partialwelle (vgl. Gln. (22.81) und (22.82)), sodass diese für $k \to \infty$ keinen Beitrag zum totalen Wirkungsquerschnitt liefert. Wir dürfen deshalb die Summation über die Drehimpulse l in (22.91) nur bis zu einem maximalen Drehimpuls $l_{\text{max}} \simeq kR$ ausführen:

$$\sigma_{\text{ref}} = \frac{\pi}{k^2}\sum_{l=0}^{l_{\text{max}}}(2l+1) = \frac{\pi}{k^2}(l_{\text{max}}+1)^2 = \frac{\pi}{k^2}l_{\text{max}}^2\left[1+\mathcal{O}\left(\frac{1}{l_{\text{max}}}\right)\right].$$

In führender Ordnung in $l_{\text{max}} \simeq kR \gg 1$ erhalten wir für den totalen Querschnitt

$$\sigma_{\text{ref}} \simeq \pi R^2\,.$$

Dies ist das klassisch erwartete Resultat: Der totale Querschnitt der reflektierten Welle ist durch den geometrischen Querschnitt der Kugel gegeben.

Zusammenfassend können wir feststellen, siehe Abb. 22.16: Die gestreute Welle enthält einen Teil, der in Vorwärtsrichtung gestreut wird. Dieser kompensiert einen Teil der einfallenden ebenen Welle durch destruktive Interferenz. Dadurch wird ein Teil des einfallenden Teilchenstromes ausgeblendet, und es entsteht ein Schatten hinter dem Streuzentrum ähnlich wie in der Optik. In Übereinstimmung mit der Teilchenzahlerhaltung ist der aus dem einfallenden Teilchenstrom herausgeblendete Fluss gleich dem in endliche Winkel $\theta > 0$ gestreuten Teilchenstrom, der durch den reflektierten Anteil der Streuwellenfunktion beschrieben wird. Nur dieser reflektierte Anteil besitzt ein klassisches Analogon. In der klassischen Mechanik versteht man unter Streuung, dass das Teilchen aus seiner ursprünglichen Bahn abgelenkt wird, und nur die abgelenkten Teilchen tragen zum Wirkungsquerschnitt bei. In der Quantenmechanik trägt hingegen auch der in Vorwärtsrichtung gestreute (Schatten-)Anteil zum Wirkungsquerschnitt bei.

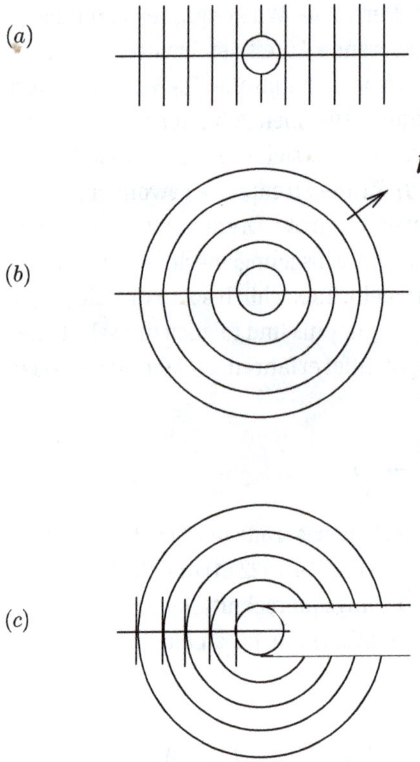

Abb. 22.16: Illustration des Ausbildens der Schattenstreuung (c) durch Interferenz von einfallender ebener Welle (a) und auslaufender gestreuten Kugelwelle (b).

22.11 Streuung am Potentialtopf

Viele realistische Probleme lassen sich qualitativ durch die Streuung am sphärischen Potentialtopf

$$V(r) = \begin{cases} -V_0, & r \leq R \\ 0, & r > R \end{cases} \tag{22.92}$$

verstehen. Wir wollen deshalb im Folgenden die Streuung an diesem Potential exemplarisch für die Streuung an lokalisierten Potentialen mit der Reichweite R behandeln. Der Prototyp eines solchen Streuproblems ist die Nukleon-Streuung am Atomkern. Das Kernpotential der starken Wechselwirkung hat qualitativ den in Abb. 22.17 dargestellten Verlauf und lässt sich in guter Näherung durch ein Kastenpotential ersetzen, wobei R den Kernradius repräsentiert.

Die gebundenen Zustände des Kastenpotentials (mit Energien $-V_0 < E < 0$) haben wir bereits in Abschnitt 17.5 untersucht. Wir hatten gefunden, dass gebundene Zustände

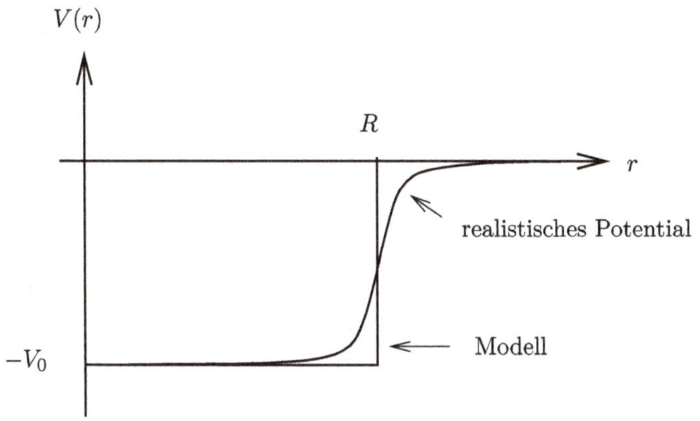

Abb. 22.17: Das Kernpotential, das ein einzelnes Neutron aufgrund seiner Wechselwirkung mit den übrigen Nukleonen des Atomkernes spürt.

existieren, falls das Potential hinreichend attraktiv ist, d. h. falls die effektive Potentialstärke (17.63)

$$\gamma = \frac{R\sqrt{2mV_0}}{\hbar}$$

groß genug ist. Im Folgenden interessieren wir uns für die Streuung eines Teilchens mit Energie

$$E_k = \frac{\hbar^2 k^2}{2m} > 0$$

an einem solchen Potential. Zur Berechnung des Streuquerschnittes müssen wir die stationären Eigenzustände des Hamilton-Operators mit positiver Energie, d. h. die Streuzustände $\varphi_{\boldsymbol{k}}^{(+)}(\boldsymbol{x})$ bzw. die Streuamplituden $f(\theta)$ bestimmen. Wir benutzen dazu wieder die Partialwellenzerlegung der Streufunktionen nach Drehimpulseigenzuständen (22.51).

22.11.1 Die Streuphasen

Für $r > R$, wo das Potential verschwindet, ist die radiale Schrödinger-Gleichung die eines freien Teilchens (17.22)

$$\left[\frac{d^2}{dr^2} + \frac{2}{r}\frac{d}{dr} + k^2 - \frac{l(l+1)}{r^2}\right] R_{kl}(r) = 0\,, \tag{22.93}$$

wobei

$$k = \frac{\sqrt{2mE}}{\hbar} \tag{22.94}$$

die Wellenzahl des Teilchens ist. Für $r < R$ erhalten wir dieselbe Gleichung, mit k ersetzt durch die effektive Wellenzahl im Potentialtopf

$$q = \frac{\sqrt{2m(E + V_0)}}{\hbar} . \tag{22.95}$$

Wie wir bereits aus der Behandlung der gebundenen Zustände des Potentialtopfes wissen, ist die Radialgleichung (22.93) aus mathematischer Sicht die sphärische Bessel'sche Differentialgleichung, deren Lösungen durch die sphärischen Bessel-Funktionen $j_l(kr)$ bzw. die sphärischen Neumann-Funktionen $n_l(kr)$ (oder deren Linearkombinationen, die sphärischen Hankel-Funktionen $h_l^{(\pm)}(kr)$) gegeben sind. Da die Radialfunktion $R_{kl}(r)$ am Ursprung regulär sein muss, hat die allgemeinste Lösung die Gestalt

$$R_{kl}(r) = \begin{cases} c_l j_l(qr), & r \leq R \\ a_l j_l(kr) + b_l n_l(kr), & r > R , \end{cases} \tag{22.96}$$

wobei die hier auftretenden Koeffizienten a_l, b_l und c_l aus der Anschlussbedingung der Wellenfunktion am Potentialsprung $r = R$ bestimmt werden. (Einer der drei Koeffizienten, z. B. c_l, wird durch die Normierung der Wellenfunktion festgelegt.) An einem endlichen Potentialsprung müssen die Wellenfunktion und ihre erste Ableitung stetig sein. Beide Bedingungen lassen sich in der Stetigkeit der logarithmischen Ableitung

$$\frac{d}{dr}(\ln(R_{kl}(r))) = \frac{1}{R_{kl}(r)} \frac{dR_{kl}(r)}{dr}$$

zusammenfassen. Dies liefert die Bedingung

$$q \frac{j_l'(qR)}{j_l(qR)} = k \frac{a_l j_l'(kR) + b_l n_l'(kR)}{a_l j_l(kR) + b_l n_l(kR)} , \tag{22.97}$$

wobei der Strich Ableitung nach dem gesamten Argument bedeutet. Die Koeffizienten c_l sind nicht in der logarithmischen Ableitung der Wellenfunktion enthalten und werden durch ihre Normierung festgelegt.

Für große $r \to \infty$ hat die Radialfunktion (22.96) aufgrund der asymptotischen Formen (22.78) der sphärischen Bessel- und Neumann-Funktionen die Gestalt

$$R_{kl}(r) \simeq \frac{1}{kr}\left[a_l \sin\left(kr - \frac{l\pi}{2}\right) - b_l \cos\left(kr - \frac{l\pi}{2}\right)\right] .$$

Andererseits hatten wir in Abschnitt 22.8 gesehen, dass unabhängig von der konkreten Form des lokalisierten Streupotentials $V(r)$ die Radialfunktion $R_{kl}(r)$ für $kr \geq l$ die asymptotische Gestalt (22.64)

$$R_{kl}(r) \simeq i^l(2l + 1)\frac{e^{i\delta_l}}{kr} \sin\left(kr - \frac{l\pi}{2} + \delta_l\right)$$

$$= i^l(2l+1)\frac{e^{i\delta_l}}{kr}\left[\sin\left(kr - \frac{l\pi}{2}\right)\cos\delta_l + \cos\left(kr - \frac{l\pi}{2}\right)\sin\delta_l\right]$$

besitzt, wobei δ_l die Streuphase der l-ten Partialwelle ist. Setzen wir diese beiden asymptotischen Formen der Radialwellenfunktion gleich, so erhalten wir wegen der linearen Unabhängigkeit der Sinus- und Kosinusfunktionen die Beziehungen

$$a_l = i^l(2l+1)e^{i\delta_l}\cos\delta_l\,,$$
$$b_l = -i^l(2l+1)e^{i\delta_l}\sin\delta_l$$

und hieraus:

$$\frac{b_l}{a_l} = -\tan\delta_l\,. \tag{22.98}$$

Die Anschlussbedingung an die Wellenfunktion Gl. (22.97) stellt eine Gleichung für das Verhältnis b_l/a_l dar. Lösen wir diese Gleichung nach b_l/a_l auf und benutzen die oben gewonnene Beziehung (22.98), so erhalten wir:

$$\tan\delta_l = \frac{k\,j_l'(kR)\,j_l(qR) - q\,j_l'(qR)\,j_l(kR)}{k\,n_l'(kR)\,j_l(qR) - q\,j_l'(qR)n_l(kR)}\,. \tag{22.99}$$

Damit ist die Streuphase als Funktion der Energie bzw. der Wellenzahl k sowie der Potentialtiefe V_0 und Potentialreichweite R bekannt. Diese Beziehung lässt sich jedoch nur numerisch auswerten. Die numerische Lösung dieser Gleichung ist in Abb. 22.18 für die untersten Partialwellen $l = 0, 1, 2, 3$ gegeben. Gezeigt sind die Streuphasen $\delta_l(k)$ und die zugehörigen partiellen Wirkungsquerschnitte $\sigma_l(k)$ als Funktion von kR.

Um ein qualitatives Verständnis des Verhaltens der Streuphasen zu bekommen, betrachten wir die Streuung *sehr langsamer Teilchen*

$$kR \ll 1\,. \tag{22.100}$$

Diese Bedingung hat nicht notwendig auch $qR \ll 1$ zur Folge, sodass wir die asymptotische Formen (22.75) der sphärischen Bessel- und Neumann-Funktionen nur für das Argument $z = kR$ benutzen dürfen. Der Ausdruck (22.99) für die Streuphase vereinfacht sich dann zu:

$$\tan\delta_l = \frac{2l+1}{[(2l+1)!!]^2}(kR)^{2l+1}g_l(qR)\,, \tag{22.101}$$

wobei wir die Funktion

$$g_l(z) := \frac{l\,j_l(z) - z\,j_l'(z)}{(l+1)\,j_l(z) + z\,j_l'(z)} \equiv \frac{Z_l(z)}{N_l(z)} \tag{22.102}$$

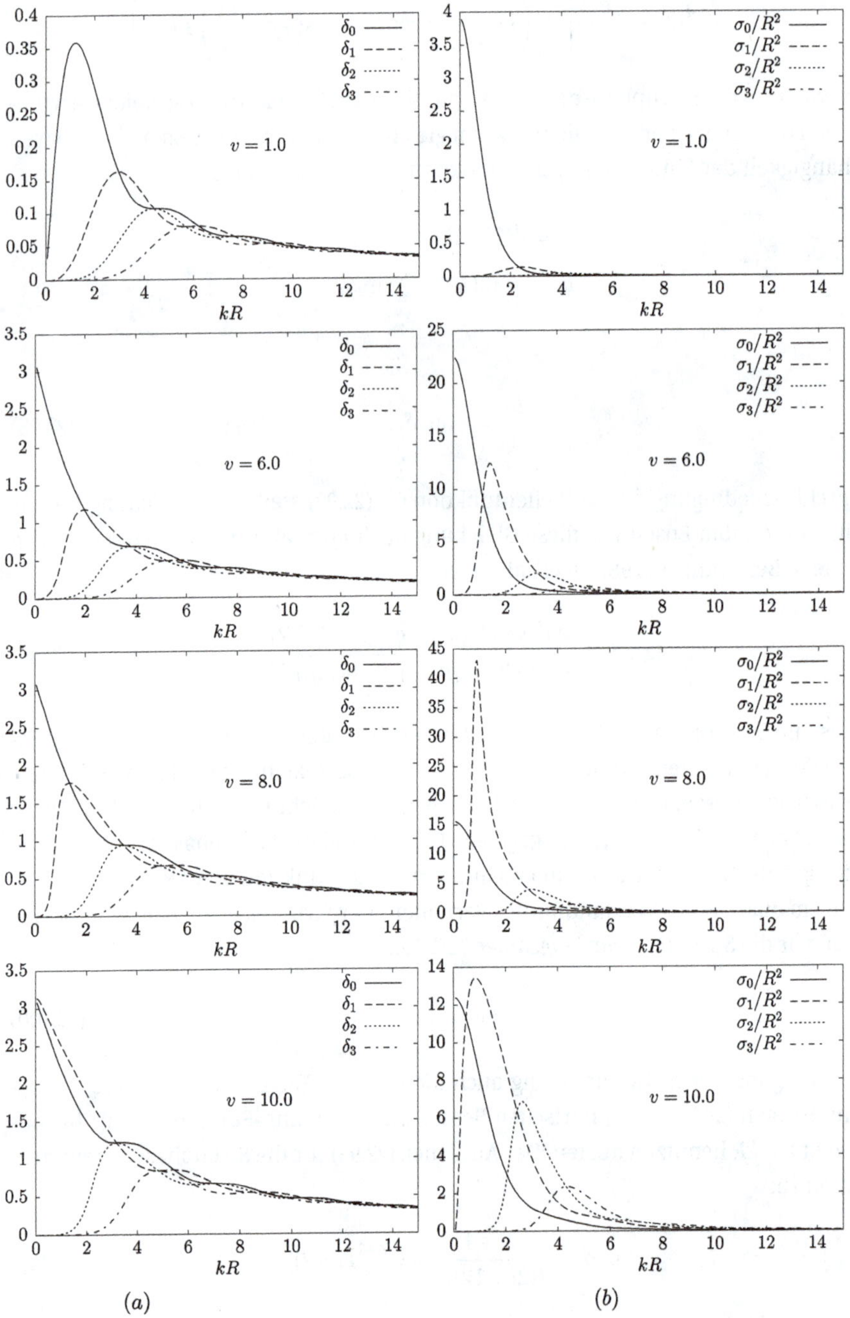

Abb. 22.18: (a) Streuphasen $\delta_l(k)$ und (b) partielle Wirkungsquerschnitte $\sigma_l(k)$ für die Streuung eines Teilchens mit Wellenzahl k am endlichen Potentialtopf mit Radius R als Funktion von kR für die untersten Partialwellen $l = 0, 1, 2, 3$. Die Streuphasen δ_l sind durch numerische Lösung der Gl. (22.99) erhalten worden, wobei $v \equiv \gamma^2 = 2mV_0R^2/\hbar^2$ die dimensionslose Potentialstärke bezeichnet.

eingeführt haben. Der Vorfaktor von $g_l(qR)$ in (22.101) hängt nur von der Energie bzw. der Wellenzahl k und der Reichweite des Potentials R ab, während $g_l(qR)$ auch von der Tiefe des Potentials V_0 abhängt.[14]

Mit Ausnahme von möglichen Nullstellen des Nenners ist $g_l(z)$ eine glatte Funktion. Wir nehmen zunächst an, dass für die betrachtete Energie E die Funktion $g_l(qR)$ beschränkt ist, d. h. der Nenner keine Nullstellen besitzt. Für beschränkte $g_l(qR)$ von der Ordnung 1 und $kR \ll 1$ sind nach (22.101) die Streuphasen klein und nehmen mit wachsendem l rasch ab:

$$\frac{\delta_{l+1}}{\delta_l} \simeq \frac{\tan\delta_{l+1}}{\tan\delta_l} \sim \frac{(kR)^2}{(2l+1)(2l+3)} \,.$$

Wie beim (unendlich hohen) Hartkugelpotential[14] ist auch hier die Streuung für langsame Teilchen durch die unterste ($l = 0$)-Partialwelle dominiert (s-Streuung). Auch die höheren Streuphasen sind mit demselben Faktor unterdrückt wie beim Hartkugelpotential. Ursache hierfür ist, dass für kleine Energien das einlaufende Teilchen im Wesentlichen nur die Zentrifugalbarriere sieht, die in beiden Fällen dieselbe ist, siehe Abb. 22.19. Für kleine Energien gilt deshalb für *alle* Potentiale endlicher Reichweite R:

$$\tan\delta_l \sim (kR)^{2l+1}\,, \qquad kR \ll 1\,, \tag{22.103}$$

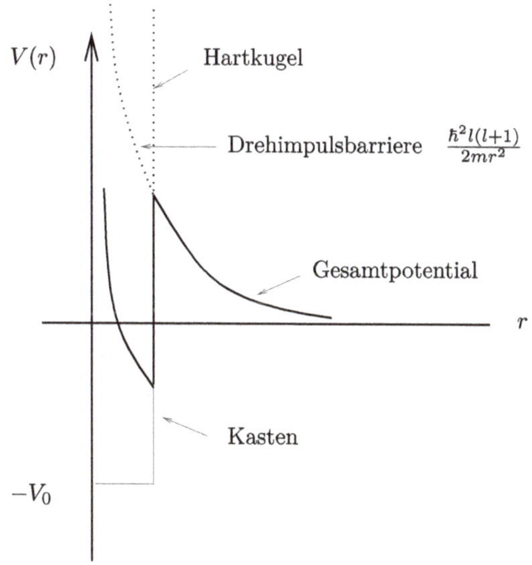

Abb. 22.19: Das Streupotential (rechteckiger Kasten), das Zentrifugalpotential (Drehimpulsbarriere) und das effektive Gesamtpotential.

14 Der Vorfaktor von $g_l(qR)$ in (22.101) ist (bis auf ein Minuszeichen) gerade $\tan\delta_l$ für das Hartkugelpotential, siehe Gl. (22.76).

was als *Potentialstreuung* bezeichnet wird. Diese ist folglich durch s-Streuung dominiert und liefert deshalb wegen $P_0(\cos\theta) = 1$ einen näherungsweise *isotropen* differentiellen Wirkungsquerschnitt. (Es sei an dieser Stelle noch einmal betont, dass die Dominanz der s-Streuung ein gutartiges Verhalten der Funktion $g_l(z)$ für $z = qR$ und $l > 1$ voraussetzt.) Die s-Streuung ($l = 0$), für welche die Zentrifugalbarriere verschwindet, ist jedoch sehr wohl sensitiv auf die Details des Streupotentials. Deshalb werden wir die s-Streuung in Abschnitt 22.11.3 etwas genauer untersuchen.

22.11.2 Resonanzstreuung

Bei der Behandlung der Streuung eines langsamen Teilchens $kR \ll 1$ am sphärischen Potentialtopf haben wir bisher vorausgesetzt, dass die in Gl. (22.102) definierte Funktion $g_l(qR)$ beschränkt ist. Diese Voraussetzung wird verletzt für solche Wellenzahlen $q = q(E)$ (22.95), für die diese Funktion einen Pol entwickelt:

$$N_l(qR) = (l+1)\, j_l(qR) + q\,R\, j_l'(qR) = 0\,. \tag{22.104}$$

Für die Energien $E = E_R$, für die diese Bedingung erfüllt ist, divergiert nach Gl. (22.101) der Tangens der Streuphase, sodass

$$\boxed{\delta_l = \left(n + \frac{1}{2}\right)\pi\,, \quad n \in \mathbb{Z}\,.} \tag{22.105}$$

Für diese Werte nimmt der partielle Wirkungsquerschnitt (22.66) sein Maximum

$$\boxed{\sigma_l = \frac{4\pi}{k^2}(2l+1)}$$

an. Wir sprechen deshalb von einer *Resonanz* bzw. von *Resonanzstreuung*. Außerhalb der Resonanz $k \neq k_R = k(E_R)$ sind die Streuphasen δ_l wegen der Bedingung $kR \ll 1$ sehr klein (siehe Gl. (22.103)) und das Teilchen erfährt nur eine geringe Streuung. Mit wachsendem Drehimpuls l sind die Streuphasen mehr und mehr unterdrückt und die Resonanz wird deshalb immer schärfer. Damit die Bedingung $kR \ll 1$ nicht nur für extrem niedrige Energien bzw. Wellenzahlen k gilt, muss das Potential eine kleine Reichweite R besitzen. Des Weiteren nehmen wir der Einfachheit halber an, dass das Potential sehr tief ist, sodass neben der obigen Bedingung (22.100) noch die Bedingung

$$qR \gg l$$

erfüllt ist. Für die Bessel-Funktionen $j_l(qR)$ können wir dann die für große Argumente gültige asymptotische Form (22.54)

$$j_l(qR) \simeq \frac{1}{qR}\sin\left(qR - \frac{l\pi}{2}\right),$$
$$j_l'(qR) \simeq -\left(\frac{1}{qR}\right)^2 \sin\left(qR - \frac{l\pi}{2}\right) + \frac{1}{qR}\cos\left(qR - \frac{l\pi}{2}\right)$$

benutzen. Damit vereinfacht sich die Resonanzbedingung (22.104) auf:

$$\frac{l}{qR}\sin\left(qR - \frac{l\pi}{2}\right) + \cos\left(qR - \frac{l\pi}{2}\right) = 0\,.$$

Beschränken wir uns hier auf die führenden Terme in $1/(qR)$

$$\cot\left(qR - \frac{l\pi}{2}\right) = 0 + \mathcal{O}\left(\frac{1}{qR}\right),$$

so erhalten wir als Resonanzbedingung

$$q(E)R = (2n + l + 1)\frac{\pi}{2}\,, \qquad n = 0, 1, 2, 3, \dots\,. \tag{22.106}$$

Wegen $qR \gg l$ muss hier streng genommen $n\pi \gg 1$ gelten, zumindest darf n keine negativen Werte annehmen. Für gegebenes n und l legt diese Bedingung die Resonanzenergien fest. Setzt man hierin die Energie E zu negativen Werten fort, so erhält man gerade die Bedingung für *gebundene Zustände* in einem sehr tiefen sphärisch-symmetrischen Potentialtopf. *Die Resonanzen sind damit die positiven-Energie-Pendants der gebundenen Zustände.*[15] Für Energien außerhalb der Resonanz erfährt eine Partialwelle mit $l \geq 1$ im hier betrachteten Fall eines engen und sehr tiefen Potentialtopfes nur eine unbedeutende Streuung und kann nicht wesentlich in den Potentialbereich eindringen. Der große Wirkungsquerschnitt im Resonanzbereich kommt dadurch zustande, dass die entsprechende Partialwelle zum großen Teil die Zentrifugalbarriere durchtunnelt und im Inneren des effektiven Potentials

$$V_l(r) = V(r) + \frac{\hbar^2 l(l+1)}{2mr^2} \tag{22.107}$$

einen quasigebundenen Zustand besetzt. Die Wellenfunktion wird also im Resonanzbereich vom Potential „eingefangen". Dies ist unmittelbar aus der Resonanzbedingung (22.106) ablesbar, die für die Wellenlänge $\lambda = 2\pi/q$ des eingefangenen Teilchens verlangt:

$$R = (2n + l + 1)\frac{\lambda}{4}\,. \tag{22.108}$$

---

15 Einen ähnlichen Sachverhalt hatten wir in einer Dimension gefunden, siehe Kap. 9. Das eindimensionale Analogon des Wirkungsquerschnittes ist der Transmissionskoeffizient. Für positive Energien nimmt dieser seinen maximalen Wert $T = 1$ für die Resonanzen an, während er bei den (negativen) Energien der Bindungszuständen Polstellen besitzt.

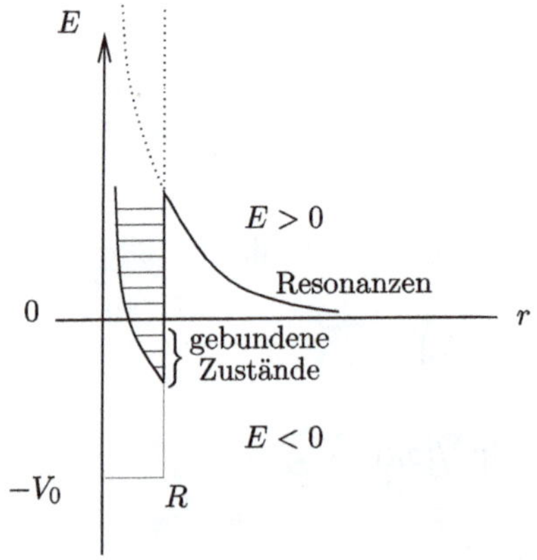

Abb. 22.20: Gebundene Zustände und Resonanzen im tiefen Potentialtopf.

Diese Bedingung ist das Analogon der eindimensionalen Resonanzbedingung im Fabry-Perot-Interferometer (siehe Abschnitt 9.2). Wegen des hier vorausgesetzten sehr tiefen Potentials ($qR \gg 1$) ist die Ausdehnung des effektiven Potentials für positive Energien praktisch durch den Potentialradius R gegeben, siehe Abb. 22.20.

In der Resonanz „passt" die Streuwellenfunktion gerade in das Potential: Die Resonanzbedingung (22.108) garantiert, dass es ähnlich wie im Fabry-Perot-Interferometer zu einer *quasistehenden Welle* im effektiven Potential $V_l(r)$ (22.107) kommt. Ähnlich wie im eindimensionalen Fall wird bei diesen Resonanzenergien die Potentialbarriere für das Teilchen quasi transparent, sodass es diese durchtunneln und sehr lange im Potential verbleiben kann. Diese große Aufenthaltsdauer des Teilchens im Potential ist die Ursache für den großen Wirkungsquerschnitt im Resonanzbereich. *Im Gegensatz zu einem echten gebundenen Zustand ($E < 0$) besitzt das Teilchen in der Resonanz nur eine endliche Verweilzeit im Potentialtopf.* Der Resonanzzustand ist damit kein echter gebundener Zustand, der eine unendlich große Lebensdauer haben würde, sondern stellt einen metastabilen Zustand dar, der nach einer endlichen Lebensdauer τ zerfällt. Nach der Unschärferelation steht diese Lebensdauer mit der Energieunschärfe, d. h. mit der Breite der Resonanz im Wirkungsquerschnitt $\sigma_l(E)$, in Beziehung, wie wir weiter unten explizit sehen werden.

Das qualitative Verhalten der Streuphase in der Nähe der Resonanz ist unabhängig von den Details des Streupotentials. Wir setzen wieder voraus, dass die Energie des gestreuten Teilchens klein ist $kR \ll 1$, sodass die Streuphase durch Gl. (22.101) gegeben ist. Wir entwickeln den Nenner $N_l(E)$ der Funktion $g_l(qR)$ in der Nähe der Resonanzenergie $E \simeq E_R$ in eine Taylor-Reihe,

$$N_l(E) = N_l(E_R) + \left.\frac{dN_l(E)}{dE}\right|_{E=E_R} (E - E_R) + \cdots ,$$

wobei per Definition der Resonanz $N_l(E_R) = 0$ gilt. Der Ausdruck für die Streuphase (22.101) besitzt dann die Gestalt

$$\tan\delta_l = \gamma_l \frac{(kR)^{2l+1}}{E - E_R},$$

wobei

$$\gamma_l = \frac{Z_l(E_R)}{N_l'(E_R)} \frac{2l+1}{[(2l+1)!!]^2}.$$

Der Partialquerschnitt (22.66), den wir in der Form

$$\sigma_l = \frac{4\pi}{k^2}(2l+1)\frac{\tan^2\delta_l}{1+\tan^2\delta_l}$$

schreiben können, nimmt dann die Gestalt

$$\boxed{\sigma_l = \frac{4\pi}{k^2}(2l+1)\frac{(\Gamma_l/2)^2}{(E-E_R)^2+(\Gamma_l/2)^2}} \tag{22.109}$$

an, mit:

$$\Gamma_l = 2\gamma_l(kR)^{2l+1}. \tag{22.110}$$

Gleichung (22.109) ist die *Breit-Wigner-Formel* für die Resonanzstreuung, welche durch die Resonanzenergie E_R und die Breite der Resonanz Γ_l charakterisiert und in Abb. 22.21(b) dargestellt ist.

Wie aus dem Ausdruck (22.110) ersichtlich ist, nimmt die Breite der Verteilung mit wachsendem Drehimpuls ab, da $kR \ll 1$. Die Resonanzen werden also mit zunehmendem Drehimpuls immer schärfer. Dieses Ergebnis hatten wir bereits qualitativ früher gefunden und lässt sich aus Abb. 22.18 ablesen, wo die Streuphasen und die partiellen Wirkungsquerschnitte für die ersten vier Partialwellen $l = 0, 1, 2, 3$ angegeben sind. Die Breite der Resonanz Γ_l repräsentiert die Energieunschärfe ΔE_l des quasistationären (metastabilen) Zustandes. Aus der Unschärferelation (11.14) ergibt sich deshalb für die Lebensdauer der Resonanz

$$\tau_l \simeq \frac{\hbar}{\Gamma_l} \sim \left(\frac{1}{kR}\right)^{2l+1},$$

die offenbar mit wachsendem l zunimmt, da $kR \ll 1$.

Die obigen Überlegungen zur Ausbildung von Resonanzen können nicht unmittelbar auf die *s*-Streuung anwendbar sein, da hier wegen $l = 0$ die Drehimpulsbarriere fehlt. Energien E, für die die Streuphase $\delta_0(E)$ der Resonanzbedingung (22.105) genügt,

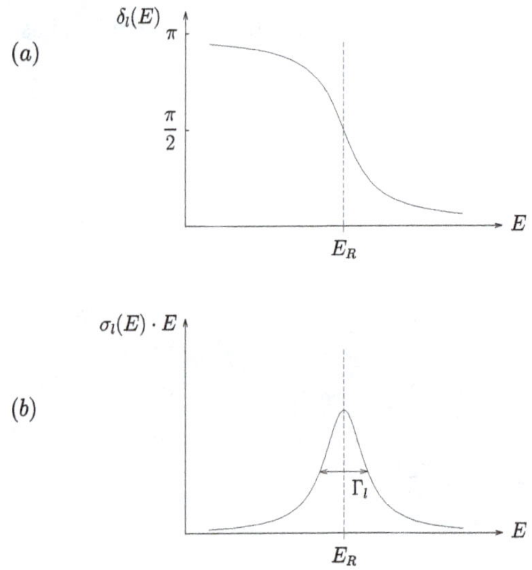

Abb. 22.21: (a) Streuphase und (b) partieller Wirkungsquerschnitt (Breit-Wigner-Form) in der Nähe einer Resonanz.

führen gewöhnlich nicht zu einem Maximum im Wirkungsquerschnitt $\sigma_0(E)$. Das Maximum von $\sigma_0(E) \sim \sin^2 \delta_0(E)/E$ tritt gewöhnlich bei $E = 0$ auf, wo die Querschnitte $\sigma_l(E)$ der höhere Partialwellen $l > 0$ verschwinden, siehe Abb. 22.22 und Abb. 22.18. Im nächsten Abschnitt wird deshalb die s-Streuung etwas genauer untersucht.

Aus den Definitionen der Wellenzahlen (22.94) und (22.95) folgt die Beziehung

$$q^2 = k^2 + q_0^2 , \quad q_0 = \frac{\sqrt{2mV_0}}{\hbar} . \tag{22.111}$$

Für Energien E, die klein gegenüber der Tiefe des Potentialtopfes V_0 sind, gilt $k^2 \ll q_0^2$ und somit in guter Näherung:

$$q^2 \simeq q_0^2 . \tag{22.112}$$

Die Resonanzbedingung (22.106) reduziert sich mit (22.112) für s-Streuung ($l = 0$) auf:

$$\gamma := q_0 R = (2n+1)\frac{\pi}{2} , \quad n = 0, 1, 2, \dots .$$

Nach Abschnitt 17.5 ist dies gerade die Bedingung dafür, dass in einem sphärisch symmetrischen Potentialtopf mit Radius R und Tiefe V_0 ein s-Niveau mit der Energie $E = 0$ (quasigebundener Zustand) sowie n gebundene s-Zuständen mit $E < 0$ auftreten. Für die Streuung langsamer Teilchen $k \to 0$ wird der Wirkungsquerschnitt der s-Streuung folglich maximal, wenn in dem Potentialtopf ein quasigebundener s-Zustand (mit $E = 0$) vorliegt. Der Wirkungsquerschnitt $\sigma_0 = 4\pi \sin \delta_0(k)/k^2$ divergiert dann bei $E \sim k^2 \to 0$.

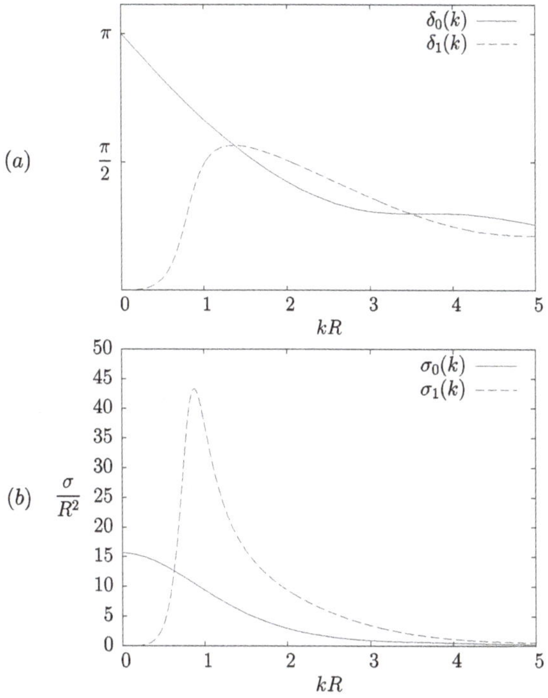

Abb. 22.22: (a) Streuphase $\delta_{l=0,1}(k)$ und (b) die zugehörigen partiellen Wirkungsquerschnitte σ_l für ein sphärisch-symmetrisches Kastenpotential der Stärke $\gamma = 2\sqrt{2}$. Im $l = 1$ Kanal tritt bei $kR \simeq 1$ eine Resonanz auf.

22.11.3 *s*-Streuung am Potentialtopf

Die *s*-Wellenstreuung nimmt eine Sonderstellung ein, da zum einen für den Drehimpuls $l = 0$ keine Zentrifugalbarriere existiert; zum anderen lässt sich die Streuphase für die *s*-Streuung analytisch angeben. Dazu setzen wir in den allgemeinen Ausdruck für die Streuphasen am sphärischen Potentialtopf (22.99) die expliziten Werte für die sphärischen Bessel- und Neumann-Funktionen nullter Ordnung ein:

$$j_0(z) = \frac{\sin z}{z}, \qquad n_0(z) = -\frac{\cos z}{z},$$
$$j_0'(z) = \frac{\cos z}{z} - \frac{\sin z}{z^2}, \qquad n_0'(z) = \frac{\sin z}{z} + \frac{\cos z}{z^2}.$$

Den resultierenden Ausdruck erweitern wir mit $(R\cdot kR\cdot qR)$. Dies liefert:

$$\tan\delta_0 = \frac{[kR\cos(kR) - \sin(kR)]\sin(qR) - [qR\cos(qR) - \sin(qR)]\sin(kR)}{[kR\sin(kR) + \cos(kR)]\sin(qR) + [qR\cos(qR) - \sin(qR)]\cos(kR)}.$$

Im Zähler und Nenner klammern wir $\cos(kR)\cdot\cos(qR)$ aus und erhalten:

$$\tan\delta_0 = \frac{[kR - \tan(kR)]\tan(qR) - [qR - \tan(qR)]\tan(kR)}{[kR\tan(kR) + 1]\tan(qR) + [qR - \tan(qR)]}$$
$$= \frac{kR\tan(qR) - qR\tan(kR)}{qR + kR\tan(kR)\tan(qR)} . \tag{22.113}$$

Dividieren wir schließlich Zähler und Nenner durch qR, so erhalten wir:

$$\tan\delta_0 = \frac{\frac{k}{q}\tan(qR) - \tan(kR)}{1 + \frac{k}{q}\tan(qR)\tan(kR)} .$$

Zur weiteren Vereinfachung dieses Ausdruckes setzen wir

$$\frac{k}{q}\tan(qR) = \tan(pR) \tag{22.114}$$

und benutzen das Additionstheorem für den Tangens:

$$\tan(x \pm y) = \frac{\tan x \pm \tan y}{1 \mp \tan x \tan y} .$$

Dann vereinfacht sich der Ausdruck für die Streuphase zu:

$$\tan\delta_0 = \tan(pR - kR) .$$

Diese Gleichung lässt sich nun trivial nach der Streuphase δ_0 auflösen. Benutzen wir die Definition der Variable p (22.114), so erhalten wir schließlich für die Streuphase der s-Welle:

$$\delta_0(k) = \left[\arctan\left(\frac{k}{q}\tan(qR)\right) - kR\right] \mod \pi . \tag{22.115}$$

Für kleine Wellenzahlen $k \ll q$ (und endlichen Tangens) können wir den Arkustangens in eine Taylor-Reihe entwickeln. In unterster Ordnung reduziert sich dann die Streuphase auf:

$$\delta_0(k) = kR\left(\frac{\tan(qR)}{qR} - 1\right) \mod \pi . \tag{22.116}$$

Setzen wir dieses Ergebnis in den Ausdruck für den Wirkungsquerschnitt (22.66) ein, wobei wir wegen der Kleinheit der Streuphase δ_0 den Sinus durch sein Argument ersetzen dürfen, so finden wir:

$$\sigma_0 = 4\pi R^2\left(\frac{\tan(qR)}{qR} - 1\right)^2 . \tag{22.117}$$

Die scheinbare Divergenz des Wirkungsquerschnittes für $qR = \pi/2$ ist eine Folge der in Gl. (22.116), (22.117) benutzten Näherung $\arctan x \simeq x \simeq \sin x$, die jedoch in diesem Fall nicht mehr gerechtfertigt ist. In der Tat folgt für $qR = \pi/2$ aus Gl. (22.115) für die Streuphase $\delta_0(k) = \pi/2 - kR$ und für $kR \ll 1$ gilt somit $\sin \delta_0 \simeq 1$, womit der partielle Wirkungsquerschnitt $\sigma_{l=0}$ (22.66) sein Maximum (22.67) annimmt, aber endlich bleibt.

Für bestimmte Energien, für die

$$\tan(qR) = qR$$

gilt, verschwindet der Wirkungsquerschnitt (22.117) selbst bei sehr attraktiven Potentialen. Dies ist der sogenannte *Ramsauer-Effekt*, der 1923 noch vor der Entwicklung der Wellenmechanik entdeckt wurde: Bei der Streuung von Elektronen an Edelgasen, wie Argon, Krypton, Xenon, beobachtet man ein Verschwinden des Wirkungsquerschnittes bei einer Einschussenergie von $E \simeq 0{,}7$ eV. Das Edelgasatom wird für Elektronen dieser Energie völlig transparent.[16] Die obigen Betrachtungen liefern eine Erklärung für dieses Phänomen: Das elektrostatische Potential der Edelgasatome nimmt mit der Entfernung wesentlich stärker ab als das Feld der übrigen Atome und kann in guter Näherung durch ein (anziehendes) Kastenpotential ersetzt werden. Ferner ist die Energie $E \simeq 0{,}7$ eV hinreichend klein, sodass die obige Näherung (22.116) anwendbar ist.

22.11.4 Levinson-Theorem

Wir werden jetzt einen allgemeinen Zusammenhang zwischen dem Verhalten der Streuphase bei niedrigen Energien und dem Auftreten von Bindungszuständen aufdecken. Dazu betrachten wir die exakte Gleichung für die s-Wellenstreuphase (22.115), die wir in der Form

$$\frac{\tan(kR + \delta_0)}{\tan(qR)} = \frac{k}{q}\,, \qquad (22.118)$$

schreiben. Zwischen der Wellenzahl k (22.94) außerhalb des Potentials und der Wellenzahl q (22.95) im Potential besteht der Zusammenhang

$$q = k\sqrt{1 + \frac{2mV_0}{\hbar^2 k^2}}\,.$$

Für $k \to \infty$ strebt die Wellenzahl q gegen k und die rechte Seite der Gl. (22.118) gegen 1 geht. Folglich gilt:

16 Der Ramsauer-Effekt (d. h. das Verschwinden des Wirkungsquerschnitts bei gewissen Energien) ist gewissermaßen das Gegenstück zu den Resonanzen, bei denen der Wirkungsquerschnitt maximal wird.

$$\lim_{k\to\infty} \frac{\tan(k(R+\delta_0/k))}{\tan(kR)} = 1\,.$$

Da $\tan x$ für $x \to \infty$ eine singuläre, alternierende Funktion ist, lässt sich die letzte Gleichung nur für

$$\delta_0(k \to \infty) = 0 \quad \mathrm{mod}\ \pi$$

erfüllen. Um die in der Definition der Streuphase enthaltene Willkür zu beseitigen, wählen wir folgende Konvention: Falls die Größe qR im Intervall

$$(2n-1)\frac{\pi}{2} < qR \le (2n+1)\frac{\pi}{2} \tag{22.119}$$

liegt, so wählen wir die Streuphase $\delta_0(k)$ derart, dass

$$(2n-1)\frac{\pi}{2} < \big(kR + \delta_0(k)\big) \le (2n+1)\frac{\pi}{2} \tag{22.120}$$

gilt.[17] Mit dieser Konvention verschwindet die Streuphase asymptotisch für $k \to \infty$ wegen der Konvergenz von q und k:

$$\delta_0(k \to \infty) = 0\,.$$

Wir untersuchen jetzt die Streuphase $\delta_0(k)$ für kleine Energien. Für $k \to 0$ erhalten wir aus (22.120)

$$(2n-1)\frac{\pi}{2} < \delta_0(0) \le (2n+1)\frac{\pi}{2}\,. \tag{22.121}$$

Die hier auftretende ganze Zahl n ist durch den Limes $k \to 0$ von Gl. (22.119):

$$(2n-1)\frac{\pi}{2} \le \gamma \le (2n+1)\frac{\pi}{2} \tag{22.122}$$

festgelegt, wobei die Größe

$$\gamma = q(k=0)R = \frac{R\sqrt{2mV_0}}{\hbar} \tag{22.123}$$

die Stärke des Potentials charakterisiert. Die hier erhaltene Ungleichung (22.122) für γ ist aber nach (17.64) nichts weiter als die Bedingung für die Existenz von n gebundenen s-Zuständen im sphärischen Potentialtopf. Des Weiteren wurde in Abschnitt 17.5 gezeigt, dass für

$$\gamma = (2n+1)\frac{\pi}{2} \tag{22.124}$$

---

17 Diese Konvention ist in Anbetracht von Gl. (22.118) sicherlich sinnvoll.

der Potentialtopf neben den n-Bindungszuständen noch einen *quasigebundenen* Zustand mit Energie $E = 0$ besitzt. Die Streuphase $\delta_0(k \to 0)$ ist offenbar direkt mit der Potentialstärke γ korreliert. Für kleine Energien können wir in führender Ordnung in k die Wellenzahl im Potentialinneren $q(k)$ durch ihren Wert (22.123) bei $k = 0$ ersetzen. Für die Streuphase (22.115) finden wir dann

$$\delta_0(k) = \left[\arctan\left(kR\frac{\tan\gamma}{\gamma}\right) - kR\right]. \tag{22.125}$$

Dieser Ausdruck gilt für beliebige Potentialstärken γ und $kR \ll qR$. Für $\gamma = (2n+1)\frac{\pi}{2}$ finden wir hieraus mit der Bedingung (22.121)

$$\delta_0(k \to 0) = (2n+1)\frac{\pi}{2} = \gamma\,. \tag{22.126}$$

Für diese Potentialstärken, bei denen ein quasigebundener Zustand mit $E = 0$ vorliegt, tritt somit eine Resonanz im s-Kanal bei der Energie (bzw. Wellenzahl) $k = 0$ auf, bei welcher der Wirkungsquerschnitt $\sigma_0(k)$ (22.66) divergiert, siehe Abb. 22.23. Für Potentialstärken $\gamma \neq (2n+1)\frac{\pi}{2}$ ist $\tan\gamma$ endlich. Für $k \to 0$ können wir dann den Arkustangens in (22.125) in führender Ordnung entwickeln und erhalten

$$\delta_0(k) = kR\left[\frac{\tan\gamma}{\gamma} - 1\right] \tag{22.127}$$

und somit

$$\delta_0(0) = 0 \quad \mod \pi\,,$$

bzw. mit der Konvention (22.121)

$$\delta_0(0) = n\pi\,, \quad (2n-1)\frac{\pi}{2} < \gamma < (2n+1)\frac{\pi}{2}\,. \tag{22.128}$$

Betrachten wir die Streuphase $\delta_{l=0}(0)$ als Funktion der Potentialstärke γ, so finden wir aus Gln. (22.126) und (22.128):

> Mit jedem neuen Bindungszustand nimmt $\delta_0(0)$ um π zu. Dabei durchläuft $\delta_0(0)$ den Wert $\frac{\pi}{2}$ mod π, wenn der neue Bindungszustand bei der Energie $E = 0$ auftaucht.

Dieses Ergebnis wird durch die numerische Lösung von Gl. (22.115) bestätigt, siehe Abb. 22.24 und ist Inhalt des *Levinson-Theorems*, das sich auch für Drehimpulse $l \neq 0$ beweisen lässt:

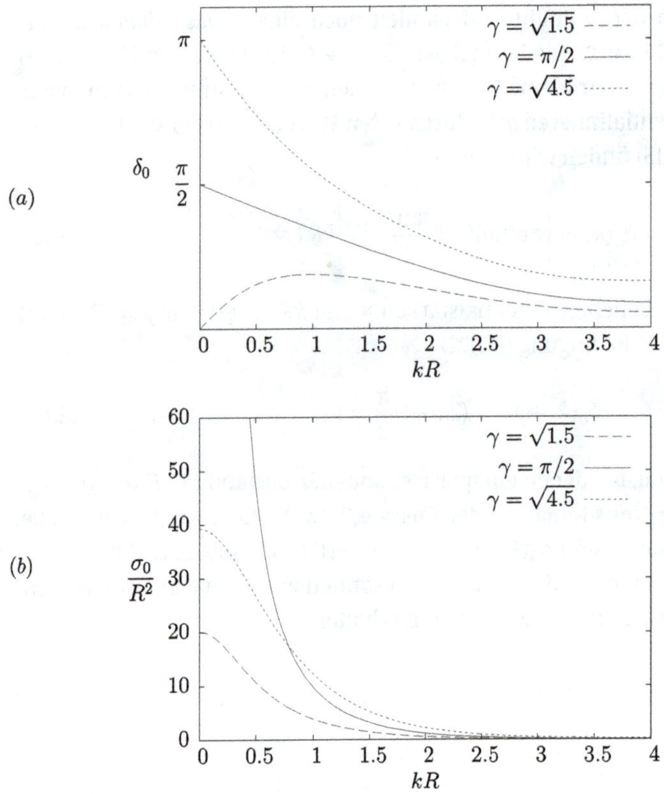

Abb. 22.23: (a) Streuphasen $\delta_0(kR)$ und (b) Wirkungsquerschnitt $\sigma_0(kR)$ der s-Streuung für die kritische Potentialstärke $\gamma = \pi/2$, bei der der erste quasigebundene s-Zustand mit $E = 0$ auftritt sowie für $\gamma = \sqrt{1.5}, \sqrt{4.5}$. Für $\gamma = \pi/2$ divergiert der Wirkungsquerschnitt bei $k = 0$.

In einem Potential mit n-(echten) Bindungszuständen mit Drehimpuls l gilt:

$$\delta_l(0) - \delta_l(\infty) = n\pi \, .$$

Existiert neben den n echten gebundenen s-Zuständen (mit $E < 0$) noch ein quasigebundener s-Zustand mit Energie $E = 0$, so gilt

$$\delta_0(0) - \delta_0(\infty) = \left(n + \frac{1}{2}\right)\pi \, .$$

Als illustratives Beispiel geben wir in Abb. 22.25 die Streuphase der s-Streuung und den zugehörigen Wirkungsquerschnitt für den Fall an, dass drei gebundene s-Zustände im Potentialtopf vorliegen.

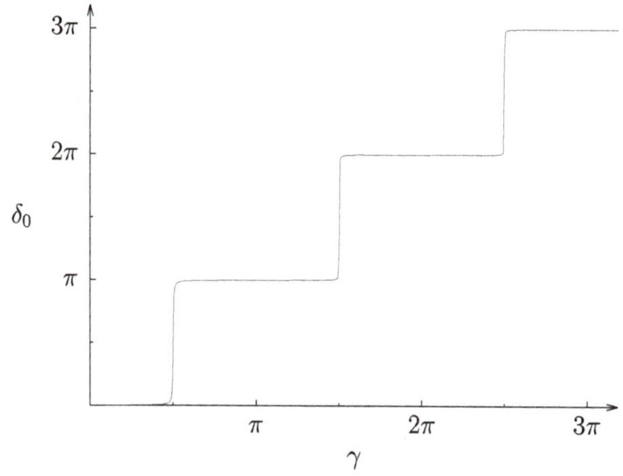

Abb. 22.24: Die Streuphase $\delta_0(kR)$ (22.115) als Funktion des Stärkeparameters γ (22.123) des Streupotentials für $kR = 0.01$.

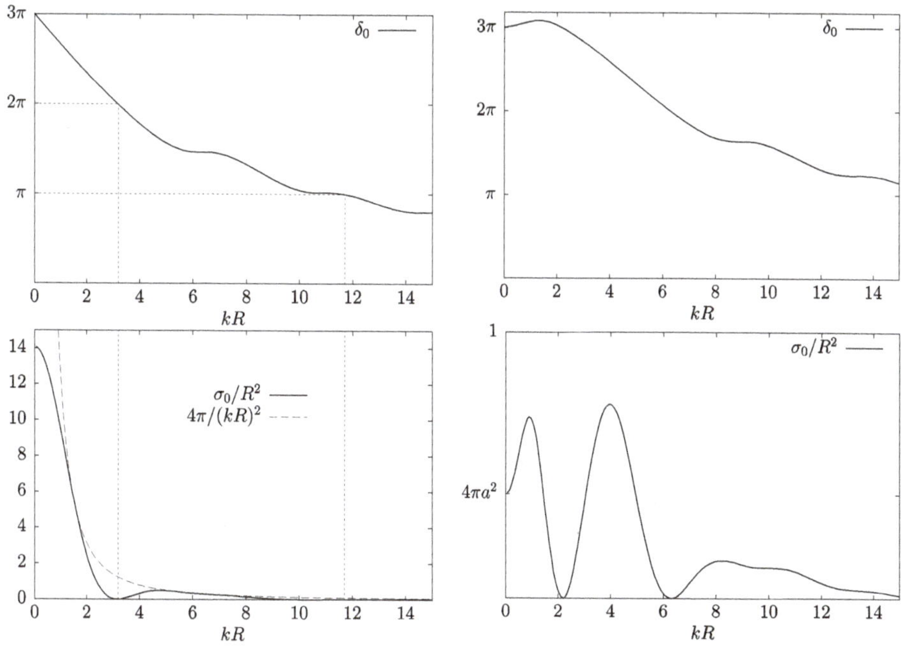

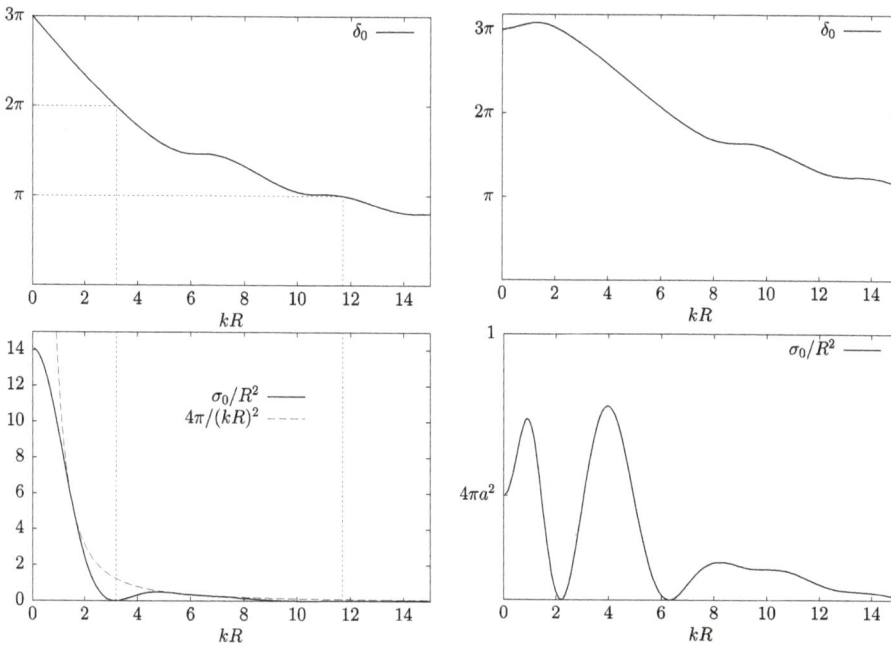

Abb. 22.25: Streuphase (oben) und Wirkungsquerschnitt (unten) für s-Streuung an einem sphärisch symmetrischen Potentialtopf, der drei gebundene s-Zustände besitzt, für die Potentialstärken $\gamma = 8.94$ (links) und $\gamma = 10.92$ (rechts) a ist die Streulänge (22.130).

22.11.5 Die Streulänge

Es hat sich eingebürgert, insbesondere in der Kernphysik, für die Niederenergie-s-Streuung ($k \to 0$) folgende Entwicklung zu benutzen:

$$k \cot \delta_0(k) = -\frac{1}{a} + \frac{1}{2} r_0 k^2 + \cdots . \tag{22.129}$$

Hierbei ist

$$a = -\lim_{k \to 0} \frac{1}{k \cot \delta_0(k)} \tag{22.130}$$

die *Streulänge* und r_0 die *effektive Reichweite* des Potentials. Da für $k \to 0$ die Streuphasen sehr klein sind, gilt $\sin \delta_0(k) \simeq \tan \delta_0(k)$ und mit (22.130) finden wir aus (22.66) für den totalen Querschnitt der s-Streuung

$$\sigma_0(k \to 0) = 4\pi a^2 .$$

Der Vergleich dieses Ausdrucks mit dem Wirkungsquerschnitt der s-Streuung (22.77) an einer harten Kugel zeigt, dass die Streulänge die Bedeutung eines effektiven Streuradius besitzt.

Die Streulänge erlangt eine sehr anschauliche Bedeutung, wenn man die asymptotische Form der Radialwellenfunktion (22.56) für $l = 0$

$$u_{k0}(r) \simeq C_0(k) \sin(kr + \delta_0(k)) =: \bar{u}_k(r)$$

zu kleinen Werten von r fortsetzt und die Normierungskonstante C_0 so wählt, dass $\bar{u}_k(r = 0) = 1$. Dies liefert:

$$\bar{u}_k(r) = \cos(kr) + \cot \delta_0(k) \sin(kr) .$$

Die so erhaltene Funktion $\bar{u}_k(r)$ stimmt außerhalb des asymptotischen Bereiches $r \gg R$ nicht mit der tatsächlichen Radialfunktion $u_{k0}(r)$ überein. Entwickeln wir diese Funktion für $kr \ll 1$ in führender Ordnung, erhalten wir:

$$\bar{u}_k(r) = 1 - rk \cot \delta_0(k) .$$

Hieraus finden wir für $k \to 0$ mit (22.130)

$$\bar{u}_{k \to 0}(r) = 1 - \frac{r}{a} ,$$

womit sich die Streulänge a als Schnittpunkt der Funktion $\bar{u}_{k \to 0}(r)$ mit der r-Achse erweist, siehe Abb. 22.26. Während die tatsächliche Radialfunktion $u_{kl}(r)$ bei $r = 0$ verschwindet (damit die Gesamtwellenfunktion dort regulär ist), besitzt die zu kleinen r

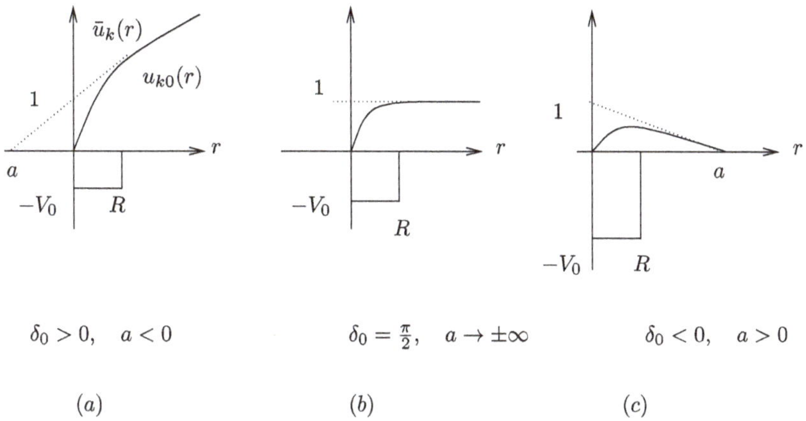

Abb. 22.26: Zur Definition der Streulänge: (a) schwach anziehendes Potential ohne Bindungszustand $a < 0$, (b) anziehendes Potential mit quasigebundenem Zustand bei $E = 0$, (c) anziehendes Potential mit einem echten Bindungszustand $E_B < 0$.

fortgesetzte asymptotische Funktion $\bar{u}_k(r)$ eine Nullstelle bei $r = a$ (während $\bar{u}_k(r = 0) = 1$). Diese Verschiebung der Nullstelle um die Streulänge a in der asymptotischen Form der Radialwellenfunktion $\bar{u}_k(r)$ relativ zur exakten Radialwellenfunktion $u_{kl=0}(r)$ ist eine charakteristische Größe für die Streuung.

Wir illustrieren die Entwicklung (22.129) anhand der Streuung am sphärischen Potentialtopf (22.92). Nach (22.113) gilt für die exakte Streuphase der s-Streuung

$$\cot \delta_0(k) = \frac{qR + kR \tan(kR) \tan(qR)}{kR \tan(qR) - qR \tan(kR)} ,$$

wobei

$$q^2 = k^2 + q_0^2 , \quad q_0 = \frac{\sqrt{2mV_0}}{\hbar} .$$

Für die Streulänge (22.130) finden wir hieraus

$$a = -R\left(\frac{\tan \gamma}{\gamma} - 1\right) , \tag{22.131}$$

wobei $\gamma = Rq_0$ die effektive Potentialstärke (22.123) ist. Dieser Ausdruck für a lässt sich auch direkt aus (22.127) gewinnnen, da $\tan \delta_0(k) \approx \delta_0(k)$ für $k \to 0$.

Die Streulänge a ist mit der Natur des Streupotentials verknüpft. Für ein schwach attraktives Potential (ohne Bindungszustand), $\gamma = Rq_0 < \pi/2$, ist die Streuphase δ_0 positiv (siehe Gl. (22.127)) und somit die Streulänge a (22.131) negativ, Abb. 22.26(a). Liegt ein quasigebundener Zustand bei der Energie $E = 0$ (und kein echter gebundener Zustand mit $E < 0$) vor, so ist nach Gl. (22.126) $\delta_0(0) = \pi/2 = \gamma$, was eine divergente Streulänge

(22.131) impliziert. Für $E = 0$ ist die Wellenfunktion außerhalb des kurzreichweitigen Potentials konstant und kann deshalb niemals die r-Achse schneiden, siehe Abb. 22.26(b). Folglich strebt die Streulänge gegen $\pm\infty$. Nimmt die Stärke des anziehenden Potentials weiter zu, $\gamma > \pi/2$, kommt es zur Ausbildung eines gebundenen Zustandes mit $E < 0$, Abb. 22.26(c). Nach Gl. (22.128) gilt in diesem Fall $\delta_0(0) = \pi$ und für kleine $k > 0$ folglich $\frac{\pi}{2} < \delta(k) < \pi$. Aus Gl. (22.130) erhalten wir dann eine positive Streulänge.

Für abstoßende Potentiale ist die Streuphase negativ (siehe Abschnitt 22.8.2) und folglich die Streulänge a stets positiv. Sie ist dann vergleichbar mit der Ausdehnung des Potentials.

22.11.6 Streuung am kugelsymmetrischen Potentialberg

Wir betrachten die Streuung eines Teilchens am kugelsymmetrischen Potential

$$V(r) = \begin{cases} V_0, & r \le R \\ 0, & r > R \,. \end{cases} \tag{22.132}$$

Dieses Potential resultiert aus dem der sphärischen Box (22.92) durch die Ersetzung $(-V_0) \to V_0$. Dementsprechend können wir die Wellenfunktion und damit auch die Streuphase für den Potentialberg (22.132) aus den Ausdrücken für die sphärische Box (22.92) durch die Ersetzung $V_0 \to (-V_0)$ gewinnen. Für $E > V_0$ bleibt die Wellenzahl im Gebiet des nichtverschwindenden Potentials, $r \le R$,

$$q = \frac{\sqrt{2m(E - V_0)}}{\hbar}\,, \tag{22.133}$$

reell. Sie ist jedoch kleiner als die Wellenzahl des einfallenden Teilchens:

$$k = \frac{\sqrt{2mE}}{\hbar}\,.$$

Die oben abgeleiteten Ausdrücke für die Streuphasen (22.115) und Wirkungsquerschnitte (22.117) bleiben in diesem Fall unmittelbar bestehen. Für $E < V_0$ hingegen wird die Wellenzahl q (22.133) rein imaginär

$$q = i\kappa\,, \quad \kappa = \frac{\sqrt{2m(V_0 - E)}}{\hbar}\,. \tag{22.134}$$

Mit $\tan(i\kappa) = i \tanh \kappa$ finden wir aus (22.115) für die Streuphase der s-Streuung:

$$\delta_0(k) = \left[\arctan\left(\frac{k}{\kappa}\tanh(\kappa R)\right) - kR\right] \mod \pi\,.$$

Diese Streuphase verschwindet für $k \to 0$. Mit der analytischen Fortsetzung (22.134) $q = i\kappa$ folgt aus (22.117) für den Streuquerschnitt langsamer Teilchen $E \ll V_0$:

$$\sigma_0 = 4\pi R^2 \left(\frac{\tanh(\kappa R)}{\kappa R} - 1 \right)^2 , \tag{22.135}$$

wobei

$$\kappa \simeq \frac{\sqrt{2mV_0}}{\hbar} .$$

Mit wachsendem κR nähert sich der Streuquerschnitt (22.135) für langsame Teilchen $(E \ll V_0)$ monoton dem Wirkungsquerschnitt der Hartkugelstreuung

$$\sigma_0 = 4\pi R^2 ,$$

die bereits in Abschnitt 22.9 behandelt wurde. Dies war natürlich zu erwarten, da für $\kappa \sim \sqrt{V_0} \to \infty$ das Potential (22.132) in das der harten Kugel übergeht.

23 Symmetrien

Wir haben bereits mehrfach festgestellt, dass Symmetrien das Lösen der Schrödinger-Gleichung vereinfachen: Bei einem axialsymmetrischen System hängt das Potential nicht vom Drehwinkel um die Symmetrieachse ab. Dementsprechend bleibt die Projektion des Drehimpulses auf die Symmetrieachse erhalten und die dreidimensionale Schrödinger-Gleichung reduziert sich auf eine Differentialgleichung in den beiden verbleibenden Variablen (Abstand von der Symmetrieachse und Koordinate längs der Symmetrieachse), siehe Kapitel 16. Hängt das Potential nur vom Abstand zum Ursprung ab (Zentralpotential), so ist es invariant unter beliebigen Drehungen und der gesamte Drehimpuls bleibt erhalten. Die dreidimensionale Schrödinger-Gleichung lässt sich dann auf eine eindimensionale Differentialgleichung im Radius (Radialgleichung) bei vorgegebenem Drehimpuls reduzieren, siehe Kapitel 17. Im vorliegenden Kapitel wollen wir Symmetrien und ihre Konsequenzen in der Quantenmechanik von einem allgemeinen Standpunkt aus betrachten. Jede Symmetrie ist mit einer Invarianz gegenüber bestimmten Transformationen verbunden. Es ist deshalb nicht verwunderlich, dass jede Symmetrie die Existenz einer *Invarianten*, einer sogenannten *Erhaltungsgröße* impliziert. Erhaltungsgrößen erleichtern wesentlich das Lösen der Bewegungsgleichungen. Dies gilt sowohl in der klassischen Mechanik als auch in der Quantenmechanik. Aus diesem Grunde ist es immer ratsam, vor der Lösung eines konkreten Problems die Symmetrien des zugrunde liegenden Systems aufzudecken.

Bevor wir zur allgemeinen Behandlung von Symmetrien in der Quantenmechanik kommen, wollen wir zunächst untersuchen, wie sich die Wellenfunktionen eines Teilchens unter der Transformation seiner Koordinaten verändert.

23.1 Euklidische Koordinatentransformationen

Die Untersuchung der Eigenschaften eines Systems unter Raum-Zeit-Transformationen lässt sich von zwei verschiedenen Standpunkten aus durchführen: Werden die Koordinatenachsen festgehalten und das betrachtete physikalische System bewegt, so wird dies als *aktiver Transformation* bezeichnet. Wird hingegen das Koordinatensystem bewegt und das physikalische System festgehalten, so wird dies als *passive Koordinatentransformation* bezeichnet. Die aktive Transformation des physikalischen Systems und die inverse passive Transformation führen auf dasselbe Ergebnis, wie wir jetzt anhand der räumlichen Koordinatentransformationen illustrieren wollen.

Wir betrachten die Position eines Teilchens in einem Koordinatensystem, siehe Abb. 23.1. Den Ortsvektor $\boldsymbol{x}$ können wir nach den Basisvektoren $\boldsymbol{e}_i$, $i = 1, 2, 3$, zerlegen:[1]

1 Wie im Band 1 benutzen wir auch hier die Einstein'sche Summenkonvention: Über doppelt auftretende Indizes wird summiert.

https://doi.org/10.1515/9783111271507-003

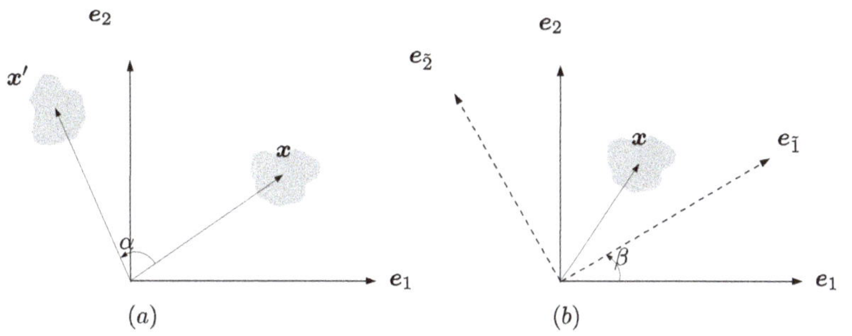

Abb. 23.1: (a) Aktive Drehung des Ortsvektors $\boldsymbol{x}$ um einen Winkel α in den Vektor $\boldsymbol{x}'$ bei festgehaltenen Koordinatenachsen $\boldsymbol{e}_1$, $\boldsymbol{e}_2$. (b) Passive Drehung der Koordinatenachsen $\boldsymbol{e}_1$, $\boldsymbol{e}_2$ um den Winkel β bei festgehaltenem Ortsvektor $\boldsymbol{x}$.

$$\boldsymbol{x} = \boldsymbol{e}_i x_i \,.$$

Die Koordinaten x_i hängen offenbar von der Wahl des Koordinatensystems (d. h. der Basisvektoren $\boldsymbol{e}_i$) ab. Eine Änderung der Teilchenkoordinaten lässt sich auf zwei Arten erreichen:

1. *Aktive Koordinatentransformationen:*
   Verschieben wir das Teilchen im Raum, so ändert sich sein Ortsvektor:
   $$\boldsymbol{x} \to \boldsymbol{x}' \,.$$
   Halten wir bei dieser Verschiebung das Koordinatensystem, d. h. die Basisvektoren $\boldsymbol{e}_i$, fest, so müssen sich die Koordinaten des Teilchens ändern:
   $$x_i \to x_i' \,, \qquad \boldsymbol{x}' = x_i' \boldsymbol{e}_i \,.$$
2. *Passive Koordinatentransformationen:*
   Wir können alternativ auch die Position $\boldsymbol{x}$ des Teilchens im Raum festhalten und das Koordinatensystem (d. h. die Basisvektoren $\boldsymbol{e}_i$) verschieben:
   $$\boldsymbol{e}_i \to \boldsymbol{e}_{\bar{i}} \,.$$
   Durch die Änderung der Basisvektoren müssen sich bei *festgehaltener* Teilchenposition $\boldsymbol{x}$ auch die Koordinaten des Teilchens ändern:
   $$\boldsymbol{x} = x_{\bar{i}} \boldsymbol{e}_{\bar{i}} \,.$$

Allgemein kann das Ergebnis einer aktiven Koordinatentransformation auch durch die zugehörige inverse passive Transformation der Basisvektoren erreicht werden.[2] Es ist

2 Werden sämtliche Vektoren einschließlich der Basisvektoren $\boldsymbol{e}_i$, welche die Koordinatenachsen definieren, in gleicher Weise transformiert (d. h. es wird die aktive und passive Transformation durchgeführt)

deshalb ausreichend, das Transformationsverhalten der Wellenfunktion unter aktiven Koordinatentransformationen zu betrachten.

Wir wollen jetzt untersuchen, wie sich die Wellenfunktion unter einer *aktiven* Koordinatentransformation

$$\boldsymbol{x} \to \boldsymbol{x}' = U\boldsymbol{x} \tag{23.1}$$

verändert. Hierbei soll U eine invertierbare *Euklidische Transformation* bezeichnen, sodass auch die inverse Beziehung

$$\boldsymbol{x} = U^{-1}\boldsymbol{x}'$$

gilt.

---

i Eine *Euklidische Transformation* ist eine abstands- und damit auch winkelerhaltende Transformation des euklidischen Raumes auf sich. Sie ist von der Form $(U\boldsymbol{x})_i = A_{ij}x_j + a_i$, wobei A_{ij} eine invertierbare Matrix ist. Euklidische Transformationen enthalten somit Verschiebungen a_i (siehe Abschnitt 23.4) sowie Drehungen (siehe Abschnitt 23.5) und Spiegelungen (siehe Abschnitt 23.6.1) und werden in der Mathematik oftmals auch als *Bewegungen* bezeichnet. Bei der *eigentlichen* Euklidischen Transformation bleibt zusätzlich die Orientierung erhalten, womit Spiegelungen ausgeschlossen sind.

Durch die aktive Koordinatentransformation (23.1) wird der Wert der Wellenfunktion aus dem Punkt $\boldsymbol{x}$ in den Punkt $\boldsymbol{x}'$ übertragen. Bezeichnen wir die transformierte Wellenfunktion (d. h. die Wellenfunktion nach Koordinatentransformation) mit ψ', so gilt offenbar der Zusammenhang

$$\psi'(\boldsymbol{x}') = \psi(\boldsymbol{x}) \tag{23.2}$$

und somit

$$\psi'(\boldsymbol{x}) = \psi(U^{-1}\boldsymbol{x}) \tag{23.3}$$

bzw. in der bracket-Notation

$$\langle \boldsymbol{x}|\psi'\rangle = \langle U^{-1}\boldsymbol{x}|\psi\rangle \,. \tag{23.4}$$

Andererseits muss sich die ursprüngliche Wellenfunktion ψ (als Element eines Hilbert-Raumes) durch Anwendung eines Operators $\mathcal{U}$ in die transformierte Wellenfunktion ψ' (bei gleichem Argument) überführen lassen, d. h. wir können einen Operator $\mathcal{U}$ so definieren, dass

---

$$\boldsymbol{e}_i \to \boldsymbol{e}_{\bar{i}}\,, \quad \boldsymbol{x} = x_i\boldsymbol{e}_i \to \tilde{\boldsymbol{x}} = x_i\boldsymbol{e}_{\bar{i}}\,,$$

so ändern sich die Koordinaten der Vektoren natürlich nicht.

$$\boxed{|\psi'\rangle = \mathcal{U}|\psi\rangle} \tag{23.5}$$

gilt. Der Vergleich von Gl. (23.4) und (23.5) liefert

$$\boxed{\langle \boldsymbol{x}|\mathcal{U}|\psi\rangle = \langle U^{-1}\boldsymbol{x}|\psi\rangle} \tag{23.6}$$

bzw.

$$\mathcal{U}\psi(\boldsymbol{x}) = \psi(U^{-1}\boldsymbol{x}) . \tag{23.7}$$

Die rechte Seite dieser Gleichung ist für eine gegebene Wellenfunktion allein durch die Koordinatentransformation U festgelegt und definiert die Wirkung des quantenmechanischen Operators $\mathcal{U}$ (auf der linken Seite der Gleichung) auf die Wellenfunktion. Gl. (23.6) bzw. (23.7) gestattet es uns daher, für eine gegebene Euklidische Transformation U (23.1) den zugehörigen Operator $\mathcal{U}$ (23.5) zu bestimmen, der die Wellenfunktionen transformiert. Dies werden wir in Abschnitt 23.4 bzw. 23.5 für die Translation bzw. die Drehung tun.

Wir betrachten einen Eigenzustand $|\boldsymbol{x}\rangle$ des Ortsoperators $\hat{\boldsymbol{x}}$. Unter der Transformation (23.1) geht dieser in den Zustand

$$|\boldsymbol{x}'\rangle = |U\boldsymbol{x}\rangle$$

über. Dieser Zustand muss nach (23.5) durch den oben eingeführten Operator $\mathcal{U}$ aus $|\boldsymbol{x}\rangle$ erzeugt werden:

$$|\boldsymbol{x}'\rangle = \mathcal{U}|\boldsymbol{x}\rangle .$$

Damit gilt die Beziehung

$$\boxed{\mathcal{U}|\boldsymbol{x}\rangle = |U\boldsymbol{x}\rangle ,} \tag{23.8}$$

die den Zusammenhang zwischen der Koordinatentransformation U und dem zugehörigen Operator $\mathcal{U}$ im Hilbert-Raum der Zustände herstellt.

Wenden wir den Ortsoperator $\hat{\boldsymbol{x}}$ auf Gl. (23.8) an und benutzen dessen Eigenwertgleichung

$$\hat{\boldsymbol{x}}|\boldsymbol{x}'\rangle = \boldsymbol{x}'|\boldsymbol{x}'\rangle , \tag{23.9}$$

so erhalten wir:

$$\hat{\boldsymbol{x}}\,\mathcal{U}|\boldsymbol{x}\rangle = U\boldsymbol{x}|U\boldsymbol{x}\rangle , \tag{23.10}$$

wobei $U\boldsymbol{x}$ als Eigenwert (von $\hat{\boldsymbol{x}}$) eine *c-Zahl* ist, d. h. ein Objekt, welches mit sämtlichen Operatoren kommutiert. Wirken wir mit $\mathcal{U}^{-1}$ auf Gl. (23.10), so erhalten wir deshalb:

$$\mathcal{U}^{-1}\hat{\boldsymbol{x}}\mathcal{U}|\boldsymbol{x}\rangle = U\boldsymbol{x}\mathcal{U}^{-1}|U\boldsymbol{x}\rangle = U\boldsymbol{x}|U^{-1}U\boldsymbol{x}\rangle = U\boldsymbol{x}|\boldsymbol{x}\rangle = U\hat{\boldsymbol{x}}|\boldsymbol{x}\rangle\,,$$

wobei wir wieder (23.8) und die Eigenwertgleichung (23.9) benutzt haben. Da diese Gleichung für sämtliche $|\boldsymbol{x}\rangle$ gilt, folgt aus ihr die Operatorbeziehung

$$\mathcal{U}^{-1}\hat{\boldsymbol{x}}\mathcal{U} = U\hat{\boldsymbol{x}}\,. \tag{23.11}$$

Für einen beliebigen Operator $\hat{O}(\hat{\boldsymbol{x}})$, der eine Funktion des Ortsoperators ist, folgt aus (23.11) durch Taylorentwicklung

$$\boxed{\mathcal{U}^{-1}\hat{O}(\hat{\boldsymbol{x}})\mathcal{U} = \hat{O}(U\hat{\boldsymbol{x}}) \equiv \hat{O}(\hat{\boldsymbol{x}}')\,.} \tag{23.12}$$

Gehen wir hier zur inversen Transformation ($U \to U^{-1}, \mathcal{U} \to \mathcal{U}^{-1}$) über, so erhalten wir:

$$\mathcal{U}\hat{O}(\hat{\boldsymbol{x}})\mathcal{U}^{-1} = \hat{O}(U^{-1}\hat{\boldsymbol{x}})\,. \tag{23.13}$$

Diese Gleichung ist das Analogon zu Gl. (23.7) und stellt den Zusammenhang zwischen der Koordinatentransformation (23.1) und dem zugehörigen quantenmechanischen Operator $\mathcal{U}$ auf der Ebene der Observablen her.

Transformation der Observablen

Nach Gleichung (23.9) besitzt der untransformierte Operator $\hat{\boldsymbol{x}}$ in den transformierten Zuständen $|\boldsymbol{x}'\rangle$ die transformierten Eigenwerte $\boldsymbol{x}' = U\boldsymbol{x}$. Konsistent damit fordern wir allgemein für den transformierten Operator $\hat{O}'$ einer Observable $\hat{O}$ die Beziehung[3]

$$\boxed{\langle\boldsymbol{x}'|\hat{O}|\psi'\rangle =: \langle\boldsymbol{x}|\hat{O}'|\psi\rangle\,.} \tag{23.14}$$

Damit ist die Transformation der Zustände äquivalent zur Transformation der Observablen.

Für die linke Seite finden wir unter Benutzung (23.1), (23.5) und (23.6)

$$\begin{aligned}\langle\boldsymbol{x}'|\hat{O}|\psi'\rangle &\overset{(23.1)}{=} \langle U\boldsymbol{x}|\hat{O}|\psi'\rangle \\ &\overset{(23.6)}{=} \langle\boldsymbol{x}|\mathcal{U}^{-1}\hat{O}|\psi'\rangle \overset{(23.5)}{=} \langle\boldsymbol{x}|\mathcal{U}^{-1}\hat{O}\mathcal{U}|\psi\rangle\,.\end{aligned}$$

---

3 Andere Definitionen (mit folglich anderen Eigenschaften) des transformierten Operators sind hier möglich. Dies ist jedoch die einzige Definition, mit der sich der Ortsoperator wie die Ortsvariable (23.1) transformiert, d. h. $\hat{\boldsymbol{x}}' = U\hat{\boldsymbol{x}}$, was wegen

$$\hat{\boldsymbol{x}}|\boldsymbol{x}'\rangle = \boldsymbol{x}'|\boldsymbol{x}'\rangle$$

die Beziehung

$$\hat{\boldsymbol{x}}|\boldsymbol{x}'\rangle = \hat{\boldsymbol{x}}'|\boldsymbol{x}\rangle$$

impliziert.

Der Vergleich dieses Ausdruckes mit der rechten Seite von Gl. (23.14) liefert für den transformierten Operator

$$\boxed{\hat{O}' = \mathcal{U}^{-1}\hat{O}\mathcal{U}\,.} \tag{23.15}$$

Dies ist das Transformationsgesetz von Observablen unter Euklidischen Transformationen (23.1), bei denen sich die Zustände nach (23.5)

$$\boxed{|\psi'\rangle = \mathcal{U}|\psi\rangle}$$

transformieren. Mit (23.12) folgt aus (23.15) für die transformierte Observable

$$\hat{O}'(\hat{\boldsymbol{x}}) = \hat{O}\big(\hat{\boldsymbol{x}}'\big) \equiv \hat{O}(U\hat{\boldsymbol{x}})\,. \tag{23.16}$$

23.2 Symmetrietransformationen

Oben haben wir beliebige Transformationen der Zustände (23.5) bzw. der Observablen (23.15) betrachtet. Unter solchen Transformationen bleibt der Hamilton-Operator eines physikalischen Systems i. A. nicht invariant. Je nach vorliegendem physikalischen System gibt es jedoch Transformationen, die den Hamilton-Operator und damit die physikalischen Eigenschaften des Systems invariant lassen. Solche Transformationen werden als *Symmetrietransformationen* bezeichnet.

Wir wollen jetzt solche Symmetrietransformationen in der Quantenmechanik von allgemeinen Standpunkten aus untersuchen. Wir nehmen an, ein System sei in einem Zustand $|\psi\rangle$ präpariert. Ein Operator $\mathcal{U}$ transformiere diesen Zustand in einen neuen Zustand (23.5)

$$|\psi'\rangle = \mathcal{U}|\psi\rangle\,.$$

Wir betrachten jetzt einen zweiten Zustand $|\phi\rangle$ unter derselben Transformation $\mathcal{U}$, die diesen Zustand in einen neuen Zustand

$$|\phi'\rangle = \mathcal{U}|\phi\rangle$$

überführt. Ohne Beschränkung der Allgemeinheit können wir $|\phi\rangle$ als einen Eigenvektor einer Observablen $\hat{O}$ interpretieren. Dann gibt $|\langle\phi|\psi\rangle|^2$ bekanntlich die Wahrscheinlichkeit an, dass bei einer Messung von $\hat{O}$ an einem System, das ursprünglich im Zustand $|\psi\rangle$ präpariert wurde, dieses als Ergebnis der Messung in den neuen Eigenzustand $|\phi\rangle$ übergeht. Ist das betrachtete Quantensystem invariant unter der Transformation $\mathcal{U}$, so muss eine Messung das System mit gleicher Wahrscheinlichkeit aus dem Zustand $|\psi\rangle$ in den Zustand $|\phi\rangle$ wie aus dem Zustand $|\psi'\rangle$ in den Zustand $|\phi'\rangle$ überführen, d. h. das betrachtete System besitzt die Symmetrie $\mathcal{U}$, falls

$$\left|\langle\psi'|\phi'\rangle\right|^2 \equiv \left|\langle\mathcal{U}\psi|\mathcal{U}\phi\rangle\right|^2 = \left|\langle\psi|\phi\rangle\right|^2$$

gilt. Dazu muss (bis auf eine irrelevante Phase) eine der beiden Beziehungen

$$\langle \psi' | \phi' \rangle = \langle \psi | \phi \rangle \,, \qquad \langle \psi' | \phi' \rangle = \langle \phi | \psi \rangle$$

erfüllt sein. Wegen

$$\langle \psi' | \phi' \rangle \equiv \langle \mathcal{U}\psi | \mathcal{U}\phi \rangle = \langle \psi | \mathcal{U}^\dagger \mathcal{U} | \phi \rangle$$

muss im ersten Fall der Operator $\mathcal{U}$ unitär sein, während im zweiten Fall gelten muss:

$$\langle \mathcal{U}\psi | \mathcal{U}\phi \rangle = \langle \phi | \psi \rangle \,,$$

was den Operator $\mathcal{U}$ als einen *antiunitären* Operator qualifiziert. Antiunitäre Operatoren gehören zur Klasse der *antilinearen* Operatoren, die durch folgende Beziehung definiert sind:

$$\begin{aligned} \mathcal{U}(|\psi\rangle + |\phi\rangle) &= \mathcal{U}|\psi\rangle + \mathcal{U}|\phi\rangle \,, \\ \mathcal{U}c|\psi\rangle &= c^* \mathcal{U}|\psi\rangle \,, \end{aligned}$$

wobei c eine komplexe Zahl ist. Damit ist das sogenannte *Wigner'sche Theorem* gezeigt:

Sämtliche Symmetrien der Quantenmechanik, d. h. Abbildungen $\mathcal{U}$, welche die Zustände $|\psi\rangle$ und $|\phi\rangle$ in $\mathcal{U}|\psi\rangle$ und $\mathcal{U}|\phi\rangle$ überführen und dabei das Betragsquadrat des Skalarproduktes invariant lassen,

$$\left|\langle \mathcal{U}\psi | \mathcal{U}\phi \rangle\right|^2 = \left|\langle \psi | \phi \rangle\right|^2 \,,$$

sind entweder unitär (und damit linear) oder antiunitär (und damit antilinear).

Eine Transformation heißt *kontinuierlich*, wenn sie sich durch stetige Veränderung von Parametern auf die identische Transformation zurückführen lässt, die durch den Einheitsoperator $\hat{1}$ definiert ist. Da kontinuierliche Symmetrietransformationen $\mathcal{U}$ somit die identische Transformation $\hat{1}$ enthalten, müssen sie durch unitäre Operatoren repräsentiert werden. *Diskrete* Symmetrien müssen hingegen nicht notwendigerweise unitär sein. Wir werden in Abschnitt 23.6 ein Beispiel für eine diskrete antiunitäre Symmetrie kennenlernen.

23.3 Kontinuierliche Symmetrietransformationen

Kontinuierliche Symmetrietransformationen müssen sich durch kontinuierlich veränderliche Parameter charakterisieren lassen, die wir reell wählen können. (Komplexe Parameter können wir stets durch zwei reelle Parameter ausdrücken.) Wir betrachten zunächst eine kontinuierliche Transformation, die durch einen einzigen reellen Parameter α charakterisiert wird. Der zugehörige unitäre Operator $\mathcal{U}(\alpha)$ lässt sich in der Form

$$\mathcal{U}(\alpha) = e^{-i\alpha G}$$

darstellen, wobei G ein hermitescher Operator ist. Offensichtlich gilt:

$$\mathcal{U}(\alpha_1)\,\mathcal{U}(\alpha_2) = \mathcal{U}(\alpha_1 + \alpha_2)\,, \tag{23.17}$$

was

$$\mathcal{U}(\alpha = 0) = \hat{1}$$

impliziert. Gleichung (23.17) definiert eine Abel'sche Gruppe mit Elementen $\mathcal{U}(\alpha)$, wobei G als *Generator* der Gruppe bezeichnet wird.

Im allgemeinen Fall hängt die kontinuierliche Symmetrietransformation von mehreren reellen Parametern α_k ab und die zugehörigen unitären Operatoren

$$\boxed{\mathcal{U}(\alpha) = \exp\left(-i\sum_k \alpha_k G_k\right)} \tag{23.18}$$

sind gewöhnlich Elemente einer nicht-abelschen Gruppe, da die Generatoren G_k i. A. nicht miteinander kommutieren. Für reelle α_k sind die Generatoren G_k hermitesch, damit $\mathcal{U}(\alpha)$ unitär ist.

Endliche kontinuierliche Symmetrietransformationen $\mathcal{U}(\alpha)$ lassen sich durch wiederholte Anwendung von infinitesimalen Transformationen $\mathcal{U}(\delta\alpha)$ erzeugen. Um die Konsequenzen von kontinuierlichen Symmetrietransformationen aufzuzeigen, genügt es folglich, infinitesimale Transformationen zu betrachten. Für infinitesimale $\delta\alpha_k$ können wir den Exponenten in Gl. (23.18) in eine Taylor-Reihe entwickeln und diese nach der ersten Ordnung abbrechen:

$$\mathcal{U}(\delta\alpha) = \hat{1} - i\sum_k \delta\alpha_k G_k + \cdots\,. \tag{23.19}$$

Ein quantenmechanisches System wird durch seinen Hamilton-Operator charakterisiert. Besitzt es eine kontinuierliche Symmetrie, so darf sich sein Hamilton-Operator unter der zugehörigen Symmetrietransformation $\mathcal{U}(\alpha)$ nicht ändern. Dies impliziert nach (23.15):

$$H' \equiv \mathcal{U}^{-1}(\alpha) H \mathcal{U}(\alpha) \overset{!}{=} H\,.$$

Für infinitesimale Transformationen $\mathcal{U}(\delta\alpha)$ (23.19) erhalten wir mit

$$\mathcal{U}^{-1}(\delta\alpha) = 1 + i\sum_k \delta\alpha_k G_k$$

in erster Ordnung in $\delta\alpha_k$:

$$\mathcal{U}^{-1}(\delta\alpha)H\mathcal{U}(\delta\alpha) = H + i\sum_k \delta\alpha_k [G_k, H]\,.$$

Da die $\delta\alpha_k$ unabhängig voneinander gewählt werden können, verlangt die Invarianz von H unter der Symmetrietransformation $\mathcal{U}(\delta\alpha)$

$$[G_k, H] = \hat{0}\,.$$

Nach der Heisenberg'schen Bewegungsgleichung (21.37) für Observablen,[4]

$$i\hbar\frac{d}{dt}G_k = [G_k, H],$$

folgt somit, dass die Generatoren der Symmetrie zeitlich erhalten sind:

$$\frac{d}{dt}G_k = \hat{0}\,.$$

Damit gelangen wir zu dem wichtigen Satz:

Besitzt ein quantenmechanisches System eine kontinuierliche Symmetrie, so kommutiert der Hamilton-Operator mit den zugehörigen Generatoren und die Generatoren sind folglich Erhaltungsgrößen.

Dies ist die quantenmechanische Version des *Noether-Theorems*. In den Abschnitten 23.4 und 23.5 werden wir Beispiele für kontinuierliche Symmetrietransformationen kennenlernen: Verschiebungen (Translationen) und Drehungen (Rotationen) im gewöhnlichen Ortsraum $\mathbb{R}^3$. Dabei werden wir die Impuls- bzw. Drehimpulsoperatoren als die entsprechenden Generatoren identifizieren.

Eine beliebige kontinuierliche Euklidische Transformation im $\mathbb{R}^3$ lässt sich in eine Translation und eine Rotation zerlegen. Es genügt deshalb, diese beiden Transformationen separat zu behandeln.

23.4 Translation des Raumes

Unter einer Translation des Raumes $U = T(\boldsymbol{a})$ verschieben sich die Koordinaten x_i um einen konstanten Beitrag a_i:

4 Wir setzen natürlich voraus, dass die G_k nicht explizit zeitabhängig sind.

$$\boldsymbol{x} \to \boldsymbol{x}' = \boldsymbol{x} + \boldsymbol{a} =: T(\boldsymbol{a})\boldsymbol{x} . \tag{23.20}$$

Die zugehörige inverse Transformation lautet:

$$\boldsymbol{x} = T^{-1}(\boldsymbol{a})\boldsymbol{x}' = \boldsymbol{x}' - \boldsymbol{a} .$$

Den durch Gl. (23.7) definierten zugehörigen *Translationsoperator* $\mathcal{U} = \mathcal{T}(\boldsymbol{a})$,

$$\mathcal{T}(\boldsymbol{a})\psi(\boldsymbol{x}) = \psi(\boldsymbol{x} - \boldsymbol{a}) , \tag{23.21}$$

haben wir bereits in Abschnitt 13.1 kennengelernt:

$$\boxed{\mathcal{T}(\boldsymbol{a}) = e^{-\frac{i}{\hbar}\boldsymbol{a}\cdot\boldsymbol{p}} .} \tag{23.22}$$

Er ist offensichtlich unitär (und damit linear)[5]

$$\mathcal{T}^{\dagger}(\boldsymbol{a}) = \mathcal{T}^{-1}(\boldsymbol{a}) = \mathcal{T}(-\boldsymbol{a}) .$$

Man überzeugt sich leicht, dass dieser Operator der Gl. (23.21) genügt:

$$\begin{aligned}
\mathcal{T}(\boldsymbol{a})\psi(\boldsymbol{x}) &\equiv \langle \boldsymbol{x}|\mathcal{T}(\boldsymbol{a})|\psi\rangle \\
&= \int \frac{d^3p}{(2\pi\hbar)^3} \langle \boldsymbol{x}|\boldsymbol{p}\rangle \langle \boldsymbol{p}|\mathcal{T}(\boldsymbol{a})|\psi\rangle \\
&= \int \frac{d^3p}{(2\pi\hbar)^3} e^{\frac{i}{\hbar}\boldsymbol{p}\cdot\boldsymbol{x}} e^{-\frac{i}{\hbar}\boldsymbol{a}\cdot\boldsymbol{p}} \langle \boldsymbol{p}|\psi\rangle \\
&= \int \frac{d^3p}{(2\pi\hbar)^3} \langle \boldsymbol{x} - \boldsymbol{a}|\boldsymbol{p}\rangle \langle \boldsymbol{p}|\psi\rangle \\
&= \langle \boldsymbol{x} - \boldsymbol{a}|\psi\rangle \equiv \psi(\boldsymbol{x} - \boldsymbol{a}) .
\end{aligned} \tag{23.23}$$

Genauso leicht zeigt man, dass der Operator $\mathcal{T}(\boldsymbol{a})$ die Beziehung (23.11) erfüllt:

$$\mathcal{T}^{-1}(\boldsymbol{a})\hat{\boldsymbol{x}}\mathcal{T}(\boldsymbol{a}) = T(\boldsymbol{a})\hat{\boldsymbol{x}} , \tag{23.24}$$

wobei $T(\boldsymbol{a})$ die in Gl. (23.20) definierte Translation der Koordinate ist.

Zwei aufeinander folgende Translationen ergeben offensichtlich wieder eine Translation:

$$T(\boldsymbol{a}_1)T(\boldsymbol{a}_2) = T(\boldsymbol{a}_1 + \boldsymbol{a}_2) . \tag{23.25}$$

---

5 Obwohl die Translation (23.20) keine lineare Transformation ist, $T(\boldsymbol{a})(\boldsymbol{x} + \boldsymbol{y}) \neq T(\boldsymbol{a})\boldsymbol{x} + T(\boldsymbol{a})\boldsymbol{y}$, wird sie dennoch durch einen linearen Operator vermittelt.

Damit bilden die Translationen eine Gruppe, die *Translationsgruppe*. Gleichung (23.25) ist das Multiplikationsgesetz dieser Gruppe, das auch von den dazugehörigen Operatoren (23.22) $\mathcal{T}(\boldsymbol{a})$ erfüllt wird:

$$\mathcal{T}(\boldsymbol{a}_1)\mathcal{T}(\boldsymbol{a}_2) = \mathcal{T}(\boldsymbol{a}_1 + \boldsymbol{a}_2) .$$

Da das Ergebnis zweier Translationen unabhängig von der Reihenfolge ist, in der sie ausgeführt werden,

$$T(\boldsymbol{a}_1)T(\boldsymbol{a}_2) = T(\boldsymbol{a}_2)T(\boldsymbol{a}_1) ,$$

ist die Translationsgruppe abelsch. Die Translationsoperatoren (23.22) liefern eine Darstellung der Translationsgruppe im Hilbert-Raum der Wellenfunktionen (Zustände). Wegen des abelschen Charakters dieser Gruppe kommutieren die Operatoren zu verschiedenen Translationen:

$$[\mathcal{T}(\boldsymbol{a}_1), \mathcal{T}(\boldsymbol{a}_2)] = \hat{0} .$$

Vergleich von Gln. (23.22) und (23.18)

$$\mathcal{U}(\boldsymbol{a}) \overset{!}{=} \mathcal{T}(\boldsymbol{a})$$

zeigt, dass die gewöhnlichen (linearen) Impulse die Generatoren der Translation sind

$$G_k = p_k .$$

23.5 Drehungen

Bei einer (aktiven) Drehung ändert sich die Richtung eines Vektors, jedoch nicht seine Länge. Ferner bleiben bei einer Drehung die Winkel zwischen verschiedenen Vektoren und damit auch ihr Skalarprodukt erhalten. Deshalb müssen Drehungen durch orthogonale Koordinatentransformationen

$$\boxed{x_i \to x'_i = R_{ij} x_j} \tag{23.26}$$

gegeben sein. Bevor wir die orthogonale *Drehmatrix* R_{ij} für eine beliebige Drehung im $\mathbb{R}^3$ explizit bestimmen, wollen wir jedoch noch den Unterschied zwischen einer aktiven und passiven Drehung illustrieren. Dazu betrachten wir eine Drehung in einer Ebene.

In Abb. 23.2 (a) und (b) sind die aktive und passive Drehung um die 3-Achse jeweils um den Winkel ω gegenübergestellt. Bei der aktiven Drehung des Vektors $\boldsymbol{x} = x_i \boldsymbol{e}_i$ in den Vektor $\boldsymbol{x}' = x'_i \boldsymbol{e}_i$ transformieren sich die Koordinaten gemäß

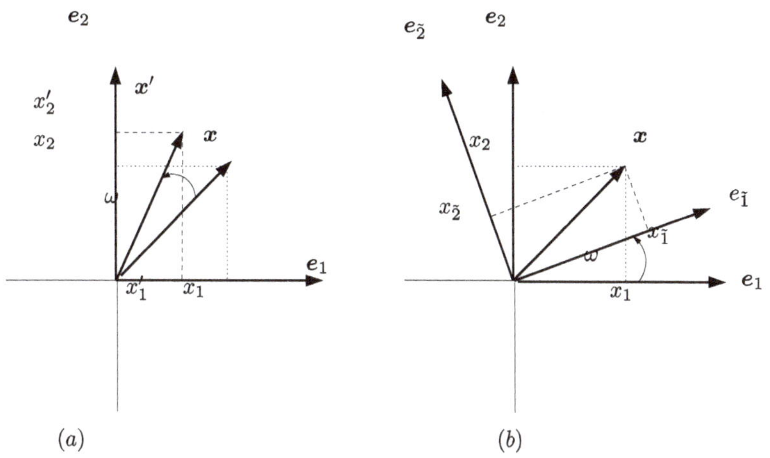

Abb. 23.2: (a) Aktive und (b) passive Drehung um einen Winkel ω um die 3-Achse.

$$\begin{pmatrix} x'_1 \\ x'_2 \end{pmatrix} = \begin{pmatrix} \cos\omega & -\sin\omega \\ \sin\omega & \cos\omega \end{pmatrix} \begin{pmatrix} x_1 \\ x_2 \end{pmatrix}, \quad x'_3 = x_3 \,, \tag{23.27}$$

während die passive Drehung der Koordinatensachen, d. h. des Dreibeins $[\boldsymbol{e}_i]$ in das Dreibein $[\boldsymbol{e}_{\tilde i}]$ durch die inverse Matrix vermittelt wird

$$\begin{pmatrix} \boldsymbol{e}_{\tilde 1} \\ \boldsymbol{e}_{\tilde 2} \end{pmatrix} = \begin{pmatrix} \cos\omega & \sin\omega \\ -\sin\omega & \cos\omega \end{pmatrix} \begin{pmatrix} \boldsymbol{e}_1 \\ \boldsymbol{e}_2 \end{pmatrix}, \quad \boldsymbol{e}_{\tilde 3} = \boldsymbol{e}_3 . \tag{23.28}$$

Mittels der inversen Matrix transformieren sich auch die Koordinaten eines bei der passiven Drehung festgehaltenen Vektors $\boldsymbol{x} = x_i \boldsymbol{e}_i = x_{\tilde i} \boldsymbol{e}_{\tilde i}$:

$$\begin{pmatrix} x_{\tilde 1} \\ x_{\tilde 2} \end{pmatrix} = \begin{pmatrix} \cos\omega & \sin\omega \\ -\sin\omega & \cos\omega \end{pmatrix} \begin{pmatrix} x_1 \\ x_2 \end{pmatrix}, \quad x_{\tilde 3} = x_3 \,.$$

Man beachte, dass (23.28) im Gegensatz zu (23.27) ein System *vektorieller* Gleichungen ist. Ferner gilt offensichtlich

$$x_{\tilde i}(\omega) = x'_i(-\omega) \,.$$

23.5.1 Der Drehoperator

Eine Drehung im $\mathbb{R}^3$ lässt sich durch einen Vektor $\boldsymbol{\omega}$ charakterisieren. Dabei gibt seine Richtung $\hat{\boldsymbol{\omega}} = \boldsymbol{\omega}/|\boldsymbol{\omega}|$ die Drehachse und seinen Betrag $\omega = |\boldsymbol{\omega}|$ den Drehwinkel an. Bei einer infinitesimalen Drehung $\delta\boldsymbol{\omega}$ ändern sich die Ortsvektoren wie (siehe Abb. 23.3):

$$\boldsymbol{x} \to \boldsymbol{x}' = \boldsymbol{x} + \delta\boldsymbol{\omega} \times \boldsymbol{x} \equiv \boldsymbol{x} + \delta\boldsymbol{x} \tag{23.29}$$

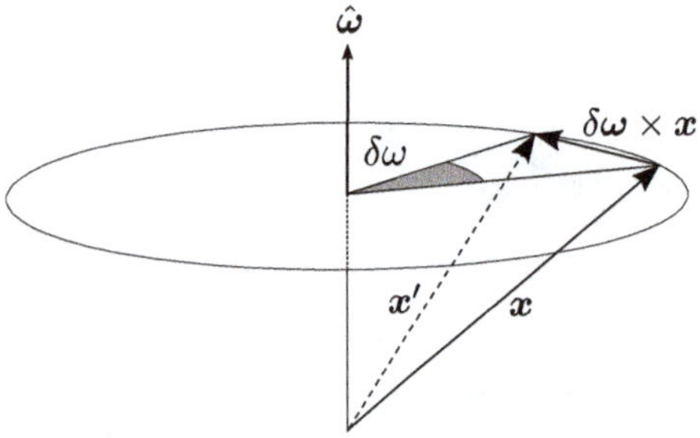

Abb. 23.3: Darstellung einer infinitesimalen Drehung mittels eines Vektors $\delta\boldsymbol{\omega} = \delta\omega\hat{\boldsymbol{\omega}}$, dessen Betrag $\delta\omega = |\delta\boldsymbol{\omega}|$ den Drehwinkel (schattiert) und dessen Richtung $\hat{\boldsymbol{\omega}} = \delta\boldsymbol{\omega}/\delta\omega$ die Drehachse angibt.

oder in Komponentenschreibweise:

$$x_i' = (\delta_{ij} + \varepsilon_{ikj}\delta\omega_k)x_j \overset{!}{\equiv} R_{ij}(\delta\boldsymbol{\omega})x_j\,, \tag{23.30}$$

wobei sich die letzte Identität aus der Definition der Drehmatrix (23.26) ergibt.

Wir betrachten die Wellenfunktion in den gedrehten Koordinaten $\psi(\boldsymbol{x}')$. Für infinitesimale $\delta\boldsymbol{x}$ finden wir durch Taylor-Entwicklung:

$$\psi(\boldsymbol{x}') = \psi(\boldsymbol{x} + \delta\boldsymbol{x}) = \psi(\boldsymbol{x}) + \delta\boldsymbol{x}\cdot\nabla\psi(\boldsymbol{x})\,.$$

Einsetzen der expliziten Form von $\delta\boldsymbol{x}$ (23.29) liefert

$$\psi(\boldsymbol{x}') = \left[\hat{1} + (\delta\boldsymbol{\omega}\times\boldsymbol{x})\cdot\nabla\right]\psi(\boldsymbol{x}) = \left[\hat{1} + \delta\boldsymbol{\omega}\cdot(\boldsymbol{x}\times\nabla)\right]\psi(\boldsymbol{x})$$

und unter Benutzung der Definition des Drehimpulses $\boldsymbol{L} = \boldsymbol{x}\times\frac{\hbar}{i}\nabla$:

$$\psi(\boldsymbol{x}') = \left(\hat{1} + \frac{i}{\hbar}\delta\boldsymbol{\omega}\cdot\boldsymbol{L}\right)\psi(\boldsymbol{x}) \cong e^{\frac{i}{\hbar}\delta\boldsymbol{\omega}\cdot\boldsymbol{L}}\psi(\boldsymbol{x})\,, \tag{23.31}$$

wobei wir im letzten Schritt ausgenutzt haben, dass $\delta\boldsymbol{\omega}$ infinitesimal ist. Nach Gl. (23.7) gilt mit $\mathcal{U} = \mathcal{R}$ und $U = R$:

$$\psi(\boldsymbol{x}') \equiv \psi(R\boldsymbol{x}) = \mathcal{R}^{-1}\psi(\boldsymbol{x})\,.$$

Vergleich mit (23.31) liefert für den Operator infinitesimaler Drehungen:

$$\mathcal{R}(\delta\boldsymbol{\omega}) = e^{-\frac{i}{\hbar}\delta\boldsymbol{\omega}\cdot\boldsymbol{L}}\,.$$

Endliche Drehungen $\boldsymbol{\omega} = \omega\hat{\boldsymbol{n}}$ können wir durch wiederholte Ausführung von infinitesimalen Drehungen $\delta\boldsymbol{\omega} = \delta\omega\hat{\boldsymbol{n}}$ um dieselbe Drehachse $\hat{\boldsymbol{n}}$ erzeugen

$$\mathcal{R}(N\delta\boldsymbol{\omega}) = \left(\mathcal{R}(\delta\boldsymbol{\omega})\right)^N = e^{-\frac{i}{\hbar}N\delta\omega\hat{\boldsymbol{n}}\cdot\boldsymbol{L}}\,.$$

Mit $\omega = N\delta\omega, N \to \infty$ finden wir für den Operator der endlichen Drehungen:

$$\boxed{\mathcal{R}(\boldsymbol{\omega}) = e^{-\frac{i}{\hbar}\boldsymbol{\omega}\cdot\boldsymbol{L}}\,.} \tag{23.32}$$

Offensichtlich ist der *Drehoperator* unitär:

$$\mathcal{R}^{\dagger}(\boldsymbol{\omega}) = \mathcal{R}^{-1}(\boldsymbol{\omega})$$

und es gilt

$$\mathcal{R}^{-1}(\boldsymbol{\omega}) = \mathcal{R}(-\boldsymbol{\omega})\,. \tag{23.33}$$

Der Vergleich von (23.32) mit (23.18)

$$\mathcal{U}(\boldsymbol{a}) \stackrel{!}{=} \mathcal{R}(\boldsymbol{a})$$

zeigt, dass die Drehimpulsoperatoren die Generatoren der Rotation sind:

$$G_k = L_k\,.$$

In Kapitel 15 hatten wir bereits festgestellt, dass die Drehimpulsoperatoren aufgrund ihrer Vertauschungsrelationen die Generatoren der SU(2)-Gruppe bzw. deren Untergruppe, der Drehgruppe SO(3) sind. Dementsprechend sind die Drehoperatoren (23.32) die Elemente der SU(2)-Gruppe und für ganzzahlige Drehimpulse auch der SO(3)-Gruppe. Die Matrixelemente des (inversen) Drehoperators[6]

$$\mathcal{D}^{l}_{mm'}(\omega) = \langle lm|\mathcal{R}^{-1}(\boldsymbol{\omega})|lm'\rangle \tag{23.34}$$

in den Drehimpulseigenzuständen $|lm\rangle$, die wir im Abschnitt 24.2 behandeln werden, bilden die $(2l+1)$-dimensionalen irreduziblen Darstellungen der SU(2)-Gruppe und für ganzzahlige l auch der Drehgruppe SO(3). Die $\mathcal{D}^{l}_{mm'}(\boldsymbol{\omega})$ mit $l = 1/2$ bzw. $l = 1$ liefern die fundamentale Darstellung (nichttriviale, irreduzible Darstellung minimaler Dimension) der SU(2)- bzw. SO(3)-Gruppe. Die fundamentale Darstellung der SO(3)-Gruppe ist gleichzeitig die adjungierte Darstellung der SU(2)-Gruppe, siehe Anhang E.5.

---

i Die fundamentale Darstellung der SU(2)-Gruppe ist durch die (zweidimensionalen) Pauli-Matrizen σ_k gegeben, welche die Spin-1/2-Realisierung $\boldsymbol{L}_k = \frac{\hbar}{2}\sigma_k$ der Drehimpulsalgebra (15.10) liefern (siehe Abschnitt 15.4). Wir erinnern daran, dass die Drehimpulsdifferentialoperatoren $L_k = (\hat{\boldsymbol{x}} \times \boldsymbol{p})_k$ keine Darstellungen zu halbzahligen Drehimpulsen $l = 1/2, 3/2, \ldots$ besitzen. Jedoch bleibt die Form des Drehoperators (23.32) auch für halbzahlige Drehimpulse gültig.

---

6 Für die Behandlung des starren Körpers in Kap. 24 erweist es sich als zweckmäßig, nicht die Matrixelemente des Drehoperators $\mathcal{R}(\omega)$ selbst, sondern die seines Inversen $\mathcal{R}^{-1}(\omega)$ zu benutzen.

23.5.2 Matrixdarstellung des Drehoperators

Analog zur Vorgehensweise beim Drehoperator können wir auch die Drehmatrix $R_{ij}(\boldsymbol{\omega})$ für endliche Drehungen $\boldsymbol{\omega}$ aus ihrer infinitesimalen Form (23.30)

$$R_{ij}(\delta\boldsymbol{\omega}) = \delta_{ij} + \varepsilon_{ikj}\delta\omega_k$$

gewinnen. Nach Einführung der hermiteschen Matrizen

$$(S_l)_{km} = i\epsilon_{klm} \tag{23.35}$$

finden wir

$$\boxed{R(\boldsymbol{\omega}) = e^{-i\boldsymbol{\omega}\cdot\boldsymbol{S}}\,.} \tag{23.36}$$

Diese Matrix hat dieselbe Gestalt wie der unitäre Drehoperator $\mathcal{R}(\boldsymbol{\omega})$ (23.32), jedoch ist in $R(\boldsymbol{\omega})$ der Drehimpulsoperator $\boldsymbol{L}$ durch die (3×3)-Matrix $\hbar\boldsymbol{S}$ (23.35) ersetzt. Die Matrizen $\hbar S_k$ (23.35) erfüllen die Drehimpulsalgebra

$$[S_k, S_l] = i\epsilon_{klm}S_m \tag{23.37}$$

und sind die $(l = 1)$-Darstellung der Drehimpulsoperatoren in der *kartesischen Basis*.[7] Dementsprechend ist $R(\boldsymbol{\omega})$ die $(l = 1)$-Darstellung des Drehoperators. Da die Matrizen iS_k reell sind, ist die Drehmatrix $R(\boldsymbol{\omega})$ ebenfalls reell und somit nicht nur unitär sondern auch orthogonal

$$R^\dagger(\boldsymbol{\omega}) = R^T(\boldsymbol{\omega}) = R^{-1}(\boldsymbol{\omega})\,.$$

Ferner gilt wie für den Drehoperator (23.33)

$$R^{-1}(\boldsymbol{\omega}) = R(-\boldsymbol{\omega})\,. \tag{23.38}$$

Man überzeugt sich leicht, dass die Matrix $R(\boldsymbol{\omega})$ (23.36) in der Tat eine Drehung um den Winkel ω um die Drehachse $\hat{\boldsymbol{\omega}}$ beschreibt. Dies erkennt man sofort, wenn man Drehungen um die Koordinatenachsen betrachtet:

Drehungen um die kartesischen Koordinatenachsen

Im Folgenden berechnen wir explizit die Drehmatrizen für die Drehungen um die kartesischen Koordinatenachsen

$$R_i(\omega) := R(\omega\boldsymbol{e}_i)\,. \tag{23.39}$$

---

7 In Abschnitt 15.4 hatten wir bereits die $(l = 1)$-Darstellung der Drehimpulsoperatoren in der Basis der Drehimpulseigenfunktionen $\langle l = 1, m|L_k|l = 1, m'\rangle$ gefunden, siehe Gl. (15.46).

Die Matrizen (23.35) lauten explizit

$$(S_1)_{kl} = i\begin{pmatrix} 0 & 0 & 0 \\ 0 & 0 & -1 \\ 0 & 1 & 0 \end{pmatrix}, \quad (S_2)_{kl} = i\begin{pmatrix} 0 & 0 & 1 \\ 0 & 0 & 0 \\ -1 & 0 & 0 \end{pmatrix}, \quad (S_3)_{kl} = i\begin{pmatrix} 0 & -1 & 0 \\ 1 & 0 & 0 \\ 0 & 0 & 0 \end{pmatrix} \tag{23.40}$$

bzw. in kompakter Form $(S_k)_{mn} = i\epsilon_{mkn}$. Wir betrachten zunächst eine Drehung um die 3-Achse, $\omega_k = \delta_{k3}\omega$. Die Matrix S_3 können wir darstellen als

$$S_3 = \begin{pmatrix} \multicolumn{2}{c}{\sigma_2} & \begin{matrix} 0 \\ 0 \end{matrix} \\ 0 \quad 0 & 0 \end{pmatrix}, \tag{23.41}$$

wobei

$$\sigma_2 = \begin{pmatrix} 0 & -i \\ i & 0 \end{pmatrix}$$

die zweite Pauli-Matrix ist. Dementsprechend haben wir für die durch (23.36) definierte Drehmatrix:

$$R_3(\omega) = e^{-i\omega S_3} = \exp\left[-i\omega\begin{pmatrix} \sigma_2 & \begin{matrix} 0 \\ 0 \end{matrix} \\ \begin{matrix} 0 & 0 \end{matrix} & 0 \end{pmatrix}\right]. \tag{23.42}$$

Die Matrix S_3 ist block-diagonal. Für block-diagonale Matrizen gilt

$$\exp\begin{pmatrix} A & 0 \\ 0 & B \end{pmatrix} = \begin{pmatrix} \exp A & 0 \\ 0 & \exp B \end{pmatrix},$$

u. z. für beliebige, quadratische Matrizen A und B, wie man leicht durch Potenzreihenentwicklung der Exponenten zeigt. Deshalb erhalten wir für die Drehmatrix (23.42)

$$R_3(\omega) = \begin{pmatrix} e^{-i\omega\sigma_2} & \begin{matrix} 0 \\ 0 \end{matrix} \\ \begin{matrix} 0 & 0 \end{matrix} & 1 \end{pmatrix}. \tag{23.43}$$

Wegen $(\sigma_2)^2 = \mathbb{1}$ gilt

$$e^{-i\omega\sigma_2} = \mathbb{1}\cos\omega - i\sigma_2 \sin\omega\,,$$

wobei $\mathbb{1}$ die zweidimensionale Einheitsmatrix ist. Mit dieser Beziehung finden wir für die Drehmatrix (23.43) die Darstellung

$$R_3(\omega) = \begin{pmatrix} \cos\omega & -\sin\omega & 0 \\ \sin\omega & \cos\omega & 0 \\ 0 & 0 & 1 \end{pmatrix}, \tag{23.44}$$

die in der Tat eine Drehung in der 1-2-Ebene um den Winkel ω beschreibt, siehe Gln. (23.26), (23.27).

In analoger Weise berechnet man die Drehmatrizen für Drehungen um die beiden anderen Koordinatenachsen. Mit

$$S_1 = \begin{pmatrix} 0 & \begin{matrix} 0 & 0 \end{matrix} \\ \begin{matrix} 0 \\ 0 \end{matrix} & \sigma_2 \end{pmatrix}$$

findet man

$$R_1(\omega) = \begin{pmatrix} 1 & 0 & 0 \\ 0 & \cos\omega & -\sin\omega \\ 0 & \sin\omega & \cos\omega \end{pmatrix}.$$

Analog erhält man

$$R_2(\omega) = \begin{pmatrix} \cos\omega & 0 & \sin\omega \\ 0 & 1 & 0 \\ -\sin\omega & 0 & \cos\omega \end{pmatrix}. \tag{23.45}$$

Die drei Drehmatrizen $R_i(\omega)$, $i = 1, 2, 3$, lassen sich durch Permutation der Spalten und Zeilen ineinander überführen.

Die oben benutzte kartesische Basis (23.35) resultierte aus der Betrachtung des Drehverhaltens des Ortsvektors und ist offenbar auf den Drehimpuls $l = 1$ beschränkt.[8] Für Drehimpulse $l \neq 1$ empfiehlt es sich, als Basis die Drehimpulseigenzustände (15.32) $|lm\rangle$ zu benutzen, die auch als sphärische Basis bezeichnet wird.

Zusammenhang zwischen sphärischer und kartesischer Basis:

Abschließend geben wir noch den Zusammenhang zwischen den Elementen der Drehmatrix in kartesischen Koordinaten $R_{kl}(\boldsymbol{\omega})$ (23.36) und der sphärischen Darstellung $\mathcal{D}^{l=1}_{mm'}(\boldsymbol{\omega})$ (23.34) an:

$$\mathcal{D}^{l=1}_{mm'}(\boldsymbol{\omega}) = \left(\boldsymbol{e}^*_m\right)_k R^{-1}_{kl}(\boldsymbol{\omega})(\boldsymbol{e}_{m'})_l .$$

Hierbei bezeichnet $(\boldsymbol{e}_m)_k$ die kartesischen Komponenten der sphärischen Basisvektoren $\boldsymbol{e}_m$ im $\mathbb{R}^3$, die durch

$$\boldsymbol{e}_{m=\pm1} = \mp\frac{1}{\sqrt{2}}(\boldsymbol{e}_x \pm i\boldsymbol{e}_y), \quad \boldsymbol{e}_{m=0} = \boldsymbol{e}_z \tag{23.46}$$

definiert sind. Sie besitzen die Symmetrie

$$\boldsymbol{e}^*_m = (-1)^m \boldsymbol{e}_{-m}$$

und erfüllen die Orthonormalitätsbedingung

$$\boldsymbol{e}^*_m \cdot \boldsymbol{e}_{m'} = \delta_{mm'}$$

und die Vollständigkeitsrelation

$$\sum_m (\boldsymbol{e}_m)_k \left(\boldsymbol{e}^*_m\right)_l = \delta_{kl} . \tag{23.47}$$

8 Wir erinnern in diesem Zusammenhang daran, dass die Komponenten des Ortseinheitsvektors $\hat{\boldsymbol{x}}(\vartheta, \varphi)$ sich durch die $Y_{1m}(x)$ ausdrücken lassen. In der sphärischen Basis $\boldsymbol{e}_m$ (23.46) gilt

$$\hat{\boldsymbol{x}}(\vartheta, \varphi) = \sqrt{\frac{4\pi}{3}} \sum_m Y_{1m}(\vartheta, \varphi)\boldsymbol{e}^*_m .$$

Aus (23.47) folgt die inverse Relation

$$R^{-1}_{kl}(\boldsymbol{\omega}) = (\boldsymbol{e}_m)_k \mathcal{D}^{l=1}_{mm'}(\boldsymbol{\omega})\left(\boldsymbol{e}^*_{m'}\right)_l .$$

Für eine Drehung um die 3-Achse, $\boldsymbol{\omega} = \omega \boldsymbol{e}_3$, erhalten wir wegen $\boldsymbol{L}\cdot\boldsymbol{e}_3 = L_3$ und unter Benutzung von

$$L_3|lm\rangle = \hbar m|lm\rangle$$

und $\langle lm|lm'\rangle = \delta_{mm'}$ für die Drehmatrix in der sphärischen Basis (23.34):

$$\mathcal{D}^l_{mm'}(\boldsymbol{\omega} = \omega\boldsymbol{e}_3) = \delta_{mm'} e^{i\omega m} .$$

23.5.3 Das Drehverhalten von Observablen: Skalare, Vektoren und Tensoren

In Abschnitt 23.1 haben wir den allgemeinen Zusammenhang zwischen einer aktiven Euklidischen Koordinatentransformation U (23.1) und dem quantenmechanischen Operator $\mathcal{U}$, der die zugehörige Transformation (23.5) der Zustände erzeugt, herausgearbeitet. Dieser Zusammenhang ist in der Beziehung (23.7) zusammengefasst. Für eine aktive Drehung (23.26)

$$x'_k = R_{kl}(\boldsymbol{\omega})x_l \tag{23.48}$$

lautet diese Beziehung

$$\mathcal{R}(\boldsymbol{\omega})\psi(\boldsymbol{x}) = \psi(R^{-1}(\boldsymbol{\omega})\boldsymbol{x}) , \tag{23.49}$$

wobei $\mathcal{R}(\boldsymbol{\omega})$ der zur Drehmatrix $R(\boldsymbol{\omega})$ (23.36) gehörige Drehoperator (23.32) ist. Tatsächlich haben wir oben aus dieser Beziehung den Drehoperator $\mathcal{R}$ bestimmt.

In der bracket-Notation

$$\langle \boldsymbol{x}|\mathcal{R}(\boldsymbol{\omega})|\psi\rangle = \langle R^{-1}(\boldsymbol{\omega})\boldsymbol{x}|\psi\rangle ,$$

sieht man sehr leicht, dass diese Beziehung bereits aus der Unitarität des Drehoperators (23.32) und Gl. (23.8) folgt:

$$\begin{aligned}\langle \boldsymbol{x}|\mathcal{R}(\omega)|\psi\rangle &= \langle \psi|\mathcal{R}^\dagger(\boldsymbol{\omega})|\boldsymbol{x}\rangle^* = \langle \psi|\mathcal{R}^{-1}(\boldsymbol{\omega})|\boldsymbol{x}\rangle^* \\ &= \langle \psi|R^{-1}(\omega)\boldsymbol{x}\rangle^* = \langle R^{-1}(\omega)\boldsymbol{x}|\psi\rangle .\end{aligned}$$

Ersetzen wir hier $\boldsymbol{\omega}$ durch $(-\boldsymbol{\omega})$, so gehen wir zur inversen Drehung über (siehe Gln. (23.33), (23.38))

$$\langle \boldsymbol{x}|\mathcal{R}^{-1}(\boldsymbol{\omega})|\psi\rangle = \langle R(\boldsymbol{\omega})\boldsymbol{x}|\psi\rangle . \tag{23.50}$$

Wir wollen jetzt untersuchen, wie sich die verschiedenen Observablen unter Drehungen verhalten. Ausgangspunkt ist das Transformationsgesetz (23.11) des Ortsoperators für Drehungen $\mathcal{U} = \mathcal{R}(\boldsymbol{\omega})$, $U = R(\boldsymbol{\omega})$

$$\boxed{\mathcal{R}^{-1}(\boldsymbol{\omega})\hat{x}_k\mathcal{R}(\boldsymbol{\omega}) = R_{kl}(\boldsymbol{\omega})\hat{x}_l\,.} \tag{23.51}$$

Wir bilden das Quadrat dieser Gleichung und erhalten unter Berücksichtigung der Orthogonalität von R:

$$\mathcal{R}^{-1}(\boldsymbol{\omega})\hat{\boldsymbol{x}}^2\mathcal{R}(\boldsymbol{\omega}) = \hat{\boldsymbol{x}}^2\,.$$

Dieses Ergebnis hatten wir natürlich erwartet, da die Länge eines Vektors invariant unter Drehungen ist. Allgemein bezeichnet man Observablen $\hat{S}$, die invariant unter Rotationen sind,

$$\boxed{\mathcal{R}^{-1}(\boldsymbol{\omega})\hat{S}\mathcal{R}(\boldsymbol{\omega}) = \hat{S}\,,} \tag{23.52}$$

als *skalare* Observablen. Offensichtlich kommutieren skalare Größen mit dem Drehoperator

$$[\hat{S}, \mathcal{R}(\omega)] = \hat{0}\,.$$

Betrachten wir infinitesimale Drehungen $\delta\boldsymbol{\omega}$, für welche sich der Drehoperator (23.32) auf

$$\mathcal{R}(\delta\boldsymbol{\omega}) = \hat{1} - \frac{i}{\hbar}\delta\boldsymbol{\omega}\cdot\boldsymbol{L} \tag{23.53}$$

reduziert, so erhalten wir aus Gl. (23.52) unter Beachtung, dass die $\delta\boldsymbol{\omega}$ beliebig sein können:

$$[L_k, \hat{S}] = \hat{0}\,. \tag{23.54}$$

Skalare Observablen kommutieren daher mit dem Drehimpulsoperator. Diese Gleichung kann auch als Definition einer skalaren Observable benutzt werden. Skalare sind insbesondere das Quadrat des Ortsoperators $\boldsymbol{x}^2$, des Impulsoperators $\boldsymbol{p}^2$ sowie des Drehimpulsoperators $\boldsymbol{L}^2$. Aus Gl. (23.54) finden wir deshalb unmittelbar:[9]

$$[L_k, \boldsymbol{x}^2] = \hat{0}\,, \quad [L_k, \boldsymbol{p}^2] = \hat{0}\,, \quad [L_k, \boldsymbol{L}^2] = \hat{0}\,.$$

Als Nächstes betrachten wir *vektorielle Observablen* $\hat{V}_i$, $i = 1, 2, 3$, die sich per Definition unter Drehungen wie der Ortsoperator (23.51) transformieren:

$$\boxed{\mathcal{R}^{-1}(\omega)\hat{V}_i\mathcal{R}(\omega) = R_{ij}(\omega)\hat{V}_j\,.} \tag{23.55}$$

9 Wie bei $\boldsymbol{L}$ lassen wir auch bei $\boldsymbol{x}$ und $\boldsymbol{p}$ im Folgenden das Operatorsymbol „$\hat{}$" weg, wenn klar ist, dass es sich um die Operatoren handelt.

Für infinitesimale Drehungen $\delta\boldsymbol{\omega}$ finden wir mit (23.53) und

$$R_{kl}(\delta\boldsymbol{\omega}) = \hat{1} - i(\delta\boldsymbol{\omega}\cdot\boldsymbol{S})_{kl} = \hat{1} - i\delta\omega_m i\epsilon_{kml}$$

aus (23.55) von den Termen linear in $\delta\boldsymbol{\omega}$:

$$\boxed{[L_k, \hat{V}_l] = i\hbar\epsilon_{klm}\hat{V}_m\,.} \tag{23.56}$$

Wir betonen, dass die Beziehungen (23.55) und (23.56) völlig äquivalent sind. Aus (23.55) folgt nicht nur, wie oben gezeigt, für infinitesimale Drehungen die Beziehung (23.56), sondern aus (23.56) lässt sich auch sehr leicht (mithilfe von (C.17)) die Beziehung (23.55) für endliche Drehungen beweisen.

Als Beispiele betrachten wir den Ortsoperator $\hat{\boldsymbol{x}}$, den Impulsoperator $\boldsymbol{p}$ und den Drehimpulsoperator $\boldsymbol{L}$, für welche wir aus Gl. (23.56) unmittelbar

$$\begin{aligned}
[L_k, x_l] &= i\hbar\epsilon_{klm}x_m\,,\\
[L_k, p_l] &= i\hbar\epsilon_{klm}p_m\,,\\
[L_k, L_l] &= i\hbar\epsilon_{klm}L_m
\end{aligned} \tag{23.57}$$

erhalten. Dies sind die bekannten Kommutationsbeziehungen dieser Observablen mit dem Drehimpulsoperator, siehe Gln. (15.10) bis (15.12).

Setzen wir in Gl. (23.55) für V_i den Impulsoperator p_i bzw. den Drehimpulsoperator L_i ein, so erhalten wir die zu (23.51) analogen Beziehungen

$$\begin{aligned}
\mathcal{R}^{-1}(\boldsymbol{\omega})p_i\mathcal{R}(\boldsymbol{\omega}) &= R_{ij}(\boldsymbol{\omega})p_j\,,\\
\mathcal{R}^{-1}(\boldsymbol{\omega})L_i\mathcal{R}(\boldsymbol{\omega}) &= R_{ij}(\boldsymbol{\omega})L_j\,.
\end{aligned} \tag{23.58}$$

Da die Matrizen $\hbar S_k$ (23.35) bzw. $R(\boldsymbol{\omega})$ (23.36) die $l = 1$ Darstellung der Drehimpulsoperatoren L_k bzw. des Drehoperators $\mathcal{R}(\boldsymbol{\omega})$ sind, gilt eine zu (23.58) analoge Beziehung für diese Größen

$$R^{-1}(\boldsymbol{\omega})S_kR(\boldsymbol{\omega}) = R_{kl}(\boldsymbol{\omega})S_l\,, \tag{23.59}$$

die sich sehr leicht verifizieren lässt:

Mit dem expliziten Ausdruck (23.36) für $R(\boldsymbol{\omega})$ finden wir unter Verwendung von Gl. (C.17)

$$R^{-1}(\boldsymbol{\omega})S_kR(\boldsymbol{\omega}) = \sum_{n=0}^{\infty}\frac{(-i)^n}{n!}\big[\cdots\underbrace{[S_k, \boldsymbol{\omega}\cdot\boldsymbol{S}], \ldots, \boldsymbol{\omega}\cdot\boldsymbol{S}}_{n}\big]\,.$$

Aus der Algebra der Spinmatrizen (23.37) folgt

$$[S_k, \boldsymbol{\omega}\cdot\boldsymbol{S}] = \omega_l i\varepsilon_{klm}S_m = (\boldsymbol{\omega}\cdot\boldsymbol{S})_{km}S_m\,.$$

Die wiederholte Anwendung dieser Beziehung führt auf

$$R^{-1}(\omega)S_k R(\omega) = \sum_{n=0}^{\infty} \frac{(-i)^n}{n!} \left[(\omega \cdot S)^n\right]_{kl} S_l = R_{kl}(\omega) S_l \,.$$

Eine Verallgemeinerung des Transformationsgesetzes (23.55) für Vektoren auf Objekte mit mehreren Indizes führt auf die Definition von *Tensoren*: Die Komponenten (Koordinaten) eines Tensors n-ter Stufe $\hat{T}_{i_1 i_2 \ldots i_n}$ transformieren sich unter Drehungen wie die Koordinaten des Ortsvektors:

$$\boxed{\mathcal{R}^{-1}(\omega)\hat{T}_{i_1 i_2 \ldots i_n}\mathcal{R}(\omega) = R_{i_1 k_1}(\omega) R_{i_2 k_2}(\omega) \ldots R_{i_n k_n}(\omega) \hat{T}_{k_1 k_2 \ldots k_n} \,.} \tag{23.60}$$

Da in der Ortsdarstellung $\hat{x}_k = x_k$, liefert der Vergleich von Gln. (23.48) und (23.51) für den transformierten Ortsoperator

$$\hat{x}'_k = \mathcal{R}^{-1}(\omega)\hat{x}_k \mathcal{R}(\omega) \,.$$

Für beliebige Observablen $\hat{O}(x)$, die vom Ort x abhängen, finden wir aus dem allgemeinen Transformationsgesetz (23.12) mit $\mathcal{U} = \mathcal{R}(\omega)$ die Observable am transformierten Ort $\boldsymbol{x}'$

$$\hat{O}(\hat{\boldsymbol{x}}') = \mathcal{R}^{-1}(\omega)\hat{O}(\hat{\boldsymbol{x}})\mathcal{R}(\omega) \,. \tag{23.61}$$

Hieraus erhalten wir mithilfe von Gln. (23.52), (23.55) und (23.60) die Transformationsgesetze für *skalare, vektorielle und tensorielle Observablen*

$$\boxed{\begin{aligned} \hat{S}(\boldsymbol{x}') &= \hat{S}(\boldsymbol{x}) \,, \\ \hat{V}_k(\boldsymbol{x}') &= R_{kl}(\omega)\hat{V}_l(\boldsymbol{x}) \,, \\ \hat{T}_{k_1 \ldots k_n}(\boldsymbol{x}') &= R_{k_1 l_1}(\omega) \ldots R_{k_n l_n}(\omega) \hat{T}_{l_1 \ldots l_n}(\boldsymbol{x}) \,, \end{aligned}} \tag{23.62}$$

die die Observablen an den gedrehten Koordinaten $\boldsymbol{x}'$ (23.48) durch die Observablen an den ursprünglichen Koordinaten $\boldsymbol{x}$ ausdrücken. Wie die obigen Betrachtungen zeigen, folgen diese Relationen allein aus den Kommutationsbeziehungen (23.57).

Nach unserer allgemeinen Definition (23.14) der transformierten Observablen (mit $\mathcal{U} = \hat{R}$) (23.15)

$$\hat{O}'(\boldsymbol{x}) = \mathcal{R}^{-1}(\omega)\hat{O}(\boldsymbol{x})\hat{R}(\omega)$$

bei aktiven Transformationen (hier Drehungen) haben wir mit (23.61)

$$\hat{O}'(\boldsymbol{x}) = \hat{O}(\boldsymbol{x}') \tag{23.63}$$

in Übereinstimmung mit (23.16).

Zur Illustration überprüfen wir die Relation (23.62) für den Drehimpulsoperator. Dazu drücken wir den Drehimpuls nach der Drehung

$$L_k(\boldsymbol{x}') = \frac{\hbar}{i}\varepsilon_{klm}x'_l\frac{\partial}{\partial x'_m}\,, \qquad x'_k = R_{kl}(\omega)x_l$$

durch die ursprünglichen Koordinaten

$$x_k = R^{-1}_{kl}(\omega)x'_l$$

aus. Mit

$$\frac{\partial}{\partial \boldsymbol{x}'_l} = \frac{\partial x_k}{\partial x'_l}\frac{\partial}{\partial x_k} = R^{-1}_{kl}\frac{\partial}{\partial x_k} = R_{lk}\frac{\partial}{\partial x_k}$$

erhalten wir

$$\begin{aligned} L_k(\boldsymbol{x}') &= \frac{\hbar}{i}\varepsilon_{klm}R_{lp}(\boldsymbol{\omega})R_{mq}(\boldsymbol{\omega})x_p\frac{\partial}{\partial x_q} \\ &= \hbar\left(R^{-1}(\boldsymbol{\omega})S_kR(\boldsymbol{\omega})\right)_{pq}x_p\frac{\partial}{\partial x_q}\,, \end{aligned}$$

wobei wir im letzten Schritt die Definition der Spinmatrizen S_k (23.35) benutzt haben. Die Verwendung von (23.59) liefert schließlich das gewünschte Ergebnis

$$L_k(\boldsymbol{x}') = \hbar R_{kl}(\boldsymbol{\omega})(S_l)_{pq}x_p\frac{\partial}{\partial x_q} = R_{kl}(\boldsymbol{\omega})L_l(\boldsymbol{x})\,.$$

23.5.4 Passive Drehung

Für die spätere Behandlung des starren Körpers betrachten wir die Drehung eines kartesischen Koordinatensystems K, aufgespannt durch ein orthogonales Dreibein $[\boldsymbol{e}_i, \boldsymbol{e}_2, \boldsymbol{e}_3]$ in ein Koordinatensystem $\tilde{K}$ mit orthogonalem Dreibein $[\boldsymbol{e}_{\tilde{1}}, \boldsymbol{e}_{\tilde{2}}, \boldsymbol{e}_{\tilde{3}}]$: Dabei werden wir K mit dem raumfesten *Laborsystem* identifizieren, während $\tilde{K}$ fest mit dem starren Körper verbunden ist und folglich als *körperfestes Bezugssystem* bezeichnet wird. Bei einer Drehung des Dreibeins $\boldsymbol{e}_i$ um den Winkel $\boldsymbol{\omega}$ geht dieses in

$$\boxed{\boldsymbol{e}_{\tilde{i}} = R^{-1}_{\tilde{i}j}(\boldsymbol{\omega})\boldsymbol{e}_j = \boldsymbol{e}_jR_{j\tilde{i}}(\boldsymbol{\omega})} \tag{23.64}$$

über, wobei die Elemente $R_{j\tilde{i}}(\boldsymbol{\omega})$ mit denen der Drehmatrix (23.36) (der aktiven Drehung) übereinstimmen

$$R_{j\tilde{i}}(\boldsymbol{\omega}) = R_{ji}(\boldsymbol{\omega}) \tag{23.65}$$

und wir deren Orthogonalität benutzt haben. Der Index „$\tilde{\imath}$“ besitzt denselben Wert wie der Index „i“. Die Tilde weist jedoch darauf hin, dass dieser Index sich auf die gedrehte Basis $\boldsymbol{e}_{\tilde{\imath}}$ bezieht. Diese Unterscheidung ist notwendig, wenn eine Folge von passiven Drehungen betrachtet wird (wie wir dies im Kapitel 24 tun werden), damit nur Indizes, die sich auf dieselbe Basis beziehen, verknüpft werden.

Wegen $\boldsymbol{e}_i \cdot \boldsymbol{e}_j = \delta_{ij}$ finden wir aus (23.64)

$$R_{i\tilde{\jmath}}(\boldsymbol{\omega}) = \boldsymbol{e}_i \cdot \boldsymbol{e}_{\tilde{\jmath}}\,, \tag{23.66}$$

woraus aufgrund der Vollständigkeit und Orthogonalität der Basisvektoren $[\boldsymbol{e}_i]$ und $[\boldsymbol{e}_{\tilde{\imath}}]$ bereits die Orthogonalität von $R_{i\tilde{\jmath}}(\boldsymbol{\omega})$ folgt.

Mit (23.65) ergibt sich aus (23.66) folgender Zusammenhang zwischen den Komponenten der gedrehten Basisvektoren im Laborsystem $(\boldsymbol{e}_{\tilde{k}})_i = \boldsymbol{e}_i \cdot \boldsymbol{e}_{\tilde{k}}$ und denen der ursprünglichen Basisvektoren $(\boldsymbol{e}_k)_i = \boldsymbol{e}_i \cdot \boldsymbol{e}_k = \delta_{ik}$:

$$(\boldsymbol{e}_{\tilde{k}})_i = R_{ij}(\boldsymbol{\omega})(\boldsymbol{e}_k)_j\,,$$

was formal dem Transformationsgesetz (23.26) der Koordinaten des Vektors $\boldsymbol{e}_k$ bei einer *aktiven* Drehung entspricht. Wir betonen jedoch, dass wir hier eine *passive* Drehung (23.64) der Koordinatenachsen $\boldsymbol{e}_k \to \boldsymbol{e}_{\tilde{k}}$ betrachten!

Zwischen den Koordinaten eines Vektors $\boldsymbol{x}$

$$\boldsymbol{x} = x_i \boldsymbol{e}_i = x_{\tilde{\imath}} \boldsymbol{e}_{\tilde{\imath}}$$

im Laborsystem K, $[x_i]$, und denen im körperfesten System $\tilde{K}$, $[x_{\tilde{\imath}}]$, besteht der Zusammenhang

$$\boxed{x_{\tilde{\imath}} = R^{-1}_{\tilde{\imath}j}(\boldsymbol{\omega}) x_j = x_j R_{j\tilde{\imath}}(\boldsymbol{\omega})\,.} \tag{23.67}$$

Im Gegensatz zur aktiven Drehung (23.26) transformieren sich die Koordinaten hier mit der inversen Drehmatrix $R^{-1}(\boldsymbol{\omega})$.

Bei einer Drehung transformieren sich sämtliche Vektoren wie der Ortsvektor, siehe Abschnitt 23.5.3. Deshalb besteht zwischen den Koordinaten eines Vektors $\boldsymbol{V}$ im Laborsystem K

$$V_i = \boldsymbol{e}_i \cdot \boldsymbol{V}$$

und denen im körperfesten System $\tilde{K}$

$$V_{\tilde{\imath}} = \boldsymbol{e}_{\tilde{\imath}} \cdot \boldsymbol{V}$$

ebenfalls der Zusammenhang (23.67)

$$\boxed{V_{\tilde{i}} = R^{-1}_{\tilde{i}j}(\boldsymbol{\omega})V_j\,.} \tag{23.68}$$

Mit der Identität (23.65) und dem allgemeinen Transformationsgesetz (23.55) vektorieller Größen unter Drehungen ergibt sich hieraus für vektorielle Observablen die Beziehung

$$\boxed{V_{\tilde{i}} = \mathcal{R}(\boldsymbol{\omega})V_i\mathcal{R}^{-1}(\boldsymbol{\omega})\,,} \tag{23.69}$$

wobei $\mathcal{R}(\boldsymbol{\omega})$ wieder der zu $R(\boldsymbol{\omega})$ gehörige Drehoperator (23.32) ist.

Für den Operator (23.32) einer Drehung um eine Koordinatenachse $\boldsymbol{e}_{\tilde{k}}$, die durch die passive Drehung (23.64) aus der raumfesten Achse $\boldsymbol{e}_k$ gewonnen wurde,

$$\mathcal{R}_{\tilde{k}}(\varphi) := \mathcal{R}(\varphi\boldsymbol{e}_{\tilde{k}}) = \exp\left[-\frac{i}{\hbar}\varphi L_{\tilde{k}}\right], \quad L_{\tilde{k}} = \boldsymbol{e}_{\tilde{k}}\cdot\boldsymbol{L}$$

finden wir mit (23.69)

$$\mathcal{R}_{\tilde{k}}(\varphi) = \exp\left[-\frac{i}{\hbar}\varphi\mathcal{R}(\boldsymbol{\omega})L_k\mathcal{R}^{-1}(\boldsymbol{\omega})\right]$$

und nach Taylorentwicklung des Exponenten und Resummation der entstehenden Reihe

$$\mathcal{R}_{\tilde{k}}(\varphi) = \mathcal{R}(\boldsymbol{\omega})\mathcal{R}_k(\varphi)\mathcal{R}^{-1}(\boldsymbol{\omega})\,, \tag{23.70}$$

wobei

$$\mathcal{R}_k(\varphi) = \mathcal{R}(\varphi\boldsymbol{e}_k) \tag{23.71}$$

der Operator der Drehung um die raumfeste Achse $\boldsymbol{e}_k$ ist. Gleichung (23.70) ist im Einklang mit dem Transformationsgesetz (23.69) für Vektorkomponenten, wenn wir $\mathcal{R}_{\tilde{k}}(\varphi)$ als die transformierte Komponente der vektoriellen Größe $\mathcal{R}_k(\varphi)$ (23.71) interpretieren.

Für die Drehmatrizen (23.36), (23.39)

$$R_{\tilde{k}}(\varphi) = R(\varphi\boldsymbol{e}_{\tilde{k}})$$

(als Drehimpuls- ($l = 1$)-Darstellung des Drehoperators) gilt eine zu (23.70) analoge Beziehung

$$R_{\tilde{k}}(\varphi) = R(\boldsymbol{\omega})R_k(\varphi)R^{-1}(\boldsymbol{\omega})\,,$$

die sich explizit unter Benutzung von (23.59) beweisen lässt, wonach die gedrehten Komponenten (23.68) der Vektormatrix $\boldsymbol{S}$

$$S_{\tilde{k}} \equiv \boldsymbol{e}_{\tilde{k}}\cdot\boldsymbol{S} = R^{-1}_{\tilde{k}l}(\boldsymbol{\omega})S_l$$

die Darstellung

$$S_{\tilde{k}} = R(\boldsymbol{\omega}) S_k R^{-1}(\boldsymbol{\omega})$$

besitzen.

Transformation der Felder unter Drehungen

Wir betrachten ein Vektorfeld

$$\boldsymbol{V}(\boldsymbol{x}) = V_i(\boldsymbol{x}) \boldsymbol{e}_i \,.$$

Um dieses Feld einer Drehung zu unterwerfen, heften wir die kartesischen Komponenten (bezüglich des raumfesten Laborsystems $\boldsymbol{e}_i$) $V_i(\boldsymbol{x})$ an die Basisvektoren des gedrehten Bezugssystems $\tilde{\boldsymbol{e}}_i := \boldsymbol{e}_{\tilde{i}}$

$$\boldsymbol{V}'(\boldsymbol{x}') := V_i(\boldsymbol{x}) \tilde{\boldsymbol{e}}_i \,. \tag{23.72}$$

Zwischen den Basisvektoren der gedrehten Systeme $\tilde{\boldsymbol{e}}_i$ und des Laborsystems $\boldsymbol{e}_i$ besteht der Zusammenhang (23.65)

$$\tilde{e}_i = e_j R_{ji}(\boldsymbol{\omega}) \,. \tag{23.73}$$

Für die Komponenten des gedrehten Vektorfeldes $\boldsymbol{V}'(\boldsymbol{x}')$ (23.72) im Laborsystem

$$\boldsymbol{V}'(\boldsymbol{x}') = V_i'(\boldsymbol{x}') \boldsymbol{e}_i$$

erhalten wir dann

$$\boxed{V_i'(\boldsymbol{x}') = R_{ij}(\boldsymbol{\omega}) V_j(\boldsymbol{x}) \,.} \tag{23.74}$$

Dies ist das Transformationsgesetz von Vektorfeldern unter Drehungen. Die Drehung eines Vektorfeldes transformiert nicht nur das Gebiet, auf dem das Feld definiert ist, sondern dreht auch die Feldvektoren, siehe Abb. 23.4.

Für das spezielle Vektorfeld $V_i(\boldsymbol{x}) = x_i$ erhalten wir aus (23.74) die Transformation der Koordinaten unter einer aktiven Drehung (23.26). Die Vektorfelder transformieren sich offenbar unter Drehungen wie der Ortsvektor.

Ein skalares Feld $S(\boldsymbol{x})$ lässt sich aus dem Skalarprodukt zweier Vektorfelder $\boldsymbol{V}(\boldsymbol{x})$ und $\boldsymbol{W}(\boldsymbol{x})$ gewinnen

$$S(\boldsymbol{x}) = \boldsymbol{V}(\boldsymbol{x}) \cdot \boldsymbol{W}(\boldsymbol{x}) \,.$$

Da die Drehmatrix $R_{ij}(\boldsymbol{\omega})$ orthogonal ist, finden wir aus (23.74) das Transformationsverhalten skalarer Felder:

$$S'(\boldsymbol{x}') = S(\boldsymbol{x}) \,.$$

Dasselbe Verhalten hatten wir für die Wellenfunktion (23.2) gefunden, die stillschweigend als Skalar vorausgesetzt wurde.

Die obigen Betrachtungen zum Vektorfeld lassen sich unmittelbar auf Tensorfelder

$$T(\boldsymbol{x}) = T_{i_1 \ldots i_N}(\boldsymbol{x}) \boldsymbol{e}_{i_1} \otimes \cdots \otimes \boldsymbol{e}_{i_N}$$

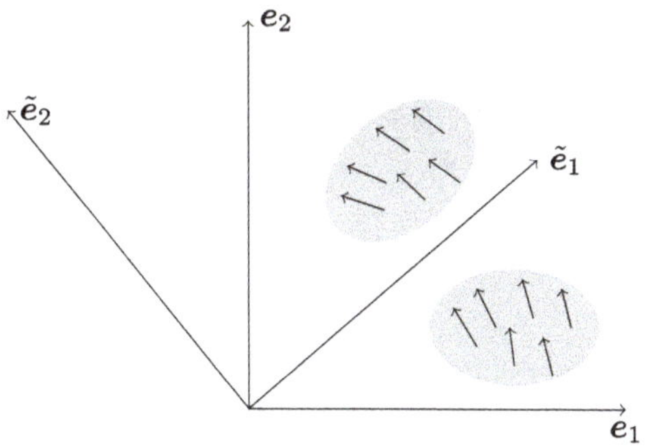

Abb. 23.4: Transformation eines Vektorfeldes unter Drehungen.

verallgemeinern. Das gedrehte Tensorfeld ergibt sich wieder durch Ersetzen der Basisvektoren des Laborsystems $\boldsymbol{e}_i$ durch die des gedrehten Bezugssystems

$$T'(\boldsymbol{x}') := T_{i_1 \dots i_N}(\boldsymbol{x}) \tilde{\boldsymbol{e}}_{i_1} \otimes \dots \otimes \tilde{\boldsymbol{e}}_{i_N} .$$

Zerlegen wir das gedrehte Tensorfeld wieder entlang der ursprünglichen Basisvektoren $\boldsymbol{e}_i$

$$T'(\boldsymbol{x}') = T'_{i_1 \dots i_N}(\boldsymbol{x}') \boldsymbol{e}_{i_1} \otimes \dots \otimes \boldsymbol{e}_{i_N} ,$$

so finden wir mit (23.73)

$$T'_{i_1 \dots i_N}(\boldsymbol{x}') = R_{i_1 j_1}(\boldsymbol{\omega}) \dots R_{i_N j_N}(\boldsymbol{\omega}) T_{j_1 \dots j_N}(\boldsymbol{x}) .$$

---

i

Das Transformationsgesetz (23.74) für Vektorfelder $V_i(\boldsymbol{x})$ ist konsistent mit dem in Abschnitt 23.5.3 gefundenen Transformationsgesetz (23.62) für vektorielle Observablen $\hat{V}_i(\boldsymbol{x})$

$$\hat{V}_i(\boldsymbol{x}') = R_{ij}(\boldsymbol{\omega}) \hat{V}_j(\boldsymbol{x}) , \tag{23.75}$$

auch wenn dies auf den ersten Blick nicht offensichtlich ist. Um dies zu erkennen, betrachten wir zunächst das spezielle Vektorfeld

$$V_i(\boldsymbol{x}) = x_i , \tag{23.76}$$

das auch eine Observable ist, nämlich die Ortsdarstellung des Ortsoperators $\hat{x}_i$. Aus (23.74) finden wir für das Vektorfeld (23.76) die Transformation der Koordinaten unter aktiven Drehungen (23.26)

$$x'_i = R_{ij}(\boldsymbol{\omega}) x_j . \tag{23.77}$$

Dasselbe Transformationsgesetz erhalten wir aus (23.75) auch für die Ortsobservable $\hat{V}_i(\boldsymbol{x}) = \hat{x}_i = x_i$.

Um den Unterschied zwischen Vektorfeldern und vektoriellen Observablen zu verdeutlichen, betrachten wir das Vektorfeld

$$W_i(\boldsymbol{x}) = x_i + a_i \tag{23.78}$$

mit einem konstanten Vektor a_i. Dieses Feld transformiert sich nach (23.74) unter Drehungen (23.77) in das Feld

$$W_i'\left(\boldsymbol{x}'\right) = x_i' + a_i' = R_{ij}(\boldsymbol{\omega})(x_j + a_j)\,. \tag{23.79}$$

Eine *naive* Anwendung des Transformationsgesetzes für vektorielle Observablen (23.75) auf $W_i(\boldsymbol{x}) = x_i + a_i$ würde hingegen liefern

$$W_i\left(\boldsymbol{x}'\right) = x_i' + a_i = R_{ij}(\boldsymbol{\omega})(x_i + a_i)\,, \tag{23.80}$$

im Widerspruch zu Gl. (23.79). (An der Stelle des transformierten Vektors a_i' in Gl. (23.79) steht in Gl. (23.80) der untransformierte Vektor a_i.)[10] Jedoch ist die Anwendung von (23.75) auf das Vektorfeld $W_i(\boldsymbol{x})$ (23.78) *nicht* erlaubt, da $W_i(\boldsymbol{x})$ *keine* vektorielle Observable ist. Da $[L_k, a_i] = 0$ genügt $W_i(\boldsymbol{x})$ nicht der Definitionsgleichung (23.56) von vektoriellen Observablen

$$\left[L_k, W_l(\boldsymbol{x})\right] = i\hbar\epsilon_{klm}x_m \neq i\hbar\epsilon_{klm}W_m(\boldsymbol{x})\,.$$

Wir können jedoch das Vektorfeld $W_i(\boldsymbol{x})$ zu einer vektoriellen Observablen machen, indem wir es durch eine Translation des Ortsvektors $\boldsymbol{x}$ um den konstanten Vektor $\boldsymbol{a}$ erzeugen

$$\bar{\boldsymbol{x}} := \mathcal{T}^{-1}(\boldsymbol{a})\boldsymbol{x}\mathcal{T}(\boldsymbol{a}) = \boldsymbol{x} + \boldsymbol{a} = \boldsymbol{W}(\boldsymbol{x})\,, \tag{23.81}$$

wobei $\mathcal{T}(\boldsymbol{a})$ der Translationsoperator (23.22) ist. Bei der Translation transformieren sich sämtliche Vektoren wie der Ortsvektor. Dies gilt insbesondere für den Drehimpuls

$$\boldsymbol{L} \to \bar{\boldsymbol{L}} = \mathcal{T}^{-1}(\boldsymbol{a})\boldsymbol{L}\mathcal{T}(\boldsymbol{a}) = \boldsymbol{L} + \boldsymbol{a}\times\boldsymbol{p}\,. \tag{23.82}$$

Es ist leicht zu sehen, dass das Vektorfeld $\boldsymbol{W}(\boldsymbol{x})$ der Definitionsgleichung für vektorielle Observablen bezüglich des transformierten Drehimpulses $\bar{\boldsymbol{L}}$ genügt

$$\left[\bar{L}_k, W_l(\boldsymbol{x})\right] = i\hbar\epsilon_{klm}W_m(\boldsymbol{x})\,. \tag{23.83}$$

Dazu bemerken wir, dass die Beziehung

$$[\bar{L}_k, \bar{x}_l] = i\hbar\epsilon_{klm}\bar{x}_m$$

sich mit $\bar{x}_i = \mathcal{T}^{-1}x_i\mathcal{T}$ und $\bar{L}_i = \mathcal{T}^{-1}L_i\mathcal{T}$ unmittelbar aus

$$[L_k, x_l] = i\hbar\epsilon_{klm}x_m$$

ergibt. Für die *Observable* $\bar{x}_i = W_i(\boldsymbol{x})$ finden wir aus (23.75) in der Tat dasselbe Transformationsgesetz

$$\bar{x}_i' \equiv x_i' + a_i' = R_{ij}(\boldsymbol{\omega})(x_j + a_j) \equiv R_{ij}(\boldsymbol{\omega})\bar{x}_j$$

wie für das Vektorfeld $W(\boldsymbol{x})$ (23.79).

10 Die „Gleichung“ (23.80) ist bereits in sich widersprüchlich: Mit (23.77) würde aus ihr folgen $a_i = R_{ij}(\boldsymbol{\omega})a_j$, was nur für $R_{ij}(\boldsymbol{\omega}) = \delta_{ij}$, d. h. $\boldsymbol{\omega} = 0$ erfüllbar ist.

Abschließend sei noch bemerkt: Mit der Transformation (23.82) des Drehimpulses transformiert sich natürlich auch der Drehoperator (23.32)

$$\mathcal{R}(\boldsymbol{\omega}) \to \bar{\mathcal{R}}(\boldsymbol{\omega}) = \mathcal{T}^{-1}(\boldsymbol{a})\mathcal{R}(\boldsymbol{\omega})\mathcal{T}(\boldsymbol{a}) = \exp\left(-\frac{i}{\hbar}\boldsymbol{\omega}\cdot\bar{\boldsymbol{L}}\right).$$

23.5.5 Teilchen im rotierenden Bezugssystem: Die Coriolis-Wechselwirkung

Aus der klassischen Mechanik ist bekannt, dass bei der Beschreibung einer Punktmasse in einem rotierenden Bezugssystem Trägheitskräfte auftreten. Diese sollten sich auch in einer quantenmechanischen Beschreibung zeigen. Um diese zu identifizieren, transformieren wir die Schrödinger-Gleichung

$$i\hbar\partial_t|\psi(t)\rangle = H|\psi(t)\rangle$$

in ein rotierendes Bezugssystem. Ein rotierendes Bezugssystem $\tilde{K}$ ist über eine (zeitabhängige) *passive* Drehung $R(\boldsymbol{\omega}(t))$ mit dem Laborsystem K verknüpft. Da eine passive Drehung invers zur aktiven Drehung ist, folgt aus (23.5) mit $\mathcal{U} = \mathcal{R}$ folgender Zusammenhang zwischen der Wellenfunktion im gedrehten System $|\tilde{\psi}\rangle$ und der im Laborsystem $|\psi\rangle$:

$$|\psi\rangle = \mathcal{R}(\boldsymbol{\omega}(t))|\tilde{\psi}\rangle\,.$$

Das Einsetzen dieses Ausdruckes in die Schrödinger-Gleichung liefert nach elementaren Umformungen

$$i\hbar\partial_t|\tilde{\psi}(t)\rangle = \tilde{H}|\tilde{\psi}(t)\rangle\,,$$

wobei

$$\boxed{\tilde{H} = \mathcal{R}^{-1}(\boldsymbol{\omega}(t))H\mathcal{R}(\boldsymbol{\omega}(t)) - i\hbar\mathcal{R}^{-1}(\boldsymbol{\omega}(t))\partial_t\mathcal{R}(\boldsymbol{\omega}(t))} \tag{23.84}$$

der Hamilton-Operator im rotierenden Bezugssystem ist, den wir in der nachfolgenden Box berechnen.

Der Hamilton-Operator im rotierenden Bezugssystem

Bei der Ableitung des Rotationsoperators (23.32) müssen wir beachten, dass die Operatoren $\dot{\boldsymbol{\omega}}\cdot\boldsymbol{L} = (\partial_t\boldsymbol{\omega})\cdot\boldsymbol{L}$ und $\boldsymbol{\omega}\cdot\boldsymbol{L}$ nicht miteinander kommutieren

$$[\dot{\boldsymbol{\omega}}\cdot\boldsymbol{L}, \boldsymbol{\omega}\cdot\boldsymbol{L}] = i\hbar(\dot{\boldsymbol{\omega}}\times\boldsymbol{\omega})\cdot\boldsymbol{L}\,, \tag{23.85}$$

falls $\dot{\boldsymbol{\omega}}$ und $\boldsymbol{\omega}$ nicht parallel stehen. Unter Benutzung der Beziehung (C.11) erhalten wir für beliebige $\boldsymbol{\omega}(t)$:

$$i\hbar\partial_t\mathcal{R}\big(\boldsymbol{\omega}(t)\big) = \int_0^1 d\lambda\,\mathcal{R}^{1-\lambda}\big(\boldsymbol{\omega}(t)\big)\big(\dot{\boldsymbol{\omega}}(t)\cdot\boldsymbol{L}\big)\mathcal{R}^{\lambda}\big(\boldsymbol{\omega}(t)\big)$$

$$= \mathcal{R}\big(\boldsymbol{\omega}(t)\big)\int_0^1 d\lambda\,\mathcal{R}\big(-\lambda\boldsymbol{\omega}(t)\big)\,(\dot{\boldsymbol{\omega}}\cdot\boldsymbol{L})\,\mathcal{R}\big(\lambda\boldsymbol{\omega}(t)\big)\,. \tag{23.86}$$

Unter Verwendung von Gl. (23.58) finden wir:

$$\mathcal{R}\big(-\lambda\boldsymbol{\omega}(t)\big)(\dot{\boldsymbol{\omega}}\cdot\boldsymbol{L})\mathcal{R}\big(\lambda\boldsymbol{\omega}(t)\big) = \dot{\omega}_k\mathcal{R}^{-1}\big(\lambda\boldsymbol{\omega}(t)\big)L_k\mathcal{R}\big(\lambda\boldsymbol{\omega}(t)\big) = \dot{\omega}_k R_{kl}\big(\lambda\boldsymbol{\omega}(t)\big)L_l\,. \tag{23.87}$$

Mit der expliziten Form der Drehmatrix $R_{kl}(\boldsymbol{\omega})$ (23.36) können wir das Integral über λ ausführen und erhalten:

$$\int_0^1 d\lambda\,R(\lambda\boldsymbol{\omega}) = \int_0^1 d\lambda\,e^{-i\lambda\boldsymbol{\omega}\cdot\boldsymbol{S}} = \frac{\mathbb{1} - e^{-i\boldsymbol{\omega}\cdot\boldsymbol{S}}}{i\boldsymbol{\omega}\cdot\boldsymbol{S}} = \frac{\mathbb{1} - R(\boldsymbol{\omega})}{i\boldsymbol{\omega}\cdot\boldsymbol{S}}\,, \tag{23.88}$$

wobei wie üblich eine Matrix im Nenner ihr Inverses bedeutet.[11] Wir erinnern hier daran, dass Funktionen von Operatoren und Matrizen durch ihre Taylor-Reihen definiert sind. Die Beziehung (23.88) lässt sich auch unmittelbar durch Taylor-Entwicklung des Exponenten, Integration über λ und nachfolgender Aufsummation der entstehenden Reihe gewinnen.

Mit (23.87) und (23.88) erhalten wir für die Zeitableitung des Drehoperators aus (23.86):

$$i\hbar\partial_t\mathcal{R}\big(\boldsymbol{\omega}(t)\big) = \mathcal{R}\big(\boldsymbol{\omega}(t)\big)\dot{\omega}_k(t)\left(\frac{\mathbb{1} - R(\boldsymbol{\omega}(t))}{i\boldsymbol{\omega}(t)\cdot\boldsymbol{S}}\right)_{kl}L_l\,.$$

Das Einsetzen dieser Beziehung in (23.84) liefert für den Hamilton-Operator im rotierenden Bezugssystem:

$$\tilde{H} \equiv \mathcal{R}^{-1}\big(\boldsymbol{\omega}(t)\big)H\mathcal{R}\big(\boldsymbol{\omega}(t)\big) - \dot{\omega}_k(t)\left(\frac{\mathbb{1} - R(\boldsymbol{\omega}(t))}{i\boldsymbol{\omega}(t)\cdot\boldsymbol{S}}\right)_{kl}L_l\,. \tag{23.89}$$

Setzen wir voraus, dass der Hamilton-Operator im Laborsystem invariant unter Drehung ist,

$$\mathcal{R}^{-1}\big(\boldsymbol{\omega}(t)\big)H\mathcal{R}\big(\boldsymbol{\omega}(t)\big) = H\,, \tag{23.90}$$

was $[L_k, H] = 0$ erfordert, so erhalten wir für den Hamilton-Operator im rotierenden Bezugssystem

$$\tilde{H} = H - \dot{\omega}_k\left(\frac{\mathbb{1} - R(\boldsymbol{\omega}(t))}{i\boldsymbol{\omega}(t)\cdot\boldsymbol{S}}\right)_{kl}L_l\,. \tag{23.91}$$

Der zweite Term enthält offenbar die „Trägheitskräfte“, die im rotierenden Bezugssystem auftreten. Dieser Term ist proportional zum Drehimpulsoperator und zur Winkelgeschwindigkeit $\dot{\boldsymbol{\omega}}$.

Wir wollen jetzt den wichtigen Spezialfall einer Rotation mit konstanter Winkelgeschwindigkeit

$$\dot{\boldsymbol{\omega}} = \boldsymbol{\Omega} = \mathbf{const}$$

betrachten. Ohne Beschränkung der Allgemeinheit können wir den Anfangszeitpunkt so wählen, dass

11 Die Reihenfolge der Matrizen ist hier irrelevant, da $[\boldsymbol{\omega}\cdot\boldsymbol{S}, R(\boldsymbol{\omega})] = 0$.

$$\boldsymbol{\omega}(t) = \boldsymbol{\Omega} t \tag{23.92}$$

gilt und damit der Drehwinkel $\boldsymbol{\omega}$ und die Winkelgeschwindigkeit $\boldsymbol{\Omega}$ parallel zueinander sind. In diesem Fall vereinfacht sich die Zeitableitung des Rotationsoperators (23.86), da jetzt

$$[\dot{\boldsymbol{\omega}}\cdot\boldsymbol{L}, \boldsymbol{\omega}\cdot\boldsymbol{L}] = \hat{0}$$

gilt (vgl. (23.85)), zu:

$$i\hbar\partial_t \mathcal{R}(\boldsymbol{\Omega}t) = (\boldsymbol{\Omega}\cdot\boldsymbol{L})\mathcal{R}(\boldsymbol{\Omega}t) = \mathcal{R}(\boldsymbol{\Omega}t)(\boldsymbol{\Omega}\cdot\boldsymbol{L})\,.$$

Setzen wir voraus, dass der Hamilton-Operator im Laborsystem H drehinvariant ist (23.90), so finden wir für den Hamilton-Operator im rotierenden Bezugssystem (23.84)[12]

$$\boxed{\tilde{H} = H - \boldsymbol{\Omega}\cdot\boldsymbol{L}\,.} \tag{23.93}$$

Der im rotierenden Bezugssystem auftretende Trägheitsterm ist jetzt durch die *Coriolis-Wechselwirkung* gegeben. Dieser Term tritt auch in der klassischen Hamilton-Funktion im rotierenden Bezugssystem auf, wobei natürlich der Drehimpulsoperator durch den klassischen Drehimpuls ersetzt ist.

---

i Der Coriolis-Term geht mit (gegenüber der Hamilton-Funktion) umgekehrtem Vorzeichen in die Lagrange-Funktion im rotierenden Bezugssystem ein. Man überzeugt sich leicht, dass der Zusatzterm

$$L_{\Omega} = \boldsymbol{\Omega}\cdot\boldsymbol{\mathcal{L}} \tag{23.94}$$

zur Lagrange-Funktion einer Punktmasse mit Drehimpuls

$$\boldsymbol{\mathcal{L}} = m\boldsymbol{r}\times\dot{\boldsymbol{r}}$$

in der Euler-Lagrange-Gleichung eine *Coriolis-Kraft* hervorruft: Aus

$$L_{\Omega} = m\boldsymbol{\Omega}\cdot(\boldsymbol{r}\times\dot{\boldsymbol{r}}) = m(\boldsymbol{\Omega}\times\boldsymbol{r})\cdot\dot{\boldsymbol{r}} = -m\boldsymbol{r}\cdot(\boldsymbol{\Omega}\times\dot{\boldsymbol{r}})$$

folgt

$$\frac{\partial L_{\Omega}}{\partial\dot{\boldsymbol{r}}} = m\boldsymbol{\Omega}\times\boldsymbol{r}\,,$$
$$\frac{\partial L_{\Omega}}{\partial\boldsymbol{r}} = -m\boldsymbol{\Omega}\times\dot{\boldsymbol{r}}$$

---

12 Dasselbe Ergebnis (23.93) erhält man natürlich auch durch explizite Berechnung des Operators in der Klammer von Gl. (23.91) für $\boldsymbol{\omega}(t) = \boldsymbol{\Omega}t$ (23.92) und unter Berücksichtigung der Antisymmetrie der Matrix $(S_k)_{lm}$ (23.35), die $\Omega_k(\boldsymbol{\Omega}\cdot\boldsymbol{S})_{kl} = 0$ impliziert:

$$\Omega_k\left(\frac{\mathbb{1} - R(\boldsymbol{\Omega}t)}{it\boldsymbol{\Omega}\cdot\boldsymbol{S}}\right)_{kl} = \Omega_l\,.$$

und somit

$$\frac{\partial L_{\boldsymbol{\Omega}}}{\partial \boldsymbol{r}} - \frac{d}{dt}\frac{\partial L_{\boldsymbol{\Omega}}}{\partial \dot{\boldsymbol{r}}} = -2m\boldsymbol{\Omega} \times \dot{\boldsymbol{r}} - m\dot{\boldsymbol{\Omega}} \times \boldsymbol{r} \,.$$

Die beiden Terme auf der rechten Seite sind die Corioliskraft und der *Drehrückstoß*. Letzterer verschwindet für eine konstante Winkelgeschwindigkeit $\dot{\boldsymbol{\Omega}} = 0$.

Zeitabhängige Drehungen: Die Winkelgeschwindigkeit

Für spätere Anwendungen betrachten wir eine zeitabhängige *aktive* Drehung $\boldsymbol{\omega}(t)$. Während einer infinitesimalen Zeit δt erfolgt eine Drehung um den Winkel

$$\delta\boldsymbol{\omega} = \boldsymbol{\Omega}\delta t \,,$$

wobei

$$\boldsymbol{\Omega}(t) = \dot{\boldsymbol{\omega}}(t) = d\boldsymbol{\omega}/dt$$

die (instantane) Winkelgeschwindigkeit ist. Zwischen einem Vektor vor und nach dieser Drehung, $\boldsymbol{x} = \boldsymbol{x}(t)$ und $\boldsymbol{x}' = \boldsymbol{x}(t + \delta t)$, besteht dann nach Gl. (23.29) der Zusammenhang

$$\boldsymbol{x}(t + \delta t) = \boldsymbol{x}(t) + \delta\boldsymbol{\omega} \times \boldsymbol{x}(t) = \boldsymbol{x}(t) + \boldsymbol{\Omega}(t) \times \boldsymbol{x}(t)\delta t \,.$$

Hieraus folgt für die zeitliche Ableitung

$$\dot{\boldsymbol{x}}(t) = \lim_{\delta t \to 0} \frac{\boldsymbol{x}(t + \delta t) - \boldsymbol{x}(t)}{\delta t}$$

eines mit der Winkelgeschwindigkeit $\boldsymbol{\Omega}(t)$ rotierenden Vektors $\boldsymbol{x}(t)$

$$\dot{\boldsymbol{x}}(t) = \boldsymbol{\Omega}(t) \times \boldsymbol{x}(t) \,. \tag{23.95}$$

Da $\dot{\boldsymbol{x}}(t) \perp \boldsymbol{x}(t)$, ändert sich die Länge des Vektors, $|\boldsymbol{x}(t)|$, bei der Rotation nicht. Wegen $d|\boldsymbol{x}(t)|/dt = 0$ gilt die Beziehung (23.95) auch für den zugehörigen Einheitsvektor $\hat{\boldsymbol{x}}(t) = \boldsymbol{x}(t)/|\boldsymbol{x}(t)|$:

$$\dot{\hat{\boldsymbol{x}}}(t) = \boldsymbol{\Omega}(t) \times \hat{\boldsymbol{x}}(t) \,. \tag{23.96}$$

Für Einheitsvektoren, $\hat{\boldsymbol{x}} \cdot \hat{\boldsymbol{x}} = 1$, gilt $\hat{\boldsymbol{x}} \cdot \dot{\hat{\boldsymbol{x}}} = 0$, was bereits die Beziehung (23.96) und somit die Definition einer Winkelgeschwindigkeit $\boldsymbol{\Omega}(t)$ impliziert. In der Tat, ein Einheitsvektor $\hat{\boldsymbol{x}}$ definiert eine Richtung im Raum, die nur durch eine Drehung verändert werden kann. Gleichung (23.96) gilt deshalb ganz allgemein für beliebige zeitliche Änderungen von Einheitsvektoren. Dies bedeutet:

Jeder zeitabhängige Einheitsvektor $\hat{\boldsymbol{x}}(t)$ im $\mathbb{R}^3$ definiert über Gl. (23.96) eine zeitabhängige Drehung mit der Winkelgeschwindigkeit.[13]

---

13 Vektorielle Multiplikation von (23.96) mit $\hat{\boldsymbol{x}}$ liefert

$$\hat{\boldsymbol{x}} \times \dot{\hat{\boldsymbol{x}}} = \boldsymbol{\Omega} - \hat{\boldsymbol{x}}\,(\hat{\boldsymbol{x}} \cdot \boldsymbol{\Omega}) \,,$$

woraus (23.97) folgt.

$$\boxed{\boldsymbol{\Omega} = \hat{\boldsymbol{x}} \times \dot{\hat{\boldsymbol{x}}}\,.} \tag{23.97}$$

Dies ist formal der klassische Drehimpuls einer „Punktmasse“ $m = 1$ mit „Ortsvektor“ $\hat{\boldsymbol{x}}(t)$.

23.6 Diskrete Symmetrien

In Abschnitt 23.2 hatten wir festgestellt, dass Symmetrien entweder durch unitäre oder antiunitäre Operatoren vermittelt werden, wobei kontinuierliche Symmetrien stets durch unitäre Operatoren realisiert sind, die sich mittels Erzeuger infinitesimaler Transformationen darstellen lassen. Wie die kontinuierlichen Symmetrien führen auch diskrete Symmetrien auf Erhaltungsgrößen. Diskrete Symmetrien lassen sich jedoch nicht durch infinitesimale Transformationen erzeugen. Nachfolgend werden wir die wichtigsten Beispiele für diskrete Symmetrien behandeln: Raumspiegelung und Zeitumkehr. Dabei werden wir feststellen, dass sich die Raumspiegelung durch einen unitären Operator realisieren lässt, während die Zeitumkehr durch einen antiunitären Operator realisiert werden muss.

23.6.1 Raumspiegelung

Unter Raumspiegelung (bezüglich des Koordinatenursprunges)

$$\boldsymbol{x} \to -\boldsymbol{x}$$

ändern *polare* Vektoren wie der Impuls ihr Vorzeichen,

$$\boldsymbol{p} \to -\boldsymbol{p}\,,$$

während *axiale* Vektoren wie der Drehimpuls $\boldsymbol{L} = \boldsymbol{x} \times \boldsymbol{p}$ (die sich als Kreuzprodukt zweier polarer Vektoren darstellen lassen) invariant bleiben:

$$\boldsymbol{L} \to \boldsymbol{L}\,.$$

Dasselbe gilt für den Spin. Wir hatten bereits in Abschnitt 8.4 den Operator der Raumspiegelung in einer Dimension kennengelernt. Auch in drei Raumdimensionen wird er als *Paritätsoperator* $\mathcal{U} = \hat{\Pi}$ bezeichnet. In der Ortsdarstellung ist er durch

$$\boxed{\hat{\Pi}\psi(\boldsymbol{x}) = \psi(-\boldsymbol{x})} \tag{23.98}$$

definiert. Im Kontext der allgemeinen Koordinatentransformation (23.1) finden wir für die Raumspiegelung

$$\boldsymbol{x} \to \boldsymbol{x}' = -\boldsymbol{x} = U\boldsymbol{x}$$

die Transformationsmatrix der Koordinaten

$$U = -\mathbb{1}\,,$$

wobei $\mathbb{1}$ die 3-dimensionale Einheitsmatrix ist. Mit $\mathcal{U} = \hat{\Pi}$ finden wir dann aus dem allgemeinen Transformationsgesetz (23.7) der Wellenfunktion gerade die Gleichung (23.98). Ferner erhalten wir dann aus Gl. (23.11)

$$\hat{\Pi}^{-1}\hat{\boldsymbol{x}}\hat{\Pi} = -\hat{\boldsymbol{x}}\,.$$

Dieses Gesetzt gilt offenbar für alle polare Vektoren und damit insbesondere für den Impuls

$$\hat{\Pi}^{-1}\boldsymbol{p}\hat{\Pi} = -\boldsymbol{p}\,,$$

während für die axialen Vektoren wie Drehimpuls und Spin

$$\hat{\Pi}^{-1}\boldsymbol{L}\Pi = \boldsymbol{L}\,,\quad \hat{\Pi}^{-1}\boldsymbol{S}\hat{\Pi} = \boldsymbol{S}$$

gilt. Somit kommutieren Letztere mit dem Paritätsoperator. Da zwei aufeinanderfolgende Raumspiegelungen wieder den ursprünglichen Vektor liefern, gilt offenbar:

$$\hat{\Pi}^2 = \hat{1}\,. \tag{23.99}$$

Die Eigenwerte des Raumspiegelungsoperators $\hat{\Pi}$ sind deshalb ±1 und werden als *Parität* bezeichnet. $\hat{\Pi}$ kann unitär gewählt werden und ist dann wegen (23.99) sogar hermitesch:

$$\hat{\Pi}^\dagger = \hat{\Pi} = \hat{\Pi}^{-1}\,.$$

23.6.2 Zeitumkehr

Wir setzen voraus, dass keine äußeren zeitabhängigen Felder vorliegen, sodass der Hamilton-Operator H zeitunabhängig ist. Dann ist die Zeitabhängigkeit der Wellenfunktion durch

$$|\psi(t)\rangle = e^{-\frac{i}{\hbar}Ht}|\psi(0)\rangle \equiv U_t|\psi(0)\rangle$$

gegeben, wobei $U_t \equiv U(t,0)$ der Zeitentwicklungsoperator (21.13) ist. Bekanntlich ist

$$K(t) = \langle\psi(0)|\psi(t)\rangle = \langle\psi(0)|U_t|\psi(0)\rangle \tag{23.100}$$

die Wahrscheinlichkeitsamplitude dafür, dass ein System, welches zur Zeit $t = 0$ im Zustand $|\psi(0)\rangle$ präpariert wird, sich nach Verstreichen der Zeit t noch im selben Zustand

$|\psi(0)\rangle$ befindet. Bilden wir das komplex Konjugierte von Gl. (23.100) und benutzen $U_t^\dagger = U_{-t}$, so finden wir

$$K^*(t) = \langle\psi(0)|U_{-t}|\psi(0)\rangle = \langle\psi(0)|\psi(-t)\rangle = K(-t)\,.$$

Offensichtlich ist die komplexe Konjugation äquivalent zur Zeitumkehr

$$t \to -t\,.$$

Bezeichnen wir mit $\mathcal{U}_T$ den Operator der Zeitumkehr, der durch

$$\boxed{\mathcal{U}_T|\psi(t)\rangle = |\psi(-t)\rangle}$$

definiert ist, so genügt er wegen

$$\langle\psi(0)|\psi(t)\rangle^* = \langle\psi(0)|\psi(-t)\rangle$$

der Beziehung

$$\langle\psi(0)|\mathcal{U}_T|\psi(t)\rangle = \langle\psi(0)|\psi(t)\rangle^*$$

und besitzt folglich die Eigenschaft

$$\mathcal{U}_T c|\psi(t)\rangle = c^*\mathcal{U}_T|\psi(t)\rangle\,, \tag{23.101}$$

wobei c eine komplexe Zahl ist. Damit ist $\mathcal{U}_T$ antilinear und folglich antiunitär.

Aus (23.101) folgt für den reellen Ortsvektor

$$\mathcal{U}_T\hat{\boldsymbol{x}} = \hat{\boldsymbol{x}}\,\mathcal{U}_T\,. \tag{23.102}$$

Für den Impulsoperator $\boldsymbol{p} = \frac{\hbar}{i}\nabla$ finden wir hingegen aus (23.101) durch Anwendung von $\mathcal{U}_T$ auf $\boldsymbol{p}\psi(\boldsymbol{x},t)$

$$\mathcal{U}_T\boldsymbol{p}\psi(\boldsymbol{x},t) = \mathcal{U}_T\left(\frac{\hbar}{i}\nabla\psi(\boldsymbol{x},t)\right) = -\frac{\hbar}{i}\nabla\mathcal{U}_T\psi(\boldsymbol{x},t) = -\boldsymbol{p}\,\mathcal{U}_T\psi(\boldsymbol{x},t)\,,$$

und da der Zustand $\psi(\boldsymbol{x},t)$ beliebig war

$$\mathcal{U}_T\boldsymbol{p} = -\boldsymbol{p}\,\mathcal{U}_T\,. \tag{23.103}$$

Aus Gl. (23.102) und (23.103) folgt eine analoge Beziehung für den Drehimpuls $\boldsymbol{L} = \hat{\boldsymbol{x}}\times\boldsymbol{p}$:

$$\mathcal{U}_T\boldsymbol{L} = -\boldsymbol{L}\,\mathcal{U}_T\,.$$

23.7 Innere Symmetrien und Eichsymmetrien*

Bisher haben wir nur Symmetrietransformationen betrachtet, die auf die Raum-Zeit-Koordinaten der Teilchen wirken, ihre Wesensart jedoch unverändert lassen. Die Invarianz unter solchen Transformationen wird als *äußere Symmetrie* bezeichnet. Darüber hinaus gibt es eine wichtige Klasse von Symmetrietransformationen, die nur die Wesensart bzw. Erscheinungsform der Teilchen betreffen, aber ihre Raum-Zeit-Koordinaten unberührt lassen. Die Invarianz unter solchen Transformationen wird als *innere Symmetrie* bezeichnet.

Die historisch zuerst entdeckte innere Symmetrie der Elementarteilchen war die *Isospinsymmetrie* der starken Wechselwirkung: Obwohl Proton p und Neutron n unterschiedliche elektrische Ladung Q tragen ($Q_p = e, Q_n = 0$), besitzen sie dieselbe starke Wechselwirkung, was als Ladungsunabhängigkeit bzw. Ladungssymmetrie der starken Wechselwirkung bezeichnet wird. Darüber hinaus besitzen Protonen und Neutronen annähernd dieselbe Masse ($m_p c^2 = 938{,}272\,\text{MeV}$, $m_n c^2 = 939{,}565\,\text{MeV}$). Dies suggeriert, Proton p und Neutron n zum Nukleondublett zusammenzufassen[14]

$$N = \begin{pmatrix} p \\ n \end{pmatrix} . \tag{23.104}$$

Die kleine Massendifferenz lässt sich als elektromagnetische Korrektur interpretieren.

Da die starke Wechselwirkung nicht nur zwischen zwei Protonen dieselbe wie zwischen zwei Neutronen ist, sondern auch dieselbe Kraft zwischen Proton und Neutron wirkt, kann man erwarten, dass die starke Wechselwirkung auch invariant bezüglich Transformationen ist, die Proton und Neutron ineinander umwandeln

$$\begin{pmatrix} p \\ n \end{pmatrix} \to U \begin{pmatrix} p \\ n \end{pmatrix} , \tag{23.105}$$

wobei U zunächst eine beliebige komplexe (2×2)-Matrix ist. Da die Norm der Zustände bei dieser Transformation erhalten bleiben muss, ist U eine unitäre Matrix, was in Übereinstimmung mit unseren allgemeinen Erkenntnissen über kontinuierliche Symmetrietransformationen aus Abschnitt 23.3 ist. Da die globale Phase eines Zustandes irrelevant ist, kann U auf unitäre Matrizen mit $\det U = 1$ eingeschränkt werden. Die unitären (2×2)-Matrizen U mit $\det U = 1$ bilden bekanntlich die Gruppe SU(2), siehe Anhang E. Diese Gruppe war uns bereits bei der Behandlung des Spins begegnet. In Analogie zu den (Pauli-)Spinoren wird die zweikomponentige Nukleonwellenfunktion

---

* Dieser Abschnitt ist für das Verständnis der übrigen Abschnitte nicht erforderlich und kann deshalb beim ersten Lesen übersprungen werden.

14 Hier stehen p und n für die Proton- und Neutronwellenfunktionen. Da Proton und Neutron Spin 1/2 besitzen, sind diese Wellenfunktionen Dirac-Spinoren, siehe Kap. 28, die generisch komplex sind.

(23.104) als *Isospinor* und die Symmetrie bezüglich der Transformation (23.105) als *Isospinsymmetrie* bezeichnet.[15]

Die Ladungssymmetrie der starken Wechselwirkung wird auch bei den später entdeckten *Hadronen*[16] beobachtet. So existiert das leichteste Hadron, das Pion, in drei Ladungszuständen π^+, π^0, π^-, die sich bezüglich der starken Wechselwirkung nicht unterscheiden und darüber hinaus auch annähernd dieselbe Masse besitzen. Definiert man

$$\pi^\pm = \frac{1}{\sqrt{2}}(\pi_1 \pm i\pi_2)\,, \qquad \pi^0 = \pi_3\,,$$

so lassen sich die drei Pionen zu dem Isospintriplett

$$\pi = \begin{pmatrix} \pi_1 \\ \pi_2 \\ \pi_3 \end{pmatrix} \tag{23.106}$$

zusammenfassen. Die Isospinsymmetrie der starken Wechselwirkung verlangt für die Pionen die Invarianz unter der Transformation

$$\pi \to \hat{U}\pi\,,$$

wobei $\hat{U}$ jetzt die dreidimensionale (adjungierte) Darstellung der SU(2)-Isospingruppe ist.

Wie im Abschnitt 23.3 erläutert, lassen sich die kontinuierlichen (und damit unitären) Symmetrietransformationen durch Generatoren erzeugen, die wir für die SU(2)-Isospingruppe mit $I_{a=1,2,3}$ bezeichnen. Die Erzeuger der SU(2)-Gruppe erfüllen bekanntlich dieselben Kommutationsbeziehungen wie die Drehimpulsoperatoren $L_k/\hbar$, d. h.

$$[I_a, I_b] = i\epsilon_{abc} I_c\,. \tag{23.107}$$

Hieraus folgt, dass die I_a mit dem Quadrat des Isospinoperators $\boldsymbol{I} = I_a \boldsymbol{e}_a$

---

15 Der Name *Isospin* entstand historisch als Abkürzung von *Isobarenspin*, der sich aus dem griechischen Wort *isobar* = „gleich schwer" ableitet: Aufgrund der Ladungssymmetrie der starken Wechselwirkung besitzen die Atomkerne mit gleicher Nukleonenzahl, aber unterschiedlicher Neutronen- bzw. Protonenzahl, (annähernd) die gleiche Masse und werden deshalb als *Isobaren* bezeichnet. Sie lassen sich zu Multipletts zusammenfassen, die durch ihren Isobarenspin bzw. Isospin klassifiziert werden können.

16 Unter *Hadronen* verstehen wir die starkwechselwirkenden Elementarteilchen. Sie werden unterteilt in Baryonen, die aus drei Quarks aufgebaut sind, und Mesonen, die aus einem Quark und Antiquark bestehen. Da die Quarks den Spin 1/2 besitzen, folgt aus der Drehimpulskopplung, dass Mesonen einen ganzzahligen und Baryonen einen halbzahligen Spin haben. Allgemein bezeichnet man Teilchen mit ganzzahligen bzw. halbzahligen Spin als *Bosonen* bzw. *Fermionen*, siehe Kap. 30.

$$I^2 = \sum_{a=1}^{3} I_a^2$$

kommutieren, $[I_a, \boldsymbol{I}^2] = 0$. Die Isospineigenzustände lassen sich folglich nach den Eigenwerten von $\boldsymbol{I}^2$ und einer Komponente, z. B. I_3, klassifizieren. Wie im Abschnitt 15.2 für die Drehimpulse gezeigt wurde, folgt aus den Kommutationsbeziehungen (23.107) bereits die Form der Eigenwerte

$$\begin{aligned} \boldsymbol{I}^2 &: \quad I(I+1), \quad I = 0, \frac{1}{2}, 1, \ldots, \\ I_3 &: \quad M = -I, -I+1, \ldots, I, \end{aligned}$$

wobei die Quantenzahl I als *Isospin* bezeichnet wird. Analog zum Drehimpuls treten deshalb die Zustände mit gutem Gesamtisospin I in Multipletts von $(2I + 1)$-Zuständen $|IM\rangle$ auf, die sich in der Projektion M des Isospins unterscheiden. Das Nukleon (23.104) trägt offenbar den Isospin $I = \frac{1}{2}$ (wobei $M = \frac{1}{2}$ zum Proton und $M = -\frac{1}{2}$ zum Neutron gehört), während das Pion (23.106) den Isospin $I = 1$ besitzt.

Mit wachsenden Beschleunigerenergien wurden immer neue Elementarteilchen entdeckt, wobei sich herausstellte, dass diese aus elementareren Bausteinen, den *Quarks*,[17] aufgebaut sind. Es zeigte sich ebenfalls, dass die Isospingruppe nur eine Untergruppe der größeren Flavour-Symmetriegruppe ist, unter der die starke Wechselwirkung invariant ist. Die Quarks treten in sechs verschiedenen Flavour-Zuständen auf (up (u), down (d), strange (s), charm (c), bottom (b) und top (t)), die sich jedoch sehr erheblich in ihrer Masse unterscheiden, siehe Tabelle 38.1. Obwohl die starke Wechselwirkung invariant unter der gesamten Flavour-Gruppe SU(6) ist, lässt sich diese Symmetriegruppe aufgrund der großen Massenunterschiede der Quarks nur für die drei leichten Flavours u, d, s vorteilhaft ausnutzen, was auf die SU(3)-Flavour-Symmetrie führt. Gemäß dieser Symmetrie lassen sich die Hadronen, die aus den u-, d- und s-Quarks aufgebaut sind, durch Darstellungen der SU(3)-Flavour-Gruppe klassifizieren, was diese Hadronen in Multipletts gruppiert. Abbildung 23.5 zeigt exemplarisch das Oktett der pseudoskalaren Mesonen. (Dies sind die leichtesten Mesonen; sie sind spinlos und besitzen eine negative (Eigen-)Parität.) In diesen Multipletts gibt die horizontale Achse die Isospinprojektion I_3 und die vertikale Achse die Hyperladung Y an, die über die Beziehung

$$Q = I_3 + \frac{1}{2} Y$$

17 Dieser Name geht auf Gell-Mann zurück, der die Quarks ursprünglich als fiktive Bausteine einführte, um den „Zoo" der Elementarteilchen systematisch zu ordnen. Da er sie nicht für reale Teilchen hielt, suchte er nach einem Namen ohne offensichtliche Bedeutung und wählte Quarks nach einem Gedicht aus „Finnegans Wake" von James Joyce. Joyce selbst hatte das Wort auf einem Bauernmarkt bei der Durchreise in Freiburg i. B. gehört, als Marktfrauen ihre Milchprodukte anboten.

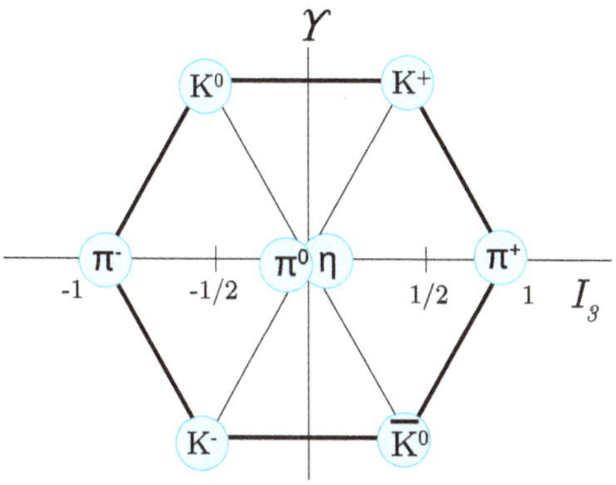

Abb. 23.5: Oktett der pseudoskalaren Mesonen.

(bei gegebener Isospinkomponente I_3) durch die Ladung Q der Hadronen festgelegt ist.

Bei den obigen Betrachtungen haben wir die Transformationsmatrix U der Isospinmultipletts als von Raum und Zeit unabhängig angenommen, d. h. an jedem Raum-Zeit-Punkt wird dieselbe Symmetrietransformation durchgeführt. Solche inneren Symmetrien werden als *globale Symmetrien* bezeichnet. Raum-Zeit-abhängige Symmetrietransformationen $U(\boldsymbol{x}, t)$ hingegen lassen die Schrödinger-Gleichung aufgrund der darin enthaltenen Ableitungsoperatoren zunächst nicht invariant. Die Invarianz unter solchen Transformationen lässt sich jedoch herstellen, wenn man zusätzlich *Eichfelder* einführt. Diese kompensieren durch ihr nichttriviales Transformationsverhalten die durch die Differentialoperatoren hervorgerufenen Änderungen in der Schrödinger-Gleichung. Dies führt auf die *Eichtheorien*, die invariant unter den Raum-Zeit-abhängigen Eichtransformationen sind. Solch eine lokale *Eichsymmetrie* haben wir bereits im Zusammenhang mit der elektromagnetischen Wechselwirkung in Kapitel 25 kennengelernt. Die Schrödinger-Gleichung der Elektronen in einem elektromagnetischen Feld ist invariant unter der gleichzeitigen Eichtransformation von Elektronenwellenfunktion und elektromagnetischem Feld. Den Eichtheorien liegt also immer eine bestimmte lokale Symmetrie, die Eichsymmetrie, zugrunde. Die zugehörigen Eichtransformationen lassen sämtliche physikalischen Eigenschaften invariant und bilden eine Gruppe. Für die Elektrodynamik ist dies die Gruppe U(1) der Phasentransformationen der Elektronenwellenfunktion. Allgemein wechselwirken in den Eichtheorien *Materieteilchen*, die gewöhnlich Fermionen (d. h. Teilchen mit halbzahligen Spin sind, siehe Abschnitt 30.6) durch den Austausch von *Eichbosonen*, den Quanten des Eichfeldes, die ganzzahligen Spin besitzen. Dies ist analog zur (Quanten-)Elektrodynamik, in der die Elektronen durch ihre Kopplung an das elektromagnetische Feld bzw. durch den Austausch dessen Quanten, den Photonen, wechselwirken. Die Eichtheorien werden wir ausführlich in Abschnitt 37.2 behandeln.

24 Starre Körper

Gegenstand unserer bisherigen Betrachtung war das Verhalten von Punktmassen. Bei der Anwendung der Quantenmechanik hat man es jedoch selten mit einzelnen Punktmassen, sondern gewöhnlich mit Systemen aus mehreren bzw. vielen Teilchen zu tun. Einige solcher Systeme verändern bei niedrigen Anregungsenergien ihre innere Struktur so wenig, dass diese Änderungen vernachlässigt werden können und das System als Ganzes betrachtet werden kann. Dies führt auf die mathematische Idealisierung des starren Körpers. Unter einem *starren Körper* versteht man ein System von Konstituenten, deren Abstände voneinander unveränderlich sind und die sich stets in ihrem Grundzustand befinden. Der starre Körper ist somit per Definition nicht deformierbar. Das Konzept eines starren Körpers ist dann anwendbar, wenn die Energien, die durch äußere Einwirkungen auf den Körper übertragen werden, klein gegenüber den niedrigsten Anregungsenergien der inneren Freiheitsgrade, d. h. der Konstituenten des Körpers sind. Beispiele für quantenmechanische Systeme, die in guter Näherung als starre Körper betrachtet werden können, sind Moleküle und deformierte Atomkerne, die bei hinreichend kleinen Anregungsenergien wie ein starrer Körper rotieren. Zum Beispiel die Atomkerne der seltenen Erden zeigen in ihrem Anregungsspektrum sehr ausgeprägte Rotationsbanden bis zu sehr großen Drehimpulsen von etwa $30\hbar$.

Ein starrer Körper besitzt sechs Freiheitsgrade: Drei Koordinaten, die die Lage seines Schwerpunktes $\boldsymbol{X}$ fixieren, sowie drei Winkel, die die Orientierung des starren Körpers im dreidimensionalen Raum bei festgehaltenem Schwerpunkt festlegen, siehe Abb. 24.1. Dementsprechend zerfällt die kinetische Energie des starren Körpers

$$T = T_T + T_R$$

in die kinetische Energie des Schwerpunktes

$$T_T = \frac{1}{2} m \dot{\boldsymbol{X}}^2 ,$$

der in sich die Gesamtmasse m des starren Körpers vereinigt, und in die kinetische Energie der Rotationsbewegung

$$T_R = \frac{1}{2} \sum_{\tilde{k},\tilde{l}} \Omega_{\tilde{k}} I_{\tilde{k}\tilde{l}} \Omega_{\tilde{l}} . \tag{24.1}$$

Hierbei bezeichnet

$$\Omega_{\tilde{k}} = \dot{\omega}_{\tilde{k}}$$

die Winkelgeschwindigkeiten und $\omega_{\tilde{k}}$ die zugehörigen Drehwinkel der Rotation des starren Körpers um die Koordinatenachsen eines (orthogonalen) *körperfesten* Bezugssystems, dessen Ursprung im Schwerpunkt des starren Körpers liegt. Ferner ist

https://doi.org/10.1515/9783111271507-004

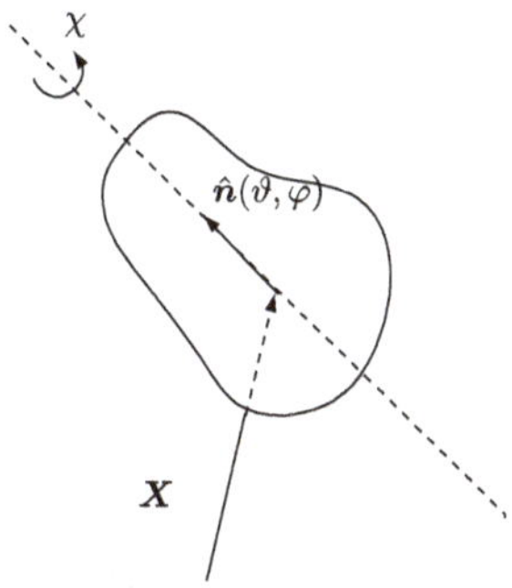

Abb. 24.1: Zur Definition der Freiheitsgrade des starren Körpers: Bei festgehaltenem Massenschwerpunkt $\boldsymbol{X}$ sind zwei Winkel ϑ und φ (Polar- und Azimutwinkel) erforderlich, um eine Figurenachse (durch den Einheitsvektor $\hat{\boldsymbol{n}}(\vartheta,\varphi)$) festzulegen. Schließlich kann der starre Körper bei festgehaltenem $\boldsymbol{X}$ und festgehaltener Figurenachse $\hat{\boldsymbol{n}}(\vartheta,\varphi)$ noch um die Figurenachse gedreht werden, was einen weiteren Winkelfreiheitsgrad (in der Abbildung χ) liefert.

$$I_{\tilde{k}\tilde{l}} = \int d^3x\, \rho(\boldsymbol{x})(\boldsymbol{x}^2\delta_{\tilde{k}\tilde{l}} - x_{\tilde{k}}x_{\tilde{l}})$$

der *Trägheitstensor*, wobei $\rho(\boldsymbol{x})$ die Massenverteilung (Massendichte) des starren Körpers ist und $x_{\tilde{k}}$ die Koordinaten im körperfesten Schwerpunktssystem sind. Da der Trägheitstensor $I_{\tilde{k}\tilde{l}}$ eine symmetrische Matrix ist, kann er durch eine orthogonale Transformation diagonalisiert werden:

$$(OIO^T)_{\tilde{k}\tilde{l}} = \delta_{\tilde{k}\tilde{l}} I_{\tilde{k}} \, .$$

Die orthogonale Matrix O beschreibt eine Drehung des körperfesten Bezugssystems. Damit existiert ein körperfestes Bezugssystem, in welchem der Trägheitstensor diagonal ist. Die zugehörigen Koordinatenachsen werden als *Hauptträgheitsachsen* bezeichnet und die Diagonalelemente des Trägheitstensors $I_{\tilde{k}}$ als *Hauptträgheitsmomente*. Da die Hauptträgheitsachsen durch eine Drehung aus einem (orthogonalen) kartesischen System hervorgehen, müssen diese senkrecht aufeinander stehen. Im Folgenden werden wir voraussetzen, dass die Koordinatenachsen des körperfesten Bezugssystems als Hauptträgheitsachsen gewählt wurden. Die Rotationsenergie (24.1) vereinfacht sich dann zu:

$$T_R = \frac{1}{2}\sum_{\tilde{k}} I_{\tilde{k}}\Omega_{\tilde{k}}^2 \, . \tag{24.2}$$

Die zu den Winkelgeschwindigkeiten $\Omega_{\tilde{k}}$ gehörigen kanonisch konjugierten Impulse

$$\mathscr{L}_{\tilde{k}} = \frac{\partial T_R}{\partial \Omega_{\tilde{k}}}$$

sind dann durch die (klassischen) Drehimpulse des starren Körpers entlang der Hauptträgheitsachsen

$$\mathscr{L}_{\tilde{k}} = I_{\tilde{k}} \Omega_{\tilde{k}} \tag{24.3}$$

gegeben. Der Schwerpunkt des starren Körpers verhält sich wie eine Punktmasse, deren quantenmechanischen Gesetze wir bereits untersucht haben. Deshalb werden wir im Folgenden die Schwerpunktsbewegung des starren Körpers ignorieren. Ein starrer Körper, der in seinem Schwerpunkt „aufgehängt" ist, d. h. dessen Schwerpunktsbewegung „eingefroren" ist, sodass er nur noch Rotationsfreiheitsgrade besitzt, wird als *Rotor* bezeichnet. Für seine klassische Hamilton-Funktion

$$\mathcal{H} = \sum_{\tilde{k}} \Omega_{\tilde{k}} \frac{\partial T_R}{\partial \Omega_{\tilde{k}}} - T_R$$

finden wir aus (24.2) und (24.3)

$$\mathcal{H} = \frac{1}{2} \sum_{\tilde{k}} \frac{\mathscr{L}_{\tilde{k}}^2}{I_{\tilde{k}}} . \tag{24.4}$$

In diesem Kapitel soll die Quantentheorie eines Rotors erarbeitet werden. Dazu werden wir zunächst eine alternative Darstellung des Drehoperators (23.32) kennenlernen.

24.1 Darstellung der Drehung durch Euler-Winkel

In Kapitel 23 haben wir eine beliebige Drehung durch einen Vektor $\boldsymbol{\omega} = \omega \hat{\boldsymbol{n}}$ charakterisiert, dessen Betrag ω den Drehwinkel (im mathematisch positiven Sinn) um die Drehachse angibt, die durch die Richtung $\hat{\boldsymbol{n}}$ festgelegt ist. Der Einheitsvektor $\hat{\boldsymbol{n}}$ im $\mathbb{R}^3$ wird durch zwei Winkel, nämlich die Winkel (θ, ϕ) der sphärischen Koordinaten von $\boldsymbol{\omega} = (\omega, \theta, \phi)$ festgelegt. Damit wird eine beliebige Drehung durch drei Winkel charakterisiert, die sich jedoch auf vielfältige Weise wählen lassen. Eine sehr gebräuchliche Wahl geht auf Euler zurück, bei der eine beliebige Drehung durch drei aufeinanderfolgende Drehungen um jeweils eine Koordinatenachse erzeugt wird, siehe Abb. 24.2:

1. *Drehung um einen Winkel φ um die $\boldsymbol{e}_3$-Achse.*
   Dabei geht das ursprüngliche Koordinatensystem $[\boldsymbol{e}_1, \boldsymbol{e}_2, \boldsymbol{e}_3]$ in das System $[\boldsymbol{e}_{1'}, \boldsymbol{e}_{2'}, \boldsymbol{e}_{3'} = \boldsymbol{e}_3]$ über.
2. *Drehung um den Winkel ϑ um die neue $\boldsymbol{e}_{2'}$-Achse.*
   Dabei geht das System $[\boldsymbol{e}_{1'}, \boldsymbol{e}_{2'}, \boldsymbol{e}_{3'}]$ in das System $[\boldsymbol{e}_{1''}, \boldsymbol{e}_{2''} = \boldsymbol{e}_{2'}, \boldsymbol{e}_{3''}]$ über.
3. *Drehung um den Winkel χ um die neue $\boldsymbol{e}_{3''}$-Achse.*
   Dabei geht das System $[\boldsymbol{e}_{1''}, \boldsymbol{e}_{2''}, \boldsymbol{e}_{3''}]$ in das System $[\boldsymbol{e}_{\tilde{1}}, \boldsymbol{e}_{\tilde{2}}, \boldsymbol{e}_{\tilde{3}} = \boldsymbol{e}_{3''}]$ über.

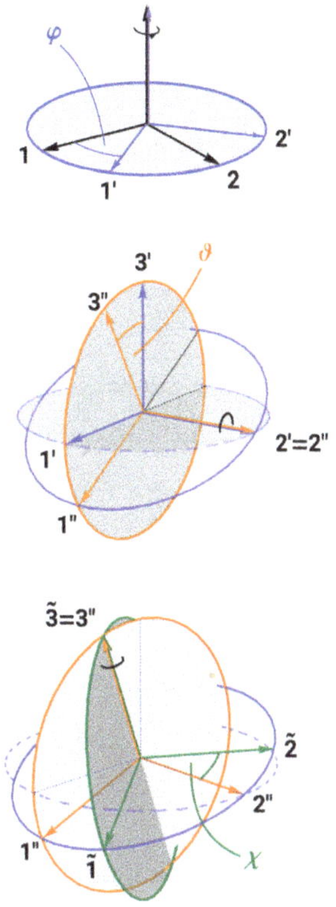

Abb. 24.2: Definition (24.6) der Euler-Winkel $(\chi, \vartheta, \varphi)$ mittels Drehungen um die aktuellen Koordinatenachsen.

Die drei Winkel φ, ϑ, χ werden als *Euler-Winkel* bezeichnet und lassen sich auf die folgende Intervalle einschränken:

$$0 \leq \varphi \leq 2\pi\,, \quad 0 \leq \vartheta \leq \pi\,, \quad 0 \leq \chi \leq 2\pi\,. \tag{24.5}$$

Trotz dieser Einschränkung geben die Euler-Winkel nicht in jedem Fall eine eindeutige Parametrisierung der Drehung. Zum Beispiel liefern für $\vartheta = 0$ sämtliche φ, χ mit $\varphi + \chi =$ const. dieselbe Drehung.

Die drei instantanen Drehachsen ($\boldsymbol{e}_3$-, $\boldsymbol{e}_{2'}$- und $\boldsymbol{e}_{3''} = \boldsymbol{e}_{\tilde{3}}$-Achse) werden gewöhnlich als *Vertikale*, *Knotenlinie* und *Figurenachse* bezeichnet. Letztere Bezeichnung ergibt sich, wenn das gedrehte Koordinatensystem $[\boldsymbol{e}_{\tilde{1}}, \boldsymbol{e}_{\tilde{2}}, \boldsymbol{e}_{\tilde{3}}]$ als körperfestes Bezugssystem eines starren Körpers benutzt wird. Die Winkel ϑ und φ sind dann gerade die Polar- und Azimutwinkel der Körperachse $\boldsymbol{e}_{\tilde{3}}$ im Laborsystem K.

Nach dem allgemeinen Transformationsgesetz (23.64) für passive Drehungen lauten die oben durch die Euler-Winkel definierten Drehungen:

$$
\begin{aligned}
&1. \quad \boldsymbol{e}_{i'} = \boldsymbol{e}_j R_{ji'}(\varphi \boldsymbol{e}_3)\,,\\
&2. \quad \boldsymbol{e}_{i''} = \boldsymbol{e}_{j'} R_{j'i''}(\vartheta \boldsymbol{e}_{2'})\,,\\
&3. \quad \boldsymbol{e}_{\tilde{i}} = \boldsymbol{e}_{j''} R_{j''\tilde{i}}(\chi \boldsymbol{e}_{3''})\,.
\end{aligned}
\tag{24.6}
$$

Die Elemente der Drehmatrix $R_{ij}(\boldsymbol{\omega})$ sind nach (23.66) durch die Skalarprodukte von gedrehten und ursprünglichen Basisvektoren gegeben. Deshalb gelten folgende Identitäten für die Drehmatrizen

$$
\left(R_k(\omega)\right)_{ij'} = \left(R_{k'}(\omega)\right)_{i'j''} = \left(R_{k''}(\omega)\right)_{i''\tilde{j}}\,,
\tag{24.7}
$$

wobei die Indizes k, k', k'' und $\tilde{k}$ sämtlich für dasselbe Element von [1, 2, 3] stehen. (Dasselbe gilt natürlich auch für die Indizes $i, \ldots, j, \ldots$).

24.1.1 Der Drehoperator

Die oben beschriebene Folge von Drehungen um die Euler-Winkel wird durch den Drehoperator

$$
\mathcal{R}(\chi, \vartheta, \varphi) = \mathcal{R}_{3''}(\chi)\mathcal{R}_{2'}(\vartheta)\mathcal{R}_3(\varphi)\,.
\tag{24.8}
$$

generiert, wobei wir die Notation (23.71) auch für die transformierten Koordinatenachsen $\boldsymbol{e}_{i'}$ und $\boldsymbol{e}_{i''}$ benutzt haben.

Die Darstellung (24.8) des Drehoperators ist nicht sehr bequem, da sie die Operatoren der Drehungen um die transformierten Koordinatenachsen $\boldsymbol{e}_{2'}$ und $\boldsymbol{e}_{3''}$ enthält. Dieselbe Drehung des Koordinatensystems von $[\boldsymbol{e}_1, \boldsymbol{e}_2, \boldsymbol{e}_3]$ nach $[\boldsymbol{e}_{\tilde{1}}, \boldsymbol{e}_{\tilde{2}}, \boldsymbol{e}_{\tilde{3}}]$ lässt sich jedoch auch durch die folgende alternative Sequenz von Drehungen erzeugen (siehe Abb. 24.3):

1. *Drehung um die $\boldsymbol{e}_3$-Achse um den Winkel χ.*
2. *Drehung um die ursprüngliche $\boldsymbol{e}_2$-Achse um den Winkel ϑ.*
3. *Drehung um die ursprüngliche $\boldsymbol{e}_3$-Achse um den Winkel φ.* (24.9)

Diese Sequenz führt auf die folgende alternative Darstellung des Drehoperators (24.8):

$$
\boxed{\mathcal{R}(\chi, \vartheta, \varphi) = \mathcal{R}_3(\varphi)\mathcal{R}_2(\vartheta)\mathcal{R}_3(\chi)\,,}
\tag{24.10}
$$

die nur noch die Operatoren der Drehungen um die ursprünglichen Koordinatenachsen $\boldsymbol{e}_i$ enthält. Die relative Orientierung der ursprünglichen und der gedrehten Koordinatensysteme, $[\boldsymbol{e}_1, \boldsymbol{e}_2, \boldsymbol{e}_3]$ und $[\boldsymbol{e}_{\tilde{1}}, \boldsymbol{e}_{\tilde{2}}, \boldsymbol{e}_{\tilde{3}}]$, ist für beide Folgen von Drehungen natürlich dieselbe und in Abb. 24.4 dargestellt.

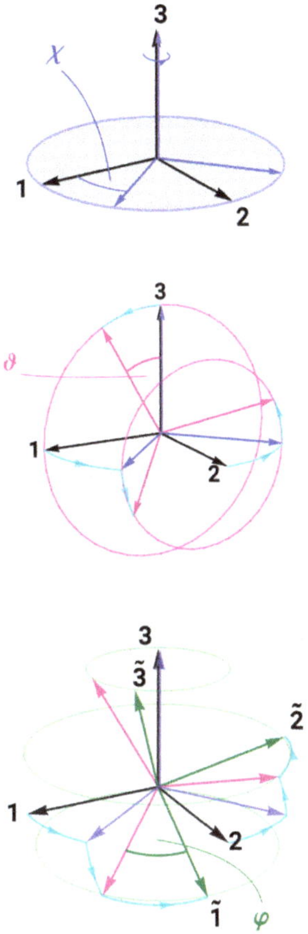

Abb. 24.3: Definition (24.9) der Euler-Winkel $(\chi, \vartheta, \varphi)$ mittels Drehungen um die ursprünglichen Koordinatenachsen.

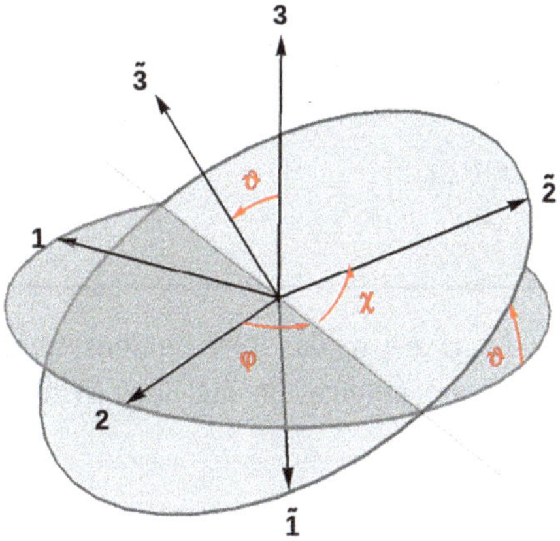

Abb. 24.4: Illustration der Euler-Winkel φ, ϑ, χ: Gedrehtes Koordinatensystem $[\boldsymbol{e}_{\tilde{1}}, \boldsymbol{e}_{\tilde{2}}, \boldsymbol{e}_{\tilde{3}}]$ und ursprüngliches Koordinatensystem $[\boldsymbol{e}_1, \boldsymbol{e}_2, \boldsymbol{e}_3]$.

Äquivalenz von (24.8) *und* (24.10)

Die Drehung $\mathcal{R}_3(\varphi)$ überführt die $\boldsymbol{e}_2$-Achse in die $\boldsymbol{e}_{2'}$-Achse und somit den Operator $L_2 = \boldsymbol{e}_2 \cdot \boldsymbol{L}$ in den Operator $L_{2'} = \boldsymbol{e}_{2'} \cdot \boldsymbol{L}$. Nach dem allgemeinen Transformationsgesetz (23.69) von Operatoren bei passiven Drehungen (Drehungen des Koordinatensystems) gilt:

$$L_{2'} = \mathcal{R}_3(\varphi) L_2 \mathcal{R}_3^{-1}(\varphi)$$

und somit:

$$\mathcal{R}_{2'}(\vartheta) = \mathcal{R}_3(\varphi)\mathcal{R}_2(\vartheta)\mathcal{R}_3^{-1}(\varphi) \,. \tag{24.11}$$

Die Beziehung (24.11) ist anschaulich sofort klar: Die Drehung um den Winkel ϑ um die y'-Achse lässt sich auch erreichen durch:

1. eine Drehung um den Winkel $(-\varphi)$ um die $\boldsymbol{e}_3$-Achse. Dabei geht die $\boldsymbol{e}_{2'}$-Achse in die ursprüngliche $\boldsymbol{e}_2$-Achse über,
2. eine Drehung um den Winkel ϑ um die $\boldsymbol{e}_2$-Achse und
3. eine Drehung um den Winkel φ um die $\boldsymbol{e}_3$-Achse.

In analoger Weise erhält man $L_{3''} = \boldsymbol{e}_{3''} \cdot \boldsymbol{L}$ aus $L_3 = \boldsymbol{e}_3 \cdot \boldsymbol{L}$ durch nacheinander Ausführen der Rotationen $\mathcal{R}_3(\varphi)$ und $\mathcal{R}_{2'}(\vartheta)$:

$$\begin{aligned} L_{3''} &= \mathcal{R}_{2'}(\vartheta) L_{3'} \mathcal{R}_{2'}^{-1}(\vartheta) = \mathcal{R}_{2'}(\vartheta)\mathcal{R}_3(\varphi) L_3 \mathcal{R}_3^{-1}(\varphi)\mathcal{R}_{2'}^{-1}(\vartheta) \\ &= \mathcal{R}_{2'}(\vartheta) L_3 \mathcal{R}_{2'}^{-1}(\vartheta) \,, \end{aligned}$$

wobei wir $[L_3, \mathcal{R}_3(\varphi)] = \hat{0}$ benutzt haben. Hieraus ergibt sich:

$$\mathcal{R}_{3''}(\chi) = \mathcal{R}_{2'}(\vartheta)\mathcal{R}_3(\chi)\mathcal{R}_{2'}^{-1}(\vartheta) \,. \tag{24.12}$$

Das Einsetzen von (24.11) und (24.12) in (24.8) liefert:

$$\begin{aligned} \mathcal{R}_{3''}(\chi)\mathcal{R}_{2'}(\vartheta)\mathcal{R}_3(\varphi) &\overset{(24.12)}{=} \mathcal{R}_{2'}(\vartheta)\mathcal{R}_3(\chi)\mathcal{R}_{2'}^{-1}(\vartheta)\mathcal{R}_{2'}(\vartheta)\mathcal{R}_3(\varphi) \\ &= \mathcal{R}_{2'}(\vartheta)\mathcal{R}_3(\chi)\mathcal{R}_3(\varphi) \\ &\overset{(24.11)}{=} \mathcal{R}_3(\varphi)\mathcal{R}_2(\vartheta)\mathcal{R}_3^{-1}(\varphi)\mathcal{R}_3(\chi)\mathcal{R}_3(\varphi) \\ &= \mathcal{R}_3(\varphi)\mathcal{R}_2(\vartheta)\mathcal{R}_3(\chi) \,, \end{aligned}$$

wobei wir $[\mathcal{R}_3(\varphi), \mathcal{R}_3(\chi)] = \hat{0}$ benutzt haben.

Die inverse Drehung vom Koordinatensystem $[\boldsymbol{e}_{\bar{1}}, \boldsymbol{e}_{\bar{2}}, \boldsymbol{e}_{\bar{3}}]$ in das Koordinatensystem $[\boldsymbol{e}_1, \boldsymbol{e}_2, \boldsymbol{e}_3]$ ist durch die Drehung in umgekehrter Reihenfolge um die Euler-Winkel $(-\chi, -\vartheta, -\varphi)$ gegeben. In der Tat folgt aus (24.10):

$$\begin{aligned} \mathcal{R}^{-1}(\chi, \vartheta, \varphi) &\equiv \left(\mathcal{R}_3(\varphi)\mathcal{R}_2(\vartheta)\mathcal{R}_3(\chi)\right)^{-1} \\ &= \mathcal{R}_3^{-1}(\chi)\mathcal{R}_2^{-1}(\vartheta)\mathcal{R}_3^{-1}(\varphi) \\ &= \mathcal{R}_3(-\chi)\mathcal{R}_2(-\vartheta)\mathcal{R}_3(-\varphi) \end{aligned}$$

$$\equiv \mathcal{R}(-\varphi, -\vartheta, -\chi)\,, \tag{24.13}$$

wobei wir wieder $\mathcal{R}_k^{-1}(\phi) = \mathcal{R}_k(-\phi)$ benutzt haben.

Zusammenhang zwischen Euler-Winkeln $(\chi, \vartheta, \varphi)$ und Drehvektor $\omega(\theta, \phi)$

Der Zusammenhang zwischen den Euler-Winkeln $(\chi, \vartheta, \varphi)$ und der in Kapitel 23 benutzten Darstellung der Drehung durch den Drehwinkel ω und die Polar- und Azimutwinkel θ und ϕ der Drehachse $\hat{\boldsymbol{n}}(\theta, \phi)$ lässt sich am einfachsten bestimmen, indem man die entsprechenden Drehoperatoren $\mathcal{R}(\chi, \vartheta, \varphi)$ (24.10) und $\mathcal{R}(\boldsymbol{\omega})$ (23.32) für einen Spin 1/2 vergleicht. Dies liefert mit $\boldsymbol{L} = \hbar\boldsymbol{\sigma}/2$

$$e^{-\frac{i}{2}\boldsymbol{\omega}\cdot\boldsymbol{\sigma}} \overset{!}{=} e^{-\frac{i}{2}\varphi\sigma_3} e^{-\frac{i}{2}\vartheta\sigma_2} e^{-\frac{i}{2}\chi\sigma_3}\,,$$

wobei

$$\boldsymbol{\omega} = \omega\hat{\boldsymbol{n}}(\theta, \phi)\,, \quad \hat{\boldsymbol{n}}(\theta, \phi) = \begin{pmatrix} \sin\theta\cos\phi \\ \sin\theta\sin\phi \\ \cos\theta \end{pmatrix}.$$

Für einen beliebigen Einheitsvektor $\hat{\boldsymbol{n}}$ mit $\hat{\boldsymbol{n}}^2 = 1$ gilt $(\hat{\boldsymbol{n}}\cdot\boldsymbol{\sigma})^2 = \mathbb{1}$, woraus durch Taylorentwicklung die Beziehung

$$\exp\left(-\frac{i}{2}\omega\hat{\boldsymbol{n}}\cdot\boldsymbol{\sigma}\right) = \mathbb{1}\cos\frac{\omega}{2} - i\hat{\boldsymbol{n}}\cdot\boldsymbol{\sigma}\sin\frac{\omega}{2} \tag{24.14}$$

folgt. Unter Benutzung von (24.14) und der Algebra der Pauli-Matrizen

$$\sigma_k\sigma_l = i\varepsilon_{klm}\sigma_m + \delta_{kl}\mathbb{1}$$

findet man nach elementaren Rechnungen eine Matrixgleichung der Gestalt

$$\sum_{k=0}^{3} a_k\sigma_k = 0\,,$$

wobei $\sigma_0 = \mathbb{1}$ die zweidimensionale Einheitsmatrix bezeichnet und die Koeffizienten a_k durch

$$a_0 = \cos\frac{\omega}{2} - \cos\frac{\vartheta}{2}\cos\frac{\varphi+\chi}{2}\,, \tag{24.15}$$

$$ia_1 = \sin\frac{\omega}{2}\sin\theta\cos\phi + \sin\frac{\vartheta}{2}\sin\frac{\varphi-\chi}{2}\,, \tag{24.16}$$

$$ia_2 = \sin\frac{\omega}{2}\sin\theta\sin\phi - \sin\frac{\vartheta}{2}\cos\frac{\varphi-\chi}{2}\,, \tag{24.17}$$

$$ia_3 = \sin\frac{\omega}{2}\cos\theta - \cos\frac{\vartheta}{2}\sin\frac{\varphi+\chi}{2} \tag{24.18}$$

gegeben sind. Da die σ_k linear unabhängig sind, müssen sämtliche Koeffizienten verschwinden, $a_k = 0$. Dies liefert vier Gleichungen, von denen nur drei linear unabhängig sind. Division von (24.16) durch (24.17) liefert

$$\cot\phi = -\tan\frac{\varphi-\chi}{2}\,.$$

Mit $\cot\phi = -\tan(\phi - \frac{\pi}{2})$ erhalten wir

$$\frac{\varphi - \chi}{2} = \phi - \frac{\pi}{2} . \tag{24.19}$$

Division von (24.18) durch (24.15) liefert

$$\tan\frac{\varphi + \chi}{2} = \tan\frac{\omega}{2}\cos\theta . \tag{24.20}$$

Setzen wir (24.19) in (24.16) ein und benutzen $\sin(\phi - \frac{\pi}{2}) = -\cos\phi$, so erhalten wir

$$\sin\frac{\vartheta}{2} = \sin\frac{\omega}{2}\sin\theta . \tag{24.21}$$

Die Gleichungen (24.19), (24.20) und (24.21) liefern den gesuchten Zusammenhang zwischen den Euler-Winkeln $(\chi, \vartheta, \varphi)$ und den Winkeln (ω, θ, ϕ) der Drehung um einen Winkel ω um die Drehachse $\hat{n}(\theta, \phi)$.

24.1.2 Die Drehmatrix

Da die Drehmatrix R die Drehimpuls-($l = 1$)-Darstellung des Drehoperators $\mathcal{R}$ ist, finden wir für diese aus (24.10)

$$\boxed{R(\chi, \vartheta, \varphi) = R_3(\varphi)R_2(\vartheta)R_3(\chi) .} \tag{24.22}$$

Unter Benutzung von (23.44) und (23.45) finden wir nach Ausmultiplikation der Matrizen in (24.22)

$$R(\chi, \vartheta, \varphi) = \begin{pmatrix} \cos\varphi\cos\vartheta\cos\chi - \sin\varphi\sin\chi & -\cos\varphi\cos\vartheta\sin\chi - \sin\varphi\cos\chi & \cos\varphi\sin\vartheta \\ \sin\varphi\cos\vartheta\cos\chi + \cos\varphi\sin\chi & -\sin\varphi\cos\vartheta\sin\chi + \cos\varphi\cos\chi & \sin\varphi\sin\vartheta \\ -\sin\vartheta\cos\chi & \sin\vartheta\sin\chi & \cos\vartheta \end{pmatrix} . \tag{24.23}$$

Für die inverse Matrix $R^{-1} = R^T$ gilt analog zu (24.13)

$$R^{-1}(\chi, \vartheta, \varphi) = R(-\varphi, -\vartheta, -\chi) .$$

Zur späteren Verwendung betrachten wir die Wirkung der Drehmatrix (24.22) auf den Basisvektor $\boldsymbol{e}_3 = \hat{\boldsymbol{x}}(\vartheta = 0, \varphi)$. Dieser ist offenbar invariant gegenüber Drehungen um die 3-Achse, d. h.

$$R_3(\chi)\boldsymbol{e}_3 = \boldsymbol{e}_3 .$$

Deshalb gilt

$$R(\chi, \vartheta, \varphi)\boldsymbol{e}_3 = R(\chi = 0, \vartheta, \varphi)\boldsymbol{e}_3 = R_3(\varphi)R_2(\vartheta)\boldsymbol{e}_3 .$$

Mit (24.23) und $\boldsymbol{e}_3^T = (0,0,1)$ erhalten wir

$$R(\chi,\vartheta,\varphi)\boldsymbol{e}_3 = \begin{pmatrix} \sin\vartheta\,\cos\varphi \\ \sin\vartheta\,\sin\varphi \\ \cos\vartheta \end{pmatrix}.$$

Die rechte Seite ist aber gerade die Polarkoordinatendarstellung (der kartesischen Komponenten) des Einheitsvektors $\hat{\boldsymbol{x}}(\vartheta,\varphi)$. Damit finden wir

$$\hat{\boldsymbol{x}}(\vartheta,\varphi) = R(\chi,\vartheta,\varphi)\boldsymbol{e}_3 = R(0,\vartheta,\varphi)\boldsymbol{e}_3 = R_3(\varphi)R_2(\vartheta)\boldsymbol{e}_3\,. \tag{24.24}$$

Anschaulich ist diese Beziehung unmittelbar einsichtig: Um den Einheitsvektor $\hat{\boldsymbol{x}}(\vartheta,\varphi)$ aus $\boldsymbol{e}_3$ zu erhalten, müssen wir zunächst $\boldsymbol{e}_3$ um einen Winkel ϑ um die 2-Achse und den entstehenden Vektor um einen Winkel φ um die 3-Achse drehen.

Aus Gl. (23.64) folgt auch für die Figurenachse

$$(\boldsymbol{e}_{\tilde{3}})_i \equiv \boldsymbol{e}_i \cdot \boldsymbol{e}_{\tilde{3}} = R_{i\tilde{3}}(\chi,\vartheta,\varphi)$$

und mit (24.23)

$$(\boldsymbol{e}_{\tilde{3}})_i = \hat{\boldsymbol{x}}_i(\vartheta,\varphi)\,. \tag{24.25}$$

24.2 Die Wigner'schen $\mathcal{D}$-Funktionen

Wir betrachten die Eigenfunktionen des Drehimpulses $|lm\rangle$ an den „gedrehten" Koordinaten (23.26)

$$x_i' = R_{ij}(\chi,\vartheta,\varphi)x_j\,.$$

Nach (23.50) gilt:

$$\langle\hat{\boldsymbol{x}}'|lm\rangle \equiv \langle R(\chi,\vartheta,\varphi)\hat{\boldsymbol{x}}|lm\rangle = \langle\hat{\boldsymbol{x}}|\mathcal{R}^{-1}(\chi,\vartheta,\varphi)|lm\rangle\,.$$

Unter Benutzung der Vollständigkeitsrelation der $|lm\rangle$

$$\sum_{l,m} |lm\rangle\langle lm| = \hat{1} \tag{24.26}$$

finden wir

$$\langle\hat{\boldsymbol{x}}'|lm\rangle = \sum_{l',m'} \langle\hat{\boldsymbol{x}}|l'm'\rangle\langle l'm'|\mathcal{R}^{-1}(\chi,\vartheta,\varphi)|lm\rangle\,. \tag{24.27}$$

Der Drehoperator $\mathcal{R}$ kommutiert mit dem Quadrat des Drehimpulses

$$[\boldsymbol{L}^2, \mathcal{R}] = \hat{0}\,,$$

da $[L_k, \boldsymbol{L}^2] = \hat{0}$. Deshalb sind die Matrixelemente des Drehoperators $\mathcal{R}$ wie die der L_k (15.39) diagonal in der Quantenzahl l

$$\boxed{\langle l'm'|\mathcal{R}^{-1}(\chi, \vartheta, \varphi)|lm\rangle =: \delta_{l'l}\mathcal{D}^l_{m'm}(\chi, \vartheta, \varphi)\,.} \tag{24.28}$$

Die Matrixelemente des Drehoperators $\mathcal{D}^l_{mm'}(\chi, \vartheta, \varphi)$ zwischen Zuständen mit gleichem Gesamtdrehimpuls l werden als *Wigner'sche* $\boldsymbol{\mathcal{D}}$*-Funktionen* bezeichnet. Diese Funktionen sind sowohl für ganz- als auch halbzahlige Drehimpulse

$$l = 0, \frac{1}{2}, 1, \ldots$$

definiert und liefern als Matrixelemente des Drehoperators eine (irreduzible) Darstellung der SU(2)-Gruppe und für ganzzalige l auch der Drehgruppe SO(3). Siehe die Diskussion am Ende von Abschnitt 23.5.1 sowie Anhang E.

Wie bereits in Abschnitt 15.5 gezeigt, existiert für halbzahlige Drehimpulse l keine Realisierung der Drehimpulsoperatoren L_k in Form von Diffentialoperatoren im Ortsraum, sondern durch $(2l+1)$-dimensionale Matrizen, die zu einem inneren Drehimpuls, dem Spin, gehören. Entsprechend lassen sich die $|lm\rangle$ für halbzahlige l nicht als Funktionen im Ortsraum ausdrücken. Für halbzahlige l verdoppelt sich der Definitionsbereich (24.5) der Euler-Winkel, da hier $\mathcal{R}_k(2\pi) = -\hat{1}$ und erst eine Drehung um den Winkel 4π wieder auf die Identität führt, $\mathcal{R}_k(4\pi) = \hat{1}$, während für ganzzahlige Drehimpulse die Identität schon nach einer Drehung um den Winkel 2π erreicht wird. Demzufolge gilt für die Wigner'schen $\mathcal{D}$-Funktionen z. B.

$$\mathcal{D}^l_{km}(\chi, \vartheta, \varphi + 2\pi) = (-1)^{2l}\mathcal{D}^l_{km}(\chi, \vartheta, \varphi) \tag{24.29}$$

und entsprechende Beziehungen bei einer Vergrößerung der übrigen Euler-Winkel um 2π. Da in $\mathbb{R}^3$ eine Drehung um den Winkel $\varphi + 2\pi$ äquivalent zu einer Drehung um den Winkel φ ist, können nur die $\mathcal{D}^l_{km}(\chi, \vartheta, \varphi)$ mit *ganzzahligen* l Darstellungen der Drehgruppe SO(3) sein. In der Tat sind die $\mathcal{D}^l_{km}(\chi, \vartheta, \varphi)$ irreduzible Darstellungen der SU(2)-Gruppe für halb- und ganzzahlige l, jedoch der SO(3)-Gruppe nur für ganzzahlige l.

Um den Gruppencharakter der $\boldsymbol{\mathcal{D}}$-Funktionen zu illustrieren, betrachen wir eine Drehung um die Euler-Winkel $(\varphi, \vartheta, \chi)$, die das Ergebnis zweier nacheinander ausgeführten Drehungen um die Euler-Winkel $(\varphi_1, \vartheta_1, \chi_1)$ und $(\varphi_2, \vartheta_2, \chi_2)$ ist, d. h. es gelte:

$$\mathcal{R}(\chi_2, \vartheta_2, \varphi_2)\mathcal{R}(\chi_1, \vartheta_1, \varphi_1) = \mathcal{R}(\chi, \vartheta, \varphi)$$

und damit

$$\mathcal{R}^{-1}(\chi_1, \vartheta_1, \varphi_1)\mathcal{R}^{-1}(\chi_2, \vartheta_2, \varphi_2) = \mathcal{R}^{-1}(\chi, \vartheta, \varphi) .$$

Nehmen wir das Matrixelement dieser Gleichung in den Drehimpulseigenzuständen $|lm\rangle$ und schieben die Vollständigkeitsrelation (24.26) zwischen die beiden Drehoperatoren auf der linken Seite, so erhalten wir unter Benutzung der Definition der $\mathcal{D}$-Funktionen (24.28):

$$\sum_k \mathcal{D}^l_{mk}(\chi_1, \vartheta_1, \varphi_1)\mathcal{D}^l_{km'}(\chi_2, \vartheta_2, \varphi_2) = \mathcal{D}^l_{mm'}(\chi, \vartheta, \varphi) .$$

Diese Gleichung stellt das Multiplikationsgesetz einer Gruppe dar und zeigt, dass die $\mathcal{D}^l_{km}(\varphi, \vartheta, \chi)$ tatsächlich Darstellungen einer Gruppe sind.

Mit den Wigner'schen $\mathcal{D}$-Funktionen (24.28) lautet das Transformationsgesetz (24.27) der Drehimpulseigenfunktionen unter Drehungen

$$\langle \hat{\boldsymbol{x}}' | lm \rangle = \sum_{k=-l}^{l} \langle \hat{\boldsymbol{x}} | lk \rangle \mathcal{D}^l_{km}(\chi, \vartheta, \varphi) . \tag{24.30}$$

Für ganzzahlige l sind die Drehimpulseigenfunktionen durch die Kugelfunktionen (siehe Abschnitt 15.5)

$$Y_{lm}(\hat{\boldsymbol{x}}) = \langle \hat{\boldsymbol{x}} | lm \rangle$$

gegeben und wir erhalten aus (24.30)

$$Y_{lm}(R(\chi, \vartheta, \varphi)\hat{\boldsymbol{x}}) = \sum_{k=-l}^{l} Y_{lk}(\hat{\boldsymbol{x}})\mathcal{D}^l_{km}(\chi, \vartheta, \varphi) . \tag{24.31}$$

Wählen wir hier $\hat{\boldsymbol{x}} = \boldsymbol{e}_3$ und benutzen (24.24) sowie

$$Y_{lm}(\boldsymbol{e}_3) \equiv Y_{lm}(\vartheta = 0, \varphi) = \delta_{m0}\sqrt{\frac{2l+1}{4\pi}} ,$$

so finden wir den Zusammenhang

$$\boxed{Y_{lm}(\hat{\boldsymbol{x}}) \equiv Y_{lm}(\vartheta, \varphi) = \sqrt{\frac{2l+1}{4\pi}}\mathcal{D}^l_{0m}(0, \vartheta, \varphi) .} \tag{24.32}$$

Eine beliebige Wellenfunktion mit gutem Drehimpuls $|\psi_{lm}\rangle$ enthält stets die Drehimpulseigenfunktion $|lm\rangle$ und i. A. weitere Funktionen von skalaren Variablen, die invariant unter Drehungen sind.[1] Deshalb transformieren sich beliebige Wellenfunktionen mit gutem Drehimpuls unter Drehungen wie die $|lm\rangle$ (24.31)

$$\boxed{\psi_{lm}(R(\chi,\vartheta,\varphi)\boldsymbol{x}) = \sum_{m'} \psi_{lm'}(\boldsymbol{x})\mathcal{D}^{l}_{m'm}(\chi,\vartheta,\varphi)\,.}$$

24.2.1 Explizite Darstellung

Aus der Euler-Winkeldarstellung (24.10) des Drehoperators $\mathcal{R}(\chi,\vartheta,\varphi)$ und der Eigenwertgleichung für L_3 (15.32), folgt unmittelbar, dass die $\mathcal{D}$-Funktionen sich in der Form

$$\boxed{\mathcal{D}^{l}_{km}(\chi,\vartheta,\varphi) = e^{ik\chi}\, d^{l}_{km}(\vartheta)\, e^{im\varphi}} \tag{24.33}$$

darstellen lassen, wobei die

$$\boxed{d^{l}_{km}(\vartheta) = \langle lk|\mathcal{R}_2^{-1}(\vartheta)|lm\rangle = \langle lk|e^{\frac{i}{\hbar}\vartheta L_2}|lm\rangle} \tag{24.34}$$

als *reduzierte $\mathcal{D}$-Funktionen* bezeichnet werden. Diese Funktionen sind reell, wie man leicht unter Benutzung von

$$L_2 = \frac{1}{2i}(L_+ - L_-)$$

und Gl. (15.29) zeigt. Als reelle Matrixelemente des unitären Drehoperators bilden sie eine orthogonale Matrix und besitzen wegen $\mathcal{R}_2^{-1}(\vartheta) = \mathcal{R}_2(-\vartheta) = \mathcal{R}_2^{\dagger}(\vartheta)$ die Symmetrie

$$[d^{l}(\vartheta)]^{-1}_{km} = d^{l}_{km}(-\vartheta) = d^{l}_{mk}(\vartheta)\,.$$

Ferner folgt aus den Eigenschaften der Drehimpulseigenfunktionen (15.66)

$$|lm\rangle^{*} = (-1)^{m}|l,-m\rangle$$

und der Tatsache, dass die $d^{l}_{mm'}$ und der Operator $\mathcal{R}_2(\vartheta)$ reell sind, die Symmetriebeziehung

$$d^{l}_{km}(\vartheta) = (-1)^{k-m} d^{l}_{-k,-m}(\vartheta)$$

und hieraus mit Gln. (24.33)

---

1 Zum Beispiel für ein spinloses Teilchen (l-ganzzahlig) im Zentralpotential ist der Winkelanteil der Wellenfunktion $\langle\hat{x}|lm\rangle$ durch die Kugelfunktionen $Y_{lm}(\hat{x})$ gegeben (siehe Gl. (17.12)), während der Radialanteil invariant gegenüber Drehungen ist.

$$\mathcal{D}^l_{km}(\chi,\vartheta,\varphi) = (-1)^{k-m}\mathcal{D}^{l^*}_{-k,-m}(\chi,\vartheta,\varphi)\,. \tag{24.35}$$

Für $l = 0$ ist die Drehimpulseigenfunktion

$$\langle\hat{\boldsymbol{x}}|00\rangle = Y_{00}(\hat{\boldsymbol{x}}) = \frac{1}{\sqrt{4\pi}}$$

konstant und wir finden mit $L_2|00\rangle = 0$

$$d^0_{00}(\vartheta) \equiv \langle 00|e^{i\vartheta L_y}|00\rangle = 1\,.$$

Für $l = 1/2$ sind die Drehimpulsoperatoren durch die Pauli-Matrizen σ_k gegeben, $L_k = \frac{\hbar}{2}\sigma_k$. Unter Benutzung von $\sigma_k^2 = \mathbb{1}$ haben wir:

$$\exp\left[i\frac{\vartheta}{2}\sigma_2\right] = \mathbb{1}\cos\frac{\vartheta}{2} + i\sigma_2\sin\frac{\vartheta}{2}, \tag{24.36}$$

was sich leicht durch eine Taylor-Entwicklung von $e^{i\frac{\vartheta}{2}\sigma_2}$ zeigen lässt. In der Basis der Drehimpulseigenzustände $|l = 1/2, m\rangle$ besitzt

$$\sigma_2 \equiv \begin{pmatrix} \langle\frac{1}{2}\,\frac{1}{2}|\sigma_2|\frac{1}{2}\,\frac{1}{2}\rangle & \langle\frac{1}{2}\,\frac{1}{2}|\sigma_2|\frac{1}{2}\,-\frac{1}{2}\rangle \\ \langle\frac{1}{2}\,-\frac{1}{2}|\sigma_2|\frac{1}{2}\,\frac{1}{2}\rangle & \langle\frac{1}{2}\,-\frac{1}{2}|\sigma_2|\frac{1}{2}\,-\frac{1}{2}\rangle \end{pmatrix}$$

die Darstellung

$$\sigma_2 = \begin{pmatrix} 0 & -i \\ i & 0 \end{pmatrix}$$

und für die reduzierte $\mathcal{D}$-Funktion (24.34) finden wir aus (24.36):

$$\boxed{d^{1/2}(\vartheta) = \begin{pmatrix} \cos\frac{\vartheta}{2} & \sin\frac{\vartheta}{2} \\ -\sin\frac{\vartheta}{2} & \cos\frac{\vartheta}{2} \end{pmatrix}, \quad 0 \le \vartheta \le 2\pi\,.}$$

Dies ist eine orthogonale Matrix, welche die Drehung in einer Ebene um den Winkel $(-\vartheta/2)$ beschreibt, siehe Gl. (23.27).[2] Aus der Periodizität der Winkelfunktionen folgt die Symmetriebeziehung

$$d^{1/2}_{km}(\vartheta + 2\pi) = -d^{1/2}_{km}(\vartheta)\,, \tag{24.37}$$

in Übereinstimmung mit (24.29).

2 Das Minuszeichen entsteht, da wir die $\mathcal{D}$-Funktionen (24.28) als Matrixelemente des *inversen* Drehoperators definiert haben.

Für $l = 1$ wurde die Matrix des Drehimpulsoperators in der Basis seiner Eigenzustände $|l = 1m\rangle$ in Gl. (15.46) gegeben:

$$L_2 = \frac{\hbar}{\sqrt{2}} \begin{pmatrix} 0 & -i & 0 \\ i & 0 & -i \\ 0 & i & 0 \end{pmatrix} .$$

Wegen

$$(L_2)^3 = \hbar^2 L_2$$

lässt sich auch hier die Taylorreihe von

$$d^1_{km}(\vartheta) = (e^{\frac{i}{\hbar}\vartheta L_2})_{km}$$

aufsummieren und man findet:

$$d^1(\vartheta) = \frac{1}{2} \begin{pmatrix} 1 + \cos\vartheta & \sqrt{2}\sin\vartheta & 1 - \cos\vartheta \\ -\sqrt{2}\sin\vartheta & 2\cos\vartheta & \sqrt{2}\sin\vartheta \\ 1 - \cos\vartheta & -\sqrt{2}\sin\vartheta & 1 + \cos\vartheta \end{pmatrix} .$$

Offensichtlich gilt

$$d^1(\vartheta + 2\pi) = d^1(\vartheta) ,$$

in Übereinstimmung mit (24.29).

24.2.2 Eigenschaften

Aus der Unitarität des Drehoperators folgt wegen (24.13) die Beziehung

$$\boxed{\mathcal{D}^{l*}_{km}(\chi, \vartheta, \varphi) = \mathcal{D}^l_{mk}(-\varphi, -\vartheta, -\chi) .}$$

Als Matrixelemente des unitären (inversen) Drehoperators $\mathcal{R}^{-1}$ bilden die $\mathcal{D}$-Funktionen $\mathcal{D}^l_{mm'}$ für festes l eine unitäre Matrix:

$$\boxed{[\mathcal{D}^l(\chi, \vartheta, \varphi)]^{-1}_{mm'} = [\mathcal{D}^l_{m'm}(\chi, \vartheta, \varphi)]^* .}$$

Somit gilt

$$\sum_k \mathcal{D}^{l*}_{km}(\chi, \vartheta, \varphi)\mathcal{D}^l_{km'}(\chi, \vartheta, \varphi) = \sum_k \mathcal{D}^{l*}_{mk}(\chi, \vartheta, \varphi)\mathcal{D}^l_{mk}(\chi, \vartheta, \varphi) = \delta_{mm'} ,$$

wovon man sich leicht mittels der Vollständigkeit der Drehimpulseigenfunktionen überzeugt:

$$\begin{aligned}
&\sum_k \mathcal{D}^{l*}_{km}(\chi,\vartheta,\varphi)\mathcal{D}^{l}_{km'}(\chi,\vartheta,\varphi)\\
&\quad= \sum_k \langle lk|\mathcal{R}^{-1}(\chi,\vartheta,\varphi)|lm\rangle^* \langle lk|\mathcal{R}^{-1}(\chi,\vartheta,\varphi)|lm'\rangle\\
&\quad= \sum_k \langle lm|\mathcal{R}(\chi,\vartheta,\varphi)|lk\rangle \langle lk|\mathcal{R}^{-1}(\chi,\vartheta,\varphi)|lm'\rangle\\
&\quad= \langle lm|\mathcal{R}(\chi,\vartheta,\varphi)\mathcal{R}^{-1}(\chi,\vartheta,\varphi)|lm'\rangle\\
&\quad= \langle lm|lm'\rangle = \delta_{mm'}\,.
\end{aligned}$$

Wir betrachten ein System aus zwei Drehimpulsen $\boldsymbol{L}_{(1)}$ und $\boldsymbol{L}_{(2)}$, die sich zum Gesamtdrehimpuls

$$\boldsymbol{L} = \boldsymbol{L}_{(1)} + \boldsymbol{L}_{(2)}$$

addieren. Die Drehimpulse $\boldsymbol{L}_{(1)}$ und $\boldsymbol{L}_{(2)}$ sollen zu verschiedenen physikalischen Systemen gehören. Sie wirken deshalb in unterschiedlichen Hilberträumen und kommutieren folglich miteinander

$$[\boldsymbol{L}_{(1)}, \boldsymbol{L}_{(2)}] = 0\,.$$

Dementsprechend zerfällt der Drehoperator des Gesamtsystems $\mathcal{R}(\chi,\vartheta,\varphi)$ in das Produkt der Drehoperatoren der Teilsysteme

$$e^{-\frac{i}{\hbar}\boldsymbol{\omega}\cdot\boldsymbol{L}} = e^{-\frac{i}{\hbar}\boldsymbol{\omega}\cdot\boldsymbol{L}_{(1)}} e^{-\frac{i}{\hbar}\boldsymbol{\omega}\cdot\boldsymbol{L}_{(2)}}\,.$$

Dasselbe gilt für die Euler-Winkel-Darstellung

$$\mathcal{R}^{-1}(\chi,\vartheta,\varphi) = \mathcal{R}^{-1}_{(1)}(\chi,\vartheta,\varphi)\mathcal{R}^{-1}_{(2)}(\chi,\vartheta,\varphi)\,, \tag{24.38}$$

wobei $\mathcal{R}_{(1)}$, $\mathcal{R}_{(2)}$ und $\mathcal{R}$ jeweils mittels der Drehimpulsoperatoren $\boldsymbol{L}_{(1)}$, $\boldsymbol{L}_{(2)}$ und $\boldsymbol{L}$ definiert sind. Die Drehimpulseigenfunktionen $|l_1m_1\rangle$ und $|l_2m_2\rangle$ zu $\boldsymbol{L}_{(1)}$ und $\boldsymbol{L}_{(2)}$ lassen sich zu Eigenzuständen $|lm\rangle$ des Gesamtdrehimpulses koppeln (siehe Abschnitt 15.7)

$$|lm\rangle = \sum_{m_1,m_2} \langle l_1m_1l_2m_2|lm\rangle |l_1m_1\rangle |l_2m_2\rangle\,. \tag{24.39}$$

Multiplizieren wir Gleichung (24.38) von rechts bzw. links mit Gl. (24.39), bzw. ihrem hermitesch Adjungierten und benutzen die Definition (24.28) der $\mathcal{D}$-Funktionen, so lassen sich zwei $\mathcal{D}$-Funktionen mit denselben Euler-Winkeln zu einer $\mathcal{D}$-Funktion (mit demselben Argument) koppeln:

$$\begin{aligned}\mathcal{D}^{l}_{mk}(\chi,\vartheta,\varphi)\\ = \sum_{m_1,m_2}\sum_{k_1,k_2}\langle l_1k_1l_2k_2|lk\rangle\mathcal{D}^{l_1}_{k_1m_1}(\chi,\vartheta,\varphi)\mathcal{D}^{l_2}_{k_2m_2}(\chi,\vartheta,\varphi)\langle l_1m_1l_2m_2|lm\rangle\,.\end{aligned} \tag{24.40}$$

Mittels dieser Beziehung lassen sich sämtliche $\mathcal{D}$-Funktionen $\mathcal{D}^l_{km}$ mit beliebigen l aus denen mit $l = 1/2$ gewinnen.

Unter Ausnutzung der Orthogonalitätsbeziehungen der Clebsch-Gordan-Koeffizienten $\langle l_1m_1l_2m_2|lm\rangle$ (siehe Gl. (15.77)) lässt sich die obige Beziehung invertieren zum Zerlegungssatz

$$\begin{aligned}\mathcal{D}^{l_1}_{m_1k_1}(\chi,\vartheta,\varphi)\mathcal{D}^{l_2}_{m_2k_2}(\chi,\vartheta,\varphi)\\ = \sum_{l}\sum_{m,k}\langle l_1m_1l_2m_2|lm\rangle\mathcal{D}^{l}_{mk}(\chi,\vartheta,\varphi)\langle l_1k_1l_2k_2|lk\rangle\,,\end{aligned} \tag{24.41}$$

wobei die Summation über alle Gesamtdrehimpulse l entsprechend der Dreiecksrelationen für Drehimpulskopplung

$$|l_1 - l_2| \leq l \leq l_1 + l_2$$

zu nehmen ist. Ferner gilt nach den Auswahlregeln der Clebsch-Gordan-Koeffizienten:

$$m = m_1 + m_2\,, \quad k = k_1 + k_2\,,$$

sodass die Summation über m und k de facto auf diese Werte zusammenbricht. Wegen

$$d^l_{mk}(\vartheta) = \mathcal{D}^l_{mk}(0,\vartheta,0)$$

gelten analoge Beziehungen zu Gl. (24.40), (24.41) auch für die reduzierten $\mathcal{D}$-Funktionen $d^l_{mk}(\vartheta)$.

Die Euler-Winkel ϑ und φ sind die Polar- und Azimutwinkel der Figurenachse $\boldsymbol{e}_{\bar{3}} = \hat{\boldsymbol{x}}(\vartheta,\varphi)$, siehe Gl. (24.25). Deshalb benutzen wir für diese Winkel auch das von den sphärischen Koordinaten her bekannte Integrationsmaß

$$\int_0^{\pi} d\vartheta\,\sin\vartheta \int_0^{2\pi} d\varphi\,. \tag{24.42}$$

Ferner besitzt der Euler-Winkel χ definitionsgemäß ebenfalls (wie φ) die Bedeutung eines Azimutwinkels und wird deshalb mit dem Integrationsmaß

$$\int_0^{2\pi} d\chi \tag{24.43}$$

versehen. Während (24.42) die Integration über sämtliche Richtungen der Figurenachse $\boldsymbol{e}_{\tilde{3}} = \hat{x}(\vartheta, \varphi)$ liefert, gibt (24.43) die Integration über den Drehwinkel um die Figurenachse. Damit erhalten wir folgendes Integrationsmaß über die Euler-Winkel für *ganzzahliges*[3] *l*:

$$\boxed{\int d\mu(\varphi, \vartheta, \chi) := \int_0^{2\pi} d\varphi \int_0^{\pi} d\vartheta \, \sin\vartheta \int_0^{2\pi} d\chi \, .} \tag{24.44}$$

Integrieren wir mit diesem Maß die Darstellung (24.33) der $\mathcal{D}$-Funktionen, so erhalten wir:

$$\begin{aligned} \int d\mu(\chi, \vartheta, \varphi) \, \mathcal{D}^l_{mk}(\chi, \vartheta, \varphi) &= \int_0^{2\pi} d\chi \, e^{ik\chi} \int_0^{\pi} d\vartheta \sin\vartheta \, d^l_{mk}(\vartheta) \int_0^{2\pi} d\varphi \, e^{im\varphi} \\ &= (2\pi)^2 \delta_{m0} \delta_{k0} \int_0^{\pi} d\vartheta \, \sin\vartheta \, d^l_{00}(\vartheta) \, . \end{aligned} \tag{24.45}$$

Das verbleibende Integral lässt sich ebenfalls elementar berechnen: Aus Gl. (24.32) folgt

$$d^l_{00}(\vartheta) \equiv \mathcal{D}^l_{00}(0, \vartheta, 0) = \sqrt{\frac{4\pi}{2l+1}} Y_{l0}(\vartheta, 0)$$

und mit Gl. (15.71):

$$Y_{l0}(\vartheta, \varphi) = \sqrt{\frac{2l+1}{4\pi}} P_l(\cos\vartheta)$$

ergibt sich

$$\boxed{d^l_{00}(\vartheta) = P_l(\cos\vartheta) \, ,}$$

wobei $P_l(z)$ die Legendre-Polynome bezeichnet. Damit erhalten wir für das gesuchte Integral

$$\int_0^{\pi} d\vartheta \sin\vartheta \, d^l_{00}(\vartheta) = \int_{-1}^{1} dz P_l(z) \, .$$

Benutzen wir $P_0(z) = 1$ und die Orthonormiertheit der Legendre-Polynome

3 Für halbzahlige l ist der Integrationsbereich entweder über den Euler-Winkel φ oder den Euler-Winkel χ auf das Intervall von null bis 4π zu erweitern, siehe Diskussion nach Gl. (24.48).

$$\boxed{\int_{-1}^{1} dz P_l(z) P_{l'}(z) = \frac{2}{2l+1}\delta_{ll'}}$$

so finden wir schließlich

$$\int_0^{\pi} d\vartheta \sin\vartheta d_{00}^l(\vartheta) = 2\delta_{l0}$$

und somit aus (24.45)

$$\int d\mu(\chi,\vartheta,\varphi)\,\mathcal{D}_{mk}^l(\chi,\vartheta,\varphi) = 8\pi^2\delta_{l0}\delta_{m0}\delta_{k0}\,. \tag{24.46}$$

Unter Benutzung dieses Ergebnisses und des Ausdrucks für den Clebsch-Gordan-Koeffizient

$$\langle l_1 m_1 l_2 m_2 | 00\rangle = \frac{(-1)^{l_1-m_1}}{\sqrt{2l_1+1}}\delta_{l_1 l_2}\delta_{m_1,-m_2}$$

erhalten wir nach Integration über Gl. (24.41) und unter Ausnutzung der Symmetriebeziehung (24.35) die Orthonormierungsbedingung

$$\boxed{\int d\mu(\chi,\vartheta,\varphi)\,\mathcal{D}_{mk}^{l*}(\chi,\vartheta,\varphi)\mathcal{D}_{m'k'}^{l'}(\chi,\vartheta,\varphi) = \frac{8\pi^2}{2l+1}\delta_{ll'}\delta_{mm'}\delta_{kk'}\,.} \tag{24.47}$$

Multiplizieren wir Gl. (24.41) mit $\mathcal{D}_{mk}^{l*}(\varphi,\vartheta,\chi)$, integrieren über die Euler-Winkel und benutzen (24.47), so ergibt sich die Beziehung:

$$\begin{aligned}&\int d\mu(\chi,\vartheta,\varphi)\,\mathcal{D}_{mk}^{l*}(\chi,\vartheta,\varphi)\mathcal{D}_{m_1k_1}^{l}(\chi,\vartheta,\varphi)\mathcal{D}_{m_2k_2}^{l}(\chi,\vartheta,\varphi)\\&\quad= \frac{8\pi^2}{2l+1}\langle l_1m_1l_2m_2|lm\rangle\langle l_1k_1l_2k_2|lk\rangle\,.\end{aligned} \tag{24.48}$$

Die obigen Integralbeziehungen (24.46), (24.47), (24.48) gelten für ganzzahlige l. Für halbzahlige l ist das Integrationsgebiet zu verdoppeln, da die Periode der Euler-Winkel in diesem Fall 4π statt 2π beträgt. Aufgrund der Symmetrieeigenschaften der $\mathcal{D}$-Funktionen ist es jedoch nicht notwendig, den Integrationsbereich aller drei Euler-Winkel zu verdoppeln. Vielmehr reicht es aus, entweder das Integrationsgebiet des Winkels φ oder des Winkels χ zu verdoppeln. Das erweiterte Integrationsgebiet für halbzahlige Drehimpulse l lässt sich also auf zwei Arten wählen:

1. Verdoppelung des Winkels φ:

$$0 \le \varphi < 4\pi\,,\quad 0 \le \vartheta < \pi\,,\quad 0 \le \chi < 2\pi\,.$$

2. Verdoppelung des Winkels χ:

$$0 \le \varphi < 2\pi\,,\quad 0 \le \vartheta < \pi\,,\quad 0 \le \chi < 4\pi\,.$$

Die Volumina der verdoppelten Integrationsgebiete betragen $16\pi^2$ statt $8\pi^2$. Deshalb ist für halbzahlige l der Faktor $8\pi^2$ auf den rechten Seiten von (24.46), (24.47) und (24.48) durch $16\pi^2$ zu ersetzen.

Ohne Beweis geben wir noch die Vollständigkeitsrelation der $\mathcal{D}$-Funktionen an:

$$\sum_{l=0,\frac{1}{2},1,\ldots} \sum_{m=-l}^{l} \sum_{k=-l}^{l} \frac{2l+1}{16\pi^2} \mathcal{D}^{l*}_{km}(\chi,\vartheta,\varphi)\mathcal{D}^{l}_{km}(\varphi',\vartheta',\chi') \\ = \delta(\varphi-\varphi')\delta(\cos\vartheta - \cos\vartheta')\delta(\chi-\chi')\,.$$

Man beachte, dass hier sämtliche (ganz- und halbzahlige) Drehimpulse beitragen.

24.3 Die Drehimpulse des starren Körpers

Im Abschnitt 24.2 haben wir die Wigner'schen $\mathcal{D}$-Funktionen als Matrixelemente des (inversen) Drehoperators in den Eigenzuständen des Drehimpulsoperators definiert. Im Folgenden geben wir eine physikalische Interpretation der $\mathcal{D}$-Funktionen als die Wellenfunktionen der Rotationsfreiheitsgrade des starren Körpers. Letzterer wird ausführlich im Abschnitt 24.4 behandelt.

Wir betrachten die Drehung eines starren Körpers. Mit dem starren Körper verbinden wir ein Koordinatensystem $\tilde{K}$, dessen Ursprung wir als Massenschwerpunkt des starren Körpers wählen können. Die Koordinatenachsen dieses *körperfesten Bezugssystems* $\tilde{K}$ seien durch die orthogonalen Einheitsvektoren (Dreibein)[4]

$$\{\tilde{\boldsymbol{e}}_{i=1,2,3}\}\,, \qquad \tilde{\boldsymbol{e}}_i \times \tilde{\boldsymbol{e}}_j = \epsilon_{ijk}\tilde{\boldsymbol{e}}_k$$

definiert. Wir können das körperfeste Bezugssystem $\tilde{K}$ durch eine passive Drehung $R(\varphi,\vartheta,\chi)$ (24.22) aus dem raumfesten *Laborsystem* K mit Dreibein $\{\boldsymbol{e}_{i=1,2,3}\}$ erzeugen, siehe Gl. (23.64):

$$\tilde{\boldsymbol{e}}_i = \boldsymbol{e}_j R_{j\bar{i}}(\chi,\vartheta,\varphi)\,.$$

Zwischen den Komponenten des Drehimpulses $\boldsymbol{L}$ im Laborsystem

---

4 Für eine bessere optische Erkennbarkeit heften wir im Folgenden die Tilde ~ (zur Kennzeichnung von vektoriellen Größen im (gedrehten) körperfesten Bezugssystem) nicht an die Indizes (wie bisher), sondern an die Symbole der vektoriellen Größen selbst, d. h. wir ersetzen

$$\boldsymbol{e}_{\bar{i}} \to \tilde{\boldsymbol{e}}_i \quad x_{\bar{i}} \to \tilde{x}_i\,, \quad L_{\bar{i}} \to \tilde{L}_i\,, \quad \text{etc.}$$

Dies ist im Folgenden möglich, da wir es nur mit einem einzigen gedrehten Bezugssystem, dem körperfesten System zu tun haben und eine Verwechslung der Basis daher ausgeschlossen ist.

$$L_i = \boldsymbol{e}_i \cdot \boldsymbol{L}$$

und denen im körperfesten System

$$\tilde{L}_i = \tilde{\boldsymbol{e}}_i \cdot \boldsymbol{L} \tag{24.49}$$

besteht nach (23.68) der Zusammenhang

$$\tilde{L}_i = R^{-1}_{ij}(\chi, \vartheta, \varphi) L_j \tag{24.50}$$

bzw. alternativ nach (23.69)

$$\tilde{L}_i = \mathcal{R}(\chi, \vartheta, \varphi) L_i \mathcal{R}^{-1}(\chi, \vartheta, \varphi) \,. \tag{24.51}$$

Die in der Drehmatrix $R(\chi, \vartheta, \varphi)$ auftretenden Euler-Winkel spezifizieren die Lage (genauer die Orientierung) des körperfesten Bezugssystems $\tilde{K}$ und damit des starren Körpers im Laborsystem K. Die Euler-Winkel sind somit die dynamischen Freiheitsgrade des starren Körpers bei festgehaltenem Schwerpunkt. Wir erwarten deshalb, dass die $\mathcal{D}$-Funktionen Wellenfunktionen des starren Körpers (bei festgehaltenem Schwerpunkt) repräsentieren, die dessen Orientierung im Laborsystem beschreiben. Dementsprechend sollte sich der Drehimpulsoperator des starren Körpers durch Ableitungen nach den Euler-Winkeln darstellen lassen, denn der Drehimpulsoperator ist bekanntlich der Generator der Drehungen und bei einer Drehung ändern sich die Euler-Winkel des starren Körpers. Aufgrund ihrer Beziehung (24.32) zu den Winkelfunktionen sollten die $\mathcal{D}$-Funktionen einen guten Drehimpuls besitzen.

24.3.1 Darstellung der Drehimpulsoperatoren im Raum der $\mathcal{D}$-Funktionen

Wir fragen nach der Wirkung des Drehimpulsoperators auf die $\mathcal{D}$-Funktionen

$$\mathcal{D}^l_{km}(\ldots) = \langle lk | \mathcal{R}^{-1}(\ldots) | lm \rangle \,. \tag{24.52}$$

Für die nachfolgenden Betrachtungen ist es jedoch *nicht* erforderlich, die Euler-Winkel-Darstellung des Drehoperators $\mathcal{R}(\chi, \vartheta, \varphi)$ (24.10) zu benutzen, sodass die $\mathcal{D}^l_{km}$ die Wigner'schen $\mathcal{D}$-Funktionen $\mathcal{D}^l_{km}(\chi, \vartheta, \varphi)$ sind. Jede alternative Darstellung des Drehoperators $\mathcal{R}(\ldots)$ ist erlaubt. Die durch (24.52) definierten zugehörigen Funktionen $\mathcal{D}^l_{km}(\ldots)$ werden wir ganz allgemein als *$\mathcal{D}$-Funktionen* bezeichnen. Zum Beispiel könnte auch die Darstellung $\mathcal{R}(\boldsymbol{\omega})$ (23.32) benutzt werden. Die zugehörigen $\mathcal{D}$-Funktionen $\mathcal{D}^l_{km}(\boldsymbol{\omega})$ (23.34) hängen dann von den Winkeln ω, θ, ϕ ab.

Unter der Wirkung des Drehimpulsoperators im Laborsystem L_i

$$|lm\rangle \to L_i |lm\rangle$$

geht die Drehmatrix (24.52) in

$$\langle lk|\mathcal{R}^{-1}(\ldots)L_i|lm\rangle = \sum_{m'} \mathcal{D}^l_{km'}(\ldots)\langle lm'|L_i|lm\rangle \tag{24.53}$$

über, wobei wir im letzten Schritt die Vollständigkeitsrelation der Drehimpulseigenzustände benutzt haben. Da die Matrixelemente der Drehimpulsoperatoren $\langle lm'|L_i|lm\rangle$ bekannt sind, siehe Kap. 15.2, können wir prinzipiell aus Gl. (24.53) die Wirkung dieser Operatoren auf die $\mathcal{D}$-Funktionen bestimmen.

Die Wirkung des Drehimpulses auf die $\mathcal{D}$-Funktionen (24.52) ist eine lineare Operation (24.53), die sich folglich auch durch einen linearen Operator $\mathcal{L}_i(\ldots)$ generieren lassen muss, der direkt auf die Argumente der $\mathcal{D}$-Funktionen, d. h. auf die Winkel wirkt. Es muss also ein Operator $\mathcal{L}_i(\ldots)$ existieren, sodass

$$\langle lk|\mathcal{R}^{-1}(\ldots)L_i|lm\rangle =: \mathcal{L}_i(\ldots)\mathcal{D}^l_{km}(\ldots) \tag{24.54}$$

gilt. Der so definierte Operator $\mathcal{L}_i(\ldots)$ liefert eine Darstellung des Drehimpulsoperators im Hilbert-Raum der $\mathcal{D}$-Funktionen. Analog zu (24.54) definieren wir für die Komponenten des Drehimpulsoperators im körperfesten Bezugssystem $\tilde{L}_k$ (24.49) ihre Darstellung im Raum der $\mathcal{D}$-Funktionen, $\tilde{\mathcal{L}}_k(\ldots)$, durch

$$\langle lk|\mathcal{R}^{-1}(\ldots)\tilde{L}_i|lm\rangle =: \tilde{\mathcal{L}}_i(\ldots)\mathcal{D}^l_{km}(\ldots)\,. \tag{24.55}$$

Mit (24.51) folgt hieraus:[5]

$$\langle lk|L_i\mathcal{R}^{-1}(\ldots)|lm\rangle = \tilde{\mathcal{L}}_i(\ldots)\mathcal{D}^l_{km}(\ldots)\,. \tag{24.56}$$

Die hier eingeführten Operatoren $\mathcal{L}_k$ und $\tilde{\mathcal{L}}_k$ werden sich später als die Drehimpulsoperatoren des starren Körpers im Laborsystem bzw. körperfesten System erweisen.

Aus den Definitionen (24.54) und (24.55) und Gl. (24.50) folgt unmittelbar die Beziehung

$$\tilde{\mathcal{L}}_i(\ldots) = R^{-1}_{ij}(\ldots)\mathcal{L}_j(\ldots)\,. \tag{24.57}$$

Hieraus finden wir aufgrund der Orthogonalität der Drehmatrix $R_{ij}(\ldots)$

$$\boldsymbol{\mathcal{L}}^2 := \sum_i \mathcal{L}_i^2 = \sum_i \tilde{\mathcal{L}}_i^2 =: \tilde{\boldsymbol{\mathcal{L}}}^2\,. \tag{24.58}$$

5 Man beachte: Während im Matrixelement auf der linken Seite von Gl. (24.55) die Komponenten des Drehimpulses im körperfesten System, $\tilde{L}_i$, stehen, enthält Gl. (24.56) die Komponenten im Laborsystem, L_i.

Man überzeugt sich leicht, dass die Operatoren $\mathcal{L}_k$ der gewöhnlichen Drehimpulsalgebra (15.10) genügen

$$\boxed{[\mathcal{L}_k, \mathcal{L}_l] = i\hbar\epsilon_{klm}\mathcal{L}_m\,,} \tag{24.59}$$

während die Operatoren $\tilde{\mathcal{L}}_k$ sich wie $(-L_k)$ verhalten

$$\boxed{[\tilde{\mathcal{L}}_k, \tilde{\mathcal{L}}_l] = -i\hbar\epsilon_{klm}\tilde{\mathcal{L}}_m\,.} \tag{24.60}$$

(Man beachte das Minuszeichen auf der rechten Seite!) Darüber hinaus kommutieren die $\mathcal{L}_k$ mit den $\tilde{\mathcal{L}}_k$

$$\boxed{[\mathcal{L}_k, \tilde{\mathcal{L}}_l] = 0\,.} \tag{24.61}$$

Zum Beweis von (24.59) wenden wir den Operator $\mathcal{L}_l$ auf Gl. (24.54) an und benutzen diese Gleichung sowie die Vollständigkeitsrelation der Drehimpulseigenzustände wiederholt

$$\begin{aligned}
\mathcal{L}_s\mathcal{L}_r\mathcal{D}^l_{km} &= \mathcal{L}_s\langle lk|\mathcal{R}^{-1}L_r|lm\rangle \\
&= \sum_{m'}\big(\mathcal{L}_s\langle lk|\mathcal{R}^{-1}|lm'\rangle\big)\langle lm'|L_r|lm\rangle \\
&= \sum_{m'}\big(\mathcal{L}_s\mathcal{D}^l_{km'}\big)\langle lm'|L_r|lm\rangle \\
&= \sum_{m'}\langle lk|\mathcal{R}^{-1}L_s|lm'\rangle\langle lm'|L_r|lm\rangle \\
&= \langle lk|\mathcal{R}^{-1}L_sL_r|lm\rangle\,.
\end{aligned} \tag{24.62}$$

Hieraus folgt unmittelbar mit der Drehimpulsalgebra (15.10)

$$\begin{aligned}
[\mathcal{L}_s, \mathcal{L}_r]\mathcal{D}^l_{km} &= \langle lk|\mathcal{R}^{-1}[L_s, L_r]|lm\rangle \\
&= i\hbar\epsilon_{srt}\langle lk|\mathcal{R}^{-1}L_t|lm\rangle \\
&= i\hbar\epsilon_{srt}\mathcal{L}_t\mathcal{D}^l_{km}\,.
\end{aligned}$$

Da diese Gleichung für beliebige $\mathcal{D}^l_{km}$ gilt, muss die Gl. (24.59) für die Operatoren gelten.

Analog beweist man Gleichung (24.60) mittels wiederholter Anwendung von (24.56) und der Vollständigkeitsrelation der $|lm\rangle$:

$$\begin{aligned}
\tilde{\mathcal{L}}_s\tilde{\mathcal{L}}_r\mathcal{D}^l_{km} &= \tilde{\mathcal{L}}_s\langle lk|L_r\mathcal{R}^{-1}|lm\rangle \\
&= \sum_{k'}\langle lk|L_r|lk'\rangle\tilde{\mathcal{L}}_s\langle lk'|\mathcal{R}^{-1}|lm\rangle \\
&= \sum_{k'}\langle lk|L_r|lk'\rangle\tilde{\mathcal{L}}_s\mathcal{D}^l_{k'm} \\
&= \sum_{k'}\langle lk|L_r|lk'\rangle\langle lk'|L_s\mathcal{R}^{-1}|lm\rangle \\
&= \langle lk|L_rL_s\mathcal{R}^{-1}|lm\rangle\,.
\end{aligned}$$

Man beachte hier die umgekehrte Reihenfolge der Operatoren L_r und L_s gegenüber der in Gl. (24.62), die schließlich zum negativen Vorzeichen in (24.60) führt.

Der Beweis von Gl. (24.61) verläuft analog durch wiederholte Benutzung von Gln. (24.54) und (24.56) sowie der Vollständigkeitsrelation der $|lm\rangle$:

$$\begin{aligned}\mathcal{L}_r\tilde{\mathcal{L}}_s\mathcal{D}^l_{km} &= \mathcal{L}_r\langle lk|L_s\mathcal{R}^{-1}|lm\rangle \\ &= \sum_{k'}\langle lk|L_s|lk'\rangle\mathcal{L}_r\mathcal{D}^l_{k'm} \\ &= \sum_{k'}\langle lk|L_s|lk'\rangle\langle lk'|\mathcal{R}^{-1}L_r|lm\rangle \\ &= \langle lk|L_s\mathcal{R}^{-1}L_r|lm\rangle\,.\end{aligned}$$

Denselben Ausdruck erhält man für $\tilde{\mathcal{L}}_s\mathcal{L}_r\mathcal{D}^l_{km}$.

Die explizite Darstellung der Drehimpulsoperatoren im Hilbert-Raum der $\mathcal{D}$-Funktionen, $\mathcal{L}_k$ bzw. $\tilde{\mathcal{L}}_k$, hängt offensichtlich von der benutzten Definition dieser Funktionen sowie von der benutzten Darstellung des Drehoperators $\mathcal{R}(\ldots)$ ab.[6] Die algebraischen Eigenschaften dieser Operatoren (Kommutationsbeziehungen, Eigenwerte) sind jedoch unabhängig von der expliziten Form der $\mathcal{D}$-Funktionen und sind allein durch die Drehimpulsalgebra (15.10) bestimmt. Dies gilt insbesondere für die Kommutationsbeziehungen (24.59), (24.60) und (24.61). Aus diesen folgt, dass jede Komponente des Drehimpulses mit dessen Quadrat (24.58) kommutiert

$$[\boldsymbol{\mathcal{L}}^2, \mathcal{L}_k] = 0 = [\boldsymbol{\mathcal{L}}^2, \tilde{\mathcal{L}}_k]\,.$$

Es existieren deshalb gemeinsame Eigenfunktionen zu den Operatoren $\boldsymbol{\mathcal{L}}^2 = \tilde{\boldsymbol{\mathcal{L}}}^2, \mathcal{L}_3, \tilde{\mathcal{L}}_3$. Diese sind gerade die $\mathcal{D}$-Funktionen: Da die $|lm\rangle$ Eigenfunktionen zum gewöhnlichen Drehimpuls sind (15.32)

$$\begin{aligned}L_3|lm\rangle &= \hbar m|lm\rangle\,, \\ \boldsymbol{L}^2|lm\rangle &= \hbar^2 l(l+1)|lm\rangle\,,\end{aligned}$$

folgt aus (24.54) bzw. (24.56)

$$\mathcal{L}_3\mathcal{D}^l_{km} = \hbar m\,\mathcal{D}^l_{km}\,, \tag{24.63}$$

$$\tilde{\mathcal{L}}_3\mathcal{D}^l_{km} = \hbar k\,\mathcal{D}^l_{km} \tag{24.64}$$

sowie

6 Selbst für die Wigner'schen $\mathcal{D}$-Funktionen existieren in der Literatur verschiedene Definitionen. Die hier benutzte Definition (24.28) bietet eine ganze Reihe von Vorteilen, die sich u. a. in der einfachen Beziehung (24.32) zu den Winkelfunktionen äußern.

$$\boxed{\mathcal{L}^2\mathcal{D}^l_{km} = \tilde{\mathcal{L}}^2\mathcal{D}^l_{km} = \hbar^2 l(l+1)\mathcal{D}^l_{km}\,.} \tag{24.65}$$

In analoger Weise findet man mit (15.29):

$$L_\pm|lm\rangle = \hbar\sqrt{l(l+1) - m(m\pm 1)}|l, m\pm 1\rangle$$

für die Operatoren

$$\mathcal{L}_\pm = \mathcal{L}_1 \pm i\mathcal{L}_2\,, \quad \tilde{\mathcal{L}}_\pm = \tilde{\mathcal{L}}_1 \pm i\tilde{\mathcal{L}}_2$$

aus (24.54) bzw. (24.56)

$$\begin{aligned}\mathcal{L}_\pm\mathcal{D}^l_{km} &= \hbar\sqrt{l(l+1) - m(m\pm 1)}\mathcal{D}^l_{k,m\pm 1} = \hbar\sqrt{(l\pm m+1)(l\mp m)}\mathcal{D}^l_{k,m\pm 1}\\ \tilde{\mathcal{L}}_\pm\mathcal{D}^l_{km} &= \hbar\sqrt{l(l+1) - k(k\pm 1)}\mathcal{D}^l_{k\pm 1,m} = \hbar\sqrt{(l\pm k+1)(l\mp k)}\mathcal{D}^l_{k\pm 1,m}\,.\end{aligned} \tag{24.66}$$

24.3.2 Euler-Winkel-Darstellung der Drehimpulsoperatoren

Wir haben oben einige allgemeine algebraische Eigenschaften der Drehimpulsoperatoren $\mathcal{L}_k(\ldots), \tilde{\mathcal{L}}_k(\ldots)$ aus ihren Definitionen abgeleitet, die unabhängig von der gewählten Definition der $\mathcal{D}$-Funktionen und der gewählten Darstellung des Drehoperators sind. Wir wollen jetzt die Euler-Winkel-Darstellung des Drehoperators $\mathcal{R}(\chi, \vartheta, \varphi)$ (24.10) sowie die Definition (24.28) der Wigner'schen $\boldsymbol{\mathcal{D}}$-Funktionen benutzen und die explizite Darstellung dieser Operatoren als Differentialoperatoren in den Euler-Winkeln ableiten. Dazu erzeugen wir die Drehimpulsoperatoren L_i im Matrixelement (24.54) durch Ableitungen des Drehoperators nach den Euler-Winkeln. Aus der explizen Form des Drehoperators (24.10) folgt

$$-i\hbar\partial_\varphi\mathcal{R}^{-1}(\chi,\vartheta,\varphi) = \mathcal{R}^{-1}(\chi,\vartheta,\varphi)L_3 \tag{24.67}$$

$$-i\hbar\partial_\vartheta\mathcal{R}^{-1}(\chi,\vartheta,\varphi) = \mathcal{R}^{-1}(\chi,\vartheta,\varphi)\mathcal{R}_3(\varphi)L_2\mathcal{R}_3^{-1}(\varphi) \tag{24.68}$$

$$-i\hbar\partial_\chi\mathcal{R}^{-1}(\chi,\vartheta,\varphi) = \mathcal{R}^{-1}(\chi,\vartheta,\varphi)\mathcal{R}_3(\varphi)\mathcal{R}_2(\vartheta)L_3\mathcal{R}_2^{-1}(\vartheta)\mathcal{R}_3^{-1}(\varphi)\,. \tag{24.69}$$

Unter Benutzung von Gl. (C.17) und wiederholter Anwendung der Drehimpulsalgebra (15.10) finden wir

$$\mathcal{R}_k(\varphi)L_l\mathcal{R}_k^{-1}(\varphi) = \cos\varphi L_l + \sin\varphi\,\epsilon_{klm}L_m\,. \tag{24.70}$$

Mit diesen Beziehungen finden wir aus Gln. (24.67), (24.68), (24.69) folgendes Gleichungssystem

$$-i\hbar\boldsymbol{\nabla}\mathcal{R}^{-1}(\chi,\vartheta,\varphi) = \mathcal{M}(\chi,\vartheta,\varphi)\mathcal{R}^{-1}(\chi,\vartheta,\varphi)\boldsymbol{L}\,, \tag{24.71}$$

wobei wir die Spaltenvektoren

$$\boldsymbol{\nabla} = \begin{pmatrix} \partial_\chi \\ \partial_\vartheta \\ \partial_\varphi \end{pmatrix}, \quad \boldsymbol{L} = \begin{pmatrix} L_1 \\ L_2 \\ L_3 \end{pmatrix}$$

und die Matrix

$$\mathcal{M}(\chi, \vartheta, \varphi) = \begin{pmatrix} \sin\vartheta\cos\varphi & \sin\vartheta\sin\varphi & \cos\vartheta \\ -\sin\varphi & \cos\varphi & 0 \\ 0 & 0 & 1 \end{pmatrix} \tag{24.72}$$

definiert haben. Bilden wir das Matrixelement von Gl. (24.71) in den Drehimpulseigenzuständen und beachten, dass die Ableitungen nach den Euler-Winkeln $\boldsymbol{\nabla}$ nicht auf die Drehimpulszustände $|lm\rangle$ wirken, so erhalten wir

$$-i\hbar\boldsymbol{\nabla}\mathcal{D}^l_{km}(\chi, \vartheta, \varphi) = \mathcal{M}(\chi, \vartheta, \varphi)\langle lk|\mathcal{R}^{-1}(\chi, \vartheta, \varphi)\boldsymbol{L}|lm\rangle\,.$$

Das Einsetzen von (24.54) auf der rechten Seite liefert

$$-i\hbar\boldsymbol{\nabla}\mathcal{D}^l_{km}(\chi, \vartheta, \varphi) = \mathcal{M}(\chi, \vartheta, \varphi)\boldsymbol{\mathcal{L}}(\chi, \vartheta, \varphi)\mathcal{D}^l_{km}(\chi, \vartheta, \varphi)\,.$$

Da diese Gleichung für beliebige $\boldsymbol{\mathcal{D}}$-Funktionen gilt, erhalten wir die Operatorbeziehung

$$\boldsymbol{\mathcal{L}}(\chi, \vartheta, \varphi) = -i\hbar\mathcal{M}^{-1}(\chi, \vartheta, \varphi)\boldsymbol{\nabla}\,.$$

Das Invertieren der Matrix (24.72) liefert

$$\mathcal{M}^{-1}(\chi, \vartheta, \varphi) = \begin{pmatrix} \frac{\cos\varphi}{\sin\vartheta} & -\sin\varphi & -\cos\varphi\cot\vartheta \\ \frac{\sin\varphi}{\sin\vartheta} & \cos\varphi & -\sin\varphi\cot\vartheta \\ 0 & 0 & 1 \end{pmatrix}.$$

Damit finden wir die folgende Darstellung des Drehimpulsoperators im Raum der Wigner'schen $\boldsymbol{\mathcal{D}}$-Funktionen

$$\begin{aligned} \mathcal{L}_1(\chi, \vartheta, \varphi) &= \frac{\hbar}{i}\left[\frac{\cos\varphi}{\sin\vartheta}\partial_\chi - \sin\varphi\partial_\vartheta - \cos\varphi\cot\vartheta\partial_\varphi\right], \\ \mathcal{L}_2(\chi, \vartheta, \varphi) &= \frac{\hbar}{i}\left[\frac{\sin\varphi}{\sin\vartheta}\partial_\chi + \cos\varphi\partial_\vartheta - \sin\varphi\cot\vartheta\partial_\varphi\right], \\ \mathcal{L}_3(\chi, \vartheta, \varphi) &= \frac{\hbar}{i}\partial_\varphi\,. \end{aligned} \tag{24.73}$$

Die Bestimmung von $\tilde{\mathcal{L}}_k(\chi, \vartheta, \varphi)$ verläuft völlig analog zu der von $\mathcal{L}_k(\chi, \vartheta, \varphi)$. Wir nehmen zunächst die Ableitung des Drehoperators nach den Euler-Winkeln, die wir jetzt in der Form

$$\begin{aligned}
-i\hbar\partial_\varphi \mathcal{R}^{-1}(\chi,\vartheta,\varphi) &= \mathcal{R}_3^{-1}(\chi)\mathcal{R}_2^{-1}(\vartheta)L_3\mathcal{R}_2(\vartheta)\mathcal{R}_3(\chi)\mathcal{R}^{-1}(\chi,\vartheta,\varphi)\,,\\
-i\hbar\partial_\vartheta \mathcal{R}^{-1}(\chi,\vartheta,\varphi) &= \mathcal{R}_3^{-1}(\chi)L_2\mathcal{R}_3(\chi)\mathcal{R}^{-1}(\chi,\vartheta,\varphi)\,,\\
-i\hbar\partial_\chi \mathcal{R}^{-1}(\chi,\vartheta,\varphi) &= L_3\mathcal{R}^{-1}(\chi,\vartheta,\varphi)
\end{aligned}$$

schreiben. Auf der rechten Seite dieser Gleichungen benutzen wir wieder das Transformationsgesetz der Drehimpulsoperatoren bei Drehungen um die Koordinatenachse, Gl. (24.70) mit $\mathcal{R}_k^{-1}(\varphi) = \mathcal{R}_k(-\varphi)$:

$$\mathcal{R}_k^{-1}(\varphi)L_l\mathcal{R}_k(\varphi) = \cos\varphi L_l - \sin\varphi\epsilon_{klm}L_m$$

und erhalten

$$-i\hbar\boldsymbol{\nabla}\mathcal{R}^{-1}(\chi,\vartheta,\varphi) = \tilde{\mathcal{M}}(\chi,\vartheta,\varphi)\boldsymbol{L}\mathcal{R}^{-1}(\chi,\vartheta,\varphi) \tag{24.74}$$

mit

$$\tilde{\mathcal{M}}(\chi,\vartheta,\varphi) = \begin{pmatrix} 0 & 0 & 1\\ \sin\chi & \cos\chi & 0\\ -\sin\vartheta\cos\chi & \sin\vartheta\sin\chi & \cos\vartheta \end{pmatrix}.$$

Bilden wir wieder das Matrixelement von Gl. (24.74) in den Drehimpulseigenzuständen, so finden wir unter Benutzung von (24.56)

$$i\hbar\boldsymbol{\nabla}\mathcal{D}^l_{mk}(\chi,\vartheta,\varphi) = \tilde{\mathcal{M}}(\chi,\vartheta,\varphi)\tilde{\boldsymbol{\mathcal{L}}}(\chi,\vartheta,\varphi)\mathcal{D}^l_{mk}(\chi,\vartheta,\varphi)\,.$$

Hieraus folgt die Operatorbeziehung

$$\tilde{\mathcal{L}}(\chi,\vartheta,\varphi) = \tilde{\mathcal{M}}^{-1}(\chi,\vartheta,\varphi)i\hbar\boldsymbol{\nabla}\,.$$

Mit der inversen Matrix

$$\tilde{\mathcal{M}}^{-1}(\chi,\vartheta,\varphi) = \begin{pmatrix} \cot\vartheta\cos\chi & \sin\chi & -\frac{\cos\chi}{\sin\vartheta}\\ -\cot\vartheta\sin\chi & \cos\chi & \frac{\sin\chi}{\sin\vartheta}\\ 1 & 0 & 0 \end{pmatrix}$$

erhalten wir schließlich die Darstellung der Komponenten des Drehimpulsoperators im körperfesten System im Raum der Wigner'schen $\mathcal{D}$-Funktionen

$$\boxed{\begin{aligned}
\tilde{\mathcal{L}}_1(\chi,\vartheta,\varphi) &= \frac{\hbar}{i}\left[+\cot\vartheta\cos\chi\partial_\chi + \sin\chi\partial_\vartheta - \frac{\cos\chi}{\sin\vartheta}\partial_\varphi\right],\\
\tilde{\mathcal{L}}_2(\chi,\vartheta,\varphi) &= \frac{\hbar}{i}\left[-\cot\vartheta\sin\chi\partial_\chi + \cos\chi\partial_\vartheta + \frac{\sin\chi}{\sin\vartheta}\partial_\varphi\right],\\
\tilde{\mathcal{L}}_3(\chi,\vartheta,\varphi) &= \frac{\hbar}{i}\partial_\chi\,.
\end{aligned}} \tag{24.75}$$

Man überzeugt sich leicht, dass die hier erhaltenen Operatoren $\mathcal{L}_k(\chi, \vartheta, \varphi)$ und $\tilde{\mathcal{L}}_k(\chi, \vartheta, \varphi)$ in der Tat der Drehimpulsalgebra (24.59), (24.60), (24.61) sowie der Relation (24.57) genügen. Aus dem Vergleich von (24.73) und (24.75) lesen wir die folgenden Beziehungen ab:

$$\begin{aligned}\tilde{\mathcal{L}}_1(\chi, \vartheta, \varphi) &= -\mathcal{L}_1(\varphi, \vartheta, \chi)\,,\\ \tilde{\mathcal{L}}_2(\chi, \vartheta, \varphi) &= \mathcal{L}_2(\varphi, \vartheta, \chi)\,,\\ \tilde{\mathcal{L}}_3(\chi, \vartheta, \varphi) &= \mathcal{L}_3(\varphi, \vartheta, \chi)\,,\end{aligned}$$

Schließlich geben wir noch den Zusammenhang der oben gefundenen Darstellung (24.73) des Drehimpulsoperators im Raum der $\mathcal{D}$-Funktionen mit der Ortsdarstellung des gewöhnlichen Drehimpulsoperators in sphärischen Koordinaten (15.55) an. Offenbar gilt der Zusammenhang

$$\boxed{L_k(\vartheta, \varphi) = \mathcal{L}_k(0, \vartheta, \varphi)\,.} \tag{24.76}$$

Das Argument 0 für den Euler-Winkel auf der rechten Seite von Gl. (24.76) bedeutet, dass die Operatoren auf Funktionen wirken, die nicht von diesem Winkel abhängen, sodass die entsprechenden Ableitungsoperatoren wegfallen. Diese Beziehung ist nicht verwunderlich, da die Wigner'schen $\mathcal{D}$-Funktionen über (24.32) mit den Drehimpulseigenfunktionen verknüpft sind.

24.4 Rotation eines starren Körpers

Wenn wir die Koordinatenachsen $\tilde{\boldsymbol{e}}_i$ des gedrehten Bezugssystem mit den Hauptträgheitsachsen des starren Körpers identifizieren, so beschreiben die Euler-Winkel die Lage des starren Körpers im Laborsystem und sind folglich seine Rotationsfreiheitsgrade. Für einen starren Körper, der aus einem System von Punktmassen besteht, könnte man prinzipiell diese kollektiven Rotationskoordinaten durch die Ortskoordinaten der einzelnen Punktmassen ausdrücken.[7] Dies ist jedoch in der Praxis für einen Körper aus 10^{23} Teilchen nicht möglich. Wir brauchen diese Transformation auch nicht um die Rotationsanregungen des starren Körpers zu beschreiben. Dazu benötigen wir lediglich die Eigenfunktionen des Drehimpulsoperators, die die Lage des starren Körpers im Raum (ausgedrückt z. B. durch die Euler-Winkel) eindeutig festlegen. Diese kennen wir bereits, es sind die Wigner'schen $\mathcal{D}$-Funktionen $\mathcal{D}^l_{km}(\chi, \vartheta, \varphi)$, die wir als *Koordinatendarstellung*

---

7 Für einen starren Körper, der aus zwei Punktmassen besteht, können die beiden Euler-Winkel ϑ und φ als den Polar- und Azimutwinkel des Relativvektors gewählt werden, der die Orte der beiden Punktmassen verbindet und die *Figurenachse* definiert, siehe die Box am Ende dieses Abschnittes. Der dritte Euler-Winkel χ ist in diesem Fall irrelevant, da das Hauptträgheitsmoment bezüglich der Figurenachse verschwindet.

der Drehimpulseigenfunktionen $|klm\rangle$ interpretieren müssen, siehe Gln. (24.63), (24.64), (24.65). (Sie hängen von den Koordinaten der Rotationsfreiheitsgrade des starren Körpers ab.) Fordern wir die übliche Normierung

$$\langle k'l'm'|klm\rangle = \delta_{ll'}\delta_{kk'}\delta_{mm'}\,,$$

so haben wir aufgrund von (24.47)

$$\langle \chi\vartheta\varphi|klm\rangle = \sqrt{\frac{2l+1}{8\pi^2}}\mathcal{D}^l_{km}(\chi,\vartheta,\varphi)\,. \tag{24.77}$$

Im Gegensatz zur *Drehbewegung* einer Punktmasse gibt es bei der *Rotation* des starren Körpers drei erhaltene Größen: neben dem Quadrat des Drehimpulses $\boldsymbol{\mathcal{L}}^2 = \tilde{\boldsymbol{\mathcal{L}}}^2$ noch jeweils eine Komponente des Drehimpulses im Laborsystem, $\mathcal{L}_3$, und im körperfesten System, $\tilde{\mathcal{L}}_3$. Demzufolge wird die Rotationswellenfunktion des starren Körpers durch die drei Drehimpulsquantenzahlen l, m und k charakterisiert.

Den Hamilton-Operator des starren Körpers erhalten wir aus der klassischen Hamilton-Funktion (24.4), wenn wir dort die klassischen Drehimpulse entlang der Hauptträgheitsachsen $\tilde{\mathscr{L}}_k = \tilde{I}_k\tilde{\Omega}_k$ (24.3) durch die Operatoren $\tilde{\mathcal{L}}_k$ (24.75) ersetzen

$$\boxed{H = \sum_{k=1}^{3}\frac{\tilde{\mathcal{L}}_k^2}{2\tilde{I}_k}\,.} \tag{24.78}$$

24.4.1 Symmetrischer Kreisel

Sind sämtliche Hauptträgheitsmomente eines starren Körpers gleich,

$$\tilde{I}_1 = \tilde{I}_2 = \tilde{I}_3 =: \tilde{I}\,,$$

so wird dieser als *Kugelkreisel* bezeichnet. Der Hamilton-Operator des starren Körpers (24.78) vereinfacht sich dann zu:

$$H = \frac{\tilde{\boldsymbol{\mathcal{L}}}^2}{2\tilde{I}} = \frac{\boldsymbol{\mathcal{L}}^2}{2\tilde{I}}\,. \tag{24.79}$$

Die Eigenfunktionen von $\tilde{\boldsymbol{\mathcal{L}}}^2$ sind die Wigner'schen $\boldsymbol{\mathcal{D}}$-Funktionen (24.77) und die Eigenwerte von H (24.79),

$$H|klm\rangle = E_l|klm\rangle\,,$$

liefern nach (24.65) das Rotationsspektrum:

$$E_l = \frac{\hbar^2 l(l+1)}{2\tilde{I}} \,.$$

Die Eigenenergien sind in den Quantenzahlen k (Projektionen des Drehimpulses des starren Körpers auf die $\tilde{3}$-Achse des körperfesten Bezugssystems) und in m (Projektionen des Drehimpulses auf die 3-Achse im Laborsystem) und damit $(2l+1)^2$-fach entartet.

Ein starrer Körper mit zwei gleichen Hauptträgheitsmomenten, z. B.

$$\tilde{I}_1 = \tilde{I}_2 =: \tilde{I} \neq \tilde{I}_3 \,,$$

wird als *symmetrischer Kreisel* bezeichnet. Der Hamilton-Operator (24.78) vereinfacht sich in diesem Fall zu:

$$H = \frac{\tilde{\mathcal{L}}^2 - \tilde{\mathcal{L}}_3^2}{2\tilde{I}} + \frac{\tilde{\mathcal{L}}_3^2}{2\tilde{I}_3} \,. \tag{24.80}$$

Auch die Eigenfunktionen dieses Operators sind die Wigner'schen $\mathcal{D}$-Funktionen (24.77). Die Energieeigenwerte hängen jetzt allerdings auch vom Betrag der Quantenzahl k ab:

$$E_{kl} = \frac{\hbar^2}{2\tilde{I}}\left[l(l+1) + \left(\frac{\tilde{I}}{\tilde{I}_3} - 1\right)k^2\right] . \tag{24.81}$$

Zu jedem Wert von l gehören $(l+1)$ verschiedene Energieniveaus mit innerer Drehimpulsprojektion $|k| = 0, 1, 2, \ldots, l$. Ferner sind diese Niveaus im Vorzeichen von k und in der Drehimpulsprojektion auf die 3-Achse des Laborsystems m entartet. Deshalb beträgt der Entartungsgrad der Energieniveaus $(2l+1)$ für $k = 0$ und $2(2l+1)$ für $k \neq 0$. Ursache der Entartung im Vorzeichen von k ist die Invarianz des Hamilton-Operators (24.80) bezüglich Spiegelung an einer Ebene, welche die Symmetrieachse des starren Körpers enthält. Für einen symmetrischen Kreisel mit der $\tilde{3}$-Achse als Symmetrieachse können wir ohne Beschränkung der Allgemeinheit die $\tilde{2}-\tilde{3}$-Ebene als Spiegelebene wählen. Bei einer Spiegelung an der $\tilde{2}-\tilde{3}$-Ebene ändert die $\tilde{1}$-Koordinate ihr Vorzeichen, $\tilde{x}_1 \to (-\tilde{x}_1)$. Dabei ändert auch die $\tilde{3}$-Komponente des Drehimpulses

$$\tilde{L}_3 = \frac{\hbar}{i}\left(\tilde{x}_1 \frac{\partial}{\partial \tilde{x}_2} - \tilde{x}_2 \frac{\partial}{\partial \tilde{x}_1}\right)$$

und somit ihr Eigenwert $\hbar k$ das Vorzeichen. Der Hamilton-Operator (24.80) ist invariant unter einer solchen Spiegelung, jedoch nicht die Wigner'schen $\mathcal{D}$-Funktionen $|klm\rangle$ (24.52), welche bei der Spieglung in $|(-k)lm\rangle$ übergehen. Man kann jedoch leicht aus diesen die entsprechenden Funktionen konstruieren, die sich symmetrisch bzw. antisymmetrisch unter dieser Spiegelung verhalten. Diese sind offenbar durch

$$||k|lm\rangle_\pm = \frac{1}{\sqrt{2}}\left(|klm\rangle \pm |(-k)lm\rangle\right) , \quad k \neq 0$$

gegeben. Die Wellenfunktionen $|(k = 0)lm\rangle$ sind bereits symmetrisch unter dieser Spiegelung.

24.4.2 Asymmetrischer Kreisel

Ein starrer Körper, bei dem alle drei Hauptträgheitsmomente verschieden sind, wird als *asymmetrischer Kreisel* bezeichnet. Auch für den asymmetrischen Kreisel sind $\boldsymbol{\mathcal{L}}^2$ und $\mathcal{L}_3$ Erhaltungsgrößen, da die $\mathcal{L}_k$ mit den $\tilde{\mathcal{L}}_k$ und somit mit dem Hamilton-Operator (24.78) kommutieren. Seine Wellenfunktionen lassen sich deshalb durch die Quantenzahlen l und m klassifizieren. Für den asymmetrischen Kreisel sind jedoch die $\boldsymbol{\mathcal{D}}$-Funktionen $\mathcal{D}^l_{km}$ keine Eigenfunktionen des Hamilton-Operators (24.78), da die Operatoren

$$\tilde{\mathcal{L}}_1 = \frac{1}{2}(\tilde{\mathcal{L}}_+ + \tilde{\mathcal{L}}_-)\,, \quad \tilde{\mathcal{L}}_2 = \frac{1}{2i}(\tilde{\mathcal{L}}_+ - \tilde{\mathcal{L}}_-)$$

die Quantenzahl k um eins vergrößern oder verkleinern. Vielmehr sind die Eigenfunktionen von H durch Linearkombination der Zustände mit verschiedenem k gegeben

$$|\nu, lm\rangle = \sum_{k=-l}^{l} C^l_{\nu k}|klm\rangle\,. \tag{24.82}$$

Die Quantenzahl ν unterscheidet die verschiedenen Eigenzustände mit demselben l und m. Das Einsetzen des Ansatzes (24.82) in die Schrödinger-Gleichung

$$H|\nu, lm\rangle = E_{\nu,l}|\nu, lm\rangle$$

führt auf eine Eigenwertgleichung für die Entwicklungskoeffizienten $C^l_{\nu k}$

$$(\langle klm|H|k'lm\rangle - \delta_{kk'}E_{\nu,l})C^l_{\nu k'} = 0\,. \tag{24.83}$$

Wie für jeden drehinvarianten Hamilton-Operator sind die Eigenwerte $E_{\nu l}$ von H (24.78) unabhängig von der Drehimpulsprojektion m auf die Quantisierungsachse im Laborsystem. In der Tat sind die Matrixelemente des Hamilton-Operators in den Zuständen $|klm\rangle$ unabhängig von m. Diese lassen sich unter Benutzung von (24.64), (24.66) analytisch berechnen: Wegen

$$\tilde{\mathcal{L}}_1^2 = \frac{1}{4}(\tilde{\mathcal{L}}_+^2 + \tilde{\mathcal{L}}_+\tilde{\mathcal{L}}_- + \tilde{\mathcal{L}}_-\tilde{\mathcal{L}}_+ + \tilde{\mathcal{L}}_-^2)\,,$$
$$\tilde{\mathcal{L}}_2^2 = -\frac{1}{4}(\tilde{\mathcal{L}}_+^2 - (\tilde{\mathcal{L}}_+\tilde{\mathcal{L}}_- + \tilde{\mathcal{L}}_-\tilde{\mathcal{L}}_+) + \tilde{\mathcal{L}}_-^2)$$

kann der Hamilton-Operator (24.78) nur Zustände mit $k' = k-2, k, k+2$ verknüpfen. Für die relevanten, nicht-verschwindenden Matrixelemente finden wir aus (24.66)

$$\langle k+2lm|\tilde{\mathcal{L}}_+^2|klm\rangle = \langle klm|\tilde{\mathcal{L}}_-^2|k+2lm\rangle = \hbar^2\sqrt{(l-k-1)(l-k)(l+k+1)(l+k+2)}$$
$$\langle klm|\tilde{\mathcal{L}}_+\tilde{\mathcal{L}}_- + \tilde{\mathcal{L}}_-\tilde{\mathcal{L}}_+|klm\rangle = 2\langle klm|(\tilde{\mathcal{L}}_1^2+\tilde{\mathcal{L}}_2^2)|klm\rangle = 2\hbar^2\left[l(l+1)-k^2\right].$$

Hieraus erhalten wir die nicht-verschwindenden Matrixelemente des Hamilton-Operators (24.78) in den Basiszuständen $|klm\rangle$:

$$\langle klm|H|klm\rangle = \frac{\hbar^2}{2\tilde{I}_+}\left[l(l+1)-k^2\right] + \frac{\hbar^2k^2}{2\tilde{I}_3}, \qquad (24.84)$$

$$\langle k+2lm|H|klm\rangle = \langle klm|H|k+2lm\rangle = \frac{\hbar^2}{4\tilde{I}_-}\sqrt{(l-k-1)(l-k)(l+k+1)(l+k+2)}, \qquad (24.85)$$

wobei wir

$$\frac{1}{\tilde{I}_\pm} = \frac{1}{2}\left(\frac{1}{\tilde{I}_1} \pm \frac{1}{\tilde{I}_2}\right)$$

gesetzt haben. Diese Matrixelemente haben wir allein aus der Drehimpulsalgebra gewonnen, ohne von der expliziten Darstellung (24.75) der Drehimpulsoperatoren in den Euler-Winkeln Gebrauch zu machen.

Da der Hamilton-Operator nur Zustände mit $\Delta k = 0, \pm 2$ verknüpft, können die Basiszustände mit geraden und ungeraden k nicht miteinander mischen. Die Eigenzustände (24.82) von H sind deshalb Linearkombinationen entweder von Zuständen mit geradem oder ungeradem k. Die Eigenwertgleichung (24.83) zerfällt deshalb in zwei unabhängige Gleichungen, eine für die geraden und eine für die ungeraden k. Weitere Vereinfachungen der Eigenwertgleichungen ergeben sich, wenn der starre Körper diskrete Symmetrien besitzt.

Als illustratives Beispiel betrachten wir die $l = 1$-Zustände des asymmetrischen Rotors. Da in diesem Fall $k = 0$ die einzig mögliche *gerade* Drehimpulsprojektion ist, ist die $\mathcal{D}$-Funktion $|01m\rangle$ bereits eine Eigenfunktion des Hamilton-Operators (24.78). Aus (24.84) erhalten wir für den zugehörigen Energieeigenwert

$$E_{0,1} = \langle 01m|H|01m\rangle = \frac{\hbar^2}{2}\left(\frac{1}{\tilde{I}_1} + \frac{1}{\tilde{I}_2}\right).$$

Für die ungeraden Komponenten $k = \pm 1$ definiert (24.83) ein zweidimensionales Eigenwertproblem, wobei die Matrixelemente des Hamiltonoperators nach (24.84), (24.85) durch

$$\langle k1m|H|k1m\rangle = \frac{\hbar^2}{2}\left(\frac{1}{\tilde{I}_+} + \frac{1}{\tilde{I}_3}\right), \quad k = \pm 1,$$

$$\langle 11m|H|-11m\rangle = \langle -11m|H|11m\rangle = \frac{\hbar^2}{2\tilde{I}_-}$$

gegeben sind. Die Diagonalisierung der 2×2 Matrix liefert die Energieeigenwerte

$$E_{\pm,1} = \frac{\hbar^2}{2}\left(\frac{1}{\tilde{I}_+} + \frac{1}{\tilde{I}_3} \pm \frac{1}{|\tilde{I}_-|}\right) \tag{24.86}$$

mit den Wellenfunktionen

$$|\pm, 1m\rangle = \frac{1}{\sqrt{2}}\left(|11m\rangle \pm \mathrm{sign}(I_-)|-11m\rangle\right).$$

Bezeichnen wir mit $\tilde{I}_>$ bzw. $\tilde{I}_<$ das größere bzw. kleinere der beiden Hauptträgheitsmomente $\tilde{I}_1$ und $\tilde{I}_2$, so lauten die Eigenenergien (24.86)

$$E_{+,1} = \frac{\hbar^2}{2}\left[\frac{1}{\tilde{I}_<} + \frac{1}{\tilde{I}_3}\right],$$
$$E_{-,1} = \frac{\hbar^2}{2}\left[\frac{1}{\tilde{I}_>} + \frac{1}{\tilde{I}_3}\right].$$

Damit gehen die drei Hauptträgheitsmomente I_k völlig symmetrisch in die Energieeigenwerte E_{01}, $E_{\pm 1}$ ein, die durch Permutationen der Hauptträgheitsachsen verknüpft sind.

System von Punktmassen als starrer Körper

Wir betrachten ein System aus zwei Punktmassen m_1 und m_2, die sich am Ort $\boldsymbol{x}_1$ bzw. $\boldsymbol{x}_2$ befinden und über ein Potential $V(|\boldsymbol{x}_1 - \boldsymbol{x}_2|)$ wechselwirken. In den Schwerpunkts- und Relativkoordinaten

$$\boldsymbol{R} = \frac{m_1\boldsymbol{x}_1 + m_2\boldsymbol{x}_2}{m_1 + m_2}, \quad \boldsymbol{r} = \boldsymbol{x}_1 - \boldsymbol{x}_2$$

lautet der Hamilton-Operator

$$\frac{\boldsymbol{P}^2}{2M} + \frac{\boldsymbol{p}^2}{2m} + V(|\boldsymbol{r}|),$$

wobei

$$M = m_1 + m_2, \quad m = \frac{m_1 m_2}{M}$$

die Gesamtmasse und die reduzierte Masse sind. Die zugehörigen Impulse der Schwerpunkts- und Relativbewegung lauten:

$$\boldsymbol{P} = \boldsymbol{p}_1 + \boldsymbol{p}_2 = \frac{\hbar}{i}\nabla_{\boldsymbol{R}},$$
$$\boldsymbol{p} = \frac{m_2}{M}\boldsymbol{p}_1 - \frac{m_1}{M}\boldsymbol{p}_2 = \frac{\hbar}{i}\nabla_{\boldsymbol{r}}.$$

Der Schwerpunkt führt eine Bewegung wie eine Punktmasse M aus, die wir im Folgenden ignorieren. Da das (Wechselwirkungs-) Potential nur von $|\boldsymbol{r}|$ abhängt, empfiehlt es sich, sphärische Koordinaten $\boldsymbol{r} = (r, \vartheta, \varphi)$ zu benutzen, in denen der Hamilton-Operator der Relativbewegung lautet

$$\begin{aligned} H &= \frac{\boldsymbol{p}^2}{2m} + V(r) \\ &= \frac{\boldsymbol{L}^2}{2mr^2} + \frac{p_r^2}{2m} + V(r)\,, \end{aligned} \tag{24.87}$$

wobei p_r der radiale Impuls (17.5) ist. Das Potential habe bei $r = a$ ein scharfes Minimum, sodass wir uns in der Taylorentwicklung auf die führenden Terme beschränken können

$$V(r) = V(a) + \frac{1}{2}m\omega^2(r-a)^2\,, \quad m\omega^2 := V''(a)\,.$$

Für kleine Anregungsenergien ($E \ll \hbar\omega$) können wir die radiale Relativbewegung einfrieren und im Rotationsterm $r = a$ setzen. Dies reduziert den Hamilton-Operator (24.87) auf

$$H = \frac{\boldsymbol{L}^2}{2ma^2}\,, \tag{24.88}$$

wobei wir die irrelevante Konstante $V(a)$ weggelassen haben. Die Eigenfunktionen von H (24.88) sind die Kugelfunktionen (15.65)

$$\langle \vartheta\varphi | lm \rangle = Y_{lm}(\vartheta, \varphi) \tag{24.89}$$

und die zugehörigen Energieeigenwerte

$$E_l = \frac{\hbar^2 l(l+1)}{2ma^2}\,, \quad l = 0, 1, 2, \ldots \tag{24.90}$$

definieren ein Rotationsspektrum.

Durch das Einfrieren der radialen Relativbewegung wird aus dem System ein starrer Körper. Bei Vernachlässigung seiner Schwerpunktsbewegung kann dieser nur Rotationsanregungen ausführen. Die oben entwickelte Theorie der Rotationen eines starren Körpers sollte uns auch für dieses System die korrekten Wellenfunktionen (24.89) sowie das Rotationsspektrum (24.90) liefern, wovon man sich leicht überzeugt:

Für ein System aus Punktmassen lautet der Trägheitstensor

$$\tilde{I}_{ij} \equiv I_{\tilde{i}\tilde{j}} = \sum_a m_a \left(\delta_{\tilde{i}\tilde{j}} \boldsymbol{x}_a^2 - (\boldsymbol{x}_a)_{\tilde{i}} (\boldsymbol{x}_a)_{\tilde{j}} \right).$$

Legen wir die beiden Punktmassen auf die $\tilde{3}$-Achse des körperfesten Bezugssystem und ihren Schwerpunkt in den Koordinatenursprung, $\boldsymbol{R} = 0$,

$$\boldsymbol{x}_1 = \frac{m_2}{M} a \tilde{\boldsymbol{e}}_3\,, \quad \boldsymbol{x}_2 = -\frac{m_1}{M} a \tilde{\boldsymbol{e}}_3\,,$$

so finden wir für den Trägheitstensor

$$\tilde{I}_{ij} = \delta_{ij} m a^2 (1 - \delta_{i3})\,.$$

Die beiden Punktmassen mit eingefrorenem Abstand bei $|\boldsymbol{r}| = a$ bilden einen symmetrischen Kreisel: Die Hauptträgheitsachsen sind die $\tilde{3}$-Achse, für die das Trägheitsmoment verschwindet, $\tilde{I}_3 = 0$, und zwei orthogonale Achsen senkrecht zur $\tilde{3}$-Achse mit gleichen Trägheitsmomenten

$$\tilde{I}_1 = \tilde{I}_2 = m a^2 =: \tilde{I}\,.$$

Für $\tilde{I}_3 \to 0$ und $\tilde{I} \neq 0$ überlebt vom Rotationsspektrum des symmetrischen Kreisels (24.81)

$$E_{kl} = \frac{\hbar^2}{2\tilde{I}}\left[l(l+1) + \left(\frac{\tilde{I}}{\tilde{I}_3} - 1\right)k^2\right]$$

wegen $\tilde{I}/\tilde{I}_3 \to \infty$ nur der Zustand mit $k = 0$. Die Zustände mit $k \neq 0$ besitzen eine unendlich große Energie und können deshalb nicht angeregt werden. Die Energieeigenwerte des starren Körpers mit $k = 0$

$$E_{k=0l} = \frac{\hbar^2 l(l+1)}{2\tilde{I}}$$

reproduzieren mit $\tilde{I} = ma^2$ das oben gefundene Rotationsspektrum (24.90). Ferner reduzieren sich die $\mathcal{D}$-Funktionen für $k = 0$ auf die Kugelfunktionen, siehe Gln. (24.32) und (24.77)

$$\langle \chi\vartheta\varphi | k = 0, lm\rangle = \frac{1}{\sqrt{2\pi}} Y_{lm}(\vartheta, \varphi)\,.$$

Der zusätzliche Normierungsfaktor $1/\sqrt{2\pi}$ resultiert von der Integration über den Winkel χ, der die Drehung um die Symmetrieachse beschreibt und im Integrationsmaß der Euler-Winkel (24.44) enthalten ist.

25 Geladenes Teilchen im elektromagnetischen Feld

In diesem Kapitel wollen wir untersuchen, wie sich elektrisch geladene Teilchen (Punktladungen), die den Gesetzen der Quantenmechanik gehorchen, in einem äußeren elektromagnetischen Feld verhalten. Das elektromagnetische Feld selbst werden wir dabei als klassisches Feld voraussetzen. Im Folgenden fassen wir zunächst kurz die wesentlichen Punkte der Beschreibung von klassischen Ladungen im elektromagnetischen Feld zusammen.

25.1 Klassische Ladungen im äußeren elektromagnetischen Feld

Wie in der klassischen Elektrodynamik üblich, drücken wir das elektromagnetische Feld durch die entsprechenden Potentiale aus. Die Quellfreiheit des Magnetfeldes $\boldsymbol{B}(\boldsymbol{x}, t)$,

$$\nabla \cdot \boldsymbol{B} = 0\,,$$

erlaubt, dieses als Rotation eines Vektorfeldes (Vektorpotential) $\boldsymbol{A}(\boldsymbol{x}, t)$ darzustellen:

$$\boxed{\boldsymbol{B} = \nabla \times \boldsymbol{A}\,.} \tag{25.1}$$

Mit diesem Potentialansatz nimmt das *Faraday'sche Induktionsgesetz*[1]

$$\nabla \times \boldsymbol{E} = -\frac{\partial \boldsymbol{B}}{\partial t}$$

die Gestalt

$$\nabla \times \left(\boldsymbol{E} + \frac{\partial \boldsymbol{A}}{\partial t}\right) = \boldsymbol{0}$$

an. Das hier auftretende, wirbelfreie Feld $\boldsymbol{E} + \partial_t \boldsymbol{A}$ lässt sich folglich als Gradient eines skalaren Potentials $-\Phi(\boldsymbol{x}, t)$ schreiben und wir erhalten für das elektrische Feld die Potentialdarstellung

$$\boxed{\boldsymbol{E} = -\nabla\Phi - \frac{\partial \boldsymbol{A}}{\partial t}\,.} \tag{25.2}$$

1 Wir benutzen hier das *Lorentz-Heavyside-Maßsystem* mit $c = 1$, d. h., wir messen die Zeit durch die Länge, die das Licht in dieser Zeit zurücklegt. Die Geschwindigkeit ist dann dimensionslos. Energie und Masse besitzen dann ebenfalls dieselbe Einheit. Darüber hinaus kann man durch geeignete Wahl der Energie bzw. Masseneinheit noch $\hbar = 1$ setzen, sodass nur noch eine Einheit in der Quantenmechanik (z. B. die Energieeinheit) auftritt. Masse, Energie, inverse Länge und inverse Zeit besitzen dann alle dieselbe Einheit. Wir werden hier jedoch *nicht* $\hbar$ auf 1 setzen.

https://doi.org/10.1515/9783111271507-005

Diese Darstellung der Felder durch die Potentiale ist bekanntlich nicht eindeutig, da die elektromagnetischen Felder invariant bleiben unter den Eichtransformationen der Potentiale:

$$\begin{aligned} \boldsymbol{A}(x,t) &\to \boldsymbol{A}'(\boldsymbol{x},t) = \boldsymbol{A}(\boldsymbol{x},t) + \nabla\Lambda(\boldsymbol{x},t)\,, \\ \Phi(\boldsymbol{x},t) &\to \Phi'(\boldsymbol{x},t) = \Phi(\boldsymbol{x},t) - \frac{\partial}{\partial t}\Lambda(\boldsymbol{x},t)\,. \end{aligned} \tag{25.3}$$

Diese Eichinvarianz lässt sich vorteilhaft ausnutzen, um die Potentiale möglichst einfach zu wählen. Wir werden später davon Gebrauch machen. In einer relativistisch kovarianten Schreibweise lassen sich skalares Potential und Vektorpotential zu einem Vierer-Potential

$$A^\mu = (A^0, A^{i=1,2,3}) = (\Phi, \boldsymbol{A})$$

zusammenfassen. Analog hierzu werden Ladungs- und Stromverteilung, ρ und $\boldsymbol{j}$, zu einem Vierer-Strom

$$j^\mu = (j^0, j^{i=1,2,3}) = (\rho, \boldsymbol{j})$$

zusammengefasst. Für eine Ladungs- bzw. Stromverteilung in einem äußeren elektromagnetischen Feld beträgt die klassische Wechselwirkungsenergie:

$$\begin{aligned} W(t) &= \int d^3x\, j^\mu(\boldsymbol{x},t) A_\mu(\boldsymbol{x},t) = \int d^3x \left(j^0(\boldsymbol{x},t) A^0(\boldsymbol{x},t) - \sum_{i=1}^{3} j^i(\boldsymbol{x},t) A^i(\boldsymbol{x},t) \right) \\ &= \int d^3x\, [\rho(\boldsymbol{x},t)\Phi(\boldsymbol{x},t) - \boldsymbol{j}(\boldsymbol{x},t)\cdot\boldsymbol{A}(\boldsymbol{x},t)] \end{aligned} \tag{25.4}$$

wobei $A_\mu(\boldsymbol{x},t)$ das Eichpotential des äußeren elektromagnetischen Feldes ist.[2]

Im Folgenden betrachten wir eine Punktladung q der Masse[3] M, die sich auf einer Trajektorie $\boldsymbol{x}(t)$ bewegt. Die Punktladung besitzt eine Ladungsverteilung (Ladungsdichte)

$$\rho(\boldsymbol{x}',t) = q\delta(\boldsymbol{x}' - \boldsymbol{x}(t))\,.$$

Falls ihre Geschwindigkeit von null verschieden ist, erzeugt sie eine Stromdichte

2 Es sei betont, dass dieses Potential $A_\mu(x,t)$ hier eine von außen vorgegebene Funktion des Ortes (und der Zeit) ist und nicht durch die betrachteten Ladungen bzw. Ströme $j^\mu(x,t)$ hervorgerufen wird. Diese werden deshalb auch als *Testladungen* oder *Testströme* bezeichnet und es wird vorausgesetzt, dass ihre Rückwirkung auf das Feld vernachlässigt werden kann.

3 Zur Unterscheidung von der magnetischen Quantenzahl m bezeichnen wir in diesem Kapitel die Masse der Punktladung mit M.

$$\begin{aligned} \boldsymbol{j}(\boldsymbol{x}',t) &= \rho(\boldsymbol{x}',t)\boldsymbol{v}(\boldsymbol{x}',t) \\ &= q\delta(\boldsymbol{x}' - \boldsymbol{x}(t))\dot{\boldsymbol{x}}(t)\,. \end{aligned}$$

Setzen wir diese Ausdrücke für Ladungs- und Stromdichte in die Wechselwirkungsenergie (25.4) ein, so nimmt diese die Gestalt

$$W(t) = q\Phi(\boldsymbol{x}(t),t) - q\dot{\boldsymbol{x}}(t)\cdot\boldsymbol{A}(\boldsymbol{x}(t),t)$$

an. Diese Wechselwirkungsenergie geht wie eine potentielle Energie in die klassische Lagrange-Funktion ein, die deshalb durch

$$\mathcal{L} = \mathcal{L}_0 - W$$

gegeben ist, wobei

$$\mathcal{L}_0 = \frac{M}{2}\dot{\boldsymbol{x}}^2 - V(\boldsymbol{x})$$

die Lagrange-Funktion der (nicht-relativistischen) Punktladung bei Abwesenheit des äußeren elektromagnetischen Feldes ist. Die Lagrange-Funktion der Punktmasse im äußeren elektromagnetischen Feld hat deshalb (bei Abwesenheit sonstiger äußerer Potentiale) die Form

$$\boxed{\mathcal{L}(\boldsymbol{x},\dot{\boldsymbol{x}},t) = \frac{M}{2}\dot{\boldsymbol{x}}^2 + q\dot{\boldsymbol{x}}\cdot\boldsymbol{A}(\boldsymbol{x},t) - q\Phi(\boldsymbol{x},t)\,,} \tag{25.5}$$

wobei $\boldsymbol{x} = \boldsymbol{x}(t)$ die Teilchenkoordinate bezeichnet. Unter der Eichtransformation (25.3) ändert sich diese Lagrange-Funktion

$$\begin{aligned} \mathcal{L}(x) \to \mathcal{L}(x) &+ q\dot{\boldsymbol{x}}\nabla\Lambda(\boldsymbol{x},t) + q\frac{\partial}{\partial t}\Lambda(\boldsymbol{x},t) \\ &= \mathcal{L}(x) + q\frac{d}{dt}\Lambda(\boldsymbol{x}(t),t) \end{aligned}$$

nur um eine totale zeitliche Ableitung, die keinen Einfluss auf die klassische Bewegungsgleichung hat. Die zugehörige klassische Wirkung

$$S[x](b,y) = \int_{t_a}^{t_b} dt\mathcal{L}(\boldsymbol{x},\dot{\boldsymbol{x}},t) \tag{25.6}$$

ändert sich unter der Eichtransformation (25.3) um eine Konstante

$$S[x](b,a) \to S[x](b,a) + q[\Lambda(\boldsymbol{x}(t_b),t_a) - \Lambda(\boldsymbol{x}(t_a),t_a)]\,, \tag{25.7}$$

die wegen den üblichen Randbedingungen (festgehaltene Ränder der Trajektorie $\boldsymbol{x}(t_a) = \boldsymbol{x}_a = \text{const.}, \boldsymbol{x}(t_b) = \boldsymbol{x}_b = \text{const.}$) nicht zur Variation beiträgt.

Die Lagrange-Funktion (25.5) liefert den *kanonischen Impuls*

$$\boxed{\boldsymbol{p} = \frac{\partial \mathcal{L}}{\partial \dot{\boldsymbol{x}}} = M\dot{\boldsymbol{x}} + q\boldsymbol{A}\,.} \tag{25.8}$$

Bei Anwesenheit eines Magnetfeldes fällt damit der kanonische Impuls nicht mit dem *kinetischen Impuls* $M\dot{\boldsymbol{x}}$ zusammen. Für die Euler-Lagrange Gleichung

$$\frac{d}{dt}\frac{\partial \mathcal{L}}{\partial \dot{\boldsymbol{x}}} - \frac{\partial \mathcal{L}}{\partial \boldsymbol{x}} = 0$$

erhalten wir mit

$$\begin{aligned}\frac{d}{dt}\frac{\partial \mathcal{L}}{\partial \dot{\boldsymbol{x}}} &= M\ddot{\boldsymbol{x}} + q\left[\partial_t \boldsymbol{A} + (\dot{\boldsymbol{x}} \cdot \nabla)\boldsymbol{A}\right],\\ \frac{\partial \mathcal{L}}{\partial \boldsymbol{x}} &= \nabla \mathcal{L} = q\dot{x}_k \nabla A_k - q\nabla\Phi\end{aligned}$$

und den Definitionen (25.1) und (25.2) des $\boldsymbol{B}$- und $\boldsymbol{E}$-Feldes die bekannte Bewegungsgleichung einer nicht-relativistischen Punktladung im elektromagnetischen Feld

$$M\ddot{\boldsymbol{x}}(t) = q\left[\boldsymbol{E}(\boldsymbol{x}(t), t) + \dot{\boldsymbol{x}}(t) \times \boldsymbol{B}(\boldsymbol{x}(t), t)\right], \tag{25.9}$$

wobei der Ausdruck auf der rechten Seite als *Lorentz-Kraft* bezeichnet wird.

Für die klassische Hamilton-Funktion

$$\mathcal{H}(\boldsymbol{p}, \boldsymbol{x}, t) = \boldsymbol{p} \cdot \dot{\boldsymbol{x}} - \mathcal{L}(\boldsymbol{x}, \dot{\boldsymbol{x}}, t)$$

erhalten wir bei Anwesenheit des äußeren elektromagnetischen Feldes unter Verwendung von (25.8)

$$\begin{aligned}\mathcal{H}(\boldsymbol{p}, \boldsymbol{x}, t) &= (M\dot{\boldsymbol{x}} + q\boldsymbol{A}) \cdot \dot{\boldsymbol{x}} - \left(\frac{M}{2}\dot{\boldsymbol{x}}^2 + q\dot{\boldsymbol{x}}\boldsymbol{A} - q\Phi\right)\\ &= \frac{M}{2}\dot{\boldsymbol{x}}^2 + q\Phi\\ &= \frac{(\boldsymbol{p} - q\boldsymbol{A}(\boldsymbol{x}, t))^2}{2M} + q\Phi(\boldsymbol{x}, t)\end{aligned} \tag{25.10}$$

Die Hamilton-Funktion ist auch hier durch die Summe von kinetischer und potentieller Energie gegeben; sie besitzt jedoch nicht die Standardform, da der kinetische Impuls $M\dot{\boldsymbol{x}}$ nicht mit dem kanonischen Impuls $\boldsymbol{p}$ zusammenfällt. Diese Tatsache wird sich auch in dem quantenmechanischen Ausdruck der kinetischen Energie niederschlagen, wie wir im Folgenden sehen werden.

Man beachte, dass das Vektorpotential nicht in die potentielle Energie, sondern in die kinetische Energie eingeht. Damit gehen elektrisches und magnetisches Feld in unsymmetrischer Form in die Hamilton-Funktion ein, obwohl wir wissen, dass durch Lorentz-Transformation elektrische und magnetische Felder ineinander überführt werden können. Die unsymmetrische Behandlung von elektrischem und magnetischem Feld in der Hamilton-Funktion (25.10) ist offenbar eine Konsequenz der nicht-relativistischen Beschreibung der Teilchendynamik, die wir hier benutzen.

25.2 Quantenmechanische Ladungen im äußeren elektromagnetischen Feld

In der Quantenmechanik müssen die Ladungen genau wie die ungeladenen Teilchen durch Wellenfunktionen beschrieben werden, die wegen des der Quantenmechanik zugrunde liegenden Superpositionsprinzips linearen Evolutionsgleichungen genügen müssen. Für ungeladene Teilchen war die Evolutionsgleichung durch die zeitabhängige Schrödinger-Gleichung gegeben. Wir erwarten, dass diese auch für elektrische Ladungen gültig bleibt. Ferner erwarten wir aufgrund der Analogie zwischen der Hamilton'schen (kanonischen) Formulierung der klassischen Mechanik und der Quantenmechanik, dass der Hamilton-Operator einer Ladung im elektromagnetischen Feld aus der klassischen Hamilton-Funktion (25.10) hervorgeht, wenn wir den klassischen kanonischen Impuls durch den quantenmechanischen Impulsoperator $\boldsymbol{p} = \frac{\hbar}{i}\nabla$ ersetzen, d. h., wir erwarten, dass der Hamilton-Operator durch

$$H = \frac{(\boldsymbol{p} - q\boldsymbol{A})^2}{2M} + q\Phi$$

gegeben ist. Dieses Vorgehen ist jedoch nicht eindeutig, da $\boldsymbol{p}$ und $\boldsymbol{A}$ nicht kommutieren. Verschiedene quantenmechanische Hamilton-Operatoren, die sich durch die Reihenfolge von $\boldsymbol{p}$ und $\boldsymbol{A}$ unterscheiden, z. B.

$$\begin{aligned} (\boldsymbol{p} - q\boldsymbol{A})^2 &\stackrel{?}{=} \boldsymbol{p}^2 - q(\boldsymbol{p}\cdot\boldsymbol{A} + \boldsymbol{A}\cdot\boldsymbol{p}) + q^2\boldsymbol{A}^2\,, \\ &\stackrel{?}{=} \boldsymbol{p}^2 - 2q\boldsymbol{p}\cdot\boldsymbol{A} + q^2\boldsymbol{A}^2\,, \\ &\stackrel{?}{=} \boldsymbol{p}^2 - 2q\boldsymbol{A}\cdot\boldsymbol{p} + q^2\boldsymbol{A}^2\,, \end{aligned} \tag{25.11}$$

führen auf dieselbe klassische Hamilton-Funktion.[4] Um die korrekte Form des Hamilton-Operators einer Ladung im elektromagnetischen Feld zu erhalten, erinnern wir uns zunächst an die Ableitung der Schrödinger-Gleichung für ungeladene Teilchen.

4 Eine Ausnahme bildet die Coulomb-Eichung $\nabla\cdot\boldsymbol{A} = 0$, in der offenbar $\boldsymbol{p}\cdot\boldsymbol{A} = \boldsymbol{A}\cdot\boldsymbol{p}$ und somit sämtliche rechten Seiten von Gl. (25.11) übereinstimmen.

In Kapitel 3 hatten wir durch Analyse des Doppelspalt-Experiments und dessen sukzessiver Verfeinerung gefunden, dass die quantenmechanische Übergangsamplitude $K(x_b, t_b; x_a, t_a)$ durch Summation der Phasen $e^{\frac{i}{\hbar}S[x]}$ aller möglichen Trajektorien $x(t)$, welche den Randbedingungen $x(t_a) = x_a$, $x(t_b) = x_b$ genügen, erhalten wird. Diese Summation führt auf das Pfadintegral

$$K(x_b, t_b; x_a, t_a) \equiv K(b, a) = \int\limits_{x(t_a)=x_a}^{x(t_b)=x_b} \mathcal{D}x(t)\, e^{\frac{i}{\hbar}S[x](b,a)} . \tag{25.12}$$

Die durch das Pfadintegral erzeugte und durch das Experiment suggerierte Summation über alle interferierenden Alternativen mit dem Gewicht $e^{\frac{i}{\hbar}S[x]}$ war unser fundamentales Grundpostulat der Quantenmechanik, aus der sich die gesamte Quantentheorie ableiten ließ. Mit diesem Grundpostulat folgen die quantenmechanischen Grundgesetze allein aus Kenntnis der klassischen Wirkung. Insbesondere hatten wir in Kapitel 7 aus der Pfadintegraldarstellung der Übergangsamplitude die Schrödinger-Gleichung für ein spinloses Teilchen (Punktmasse) abgeleitet und dabei den zugehörigen Hamilton-Operator gefunden, der den quantenmechanischen Operator der Energieobservablen repräsentiert. Wir wollen jetzt ein elektrisch geladenes Teilchen mit der Ladung q in einem elektromagnetischen Feld betrachten und für dieses in bewährter Manier aus der Pfadintegraldarstellung der quantenmechanischen Übergangsamplitude die zugehörige Evolutionsgleichung für die Wellenfunktion ableiten. Aufgrund des Superpositionsprinzips, d. h. der unabhängigen Summation über alle alternativen Wege, erwarten wir wieder eine lineare Evolutionsgleichung vom Typ der zeitabhängigen Schrödinger-Gleichung

$$i\hbar \frac{\partial}{\partial t}\psi(x, t) = H(x, t)\psi(x, t).$$

Die Frage ist nur, wie der zugehörige Hamilton-Operator bei Anwesenheit eines äußeren elektromagnetischen Feldes aussieht, insbesondere welche der Operatorordnungen (25.11) im Hamilton-Operator realisiert ist.

25.2.1 Hamilton-Operator der Punktladung

Die in Abschnitt 7.1 durchgeführte Ableitung der Schrödinger-Gleichung können wir unmittelbar für die Übergangsamplitude einer Ladung in einem äußeren elektromagnetischen Feld wiederholen, welche durch die Gln. (25.5), (25.6), (25.12) definiert ist. Die Möglichkeit verschiedener Operatorordnungen (25.11) spiegelt sich dabei in einer Subtilität der zeitdiskretisierten Pfadintegraldefinitionen wider: Je nachdem, wie wir das Wirkungsintegral bei der Diskretisierung der Zeit $t_b - t_a = N\epsilon$ als Riemann-Summe darstellen

$$S(b,a) = \int_{t_a}^{t_b} dt \mathcal{L}(\boldsymbol{x}(t), \dot{\boldsymbol{x}}(t), t_k) = \lim_{\epsilon \to 0} \epsilon \sum_k \mathcal{L}(\boldsymbol{x}_k^*, \dot{\boldsymbol{x}}_k^*, t_k)$$

mit

$$x_k^* \in [\boldsymbol{x}_{k-1}, \boldsymbol{x}_k], \quad \boldsymbol{x}_k = \boldsymbol{x}(t_k), \quad t_k = t_a + k\epsilon \tag{25.13}$$

erhalten wir unterschiedliche Darstellungen der Übergangsamplitude für infinitesimal benachbarte Zeiten (siehe Gl. (3.21)))

$$K(k, k-1) = A(\varepsilon) \exp[i\varepsilon \mathcal{L}(x_k^*, x_k^*, t_k)], \quad k \equiv (x_k, t_k)$$

und hieraus unterschiedliche Operatorordnungen (25.11) im Hamilton-Operator. Ursache für das Auftreten dieser Subtilität ist der geschwindigkeitsabhängige Potentialterm (der zweite Term auf der rechten Seite von Gl. (25.5))

$$\int dt \dot{\boldsymbol{x}}(t) A(\boldsymbol{x}(t), t) = \sum_k (\boldsymbol{x}_k - \boldsymbol{x}_{k-1}) A(\boldsymbol{x}_k^*, t_k) .$$

Für diesen Term liefern Riemann-Obersumme ($\boldsymbol{x}_k^* = \boldsymbol{x}_k$) und -Untersumme ($\boldsymbol{x}_k^* = \boldsymbol{x}_{k-1}$) für die dominant beitragende Pfade Unterschiede von der Ordnung 1, wovon man sich leicht überzeugt: Schreiben wir $\boldsymbol{x}_k$ im Argument von $\boldsymbol{A}$ als $\boldsymbol{x}_k - \boldsymbol{x}_{k-1} + \boldsymbol{x}_{k-1}$ und entwickeln bis zu den Termen linear in $\boldsymbol{x}_k - \boldsymbol{x}_{k-1}$, so finden wir für die Differenz zwischen (Riemann-)Ober- und Untersumme

$$\begin{aligned} \Delta &:= \sum_k (\boldsymbol{x}_k - \boldsymbol{x}_{k-1}) \cdot \boldsymbol{A}(\boldsymbol{x}_k, t_k) - \sum_k (\boldsymbol{x}_k - \boldsymbol{x}_{k-1}) \boldsymbol{A}(\boldsymbol{x}_{k-1}, t_k) \\ &= \sum_k (\boldsymbol{x}_k - \boldsymbol{x}_{k-1})_i (\boldsymbol{x}_k - \boldsymbol{x}_{k-1})_j \nabla_j A_i(\boldsymbol{x}_{k-1}, t_k) . \end{aligned}$$

Beachten wir, dass für die dominanten Wege im Pfadintegral (siehe Kap. 7 und Abschnitt 25.6)

$$(\boldsymbol{x}_k - \boldsymbol{x}_{k-1})_i (\boldsymbol{x}_k - \boldsymbol{x}_{k-1})_j \sim \varepsilon \delta_{ij} ,$$

so erhalten wir für diese Wege[5]

$$\Delta = \varepsilon \sum_k \boldsymbol{\nabla} \cdot \boldsymbol{A}(\boldsymbol{x}_{k-1}, t_k) = \int dt \boldsymbol{\nabla} \cdot \boldsymbol{A} = O(1) .$$

5 Man beachte, dass der Unterschied Δ zwischen Ober- und Untersumme in der Coulomb-Eichung $\boldsymbol{\nabla} \cdot \boldsymbol{A} = 0$ verschwindet.

Die Unbestimmtheit in der Wahl der Riemann-Summe bei der Zeitdiskretisierung verschwindet, wenn man fordert, dass auch die zeitdiskretisierte Amplitude das korrekte Verhalten unter Eichtransformationen (25.3) besitzt, welches nach Gln. (25.7) und (25.12) durch

$$K(a,b) \to e^{iq\Lambda(x_b,t_b)} K(b,a) e^{-iq\Lambda(x_a,t_a)}$$

gegeben ist. Dies verlangt für die Wirkung (25.5), (25.6), wie eine sorgfältige Analyse zeigt, die sogenannte *Mittelpunktsvorschrift*, bei der wir die Koordinate $\boldsymbol{x}_k^*$ (25.13) in die Mitte ihres Definitionsbereiches $[\boldsymbol{x}_{k-1}, \boldsymbol{x}_k]$ legen[6]

$$\boldsymbol{x}_k^* = \frac{1}{2}(\boldsymbol{x}_k + \boldsymbol{x}_{k-1}) . \tag{25.14}$$

Dies liefert

$$\begin{aligned} S(k,k-1) &= S(\boldsymbol{x}_k, t_k; \boldsymbol{x}_{k-1}, t_{k-1}) \\ &= \frac{m}{2\varepsilon}(\boldsymbol{x}_k - \boldsymbol{x}_{k-1})^2 + q(\boldsymbol{x}_k - \boldsymbol{x}_{k-1}) \cdot \boldsymbol{A}\left(\frac{\boldsymbol{x}_k + \boldsymbol{x}_{k-1}}{2}, t_k\right) - q\phi\left(\frac{\boldsymbol{x}_k + \boldsymbol{x}_{k-1}}{2}, t_k\right), \end{aligned}$$

wobei in führender Ordnung

$$\boldsymbol{A}\left(\frac{x_k + x_{k-1}}{2}, t_k\right) = \frac{1}{2}(\boldsymbol{A}(\boldsymbol{x}_k, t_k) + \boldsymbol{A}(\boldsymbol{x}_{k-1}, t_{k-1}))$$

gesetzt werden kann. Die expliziten Rechnungen sind in Abschnitt 25.6 durchgeführt. Wir finden dann wieder die zeitabhängige Schrödinger-Gleichung mit dem Hamilton-Operator

$$\boxed{H = \frac{(\boldsymbol{p} - q\boldsymbol{A}(\boldsymbol{x},t))^2}{2M} + V(\boldsymbol{x},t) + q\Phi(\boldsymbol{x},t) ,} \tag{25.15}$$

der formal dieselbe Gestalt wie die klassische Hamilton-Funktion (25.10) besitzt. In (25.15) ist jedoch $\boldsymbol{p}$ der Impulsoperator. Damit erweist sich der erste Ausdruck in (25.11) als die korrekte quantenmechanische Operatorordnung.

Der Vergleich mit dem Ausdruck für den klassischen kanonischen Impuls bei Anwesenheit eines Magnetfeldes, Gl. (25.8), zeigt, dass die Größe $(\boldsymbol{p} - q\boldsymbol{A})$ gerade das quantenmechanische Analogon des kinetischen Impulses $m\dot{\boldsymbol{x}}$ ist. Mit dieser Interpretation ist

---

6 Wählt man eine andere Form der Lagrange-Funktion, die sich von (25.5) durch eine totale zeitliche Ableitung unterscheidet, so sind andere Diskretisierungsvorschriften als (25.14) erforderlich, um das korrekte Verhalten der zeitdiskretisierten Amplitude unter Eichtransformationen zu gewährleisten. In jedem Fall legt die Forderung nach dem korrekten Verhalten der zeitdiskretisierten Amplitude unter Eichtransformation die Diskretisierungsvorschrift fest und führt stets auf dasselbe Ergebnis (25.15).

auch bei Anwesenheit eines Magnetfeldes die kinetische Energie durch das Quadrat des kinetischen Impulses gegeben. Das Vektorpotential erscheint nur, wenn wir den kinetischen Impuls durch den kanonischen Impuls ausdrücken, der in der Quantenmechanik durch die Ableitung nach dem Ort realisiert ist, $\boldsymbol{p} = \frac{\hbar}{i}\nabla$. Bei Anwesenheit eines Magnetfeldes fallen also auch in der Quantentheorie kinetischer und kanonischer Impuls nicht mehr zusammen.

---

i

Wir betrachten hier das elektromagnetische Feld als ein von außen angelegtes makroskopisches klassisches Feld, das eine Funktion des Ortes und der Zeit ist, jedoch selbst nicht quantisiert ist. Streng genommen ist im Mikrokosmos das elektromagnetische Feld ebenfalls quantisiert. Dies ist jedoch Gegenstand der Quantenfeldtheorie, die über den Rahmen dieses Buches hinausgeht.

Um die quantenmechanische Übergangsamplitude eines geladenen Teilchens in einem elektromagnetischen Quantenfeld zu erhalten, müssen wir lediglich in den Exponenten des Pfadintegrals auch die Wirkung des elektromagnetischen Feldes einschließen, die durch die klassische Lagrange-Funktion

$$\mathcal{L}_{em} = \frac{1}{2}\int d^3x \left(\boldsymbol{E}^2(\boldsymbol{x},t) - \boldsymbol{B}^2(\boldsymbol{x},t)\right)$$

definiert ist, und zusätzlich über alle unabhängigen Feldkonfigurationen des elektromagnetischen Feldes summieren, in Übereinstimmung mit unserem Grundpostulat der Quantenmechanik, der Summation über alle (interferierenden) Alternativen.

25.2.2 Eichinvarianz

Da in den Hamilton-Operator nicht die elektromagnetischen Felder, sondern die Potentiale selbst eingehen, bleibt dieser unter der oben betrachteten Eichtransformation (25.3) nicht invariant, sondern transformiert sich wie:

$$\begin{aligned} H \to H' &= \frac{(\boldsymbol{p} - q\boldsymbol{A}')^2}{2M} + V + q\Phi' \\ &= \frac{(\boldsymbol{p} - q\boldsymbol{A} - q\nabla\Lambda)^2}{2M} + V + q\Phi - q\frac{\partial\Lambda}{\partial t} . \end{aligned}$$

Man überzeugt sich jedoch leicht, dass die Lösung der zugehörigen Schrödinger-Gleichung

$$i\hbar\frac{\partial}{\partial t}\psi'(\boldsymbol{x},t) = H'(\boldsymbol{x},t)\psi'(\boldsymbol{x},t)$$

mit der ursprünglichen Wellenfunktion $\psi(\boldsymbol{x},t)$ über

$$\psi'(\boldsymbol{x},t) = \exp\left(i\frac{q}{\hbar}\Lambda(\boldsymbol{x},t)\right)\psi(\boldsymbol{x},t)$$

zusammenhängt. Damit erhält die Wellenfunktion unter Eichtransformationen nur eine zusätzliche (orts- und zeitabhängige) Phase, die jedoch keine Auswirkungen auf die Erwartungswerte physikalischer Observablen hat. Erwartungswerte von physikalischen Observablen müssen eichinvariant sein. So ist z. B. der kanonische Impuls $\boldsymbol{p} = \frac{\hbar}{i}\nabla$ bei Anwesenheit eines elektromagnetischen Feldes i. A. keine physikalische Observable, da $\langle\psi'|\boldsymbol{p}|\psi'\rangle = \langle\psi|\boldsymbol{p}|\psi\rangle + q\nabla\Lambda$. Der kinetische Impuls $M\dot{\boldsymbol{x}}$ hingegen, der bei Anwesenheit eines Magnetfeldes durch $(\boldsymbol{p} - q\boldsymbol{A})$ gegeben ist, ist zwar selbst nicht eichinvariant, sein Erwartungswert mit der obigen Transformation der Wellenfunktion ist jedoch eichinvariant. Dasselbe gilt für den Hamilton-Operator. Die Eichabhängigkeit der Wellenfunktion hat damit i. A. keine physikalische Bedeutung. Eine Ausnahme bilden magnetische Felder in topologisch nicht einfach zusammenhängenden[7] Räumen, bei denen nicht nur das Magnetfeld selbst, sondern auch das Vektorpotential reale Bedeutung erlangt. Ein Beispiel hierfür ist der sogenannte *Bohm-Aharonov-Effekt*, den wir später noch behandeln werden (siehe Abschnitt 26.5).

Die Eichfreiheit lässt sich vorteilhaft ausnutzen, um den Hamilton-Operator in eine möglichst einfache Gestalt zu bringen. Das Quadrat des kinetischen Impulses lautet explizit:

$$\begin{aligned}(\boldsymbol{p} - q\boldsymbol{A})^2 &= \boldsymbol{p}^2 - q(\boldsymbol{p}\cdot\boldsymbol{A} + \boldsymbol{A}\cdot\boldsymbol{p}) + q^2\boldsymbol{A}^2 \\ &= \boldsymbol{p}^2 - q(2\boldsymbol{A}\cdot\boldsymbol{p} + [\boldsymbol{p},\boldsymbol{A}]) + q^2\boldsymbol{A}^2\,,\end{aligned}$$

wobei

$$[\boldsymbol{p},\boldsymbol{A}] = \frac{\hbar}{i}(\nabla\cdot\boldsymbol{A})\,.$$

Diesen Term können wir zum Verschwinden bringen, wenn wir die *Coulomb-Eichung*

$$\boxed{\nabla\cdot\boldsymbol{A} = 0}$$

benutzen. In dieser Eichung nimmt der Hamilton-Operator dann die Gestalt

$$\begin{aligned}H &= \frac{\boldsymbol{p}^2}{2M} - \frac{q}{M}\boldsymbol{A}\cdot\boldsymbol{p} + \frac{q^2}{2M}\boldsymbol{A}^2 + q\Phi + V \\ &= H_0 - \frac{q}{M}\boldsymbol{A}\cdot\boldsymbol{p} + \frac{q^2}{2M}\boldsymbol{A}^2\,,\end{aligned} \tag{25.16}$$

an, wobei H_0 der Hamilton-Operator bei Abwesenheit des magnetischen Feldes ist. (H_0 enthält jedoch die Wechselwirkung der Ladung mit dem elektrischen Feld, $q\Phi(\boldsymbol{x},t)$, die durch ein gewöhnliches Potential gegeben ist.) Für statische Probleme ist die Coulomb-Eichung i. A. sehr vorteilhaft. Sie liefert automatisch den eichinvarianten (transversalen) Teil des Vektorpotentials $\boldsymbol{A}$ und wird deshalb auch als *physikalische Eichung* bezeichnet.

---

7 Ein Raum ist einfach zusammenhängend, wenn man jeden geschlossenen Weg in diesem Raum auf einen Punkt zusammenziehen kann.

Zur physikalischen Interpretation der beiden Vektorpotentialterme (25.16) betrachten wir zunächst einen wichtigen Spezialfall: ein homogenes Magnetfeld.

25.3 Ladung im homogenen Magnetfeld

Für ein räumlich konstantes (homogenes) Magnetfeld $\boldsymbol{B} = \mathbf{const}$ lässt sich das Vektorpotential in Coulomb-Eichung in der *symmetrischen* Form

$$\boxed{\boldsymbol{A} = \frac{1}{2}\boldsymbol{B} \times \boldsymbol{x}} \tag{25.17}$$

wählen. In der Tat zeigt man leicht, dass die Divergenz dieses Potentials verschwindet:

$$\nabla \cdot \boldsymbol{A} = \frac{1}{2}\nabla \cdot (\boldsymbol{B} \times \boldsymbol{x}) = -\frac{1}{2}\boldsymbol{B} \cdot \underbrace{(\nabla \times \boldsymbol{x})}_{=0} = 0\,.$$

Bilden wir die Rotation von $\boldsymbol{A}$ (25.17), so wird der konstante Vektor $\boldsymbol{B}$ reproduziert:

$$\begin{aligned}\nabla \times \boldsymbol{A} &= \frac{1}{2}\nabla \times (\boldsymbol{B} \times \boldsymbol{x}) = \frac{1}{2}[\boldsymbol{B}(\nabla \cdot \boldsymbol{x}) - (\boldsymbol{B} \cdot \nabla) \cdot \boldsymbol{x}] \\ &= \frac{1}{2}(3\boldsymbol{B} - \boldsymbol{B}) = \boldsymbol{B}\,.\end{aligned}$$

Mit der obigen Form des Vektorpotentials haben wir:

$$\boldsymbol{A} \cdot \boldsymbol{p} = \frac{1}{2}(\boldsymbol{B} \times \boldsymbol{x}) \cdot \boldsymbol{p} = \frac{1}{2}\boldsymbol{B} \cdot (\boldsymbol{x} \times \boldsymbol{p}) = \frac{1}{2}\boldsymbol{B} \cdot \boldsymbol{L}\,,$$

wobei die Definition des Drehimpulses $\boldsymbol{L} = \boldsymbol{x} \times \boldsymbol{p}$ benutzt wurde. Für das Quadrat des Vektorpotentials finden wir:

$$\boldsymbol{A}^2 = \frac{1}{4}(\boldsymbol{B} \times \boldsymbol{x})^2 = \frac{1}{4}[\boldsymbol{B}^2\boldsymbol{x}^2 - (\boldsymbol{B} \cdot \boldsymbol{x})^2]\,.$$

Zerlegen wir den Ortsvektor in eine Projektion entlang des konstanten Magnetfeldes und einen dazu senkrecht stehenden Anteil,

$$\boldsymbol{x} = x_\parallel \hat{\boldsymbol{B}} + \boldsymbol{x}_\perp\,, \qquad \hat{\boldsymbol{B}} = \frac{\boldsymbol{B}}{|\boldsymbol{B}|}\,,$$

so folgt

$$\boldsymbol{A}^2 = \frac{\boldsymbol{B}^2}{4}\boldsymbol{x}_\perp^2$$

und der Hamilton-Operator (25.16) einer Ladung im konstanten Magnetfeld $\boldsymbol{B}$ nimmt schließlich die Gestalt

$$\boxed{H = H_0 - \frac{q}{2M}\boldsymbol{B}\cdot\boldsymbol{L} + \frac{q^2\boldsymbol{B}^2}{8M}\boldsymbol{x}_\perp^2} \tag{25.18}$$

an. Der Term proportional zu $\boldsymbol{B}\cdot\boldsymbol{L}$ versucht, den Drehimpuls $\boldsymbol{L}$ des geladenen Teilchens (für $q > 0$) parallel zum Magnetfeld $\boldsymbol{B}$ auszurichten. Falls die Elektronen ($q = -e < 0$) der Atome einen von null verschiedenen Drehimpuls $\boldsymbol{L} \neq \boldsymbol{0}$ besitzen, richten sie deshalb ihren Drehimpuls antiparallel und damit ihr *magnetisches Moment*[8]

$$\boxed{\boldsymbol{\mu}_l = \frac{q}{2M}\boldsymbol{L}}$$

parallel zu $\boldsymbol{B}$ aus. Diese Ausrichtung der magnetischen Momente in einem äußeren Magnetfeld ist die Ursache für den *Paramagnetismus.*

Der letzte Term in (25.18) stellt in der Ebene senkrecht zum Magnetfeld ein zweidimensionales, rotationssymmetrisches, harmonisches Oszillatorpotential dar. Dieser Term bewirkt, dass ein klassisches geladenes Teilchen geschlossene, d. h. periodische Bewegungen in der Ebene senkrecht zum Magnetfeld $\boldsymbol{B}$ ausführt. Dabei wird das Teilchen i. A. einen von null verschiedenen Drehimpuls $\boldsymbol{L}$ erhalten, der parallel oder antiparallel zum Magnetfeld gerichtet ist. Somit induziert dieser Term einen Drehimpuls und damit ein magnetisches Moment. Diese induzierten magnetischen Momente sind antiparallel zum äußeren Magnetfeld gerichtet[9] und sind die Ursache für den *Diamagnetismus.*

Falls die Elektronen eines Atoms einen von null verschiedenen Drehimpuls besitzen und damit Paramagnetismus aufweisen, ist dieser stets wesentlich größer als der immer induzierte Diamagnetismus, wie eine einfache Abschätzung zeigt. Dazu betrachten wir ein Elektron der Ladung $q = -e$. Der Drehimpuls ist von der Ordnung $\hbar$, wir setzen deshalb:

$$\langle \boldsymbol{B}\cdot\boldsymbol{L}\rangle \simeq B\hbar\,.$$

Die räumliche Ausdehnung der Teilchentrajektorie in der Ebene senkrecht zum Magnetfeld können wir durch den Bohr'schen Atomradius a abschätzen:

8 Für den „inneren" Drehimpuls (Spin) $\boldsymbol{S}$ der Elektronen beträgt das magnetische Moment

$$\boldsymbol{\mu}_s = g\frac{q}{2M}\boldsymbol{S}\,, \tag{25.19}$$

wobei der zusätzliche *Landé-Faktor* $g \simeq 2$ aus der relativistischen Behandlung des Elektrons resultiert und sich zwangsläufig aus der nicht-relativistischen Reduktion der Dirac-Gleichung ergibt, siehe Abschnitt 29.10, *Band 3*. Wir hatten bereits in Kapitel 14 eine geometrische Erklärung für den zusätzlichen Faktor $g = 2$ im magnetischen Moment eines Spins gegenüber dem des Bahndrehimpulses gegeben.

9 Nach dem allgemeinen Prinzip von Le Chatelier, was sich hier in der Lenz'schen Regel manifestiert, ist das damit verbundene induzierte Magnetfeld $\boldsymbol{B}_{\text{ind}}$ dem von außen angelegten $\boldsymbol{B}$-Feld entgegengerichtet. Da (in Dipolnäherung) $\boldsymbol{B}_{\text{ind}} \sim \boldsymbol{\mu}_{\text{ind}}$, ist das induzierte magnetische Moment $\boldsymbol{\mu}_{\text{ind}}$ antiparallel zu $\boldsymbol{B}$.

$$\langle \boldsymbol{x}_\perp^2 \rangle \simeq a^2 .$$

Dann finden wir für das Verhältnis der Erwartungswerte der beiden Terme für Elektronen ($q = -e, M = m_e$):

$$\frac{|\langle \frac{q^2}{8M}\boldsymbol{B}^2\boldsymbol{x}_\perp^2 \rangle|}{|\langle -\frac{q}{2M}\boldsymbol{B}\cdot\boldsymbol{L}\rangle|} \simeq \frac{\frac{e^2}{8m_e}\boldsymbol{B}^2 a^2}{\frac{e}{2m_e}B\hbar} = \frac{eB}{4\hbar}a^2 \simeq 1{,}1 \cdot 10^{-6}\,\frac{B}{\mathrm{T}} ,$$

wobei das Magnetfeld in Tesla angegeben ist. Im Labor lassen sich etwa Magnetfelder bis zu einer Stärke von 10 T erreichen. Für solche Felder spielt offenbar der $\boldsymbol{A}^2$-Term keine Rolle gegenüber dem Term linear in $\boldsymbol{A}$. An der Oberfläche von Neutronensternen, wo die Magnetfelder die Größenordnung $B \simeq 10^8$ T erreichen können, kann jedoch der $\boldsymbol{A}^2$-Term wichtig werden.

Schließlich vergleichen wir noch die Stärke des paramagnetischen Terms für $q = -e$, $M = m_e$ mit der Coulomb-Energie in einem Atom. Aus der qualitativen Behandlung des Wasserstoff-Atoms (siehe Abschnitt 18.2) wissen wir, dass wir diese genähert durch

$$\left\langle \frac{e^2}{4\pi r} \right\rangle \simeq \frac{e^2}{4\pi a}$$

ausdrücken können. Für das Verhältnis von magnetischer zu elektrischer Energie finden wir deshalb

$$\frac{|\langle \frac{e}{2m_e}\boldsymbol{B}\cdot\boldsymbol{L}\rangle|}{\langle \frac{e^2}{4\pi r}\rangle} \simeq \frac{4\pi a\hbar}{2m_e e}B \simeq 2 \cdot 10^{-6}\,\frac{B}{\mathrm{T}} .$$

Für im Labor erreichbare Magnetfelder ist die Änderung der Energieniveaus der Elektronen im Atom damit klein. Dennoch werden die Atomspektren durch ein äußeres Magnetfeld qualitativ sehr wesentlich verändert, wie wir im nächsten Abschnitt sehen werden.

25.3.1 Der Zeeman-Effekt

Im Folgenden wollen wir die Änderung der Energieniveaus der Atome in einem schwachen äußeren (homogenen) Magnetfeld $\boldsymbol{B}$ untersuchen. Der Einfachheit halber beschränken wir uns auf das Wasserstoff-Atom. Aufgrund der obigen Abschätzung können wir für schwache $\boldsymbol{B}$-Felder den $\boldsymbol{B}^2$-Term im Hamilton-Operator (25.18) vernachlässigen,

$$H = H_0 + \frac{e}{2m_e}\boldsymbol{B}\cdot\boldsymbol{L} ,$$

wobei H_0 der Hamilton-Operator der Elektronen im ungestörten Atom, d. h. im Coulomb-Potential ist. Ferner haben wir wieder $q = -e$ und $M = m_e$ für die Ladung und

Masse der Elektronen gesetzt. Der Einfachheit halber legen wir das konstante Magnetfeld in Richtung der z-Achse:

$$\boldsymbol{B} = B\boldsymbol{e}_z \,.$$

Die Eigenwerte und Eigenfunktionen des ungestörten Hamilton-Operators H_0 sind die des Wasserstoff-Problems, die wir in analytischer Form kennen (siehe Abschnitt 18.3). Diese Eigenfunktionen sind gleichzeitig auch Eigenfunktionen zur z-Komponente des Drehimpulses. Deshalb ist der gesamte Hamilton-Operator H in dieser Basis diagonal:

$$H|nlm\rangle = \left(-\frac{R}{n^2} + \frac{eB}{2m_e}\hbar m\right)|nlm\rangle \equiv E_{nm}|nlm\rangle \,.$$

Die Energieeigenwerte sind deshalb durch

$$E_{nm} = -\frac{R}{n^2} + \hbar\omega_L m$$

gegeben, wobei

$$\omega_L = \frac{eB}{2m_e} \tag{25.20}$$

die *Larmor-Frequenz* ist, die mit dem *Bohr'schen Magneton* μ_B wie folgt verknüpft ist:[10]

$$\hbar\omega_L = \frac{e\hbar}{2m_e}B = \mu_B B \,, \quad \mu_B = \frac{e\hbar}{2m_e} \,.$$

Die Größe $\hbar\omega_L$ gibt die Energieeinheit an, um die das Elektronenniveau im äußeren Magnetfeld pro Einheit der Drehimpulsprojektion verschoben wird. Ein äußeres Magnetfeld hebt also die $(2l+1)$-fache Entartung eines Drehimpulseigenzustandes auf. Ein Zustand mit Drehimpuls l wird in $(2l + 1)$ äquidistante Niveaus aufgespaltet (Abb. 25.1).

Die Aufspaltung der Atomniveaus im Magnetfeld wird als *Zeeman-Effekt* bezeichnet. Wird diese Niveauaufspaltung allein durch den (in Einheiten von $\hbar$) ganzzahligen Bahndrehimpuls hervorgerufen, d. h. die Niveaus spalten sich in eine ungerade Zahl von $(2l+1)$ Niveaus auf, so spricht man vom *normalen Zeeman-Effekt*. Die tatsächlichen Verhältnisse in einem Atom sind jedoch i. A. sehr viel komplizierter aufgrund des inneren Drehimpulses $\boldsymbol{S}$, dem Spin der Elektronen. Dies gilt insbesondere für das Wasserstoff-Atom.

---

10 Gewöhnlich wird der Landé-Faktor $g \simeq 2$ mit in die Larmor-Frequenz einbezogen:

$$\omega_L = g\frac{eB}{2m_e} \,.$$

Da wir hier keine Spins betrachten, werden wir die Definition (25.20) benutzen, die für einen reinen Bahndrehimpuls (für welchen $g = 1$) sinnvoll ist.

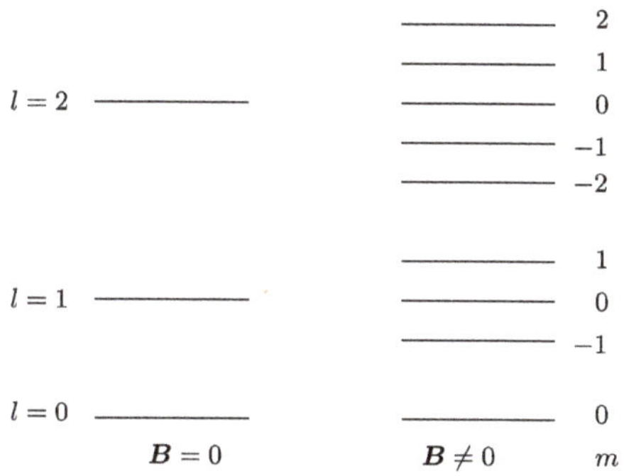

Abb. 25.1: Aufhebung der Drehimpulsentartung durch ein äußeres konstantes Magnetfeld $\boldsymbol{B}$, dessen Richtung als Quantisierungsachse gewählt wurde.

Der halbzahlige Spin der Elektronen $s = 1/2$ koppelt mit dem ganzzahligen Bahndrehimpuls l zu einem halbzahligen Gesamtdrehimpuls j:

$$\boxed{\boldsymbol{J} = \boldsymbol{L} + \boldsymbol{S}\ ,\ \boldsymbol{J}^2 : \quad \hbar^2 j(j+1)\ , \quad j = \frac{1}{2}, \frac{3}{2}, \frac{5}{2}, \ldots\ .}$$

Im Magnetfeld spalten dann die Elektronenniveaus mit halbzahligem Gesamtspin in die gerade Anzahl von $(2j+1)$ Niveaus auf. Dies wird als *anomaler Zeeman-Effekt* bezeichnet. Der anomale Zeeman-Effekt war einer der ersten Hinweise auf die Existenz des Elektronenspins.

Ein weiterer experimenteller Hinweis auf die Existenz des Elektronenspins war das *Stern-Gerlach-Experiment*, das erstmals im Jahre 1921 von Otto Stern und Walter Gerlach durchgeführt wurde, die 1943 dafür mit dem Nobelpreis geehrt wurden. In diesem Experiment wird ein aus Silber- oder Kupfer-Atomen bestehender Atomstrahl durch ein inhomogenes Magnetfeld geschickt, das senkrecht zur Strahlrichtung gerichtet ist. Dabei wird der Strahl in zwei Teilstrahlen aufgespalten. Die Atome in den beiden Teilstrahlen unterscheiden sich in ihrer Energie gerade um $2\hbar\omega_L$. Entsprechend dem Zeeman-Effekt deutet die zweifache Aufspaltung auf einen „Drehimpuls" $l = \frac{1}{2}$ hin, dessen magnetisches Moment aber $l = 1$ entspricht, also doppelt so groß ist wie für einen „normalen" Drehimpuls von $l = \frac{1}{2}$. Diese experimentelle Beobachtung wurde durch Einführung des *Landé-Faktors* $g \simeq 2$ in das magnetische Moment $\vec{\mu}$ eines Teilchens mit Spin $\boldsymbol{s}$ berücksichtigt

$$\boldsymbol{\mu} = \frac{gq}{2M}\boldsymbol{s}\,.$$

Sowohl der Spin als auch der Landé-Faktor ergeben sich zwangsläufig in einer relativistischen Behandlung der Elektronen, siehe Abschnitt 29.10, *Band 3*.

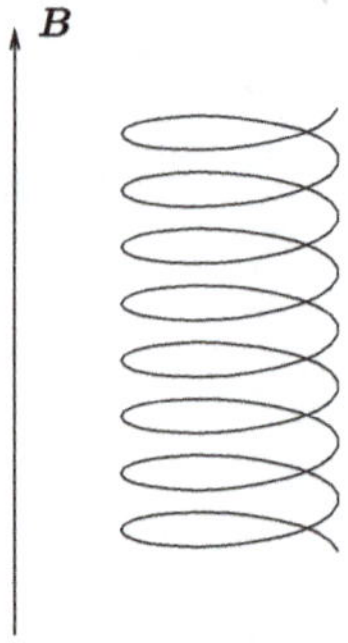

Abb. 25.2: Klassische Trajektorie einer Punktladung in einem homogenen Magnetfeld $\boldsymbol{B}$.

25.4 Die Landau-Niveaus

Im Folgenden wollen wir die Bewegung geladener Teilchen wie z. B. Elektronen in einem homogenen Magnetfeld $\boldsymbol{B} = \mathbf{const}$ etwas genauer behandeln. Wir werden dabei nicht voraussetzen, dass das Magnetfeld schwach ist. Dieses Problem ist von großem praktischem Interesse für die Atom- und Festkörperphysik.

Aus der klassischen Physik wissen wir, dass auf eine bewegte Ladung q in einem Magnetfeld $\boldsymbol{B}$ die Lorentz-Kraft (siehe Gl. (25.9) mit $\boldsymbol{E} = \mathbf{0}$)

$$\boldsymbol{F} = q(\boldsymbol{v} \times \boldsymbol{B}) \tag{25.21}$$

wirkt. Diese Kraft steht senkrecht sowohl auf der Geschwindigkeit $\boldsymbol{v}$ der Ladung als auch auf dem Magnetfeld. Sie beeinflusst deshalb die Bewegung parallel zum Magnetfeld nicht. Deshalb ist der lineare Impuls in dieser Richtung erhalten: $\boldsymbol{p} \cdot \boldsymbol{B} = \text{const}$. In der Ebene senkrecht zum Magnetfeld hat diese Kraft die Form einer Coriolis-Kraft,[11] die das Teilchen auf eine Kreisbahn zwingt. Für $\boldsymbol{p} \cdot \boldsymbol{B} = 0$ erfolgt deshalb die klassische Bewegung auf kreisförmigen Bahnen in einer Ebene senkrecht zum Magnetfeld. Für $\boldsymbol{p} \cdot \boldsymbol{B} \neq 0$ führen die Ladungen hingegen eine „Schraubenbewegung" aus (Abb. 25.2).

25.4.1 Eichinvariante Diagonalisierung des Hamiltonian

Wie wir in Abschnitt 25.2 gezeigt haben, werden die Ladungen in einem Magnetfeld durch den Hamilton-Operator (25.15)

$$H = \frac{(\boldsymbol{p} - q\boldsymbol{A})^2}{2M} = \frac{\boldsymbol{\pi}^2}{2M} \tag{25.22}$$

11 Die Lorentz-Kraft (25.21) hat exakt die Form einer Coriolis-Kraft $\boldsymbol{F}_C = 2M(\boldsymbol{v} \times \boldsymbol{\omega})$, wobei das Magnetfeld $\boldsymbol{B}$ die Rolle der Winkelgeschwindigkeit $\boldsymbol{\omega}$ übernimmt, $\boldsymbol{\omega} \mathrel{\widehat{=}} \boldsymbol{B}$, $q \mathrel{\widehat{=}} 2M$.

beschrieben, wobei

$$\boldsymbol{\pi} = \boldsymbol{p} - q\boldsymbol{A}$$

den *kinetischen Impuls* bezeichnet. Der Hamilton-Operator (25.22) ist offenbar positiv (semi-)definit, sodass seine Eigenwerte nicht negativ sind.

Die Komponenten des kinetischen Impulses erfüllen die Kommutationsbeziehung

$$\begin{aligned}[\pi_i, \pi_j] &= [p_i - qA_i, p_j - qAj] \\ &= -q\big([p_i, A_j] + [A_i, p_j]\big) \\ &= i\hbar q(\nabla_i A_j - \nabla_j A_i)\,.\end{aligned}$$

Multiplizieren wir diese Gleichung mit dem vollständig antisymmetrischen Tensor dritter Stufe ϵ_{kij} (15.5), so erhalten wir:

$$\epsilon_{kij}[\pi_i, \pi_j] = i\hbar q 2\epsilon_{kij}\nabla_i A_j = 2i\hbar q(\boldsymbol{\nabla} \times \boldsymbol{A})_k = 2i\hbar q B_k\,,$$

wobei wir die Definition des Magnetfeldes $\boldsymbol{B}$ als Rotation des Vektorpotentials $\boldsymbol{A}$ benutzt haben. Nochmalige Multiplikation mit ϵ_{kmn} und Summation über den Index k liefert mit

$$\epsilon_{kmn}\epsilon_{kij} = \delta_{mi}\,\delta_{nj} - \delta_{mj}\delta_{ni}$$

und $\epsilon_{kmn} = \epsilon_{mnk}$ schließlich die Beziehung

$$[\pi_m, \pi_n] = i\hbar q\epsilon_{mnk}B_k\,.$$

Für ein konstantes Magnetfeld ist der Kommutator eine Zahl (multipliziert mit dem Einheitsoperator) – also ein kommutierendes Objekt, gewöhnlich als *c-Zahl* bezeichnet. Legen wir wieder das Magnetfeld entlang der z-Achse

$$\boldsymbol{B} = B\boldsymbol{e}_z\,, \quad B = \text{const}\,,$$

so ist der einzige nicht-verschwindende Kommutator durch

$$[\pi_x, \pi_y] = i\hbar q B$$

gegeben, während

$$[\pi_x, \pi_z] = \hat{0} = [\pi_y, \pi_z]\,. \tag{25.23}$$

Den gesamten Hamilton-Operator spalten wir deshalb zweckmäßigerweise auf in die kinetische Energie entlang der z-Achse und einen Hamilton-Operator $H_\perp$, der die Bewegung in der Ebene senkrecht zum Magnetfeld beschreibt:

$$H = H_\perp + H_\|\,,$$

wobei

$$H_\perp = \frac{1}{2M}(\pi_x^2 + \pi_y^2)\,, \quad H_\| = \frac{\pi_z^2}{2M}$$

und wegen (25.23)

$$[H_\perp, H_\|] = \hat{0}$$

gilt. Aufgrund der letzten Beziehung lassen sich $H_\perp$ und $H_\|$ gleichzeitig diagonalisieren (d. h. besitzen gemeinsame Eigenfunktionen), und wir können die Eigenwerte von $H_\perp$ und $H_\|$ getrennt bestimmen.

Der Hamilton-Operator $H_\perp$ ist durch die Summe zweier quadratischer Operatoren gegeben, deren Kommutator eine c-Zahl, d. h. kein Operator mehr ist. Er hat deshalb die Form eines eindimensionalen harmonischen Oszillators,

$$H = \frac{p^2}{2M} + \frac{1}{2}M\omega^2 x^2\,, \quad [x, p] = i\hbar\,,$$

wobei je nach Vorzeichen von qB die Operatoren π_x und π_y der Koordinate x bzw. dem Impuls p entsprechen

$$\begin{aligned} \pi_x &\leftrightarrow x, \quad \pi_y \leftrightarrow p, \quad qB > 0 \\ \pi_y &\leftrightarrow x, \quad \pi_x \leftrightarrow p, \quad qB < 0\,. \end{aligned}$$

Wie der Hamilton-Operator des eindimensionalen harmonischen Oszillators ist deshalb $H_\perp$ analytisch diagonalisierbar. Dazu führen wir den Vernichtungsoperator

$$a = \frac{1}{\sqrt{2\hbar|qB|}}(\pi_x + i\pi_y)\,, \quad qB > 0$$

bzw.

$$a = \frac{1}{\sqrt{2\hbar|qB|}}(\pi_y + i\pi_x)\,, \quad qB < 0$$

ein. Den Vorfaktor haben wir bereits so gewählt, dass a mit dem zugehörigen Erzeugungsoperator $a^\dagger$ die Vertauschungsrelation

$$[a, a^\dagger] = \hat{1}$$

erfüllt. Ausgedrückt durch die Erzeugungs- und Vernichtungsoperatoren nimmt $H_\perp$ die bereits vom harmonischen Oszillator her bekannte Form (12.41)

$$H_\perp = \hbar\omega_c\left(a^\dagger a + \frac{1}{2}\right)$$

an, wobei

$$\omega_c = \frac{|qB|}{M} \tag{25.24}$$

die sogenannte *Zyklotronfrequenz* ist. (Für $q = -e$ und $M = m_e$ gilt $\omega_c = 2\omega_L$, siehe Gl. (25.20).) Dementsprechend sind die Eigenwerte von $H_\perp$ durch

$$E_n^\perp = \hbar\omega_c\left(n + \frac{1}{2}\right) \tag{25.25}$$

gegeben, wobei $n = 0, 1, 2, \ldots$ die Eigenwerte des Besetzungszahloperators $\hat{n} = a^\dagger a$ sind. Die zugehörigen quantisierten Zustände des geladenen Teilchens werden als *Landau-Niveaus* bezeichnet. Wir betonen, dass wir oben die Eigenenergien (25.25) der Landau-Niveaus gefunden haben, ohne die Eichung zu fixieren. Insbesondere haben wir nicht die Coulomb-Eichbedingung benutzt. Wir können deshalb jede alternative zweckmäßige Eichung wählen. Die Energieeigenwerte als physikalisch messbare Größen sind natürlich eichinvariant. Die $E_n^\perp$ (25.25) sind die Energieeigenwerte des eindimensionalen harmonischen Oszillators, obwohl $H_\perp$ die Bewegung der Ladung in der (zweidimensionalen) Ebene senkrecht zum $\boldsymbol{B}$-Feld beschreibt. Deshalb müssen die Eigenwerte $E_n^\perp$ bezüglich der zweiten Dimension und damit unendlichfach entartet sein. Die Entartung der $E_n^\perp$ tritt explizit zutage, wenn man die Eigenfunktionen von $H_\perp$ bestimmt. (Dies kann analog zum eindimensionalen harmonischen Oszillator erfolgen, siehe Abschnitt 12.8.) Dabei stellt man fest, dass jedes Landau-Niveau bezüglich eines frei wählbaren linearen Impulses in der Ebene senkrecht zum Magnetfeld entartet ist, vorausgesetzt die Bewegung in dieser Ebene ist nicht durch andere äußere Potentiale oder Randbedingungen eingeschränkt (siehe die Bemerkung am Ende dieses Kapitels). Wir werden die Entartung der $E_n^\perp$ explizit im nächsten Abschnitt zutage fördern.

25.4.2 Diagonalisierung des Hamiltonian in der Coulomb-Eichung

Um die Wellenfunktion explizit zu bestimmen, müssen wir eine konkrete Eichung wählen, da die Wellenfunktionen im Gegensatz zu den Energieeigenwerten eichabhängig sind, siehe Abschnitt 25.2. Wir wählen wieder die Coulomb-Eichung $\nabla \cdot \boldsymbol{A} = 0$ mit der symmetrischen Form (25.17) des Vektorpotentials. Nach Gl. (25.17) verschwindet für ein konstantes, entlang der z-Achse gerichtetes $\boldsymbol{B}$-Feld das Eichpotential in z-Richtung, $A_z = 0$. Mit der (vektoriellen) Larmor-Frequenz

$$\boldsymbol{\omega}_L = \frac{q\boldsymbol{B}}{2M} \tag{25.26}$$

nimmt der Hamilton-Operator (25.18) der Ladung im konstanten Magnetfeld $\boldsymbol{B}$ dann die Gestalt

$$H = \frac{\boldsymbol{p}^2}{2M} - \boldsymbol{\omega}_L \cdot \boldsymbol{L} + \frac{1}{2} M \omega_L^2 \boldsymbol{x}_\perp^2 = H_\parallel + H_\perp$$

an. Er zerfällt in einen Term, der die freie Bewegung parallel zum Magnetfeld zum Ausdruck bringt,

$$H_\parallel = \frac{\boldsymbol{p}_\parallel^2}{2M}, \quad \boldsymbol{p}_\parallel = (\boldsymbol{p} \cdot \hat{\boldsymbol{B}})\hat{\boldsymbol{B}}, \quad \hat{\boldsymbol{B}} = \frac{\boldsymbol{B}}{|\boldsymbol{B}|},$$

und einen Teil, der die Bewegung in einer Ebene senkrecht zum Magnetfeld beschreibt:

$$\boxed{H_\perp = \frac{\boldsymbol{p}_\perp^2}{2M} - \boldsymbol{\omega}_L \cdot \boldsymbol{L} + \frac{1}{2} M \omega_L^2 \boldsymbol{x}_\perp^2,} \tag{25.27}$$

wobei $\boldsymbol{p}_\perp = \boldsymbol{p} - \boldsymbol{p}_\parallel$. Die freie Bewegung entlang des Magnetfeldes lässt sich wieder mittels des Separationsansatzes

$$\varphi(\boldsymbol{x}_\parallel, \boldsymbol{x}_\perp) = e^{i\boldsymbol{k}_\parallel \cdot \boldsymbol{x}_\parallel} \phi(\boldsymbol{x}_\perp), \quad \boldsymbol{k}_\parallel = \frac{\boldsymbol{p}_\parallel}{\hbar}$$

von der Bewegung in der Ebene senkrecht zum Magnetfeld entkoppeln. Wir können uns deshalb im Folgenden auf diese Bewegung beschränken und betrachten daher die transversale Schrödinger-Gleichung

$$H_\perp(\boldsymbol{x}_\perp)\phi(\boldsymbol{x}_\perp) = E_\perp \phi(\boldsymbol{x}_\perp).$$

Bevor wir das volle Problem lösen, betrachten wir zunächst zwei Grenzfälle:

1. *Schwaches Magnetfeld:*
   In diesem Fall können wir den Term quadratisch in $\boldsymbol{\omega}_L$ vernachlässigen und der verbleibende Hamilton-Operator

   $$H_\perp = \frac{\boldsymbol{p}_\perp^2}{2M} - \boldsymbol{\omega}_L \cdot \boldsymbol{L} \tag{25.28}$$

   beschreibt die freie Bewegung in einem um die Achse des $\boldsymbol{B}$-Feldes rotierenden System. Der Term $\boldsymbol{\omega}_L \cdot \boldsymbol{L}$ repräsentiert die Coriolis-Wechselwirkung im rotierenden Bezugssystem.
   Wegen $[\boldsymbol{p}_\perp^2, \boldsymbol{\omega}_L \cdot \boldsymbol{L}] = 0$ können wir die Wellenfunktionen der freien Bewegung in der Ebene senkrecht zum $\boldsymbol{B}$-Feld als Eigenfunktionen vom Drehimpuls $\boldsymbol{\omega}_L \cdot \boldsymbol{L}$ parallel zum $\boldsymbol{B}$-Feld ($\boldsymbol{\omega}_L \sim \boldsymbol{B}$) wählen. Diese Funktionen sind dann gleichzeitig Eigenfunktionen von $H_\perp$. Sie wurden bereits in Abschnitt 16.4 gefunden. In Zylinderkoordinaten (ρ, φ, z) mit der z-Achse parallel zu $\boldsymbol{B}$ lauten die Eigenfunktionen von $H_\perp$ (25.28):

   $$\phi_{km}(\boldsymbol{x}_\perp) = J_m(k\rho)e^{im\varphi}, \quad \rho = |\boldsymbol{x}_\perp|, \quad \boldsymbol{x}_\perp = (\rho, \varphi),$$

wobei $J_m(k\rho)$ die gewöhnlichen Bessel-Funktionen bezeichnet, welche die zweidimensionalen Radialfunktionen des freien Teilchens in zwei Dimensionen repräsentieren, siehe Gl. (16.11). Die zugehörigen Energieeigenwerte von $H_\perp$ lauten:

$$E^\perp_{km} = \frac{(\hbar k)^2}{2M} - \hbar\omega_L m\,, \quad \omega_L = |\boldsymbol{\omega}_L|\,.$$

Hierin ist k die Wellenzahl der konzentrischen (axialsymmetrischen) Welle und m bezeichnet die Projektion des Drehimpulses parallel zum Magnetfeld.

2. *Starkes Magnetfeld:*
In diesem Fall kann der Term linear in $\boldsymbol{B} \sim \boldsymbol{\omega}_L$ vernachlässigt werden und wir erhalten den Hamilton-Operator des zweidimensionalen rotationssymmetrischen harmonischen Oszillators,

$$H_\perp = \frac{\boldsymbol{p}^2_\perp}{2M} + \frac{1}{2}M\boldsymbol{\omega}^2_L\boldsymbol{x}^2_\perp\,,$$

dessen Energieeigenwerte und Eigenfunktionen bekannt sind (siehe Abschnitt 16.5).

Für die vollständige Lösung des Problems empfiehlt es sich wieder, die z-Achse in Richtung von $\boldsymbol{\omega}_L$ (25.26) zu legen

$$\boldsymbol{\omega}_L = \omega_L \boldsymbol{e}_z\,, \quad \omega_L = \frac{|q\boldsymbol{B}|}{2m} = \frac{1}{2}\omega_c\,.$$

Der Hamilton-Operator(25.27) nimmt dann die Gestalt

$$H_\perp = H_0 - \omega_L L_z\,, \tag{25.29}$$

an, wobei

$$H_0 = \frac{1}{2M}(p_x^2 + p_y^2) + \frac{1}{2}M\omega_L^2(x^2 + y^2) \tag{25.30}$$

der Hamilton-Operator des zweidimensionalen rotationssymmetrischen harmonischen Oszillators ist. Dieser wurde bereits in Abschnitt 16.5 behandelt. Durch algebraische Diagonalisierung von H_0 hatten wir folgendes Spektrum (16.33) gefunden:

$$E_0(n_+, n_-) = \hbar\omega_L(n_+ + n_- + 1)\,,$$

wobei $n_\pm = 0, 1, 2, \ldots$ die Besetzungszahlen der rechts- und linkszirkularen Schwingungsquanten sind. Die zugehörigen Eigenzustände von H_0 besitzen den Drehimpuls $\hbar m$ parallel zum $\boldsymbol{B}$-Feld (genauer gesagt in Richtung von $q\boldsymbol{B}$) mit

$$m = n_+ - n_-\,. \tag{25.31}$$

Die Energieeigenwerte von $H_\perp$ (25.29) sind deshalb durch

$$\begin{aligned} E_\perp &= \hbar\omega_L(n_+ + n_- + 1) - \hbar\omega_L(n_+ - n_-) \\ &= \hbar\omega_L(2n_- + 1) \end{aligned}$$

$$= 2\hbar\omega_L\left(n_- + \frac{1}{2}\right) = \hbar\omega_c\left(n_- + \frac{1}{2}\right) \tag{25.32}$$

gegeben. Sie sind unabhängig von der Besetzungszahl n_+ und sind damit in der Quantenzahl n_+ entartet. Mit $2\omega_L = \omega_c$ ist $E_\perp$ (25.32) exakt der im vorherigen Abschnitt auf eichinvariante Weise gefundene Ausdruck (25.25). Die obige Ableitung in Coulomb-Eichung hat den Entartungsgrad dieser Energieniveaus explizit zutage gebracht.

Wie aus (25.31) ersichtlich, gehören für festes n_- die Zustände mit verschiedenen n_+ zu verschiedenen Werten des Drehimpulses parallel zum Magnetfeld. Die Eigenzustände zu fester Oszillatorquantenzahl n_- und damit mit fester Energie können jeden beliebigen Wert der Drehimpulskomponente L_z annehmen und sind damit unendlichfach entartet.

Die explizite Lösung der Schrödinger-Gleichung zu H_0 (25.30) in Zylinderkoordinaten (siehe Abschnitt 16.5) liefert die Wellenfunktion

$$\varphi_{n,m}(\rho, \varphi) = e^{im\varphi}\frac{\chi_{n,|m|}(\rho)}{\sqrt{\rho}} ,$$

wobei die Radialwellenfunktion $\chi_{n,|m|}(\rho)$ durch Gln. (16.38) und (16.56) definiert ist. Hierbei ist $n = 0, 1, 2, \ldots$ die Anzahl der Knoten der Radialwellenfunktion und $\hbar m$ der Eigenwert von L_z. Da $\varphi_{n,m}(\rho, \varphi)$ Eigenfunktion von H_0 und L_z ist, ist sie gleichzeitig Eigenfunktion von $H_\perp$ (25.29). Die Quantenzahlen n und m sind mit den zirkularen Oszillatorquantenzahlen $n_\pm = 0, 1, 2, \ldots$ über die Beziehung (16.58)

$$n_+ + n_- = 2n + |m| \tag{25.33}$$

verknüpft. Mit (25.31) finden wir deshalb für die Energieeigenwerte (25.32) der Ladung q im homogenen Magnetfeld $\boldsymbol{B}$ mit $q\boldsymbol{B}$ parallel zur z-Achse den alternativen Ausdruck[12]

$$\boxed{E_\perp = \hbar\omega_L(2n + |m| - m + 1) = \hbar\omega_c\left(n + \frac{|m| - m}{2} + \frac{1}{2}\right).} \tag{25.34}$$

Für $m > 0$ ist dieser Ausdruck unabhängig von m und die Entartung der Energie bezüglich des Drehimpulses ist manifest:

$$E_\perp = \hbar\omega_c\left(n + \frac{1}{2}\right), \quad m > 0 . \tag{25.35}$$

Für $m < 0$ lauten die Eigenenergien (25.34)

12 Die Quantenzahl n hat offensichtlich hier nicht notwendigerweise dieselbe Bedeutung wie im vorigen Abschnitt in Gl. (25.25), obwohl sie denselben Wertebereich durchläuft. Nur für $m > 0$ stimmen beide Quantenzahlen überein, vgl. (25.25) und (25.35) und beachte, dass $\omega_c = 2\omega_L$. Für $m < 0$ enthält die Oszillatorquantenzahl n, Gl. (25.25), neben der radialen Quantenzahl n noch $|m|$, vgl. (25.25) und (25.36).

$$E_\perp = \hbar\omega_c\left(n + |m| + \frac{1}{2}\right), \quad m < 0\,. \tag{25.36}$$

Der Drehimpuls trägt jetzt zur Energie bei. Dennoch besitzen die Zustände $m > 0$ und $m < 0$ denselben Entartungsgrad; beide sind in der Quantenzahl n_+ entartet.

Durch das äußere Magnetfeld wird die rechts-links-zirkulare Symmetrie des Oszillators (25.30) gebrochen. Für ein konstantes Magnetfeld $\boldsymbol{B}$, für welches $q\boldsymbol{B}$ in die negative z-Richtung zeigt, besitzt der zweite Term in $H_\perp$ (25.29) das entgegengesetzte Vorzeichen,

$$H_\perp = H_0 + \omega_L L_z\,,$$

und die zugehörigen Energieeigenwerte

$$\begin{aligned} E_\perp &= \hbar\omega_L(2n + |m| + m + 1) \\ &= \hbar\omega_L(2n_+ + 1) = \hbar\omega_c\left(n_+ + \frac{1}{2}\right) \end{aligned}$$

sind unabhängig von n_-. Im Vergleich zu (25.31) (wo $q\boldsymbol{B}$ in positive z-Richtung zeigt) ist die Rolle von n_+ und n_- vertauscht. Der Entartungsgrad des Landau-Niveaus ist natürlich in beiden Fällen der gleiche und unabhängig von der Richtung des $\boldsymbol{B}$-Feldes.

Die Tatsache, dass die Energieeigenzustände (25.34) für $m > 0$ unabhängig vom Wert des Drehimpulses L_z sind, lässt sich anschaulich wie folgt erklären. Den Hamilton-Operator (25.29), der die Bewegung senkrecht zum Magnetfeld beschreibt, können wir als den Hamilton-Operator eines zweidimensionalen rotationssymmetrischen harmonischen Oszillators in einem rotierenden Bezugssystem interpretieren. Wie in *Band 2* explizit gezeigt wird, tritt im (mit der Frequenz $\boldsymbol{\Omega}$) rotierenden Bezugssystem ein zusätzlicher Trägheitsterm

$$\Delta H = -\boldsymbol{\Omega}\cdot\boldsymbol{L}$$

auf, der das quantenmechanische Analogon der klassischen Coriolis-Kraft ist. Der Term $-\boldsymbol{\omega}_L \cdot \boldsymbol{L}$ in (25.29) repräsentiert also die im rotierenden Bezugssystem auftretende *Coriolis-Wechselwirkung*. Das Besondere im vorliegenden Fall ist, dass die Oszillatorfrequenz mit der Drehfrequenz übereinstimmt. Die Bewegung eines zweidimensionalen rotationssymmetrischen Oszillators mit Frequenz $\boldsymbol{\omega}_L$ lässt sich zerlegen in eine Kreisbewegung mit der Drehfrequenz $\boldsymbol{\omega}_L$ und eine Schwingung in radialer Richtung (siehe (25.33)). In einem mit derselben Frequenz ω_L rotierenden Bezugssystem führt der Oszillator nur noch die radialen Schwingungen aus, während seine (im Laborsystem auftretende) Kreisbewegung nicht mehr beobachtbar ist. Der im rotierenden Bezugssystem auftretende Coriolis-Term $-\boldsymbol{\omega}_L \cdot \boldsymbol{L}$ kompensiert gerade den Rotationsanteil des Oszillators (siehe Gl. (25.34)) und es überlebt nur der radiale Schwingungsanteil, siehe Gl. (25.35).

Für ein konstantes Magnetfeld bestimmt die Coulomb-Eichung das Vektorpotential jedoch noch nicht eindeutig. Im vorliegenden Fall nimmt die Wellenfunktion eine besonders einfache Form an, wenn wir statt des oben benutzten Vektorpotentials[13] (25.17)

$$\boldsymbol{A} = \frac{1}{2}B(x\boldsymbol{e}_y - y\boldsymbol{e}_x) = \frac{1}{2}B\rho\boldsymbol{e}_\varphi$$

die asymmetrische Form

$$\boldsymbol{A} = Bx\boldsymbol{e}_y \tag{25.37}$$

benutzen. Man überzeugt sich leicht, dass auch dieses Potential der Coulomb-Eichung genügt und ein konstantes Magnetfeld entlang der z-Achse liefert. In dieser Eichung hängt der zugehörige Hamilton-Operator

$$H = \frac{p_x^2}{2M} + \frac{(p_y - qBx)^2}{2M} + \frac{p_z^2}{2M}$$

nicht von den Koordinaten y und z ab. Deshalb sind die linearen Impulse entlang dieser beiden Richtungen erhalten[14] und für die Wellenfunktion können wir den Separationsansatz

$$\varphi(x, y, z) = e^{i(k_y y + k_z z)}\chi(x) \tag{25.38}$$

einsetzen. Für die Bewegung in x-Richtung erhält man dann einen harmonischen Oszillator:

$$\left(\frac{p_x^2}{2M} + \frac{(\hbar k_y - qBx)^2}{2M}\right)\chi(x) \equiv \left(\frac{p_x^2}{2M} + \frac{M}{2}\omega_c^2\left(x - \frac{\hbar k_y}{qB}\right)^2\right)\chi(x) =: H_\perp(x)\chi(x) \tag{25.39}$$

mit Frequenz ω_c (25.24), dessen Nullpunkt (Potentialminimum) bei der Koordinate

$$x_c = \frac{\hbar k_y}{qB} = \frac{p_y}{qB} \tag{25.40}$$

liegt und damit von dem linearen Impuls in y-Richtung abhängt. Die zu diesem Oszillator gehörige Oszillatorlänge (12.29)

$$l = \sqrt{\frac{\hbar}{M\omega_c}} \equiv \sqrt{\frac{\hbar}{|qB|}} \tag{25.41}$$

wird als *magnetische Länge* bezeichnet. Für ein Magnetfeld der Stärke $B = 1\,\mathrm{T}$ beträgt $l \approx 0.6 \cdot 10^{-9}$ m, was in etwa das zehnfache des Bohr'schen Atomradius ist. Die Lösung des verschobenen linearen harmonischen Oszillators (25.39)

$$H_\perp(x)\chi(x) = E_\perp\chi(x)$$

führt wieder auf die bereits oben gefundenen Energieeigenwerte

13 Wir benutzen hier die üblichen Zylinderkoordinaten (ρ, φ, z) (16.1).

14 In der klassischen Mechanik ist nur der Impuls parallel zum $\boldsymbol{B}$-Feld erhalten. Die zusätzliche Erhaltung von p_y ist hier eine Folge der speziellen Eichung. Man beachte jedoch, dass p_y der kanonische Impuls und nicht der kinetische Impuls $m\dot{y}$ ist. Letzterer ist in der Quantenmechanik (für $B \neq 0$) ebenfalls nicht erhalten.

$$E_{\perp}^{n} = \hbar\omega_c\left(n + \frac{1}{2}\right) \tag{25.42}$$

und die zugehörigen Wellenfunktionen $\chi_n(x)$ sind durch bei der Koordinate x_c (25.40) lokalisierte Oszillatorfunktionen gegeben:

$$\chi_n(x) = \langle x - x_c | n \rangle .$$

Mit wachsendem p_y sind diese Zustände bei größerem x lokalisiert. Die Gesamtenergie eines Elektrons mit Wellenzahlen k_y und k_z ergibt sich zu

$$E = E_{\perp}^{n} + \frac{(\hbar k_z)^2}{2M}$$

und ist unabhängig von der Wellenzahl k_y und somit unendlichfach entartet. Diese Entartung ist eine allgemeine Eigenschaft des Landau-Niveaus. Je nach Wahl der Eichung zeigt sich der Entartungsgrad jedoch in unterschiedlichen Quantenzahlen. Hätten wir statt Gl. (25.37) die asymmetrische Eichung

$$\boldsymbol{A} = -By\boldsymbol{e}_x$$

gewählt, wäre der lineare Impuls in x-Richtung $p_x = \hbar k_x$ erhalten, die Energieeigenwerte jedoch in p_x entartet. Die obigen Betrachtungen zeigen, dass die explizite Form der Wellenfunktion sehr wohl von der gewählten Eichung abhängt, jedoch die zugehörigen Energieeigenwerte unabhängig von der Wahl der Eichung sind.

25.4.3 Ausdehnung und Besetzung der Landau-Niveaus

Wir betrachten eine rechteckige Metallplatte, deren Dicke L_z sehr klein gegenüber ihren beiden anderen linearen Abmessungen L_x und L_y sein soll, siehe Abb. 25.3. Da die Elektronen ohne äußere Zwänge das Metall nicht verlassen können, stellt die Metalloberfläche eine unendlich hohe Potentialwand dar, auf der die Wellenfunktion verschwinden muss. Wie wir in Abschnitt 8.5 gesehen haben, sind die Wellenzahlen in einem solchen Potential quantisiert, siehe Gl. (8.16). Falls die Metallplatte sehr dünn ist, $L_z \leq L_x, L_y$, befinden sich sämtliche Elektronen im Zustand minimaler Wellenzahl k_z, die nach Gl. (8.16) durch

$$(k_z)_{\min} = \pi / L_z$$

gegeben ist. Die Zustände mit größeren k_z sind durch eine sehr große Energielücke $(\pi\hbar/L_z)^2/2M$ vom Zustand $(k_z)_{\min}$ getrennt und können deshalb außer Acht gelassen werden. Wir können die Metallplatte dann idealisiert als zweidimensionale Fläche betrachten, die wir in die x-y-Ebene legen. Ferner soll $L_y \ll L_x \to \infty$ gelten, sodass Randeffekte in x-Richtung vernachlässigt werden können. In y-Richtung wählen wir der Einfachheit halber periodische Randbedingungen

$$\varphi(x, y + L_y, z) = \varphi(x, y, z) , \tag{25.43}$$

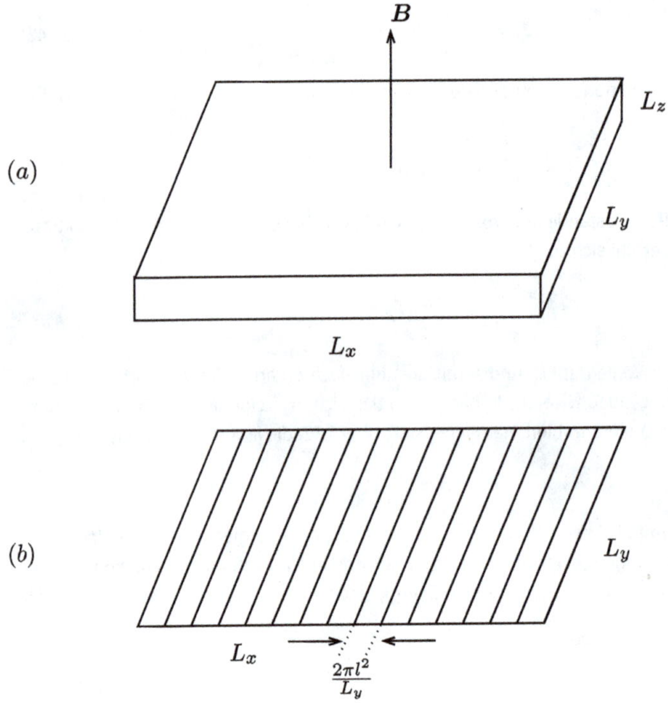

Abb. 25.3: (a) Rechteckige Metallplatte der Abmessungen $L_x \times L_y \times L_z$ im äußeren Magnetfeld $\boldsymbol{B}$, welches senkrecht auf der Metallplatte steht. (b) Illustration der Lage der Landau-Orbits. Die Linien geben die x-Position des Zentrums der Landau-Orbits zu einem festen p_y an. Jedes dieser Orbits „besetzt" die Fläche $\frac{2\pi l^2}{L_y} \cdot L_y = 2\pi l^2$.

sodass die Wellenzahlen k_y quantisiert sind:

$$k_y = \pm \frac{2\pi}{L_y} n_y \,, \quad n_y = 0, 1, 2, \ldots \,. \tag{25.44}$$

Die Platte befinde sich in einem konstanten Magnetfeld $\boldsymbol{B} = B\boldsymbol{e}_z$, welches senkrecht auf der Platte steht. Die Elektronen werden dann bei Wahl (25.37) des Eichpotentials durch den Hamilton-Operator $H_\perp$ (25.39) beschrieben und besitzen die Energieeigenwerte $E_\perp^n$ (25.42), die unabhängig von k_y sind. Ihre Energieeigenzustände (Landau-Orbits) sind an den Orten (25.40)

$$x_c = l^2 k_y$$

lokalisiert. Hierbei gibt die magnetische Länge l (25.41) die Ausdehnung der Landau-Orbits (in der Ebene senkrecht zum Magnetfeld) an. Die x-Positionen (Zentren) der Landau-Orbits benachbarter k_y (25.44) unterscheiden sich um

$$\Delta x_c = l^2 \frac{2\pi}{L_y}, \tag{25.45}$$

siehe Abb. 25.3(b). Für das hier benutzte Eichpotential (25.37) sind die Landau-Zustände (25.38) ebene Wellen in der y-Koordinate und somit über die gesamte y-Achse ausgebreitet. Aufgrund der periodischen Randbedingungen (25.43) genügt es jedoch, diese Zustände auf dem Intervall L_y, der Breite der Metallplatte, zu betrachten. Aus Gl. (25.45) folgt dann, dass jeder der Landau-Zustände (mit festem k_y) auf der Metallplatte eine Fläche

$$\Delta x_c L_y = l^2 \frac{2\pi}{L_y} L_y = 2\pi l^2$$

einnimmt, die unabhängig von den geometrischen Abmessungen der Metallplatte ist. (Bei gegebener Ladung q hängt l (25.41) allein von der Stärke $B = |\boldsymbol{B}|$ des Magnetfeldes ab. Je stärker das Magnetfeld ist, desto kleiner ist die magnetische Länge l, um so mehr sind die Landau-Zustände lokalisiert.)

Auf einer rechteckigen Metallplatte der Fläche $L_x L_y$ befinden sich folglich

$$N_B = \frac{L_x L_y}{2\pi l^2} = L_x L_y \frac{|qB|}{2\pi\hbar} \tag{25.46}$$

k_y-Zustände in einem Landau-Niveau der Energie $E_\perp^n$.

---

i

Der obige Ausdruck besitzt eine sehr anschauliche Bedeutung: $L_x L_y B$ ist der Magnetfluss durch die Metallplatte. Dieser ist gleich der Zahl N_B der Elektronenzustände in einem Landau-Niveau multipliziert mit dem elementaren Flussquantum $2\pi\hbar/e$, wobei $q = -e < 0$ die Ladung eines Elektrons ist.

Nach (25.46) ist

$$n_B = \frac{N_B}{L_x L_y} = \frac{1}{2\pi l^2} = \frac{|qB|}{2\pi\hbar}$$

die Zahl der Zustände (in einem Landau-Niveau) pro Fläche auf der Metallplatte. Mit anderen Worten: n_B ist der Entartungsgrad pro Fläche der Landau-Niveaus auf einer Metallplatte, die sich in einem Magnetfeld der Stärke B befindet, welches senkrecht auf der Metallplatte steht. Dieser Entartungsgrad ist unabhängig von der Energie $E_\perp^n$ des Landau-Niveaus, d. h. für alle Landau-Niveaus derselbe. Aufgrund der Entartung der Landau-Niveaus $E_\perp^n$ (25.42) in k_y kann jedes dieser Niveaus mehrfach mit Elektronen besetzt werden. Bezeichnen wir mit N_e die Zahl der Elektronen in der Metallplatte, so ist

$$n_e = \frac{N_e}{L_x L_y}$$

deren Flächendichte. Somit ist

$$\nu = \frac{n_e}{n_B} = \frac{N_e}{N_B}$$

die Zahl der besetzten Zustände in einem Landau-Niveau. ν wird als *Füllfaktor* bezeichnet. Beim sogenannten *ganzzahligen Quanten-Hall-Effekt* ist ν eine ganze Zahl.

25.5 Zur Rolle des Eichpotentials in der Quantenmechanik

Die klassische Bewegungsgleichung einer Punktladung (25.9) hängt nur von den elektromagnetischen Feldern, nicht jedoch von den Eichpotentialen ab. Die Bewegungsgleichung ist somit eichinvariant. Andererseits gehen in den Hamilton-Operator (25.15) einer Punktladung explizit die Potentiale Φ, $\boldsymbol{A}$ ein. Folglich hängt der Hamilton-Operator und damit die Wellenfunktion explizit von der gewählten Eichung ab; physikalische Observablen, wie die Energieeigenwerte, sind jedoch eichunabhängig. Wir werden jetzt anhand eines einfachen Modellsystems zeigen, dass in der Quantentheorie die Eichpotentiale tatsächlich eine gewisse eigenständige Bedeutung erhalten, aber dennoch ihr Effekt auf physikalische Größen nur von den eichinvarianten Feldern abhängt.

Wir betrachten eine Ladung q, die in ihrer Bewegung auf eine Kreisbahn mit Radius R eingeschränkt ist, z. B. ein Elektron in einem sehr dünnen Metallring (geschlossene Drahtschleife, der Querschnitt des Drahtes sei vernachlässigbar). Auf der Symmetrieachse des Metallringes befinde sich eine sehr lange Spule mit Radius r_0, siehe Abb. 25.4, durch die ein stationärer Strom I fließt. Für eine sehr lange Spule ist das Magnetfeld in ihrem Inneren homogen $\boldsymbol{B} = \mathbf{const} \neq 0$, während es außerhalb der Spule verschwindet. Aufgrund des Stokes'schen Gesetzes

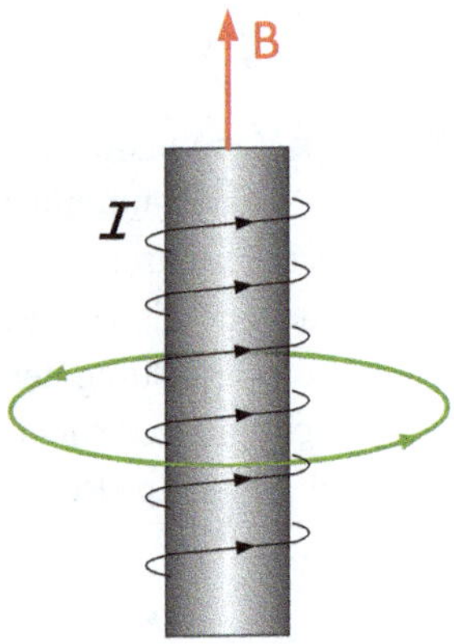

Abb. 25.4: Dünner Metallring auf sehr langer Spule.

$$\phi := \int_{\Sigma} d\boldsymbol{\Sigma} \cdot \boldsymbol{B}(\boldsymbol{x}) = \oint_{C=\partial\Sigma} d\boldsymbol{x}\boldsymbol{A}(\boldsymbol{x}) \tag{25.47}$$

kann jedoch für einen nicht verschwindenden Magnetfluß $\phi \neq 0$ das Vektorpotential $\boldsymbol{A}(\boldsymbol{x})$ im Außenbereich der Spule nicht überall verschwinden. Wir wählen die Spulenachse als z-Achse und legen den Metallring in die x-y-Ebene. In den üblichen Zylinderkoordinaten (ρ, φ, z) können wir im Außenraum der Spule $\rho > r_0$ aufgrund der vorliegenden axialen Symmetrie das Vektorpotential in der Form

$$\boldsymbol{A}(\rho, \varphi, z) = A(\rho)\boldsymbol{e}_\varphi$$

ansetzen, wobei $\boldsymbol{e}_\varphi$ der Einheitsvektor in Richtung des Azimutwinkels φ ist. Ein Potential dieser Form erfüllt bereits die Coulomb-Eichung $\nabla\boldsymbol{A} = 0$. Aus (25.47) findet man dann für das Vektorpotential im Außenraum der Spule

$$\boxed{\boldsymbol{A}(\rho, \varphi) = \frac{\phi}{2\pi\rho}\boldsymbol{e}_\varphi\,, \quad \rho > r_0\,,} \tag{25.48}$$

wobei ϕ der gesamte magnetische Fluss durch das Innere der Spule ist.

Der Hamilton-Operator der Punktladung q mit Masse M im äußeren Magnetfeld ist durch Gl. (25.22) gegeben:

$$H = \frac{(\boldsymbol{p} - q\boldsymbol{A})^2}{2M}\,. \tag{25.49}$$

In Zylinderkoordinaten lautet der ∇-Operator

$$\nabla = \boldsymbol{e}_\rho \frac{\partial}{\partial\rho} + \boldsymbol{e}_\varphi \frac{1}{\rho}\frac{\partial}{\partial\varphi} + \boldsymbol{e}_z \frac{\partial}{\partial z}\,.$$

Auf der Kreisbahn $\rho = R, z = 0$ reduziert dieser sich auf

$$\nabla = \boldsymbol{e}_\varphi \frac{1}{R}\frac{\partial}{\partial\varphi}\,.$$

Damit finden wir für den Impulsoperator der Punktmasse auf dem Kreisring

$$\boldsymbol{p} = \boldsymbol{e}_\varphi \frac{1}{R} L_z\,, \quad L_z = \frac{\hbar}{i}\frac{\partial}{\partial\varphi}\,.$$

Einsetzen dieses Ausdrucks und Gl. (25.48) in den Hamilton-Operator (25.49) liefert

$$H = \frac{1}{2MR^2}\left[\boldsymbol{e}_\varphi\left(L_z - \frac{q\phi}{2\pi}\right)\right]^2\,.$$

Da $\partial_\varphi \boldsymbol{e}_\varphi = -\boldsymbol{e}_\rho$ und $\boldsymbol{e}_\rho \cdot \boldsymbol{e}_\varphi = 0$ finden wir für den Hamilton-Operator der Elektronen im Metallring mit Radius R, durch den der Magnetfluss ϕ strömt,

$$H = \frac{1}{2MR^2}\left(L_z - \frac{q\phi}{2\pi}\right)^2 .$$

Da ϕ eine Konstante ist, sind die Eigenfunktionen von H gerade die von L_z, d. h. bis auf einen Normierungsfaktor $\exp(im\varphi)$, und die zugehörigen Energieeigenwerte lauten:

$$\boxed{E = \frac{\hbar^2}{2MR^2}\left(m - \frac{q\phi}{2\pi\hbar}\right)^2 .} \tag{25.50}$$

Die quantisierten Energien hängen von dem magnetischen Fluss ϕ im *Inneren* der Spule ab, obwohl das $\boldsymbol{B}$-Feld am Ort des Teilchens (*außerhalb* der Spule) verschwindet. Wie oben gezeigt, verschwindet jedoch im Aufenthaltsgebiet des Teilchens das Vektorpotential für $\phi \neq 0$ nicht überall. Das quantenmechanische Teilchen spürt offenbar das Vektorpotential, wie dies auch aus der Schrödinger-Gleichung ersichtlich ist. In diesem Sinne kommt in der Quantentheorie dem Vektorpotential selbst (und nicht nur den Feldstärken $\boldsymbol{E}$ und $\boldsymbol{B}$) eine gewisse physikalische Bedeutung zu. Dennoch hängen die physikalischen Eigenschaften der Ladung, wie ihre Energieeigenwerte, nicht vom Vektorpotential selbst, sondern nur von dem eichinvarianten magnetischen Fluss ϕ (25.47) ab.

Für ein verschwindendes Magnetfeld $\phi = 0$ reduziert sich Gl. (25.50) auf die Energie eines Teilchens mit Drehimpuls $L_z = \hbar m$, das auf einen Kreis mit Radius R eingeschränkt ist

$$E = \frac{(\hbar m)^2}{2MR^2} .$$

Der magnetische Fluss $\phi \neq 0$ hebt die Entartung der Energieniveaus im Vorzeichen der Drehimpulsprojektion m auf, die bei Abwesenheit des Magnetfeldes vorliegt. Diese Konsequenz des $\boldsymbol{B}$-Feldes hatten wir auch schon bei den Landau-Niveaus (25.34) gefunden.

25.6 Ableitung des Hamilton-Operators einer Punktladung

Um die Form des Hamilton-Operators bei Anwesenheit eines elektromagnetischen Feldes zu finden, wiederholen wir die in Kap. 7 gegebene Ableitung der Schrödinger-Gleichung für die Lagrange-Funktion (25.5). Diese Lagrange-Funktion besitzt die Standardform der Lagrange-Funktion einer Punktmasse im Potential

$$V(\boldsymbol{x}, \dot{\boldsymbol{x}}, t) = qA_0(\boldsymbol{x}, t) - q\dot{\boldsymbol{x}}\boldsymbol{A}(\boldsymbol{x}, t) .$$

Zu beachten ist hier allerdings, dass das Potential über die äußeren elektromagnetischen Potentiale explizit zeitabhängig sein kann und darüber hinaus von der Geschwindigkeit abhängt.

Wir gehen von dem dreidimensionalen Analogon von Gl. (7.2) aus

$$\psi(\boldsymbol{x}, t+\varepsilon) = \left[\frac{m}{2\pi\hbar i\varepsilon}\right]^{3/2} \int d^3x' \exp\left[\frac{i}{\hbar}\left(\frac{m}{2}\left(\frac{\boldsymbol{x}-\boldsymbol{x}'}{\varepsilon}\right)^2 - \varepsilon V\left(\frac{\boldsymbol{x}+\boldsymbol{x}'}{2}, t\right)\right)\right]\psi(\boldsymbol{x}', t), \tag{25.51}$$

wobei wir die expliziten (dreidimensionalen) Ausdrücke für K (7.3) und A (7.4) eingesetzt haben und die sogenannte *Mittelpunkt*-Form der Diskretisierung des Riemann-Integrals der Wirkung

$$\int_t^{t+\varepsilon} dt' \mathcal{L}(x(t')) = \varepsilon\mathcal{L}\left(\frac{\boldsymbol{x}(t+\varepsilon)+\boldsymbol{x}(t)}{2}\right) = \varepsilon\mathcal{L}\left(\frac{\boldsymbol{x}+\boldsymbol{x}'}{2}\right) \tag{25.52}$$

gewählt haben.[13] Beachten wir, dass nach der Substitution

$$\boldsymbol{x}' = \boldsymbol{x} + \boldsymbol{\eta}$$

die Geschwindigkeit durch ($\varepsilon \to 0$)

$$\dot{\boldsymbol{x}}(t) = \frac{\boldsymbol{x}(t+\varepsilon) - \boldsymbol{x}(t)}{\varepsilon} = \frac{\boldsymbol{x}-\boldsymbol{x}'}{\varepsilon} = -\frac{\boldsymbol{\eta}}{\varepsilon}$$

gegeben ist, so erhalten wir aus Gl. (25.51)

$$\begin{aligned}\psi(\boldsymbol{x}, t+\varepsilon) = {} & \left[\frac{m}{2\pi\hbar i\varepsilon}\right]^{\frac{3}{2}} \int d^3\eta \exp\left[-\frac{m}{2\hbar i\varepsilon}\boldsymbol{\eta}^2\right] \exp\left[-\frac{iq\varepsilon}{\hbar}A_0\left(\boldsymbol{x}+\frac{\boldsymbol{\eta}}{2}, t\right)\right] \\ & \times \exp\left[-\frac{iq}{\hbar}\boldsymbol{\eta}\cdot\boldsymbol{A}\left(\boldsymbol{x}+\frac{\boldsymbol{\eta}}{2}, t\right)\right]\psi(\boldsymbol{x}+\boldsymbol{\eta}, t),\end{aligned} \tag{25.53}$$

Wegen

$$\int d^3\eta \exp\left[-\frac{m}{2\hbar i\varepsilon}\boldsymbol{\eta}^2\right] = \left[\frac{2\pi\hbar i\varepsilon}{m}\right]^{\frac{3}{2}} \sim O(\varepsilon^{3/2}), \tag{25.54}$$

$$\int d^3\eta\eta_i\eta_j \exp\left[-\frac{m}{2\hbar i\varepsilon}\boldsymbol{\eta}^2\right] = \left[\frac{2\pi\hbar i\varepsilon}{m}\right]^{\frac{3}{2}} \frac{i\hbar\varepsilon}{m}\delta_{ij} \sim O(\varepsilon^{5/2}) \tag{25.55}$$

sind die η_i wie im eindimensionalen Fall von der Ordnung $\sqrt{\varepsilon}$. Da wir eine Differentialgleichung erster Ordnung in der Zeit suchen, müssen wir deshalb bis zur Ordnung $O(\eta^2)$ entwickeln. Für die Wellenfunktion liefert das

---

13 Wie in Abschnitt 25.2.1 erläutert, ist die Mittelpunktsvorschrift aus Gründen der Eichinvarianz erforderlich.

$$\psi(\boldsymbol{x}+\boldsymbol{\eta},t)=\psi(\boldsymbol{x},t)+\eta_i\partial_i\psi(\boldsymbol{x},t)+\frac{1}{2}\eta_i\eta_j\partial_i\partial_j\psi(\boldsymbol{x},t)+\cdots. \tag{25.56}$$

Der Term mit dem temporären Vektorpotential A_0 ist ein gewöhnliches geschwindigkeitsunabhängiges Potential. Der entsprechende Exponent in Gl. (25.53) ist bereits von der Ordnung ε und wir können die Fluktuation η_i im Argument von $A_0(\boldsymbol{x},t)$ vernachlässigen. Der Exponent mit dem Vektorpotential $\boldsymbol{A}$ ist wegen der Anwesenheit von η_i in führender Ordnung $\sqrt{\varepsilon}$ und wir müssen deshalb auch das Vektorpotential selbst nach Potenzen von η_i entwickeln. Bis einschließlich Terme der Ordnung η^2 erhalten wir

$$\begin{aligned}
&\exp\left[-\frac{iq}{\hbar}\eta_iA_i\left(\boldsymbol{x}+\frac{\boldsymbol{\eta}}{2},t\right)\right]\\
&=1-\frac{iq}{\hbar}\eta_iA_i\left(\boldsymbol{x}+\frac{\boldsymbol{\eta}}{2},t\right)-\frac{q^2}{2\hbar^2}\left[\eta_iA_i\left(\boldsymbol{x}+\frac{\eta}{2},t\right)\right]^2+\cdots\\
&=1-\frac{iq}{\hbar}\eta_i\left[A_i(\boldsymbol{x},t)+\frac{1}{2}\eta_j\partial_jA_i(\boldsymbol{x},t)+\cdots\right]-\frac{q^2}{2\hbar^2}\left[\eta_iA_i(\boldsymbol{x},t)+\cdots\right]^2+\cdots\\
&=1-\frac{iq}{\hbar}\eta_iA_i(\boldsymbol{x},t)-\frac{iq}{2\hbar}\eta_i\eta_j\partial_jA_i(\boldsymbol{x},t)-\frac{q^2}{2\hbar^2}\eta_i\eta_jA_i(\boldsymbol{x},t)A_j(\boldsymbol{x},t)+\cdots.
\end{aligned} \tag{25.57}$$

Einsetzen von Gl. (25.56) und (25.57) in Gl. (25.53) liefert

$$\begin{aligned}
\psi(\boldsymbol{x},t+\varepsilon)&=\psi(\boldsymbol{x},t)+\varepsilon\partial_t\psi(\boldsymbol{x},t)+\cdots\\
&=\left[\frac{m}{2\pi\hbar i\varepsilon}\right]^{\frac{3}{2}}\int d^3\eta\exp\left[-\frac{m}{2i\varepsilon\hbar}\boldsymbol{\eta}^2\right]\left[1+\frac{q\varepsilon}{i\hbar}A_0(\boldsymbol{x},t)+\cdots\right]\\
&\quad\times\left[1-\frac{iq}{\hbar}\eta_iA_i(\boldsymbol{x},t)-\frac{1}{2\hbar}\eta_i\eta_j\left(iq\partial_jA_i(\boldsymbol{x},t)+\frac{q^2}{\hbar}A_i(\boldsymbol{x},t)A_j(\boldsymbol{x},t)\right)\right]\\
&\quad\times\left[\psi(\boldsymbol{x},t)+\eta_i\partial_i\psi(\boldsymbol{x},t)+\frac{1}{2}\eta_i\eta_j\partial_i\partial_j\psi(\boldsymbol{x},t)+\cdots\right]\\
&=\left[\frac{m}{2\pi\hbar i\varepsilon}\right]^{\frac{3}{2}}\int d^3\eta\exp\left[-\frac{m}{2i\varepsilon\hbar}\boldsymbol{\eta}^2\right]\left\{\left[1+\frac{q\varepsilon}{i\hbar}A_0(\boldsymbol{x},t)\right]+O(\eta)\right.\\
&\quad+\eta_i\eta_j\left[-\frac{1}{2\hbar}\left(iq\partial_jA_i(\boldsymbol{x},t)+\frac{q^2}{\hbar}A_i(\boldsymbol{x},t)A_j(\boldsymbol{x},t)\right)+\frac{1}{2}\partial_i\partial_j\right.\\
&\quad\left.\left.-\frac{iq}{\hbar}A_i(\boldsymbol{x},t)\partial_j\right]+O(\eta^3)\right\}\psi(\boldsymbol{x},t).
\end{aligned}$$

Berücksichtigen wir, dass wegen

$$\int d^3\eta\,\eta_k\exp\left[-\frac{m}{2\pi i\varepsilon}\boldsymbol{\eta}^2\right]=0$$

die Terme linear in η verschwinden und benutzen (25.54) und (25.55), so erhalten wir

$$
\begin{aligned}
&\psi(\boldsymbol{x},t) + \varepsilon\partial_t\psi(\boldsymbol{x},t) + \cdots \\
&= \psi(\boldsymbol{x},t) + \varepsilon\left[\frac{qA_0}{i\hbar} - \frac{i}{2m}\left(iq(\vec{\nabla}\cdot\boldsymbol{A}(\boldsymbol{x},t)) + \frac{q^2}{\hbar}\boldsymbol{A}^2(\boldsymbol{x},t)\right)\right. \\
&\quad \left. + \frac{i\hbar}{2m}\vec{\nabla}^2 + \frac{q}{m}\boldsymbol{A}(\boldsymbol{x},t)\cdot\boldsymbol{\nabla}\right]\psi(\boldsymbol{x},t) + \cdots .
\end{aligned}
$$

Diese Gleichung ist trivialerweise für die Terme der Ordnung $\varepsilon^0 = 1$ erfüllt. Die Terme der Ordnung ε liefern die Beziehung

$$
\begin{aligned}
&i\hbar\partial_t\psi(\boldsymbol{x},t) \\
&= \left[qA_0(\boldsymbol{x},t) - \frac{\hbar^2}{2m}\nabla^2 - \frac{\hbar q}{im}\boldsymbol{A}(\boldsymbol{x},t)\cdot\boldsymbol{\nabla} + \frac{\hbar}{2m}\left(iq(\nabla\cdot\boldsymbol{A}) + \frac{q^2}{\hbar}\boldsymbol{A}^2(\boldsymbol{x},t)\right)\right]\psi(\boldsymbol{x},t) .
\end{aligned}
$$

Beachten wir schließlich

$$
2\boldsymbol{A}\cdot\nabla + (\nabla\cdot\boldsymbol{A}) = \boldsymbol{A}\cdot\nabla + \nabla\cdot\boldsymbol{A} ,
$$

so erhalten wir die zeitabhängige Schrödinger-Gleichung in der Form

$$
i\hbar\partial_t\psi(\boldsymbol{x},t) = \left[\frac{1}{2m}\left(\frac{\hbar}{i}\nabla - q\boldsymbol{A}(\boldsymbol{x},t)\right)^2 + qA_0(\boldsymbol{x},t)\right]\psi(\boldsymbol{x},t) ,
$$

aus welcher wir den Hamilton-Operator der Punktladung im äußeren elektromagnetischen Feld

$$
H = \frac{1}{2m}(\boldsymbol{p} - q\boldsymbol{A}(\boldsymbol{x},t))^2 + qA_0(\boldsymbol{x},t)
$$

ablesen.

Es ist wichtig, zu betonen, dass die hier erhaltene Form des Hamilton-Operators, d. h. die relative Anordnung von Laplace-Operator $\boldsymbol{\nabla}$ und Vektorpotential $\boldsymbol{A}$, eine Folge der gewählten Diskretisierung für den geschwindigkeitsabhängigen Potentialterm

$$
V\left(\frac{\boldsymbol{x}(t+\varepsilon) + \boldsymbol{x}(t)}{2}, t\right) = V\left(\frac{\boldsymbol{x}+\boldsymbol{x}'}{2}, t\right)
$$

des Riemann-Integrals der Wirkung (25.52) ist. Wie in Abschnitt 25.2.1 diskutiert, gewährleistet diese *Mittelpunktsvorschrift*, dass die zeitdiskretisierte Amplitude das korrekte Verhalten unter Eichtransformationen besitzt und daher zu bevorzugen ist. Andere Diskretisierungsformen, wie z. B. $V(x)$ oder $V(x')$, führen auf Hamilton-Operatoren, in denen die Impulsoperatoren $\boldsymbol{p}$ relativ zum Vektorpotential $\boldsymbol{A}$ in anderer Reihenfolge angeordnet sind.

26 Adiabatische Beschreibung: Die Berry-Phase

In vielen wechselwirkenden Systemen treten mehrere charakteristische Zeitskalen auf. Ein typisches Beispiel sind die Moleküle, in denen sich die Atomkerne aufgrund ihrer sehr viel größeren Masse viel langsamer als die Elektronen bewegen. In erster Näherung können die Atomkerne als statisch betrachtet werden. Wir können deshalb zunächst die Elektronen für ruhende Atomkerne beschreiben, was offenbar eine wesentliche Vereinfachung liefert, und erst in einem zweiten Schritt die (langsame) Bewegung der Atomkerne betrachten. Dies ist die sogenannte *adiabatische*[1] *Näherung*, die ursprünglich im Zusammenhang mit den Molekülen von M. Born und R. Oppenheimer eingeführt wurde und als *Born-Oppenheimer-Approximation* bezeichnet wird.

Die Moleküle sind nur ein Beispiel für Systeme, in denen langsame und schnelle Freiheitsgrade gleichzeitig auftreten und miteinander wechselwirken. Ein anderes bekanntes Beispiel sind die stark deformierten Atomkerne, deren kollektive Bewegungen wie Rotation und Vibration oder Spaltung langsam gegenüber der Bewegung der einzelnen Nukleonen erfolgen. In vielen Fällen interessiert man sich nur für die Bewegung der langsamen Freiheitsgrade, die experimentell leichter zu untersuchen ist. Die Bewegung der langsamen Freiheitsgrade wird durch ihre Wechselwirkungen mit den schnellen Freiheitsgraden jedoch verändert. In diesem Kapitel wollen wir den Einfluss der schnellen Freiheitsgrade auf die langsamen Freiheitsgrade in einer adiabatischen Beschreibung untersuchen. Dazu werden wir zunächst anhand eines einfachen eindimensionalen Beispiels den Unterschied zwischen adiabatischen und nichtadiabatischen Bewegungen erläutern.

26.1 Adiabatische Prozesse

Wir betrachten einen Behälter, der aus zwei Kammern besteht. Die eine Kammer sei mit einem Gas gefüllt, das sich im thermodynamischen Gleichgewicht befindet; in der anderen herrsche Vakuum, siehe Abb. 26.1(a). Wird die Trennwand zwischen den beiden Kammern plötzlich entfernt oder ein Ventil in der Trennwand geöffnet, kommt es zur irreversiblen Expansion des Gases. Dabei verrichtet dieses keine Arbeit und seine Energie bleibt erhalten.[2]

Wir betrachten jetzt einen ähnlichen Behälter, jedoch mit einer beweglichen Trennwand, z. B. einen Zylinder mit einem beweglichen Kolben. Der Zylinder sei wärmeisoliert. Das Gas sei zunächst mittels des Kolbens komprimiert worden. Ferner sei

1 Der Begriff „adiabatisch“ stammt ursprünglich aus der Thermodynamik und bedeutet dort „ohne Austausch von Wärme“. In der Quantenmechanik wird der Begriff „adiabatisch“ zweckentfremdet als Synonym für „quasistatisch“ benutzt.

2 Für die irreversible Expansion eines idealen Gases ist es irrelevant, ob der Behälter isoliert ist oder sich in einem Wärmebad befindet.

https://doi.org/10.1515/9783111271507-006

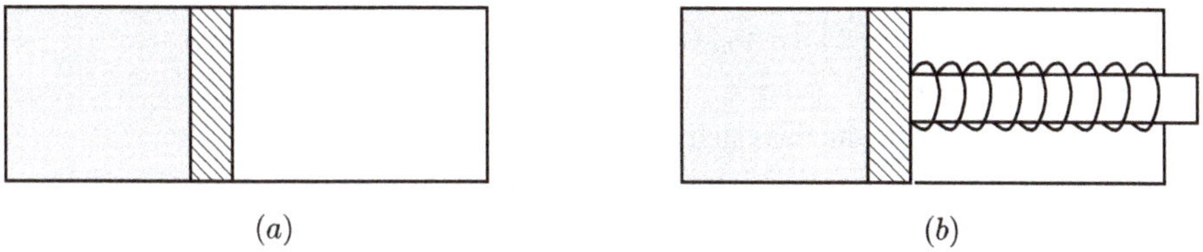

Abb. 26.1: Anordnung (a) zur irreversiblen schnellen Expansion und (b) zur reversiblen adiabatischen Expansion eines Gases.

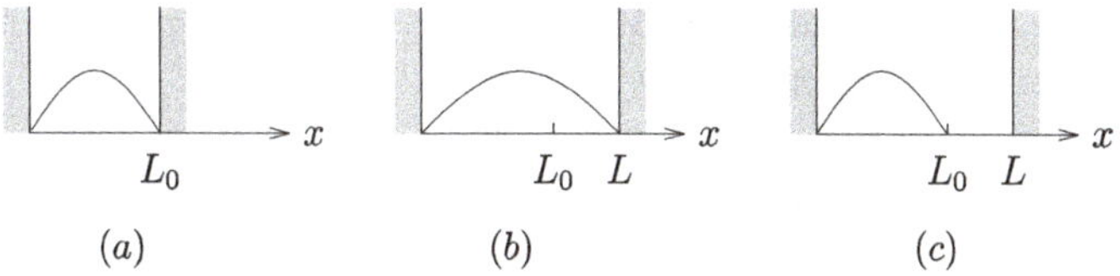

Abb. 26.2: Die Wellenfunktion eines Teilchens (a) im Grundzustand des unendlich hohen Potentialtopfes der Breite L_0, (b) nach einer adiabatischen und (c) nach einer plötzlichen Verbreiterung des Potentialtopfes.

der Kolben durch eine Feder mit der gegenüber liegenden Zylinderwand verbunden, siehe Abb. 26.1(b). Geben wir nun die Feder frei, so kann sich das Gas durch Verschieben des Kolbens entspannen. Dabei muss es jedoch gegen die Federkraft eine Arbeit verrichten, die dann als potentielle Energie in der gespannten Feder gespeichert ist. Die Geschwindigkeit des Kolbens sei dabei so klein, dass sich das Gas zu jedem Zeitpunkt im thermodynamischen Gleichgewicht befindet. Dieser reversible Prozess wird als *adiabatisch*[3] bezeichnet. Allgemein bezeichnet man in der Quantenmechanik einen Prozess *adiabatisch*, wenn die äußeren (makroskopischen) Freiheitsgrade (hier der Kolben) sich sehr langsam gegenüber den inneren (mikroskopischen) Freiheitsgraden (hier die Gasmoleküle) bewegen.

Für die Gasmoleküle stellen die Gefäßwände unendlich hohe Potentialwände dar. Wir wollen jetzt ein einzelnes Teilchen in einem solchen Potentialtopf mit beweglichen Potentialwänden betrachten. Der Einfachheit halber beschränken wir uns auf einen eindimensionalen unendlich hohen Potentialtopf mit einer beweglichen Wand, siehe Abb. 26.2. Die zeitabhängige Schrödinger-Gleichung für die Punktmasse in einem eindimensionalen unendlich hohen Potentialtopf mit sich bewegenden Wänden lässt sich exakt lösen. Hier sind wir jedoch nicht an einer exakten Lösung interessiert, sondern nur an den Grenzfällen einer sich sehr langsam bzw. sehr schnell bewegenden Potentialwand.

Im Abschnitt 8.5 haben wir die exakten Eigenenergien und Eigenfunktionen des unendlich hohen Potentialtopfes der Breite L gefunden, siehe Gln. (8.17) und (8.21)

3 Dieser Prozess verläuft *adiabatisch* sowohl im Sinne der Thermodynamik als auch im Sinne der Quantenmechanik.

$$E_n(L) = \frac{\hbar^2}{2m}\left(\frac{n\pi}{L}\right)^2, \quad \varphi_n(x,L) = \sqrt{\frac{2}{L}}\sin\left(n\frac{\pi}{L}x\right), \quad n = 1,2,3,\dots .$$

Wir betrachten ein Teilchen, dass sich anfangs im Grundzustand

$$\varphi_1(x,L) = \sqrt{\frac{2}{L}}\sin\left(\frac{\pi}{L}x\right)$$

des unendlich hohen Potentialtopfes der Breite $L(t = 0) = L_0$ befindet. Dieser Zustand ist eine stehende Welle mit Wellenzahl $k = \pi/L$ bzw. Impuls $p = \hbar\pi/L$. Ein Teilchen mit diesem Impuls und der Masse m besitzt die Geschwindigkeit $v = p/m = \hbar\pi/(mL)$. Wird die Potentialwand mit einer Geschwindigkeit

$$\dot{L}(t) \ll v$$

bewegt, so besitzt das Teilchen genügend Zeit, um den zur Breite $L(t)$ gehörenden Grundzustand $\varphi_1(x, L(t))$ einzunehmen (adiabatische Bewegung). In diesem Zustand besitzt das Teilchen die Energie

$$E_1(L(t)) = \frac{1}{2m}\left(\frac{\hbar\pi}{L(t)}\right)^2,$$

die offensichtlich bei einer Änderung der Potentialbreite $L(t)$ nicht erhalten bleibt. Bei einer adiabatischen Verbreiterung des Potentialtopfes wird dem Teilchen Energie entzogen, ähnlich wie bei der reversiblen Expansion des Gases.

Wird die Potentialwand hingegen schnell bewegt, hat das Teilchen nicht genügend Zeit, sich an die zeitlich verändernde Potentialbreite anzupassen und verharrt (zumindest für eine gewisse Zeit) in dem ursprünglichen Grundzustand $\varphi_1(x, L_0)$, womit die Energie des Teilchens erhalten bleibt wie bei der irreversiblen Expansion des Gases. Der Grundzustand des ursprünglichen Potentialtopfes $\varphi_1(x, L_0)$ ist jedoch eine Überlagerung der Eigenzustände des Potentialtopfes der Breite $L(t) > L_0$.

26.2 Die adiabatische Näherung

Falls der Hamilton-Operator nicht von der Zeit abhängt, lässt sich die zeitabhängige Schrödinger-Gleichung

$$i\hbar\frac{d}{dt}|\psi(t)\rangle = H(t)|\psi(t)\rangle \tag{26.1}$$

auf die stationäre Gleichung

$$H|\varphi_n\rangle = E_n|\varphi_n\rangle$$

reduzieren und die gesamte Zeitabhängigkeit der Wellenfunktion steckt in einer Phase

$$|\psi_n(t)\rangle = e^{-\frac{i}{\hbar}E_n t}|\varphi_n\rangle\,.$$

Die instantanten Eigenwerte und Eigenzustände eines *zeitabhängigen* Hamilton-Operators

$$H(t)|\varphi_n(t)\rangle = E_n(t)|\varphi_n(t)\rangle \tag{26.2}$$

besitzen eine nichttriviale Zeitabhängigkeit, liefern jedoch noch nicht die Lösung des zeitabhängigen Problems. Dennoch bilden diese Eigenfunktionen zu jedem festen Zeitpunkt t eine vollständige, orthogonale Basis, sodass mit entsprechender Normierung

$$\langle\varphi_n(t)|\varphi_m(t)\rangle = \delta_{nm} \tag{26.3}$$

gilt. Die allgemeine Lösung der zeitabhängigen Schrödinger-Gleichung (26.1) lässt sich folglich nach den instantanen Eigenfunktionen $|\varphi_n(t)\rangle$ entwickeln,

$$|\psi(t)\rangle = \sum_n c_n(t)e^{-\frac{i}{\hbar}\int_0^t dt' E_n(t')}|\varphi_n(t)\rangle\,, \tag{26.4}$$

wobei wir aus den Entwicklungskoeffizienten $c_n(t)$ die dynamische Phase

$$\exp\left(-\frac{i}{\hbar}\int_0^t dt'\,E_n(t')\right) \tag{26.5}$$

herausgezogen haben, die eine direkte Verallgemeinerung der gewöhnlichen stationären Phase $\exp(-itE_n/\hbar)$ auf zeitabhängige Eigenwerte $E_n(t)$ ist. Das Einsetzen des Ansatzes (26.4) in die Schrödinger-Gleichung (26.1) liefert unter Ausnutzung der Eigenwertgleichung (26.2)

$$\sum_n [\dot{c}_n(t)|\varphi_n(t)\rangle + c_n(t)|\dot{\varphi}_n(t)\rangle]e^{-\frac{i}{\hbar}\int_0^t dt' E_n(t')} = 0\,,$$

wobei ein Punkt wie üblich die Ableitung nach der Zeit bezeichnet.[4] Bilden wir von dieser Gleichung das Skalarprodukt mit $\langle\varphi_m(t)|$, so erhalten wir unter Ausnutzung der Orthonormierungsbedingung (26.3)

$$\dot{c}_m(t) + \sum_n c_n(t)\langle\varphi_m(t)|\dot{\varphi}_n(t)\rangle e^{-\frac{i}{\hbar}\int_0^t dt'(E_n(t')-E_m(t'))} = 0\,. \tag{26.6}$$

4 Prinzipiell können die Phasen der Eigenfunktionen $|\varphi_n(t)\rangle$ zu verschiedenen Zeiten t willkürlich gewählt werden. Wir werden jedoch hier voraussetzen, dass die Phasen so gewählt wurden, dass die $|\varphi_n(t)\rangle$ differenzierbare Funktionen der Zeit sind.

Differentiation der Eigenwertgleichung (26.2) nach der Zeit liefert

$$\dot{H}(t)|\varphi_n(t)\rangle + H(t)|\dot{\varphi}_n(t)\rangle = \dot{E}_n(t)|\varphi_n(t)\rangle + E_n(t)|\dot{\varphi}_n(t)\rangle\,.$$

Nach skalarer Multiplikation dieser Gleichung mit $\langle\varphi_m(t)|$ folgt unter Ausnutzung der Eigenwertgleichung (26.2) und der Orthonormiertheit (26.3)

$$\langle\varphi_m(t)|\dot{H}(t)|\varphi_n(t)\rangle + E_m(t)\langle\varphi_m(t)|\dot{\varphi}_n(t)\rangle = \dot{E}_n(t)\delta_{nm} + E_n(t)\langle\varphi_m(t)|\dot{\varphi}_n(t)\rangle\,.$$

Hieraus finden wir für $m \neq n$

$$\langle\varphi_m(t)|\dot{H}(t)|\varphi_n(t)\rangle = (E_n(t) - E_m(t))\langle\varphi_m(t)|\dot{\varphi}_n(t)\rangle\,.$$

Das Einsetzen dieser Beziehung in Gl. (26.6) liefert

$$\begin{aligned}&\dot{c}_m(t) + c_m(t)\langle\varphi_m(t)|\dot{\varphi}_m(t)\rangle\\&\quad + \sum_{n\neq m} c_n(t)\,\frac{\langle\varphi_m(t)|\dot{H}(t)|\varphi_n(t)\rangle}{E_n(t)-E_m(t)}\, e^{-\frac{i}{\hbar}\int_0^t dt'(E_n(t')-E_m(t'))} = 0\,.\end{aligned}$$

Diese Gleichung ist exakt und damit äquivalent zur zeitabhängigen Schrödinger-Gleichung (26.1). Wir werden jetzt voraussetzen, *dass $\dot{H}(t)$ klein ist und dass keine Entartung im Spektrum von $H(t)$ (über das gesamte betrachtete Zeitintervall) auftritt.* Dann können wir den letzten Term, der die verschiedene Eigenzustände $|\varphi_n(t)\rangle$ mischt, vernachlässigen, was als *adiabatische Näherung* bezeichnet wird, und erhalten

$$\dot{c}_m(t) + c_m(t)\langle\varphi_m(t)|\dot{\varphi}_m(t)\rangle = 0\,.$$

Diese Gleichung besitzt die Lösung

$$c_m(t) = c_m(0)e^{i\gamma_m(t)}\,, \tag{26.7}$$

wobei

$$\boxed{\gamma_m(t) = \int_0^t dt'\,\langle\varphi_m(t')|i\frac{d}{dt'}|\varphi_m(t')\rangle\,.} \tag{26.8}$$

Wird das System so präpariert, dass es sich zum Zeitpunkt $t = 0$ in einem Eigenzustand $|\psi(t=0)\rangle = |\varphi_n(t=0)\rangle$ befindet, d. h.

$$c_n(0) = 1\,, \quad c_{m\neq n}(0) = 0\,,$$

so finden wir mit (26.7) aus Gl. (26.4) für die Wellenfunktion zum späteren Zeitpunkt

$$\boxed{|\psi(t)\rangle = e^{i\gamma_n(t)} e^{-\frac{i}{\hbar}\int_0^t dt' E_n(t')} |\varphi_n(t)\rangle\,.} \tag{26.9}$$

In der hier betrachteten adiabatischen Näherung verweilt somit das Teilchen in dem (zeitabhängigen) Eigenzustand $|\varphi_n(t)\rangle$ und es gibt folglich keine Übergänge zwischen den verschiedenen Eigenzuständen. Seine Wellenfunktion erhält jedoch neben der erwarteten dynamischen Phase (26.5) noch eine zusätzliche zeitabhängige Phase $\gamma_n(t)$, die als Erwartungswert des hermiteschen Operators $i\partial_t$ reell ist.

26.3 Die Berry-Phase

Die adiabatische Beschreibung ist gewöhnlich für solche Systeme anwendbar, in denen zwei sehr verschiedene Zeitskalen vorliegen. Die Freiheitsgrade lassen sich dann in langsame und schnelle unterteilen. Die Koordinaten der langsamen Freiheitsgrade bezeichnen wir im Folgenden mit R_i, $i = 1, 2, \dots, d$, und fassen sie zu einem Vektor

$$\boldsymbol{R} = (R_1, R_2, \dots, R_d)$$

zusammen. Wir betrachten die $\boldsymbol{R}(t)$ zunächst als klassische, zeitabhängige Koordinaten. Der Hamilton-Operator der schnellen Freiheitsgrade

$$H(t) = H(\boldsymbol{R}(t))$$

hängt über die Koordinaten $\boldsymbol{R}(t)$ der langsamen Freiheitsgrade parametrisch von der Zeit ab. Dasselbe gilt für die instantanen Eigenwerte $E_n(t) = E_n(\boldsymbol{R})$ und Eigenfunktionen $|\varphi_n(t)\rangle = |n(\boldsymbol{R})\rangle$, vgl. Gl. (26.2),

$$H(\boldsymbol{R})|n(\boldsymbol{R})\rangle = E_n(\boldsymbol{R})|n(\boldsymbol{R})\rangle\,, \tag{26.10}$$

die der Orthonormierungsbedingung (26.3)

$$\langle n(\boldsymbol{R})|m(\boldsymbol{R})\rangle = \delta_{nm}$$

genügen. Wir betonen hier, dass die Eigenwertgleichung (26.10) keinerlei Phasenbeziehungen zwischen den $|n(\boldsymbol{R})\rangle$ bei verschiedenen $\boldsymbol{R}$ impliziert. Die Phasen der Zustände $|n(\boldsymbol{R})\rangle$ können für jeden Wert des Parameters $\boldsymbol{R}$ unabhängig und beliebig gewählt werden.

26.3.1 Die geometrische Phase

Wir setzen voraus, dass die Bewegung *adiabatisch* erfolgt, d. h. die Koordinaten $\boldsymbol{R}(t)$ verändern sich so langsam, dass keine Übergänge zwischen verschiedenen $|n(\boldsymbol{R})\rangle$ erfolgen. Wird das System der schnellen Freiheitsgrade anfangs in einem Eigenzustand

$|n(\boldsymbol{R}(t = 0))\rangle$ präpariert, so verbleibt es auch zu allen späteren Zeiten in diesem Zustand $|n(\boldsymbol{R}(t))\rangle$. Unter dieser Voraussetzung ist die zeitabhängige Wellenfunktion der schnellen Freiheitsgrade durch Gl. (26.9) gegeben

$$|\psi(t)\rangle = e^{i\gamma_n(t)} e^{-\frac{i}{\hbar}\int_0^t dt' E_n(\boldsymbol{R}(t'))} |n(\boldsymbol{R}(t))\rangle \,.$$

Unter Benutzung der Kettenregel

$$\partial_t |n(\boldsymbol{R})\rangle = \dot{\boldsymbol{R}}(t) \cdot \nabla_{\boldsymbol{R}} |n(\boldsymbol{R})\rangle \tag{26.11}$$

erhalten wir für die Phase (26.8)

$$\begin{aligned} \gamma_n(t) &= i \int_0^t dt' \, \dot{\boldsymbol{R}}(t') \cdot \langle n(\boldsymbol{R}) | \nabla_{\boldsymbol{R}} | n(\boldsymbol{R}) \rangle_{\boldsymbol{R}=\boldsymbol{R}(t')} \\ &= i \int_{\boldsymbol{R}(0)}^{\boldsymbol{R}(t)} d\boldsymbol{R} \cdot \langle n(\boldsymbol{R}) | \nabla_{\boldsymbol{R}} | n(\boldsymbol{R}) \rangle \,. \end{aligned} \tag{26.12}$$

Diese Darstellung zeigt, dass die Berry-Phase nur vom durchlaufenen Weg, nicht jedoch davon abhängt, wie schnell dieser Weg durchlaufen wurde.

Die langsamen Freiheitsgrade sind oft makroskopischer Natur oder lassen sich zumindest häufig semiklassisch behandeln. Für gebundene Systeme führen sie periodische Bewegungen aus. Wir sind deshalb hier hauptsächlich an einer periodischen Zeitevolution der langsamen Koordinaten

$$\boldsymbol{R}(t + T) = \boldsymbol{R}(t)$$

interessiert, wobei T die Periode ist. Für eine periodische Bewegung beschreibt der Vektor $\boldsymbol{R}(t)$ eine geschlossene Kurve C, siehe Abb. 26.3. Für eine geschlossene Periode der langsamen Freiheitsgrade erhalten wir für die Phase (26.12):

$$\boxed{\gamma_n(T) = i \oint_C d\boldsymbol{R} \cdot \langle n(\boldsymbol{R}) | \nabla_{\boldsymbol{R}} | n(\boldsymbol{R}) \rangle \,.} \tag{26.13}$$

Es stellt sich allgemein die Frage, inwieweit die Phase $\gamma_n(t)$ (26.12) für die physikalischen Eigenschaften des Systems überhaupt relevant ist. Sie ist sicher nicht relevant für Observablen, die ausschließlich von den Koordinaten der schnellen (inneren) Freiheitsgrade abhängen, da sie aus deren Erwartungswerten herausfällt. Die Phase (26.12) bzw. (26.13) hängt jedoch von den Koordinaten $\boldsymbol{R}(t)$ der langsamen Freiheitsgrade ab. Im Abschnitt 26.6 werden wir sehen, dass die Phase $\gamma_n(T)$ einen Zusatzterm zur klassischen Wirkung der langsamen Freiheitsgrade liefert und folglich deren Bewegung beeinflusst.

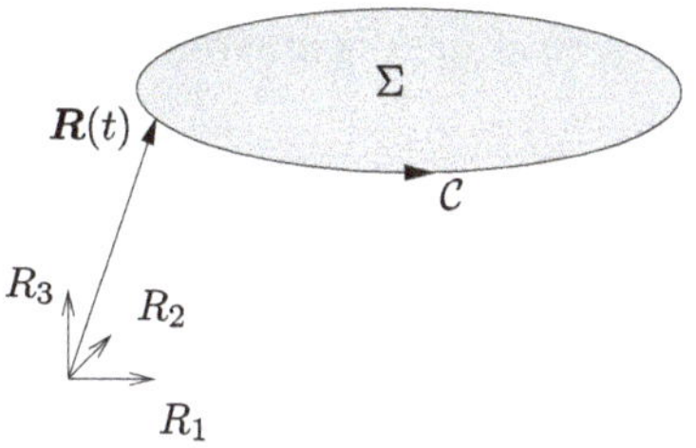

Abb. 26.3: Geschlossene Kurve C, die bei einer periodischen Bewegung von $\boldsymbol{R}(t)$ im Parameterraum $\mathbb{R}^3$ durchlaufen wird.

M. BERRY war der erste, der erkannte, dass die Phase (26.13) selbst für geschlossene Trajektorien i. A. nicht verschwindet. Deshalb wird sie zu Recht auch *Berry-Phase* genannt. Wie wir später sehen werden, hängt γ_n von der Geometrie der Trajektorie $\boldsymbol{R}(t)$ ab und wird deshalb auch als *geometrische Phase* bezeichnet. Sie kann sehr wesentlich die physikalischen Eigenschaften eines Systems beeinflussen.

Geometrische (Berry-)Phasen tauchen immer dann auf, wenn ein isoliertes System aus zwei miteinander wechselwirkenden Teilen besteht, die wesentlich verschiedene Zeitskalen besitzen, und die langsamen Freiheitsgrade einer adiabatischen Beschreibung unterworfen werden. Die Berry-Phase entsteht durch die Kopplung der langsamen Freiheitsgrade an die schnellen Freiheitsgrade. Sie resultiert ursprünglich aus der Wellenfunktion der schnellen Freiheitsgrade. Da sie jedoch von den Koordinaten der langsamen Freiheitsgrade abhängt, muss sie als Bestandteil der Wellenfunktion der langsamen Freiheitsgrade betrachtet werden. Sie repräsentiert den Effekt der schnellen inneren Freiheitsgrade auf die langsame adiabatische Bewegung.

26.3.2 Das Berry-Potential

Bisher haben wir die schwach zeitabhängigen Parameter $\boldsymbol{R}(t)$ als klassische Koordinaten betrachtet. In vielen Fällen sind diese Parameter jedoch die Koordinaten quantenmechanischer Freiheitsgrade. (Im oben betrachteten Beispiel der Moleküle sind die $\boldsymbol{R}(t)$ die Schwerpunktskoordinaten der Atomkerne.) Wir betrachten deshalb ein quantenmechanisches System langsamer und schneller Freiheitsgrade, $\boldsymbol{R}$ und $\boldsymbol{x}$, mit Massen M und m, die durch ein Potential $V(\boldsymbol{x}, \boldsymbol{R})$ gekoppelt sind

$$H_{\text{tot}} = \frac{\boldsymbol{P}^2}{2M} + \frac{\boldsymbol{p}^2}{2m} + V(\boldsymbol{x}, \boldsymbol{R}) , \quad \boldsymbol{P} = \frac{\hbar}{i} \nabla_{\boldsymbol{R}} , \quad \boldsymbol{p} = \frac{\hbar}{i} \nabla_{\boldsymbol{x}} .$$

Das Potential $V(\boldsymbol{x}, \boldsymbol{R})$ kann neben den Kopplungstermen auch Potentiale enthalten, die ausschließlich von den Koordinaten der langsamen oder ausschließlich von den Koordinaten der schnellen Freiheitsgrade abhängen. Für die adiabatische Beschreibung empfiehlt es sich, den Potentialterm mit in den Hamilton-Operator der inneren (schnellen) Freiheitsgrade

$$H(\boldsymbol{R}) = \frac{\boldsymbol{p}^2}{2m} + V(\boldsymbol{x}, \boldsymbol{R}) \tag{26.14}$$

einzubeziehen, sodass

$$H_{\text{tot}} = H_0 + H(\boldsymbol{R}), \quad H_0 = -\frac{\hbar^2}{2M} \nabla_{\boldsymbol{R}}^2 . \tag{26.15}$$

Dieser Hamilton-Operator ist zeitunabhängig, falls $V(\boldsymbol{x}, \boldsymbol{R})$ keine explizite Zeitabhängigkeit besitzt, was wir voraussetzen und was gewöhnlich auch der Fall ist. Die exakte Wellenfunktion $|\varphi(\boldsymbol{R})\rangle$ des wechselwirkenden Gesamtsystems

$$H_{\text{tot}}|\varphi(\boldsymbol{R})\rangle = E_{\text{tot}}|\varphi(\boldsymbol{R})\rangle \tag{26.16}$$

kann nach den Eigenfunktionen $|n(\boldsymbol{R})\rangle$ (26.10) der inneren Freiheitsgrade entwickelt werden[5]

$$|\varphi(\boldsymbol{R})\rangle = \sum_n \phi_n(\boldsymbol{R})|n(\boldsymbol{R})\rangle .$$

Das Einsetzen dieses Ausdruckes in (26.16) liefert unter Benutzung der Eigenwertgleichung (26.10)

$$-\frac{\hbar^2}{2M} \sum_n \nabla_{\boldsymbol{R}}^2 |n(\boldsymbol{R})\rangle \phi_n(\boldsymbol{R}) + \sum_n E_n(\boldsymbol{R})|n(\boldsymbol{R})\rangle \phi_n(\boldsymbol{R}) = E_{\text{tot}} \sum_n |n(\boldsymbol{R})\rangle \phi_n(\boldsymbol{R}) . \tag{26.17}$$

Im kinetischen Term haben wir unter Ausnutzung der Vollständigkeit der $|n(\boldsymbol{R})\rangle$:

$$\begin{aligned} \nabla_{\boldsymbol{R}}\left[|n(\boldsymbol{R})\rangle \phi_n(\boldsymbol{R})\right] &= \left(|n(\boldsymbol{R})\rangle \nabla_{\boldsymbol{R}} + \left[\nabla_{\boldsymbol{R}} |n(\boldsymbol{R})\rangle\right]\right) \phi_n(\boldsymbol{R}) \\ &= \sum_m |m(\boldsymbol{R})\rangle \left[\delta_{mn} \nabla_{\boldsymbol{R}} + \langle m(\boldsymbol{R})|\nabla_{\boldsymbol{R}}|n(\boldsymbol{R})\rangle\right] \phi_n(\boldsymbol{R}) . \end{aligned} \tag{26.18}$$

Im Abschnitt 26.2 hatten wir festgestellt, dass bei einer adiabatischen Bewegung keine Übergänge zwischen *verschiedenen* inneren Zuständen $|\varphi_n(t)\rangle \equiv |n(\boldsymbol{R}(t))\rangle$ stattfinden. In der hier betrachteten stationären Beschreibung besteht die *adiabatische* Näherung folglich darin, dass nichtdiagonale Matrixelemente von $\nabla_{\boldsymbol{R}}$ vernachlässigt werden

$$\langle m(\boldsymbol{R})|\nabla_{\boldsymbol{R}}|n(\boldsymbol{R})\rangle \approx 0 , \quad m \neq n .$$

Mit dieser Näherung vereinfacht sich Gl. (26.18) zu

5 Die *bracket*-Darstellung bezieht sich hier nur auf die schnellen Freiheitsgrade, während wir für die langsamen Freiheitsgrade die Ortsdarstellung benutzen.

$$\nabla_{\boldsymbol{R}}[|n(\boldsymbol{R})\rangle\phi_n(\boldsymbol{R})] = |n(\boldsymbol{R})\rangle[\nabla_{\boldsymbol{R}} + \langle n(\boldsymbol{R})|\nabla_{\boldsymbol{R}}|n(\boldsymbol{R})\rangle]\phi_n(\boldsymbol{R}).$$

Nochmalige Benutzung dieser Beziehung mit der Ersetzung

$$\phi_n(\boldsymbol{R}) \to [\nabla_{\boldsymbol{R}} + \langle n(\boldsymbol{R})|\nabla_{\boldsymbol{R}}|n(\boldsymbol{R})\rangle]\phi_n(\boldsymbol{R})$$

liefert

$$\nabla^2_{\boldsymbol{R}}[|n(\boldsymbol{R})\phi_n(\boldsymbol{R})] = |n(\boldsymbol{R})\rangle[\nabla_{\boldsymbol{R}} + \langle n(\boldsymbol{R})|\nabla_{\boldsymbol{R}}|n(\boldsymbol{R})\rangle]^2\phi_n(\boldsymbol{R}).$$

Setzen wir diesen Ausdruck in (26.17) ein und benutzen die Orthogonalität der $|n(\boldsymbol{R})\rangle$, so erhalten wir schließlich die (stationäre) Schrödinger-Gleichung für die Wellenfunktion $\phi_n(\boldsymbol{R})$ der langsamen Freiheitsgrade

$$\tilde{H}_n\phi_n(\boldsymbol{R}) = E_{\text{tot}}\phi_n(\boldsymbol{R}) \tag{26.19}$$

mit einem effektiven Hamilton-Operator

$$\tilde{H}_n = -\frac{\hbar^2}{2M}[\nabla_{\boldsymbol{R}} + \langle n(\boldsymbol{R})|\nabla_{\boldsymbol{R}}|n(\boldsymbol{R})\rangle]^2 + E_n(\boldsymbol{R}). \tag{26.20}$$

Dies ist formal der Hamilton-Operator einer Punktladung $q = \hbar c$ (in einem (skalaren) Potential $E_n(\boldsymbol{R})$ und) in einem Magnetfeld, das durch das Vektorpotential[6]

$$\boxed{\mathcal{A}_n(\boldsymbol{R}) = i\langle n(\boldsymbol{R})|\nabla_{\boldsymbol{R}}|n(\boldsymbol{R})\rangle} \tag{26.21}$$

erzeugt wird, siehe Gl. (25.15). Die Kopplung an die schnellen Freiheitsgrade erzeugt nicht nur ein Potential $E_n(\boldsymbol{R})$ (bzw. modifiziert dieses), sondern induziert auch ein Vektorpotential für die langsamen Freiheitsgrade. Dies ist sehr bemerkenswert.

---

i

Das Auftauchen eines Eichpotentials in der kinetischen Energie weist auf eine lokale Eichinvarianz hin. Tatsächlich induziert eine $\boldsymbol{R}$-abhängige Phasenänderung von $|n(\boldsymbol{R})\rangle$,

$$|n(\boldsymbol{R})\rangle \to e^{-i\Lambda(\boldsymbol{R})}|n(\boldsymbol{R})\rangle =: |\bar{n}(\boldsymbol{R})\rangle, \tag{26.22}$$

eine Änderung des Eichpotentials,

$$\mathcal{A}_n(\boldsymbol{R}) \to \mathcal{A}_n(\boldsymbol{R}) + \nabla_{\boldsymbol{R}}\Lambda(\boldsymbol{R}) = \bar{\mathcal{A}}_n, \tag{26.23}$$

die wiederum durch eine entsprechende Phasentransformation der Funktion $\phi_n(\boldsymbol{R})$,

$$\phi_n(\boldsymbol{R}) \to e^{i\Lambda(\boldsymbol{R})}\phi_n(\boldsymbol{R}), \tag{26.24}$$

---

6 Da die Ladung $q = \hbar c$ nicht die übliche Dimension besitzt, hat auch $\mathcal{A}$ nicht die übliche Dimension, sondern die einer inversen Länge im Parameterraum.

kompensiert werden kann, sodass die Wellenfunktion des Gesamtsystems,

$$|\varphi(\boldsymbol{R})\rangle = \phi_n(\boldsymbol{R})|n(\boldsymbol{R})\rangle ,$$

insgesamt lokal (im $\boldsymbol{R}$-Raum) phaseninvariant ist. Wie man sofort erkennt, ist Gl. (26.23) nichts weiter als eine gewöhnliche (aus der Elektrodynamik bekannte) Eichtransformation, siehe Gl. (25.3). Die Schrödinger-Gleichung (26.19) ist offenbar invariant unter der gleichzeitigen Eichtransformation des Eichpotentials (26.23) und der Wellenfunktion (26.24).

Die eichtransformierten Zustände $|\bar{n}(\boldsymbol{R})\rangle$ (26.22) erfüllen ebenfalls die Eigenwertgleichung (26.10) (da der Hamilton-Operator der inneren Freiheitsgrade $H(\boldsymbol{R})$ nur parametrisch von $\boldsymbol{R}$ abhängt) und liefern die Berry-Phase

$$\bar{\gamma}_n(t) = \gamma_n(t) + \Lambda\big(\boldsymbol{R}(t)\big) - \Lambda\big(\boldsymbol{R}(0)\big) .$$

Somit ist die Berry-Phase *eichabhängig*, außer bei einer geschlossenen Bewegung, bei der das System zum Anfangsort zurückkehrt ($\boldsymbol{R}(t) = \boldsymbol{R}(0)$).

Mithilfe des induzierten Eichpotentials (26.21) lässt sich die Berry-Phase (26.12) umschreiben zu:

$$\boxed{\gamma_n(t) = \int_0^t dt' \mathcal{A}_n(\boldsymbol{R}(t'))\cdot\dot{\boldsymbol{R}}(t') = \int_{\boldsymbol{R}(0)}^{\boldsymbol{R}(t)} d\boldsymbol{R}\cdot\mathcal{A}_n(\boldsymbol{R}) ,}$$

weshalb $\mathcal{A}_n(\boldsymbol{R})$ (26.21) auch als *Berry-Potential* bezeichnet wird. Aus dieser Darstellung ist offensichtlich, dass die Berry-Phase durch die Kopplung der betrachteten langsamen Freiheitsgrade an die schnellen und Eliminierung der Letzteren in der adiabatischen Näherung entsteht. Dieser Zusammenhang zeigt sich sehr klar in der Pfadintegralableitung der Berry-Phase bzw. des induzierten Eichpotentials, die im Abschnitt 26.6 gegeben wird.

Für spätere Zwecke bemerken wir noch, dass das Vektorpotential (26.21) vollständig durch den Imaginärteil von $\langle n|\nabla_{\boldsymbol{R}}|n\rangle$ gegeben ist,

$$\boxed{\mathcal{A}_n(\boldsymbol{R}) = -\mathrm{Im}\{\langle n(\boldsymbol{R})|\nabla_{\boldsymbol{R}}|n(\boldsymbol{R})\rangle\} ,} \tag{26.25}$$

da der Realteil $\mathrm{Re}\{\langle n|\nabla_{\boldsymbol{R}}|n\rangle\}$ wegen der Normierbarkeit der stationären Zustände $|n(\boldsymbol{R})\rangle$ verschwindet.[7]

---

7 Aus $\langle n(\boldsymbol{R})|n(\boldsymbol{R})\rangle = 1$ folgt unmittelbar

$$0 = \langle\nabla_{\boldsymbol{R}} n(\boldsymbol{R})|n(\boldsymbol{R})\rangle + \langle n(\boldsymbol{R})|\nabla_{\boldsymbol{R}})n(\boldsymbol{R})\rangle = \langle n(\boldsymbol{R})|\nabla_{\boldsymbol{R}} n(\boldsymbol{R})\rangle^* + \langle n(\boldsymbol{R})|\nabla_{\boldsymbol{R}} n(\boldsymbol{R})\rangle .$$

Damit $\mathrm{Re}\langle n(\boldsymbol{R})|\nabla_{\boldsymbol{R}} n(\boldsymbol{R})\rangle = 0$ müssen allerdings die Zustände $|n(\boldsymbol{R})\rangle$ nicht notwendigerweise auf 1 normiert sein. Es genügt offensichtlich bereits, dass diese Zustände normierbar sind.

26.3.3 Das induzierte Magnetfeld

Mit (26.21), (26.25) lautet die Berry-Phase (26.13)

$$\gamma_n(C) = \oint_C d\boldsymbol{R}\cdot\boldsymbol{\mathcal{A}}_n(\boldsymbol{R}) = -\mathrm{Im}\left[\oint_C d\boldsymbol{R}\cdot\langle n(\boldsymbol{R})|\nabla_{\boldsymbol{R}}|n(\boldsymbol{R})\rangle\right]. \tag{26.26}$$

Direkte Berechnung der Berry-Phase bzw. des Eichpotentials $\boldsymbol{\mathcal{A}}_n(\boldsymbol{R})$, d. h. des Ausdruckes $|\nabla_{\boldsymbol{R}} n(\boldsymbol{R})\rangle$, verlangt *differenzierbare* Basiszustände $|n(\boldsymbol{R})\rangle$ entlang einer geschlossenen Schleife C im Parameterraum. Dies bezieht sich insbesondere auch auf die Phasen dieser Zustände. Als Eigenfunktionen von $H(\boldsymbol{R})$ besitzen die adiabatischen Zustände $|n(\boldsymbol{R})\rangle$ jedoch für jedes $\boldsymbol{R}$ i. A. eine willkürliche und damit nicht-differenzierbare Phase. Für explizite Berechnungen erweist sich dies als ziemlich störend. Diese Schwierigkeit lässt sich umgehen, wenn man das Wegintegral entlang der geschlossenen Trajektorie C in ein Oberflächenintegral über irgendeine von C begrenzte Fläche im Parameterraum umwandelt, siehe dazu Abb. 26.3. Um die gewöhnliche Vektoranalysis benutzen zu können, nehmen wir der Einfachheit halber an, dass der $\boldsymbol{R}$-Parameterraum *dreidimensional* ist. Unter Benutzung des Satzes von Stokes erhalten wir aus (26.26)

$$\gamma_n(C) = \int_\Sigma d\Sigma\cdot(\nabla_{\boldsymbol{R}} \times \boldsymbol{\mathcal{A}}_n(\boldsymbol{R})) = \int_\Sigma d\Sigma\cdot\boldsymbol{\mathcal{B}}_n\,, \tag{26.27}$$

wobei $d\Sigma$ ein Flächenelement im Parameterraum $\mathbb{R}^3$ bezeichnet und Σ eine Fläche mit Rand $\partial\Sigma = C$ ist. Ferner ist

$$\boldsymbol{\mathcal{B}}_n(\boldsymbol{R}) = \nabla_{\boldsymbol{R}} \times \boldsymbol{\mathcal{A}}_n(\boldsymbol{R})\,. \tag{26.28}$$

das Magnetfeld zum induzierten Eichpotential (26.21). Mit (26.25) erhalten wir für dieses

$$\begin{aligned}\boldsymbol{\mathcal{B}}_n &= -\mathrm{Im}\nabla_{\boldsymbol{R}} \times \langle n|\nabla_{\boldsymbol{R}} n\rangle \\ &= -\mathrm{Im}\langle\nabla_{\boldsymbol{R}} n| \times |\nabla_{\boldsymbol{R}} n\rangle + \underbrace{\langle n|\nabla_{\boldsymbol{R}} \times \nabla_{\boldsymbol{R}}|n\rangle}_{=0} \\ &= -\mathrm{Im}\sum_{m\neq n}\langle\nabla_{\boldsymbol{R}} n|m\rangle \times \langle m|\nabla_{\boldsymbol{R}} n\rangle\,.\end{aligned} \tag{26.29}$$

Zur Vereinfachung der Schreibweise haben wir die übliche Vektornotation auch für vektorielle Argumente in den bra- und ket-Zuständen benutzt:

$$\langle\boldsymbol{a}| \times |\boldsymbol{b}\rangle_i := \epsilon_{ijk}\langle a_j|b_k\rangle\,, \quad (\langle\boldsymbol{a}|m\rangle \times \langle n|\boldsymbol{b}\rangle)_i := \epsilon_{ijk}\langle a_j|m\rangle\langle n|b_k\rangle\,.$$

Im letzten Schritt von Gl. (26.29) haben wir die Vollständigkeitsrelation der Zustände $|n(\boldsymbol{R})\rangle$ eingeschoben. Dabei können wir uns auf die Summation über die Zustände $m \neq n$ beschränken, da das Matrixelement $\langle n|\nabla_{\boldsymbol{R}} n\rangle$ aufgrund der Normierung der stationären

Zustände $|n(\boldsymbol{R})\rangle$ rein imaginär ist. Wie gewöhnliche Magnetfelder, ist das Feld (26.28) für *differenzierbare* Potentiale $\mathcal{A}_n(\boldsymbol{R})$ quellenfrei:

$$\nabla_{\boldsymbol{R}} \cdot \mathcal{B}_n(\boldsymbol{R}) = 0 . \tag{26.30}$$

Wir werden jedoch in Abschnitt 26.4.2 feststellen, dass das Berry-Potential auch magnetische Monopole (und allgemein magnetische Ladungen) besitzen kann und somit die Bianchi-Identität (26.30) verletzen kann.

Wenden wir den $\nabla_{\boldsymbol{R}}$-Operator auf Gl. (26.10) an und multiplizieren von links mit $\langle m|$, so erhalten wir:

$$\langle m|\nabla_{\boldsymbol{R}}|n\rangle = \frac{\langle m|(\nabla_{\boldsymbol{R}} H)|n\rangle}{E_n - E_m} , \quad m \neq n .$$

Nach Einsetzen dieses Ausdruckes in (26.29) finden wir für das induzierte Magnetfeld

$$\boxed{\mathcal{B}_n(\boldsymbol{R}) = -\mathrm{Im}\left\{ \sum_{m \neq n} \frac{\langle n(\boldsymbol{R})|(\nabla_{\boldsymbol{R}} H)|m(\boldsymbol{R})\rangle \times \langle m(\boldsymbol{R})|(\nabla_{\boldsymbol{R}} H)|n(\boldsymbol{R})\rangle}{(E_m(\boldsymbol{R}) - E_n(\boldsymbol{R}))^2} \right\}} \tag{26.31}$$

In diesem Ausdruck geht nicht mehr die Ableitung der adiabatischen Zustände, $\nabla_{\boldsymbol{R}}|n(\boldsymbol{R})\rangle$, ein. Deshalb muss die Phase dieser Zustände $|n(\boldsymbol{R})\rangle$ entlang des Weges $\mathcal{C}$ nicht länger differenzierbar in $\boldsymbol{R}$ gewählt werden. Ferner sieht man unmittelbar, dass das Magnetfeld $\mathcal{B}_n(\boldsymbol{R})$ (26.31) eichinvariant, d. h. invariant gegenüber einer Änderung der Phase der Zustände $|n(\boldsymbol{R})\rangle$ ist, siehe Gl. (26.22).

26.4 Spin im homogenen Magnetfeld

Die obigen allgemeinen Überlegungen zur Berry-Phase sollen jetzt anhand eines einfachen Beispiels illustriert werden: Eine Punktladung q mit Masse M und Spin $\boldsymbol{S}$ ruhe an einem festen Ort und werde einem homogenen, aber zeitabhängigen Magnetfeld $\boldsymbol{B}(t)$ ausgesetzt. Der Hamilton-Operator der Punktladung (siehe Gln. (28.189), (28.191)) ist dann allein durch die Wechselwirkung ihres Spins $\boldsymbol{S}$ mit dem äußeren Magnetfeld $\boldsymbol{B}(t)$ gegeben

$$\boxed{H(\boldsymbol{B}) = \frac{q}{Mc} \boldsymbol{B} \cdot \boldsymbol{S} .} \tag{26.32}$$

Für einen Spin s besitzt der Hamilton-Operator (26.32) die $(2s+1)$ Eigenwerte

$$E_m(\boldsymbol{B}) = \frac{q\hbar}{Mc} mB , \quad m = -s, -s+1, \ldots, s ,$$

wobei $B = |\boldsymbol{B}|$. An der Stelle $B = 0$ haben wir eine $(2s+1)$-fache Entartung. Der Einfachheit halber beschränken wir uns auf einen Spin $s = 1/2$:

$$\boldsymbol{S} = \frac{\hbar}{2}\boldsymbol{\sigma},$$

wobei $\boldsymbol{\sigma} = (\sigma_1, \sigma_2, \sigma_3)$ die Pauli-Matrizen (15.44) sind. Nehmen wir an, dass sich das Magnetfeld $\boldsymbol{B}$ zeitlich langsam ändert. Dann können wir es mit den langsamen Parametern $\boldsymbol{R}$ des letzten Abschnitts identifizieren. Zweckmäßigerweise wählen wir diese als

$$\boldsymbol{R} = \frac{q\hbar}{2Mc}\boldsymbol{B}, \tag{26.33}$$

sodass der Hamilton-Operator (26.32) die einfache Form

$$\boxed{H(\boldsymbol{R}) = \boldsymbol{R}\cdot\boldsymbol{\sigma}} \tag{26.34}$$

annimmt. Man beachte, dass die langsamen Parameter R_i hier die Dimension einer Energie besitzen. Dies ist jedoch für die weiteren Überlegungen belanglos, da wir keinerlei Voraussetzungen an die Dimensionalität der langsamen Parameter $\boldsymbol{R}$ gestellt haben.

26.4.1 Das Berry-Potential

Mit $\boldsymbol{R} = (X, Y, Z)$ lautet der Hamilton-Operator (26.34) explizit:

$$H(\boldsymbol{R}) = X\sigma_1 + Y\sigma_2 + Z\sigma_3 = \begin{pmatrix} Z & X - iY \\ X + iY & -Z \end{pmatrix}. \tag{26.35}$$

Dies ist eine hermitesche (2×2)-Matrix, die sich folglich durch eine unitäre (2×2)-Matrix diagonalisieren lässt. Da nur

$$\sigma_3 = \begin{pmatrix} 1 & 0 \\ 0 & -1 \end{pmatrix}$$

diagonal ist, wird bei der Diagonalisierung de facto der Vektor $\boldsymbol{R} = (X, Y, Z)$ in die 3-Richtung gedreht, was seine Länge nicht verändert. Deshalb sind die Eigenwerte von H (26.34) durch

$$E_\pm(R) = \pm R, \quad R = |\boldsymbol{R}| = \sqrt{X^2 + Y^2 + Z^2} \tag{26.36}$$

gegeben. Die Entartung $E_\pm(R) = 0$ verlangt offenbar, dass sämtliche drei Parameter X, Y, Z verschwinden, was drei unabhängige Bedingungen impliziert. Dies zeigt, dass Entartungen nur an *isolierten* Punkten in einem dreidimensionalen Parameterraum auftreten können. Ist dieser Parameterraum Teil eines ($d \geq 3$)-dimensionalen Parameterraumes, so bleiben die oben durchgeführten Überlegungen offenbar auch in diesem dreidimensionalen Unterraum gültig. Isolierte Punkte in diesem dreidimensionalen Unterraum entsprechen dann ($d - 3$)-dimensionalen Untermannigfaltigkeiten des

d-dimensionalen Parameterraumes. Dies zeigt, dass im $(d \geq 3)$-dimensionalen Parameterraum Entartungen auf $(d-3)$-dimensionalen Untermannigfaltigkeiten auftreten. Unabhängig von der Dimension d des Parameterraumes sind am Zustandekommen einer zufälligen Entartung (d. h. eine Entartung, die nicht aufgrund einer vorhandenen Symmetrie auftritt) stets drei Dimensionen beteiligt. Mathematisch ausgedrückt heißt dies, dass eine Entartung die *Kodimension* 3 besitzt.

Sei V die unitäre (2×2)-Matrix, die H (26.34) diagonalisiert, d. h. es gelte:

$$V^\dagger(\boldsymbol{\sigma}\cdot\hat{\boldsymbol{R}})V = \sigma_3\,, \qquad \hat{\boldsymbol{R}} = \frac{\boldsymbol{R}}{R}\,. \tag{26.37}$$

---

i

Offensichtlich hängt V nur von der Richtung $\hat{\boldsymbol{R}}$ ab. Benutzen wir für $\boldsymbol{R}$ die üblichen sphärischen Koordinaten (R, ϑ, φ), so ist die Matrix V durch

$$V(\hat{\boldsymbol{R}}) = \exp\left(-i\,\frac{\vartheta}{2}\,\sigma_\varphi\right) \tag{26.38}$$

gegeben, wobei

$$\sigma_\varphi = \boldsymbol{e}_\varphi\cdot\boldsymbol{\sigma} = -\sin\varphi\sigma_1 + \cos\varphi\sigma_2$$

die σ-Matrix in Richtung von $\boldsymbol{e}_\varphi$ ist. Die Matrix $V(\hat{\boldsymbol{R}})$ (26.38) ist die Spin $s = 1/2$ Darstellung des Drehoperators (23.32). Sie beschreibt die Drehung eines Spins $s = 1/2$ um die $\boldsymbol{e}_\varphi$-Achse um den Winkel ϑ und ist explizit durch

$$V(\hat{\boldsymbol{R}}) = \cos\left(\frac{\vartheta}{2}\right) - i\sigma_\varphi \sin\left(\frac{\vartheta}{2}\right) = \begin{pmatrix} \cos(\frac{\vartheta}{2}) & -e^{-i\varphi}\sin(\frac{\vartheta}{2}) \\ e^{i\varphi}\sin(\frac{\vartheta}{2}) & \cos(\frac{\vartheta}{2}) \end{pmatrix}$$

gegeben. Die explizite Form von $V(\hat{\boldsymbol{R}})$ werden wir im Folgenden nicht benötigen; die definierende Gleichung (26.37) ist für die folgenden Betrachtungen ausreichend.

Aus den Eigenvektoren von σ_3,

$$\sigma_3|\pm\rangle = \pm|\pm\rangle\,, \quad |+\rangle = \begin{pmatrix}1\\0\end{pmatrix}, \quad |-\rangle = \begin{pmatrix}0\\1\end{pmatrix}, \tag{26.39}$$

erhalten wir mit (26.37) die Eigenvektoren von H (26.35)

$$\boldsymbol{\sigma}\cdot\hat{\boldsymbol{R}}|\pm(\hat{\boldsymbol{R}})\rangle = \pm|\pm(\hat{\boldsymbol{R}})\rangle \tag{26.40}$$

zu:

$$|\pm(\hat{\boldsymbol{R}})\rangle = V(\hat{\boldsymbol{R}})|\pm\rangle\,. \tag{26.41}$$

Damit finden wir für das Berry-Potential (26.21) den folgenden Ausdruck

$$\boldsymbol{\mathcal{A}}_\pm(\boldsymbol{R}) = i\langle\pm|V^\dagger(\hat{\boldsymbol{R}})\nabla_{\boldsymbol{R}}V(\hat{\boldsymbol{R}})|\pm\rangle\,.$$

26.4.2 Das induzierte Magnetfeld

Für den Hamiltonian (26.35) haben wir:

$$\nabla_R H(\boldsymbol{R}) = \boldsymbol{\sigma}\,.$$

Mit dieser Beziehung und der expliziten Form der Eigenwerte (26.36) finden wir für das Magnetfeld (26.31)

$$\mathcal{B}_\pm(\hat{\boldsymbol{R}}) = -\mathrm{Im}\left\{\frac{\langle\pm(\hat{\boldsymbol{R}})|\boldsymbol{\sigma}|\mp(\hat{\boldsymbol{R}})\rangle \times \langle\mp(\hat{\boldsymbol{R}})|\boldsymbol{\sigma}|\pm(\hat{\boldsymbol{R}})\rangle}{4R^2}\right\}. \tag{26.42}$$

Mit der Form der Eigenfunktionen $|\pm(\hat{\boldsymbol{R}})\rangle$ (26.41) lassen sich die Matrixelemente im Zähler leicht auswerten:

$$\begin{aligned} M_\pm &:= \langle\pm(\hat{\boldsymbol{R}})|\boldsymbol{\sigma}|\mp(\hat{\boldsymbol{R}})\rangle \times \langle\mp(\hat{\boldsymbol{R}})|\boldsymbol{\sigma}|\pm(\hat{\boldsymbol{R}})\rangle \\ &= \langle\pm|V^\dagger\boldsymbol{\sigma}V|\mp\rangle \times \langle\mp|V^\dagger\boldsymbol{\sigma}V|\pm\rangle \\ &= \mathrm{Sp}(\boldsymbol{\sigma}V|\mp\rangle \times \langle\mp|V^\dagger\boldsymbol{\sigma}V|\pm\rangle\langle\pm|V^\dagger)\,. \end{aligned}$$

Für die Projektoren auf die ungestörten Basiszustände (26.39) benutzen wir die Darstellung

$$|\pm\rangle\langle\pm| = \frac{1}{2}(\mathbb{1} \pm \sigma_3)\,,$$

wobei $\mathbb{1}$ die zweidimensionale Einheitsmatrix ist. Dies liefert:

$$M_\pm = \frac{1}{4}\,\mathrm{Sp}(\boldsymbol{\sigma} \times V(\mathbb{1} \mp \sigma_3)V^\dagger\boldsymbol{\sigma}V(\mathbb{1} \pm \sigma_3)V^\dagger)\,.$$

Beachten wir, dass $V^\dagger V = \mathbb{1}$ und wegen (26.37)

$$V\sigma_3 V^\dagger = \boldsymbol{\sigma}\cdot\hat{\boldsymbol{R}}\,,$$

so finden wir:

$$M_\pm = \frac{1}{4}\,\mathrm{Sp}(\boldsymbol{\sigma}\times\boldsymbol{\sigma} \mp \boldsymbol{\sigma}\times(\boldsymbol{\sigma}\cdot\hat{\boldsymbol{R}})\boldsymbol{\sigma} \pm \boldsymbol{\sigma}\times\boldsymbol{\sigma}(\boldsymbol{\sigma}\cdot\hat{\boldsymbol{R}}) - \boldsymbol{\sigma}(\boldsymbol{\sigma}\cdot\hat{\boldsymbol{R}})\times\boldsymbol{\sigma}(\boldsymbol{\sigma}\cdot\hat{\boldsymbol{R}}))\,.$$

Wegen

$$\boldsymbol{\sigma}\times\boldsymbol{\sigma} = i2\boldsymbol{\sigma}$$

und $\mathrm{Sp}\,\boldsymbol{\sigma} = \boldsymbol{0}$ verschwinden der erste Term und der letzte Term. Der zweite und dritte Term sind gleich aufgrund der zyklischen Eigenschaft der Spur und der Antisymmetrie des Kreuzproduktes. Mit

$$\mathrm{Sp}(\boldsymbol{\sigma} \times \boldsymbol{\sigma}(\boldsymbol{\sigma}\cdot\hat{\boldsymbol{R}})) = i2\,\mathrm{Sp}(\boldsymbol{\sigma}(\boldsymbol{\sigma}\cdot\hat{\boldsymbol{R}})) = i4\hat{\boldsymbol{R}}$$

folgt

$$M_\pm = \pm i2\hat{\boldsymbol{R}}$$

und wir erhalten für das induzierte Magnetfeld (26.42):

$$\boxed{\boldsymbol{\mathcal{B}}_\pm(\boldsymbol{R}) = \mp\frac{1}{2}\,\frac{\hat{\boldsymbol{R}}}{R^2}\,.}$$

Interpretieren wir $\boldsymbol{R}$ (26.33) als gewöhnliche Koordinate, so ist dies das Magnetfeld eines *magnetischen Monopols* mit „magnetischer Ladung" ($\mp 2\pi$) am Koordinatenursprung $\boldsymbol{R} = 0$. Dementsprechend repräsentiert die Berry-Phase $\gamma_+(C)$ (26.27) den magnetischen Fluss durch die geschlossene Schleife[8] $C = \partial\Sigma$, der von diesem magnetischen Monopol ausgeht:

$$\gamma_\pm(C) = \int_\Sigma d\boldsymbol{\Sigma}\cdot\boldsymbol{\mathcal{B}}_+(\boldsymbol{R}) = \mp\frac{1}{2}\int_\Sigma d\boldsymbol{\Sigma}\cdot\frac{\hat{\boldsymbol{R}}}{R^2}\,.$$

Hierbei ist

$$\boxed{\Omega(C) = \int_\Sigma d\boldsymbol{\Sigma}\cdot\frac{\hat{\boldsymbol{R}}}{R^2}}$$

der Raumwinkel, den die geschlossene Trajektorie C vom Entartungspunkt $\boldsymbol{R} = \boldsymbol{0}$ aus gesehen aufspannt, siehe Abb. 26.4(a). Deshalb gilt:

$$\boxed{\gamma_\pm(C) = \mp\frac{1}{2}\,\Omega(C)\,.} \tag{26.43}$$

Der Phasenfaktor $e^{i\gamma_\pm(C)}$ ist unabhängig von der Wahl der Fläche Σ, die von C begrenzt wird. Dies ist zwar eine offensichtliche Folge des Stokes'schen Integralsatzes, ist aber auch eine Eigenschaft des Raumwinkels Ω. Dieser ändert sich bei Deformation von Σ bei festgehaltenen Rand $\partial\Sigma = C$ nicht, solange Σ den Koordinatenursprung $\boldsymbol{R} = 0$ nicht durchquert. Bei Durchqueren des Koordinatenursprungs ändert sich $\Omega(C)$ um $\pm 4\pi$ je nach *Orientierung* der Fläche Σ, siehe Abb. 26.4. Dabei ändert sich die Berry-Phase (26.43) um $\mp 2\pi$, was jedoch die Wellenfunktion (26.9) invariant lässt.

8 Der Einfachheit halber setzen wir hier voraus, dass die Schleife C *nicht* durch den Entartungspunkt $\boldsymbol{R} = 0$ läuft.

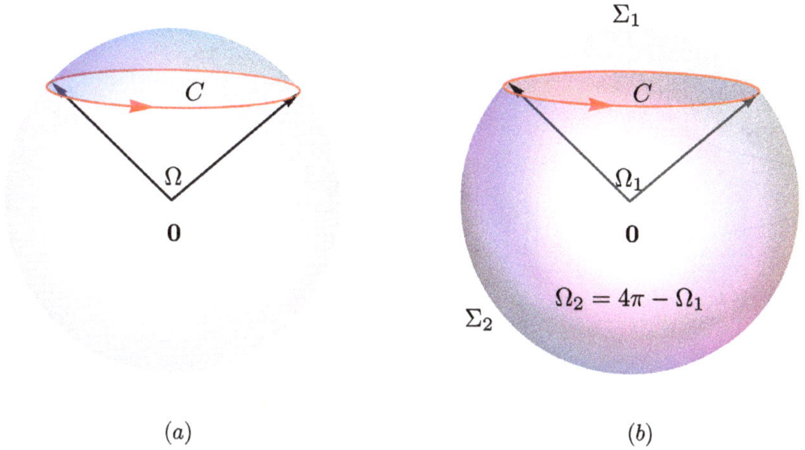

Abb. 26.4: (a) Der vom Ursprung **0** durch C aufgespannte Raumwinkel im Parameterraum $\mathbb{R}^3$. (b) Wird die von C eingeschlossene Fläche so deformiert, dass sie den Ursprung durchquert, ändert sich der Raumwinkel dabei je nach Orientierung der Fläche um $\pm 4\pi$. Man beachte, dass sich bei der Deformation der Fläche ihre Orientierung (d. h. ihre Flächennormale) nicht ändert. In Abbildung (b) sollen Σ_1 und Σ_2 die beiden von C aufgespannten Oberflächen mit nach außen gerichteter Flächennormalen sein. Ihre Summe $\Sigma_1 + \Sigma_2$ ist topologisch äquivalent zur Kugeloberfläche S^2 um den Ursprung, die den Raumwinkel 4π aufspannt. Spannt Σ_1 den Raumwinkel Ω_1 auf, so spannt Σ_2 den Raumwinkel $\Omega_2 = 4\pi - \Omega_1$ auf. Wird die Fläche Σ_1 so deformiert, dass sie dabei den Ursprung durchquert, so spannt sie nach Durchqueren des Ursprunges den Raumwinkel $-\Omega_2 = \Omega_1 - 4\pi$ auf, da ihre Flächennormale dann (im Gegensatz zu der von Σ_2) nach *innen* gerichtet ist. Beim Durchqueren des Ursprunges hat sich somit der Raumwinkel um 4π verringert.

Der Raumwinkel

Wir betrachten zunächst einen gewöhnlichen (ebenen) Winkel. Im $\mathbb{R}^3$ definieren zwei Vektoren $\boldsymbol{a}$ und $\boldsymbol{b}$ eindeutig eine Ebene mit Flächennormalen

$$\hat{\boldsymbol{n}} = \frac{\boldsymbol{a} \times \boldsymbol{b}}{|\boldsymbol{a} \times \boldsymbol{b}|},$$

siehe Abb. 26.5. Der Winkel $d\boldsymbol{\varphi}$, der von zwei *infinitesimal benachbarten* Vektoren $\boldsymbol{r}$ und $\boldsymbol{r} + d\boldsymbol{r}$ aufgespannt wird, ist durch

$$d\boldsymbol{\varphi} = \frac{\boldsymbol{r} \times d\boldsymbol{r}}{r^2}$$

gegeben. Integration dieses Ausdruckes entlang einer Kurve C, die von $\boldsymbol{a}$ nach $\boldsymbol{b}$ läuft, liefert den Winkel $\angle(\boldsymbol{a}, \boldsymbol{b}) = \varphi$, der von diesen beiden Vektoren aufgespannt wird

$$\boldsymbol{\varphi} \equiv \varphi \hat{\boldsymbol{n}} = \int_C \frac{\boldsymbol{r} \times d\boldsymbol{r}}{r^2} = \int_0^1 ds \frac{\boldsymbol{r}(s) \times \dot{\boldsymbol{r}}(s)}{r^2(s)}. \tag{26.44}$$

Hierbei ist die Kurve C durch $\boldsymbol{r}(s)$, $s \in [0,1]$ parametrisiert ($\dot{\boldsymbol{r}}(s) = d\boldsymbol{r}(s)/ds$, $\hat{r}(s) = \boldsymbol{r}(s)/|\boldsymbol{r}(s)|$). Ändern wir die Orientierung der Kurve C, so erhalten wir die Kurve $(-C)$, die von $\boldsymbol{b}$ nach $\boldsymbol{a}$ läuft. Die Änderung der Orientierung einer Kurve ändert das Vorzeichen ihres Tangentenvektors ($\dot{\boldsymbol{r}}(s) \to -\dot{\boldsymbol{r}}(s)$) und somit das Vorzeichen des von der Kurve aufgespannten Winkels: $\angle(\boldsymbol{b}, \boldsymbol{a}) = -\varphi$. Das Vorzeichen des Winkels wird

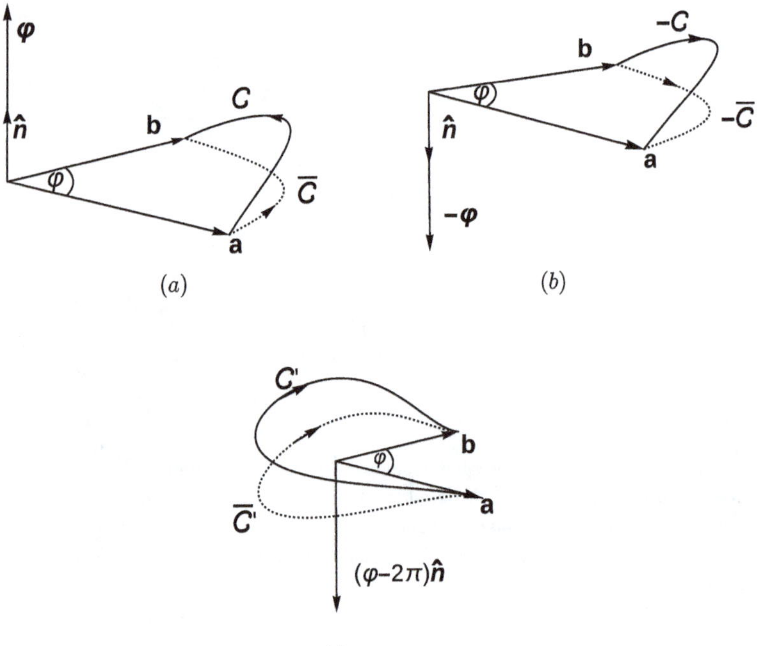

Abb. 26.5: (a) Zur Definition (26.44) des gewöhnlichen Winkels in $\mathbb{R}^3$ mittels eines Wegintegrals. Die gestrichelte Kurve $\bar{C}$ ist die Projektion der Kurve C in die durch $\boldsymbol{a}$ und $\boldsymbol{b}$ aufgespannte Ebene. (b) resultiert aus (a) durch Änderung der Orientierung des Weges C. Deformation des Wegs C in C' mit Überqueren des Koordinatenursprungs durch die Projektion $\bar{C}$ des Weges liefert (c).

also durch die Orientierung der Kurve festgelegt, die die Endpunkte der beiden Schenkel des Winkels verbindet. Die Größe des Winkels ist unabhängig von der Form der Kurve C. Deformation der Kurve C (bei festgehaltenen Endpunkten) ändert den Wert des Winkels nicht, so lange ihre Projektion $\bar{C}$ den Ursprung nicht überquert. Abb. 26.5 (c) zeigt eine Kurve C', die durch Deformation von C entsteht, wobei aber ihre Projektion $\bar{C}$ den Ursprung überquert. Da $C \cup (-C')$ eine geschlossene Schleife bilden, zu der der Winkel 2π gehört, erzeugt die Kurve $(-C')$ den Winkel $2\pi - \varphi$ und somit die Kurve C' den Winkel $\varphi - 2\pi$. Die Deformation der Kurve C in C' hat somit den Winkel um (-2π) geändert. Die entgegengesetzt orientierte Kurve $(-C)$ spannt den Winkel $-\varphi$ auf. Wird diese in $(-C')$ deformiert, so ändert sich der Winkel um 2π. Ganz allgemein gilt: Der Winkel, der von einer Kurve in einer Ebene durch ihre Endpunkte bezüglich eines (in der Ebene liegenden) Referenzpunktes aufgespannt wird, ändert sich bei Deformation der Kurve nicht, solange deren Projektion in die Ebene nicht den Referenzpunkt überquert. Beim Überqueren des Referenzpunktes ändert sich der Winkel um $\pm 2\pi$ je nach Orientierung der Kurve.

Analoges gilt für den Raumwinkel, der von einer Fläche Σ in $\mathbb{R}^3$ aufgespannt wird. Dieser ändert sich nicht bei Deformation der Fläche Σ, solange ihr Rand $\partial\Sigma$ festgehalten wird und die Fläche den Nullpunkt nicht überquert. Bei Überqueren des Nullpunktes ändert sich der Raumwinkel um $\pm 4\pi$ je nach Orientierung der Fläche. (Die Orientierung einer Fläche wird durch die Richtung ihres Normalenvektors festgelegt.) Dieser Sachverhalt ist in Abb. 26.4 illustriert.

Um dies explizit zu demonstrieren, betrachten wir eine geschlossene Kurve C in der XY-Ebene. Der Einfachheit halber wählen wir C als Kreis mit Radius R und Mittelpunkt M und legen M in den Koordinatenursprung O. Zur Berechnung des Raumwinkels $\Omega(\mathcal{C})$, der von $\mathcal{C}$ aufgespannt wird, legen wir $\mathcal{C}$ zunächst in eine Ebene, die sich infinitesimal oberhalb der XY-Ebene befindet und parallel zu dieser verläuft, siehe Abb. 26.6. Das infinitesimale Flächenelement dieser Ebene am Orte $\boldsymbol{r}$ lautet in Zylinderkoordinaten (ρ, φ, z)

$$d\boldsymbol{\Sigma} = d\rho\rho d\varphi \boldsymbol{e}_z \,.$$

Der durch $\mathcal{C}$ aufgespannte Raumwinkel ist dann durch

$$\Omega(\mathcal{C}, \varepsilon) = \int\limits_{\Sigma(\mathcal{C})} d\boldsymbol{\Sigma} \cdot \frac{\hat{\boldsymbol{r}}}{r^2} = \int\limits_0^{2\pi} d\varphi \int\limits_0^R d\rho\, \rho\, \frac{\boldsymbol{e}_z \cdot \hat{\boldsymbol{r}}}{r^2}$$

gegeben, wobei (siehe Abb. 26.7)

$$r^2 = \boldsymbol{r}^2 = \rho^2 + \varepsilon^2 \,, \quad \hat{\boldsymbol{r}} = \frac{\boldsymbol{r}}{r} = \sin\vartheta \boldsymbol{e}_\rho + \cos\vartheta \boldsymbol{e}_z \,, \quad \cos\vartheta = \frac{\varepsilon}{r} \,.$$

Wegen $\boldsymbol{e}_z \cdot \boldsymbol{e}_\rho = 0$ folgt:

$$\begin{aligned}\Omega(\mathcal{C}, \varepsilon) &= \int\limits_0^{2\pi} d\varphi \int\limits_0^R d\rho\, \rho\, \frac{\varepsilon}{(\rho^2 + \varepsilon^2)^{3/2}} \\ &= -2\pi\varepsilon \int\limits_0^R d\rho \frac{d}{d\rho} \frac{1}{\sqrt{\rho^2 + \varepsilon^2}} \\ &= 2\pi \left(1 - \frac{\varepsilon}{\sqrt{R^2 + \varepsilon^2}} \right) .\end{aligned}$$

Im Limes $\varepsilon \to 0$ finden wir:

$$\Omega(\mathcal{C}) = \lim_{\varepsilon \to 0} \Omega(\mathcal{C}, \varepsilon) = 2\pi \,. \tag{26.45}$$

Dieses Ergebnis hätten wir erwarten können, da das Innere einer planaren geschlossenen Schleife als deformierte Halbsphäre betrachtet werden kann und Halbsphären einen Raumwinkel von 2π aufspannen. (Die gesamte Kugeloberfläche spannt den Raumwinkel 4π auf.) Damit ist auch klar, dass das Ergebnis (26.45) nicht auf kreisförmige Schleifen beschränkt ist.

Legen wir die Ebene mit der geschlossenen Kurve $\mathcal{C}$ zunächst unterhalb der XY-Ebene in die Ebene $Z = -\varepsilon$ und nehmen anschließend den Limes $\varepsilon \to 0$, so erhalten wir:

$$\Omega(\mathcal{C}) = -2\pi \,. \tag{26.46}$$

Dieses Ergebnis unterscheidet sich von (26.45) im Vorzeichen. Die Ursache hierfür ist, dass der Raumwinkel $\Omega(\mathcal{C})$, der durch eine ebene Fläche $\Sigma(\mathcal{C})$ in der XY-Ebene bzw. durch deren Rand $\mathcal{C} = \partial\Sigma$ aufgespannt wird, nicht wohldefiniert ist, sondern eine Regularisierung verlangt, die darin besteht, dass die Fläche $\Sigma(\mathcal{C})$ infinitesimal oberhalb oder unterhalb der XY-Ebene verlegt wird. Der Vorzeichenwechsel von (26.46) zu (26.45) bedeutet, dass sich der von $\Sigma(\mathcal{C})$ aufgespannte Raumwinkel $\Omega(\mathcal{C})$ um 4π ändert, wenn der Referenzpunkt (hier der Koordinatenursprung) bezüglich dessen der Raumwinkel definiert ist, die Fläche $\Sigma(\mathcal{C})$ in entgegengesetzter Richtung zur Flächennormalen durchstößt. Man beachte auch, dass der Raumwinkel $\Omega(\mathcal{C})$, der durch die Fläche $\Sigma(\mathcal{C})$ aufgespannt wird, das Vorzeichen ändert, wenn die Orientierung der Fläche $\Sigma(\mathcal{C})$ (d. h. die Richtung des Flächennormalenvektors) umgekehrt wird.

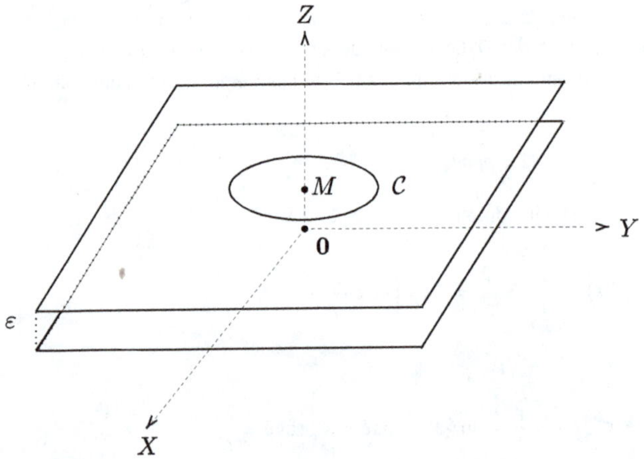

Abb. 26.6: Zur Berechnung des Raumwinkels $\Omega(C)$, der von einem Kreis C in einer Ebene durch den Koordinatenursprung aufgespannt wird. Die Ebene mit C wurde als XY-Ebene gewählt und zur mathematischen Regularisierung des Ausdruckes für den Raumwinkel um den (infinitesimalen) Abstand ε parallel zur Z-Achse verschoben.

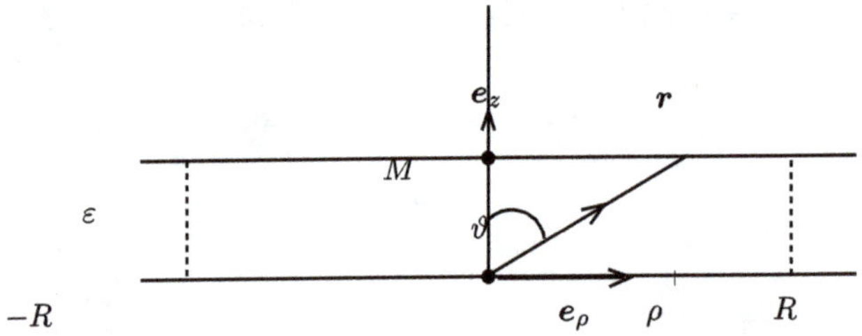

Abb. 26.7: Schnitt entlang der YZ-Ebene durch die Abbildung 26.6.

Man kann sich leicht davon überzeugen, dass das obige Ergebnis unabhängig von der Form der Kurve C gilt, solange C den Ursprung umschließt. Falls C (in einer Ebene liegt, die den Ursprung enthält aber) den Ursprung nicht umschließt, verschwindet der durch C vom Ursprung aus aufgespannte Raumwinkel.

26.5 Der Bohm-Aharonov-Effekt

Ein sehr anschauliches Beispiel für das Auftreten einer geometrischen Berry-Phase ist der *Bohm-Aharonov-Effekt*. Dieser Effekt gestattet es, die Berry-Phase direkt zu messen. Gleichzeitig offenbart er einen Wesensunterschied zwischen klassischer Physik und Quantenphysik bezüglich der Rolle des Vektorpotentials.

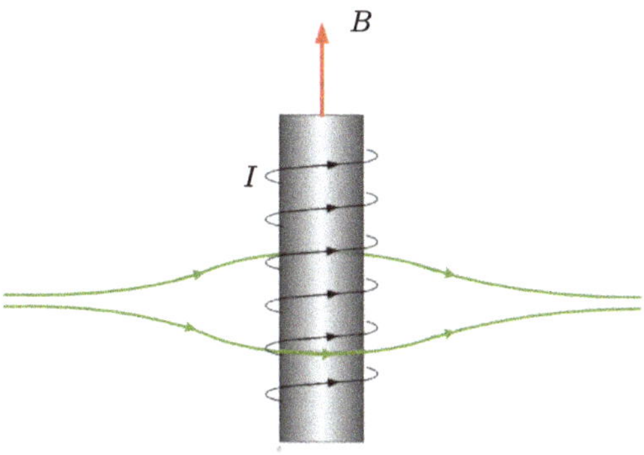

Abb. 26.8: Illustration der Elektronenwege durch den feldfreien Raum beim Bohm-Aharonov-Effekt. Die dünne Spule ist stark vergrößert dargestellt.

26.5.1 Elektron im Magnetfeld einer sehr dünnen Spule

Die klassische Bewegung einer Punktladung im Magnetfeld,

$$m\ddot{x} = \frac{q}{c}\dot{\boldsymbol{x}} \times \boldsymbol{B}, \tag{26.47}$$

hängt nicht vom (eichabhängigen!) Vektorpotential $\boldsymbol{A}(\boldsymbol{x})$, sondern nur vom (eichinvarianten!) Magnetfeld $\boldsymbol{B}(\boldsymbol{x}) = \nabla \times \boldsymbol{A}(\boldsymbol{x})$ ab. Demgegenüber erlangt in der Quantenphysik das Vektorpotential $\boldsymbol{A}(\boldsymbol{x})$ eine eigenständige Bedeutung. Selbst in den Gebieten mit verschwindendem Magnetfeld kann das Vektorpotential in der Quantentheorie physikalisch relevant sein, wie das von Bohm und Aharonov beschriebene Experiment verdeutlicht: Ein Elektronenstrahl wird in zwei gleiche Teilstrahlen aufgespalten, die rechts und links an einer langen, aber sehr dünnen Spule vorbeilaufen und danach wieder vereinigt werden, siehe Abb. 26.8. Obwohl die Elektronen nur durch Gebiete mit $\boldsymbol{B} = 0$ laufen, besitzen die beiden Teilstrahlen bei der Wiedervereinigung unterschiedliche Phasen, wie wir weiter unten zeigen werden. Sind C_1 und C_2 die Wege, die die Elektronen in den Teilchenstrahlen durchlaufen, so beträgt der Wegunterschied zwischen den Elektronen der beiden Teilstrahlen $C = C_1 \cup (-C_2)$, wobei $-C_2$ den Weg C_2 mit umgekehrter Richtung bezeichnet. Den Wegunterschied können wir deshalb auch aus der Bewegung entlang des geschlossenen Weges C bestimmen.

Wir betrachten eine sehr dünne, jedoch sehr lange Spule. Fließt durch die Spule ein Strom, so wird im Inneren der Spule ein Magnetfeld erzeugt, das längs der Spulenachse gerichtet ist, siehe Abb. 26.8. Ist die Spule hinreichend lang, kann das Magnetfeld im Außenraum der Spule vernachlässigt werden. Der Einfachheit halber können wir die mathematische Idealisierung einer infinitesimal dünnen und unendlich langen Spule betrachten, sodass nur eine einzige magnetische Flusslinie vorliegt. Ein solches linienförmiges Magnetfeld wird als magnetische Vortexlinie bzw. einfach *magnetischer Vortex* bezeichnet. Allgemein versteht man unter einem *magnetischen Vortex* bzw. *Wirbel* ein

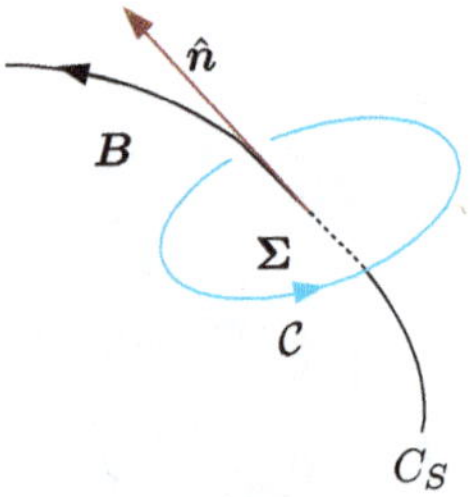

Abb. 26.9: Zur Illustration von Gln. (26.48) und (26.49).

Magnetfeld mit einer linienförmigen Singularität. Verläuft die Vortexlinie entlang einer Kurve C_S, so besitzt sie das Magnetfeld

$$\boldsymbol{B}(\boldsymbol{x}) = \Phi \int_{C_S} d\boldsymbol{x}'\, \delta^{(3)}(\boldsymbol{x} - \boldsymbol{x}')\,, \tag{26.48}$$

wobei

$$\boxed{\Phi = \int_{\Sigma} d\boldsymbol{\Sigma} \cdot \boldsymbol{B}} \tag{26.49}$$

den zugehörigen *Magnetfluss* durch eine Fläche $\boldsymbol{\Sigma}$ bezeichnet, die genau einmal von der Vortexlinie durchstoßen wird, siehe Abb. 26.9. Das $\boldsymbol{B}$-Feld zeigt in Richtung der Tangente der Vortexlinie C_S, wie aus Gl. (26.48) ersichtlich ist.

Für Punkte $\boldsymbol{x}$, die nicht auf der Flusslinie (d. h. nicht im Inneren der Spule) liegen, verschwindet das Magnetfeld. Dennoch muss es im Raum außerhalb der Spule ein nichtverschwindendes Vektorpotential $\boldsymbol{A}(\boldsymbol{x})$ geben, sodass der Stokes'sche Satz

$$\boxed{\int_{\Sigma(C)} d\boldsymbol{\Sigma} \cdot \boldsymbol{B} = \oint_{C=\partial\Sigma} d\boldsymbol{x} \cdot \boldsymbol{A}(\boldsymbol{x})}$$

für geschlossene Wege C um die Flusslinie C_S erfüllt ist, siehe Abb. 26.9.

---

i Eine Realisierung des zu $\boldsymbol{B}(\boldsymbol{x})$ (26.48) gehörigen Vektorpotentials lautet

$$\boldsymbol{A}(\boldsymbol{x}) = \Phi \int_{C_S} d\boldsymbol{x}' \times \nabla_{\boldsymbol{x}'} \frac{1}{4\pi|\boldsymbol{x} - \boldsymbol{x}'|}\,,$$

wovon man sich leicht überzeugt: Mit

$$\nabla_{\boldsymbol{x}} f(\boldsymbol{x} - \boldsymbol{x}') = -\nabla_{\boldsymbol{x}'} f(\boldsymbol{x} - \boldsymbol{x}')$$

und

$$\nabla \times \left(d\boldsymbol{x}' \times \nabla\right) = d\boldsymbol{x}'\,\nabla\cdot\nabla - \nabla\,d\boldsymbol{x}'\cdot\nabla\,, \qquad \nabla \equiv \nabla_{\boldsymbol{x}}$$

erhalten wir

$$\nabla \times \boldsymbol{A}(\boldsymbol{x}) = \Phi \int\limits_{C_S} d\boldsymbol{x}'\left(-\Delta\frac{1}{4\pi|\boldsymbol{x}-\boldsymbol{x}'|}\right) - \Phi\nabla_{\boldsymbol{x}} \int\limits_{C_S} d\boldsymbol{x}'\cdot\nabla_{\boldsymbol{x}'}\frac{1}{4\pi|\boldsymbol{x}-\boldsymbol{x}'|}\,.$$

Mit Gln. (C.22), (C.29)

$$-\Delta\frac{1}{4\pi|\boldsymbol{x}-\boldsymbol{x}'|} = \delta\left(\boldsymbol{x}-\boldsymbol{x}'\right)$$

liefert der erste Term gerade das $\boldsymbol{B}$-Feld (26.48), während der zweite Term verschwindet, da magnetische Flusslinien (und somit C_S) geschlossen sind.

26.5.2 Interpretation des Bohm-Aharonov-Effektes mittels der Berry-Phase

Im Außenraum der Spule befinde sich eine Ladung q, die in eine Box eingeschlossen ist.[9] Die Box sei am Ort $\boldsymbol{R}$ zentriert und werde *nicht* von der Flusslinie durchstoßen (siehe Abb. 26.10). Ohne den Fluss ($\Phi = 0$) hat der Hamilton-Operator $H = H(\boldsymbol{p}, \boldsymbol{x} - \boldsymbol{R})$ Eigenwerte E_n, die unabhängig von $\boldsymbol{R}$ sind, und die normierbaren Eigenfunktionen hängen nur von der Relativposition zur Boxmitte $\boldsymbol{R}(t)$ ab, $\psi_n = \psi_n(\boldsymbol{x}-\boldsymbol{R})$. In *Anwesenheit* des magnetischen Flusses ($\Phi \neq 0$) wird die Schrödinger-Gleichung

$$H\left(\boldsymbol{p} - \frac{q}{c}\boldsymbol{A}(\boldsymbol{x}), \boldsymbol{x} - \boldsymbol{R}\right)|n(\boldsymbol{R})\rangle = E_n|n(\boldsymbol{R})\rangle \tag{26.50}$$

durch die Eigenfunktionen

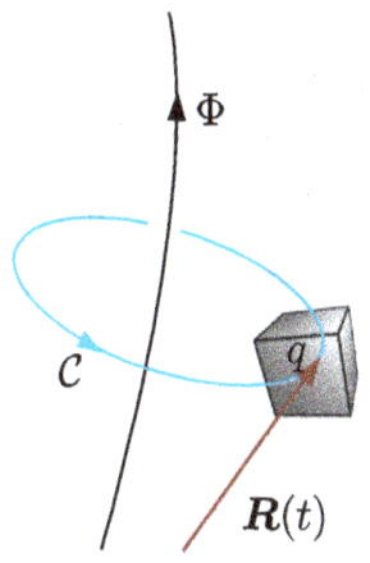

Abb. 26.10: Zur theoretischen Erklärung des Bohm-Aharonov-Effektes als Berry-Phase.

9 Die Box wird nur benötigt, um normierbare Eigenfunktionen des Hamilton-Operators zu erhalten.

$$\langle \boldsymbol{x}|n(\boldsymbol{R})\rangle = \exp\left[\frac{iq}{\hbar c}\int\limits_{\boldsymbol{R}}^{\boldsymbol{x}} d\boldsymbol{x}'\cdot\boldsymbol{A}(\boldsymbol{x}')\right]\psi_n(\boldsymbol{x}-\boldsymbol{R}) \tag{26.51}$$

gelöst, wobei $\psi_n(\boldsymbol{x} - \boldsymbol{R})$ die Eigenfunktionen des Hamilton-Operator bei *Abwesenheit* des Magnetfeldes sind. Tatsächlich liefert das Einsetzen von (26.51) in (26.50) die Schrödinger-Gleichung bei Abwesenheit des Flusses, d. h. für $\boldsymbol{A}(\boldsymbol{x}) = \boldsymbol{0}$

$$H(\boldsymbol{p}, \boldsymbol{x}-\boldsymbol{R})\psi_n(\boldsymbol{x}-\boldsymbol{R}) = E_n\psi_n(\boldsymbol{x}-\boldsymbol{R})\,.$$

Für festes $\boldsymbol{R}$ sind die $\langle \boldsymbol{x}|n(\boldsymbol{R})\rangle$ eindeutige Funktionen von $\boldsymbol{x}$. Des Weiteren bleiben die Eigenwerte E_n vom Vektorpotential $\boldsymbol{A}$ unberührt. Wir bewegen nun die Box mit der Ladung entlang eines geschlossenen Weges C um die Flusslinie herum und betrachten dabei den Ort $\boldsymbol{R}$ der Box als langsamen äußeren klassischen Parameter. (In diesem Fall muss die Bewegung nicht notwendigerweise adiabatisch sein.) Obwohl die Bewegung der Ladung ausschließlich im (magnet-)feldfreien Raum erfolgt, sammelt die Ladung eine geometrische (Berry-)Phase auf. Aus Gl. (26.51) folgt:

$$\begin{aligned}
\langle n(\boldsymbol{R})|\nabla_{\boldsymbol{R}}|n(\boldsymbol{R})\rangle &= \int d^3x\,\langle n(\boldsymbol{R})|\boldsymbol{x}\rangle\langle \boldsymbol{x}|\nabla_{\boldsymbol{R}}|n(\boldsymbol{R})\rangle \\
&= \int d^3x\,\langle n(\boldsymbol{R})|\boldsymbol{x}\rangle\nabla_{\boldsymbol{R}}\langle \boldsymbol{x}|n(\boldsymbol{R})\rangle \\
&= \int d^3x\,\psi_n^*(\boldsymbol{x}-\boldsymbol{R})\left(-\frac{iq}{\hbar c}\boldsymbol{A}(\boldsymbol{R}) + \nabla_{\boldsymbol{R}}\right)\psi_n(\boldsymbol{x}-\boldsymbol{R})\,.
\end{aligned}$$

Der letzte Term ist proportional zum Erwartungswert des Impulses und verschwindet wegen der Normierung der Wellenfunktion $\psi_n(\boldsymbol{x} - \boldsymbol{R})$ in der Box

$$\int d^3x\,\psi_n^*(\boldsymbol{x}-\boldsymbol{R})\nabla_{\boldsymbol{R}}\psi_n(\boldsymbol{x}-\boldsymbol{R}) = 0\,.$$

Wir erhalten deshalb

$$\langle n(\boldsymbol{R})|\nabla_{\boldsymbol{R}}|n(\boldsymbol{R})\rangle = -\frac{iq}{\hbar c}\boldsymbol{A}(\boldsymbol{R})\,.$$

Ein Vergleich dieses Ausdruckes mit Gl. (26.21) zeigt, dass das induzierte Berry-Potential $\mathcal{A}_n$ bis auf einen konstanten Faktor $q/\hbar c$ mit dem tatsächlichen Vektorpotential $\boldsymbol{A}$ übereinstimmt:

$$\boxed{\mathcal{A}_n(\boldsymbol{R}) = \frac{q}{\hbar c}\boldsymbol{A}(\boldsymbol{R})\,.}$$

Entsprechend stimmt die Berry-Phase (26.26), (26.27) bis auf den Faktor $q/\hbar c$ mit dem magnetischen Fluss Φ (26.49) überein und ist unabhängig vom betrachteten Eigenzustand $|n(\boldsymbol{R})\rangle$

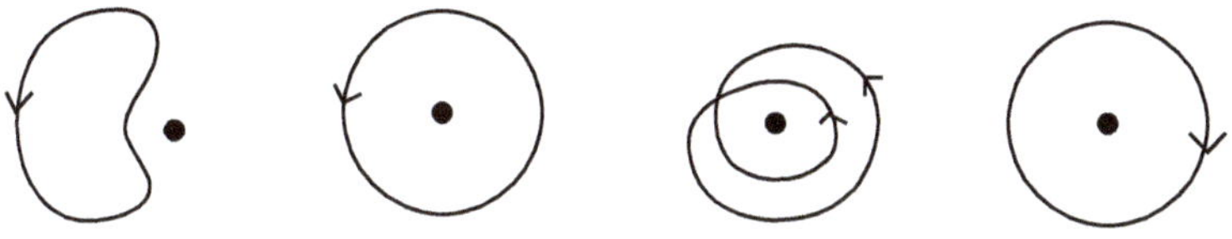

Abb. 26.11: Zur Definition der Windungszahl $\nu[\mathcal{C}]$ des geschlossenen Weges $\mathcal{C}$ bezüglich des Ortes des magnetischen Flusses, der durch einen fetten Punkt markiert ist: (a) $\nu[\mathcal{C}] = 0$, (b) $\nu[\mathcal{C}] = 1$, (c) $\nu[\mathcal{C}] = 2$ und (d) $\nu[\mathcal{C}] = -1$.

$$\gamma(C) = \frac{q}{\hbar c}\Phi\,.$$

Hierbei wurde vorausgesetzt, dass die geschlossene Kurve C den magnetischen Fluss Φ genau einmal im mathematisch positiven Sinn umläuft, siehe Abb. 26.10. Prinzipiell kann eine geschlossene Schleife C die magnetische Flusslinie mehrfach umlaufen, was durch ihre *Windungszahl* erfasst wird, siehe Abb. 26.11. Jedes Mal, wenn die Ladung q auf der Bahn C die Flusslinie im mathematisch positiven (negativen) Sinne umläuft, vergrößert (verringert) sich die Windungszahl um 1 und die Berry-Phase (26.26), (26.27) erhält einen Beitrag von $\pm q\Phi/\hbar c$. Entsprechend ist die Berry-Phase für einen geschlossenen Weg C mit Windungszahl $\nu[C]$ durch

$$\gamma(C) = \nu[C]\cdot\frac{q}{\hbar c}\Phi \tag{26.52}$$

gegeben.

Die Phasenveränderung in der Wellenfunktion einer Punktladung, welche sich in der Nähe eines Magnetfeldes bewegt, wird als *Bohm-Aharonov-Effekt* bezeichnet. Der Effekt wurde zuerst in Tübingen von C. Jönssen und G. Möllenstedt gemessen und zwar noch vor der theoretischen „Vorhersage" von D. Bohm und Y. Aharonov.

Zum Nachweis des Bohm-Aharonov-Effektes wird ein Doppelspaltexperiment durchgeführt: Elektronen werden von einer Quelle Q emittiert und gelangen durch einen Doppelspalt auf einen dahinter stehenden Schirm S, wo sie mittels Detektoren registriert werden. Auf der Rückseite des Doppelspaltes wird zwischen den beiden Spalten eine dünne Spule angebracht, siehe Abb. 26.12. Der Durchmesser der Spule soll klein im Vergleich zum Abstand der beiden Spalte sein, sodass die Wellenfunktion der Elektronen nicht (wesentlich) ins Innere der Spule eindringt. Fließt kein Strom durch die Spule, erzeugen die Elektronen auf dem Schirm das bekannte Interferenzmuster. Wird der Spulenstrom eingeschaltet, wird im Inneren der Spule ein Magnetfeld parallel zur Spule erzeugt, während der Außenraum feldfrei bleibt. Obwohl die Elektronen nur durch den feldfreien Raum laufen, ändert sich durch Einschalten des $\boldsymbol{B}$-Feldes das Interferenzmuster. Aus der Änderung des Interferenzmusters lässt sich die Phasenänderung der Wellenfunktion bestimmen.

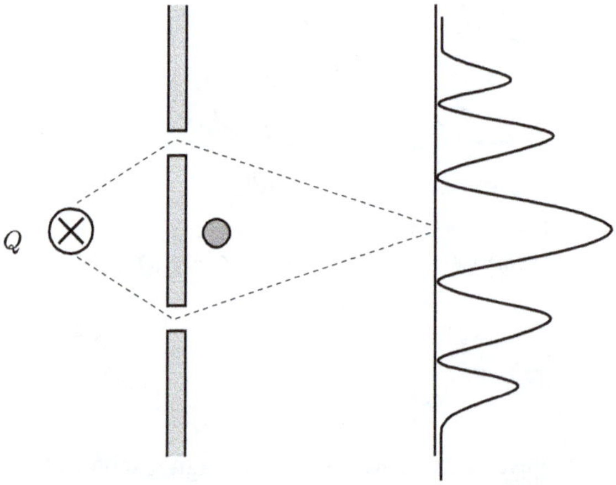

Abb. 26.12: Schematische Anordnung des Doppelspaltexperimentes zum Nachweis des Bohm-Aharonov-Effektes. Hinter dem Doppelspalt befindet sich eine sehr dünne und sehr lange Spule, die senkrecht auf der Zeichenebene steht.

26.5.3 Pfadintegralbeschreibung des Bohm-Aharonov-Effektes

Wie wir bereits in Kapitel 3 gesehen haben, lässt sich das Doppelspaltexperiment sehr einfach im Pfadintegralzugang zur Quantenmechanik erklären. Auch die Phasenänderung der Wellenfunktion durch Einschalten des Magnetfeldes lässt sich sehr bequem im Pfadintegralzugang berechnen. Dazu betrachten wir die Übergangsamplitude $K(\boldsymbol{x}_S, T; \boldsymbol{x}_Q, 0)$ der Elektronen von der Quelle bei $\boldsymbol{x}_Q$ zu einem Ort $\boldsymbol{x}_S$ auf dem Schirm. Durch das äußere Magnetfeld erhält die Lagrange-Funktion einer Punktladung q den Zusatzterm (25.5)

$$\mathcal{L}_M = \frac{q}{c}\dot{\boldsymbol{x}}(t) \cdot \boldsymbol{A}(\boldsymbol{x}(t))\,. \tag{26.53}$$

Die Euler-Lagrange-Gleichung zur Gesamt-Lagrange-Funktion

$$\mathcal{L} = \mathcal{L}_0 + \mathcal{L}_M\,, \quad \mathcal{L}_0 = \frac{m}{2}\dot{\boldsymbol{x}}^2$$

liefert die klassische Bewegungsgleichung (26.47), die nur vom $\boldsymbol{B}$-Feld abhängt, während die Lagrange-Funktion das Eichpotential selbst enthält. Da die Übergangsamplitude durch die Wirkung

$$S = \int_0^T dt\, \mathcal{L} = S_0 + \frac{q}{c}\int_0^T dt\, \dot{\boldsymbol{x}} \cdot \boldsymbol{A}(\boldsymbol{x}(t)) = S_0 + \frac{q}{c}\int_{\boldsymbol{x}_Q}^{\boldsymbol{x}_S} d\boldsymbol{x}\cdot\boldsymbol{A}(\boldsymbol{x}) \tag{26.54}$$

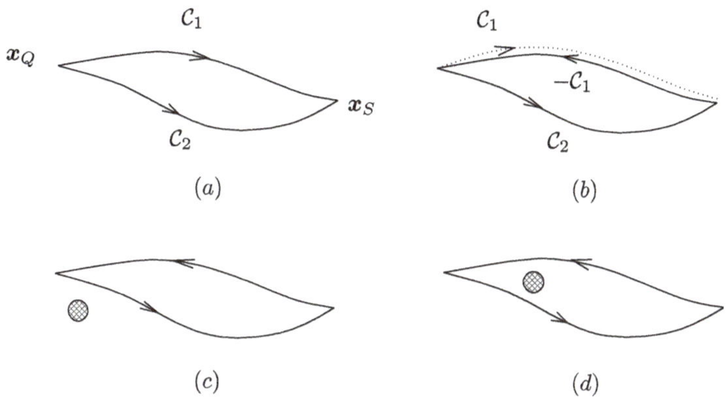

Abb. 26.13: (a) Alternative Wege C_1 und C_2 mit demselben Anfangs- und Endpunkt, $\boldsymbol{x}_Q$ und $\boldsymbol{x}_S$. (b) geschlossener Weg $C_2 \cup (-C_1)$. (c) bzw. (d) zeigt einen geschlossenen Weg mit Windungszahl $\nu[C] = 0$ bzw. $\nu[C] = 1$ bezüglich der Position der Spule, die durch eine schraffierte Kreisscheibe gekennzeichnet ist.

gegeben ist, hängt diese explizit vom Eichpotential ab. Die Übergangsamplitude ergibt sich bekanntlich durch Summation der Beiträge sämtlicher Wege $C_{Q\to S}$, die zwischen den betrachteten Anfangs- und Endpunkten verlaufen:

$$K(\boldsymbol{x}_S, T; \boldsymbol{x}_Q, 0) = \sum_{\{C_{Q\to S}\}} K[C_{Q\to S}]\,, \quad K[C_{Q\to S}] = e^{\frac{i}{\hbar}S[C_{Q\to S}]}\,.$$

Abbildung 26.13(a) zeigt zwei solcher Wege C_1 und C_2. Der Weg C_2 unterscheidet sich von C_1 durch den geschlossenen Weg

$$C = (-C_1) \cup C_2\,,$$

denn es gilt:

$$C_1 \cup C \equiv C_1 \cup (-C_1) \cup C_2 = C_2\,,$$

wobei wir mit $-C$ den zu C entgegengesetzten Weg bezeichnen. Da die Wirkung additiv ist,

$$S[C_2] = S[C_1] + S[C]\,,$$

können wir die Übergangsamplitude in der Form

$$K(\boldsymbol{x}_S, T; \boldsymbol{x}_Q, 0) = K[C_1] \sum_{\{C\}} K[C]$$

schreiben, wobei die Summation sich jetzt über sämtliche geschlossene Wege C erstreckt, die entlang des Weges $(-C_1)$ von $\boldsymbol{x}_S$ nach $\boldsymbol{x}_Q$ laufen, siehe Abb. 26.13(b). Durch eine Eichtransformation lässt sich das Eichpotential entlang des gesamten Weges C_1 zum Verschwinden bringen, siehe die Graubox am Ende dieses Abschnitts. Die Amplitude $K[C_1]$ hängt dann nicht mehr vom Eichpotential ab und ist durch die des freien Teilchens gegeben

$$K[C_1] = K_0[C_1] = e^{\frac{i}{\hbar} S_0[C_1]} .$$

Die gesamte Abhängigkeit vom Eichpotential ist dann in den Amplituden der geschlossenen Wege $K[C]$ enthalten. Mit Gl. (26.54) erhalten wir für die Amplitude eines einzelnen geschlossenen Weges

$$K[C] = K_0[C] \exp\left[\frac{i}{\hbar c} q \oint_C d\boldsymbol{x} \cdot \boldsymbol{A}(\boldsymbol{x}) \right] ,$$

wobei $K_0[C]$ die Amplitude der freien Punktladung (d. h. bei Abwesenheit des Magnetfeldes) ist. Das Magnetfeld der Spule erzeugt eine zusätzliche Phase $e^{i\gamma[C]}$:

$$\gamma[C] = \frac{q}{\hbar c} \oint_C d\boldsymbol{x} \cdot \boldsymbol{A}(\boldsymbol{x}) .$$

Diese Phase ist (obwohl sie das eichabhängige Vektorpotential $\boldsymbol{A}(\boldsymbol{x})$ enthält) eine eichinvariante Größe, die nach dem Stokes'schen Satz durch den magnetischen Fluss $\Phi[C]$,

$$\gamma[C] = \frac{q}{\hbar c} \Phi[C] , \quad \Phi[C] = \int_{\Sigma(C)} d\boldsymbol{\Sigma} \cdot \boldsymbol{B}(\boldsymbol{x}) , \tag{26.55}$$

gegeben ist, den die geschlossene Schleife C einschließt. Die Änderung des Interferenzmusters beim Einschalten des Spulenstroms hängt damit (bei gegebener Ladung q) ausschließlich vom magnetischen Fluss ab. Falls der geschlossene Weg C die Spule nicht umschlingt, verschwindet der von C eingeschlossene Fluss. Die geschlossenen Wege C lassen sich nach der Windungszahl $\nu[C]$ klassifizieren, die angibt, wie oft die Schleife C die Spule (im mathematisch positiven Sinn) umläuft. Ist Φ der Fluss der Spule, so ist der von der Schleife C mit Windungszahl $\nu[C]$ eingeschlossene magnetische Fluss durch

$$\Phi[C] = \nu[C]\Phi \tag{26.56}$$

gegeben. Das Einsetzen von (26.56) in (26.55) liefert das frühere Ergebnis (26.52). Im Experiment wird die Amplitude der Elektronen durch Wege mit Windungszahl 0 und ±1 dominiert, deren Überlagerung die Veränderung der Interferenzmuster hervorruft.

Eichpotential einer Spule

Wir betrachten eine (unendlich) lange dünne Spule mit der z-Achse als Symmetrieachse, siehe Abb. 26.8. Aufgrund der Translationsinvarianz entlang der z-Achse kann das Eichpotential unabhängig von z gewählt werden. Im Außenraum der Spule findet man in Coulomb-Eichung $\nabla \cdot \boldsymbol{A} = 0$ das Potential (25.48)

$$\boldsymbol{A}(\boldsymbol{x}) \equiv \boldsymbol{A}(\rho, \varphi) = \frac{\Phi}{2\pi\rho}\boldsymbol{e}_\varphi \,,$$

wobei Φ (26.49) der Magnetfluss der Spule und (ρ, φ, z) die üblichen Zylinderkoordinaten sind. Durch die Eichtransformationen

$$\boldsymbol{A}(\boldsymbol{x}) + \nabla\Lambda(\boldsymbol{x}) \to \boldsymbol{A}(\boldsymbol{x})$$

mit

$$\Lambda(\boldsymbol{x}) = -\frac{\Phi}{2\pi}\varphi$$

und

$$\nabla = \boldsymbol{e}_\rho \frac{\partial}{\partial\rho} + \boldsymbol{e}_\varphi \frac{1}{\rho}\frac{\partial}{\partial\varphi} + \boldsymbol{e}_z \frac{\partial}{\partial z}$$

entsteht hieraus das Potential

$$\boldsymbol{A}(\boldsymbol{x}) = \Phi\Theta(x)\delta(y)\boldsymbol{e}_y \,, \tag{26.57}$$

das ausschließlich auf der positiven x-Achse lokalisiert ist und sonst überall verschwindet. Die Singularität auf der positiven x-Achse entsteht durch den Sprung des Azimutwinkels φ von 2π auf 0 beim Überqueren der positiven x-Achse von unten (d. h. in Richtung von $\boldsymbol{e}_y$):

$$\nabla\varphi = \boldsymbol{e}_\varphi \frac{1}{\rho} - 2\pi\boldsymbol{e}_y\Theta(x)\delta(y) \,.$$

Aufgrund der Translationsinvarianz in z-Richtung ist das Potential (26.57) auf der ganzen Halbebene lokalisiert, die durch die positive x-Achse und die z-Achse aufgespannt wird. Durch Eichtransformation lässt sich diese Fläche mit $\boldsymbol{A} \neq 0$ um die z-Achse drehen oder sogar deformieren. Durch geeignete Eichtransformationen können wir deshalb immer erreichen, dass diese Fläche nicht vom Weg $\mathcal{C}_1$ durchquert wird, der vollständig im Außenraum der Spule verläuft. Somit können wir stets das Eichpotential entlang des Weges $\mathcal{C}_1$ zum Verschwinden bringen.

26.6 Pfadintegralableitung der Berry-Phase*

Die langsamen Freiheitsgrade besitzen i. A. eine viel größere Masse und damit auch eine viel größere Wirkung und lassen sich deshalb oftmals semiklassisch behandeln, was am bequemsten in der Pfadintegralformulierung geschieht. Wir werden jedoch im Folgenden *nicht* voraussetzen, dass die langsamen Freiheitsgrade semiklassischer Natur sind.

---

* Dieser Abschnitt ist für das Verständnis der übrigen Abschnitte nicht erforderlich und kann deshalb beim ersten Lesen übersprungen werden.

26.6.1 Pfadintegralbeschreibung der langsamen Freiheitsgrade

Die Berry-Phase tritt natürlich auch in der Pfadintegralformulierung auf. Da wir an den gebundenen Zuständen des Gesamtsystems interessiert sind, betrachten wir die Spur des Zeitentwicklungsoperators

$$Z(T) = \operatorname{Sp} T \exp\left[-\frac{i}{\hbar}\int_0^T dt H_{\text{tot}}(t)\right], \tag{26.58}$$

deren Fourier-Transformierte bezüglich der Zeit T bei den Energien der exakten Bindungszustände eine δ-förmige Singularität besitzt, siehe Gl. (21.33). Hierin bezeichnet $H_{\text{tot}}(t)$ den Hamilton-Operator des gekoppelten Gesamtsystems, der durch Gl. (26.14) und (26.15) definiert ist.

Da wir an der Bewegung der langsamen Freiheitsgrade $\boldsymbol{R}(t)$ interessiert sind, leiten wir für diese eine Pfadintegraldarstellung von $Z(T)$ (26.58) ab. Zur Berechnung der Spur wählen wir die Basiszustände des Gesamtsystems in der Produktform

$$|n(\boldsymbol{R}), \boldsymbol{R}\rangle = |n(\boldsymbol{R})\rangle \otimes |\boldsymbol{R}\rangle\,, \tag{26.59}$$

wobei $|n(\boldsymbol{R})\rangle$ die Eigenvektoren (26.10) und $|\boldsymbol{R}\rangle$ die Eigenfunktionen des Ortsoperators $\hat{\boldsymbol{R}}$ der langsamen Freiheitsgrade $\boldsymbol{R}$ sind. Mit der Vollständigkeitsrelation

$$\hat{1} = \sum_n \int d^d R\, |n(\boldsymbol{R}), \boldsymbol{R}\rangle \langle n(\boldsymbol{R}), \boldsymbol{R}| \tag{26.60}$$

finden wir für die Spur (26.58)

$$Z(T) = \sum_n \int d^d R\, \langle n(\boldsymbol{R}), \boldsymbol{R}| T \exp\left[-\frac{i}{\hbar}\int_0^T dt H_{\text{tot}}(t)\right] |n(\boldsymbol{R}), \boldsymbol{R}\rangle\,.$$

Zur Ableitung der Pfadintegraldarstellung zerlegen wir das Zeitintervall T in N infinitesimale Intervalle der Länge $\varepsilon = T/N$. Mit $t_k = k\varepsilon$ haben wir dann nach Gl. (21.16)

$$T \exp\left[-\frac{i}{\hbar}\int_0^T dt H_{\text{tot}}(t)\right] = \prod_{k=1}^N e^{-\frac{i}{\hbar}\varepsilon H_{\text{tot}}(t_k)}\,,$$

wobei die Exponentialfaktoren auf der rechten Seite nach wachsenden Zeiten angeordnet sind. Setzen wir zwischen zwei aufeinanderfolgenden Exponentialfaktoren jeweils die Vollständigkeitsrelation (26.60) ein, so erhalten wir

$$Z(T) = \sum_{n_1,\ldots,n_N} \int \prod_{k=1}^N d^d R_k \langle n_k(\boldsymbol{R}_k), \boldsymbol{R}_k| \exp\left[-\frac{i}{\hbar}\varepsilon H_{\text{tot}}(t_k)\right] |n_{k-1}(\boldsymbol{R}_{k-1})\,,\, \boldsymbol{R}_{k-1}\rangle\,, \tag{26.61}$$

wobei wir

$$\boldsymbol{R}_N := \boldsymbol{R} =: \boldsymbol{R}_0\,, \quad n_N := n =: n_0 \tag{26.62}$$

gesetzt haben. Für $\varepsilon \to 0$ gilt

$$\exp\left[-\frac{i}{\hbar}\varepsilon(H_0(\hat{\boldsymbol{R}}) + H(\hat{\boldsymbol{R}}))\right] = e^{-\frac{i}{\hbar}\varepsilon H_0(\hat{\boldsymbol{R}})} e^{-\frac{i}{\hbar}\varepsilon H(\hat{\boldsymbol{R}})} e^{O(\varepsilon^2)}\,,$$

sodass wir für die Matrixelemente in Gl. (26.61) in der Produktbasis (26.59) erhalten[10]

$$\begin{aligned}&\langle n_k(\boldsymbol{R}_k), \boldsymbol{R}_k|\exp\left[-\frac{i}{\hbar}\varepsilon(H_0(\hat{\boldsymbol{R}}) + H(\hat{\boldsymbol{R}}))\right]|n_{k-1}(\boldsymbol{R}_{k-1}), \boldsymbol{R}_{k-1}\rangle \\ &= \langle \boldsymbol{R}_k|e^{-\frac{i}{\hbar}\varepsilon H_0(\hat{\boldsymbol{R}}_k)}|\boldsymbol{R}_{k-1}\rangle\langle n_k(\boldsymbol{R}_k)|e^{-\frac{i}{\hbar}\varepsilon H(\hat{\boldsymbol{R}}_k)}|n_{k-1}(\boldsymbol{R}_{k-1})\rangle\,. \end{aligned} \tag{26.63}$$

Das verbleibende Matrixelement der langsamen Freiheitsgrade berechnen wir analog zu Kap. 3 durch Einschieben der Vollständigkeitsrelation im Impulsraum

$$\hat{1} = \int \frac{d^dP}{(2\pi)^d}\,|\boldsymbol{P}\rangle\langle\boldsymbol{P}|\,.$$

Vergleiche auch Gl. (3.21):

$$\begin{aligned}\langle \boldsymbol{R}_k|e^{-\frac{i}{\hbar}\varepsilon H_0(\hat{\boldsymbol{R}})}|\boldsymbol{R}_{k-1}\rangle &= \int \frac{d^dP}{(2\pi\hbar)^d}\,\langle \boldsymbol{R}_k|e^{-\frac{i}{\hbar}\varepsilon H_0(\hat{\boldsymbol{R}})}|\boldsymbol{P}\rangle\langle\boldsymbol{P}|\boldsymbol{R}_{k-1}\rangle \\ &= \int \frac{d^dP}{(2\pi\hbar)^d}\,e^{-\frac{i}{\hbar}\varepsilon\frac{\boldsymbol{P}^2}{2M}}e^{\frac{i}{\hbar}\boldsymbol{P}(\boldsymbol{R}_k-\boldsymbol{R}_{k-1})} \\ &= \left(\sqrt{\frac{M}{i2\pi\hbar\varepsilon}}\right)^d \exp\left[\frac{i}{\hbar}\,\varepsilon\,\frac{M}{2}\left(\frac{\boldsymbol{R}_k - \boldsymbol{R}_{k-1}}{\varepsilon}\right)^2\right], \end{aligned} \tag{26.64}$$

wobei wir

$$\langle \boldsymbol{R}|\boldsymbol{P}\rangle = \exp(i\boldsymbol{P}\cdot\boldsymbol{R}/\hbar)$$

benutzt haben. Im Matrixelement der schnellen Variablen benutzen wir die Eigenwertgleichung (26.10) und finden

$$\langle n_k(\boldsymbol{R}_k)|e^{-\frac{i}{\hbar}\varepsilon H(\boldsymbol{R}_k)}|n_{k-1}(\boldsymbol{R}_{k-1})\rangle = e^{-\frac{i}{\hbar}\varepsilon E_{n_k}(\boldsymbol{R}_k)}\langle n_k(\boldsymbol{R}_k)|n_{k-1}(\boldsymbol{R}_{k-1})\rangle\,. \tag{26.65}$$

Mit Gln. (26.63), (26.64) und (26.65) erhalten wir aus Gl. (26.61)

---

10 Wir erinnern hier daran, dass $H(\hat{\boldsymbol{R}})$ nur vom Ortsoperator $\hat{\boldsymbol{R}}$, nicht jedoch vom zugehörigen Impulsoperator $\boldsymbol{P} = \frac{\hbar}{i}\nabla_{\boldsymbol{R}}$ abhängt, vgl. (26.14).

$$Z(T) = \left(\frac{M}{i2\pi\hbar\varepsilon}\right)^{Nd/2} \int \prod_{k=1}^{N} d^d R_k \exp\left[i\varepsilon \sum_{k=1}^{N} \frac{M}{2}\left(\frac{\boldsymbol{R}_k - \boldsymbol{R}_{k-1}}{\varepsilon}\right)^2\right] \\ \times \sum_{n_1,n_2,\ldots n_N} \prod_{k=1}^{N} e^{-\frac{i}{\hbar}\varepsilon E_{n_k}(\boldsymbol{R}_k)} \langle n_k(\boldsymbol{R}_k)|n_{k-1}(\boldsymbol{R}_{k-1})\rangle\,. \tag{26.66}$$

Wir können jetzt die $\boldsymbol{R}_k$ als die Koordinatenwerte einer Trajektorie $\boldsymbol{R}(t)$ zum Zeitpunkt $t = t_k$ interpretieren. Da $\boldsymbol{R}_N = \boldsymbol{R}(t_N) = \boldsymbol{R}(N\varepsilon) = \boldsymbol{R}(T)$ und $\boldsymbol{R}_0 = \boldsymbol{R}(t_0) = \boldsymbol{R}(0)$ erfüllen diese Trajektorien nach Gl. (26.62) die periodischen Randbedingungen

$$\boldsymbol{R}(T) = \boldsymbol{R}(0)\,.$$

Im Limes $\varepsilon \to 0$ liefert dann die erste Zeile auf der rechten Seite von Gl. (26.66) gerade das Funktionalintegral für die Übergangsamplitude der ungekoppelten langsamen Freiheitsgrade

$$\int\limits_{\boldsymbol{R}(T)=\boldsymbol{R}(0)} \mathcal{D}\boldsymbol{R}(t) e^{\frac{i}{\hbar}S_0[\boldsymbol{R}]} \tag{26.67}$$

mit der freien Wirkung

$$S_0[\boldsymbol{R}] = \int_0^T dt\, \frac{M}{2}\dot{\boldsymbol{R}}^2(t)\,. \tag{26.68}$$

26.6.2 Adiabatische Näherung im Pfadintegral

Der obige Ausdruck (26.66) ist exakt und unterliegt keinerlei Einschränkungen der Zeitskalen der verschiedenen Freiheitsgraden. Wir beschränken uns jetzt jedoch auf eine *adiabatische Bewegung* und setzen gemäß der Adiabatenhypothese voraus, dass keine Übergänge der inneren schnellen Freiheitsgrade aus dem Anfangszustand $|n(\boldsymbol{R}(t = 0))\rangle$ in andere Zustände $|n' \neq n\rangle$ erfolgen, d. h. die schnellen Freiheitsgrade bleiben zu allen Zeiten im Zustand $|n(\boldsymbol{R}(t))\rangle$. Die Summation über die Quantenzahlen n_k in Gl. (26.66) ist dann auf $n_k = n$ eingeschränkt. Die zweite Zeile der rechten Seite von Gl. (26.66) vereinfacht sich dann zu

$$\prod_{k=1}^{N} e^{-\frac{i}{\hbar}\varepsilon E_n(\boldsymbol{R}_k)} \langle n(\boldsymbol{R}_k)|n(\boldsymbol{R}_{k-1})\rangle\,. \tag{26.69}$$

Um von der Pfadintegraldarstellung (26.67) Gebrauch zu machen, benötigen wir auch diesen Ausdruck im Limes $\varepsilon \to 0$. Für den ersten Faktor erhalten wir dann

$$\lim_{\varepsilon\to 0} \prod_{k=1}^{N} e^{-\frac{i}{\hbar}\varepsilon E_n(\boldsymbol{R}_k)} = \lim_{\varepsilon\to 0} \exp\left[-\frac{i}{\hbar}\varepsilon \sum_{k=1}^{N} E_n(\boldsymbol{R}(t_k))\right] = e^{-\frac{i}{\hbar}\int_0^T dt E_n(\boldsymbol{R}(t))}\,. \tag{26.70}$$

Da für kleine ε

$$\boldsymbol{R}_{k-1} \equiv \boldsymbol{R}(t_{k-1}) = \boldsymbol{R}(t_k - \varepsilon) = \boldsymbol{R}(t_k) - \varepsilon\dot{\boldsymbol{R}}(t_k)$$

und somit

$$\begin{aligned} |n(\boldsymbol{R}_{k-1})\rangle &= |n(\boldsymbol{R}(t_k) - \varepsilon\dot{\boldsymbol{R}}(t_k))\rangle \\ &= |n(\boldsymbol{R}_k)\rangle - \varepsilon\dot{\boldsymbol{R}}(t_k)\cdot\left(\nabla_{\boldsymbol{R}}|n(\boldsymbol{R})\rangle\right)_{\boldsymbol{R}=\boldsymbol{R}(t_k)}, \end{aligned}$$

finden wir für den zweiten Faktor in (26.69) im Limes $\varepsilon \to 0$ mit $\langle n(\boldsymbol{R})|n(\boldsymbol{R})\rangle = 1$

$$\begin{aligned} &\lim_{\varepsilon\to 0}\prod_{k=1}^{N}\langle n(\boldsymbol{R}_k)|n(\boldsymbol{R}_{k-1})\rangle \\ &= \lim_{\varepsilon\to 0}\prod_{k=1}^{N}\left(1 - \varepsilon\dot{\boldsymbol{R}}(t_k)\cdot\langle n(\boldsymbol{R})|\nabla_{\boldsymbol{R}}|n(\boldsymbol{R})\rangle_{\boldsymbol{R}=\boldsymbol{R}(t_k)}\right) \\ &= \lim_{\varepsilon\to 0}\exp\left[-\varepsilon\sum_{k=1}^{N}\dot{\boldsymbol{R}}(t_k)\cdot\langle n(\boldsymbol{R})|\nabla_{\boldsymbol{R}}|n(\boldsymbol{R})\rangle_{\boldsymbol{R}=\boldsymbol{R}(t_k)}\right] \\ &= \exp\left[-\int_0^T dt\dot{\boldsymbol{R}}(t)\cdot\langle n(\boldsymbol{R}(t))|\nabla_{\boldsymbol{R}}|n(\boldsymbol{R}(t))\rangle\right] \\ &= \exp i\gamma_n(T)\,, \end{aligned} \tag{26.71}$$

wobei wir im letzten Ausdruck die Definition der Berry-Phase (26.12) benutzt haben. Mit Gl. (26.67), (26.70) und (26.71) finden wir aus (26.66) für eine adiabatische Bewegung

$$Z(T) = \int\limits_{\boldsymbol{R}(T)=\boldsymbol{R}(0)} \mathcal{D}\boldsymbol{R}(t)e^{\frac{i}{\hbar}\tilde{S}[\boldsymbol{R}]}$$

mit der effektiven Wirkung der langsamen Freiheitsgrade $\boldsymbol{R}$

$$\tilde{S}[\boldsymbol{R}] = S_0[\boldsymbol{R}] - \int_0^T dtE_n(\boldsymbol{R}(t)) + \hbar\gamma_n(T) =: \int_0^T dt\,\tilde{L}\,.$$

Diese enthält neben der Wirkung $S_0[\boldsymbol{R}]$ (26.68) der freien Bewegung der langsamen Freiheitsgrade noch die Energie der inneren Freiheitsgrade $E_n(\boldsymbol{R}(t))$, sowie die Berry-Phase für einen Umlauf auf der periodischen Trajektorie $\boldsymbol{R}(T) = \boldsymbol{R}(0)$. Für die zugehörige Lagrange-Funktion der langsamen Freiheitsgrade finden wir

$$\tilde{L} = \frac{M}{2}\dot{\boldsymbol{R}}^2 - E_n(\boldsymbol{R}) + L_\gamma \tag{26.72}$$

mit

$$L_\gamma = i\hbar\dot{\boldsymbol{R}}\cdot\langle n(\boldsymbol{R})|\nabla_{\boldsymbol{R}}|n(\boldsymbol{R})\rangle\,. \tag{26.73}$$

Die instantane Energie der (inneren) schnellen Freiheitsgrade, $E_n(\boldsymbol{R})$, stellt ein Potential für die langsamen Freiheitsgrade dar. Den Term von der Berry-Phase können wir gemäß Gl. (25.5) als die Wechselwirkung einer Punktladung $q = \hbar c$ mit einem äußeren Magnetfeld $\mathcal{B} = \nabla \times \mathcal{A}$ interpretieren, das von dem Vektorpotential (26.21)

$$\mathcal{A}_n(\boldsymbol{R}) = i\langle n(\boldsymbol{R})|\nabla_{\boldsymbol{R}}|n(\boldsymbol{R})\rangle$$

erzeugt wird. Gemäß Kapitel 25.6 führt die Lagrange-Funktion (26.72) in der Pfadintegralquantisierung gerade auf den Hamilton-Operator (26.20)

26.6.3 Mechanische Interpretation der Berry-Phase

Wie wir oben gesehen haben, liefert die Berry-Phase (26.8) einen Zusatzterm zur klassischen Wirkung der langsamen Freiheitsgrade

$$S_\gamma = \hbar\gamma_n = \int dt L_\gamma(t)\,, \quad L_\gamma(t) = i\hbar\dot{\boldsymbol{R}}\cdot\langle n(\boldsymbol{R})|\nabla_{\boldsymbol{R}}|n(\boldsymbol{R})\rangle) = \langle n(\boldsymbol{R})|i\hbar\partial_t|n(\boldsymbol{R})\rangle\,. \tag{26.74}$$

Dieser erlangt eine anschauliche mechanische Bedeutung, wenn wir die langsamen Freiheitsgrade $\boldsymbol{R}(t)$ als die Koordinaten einer Punktmasse interpretieren, sodass

$$\boldsymbol{P} = \frac{\hbar}{i}\nabla_{\boldsymbol{R}}$$

der Impulsoperator der langsamen Freiheitsgrade ist. Den von der Berry-Phase gelieferte Zusatzterm zur Lagrange-Funktion können wir dann schreiben als

$$L_\gamma = -\dot{\boldsymbol{R}}\cdot\mathcal{P}\,, \tag{26.75}$$

wobei

$$\mathcal{P} = \langle n(\boldsymbol{R})|\boldsymbol{P}|n(\boldsymbol{R})\rangle$$

ein klassischer Impuls ist, den die langsamen Freiheitsgrade aufgrund ihrer Kopplung an die schnellen Freiheitsgrade erhalten. In der Form (26.75) repräsentiert L_γ ein Trägheitsterm, den ein klassisches Teilchen mit Impuls $\mathcal{P}$ in einem mit der Geschwindigkeit $\dot{\boldsymbol{R}}$ bewegten Bezugssystem erfährt. L_γ enthält insbesondere auch die Trägheitsterme, die im rotierenden Bezugssystem auftreten. Um diese zu identifizieren, empfiehlt es sich, die üblichen sphärischen Koordinaten (R, ϑ, φ) zu benutzen und den $\nabla_{\boldsymbol{R}}$-Operator in Radial- und Winkelanteil zu zerlegen (siehe Gl. (22.28)

$$\nabla_{\boldsymbol{R}} = \hat{\boldsymbol{R}}\frac{\partial}{\partial R} + \frac{1}{R}\nabla_{\hat{\boldsymbol{R}}}\,,$$

wobei $R = |\boldsymbol{R}|$, $\hat{\boldsymbol{R}} = \boldsymbol{R}/R$ und

$$\nabla_{\hat{\boldsymbol{R}}} = \boldsymbol{e}_\vartheta \frac{\partial}{\partial \vartheta} + \boldsymbol{e}_\varphi \frac{1}{\sin\vartheta} \frac{\partial}{\partial \varphi}$$

nur von den Winkeln abhängt. Für den Drehimpulsoperator erhalten wir dann

$$\boldsymbol{L} = \boldsymbol{R} \times \frac{\hbar}{i} \nabla_{\boldsymbol{R}} = \frac{\hbar}{i} \hat{\boldsymbol{R}} \times \nabla_{\hat{\boldsymbol{R}}} \,.$$

Hieraus finden wir mit $\hat{\boldsymbol{R}} \cdot \nabla_{\hat{\boldsymbol{R}}} = 0$ für den Winkelanteil des $\nabla_{\boldsymbol{R}}$-Operator die Darstellung

$$i\hbar \nabla_{\hat{\boldsymbol{R}}} = \hat{\boldsymbol{R}} \times \boldsymbol{L} \,.$$

Mit diesen Beziehungen erhalten wir für L_γ (26.74)

$$L_\gamma = L_\gamma^R + L_\gamma^\measuredangle \,,$$

wobei

$$\begin{aligned} L_\gamma^R &= i\hbar \dot{R} \,\langle n(\boldsymbol{R})| \frac{\partial}{\partial R} |n(\boldsymbol{R})\rangle \,, \\ L_\gamma^\measuredangle &= i\hbar \dot{\hat{\boldsymbol{R}}} \cdot \langle n(\boldsymbol{R})|\nabla_{\hat{\boldsymbol{R}}}|n(\boldsymbol{R})\rangle = \dot{\hat{\boldsymbol{R}}} \cdot \langle n(\boldsymbol{R})|\hat{\boldsymbol{R}} \times \boldsymbol{L}|n(\boldsymbol{R})\rangle \,. \end{aligned}$$

Nach Einführen des Drehimpulses

$$\boldsymbol{\mathcal{L}} = \langle n(\boldsymbol{R})|\boldsymbol{L}|n(\boldsymbol{R})\rangle$$

finden wir für den Winkelanteil

$$L_\gamma^\measuredangle = (\dot{\hat{\boldsymbol{R}}} \times \hat{\boldsymbol{R}}) \cdot \boldsymbol{\mathcal{L}} \,. \tag{26.76}$$

Offenbar ist $\boldsymbol{\mathcal{L}}$ ein zusätzlicher Drehimpuls, den die langsamen Freiheitsgrade $\boldsymbol{R}(t)$ durch ihre Kopplung an die schnellen Freiheitsgrade erhalten. Seinem physikalischen Wesen nach ist $\boldsymbol{\mathcal{L}}$ ein innerer Drehimpuls, d. h. ein Spin. Die langsamen Freiheitsgrade erhalten demnach durch ihre Kopplung an die schnellen Freiheitsgrade (in der adiabatischen Näherung) einen Spin.

Aufgrund ihrer Zeitabhängigkeit rotieren die langsamen Freiheitsgrade $\hat{\boldsymbol{R}}(t)$ mit der klassischen Winkelgeschwindigkeit (23.97)

$$\boldsymbol{\Omega} = \hat{\boldsymbol{R}} \times \dot{\hat{\boldsymbol{R}}} \,.$$

Der durch die Berry-Phase gelieferte winkelabhängige Zusatzterm (26.76) zur Lagrange-Funktion lautet deshalb:

$$\boxed{L_\gamma^\measuredangle(t) = -\boldsymbol{\Omega} \cdot \boldsymbol{\mathcal{L}} \,.} \tag{26.77}$$

Dies ist der aus der klassischen Mechanik bekannte *Trägheitsterm* (23.94), der in der Lagrange-Funktion eines Teilchens mit Drehimpuls $\boldsymbol{\mathcal{L}}$ in einem mit der Frequenz $(-\boldsymbol{\Omega})$ rotierenden Bezugssystem auftritt. In der Euler-Lagrange-Gleichung führt dieser Term auf die *Corioliskraft* und den *Drehrückstoß*, siehe Abschnitt 23.5.5.

27 Algebraischer Zugang zur stationären Schrödinger-Gleichung*

In Kap. 12 hatten wir das Spektrum des Hamilton-Operators des harmonischen Oszillators auf rein algebraische Weise gefunden, ohne dabei die (stationäre) Schrödinger-Gleichung, die eine Differentialgleichung zweiter Ordnung bezüglich des Ortes ist, explizit lösen zu müssen. Lediglich zur Bestimmung der Grundzustandswellenfunktion müssten wir eine Differentialgleichung (12.61) erster Ordnung lösen. Die Wellenfunktion der angeregten Zustände ergaben sich dann durch wiederholte Anwendung des Erzeugungsoperators auf die Grundzustandswellenfunktion, siehe Gl. (12.65). In diesem Kapitel wollen wir die beim harmonischen Oszillator kennengelernte algebraische Methode verallgemeinern und auf beliebige Hamilton-Operatoren ausdehnen, deren Spektrum nach unten beschränkt ist. (Diese Voraussetzung ist für die Hamilton-Operatoren sämtlicher physikalischer Systeme erfüllt.) Wir werden eine allgemeine Methode[1] entwickeln, die es erlaubt, die Eigenwerte und Eigenvektoren eines beliebigen hermiteschen Operators zu bestimmen, der nach unten beschränkt ist und einen minimalen Eigenwert besitzt. (Für Operatoren, die nach oben beschränkt sind, können wir dasselbe Verfahren auf den negativen Operator anwenden.) Unser Vorgehen benutzt ausschließlich Methoden der Operatoralgebra und verlangt wie beim harmonischen Oszillator keine explizite Lösung der Schrödinger-Gleichung.

27.1 Bestimmung des Spektrums

Um möglichst einfache Verhältnisse zu haben, nehmen wir zunächst an, dass der zu untersuchende Operator h *selbstadjungiert-kompakt* ist, also überall definiert mit einem (nach oben und unten beschränkten) reinen Punktspektrum $\{\lambda_1, \lambda_2, \lambda_3, \ldots\}$. Aus der folgenden Ableitung geht allerdings hervor, dass das Verfahren in analoger Weise auf alle beschränkten oder sogar halb-beschränkten selbstadjungierten Operatoren ausdehnbar ist, sofern ein niedrigster Eigenwert existiert, was wir voraussetzen. Wir werden daher im Folgenden den Begriff *hermitesch* als Oberbegriff für selbstadjungiert-kompakt bzw. selbstadjungiert-(semi)beschränkt verwenden.

* Dieses Kapitel ist für das Verständnis der übrigen Kapitel nicht erforderlich und kann deshalb beim ersten Lesen übersprungen werden.

1 Diese Methode findet auch Anwendung in den sogenannten supersymmetrischen (SUSY) Theorien, die als mögliche Erweiterungen des Standardmodells der Elementarteilchen untersucht werden.

https://doi.org/10.1515/9783111271507-007

27.1.1 Extraktion der Eigenwerte

Das zu entwickelnde Verfahren lässt sich in mehrere Schritte unterteilen:

Schritt 1:
Wir beginnen zunächst mit dem Grundzustand, den wir auf folgende Weise charakterisieren können:[2]

Falls es zu einem hermiteschen Operator h einen beschränkten Operator a und eine reelle Zahl λ gibt, so dass

$$h = a^\dagger a + \lambda\,, \tag{27.1}$$

$$\ker a \neq \{o\}\,, \tag{27.2}$$

so ist λ der kleinste Eigenwert von h.

Entscheidend ist hierbei, dass der Operator a im Allgemeinen weder selbstadjungiert noch eindeutig sein wird, aber bereits *eine* Realisierung von (27.1) genügt, um λ als niedrigsten Eigenwert zu identifizieren.

Zum Beweis bemerken wir, dass jeder Eigenvektor $|\varphi_i\rangle$ von h auch Eigenvektor von $a^\dagger a = h - \lambda$ ist:

$$h|\varphi_i\rangle = \lambda_i|\varphi_i\rangle\,, \quad a^\dagger a|\varphi_i\rangle = (\lambda_i - \lambda)|\varphi_i\rangle\,.$$

Mit

$$\langle\varphi_i|a^\dagger a|\varphi_i\rangle = \|a\varphi_i\|^2$$

erhalten wir

$$\|a\varphi_i\|^2 = (\lambda_i - \lambda)\|\varphi_i\|^2\,.$$

Da die Norm $\|\ldots\|$ eines Zustandes reell und nicht negativ ist, folgt hieraus, dass λ eine untere Schranke für die Eigenwerte von h ist:

$$\lambda \leq \lambda_i\,. \tag{27.3}$$

Nach (27.2) existiert aber mindestens ein Zustand $|\varphi\rangle$, der von a vernichtet wird:

$$a|\varphi\rangle = 0\,.$$

Dieser Zustand ist aber offensichtlich Eigenzustand von h zum Eigenwert λ:

---

2 Hier und im Folgenden bezeichnet $\{o\}$ den Unterraum des Hilbert-Raums, der nur aus dem neutralen Element, dem Nullvektor o, besteht. In diesem Zusammenhang erinnern wir an die Definition des *Kerns* eines Operators. Der *Kern* eines Operators A ist durch die Menge aller Vektoren gegeben, die der Operator auf den Nullvektor o abbildet, d. h. $\varphi \in \ker A$ falls $A\varphi = o$.

$$h|\varphi\rangle = \lambda|\varphi\rangle\,.$$

Damit ist λ tatsächlich ein Eigenwert von h und wegen (27.3) auch der kleinste Eigenwert λ_1:

$$\lambda = \text{kleinster Eigenwert } \lambda_1 \text{ von } h\,.$$

Schritt 2:

Wir nehmen nun an, dass für h eine Darstellung der Form (27.1) existiert. Dann ist durch

$$h_2 = aa^\dagger + \lambda\,, \tag{27.4}$$

ein neuer hermitescher Operator definiert, der *dasselbe* Spektrum wie h besitzt, eventuell mit Ausnahme des Grundzustandes mit Eigenwert $\lambda \equiv \lambda_1$.

Dies wird ersichtlich, wenn man das Spektrum von $a^\dagger a$ mit dem von $aa^\dagger$ vergleicht: Ist $|\varphi\rangle$ Eigenvektor von $a^\dagger a$ mit Eigenwert μ, so gilt $a^\dagger a|\varphi\rangle = \mu\,|\varphi\rangle$ und somit $aa^\dagger a|\varphi\rangle = \mu\, a|\varphi\rangle$. Ist $|\xi\rangle \equiv a|\varphi\rangle \neq o$, so gilt also $aa^\dagger|\xi\rangle = \mu|\xi\rangle$, d. h., μ ist auch Eigenwert von $aa^\dagger$. Falls jedoch $|\xi\rangle = a|\varphi\rangle = o$ ist, d. h., falls $a^\dagger a$ eine Nullmode hat, so trifft dieses Argument nicht zu. In diesem Fall *kann* $aa^\dagger$ ebenfalls eine Nullmode haben, muss es aber nicht. Damit ist jeder Eigenwert des Operators $a^\dagger a$ auch Eigenwert des Operators $aa^\dagger$, mit Ausnahme eventueller Nullmoden.

Das Spektrum von h und h_2 ist in Abb. 27.1 illustriert. Um zu überprüfen, ob $\lambda \equiv \lambda_1$ wirklich ein Eigenwert von h_2 (27.4) ist, genügt es offenbar, den Kern von $a^\dagger$ anzuschauen:

$$\text{kleinster Eigenwert von } h_2 = \begin{cases} \lambda_1 & \text{falls } \ker a^\dagger \neq \{o\}\,, \\ \lambda_2 & \text{falls } \ker a^\dagger = \{o\}\,, \end{cases} \tag{27.5}$$

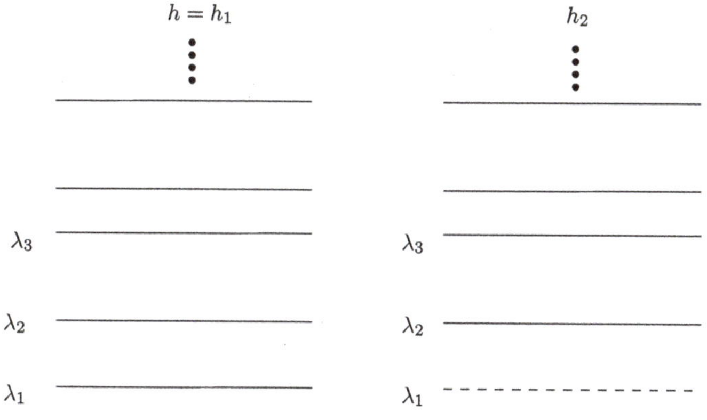

Abb. 27.1: Das Spektrum der ersten beiden Operatoren in der Sequenz (27.6).

wobei λ_2 den zweitkleinsten Eigenwert von h bezeichnet. Wendet man nun Schritt 1 auf den neuen Operator h_2 (27.4) an, so gilt:

Falls h_2 (27.4) in der Form

$$h_2 = a_2^\dagger a_2 + \mu\,,$$
$$\ker a_2 \neq \{o\}$$

mit einem beschränktem Operator a_2 und reellem μ dargestellt werden kann, dann ist μ der kleinste Eigenwert von h_2 und nach (27.5) gilt somit:

$$\mu = \begin{cases} \lambda_1 & \text{falls } \ker a^\dagger \neq \{o\}\,, \\ \lambda_2 & \text{falls } \ker a^\dagger = \{o\}\,. \end{cases}$$

Fordert man also in Schritt 1 zusätzlich $\ker a^\dagger = \{o\}$, so wird in Schritt 2 garantiert der nächstgrößere Eigenwert $\mu = \lambda_2$ von h gefunden.

Schritt 3:

Das Verfahren kann nun ausgehend von $h_1 \equiv h$, $a_1 \equiv a$, $a_1^\dagger \equiv a^\dagger$, $\lambda_1 \equiv \lambda$, $\lambda_2 \equiv \mu$ iteriert werden:

$$\boxed{\begin{array}{lllll} h_1 \equiv a_1^\dagger a_1 + \lambda_1 & \to & h_2 \equiv a_1 a_1^\dagger + \lambda_1 & \to & h_3 \equiv a_2 a_2^\dagger + \lambda_2 \quad \to \dots \\ & & \stackrel{!}{=} a_2^\dagger a_2 + \lambda_2 & & \stackrel{!}{=} a_3^\dagger a_3 + \lambda_3 \\ \\ \ker a_1 \neq \{o\} & & \ker a_2 \neq \{o\} & & \ker a_3 \neq \{o\} \\ \ker a_1^\dagger = \{o\} & & \ker a_2^\dagger = \{o\} & & \ker a_3^\dagger = \{o\} \end{array}} \tag{27.6}$$

Damit erhalten wir folgendes Iterationsschema:

Nehmen wir an, wir haben einen Operator

$$h_j = a_j^\dagger a_j + \lambda_j \tag{27.7}$$

gefunden mit

$$\ker a_j \neq \{o\}\,, \quad \ker a_j^\dagger = \{o\}\,. \tag{27.8}$$

Dann definieren wir einen neuen Operator

$$h_{j+1} = a_j a_j^\dagger + \lambda_j\,, \tag{27.9}$$

den wir in die Form (27.7)

$$h_{j+1} = a_{j+1}^\dagger a_{j+1} + \lambda_{j+1} \tag{27.10}$$

bringen, was neue Operatoren a_{j+1}, $a_{j+1}^\dagger$ und einen neuen Eigenwert λ_{j+1} liefert, wobei wir wieder fordern (siehe Gl. (27.8)), dass

$$\ker a_{j+1} \neq \{o\}, \quad \ker a_{j+1}^\dagger = \{o\}. \tag{27.11}$$

Offensichtlich gelten die Beziehungen:

$$h_{j+1} a_j = a_j h_j , \tag{27.12}$$

$$h_j a_j^\dagger = a_j^\dagger h_{j+1} . \tag{27.13}$$

Wie oben gezeigt, sind die so erhaltenen Eigenwerte λ_j der Größe nach geordnet,

$$\lambda_{j+1} \geq \lambda_j .$$

In jedem Schritt sichert die Nebenbedingung (27.8) an den Kern von a_j, dass die Zahl λ_j wirklich der gesuchte Eigenwert ist (und nicht nur eine untere Schranke). Die zweite Nebenbedingung (27.8) an den Kern von $a_j^\dagger$ stellt sicher, dass im nächsten Schritt ein neuer Eigenwert λ_i gefunden wird. Auf diese Weise wird das gesamte (Punkt-)Spektrum des Operators h durchlaufen. Falls ein höchster Eigenwert existiert, so bricht das Verfahren ab, weil im darauffolgenden Schritt keine Darstellung der Form (27.10), (27.11) möglich ist.

Der Vorteil des Verfahrens (27.6) liegt auf der Hand: Statt sämtliche Lösungen der Schrödinger-Gleichung zu berechnen, muss man in (27.6) sukzessive den Kern von a_j bestimmen (eine Differentialgleichung *erster* Ordnung, wie wir in Abschnitt 27.2 sehen werden), was i. A. sehr viel leichter ist. Die Eigenfunktionen von h werden durch die Nebenbedingung (27.8) automatisch mitbestimmt, wie wir gleich zeigen werden. Wie wir im Folgenden sehen werden, kommt man oft sogar ganz ohne Lösung einer Differentialgleichung aus, wenn aus dem Ansatz für die a_i bereits klar ist, dass die Nebenbedingungen für die Kerne erfüllt sind. In diesem Fall kann das Spektrum tatsächlich vollständig algebraisch bestimmt werden.

27.1.2 Darstellung der Eigenvektoren

Nachdem wir ein Verfahren zur Bestimmung der Eigenwerte λ_i des ursprünglichen Operators $h = h_1$ entwickelt haben, wollen wir jetzt auch eine Darstellung der zugehörigen Eigenfunktionen gewinnen. Dazu bemerken wir zunächst, dass die Zustände $|\phi_j\rangle$, die durch die Operatoren a_j vernichtet werden (d. h. Elemente von $\ker a_j$ sind),

$$\boxed{a_j |\phi_j\rangle = o ,} \tag{27.14}$$

offenbar Eigenvektoren der Operatoren h_j zum Eigenwert λ_j sind:

$$\boxed{h_j |\phi_j\rangle = \lambda_j |\phi_j\rangle .} \tag{27.15}$$

Es ist jetzt leicht zu zeigen, dass die Zustände

$$\boxed{|\varphi_j\rangle = a_1^\dagger a_2^\dagger \dots a_{j-1}^\dagger |\phi_j\rangle\,, \quad |\varphi_1\rangle = |\phi_1\rangle\,.} \tag{27.16}$$

Eigenvektoren des ursprünglichen Operators $h \equiv h_1$ zum Eigenwert λ_j sind:

$$\boxed{h|\varphi_j\rangle = \lambda_j|\varphi_j\rangle\,.} \tag{27.17}$$

In der Tat liefert wiederholte Benutzung der Beziehung (27.13):

$$\begin{aligned} h|\varphi_j\rangle &= h_1 a_1^\dagger a_2^\dagger \dots a_{j-1}^\dagger |\phi_j\rangle \\ &= a_1^\dagger h_2 a_2^\dagger \dots a_{j-1}^\dagger |\phi_j\rangle \\ &\vdots \\ &= a_1^\dagger a_2^\dagger \dots a_{j-1}^\dagger h_j |\phi_j\rangle \\ &= \lambda_j |\varphi_j\rangle\,, \end{aligned}$$

wobei wir im letzten Schritt die Gl. (27.15) verwendet haben.

Die Beziehung (27.16) lässt sich invertieren zu

$$\boxed{|\phi_j\rangle = a_{j-1} \cdots a_2 a_1 |\varphi_j\rangle\,.} \tag{27.18}$$

In der Tat zeigt man durch wiederholte Anwendung von (27.12), dass die Zustände (27.18) der Eigenwertgleichung (27.15) genügen

$$\begin{aligned} h_j|\phi_j\rangle &\equiv h_j a_{j-1} \cdots a_2 a_1 |\varphi_j\rangle \\ &= a_{j-1} h_{j-1} a_{j-2} \cdots a_2 a_1 |\varphi_j\rangle \\ &\vdots \\ &= a_{j-1} \cdots a_2 a_1 h_1 |\varphi_j\rangle \\ &= \lambda_j |\phi_j\rangle\,, \end{aligned}$$

wobei im letzten Schritt Gl. (27.17) benutzt wurde. Mit (27.7) gilt deshalb

$$a_j^\dagger a_j |\phi_j\rangle = o\,.$$

Da nach (27.8) der Kern von $a_j^\dagger$ verschwindet, folgt, dass die Zustände (27.18) in der Tat Gl. (27.14) genügen.

27.1.3 Vollständigkeit

Wir haben oben gesehen, dass die reellen Zahlen λ_j Eigenwerte des betrachteten hermiteschen Operators h sind. Wir wollen jetzt der Frage nachgehen, ob diese Zahlen λ_j bereits das *gesamte* Spektrum dieses Operators liefern. Dazu betrachten wir einen beliebigen Eigenvektor $|\varphi\rangle$ von h zum Eigenwert λ:

$$h|\varphi\rangle = \lambda|\varphi\rangle\,. \tag{27.19}$$

Wir betonen, dass λ nicht notwendigerweise mit einer der oben eingeführten reellen Zahlen λ_j übereinstimmen muss, die wir bereits als Eigenwerte des Operators h identifiziert haben. Wir definieren die Folge von Vektoren ($n = 1, 2, 3, \ldots$)

$$|\phi^{(n)}\rangle = a_{n-1}|\phi^{(n-1)}\rangle\,, \quad |\phi^{(1)}\rangle \equiv |\varphi\rangle\,, \tag{27.20}$$

welche die explizite Darstellung

$$|\phi^{(n)}\rangle = a_{n-1}\ldots a_2 a_1|\varphi\rangle$$

besitzen. Unter Benutzung von Gln. (27.12) und (27.19) zeigt man, dass die Zustände $|\phi^{(n)}\rangle$ Eigenfunktionen der Operatoren h_n zum Eigenwert λ sind:

$$\begin{aligned} h_n|\phi^{(n)}\rangle &= a_{n-1}h_{n-1}|\phi^{(n-1)}\rangle \\ &= a_{n-1}\ldots a_1 h_1|\varphi\rangle = \lambda|\phi^{(n)}\rangle\,. \end{aligned} \tag{27.21}$$

Aus der Definition der Zustände $|\phi^{(n)}\rangle$ (27.20) und der Definition der Operatoren h_n (27.7) und unter Benutzung von Gl. (27.21) folgt:

$$\begin{aligned} \langle\phi^{(n+1)}|\phi^{(n+1)}\rangle &= \langle\phi^{(n)}|a_n^\dagger a_n|\phi^{(n)}\rangle \\ &= \langle\phi^{(n)}|(h_n - \lambda_n)|\phi^{(n)}\rangle \\ &= (\lambda - \lambda_n)\langle\phi^{(n)}|\phi^{(n)}\rangle\,. \end{aligned} \tag{27.22}$$

Sukzessive Anwendung dieser Relation liefert:

$$\langle\phi^{(n+1)}|\phi^{(n+1)}\rangle = (\lambda - \lambda_n)(\lambda - \lambda_{n-1})\ldots(\lambda - \lambda_1)\langle\varphi|\varphi\rangle\,.$$

Da die Norm eines Vektors nicht negativ werden kann und voraussetzungsgemäß $|\varphi\rangle \neq o$, folgt:

$$(\lambda - \lambda_n)(\lambda - \lambda_{n-1})\ldots(\lambda - \lambda_1) \geq 0\,. \tag{27.23}$$

Diese Bedingung muss für *sämtliche* $n = 1, 2, 3, \ldots$ gelten, zu denen es Operatoren h_n (27.7), (27.9) gibt. Sämtliche Bedingungen (27.23) sind aber nur dann erfüllt, wenn der

Eigenwert λ mit einer der reellen Zahlen λ_j übereinstimmt, wovon man sich leicht überzeugt: Die λ_j sind per Konstruktion nach wachsendem Wert angeordnet. Falls ein k existiert, sodass

$$\lambda_k < \lambda < \lambda_{k+1} ,$$

so ist die Bedingung (27.23) für $n = k + 1$ nicht erfüllt. Damit gilt:

- Falls die Folge der Eigenwerte λ_j nach oben *unbeschränkt* ist, können die Bedingungen (27.23) nur erfüllt sein, wenn der Eigenwert λ mit einem der λ_j übereinstimmt. In diesem Fall liefern die λ_j das komplette Eigenwertspektrum des Operators h.
- Falls der Satz der reellen Zahlen (Eigenwerte) λ_j nach oben *beschränkt* ist, mit einer oberen Schranke $\lambda_{\max}$, so kann nach Gl. (27.23) der Eigenwert λ ebenfalls einen der diskreten Eigenwerte λ_j annehmen. Darüber hinaus kann der Eigenwert λ aber auch unbeschränkt jeden Wert annehmen, der nicht kleiner als die obere Schranke $\lambda_{\max}$ ist. In diesem Fall besitzt das Spektrum des Operators h einen *kontinuierlichen* Anteil, der an der oberen Schranke $\lambda_{\max}$ beginnt.

Falls λ mit einem der Eigenwerte λ_j übereinstimmt, d. h. für ein festes k gilt $\lambda = \lambda_k$, so folgt aus Gl. (27.22):

$$|\phi^{(k+1)}\rangle = o ,$$

womit nach (27.20) auch sämtliche $|\phi^{(n)}\rangle$ mit $n > k + 1$ verschwinden.

27.1.4 Einfacher Spezialfall

Das oben beschriebene Verfahren zur Lösung des Eigenwertproblems eines hermiteschen Operators h wird besonders einfach, wenn der Kommutator

$$[a, a^\dagger] = c$$

eine c-Zahl ist. Diese muss reell sein, da für eine beliebige, normierte Funktion $|\phi\rangle$ gilt

$$\begin{aligned} c &= \langle\phi|c|\phi\rangle = \langle\phi|[a, a^\dagger]|\phi\rangle \\ &= \left\|a^\dagger|\phi\rangle\right\|^2 - \|a|\phi\rangle\|^2 . \end{aligned}$$

In diesem Fall unterscheidet sich

$$\begin{aligned} h_2 &= aa^\dagger + \lambda_1 = [a, a^\dagger] + a^\dagger a + \lambda_1 \\ &= [a, a^\dagger] + h_1 \end{aligned}$$

von h_1 nur durch die Konstante $[a, a^\dagger] = c$, die in den Eigenwert λ_2 absorbiert werden kann

$$h_2 = a^\dagger a + \lambda_2 , \quad \lambda_2 = \lambda_1 + [a, a^\dagger] = \lambda_1 + c$$

und wir können

$$a_2 = a \equiv a_1$$

wählen. Damit wird das ganze Verfahren trivial. Es existiert dann nur ein einziger unabhängiger Operator

$$a_j = a$$

und das resultierende Spektrum

$$\lambda_j = \lambda_1 + (j - 1)c$$

ist äquidistant

$$\lambda_{j+1} - \lambda_j = c .$$

Dies ist beim harmonischen Oszillator der Fall, siehe Abschnitt 27.3.1.

In den Abschnitten 27.3 und 27.3.3 werden wir die Methode (27.6) zur algebraischen Bestimmung der Spektren von reflexionsfreien Potentialen bzw. des Spektrum des Wasserstoff-Atoms benutzen. Doch zuvor noch einige formale Betrachtungen.

27.2 Beziehung zur Schrödinger-Gleichung

Im Folgenden wenden wir die im letzten Abschnitt entwickelte Methode auf den Hamilton-Operator eines Teilchens in einer Raumdimension in einem Potential $V(x)$ an:

$$H = \frac{p^2}{2m} + V(x) . \tag{27.24}$$

In den nachfolgenden Betrachtungen geht es nicht darum, Eigenwerte und Eigenfunktionen von H für ein gegebenes Potential zu finden, sondern wir wollen ganz allgemein zeigen, dass für beliebige Potentiale diese Methode äquivalent zur Lösung der Schrödinger-Gleichung ist.

27.2.1 Der Grundzustand

Aus Bequemlichkeitsgründen setzen wir

$$h := 2mH = p^2 + 2mV(x) \tag{27.25}$$

und suchen also im ersten Schritt für h eine Darstellung der Art (27.1). Die Gestalt des Operators $h = h_1$ legt nahe, den Operator $a = a_1$ in Gl. (27.1) in der Form

$$a_1 = p + if_1(x)$$

mit reellem $f_1(x)$ zu wählen, sodass

$$a_1^\dagger = p - if_1(x)\,.$$

Offensichtlich gilt

$$\begin{aligned} a_1^\dagger a_1 &= p^2 + i[p, f_1] + f_1^2 = p^2 + \hbar f_1' + f_1^2\,, \\ a_1 a_1^\dagger &= p^2 - i[p, f_1] + f_1^2 = p^2 - \hbar f_1' + f_1^2\,. \end{aligned} \tag{27.26}$$

Aus der ersten Beziehung folgt

$$h \equiv a_1^\dagger a_1 + \lambda_1 = p^2 + \hbar f_1' + f_1^2 + \lambda_1\,. \tag{27.27}$$

Der Vergleich mit Gl. (27.25) liefert für das Potential die Darstellung

$$2mV(x) = \hbar f_1'(x) + f_1^2(x) + \lambda_1\,. \tag{27.28}$$

Betrachten wir zunächst die Nebenbedingung (27.2). Der Kern von a_1 ist nicht leer, sofern es eine nicht-triviale Lösung $\phi_1(x)$ der Gleichung

$$a_1\,\phi_1 = [p + if_1(x)]\,\phi_1(x) = \frac{\hbar}{i}\,[\phi_1'(x) - \hbar^{-1} f_1(x)\,\phi_1(x)] = 0 \tag{27.29}$$

gibt. Hieraus folgt

$$f_1(x) = \hbar\,\frac{\phi_1'(x)}{\phi_1(x)} = \hbar\frac{d}{dx}\ln\phi_1(x)\,, \tag{27.30}$$

und damit

$$a_1 = p + i\hbar\,\frac{\phi_1'(x)}{\phi_1(x)}\,. \tag{27.31}$$

Die Funktion $\phi_1(x)$ ist zunächst noch unbestimmt: Für jede Wahl von ϕ_1 hat a_1 einen nicht-verschwindenden Kern, da $\phi_1(x)$ selbst im Kern liegt. Um $\phi_1(x)$ zu bestimmen, setzen wir nun den Ausdruck (27.30) in die Darstellung (27.27) ein. Dies ergibt

$$\begin{aligned} h &= p^2 + \hbar^2 \frac{d}{dx}\frac{\phi_1'(x)}{\phi_1(x)} + \hbar^2\left(\frac{\phi_1'(x)}{\phi_1(x)}\right)^2 + \lambda_1 \\ &= p^2 + \hbar^2 \frac{\phi_1''(x)}{\phi_1(x)} + \lambda_1 \stackrel{!}{=} p^2 + 2mV(x)\,, \end{aligned}$$

woraus unmittelbar

$$2mV(x) = \hbar^2 \frac{\phi_1''(x)}{\phi_1(x)} + \lambda_1\,,$$

bzw.

$$-\frac{\hbar^2}{2m}\phi_1''(x) + V(x)\phi_1(x) = E_1\phi_1(x)\,, \quad E_1 \equiv \frac{\lambda_1}{2m} \tag{27.32}$$

folgt. Dies ist nichts anderes als die gewöhnliche Schrödinger-Gleichung für die Bewegung des Teilchens mit Masse m im Potential $V(x)$. Da wir nun eine konkrete Darstellung von h in der Form (27.1), (27.2) besitzen, muss nach unseren Überlegungen im vorigen Abschnitt λ_1 der kleinste Eigenwert von h sein, also E_1 der kleinste Eigenwert von H und somit $\phi_1(x)$ die Grundzustandswellenfunktion. Dass ϕ_1 die Schrödinger-Gleichung erfüllt, ist natürlich eine Konsequenz der Identität (27.29) $a_1\phi_1 = o$ und (27.1).

Wie aus der allgemeinen Beziehung (27.16) ersichtlich ist, stimmt die Eigenfunktion φ_1 zum untersten Eigenwert λ_1 (siehe (27.17)) mit der Funktion ϕ_1 überein, die durch den Operator a_1 vernichtet wird (siehe Gln. (27.14) und (27.29)), d. h. $\varphi_1 = \phi_1$. Dies ist eine Besonderheit des untersten Eigenwertes.

27.2.2 Der erste angeregte Zustand

Es ist instruktiv, auch den nächsten Schritt des Verfahrens (27.6) auszuarbeiten. Wir suchen hierzu nach einem Operator a_2 und einer reellen Zahl λ_2, sodass die Darstellung

$$h_2 \equiv a_1 a_1^\dagger + \lambda_1 = [p + if_1(x)]\,[p - if_1(x)] + \lambda_1 \stackrel{!}{=} a_2^\dagger a_2 + \lambda_2\,, \tag{27.33}$$

$$\ker a_2 \neq \{o\}\,, \quad \ker a_2^\dagger = \{o\} \tag{27.34}$$

mit $f_1 = \hbar\phi_1'/\phi_1$ (siehe Gl. (27.30)) gilt, wobei $\phi_1(x) = \varphi_1(x)$ die Grundzustandswellenfunktion aus dem vorigen Schritt ist. Dies führt aber nur dann zu einem *neuen* Eigenwert $\lambda_2 > \lambda_1$, wenn die Bedingung $\ker a_1^\dagger = \{o\}$ erfüllt ist, siehe Gl. (27.5). Mit der expliziten Form (27.31) zeigt man leicht, dass die Gleichung $a_1^\dagger\xi(x) = o$ auf

$$\xi'(x) + \frac{\phi_1'(x)}{\phi_1(x)}\,\xi(x) = 0$$

führt. Diese Differentialgleichung lässt sich zu

$$\frac{d}{dx}\ln(\xi(x)\phi_1(x)) = 0$$

umschreiben und ist damit elementar zu integrieren und ergibt $\xi(x) \sim 1/\phi_1(x)$. Da aber die Grundzustandswellenfunktion $\phi_1(x)$ quadratintegrabel war, kann dies wegen der falschen Asymptotik bei $|x| \to \infty$ nicht für $\xi(x)$ gelten. Somit hat die Gleichung $a^\dagger\,\xi = o$ keine quadratintegrablen Lösungen, und der Kern von $a_1^\dagger$ ist in der Tat leer.[3] Dies schließt auch die triviale Lösung $a_2 = p - if_1(x) = a_1^\dagger$ (mit $\lambda_2 = \lambda_1$) in der Darstellung (27.33) aus, da ansonsten $\ker a_2 = \ker a_1^\dagger = \{o\}$, im Widerspruch zu (27.34).

Um den zweiten Schritt im Verfahren (27.6) (siehe Gl. (27.33)) explizit auszuführen, versuchen wir wie beim Grundzustand (vgl. (27.31)) einen Ansatz

$$a_2 = p + i\hbar\,\frac{\phi_2'(x)}{\phi_2(x)}\,, \tag{27.35}$$

wobei die Funktion $\phi_2(x)$ noch unbestimmt ist. Wiederum sichert dieser Ansatz, dass $a_2\,\phi_2 = 0$, d. h. ϕ_2 liegt im Kern von a_2. Wir wollen nun untersuchen, ob mit diesem Ansatz auch die Darstellung (27.33) möglich ist. Sollte dies der Fall sein, so wird $\phi_2(x)$ ein Eigenzustand von h_2 zum Eigenwert λ_2 sein. Dies bedeutet jedoch *nicht*, dass $\phi_2(x)$ auch Eigenzustand des *ursprünglichen* Hamilton-Operators h sein muss, da die Operatoren h und h_2 zwar bis auf den Grundzustand dasselbe Spektrum (siehe Gl. (27.15) und (27.17)) jedoch verschiedene Eigenfunktionen haben. Genauer folgt aus (27.16) bzw. (27.18) der Zusammenhang $\varphi_2 = a_1^\dagger\phi_2$ bzw. $\phi_2 = a_1\,\varphi_2$, wobei φ_2 gemäß (27.17) der Eigenvektor von h zum Eigenwert λ_2 ist.

Mit (27.31) und $\phi_1(x) = \varphi_1(x)$ (27.16) folgt für $\phi_2(x) = a_1\varphi_2(x)$

$$\begin{aligned}\phi_2(x) &= \frac{\hbar}{i}\left(\varphi_2'(x) - \frac{\varphi_1'(x)}{\varphi_1(x)}\varphi_2(x)\right) = \frac{\hbar}{i}\,\frac{\varphi_2'(x)\varphi_1(x) - \varphi_1'(x)\varphi_2(x)}{\varphi_1(x)}\\ &= \frac{\hbar}{i}\,\frac{1}{\varphi_1(x)}W(\varphi_1,\varphi_2;x) = \frac{\hbar}{i}\varphi_2(x)\frac{d}{dx}\ln\frac{\varphi_2(x)}{\varphi_1(x)}\,,\end{aligned} \tag{27.36}$$

wobei

$$W(\varphi_1,\varphi_2;x) = \varphi_1\varphi_2' - \varphi_1'\varphi_2\,, \tag{27.37}$$

3 Hier erkennt man auch, dass die Methode (27.6) nur für echte Eigenwerte (d. h. gebundene Zustände) funktionieren kann. *Außerhalb* des Hilbert-Raums der quadratintegrablen Funktionen ist der Kern von $a_1^\dagger$ natürlich nicht leer und unser gesamtes Verfahren bricht ab.

der in Gl. (8.5) eingeführte Wronskian ist. Ebenso folgt

$$a_1 a_1^\dagger + \lambda_1 = p^2 + \hbar^2 \left[-\frac{\varphi_1''(x)}{\varphi_1(x)} + 2 \left(\frac{\varphi_1'(x)}{\varphi_1(x)} \right)^2 \right] + \lambda_1 . \tag{27.38}$$

Andererseits finden wir aus (27.35)

$$a_2^\dagger a_2 + \lambda_2 = p^2 + \hbar^2 \frac{\phi_2''(x)}{\phi_2(x)} + \lambda_2 . \tag{27.39}$$

Die beiden Ausdrücke (27.38) und (27.39) müssen nach (27.33) gleich sein, d. h. es muss gelten

$$\frac{\phi_2''(x)}{\phi_2(x)} = \frac{\lambda_1 - \lambda_2}{\hbar^2} - \frac{\varphi_1''(x)}{\varphi_1(x)} + 2 \frac{(\varphi_1'(x))^2}{(\varphi_1(x)^2} .$$

Mittels Gl. (27.36) können wir hier $\phi_2(x)$ durch die Funktionen $\varphi_1(x)$ und $\varphi_2(x)$ ausdrücken, was auf die Bedingung

$$\frac{W''(x)}{W(x)} - 2 \frac{W'(x)}{W(x)} \frac{\varphi_1'(x)}{\varphi_1(x)} = \frac{\lambda_1 - \lambda_2}{\hbar^2} \tag{27.40}$$

führt. Hierbei haben wir die Abkürzung $W(x) = W(\varphi_1, \varphi_2; x)$ benutzt. Wir wissen bereits, dass $\varphi_1(x) = \phi_1(x)$ die Grundzustandswellenfunktion ist, d. h. der Schrödinger-Gleichung (27.32)

$$-\varphi_1''(x) + \frac{2m}{\hbar^2} V(x) \varphi_1(x) = \frac{\lambda_1}{\hbar^2} \varphi_1(x) \tag{27.41}$$

zum kleinsten Eigenwert λ_1 genügt. Es ist dann leicht zu sehen, dass die Bedingung (27.40) gerade dann erfüllt ist, wenn $\varphi_2(x)$ der Schrödinger-Gleichung zum Eigenwert λ_2

$$-\varphi_2''(x) + \frac{2m}{\hbar^2} V(x) \varphi_2(x) = \frac{\lambda_2}{\hbar^2} \varphi_2(x) \tag{27.42}$$

genügt. In der Tat, multiplizieren wir (27.41) mit $\varphi_2(x)$ und (27.42) mit $\varphi_1(x)$ und ziehen die resultierenden Gleichungen voneinander ab, so finden wir

$$-(\varphi_1'' \varphi_2 - \varphi_2'' \varphi_1) = \frac{\lambda_1 - \lambda_2}{\hbar^2} \varphi_1 \varphi_2 .$$

Die linke Seite liefert die Ableitung des Wronskians (27.37)

$$W'(\varphi_1, \varphi_2; x) = \varphi_2''(x) \varphi_1(x) - \varphi_1''(x) \varphi_2(x) ,$$

d. h. es gilt

$$W'(\varphi_1, \varphi_2; x) = \frac{\lambda_1 - \lambda_2}{\hbar^2} \varphi_1 \varphi_2 \,. \tag{27.43}$$

Hieraus erhalten wir für die zweite Ableitung

$$W''(\varphi_1, \varphi_2; x) = \frac{\lambda_1 - \lambda_2}{\hbar^2} (\varphi_1' \varphi_2 + \varphi_1 \varphi_2') \,. \tag{27.44}$$

Einsetzen der Ausdrücke für W (27.37), W' (27.43) und W'' (27.44) in (27.40) zeigt, dass diese Bedingung für die Lösungen der Schrödinger-Gleichung $\varphi_1(x)$, $\varphi_2(x)$ erfüllt ist.

Die weitere Iteration des Verfahrens (27.6) verläuft völlig analog. Damit haben wir gezeigt, dass die in Abschnitt 27.1 entwickelte algebraische Methode zur Bestimmung der Eigenwerte und Eigenfunktionen eines hermiteschen Operators angewandt auf den Hamilton-Operator in der Tat äquivalent zur Lösung der Schrödinger-Gleichung ist. Dies hatten wir natürlich erwartet.

27.3 Exakt lösbare Potentialprobleme

Die im Abschnitt 27.1 entwickelte allgemeine Methode zur Bestimmung des Spektrums eines hermiteschen Operators wollen wir jetzt benutzen, um die Wellenfunktionen und Energieeigenwerte für konkrete Potentiale zu bestimmen.

Wie in Abschnitt 27.2 gezeigt, lässt sich der Hamilton-Operator H (27.24) einer Potentialbewegung stets in der Form[4]

$$h = 2mH = a^\dagger a + \lambda$$

schreiben, wobei

$$a = p + if(x) \,, \quad a^\dagger = p - if(x) \tag{27.45}$$

mit

$$\boxed{f(x) = \hbar \frac{d}{dx} \ln \phi(x) \,.} \tag{27.46}$$

Hierbei ist $\phi(x)$ die Grundzustandswellenfunktion des ursprünglichen Hamilton-Operators H, die der Bedingung

$$a\phi(x) = 0$$

4 Wir lassen in diesem Abschnitt den Index „1" weg, sofern dies nicht zur Verwirrungen führt, d. h. $\phi \equiv \phi_1$, $a \equiv a_1$, $\lambda \equiv \lambda_1$ etc.

genügt. Ferner ist λ der kleinste Eigenwert von h und das Potential besitzt die Darstellung (27.28)

$$\boxed{2mV(x) = \hbar\frac{d}{dx}f(x) + f^2(x) + \lambda\,.} \tag{27.47}$$

Der aufmerksame Leser mag jetzt einwenden, dass die Grundzustandswellenfunktion $\phi(x)$ erst bestimmt werden soll und a priori nicht bekannt ist. Das ist korrekt und wir werden im Abschnitt 27.3.3 sehen, wie für das Coulomb-Potential die Operatoren a_j, $a_j^\dagger$ explizit aus der Form des Hamilton-Operators gefunden werden können (ohne die Grundzustandswellenfunktionen zu kennen) und sich die Eigenwerte λ_j sowie die Eigenfunktionen φ_j von h (27.17) dann über die Beziehungen (27.14), (27.15) und (27.16) bestimmen lassen.

Obwohl es das primäre Anliegen des in Abschnitt 27.1 beschriebenen Verfahrens ist, die Eigenwerte und Eigenfunktionen des Hamilton-Operators zu bestimmen, lässt sich dieses Verfahren offenbar auch sehr bequem in umgekehrter Richtung benutzen: Wir starten mit einer Funktion $\phi(x)$, die die Eigenschaften einer Grundzustandswellenfunktion besitzt (normierbar und keine Knoten), und bestimmen über Gleichungen (27.46) und (27.47) das zugehörige Potential. Auf diese Weise können wir Potentiale konstruieren, für welche die Schrödinger-Gleichung eine exakte Lösung (zumindest für den Grundzustand) besitzt. Wir illustrieren dieses inverse Verfahren unten an zwei Beispielen.

Alternativ könnte man auch gleich mit der Vorgabe des *Superpotentials* $f(x)$ beginnen und aus diesem direkt mittels (27.47) das tatsächliche Potential $V(x)$ bestimmen. Nach Gl. (27.46) ergibt sich dann die Grundzustandswellenfunktion $\phi(x)$ bei bekannten $f(x)$ zu

$$\phi(x) = C \exp\left(\frac{1}{\hbar}\int^{x} dx' f(x')\right).$$

Hierbei ist jedoch zu beachten, dass auch $f(x)$ nicht beliebig gewählt werden kann, da $\phi(x)$ normierbar sein muss.

27.3.1 Der harmonische Oszillator

Eine normierbare (Wellen-)Funktion ohne Knoten ist die Gauß-Funktion

$$\phi(x) = C \exp\left[-\frac{1}{2}\left(\frac{x}{x_0}\right)^2\right],$$

wobei x_0 ein beliebiger Parameter von der Dimension einer Länge ist und C durch die Normierung von $\phi(x)$ festgelegt ist. Mit der Gauß-Funktion erhalten wir für das Superpotential (27.46)

$$f(x) = -\hbar\frac{x}{x_0^2} \tag{27.48}$$

und somit für das Potential

$$V(x) = \frac{\hbar^2}{2mx_0^4}x^2 - \frac{\hbar^2}{2mx_0^2} + \frac{\lambda}{2m}. \tag{27.49}$$

Wir können dieses Potential in die übliche Form des harmonischen Oszillator-Potentials

$$V(x) = \frac{m}{2}\omega^2 x^2 \tag{27.50}$$

überführen, wenn wir den Parameter x_0 so wählen, dass

$$\frac{\hbar^2}{2mx_0^4} = \frac{m}{2}\omega^2. \tag{27.51}$$

gilt und außerdem fordern, dass die Konstante λ (der kleinste Eigenwert von h) den Wert

$$\frac{\lambda}{2m} = \frac{\hbar^2}{2mx_0^2} \tag{27.52}$$

annimmt. Gleichung (27.51) identifiziert den bisher freien Parameter x_0 mit der Oszillatorlänge (12.29)

$$x_0 = \sqrt{\frac{\hbar}{m\omega}}. \tag{27.53}$$

Mit diesem Wert für x_0 erhalten wir aus (27.52) für den untersten Eigenwert des Hamilton-Operators mit dem Oszillatorpotential (27.50)

$$\frac{\lambda}{2m} = \frac{1}{2}\hbar\omega. \tag{27.54}$$

Dies ist die Grundzustandsenergie des harmonischen Oszillators.

---

i Ein Potential ist in der klassischen Mechanik bekanntlich nur bis auf eine additive Konstante definiert, die aus der Newton'schen Bewegungsgleichung herausfällt. In der Quantenmechanik verschiebt die Addition einer Konstanten zum Potential sämtliche Energieeigenwerte (insbesondere die Grundzustandsenergie), lässt jedoch die Anregungsenergien unverändert. Durch die Identifizierung des Potentials (27.49) mit dem üblichen Oszillatorpotential (27.50) ist die Grundzustandsenergie $\lambda/2m$ auf den Wert (27.52) bzw. (27.54) festgelegt. Prinzipiell könnten wir das Potential auch stets so wählen, dass die Grundzustandsenergie verschwindet, d. h. $\lambda = 0$. In diesem Fall folgt aus (27.49) mit (27.51) bzw. (27.53)

$$V(x) = \frac{m}{2}\omega^2 x^2 - \frac{1}{2}\hbar\omega.$$

Mit dem expliziten Ausdruck (27.48) für das Superpotential $f(x)$ erhalten wir aus Gl. (27.45)

$$a = p - i\frac{\hbar}{x_0^2}x = -i\frac{1}{\sqrt{m\hbar\omega}}\left(\frac{x}{x_0} + i\frac{x_0}{\hbar}p\right).$$

Bis auf eine multiplikative Konstante ist dies der Vernichtungsoperator (12.39) der Oszillatorquanten. Dieser Zusammenhang ist nicht sehr überraschend, da a die Grundzustandswellenfunktion ϕ vernichtet, $a\phi = 0$.

Wie im Abschnitt 27.1 beschrieben, ist im vorliegenden Fall die Fortsetzung des Verfahrens zur Bestimmung der angeregten Zustände trivial, da

$$[a, a^\dagger] = 2i\frac{\hbar}{x_0^2}[p, x] = 2\frac{\hbar^2}{x_0^2} = 2m\hbar\omega$$

eine c-Zahl ist.

27.3.2 Reflexionsfreie Potentiale

Wir wählen jetzt eine Grundzustandswellenfunktion in der Form

$$\phi(x) = \frac{C}{\cosh\frac{x}{x_0}}, \tag{27.55}$$

wobei wie im vorigen Beispiel C eine Normierungskonstante und x_0 ein freier Parameter mit Dimension Länge sind. Mit

$$\int_{-\infty}^{\infty} \frac{dx}{\cosh^2 x} = \tanh x\Big|_{-\infty}^{\infty} = 2$$

liefert Normierung auf 1

$$C = \frac{1}{\sqrt{2x_0}}.$$

Aus (27.55) erhalten wir für das Superpotential (27.46)

$$f(x) = -\frac{\hbar}{x_0}\tanh\frac{x}{x_0}, \quad f'(x) = -\frac{\hbar}{x_0^2}\frac{1}{\cosh^2\frac{x}{x_0}}. \tag{27.56}$$

Einsetzen dieser Ausdrücke in Gl. (27.47) liefert mit $1 - \tanh^2 x = 1/\cosh^2 x$ das Potential

$$V(x) = -2\frac{\hbar^2}{2mx_0}\frac{1}{\cosh^2\frac{x}{x_0}}, \tag{27.57}$$

vorausgesetzt wir wählen die Grundzustandsenergie als

$$E \equiv \frac{\lambda}{2m} = -\frac{\hbar^2}{2mx_0^2}\,. \tag{27.58}$$

Wie in Abschnitt 27.1 gezeigt, ergeben sich die Energien der angeregten Zustände aus den Eigenwerten des Operators

$$h_2 = aa^\dagger + \lambda\,.$$

Nach Gl. (27.26) ist dieser durch

$$h_2 = p^2 - \hbar f' + f^2 + \lambda$$

gegeben. Folglich gehört zu dem Hamilton-Operator $h_2/2m$ das Potential $V_2(x)$ mit

$$2mV_2(x) = -\hbar f' + f^2 + \lambda\,, \tag{27.59}$$

das sich gegenüber dem Potential $V(x)$ (27.57) (siehe auch (27.47)) im Vorzeichen des ersten Terms unterscheidet. Einsetzen von (27.56) in (27.59) liefert mit (27.58)

$$V_2(x) = 0\,.$$

Damit ist der zu h_2 gehörige Hamilton-Operator der des freien Teilchens:

$$H_2 \equiv \frac{1}{2m}h_2 = \frac{p^2}{2m}\,,$$

dessen Eigenfunktionen die ebenen Wellen sind

$$H_2\phi_2^k(x) = E_2^k\phi_2^k(x)\,, \quad \phi_2^k(x) = e^{ikx}\,, \quad E_2^k = \frac{(\hbar k)^2}{2m}\,.$$

Nach Gl. (27.16) ergeben sich die zu den Energien E_2^k gehörigen Eigenfunktionen $\varphi_2^k(x)$ vom Hamilton-Operator $H = h/2m$ mit dem ursprünglichen Potential (27.57) zu

$$\varphi_2^k(x) = a^\dagger\phi_2^k(x)\,, \quad H\varphi_2^k = E_2^k\varphi_2^k\,.$$

Einsetzen der expliziten Form von $a^\dagger$ (27.45) mit $f(x)$ (27.56) liefert

$$\varphi_2^k(x) = \left(\hbar k - i\frac{\hbar}{x_0}\tanh\frac{x}{x_0}\right)e^{ikx}\,.$$

Dies sind die exakten Streuzustände im Potential $V(x)$ (27.57). Bemerkenswert ist, dass diese Zustände keine reflektierte Wellen e^{-ikx} enthalten. Potentiale mit dieser Eigenschaft werden als *reflexionsfrei* bezeichnet.

Wie oben gezeigt, besitzt das Potential (27.57) einen gebundenen Zustand (27.55) mit der Energie (27.58) $E < 0$ und ein Kontinuum von Streuzuständen mit Energien $E_2^k \geq 0$. Mit dem hier beschriebenen Verfahren lassen sich weitere reflexionsfreie Potentiale finden. Verallgemeinern wir den Ansatz (27.55) zu

$$\boxed{\phi^{(n)}(x) = \frac{C}{\cosh^n \frac{x}{x_0}}\,,}$$

so finden wir aus Gl. (27.46) und (27.47) das Potential

$$2mV^{(n)}(x) = \frac{\hbar^2}{x_0^2}\left[n^2 - \frac{n(n+1)}{\cosh^2 \frac{x}{x_0}}\right] + \lambda\,.$$

Wählen wir die Grundzustandsenergie als

$$\boxed{E \equiv \frac{\lambda}{2m} = -\frac{\hbar^2}{2mx_0^2}n^2\,,}$$

so erhalten wir das Potential

$$\boxed{V(x) = -\frac{\hbar^2}{2mx_0^2}\frac{n(n+1)}{\cosh^2 \frac{x}{x_0}}\,.}$$

Dieses Potential ist ebenfalls reflexionsfrei und besitzt genau n Bindungszustände, die sich mit dem oben beschriebenen Verfahren finden lassen.

27.3.3 Algebraische Bestimmung des Wasserstoff-Spektrums

Im Folgenden benutzen wir die in Abschnitt 27.1 entwickelte allgemeine algebraische Methode zur Bestimmung der Energieniveaus und der Eigenzustände des Wasserstoff-Atoms.

Der Hamilton-Operator für die radiale Bewegung des Elektrons im Zustand mit Drehimpuls l lautet nach Multiplikation mit dem Faktor $2m$ (siehe Gleichung (18.11)):

$$h \equiv 2mH = p^2 + \frac{\hbar^2\, l(l+1)}{r^2} - 2\hbar^2\frac{\gamma}{r}\,, \qquad \gamma = \frac{mZe^2}{4\pi\hbar^2}\,, \tag{27.60}$$

wobei

$$p = \frac{\hbar}{i}\frac{d}{dr}$$

der radiale Impuls ist. Um die Eigenwerte des linearen Operators h (27.60) zu finden, schreiben wir ihn in der Form (27.1) mit der Nebenbedingung (27.2). Die explizite Gestalt von h legt für die Operatoren a_j den Ansatz

$$a_j = p_r + i\hbar\left(\alpha_j + \frac{\beta_j}{r}\right) \tag{27.61}$$

nahe, wobei α_j und β_j noch zu bestimmende reelle Zahlen sind. Elementare Rechnungen liefern dann unter Benutzung von $[r, p_r] = i\hbar$:

$$\begin{aligned} a_j^\dagger a_j &= p^2 + \hbar^2\left(\alpha_j + \frac{\beta_j}{r}\right)^2 + i\hbar\beta_j\left[p_r, \frac{1}{r}\right] \\ &= p^2 + \hbar^2\left[\alpha_j^2 + 2\alpha_j\beta_j\frac{1}{r} + \beta_j(\beta_j - 1)\frac{1}{r^2}\right] \end{aligned} \tag{27.62}$$

und

$$\begin{aligned} a_j a_j^\dagger &= p^2 + \hbar^2\left(\alpha_j + \frac{\beta_j}{r}\right)^2 - i\hbar\beta_j\left[p_r, \frac{1}{r}\right] \\ &= p^2 + \hbar^2\left[\alpha_j^2 + 2\alpha_j\beta_j\frac{1}{r} + \beta_j(\beta_j + 1)\frac{1}{r^2}\right]. \end{aligned} \tag{27.63}$$

Für die Nebenbedingungen im Verfahren (27.6) benötigen wir noch den Kern von a_j bzw. $a_j^\dagger$. Die Bedingung $a_j\,\phi_j = 0$ führt auf

$$\phi_j'(r) = \alpha_j\,\phi_j(r) + \frac{\beta_j}{r}\,\phi_j(r)$$

mit der Lösung

$$\phi_j(r) \sim r^\beta \cdot \exp(\alpha_j\,r)\,. \tag{27.64}$$

Damit die Gesamtwellenfunktion quadratintegrabel ist, muss die radiale Wellenfunktion $\phi_j(r)$ (27.64) für $r \to \infty$ exponentiell abfallend und bei $r = 0$ regulär sein. Dies erfordert

$$\alpha_j < 0\,, \quad \beta_j \geq 0\,. \tag{27.65}$$

Diese beiden Bedingungen garantieren also, dass die Gleichung $a_j\phi_j = 0$ eine normierbare Lösung (27.64) besitzt und somit der Kern von a_j nicht leer ist. Falls $\ker a_j \neq \{o\}$, ist aber automatisch $\ker a_j^\dagger = \{o\}$, da die Konjugation $a_j \to a_j^\dagger$ die Vorzeichen von α_j und β_j ändert, siehe Gl. (27.61). Somit reduzieren sich alle Nebenbedingungen im Verfahren (27.6) auf die einfachen Ungleichungen (27.65).

Nach diesen Vorüberlegungen beginnen wir mit dem Grundzustand des Wasserstoff-Atoms. Nach Definition (27.1) und der expliziten Form von h (27.60) gilt:

$$a_1^\dagger a_1 + \lambda_1 = p^2 - 2\hbar^2 \frac{\gamma}{r} + \frac{l(l+1)\hbar^2}{r^2} .$$

Setzen wir hier Gl. (27.62) ein, so liefert der Koeffizientenvergleich der Potenzen von r

$$r^0 : \quad \lambda_1 + \hbar^2 \alpha_1^2 = 0 , \tag{27.66}$$

$$r^{-1} : \quad \alpha_1 \beta_1 = -\gamma , \tag{27.67}$$

$$r^{-2} : \quad \beta_1(\beta_1 - 1) = l(l+1) .$$

Die letzte Gleichung allein bestimmt bereits den unbekannten Koeffizienten β_1. Die übrigen Unbekannten α_1 und λ_1 folgen dann aus (27.67) und (27.66). Es ergeben sich die zwei Lösungen

$$\text{i)} \quad \beta_1 = -l , \quad \alpha_1 = \frac{\gamma}{l} , \quad \lambda_1 = -\frac{\gamma^2\hbar^2}{l^2} ,$$

$$\text{ii)} \quad \beta_1 = (l+1) , \quad \alpha_1 = -\frac{\gamma}{(l+1)} , \quad \lambda_1 = -\frac{\gamma^2\hbar^2}{(l+1)^2} . \tag{27.68}$$

Die erste Lösung widerspricht der Nebenbedingung (27.65), während Lösung ii) alle Bedingungen erfüllt. Da wir somit eine konkrete Darstellung (27.1) von h gefunden haben, muss λ_1 aus Lösung ii) der kleinste Eigenwert von h sein. Die zugehörige Eigenfunktion ergibt sich aus (27.64) durch Einsetzen der Koeffizienten aus Lösung ii):

$$\phi_1(r) \sim r^{l+1} \cdot \exp\left(-\frac{\gamma}{(l+1)} r \right) .$$

Nach dem Grundzustand betrachten wir nun die allgemeine Induktion $j \to j+1$ im Verfahren (27.6), d. h., wir gehen davon aus, dass für h_j bereits die Darstellung $h_j = a_j^\dagger a_j + \lambda_j$ mit der Nebenbedingung (27.65) gefunden wurde. Im nächsten Schritt ist dann der Operator a_{j+1} aus

$$h_{j+1} \equiv a_j a_j^\dagger + \lambda_j \stackrel{!}{=} a_{j+1}^\dagger a_{j+1} + \lambda_{j+1} \tag{27.69}$$

zu bestimmen. Setzen wir die expliziten Ausdrücke für $a_{j+1}^\dagger a_{j+1}$ (27.62) und $a_j a_j^\dagger$ (27.63) ein und vergleichen wieder die Koeffizienten der verschiedenen Potenzen von r, so finden wir die Beziehungen

$$\lambda_{j+1} + \hbar^2 \alpha_{j+1}^2 = \lambda_j + \hbar^2 \alpha_j^2 ,$$

$$\alpha_{j+1}\beta_{j+1} = \alpha_j \beta_j ,$$

$$\beta_{j+1}(\beta_{j+1} - 1) = \beta_j(\beta_j + 1) . \tag{27.70}$$

Die ersten beiden Gleichungen lassen sich durch wiederholte Anwendung auf die Anfangswerte (27.66), (27.67) reduzieren:

$$\lambda_j + \hbar^2 \alpha_j^2 = \lambda_1 + \hbar^2 \alpha_1^2 = 0\,, \tag{27.71}$$

$$\alpha_j \beta_j = \alpha_1 \beta_1 = -\gamma\,. \tag{27.72}$$

Die Gleichung (27.70) besitzt die beiden Lösungen

$$\text{i)}\quad \beta_{j+1} = -\beta_j\,,$$
$$\text{ii)}\quad \beta_{j+1} = \beta_j + 1\,.$$

Lösung i) verletzt die Nebenbedingung (27.65) $\beta_j \geq 0$, die für jedes j erfüllt sein muss, und kommt deshalb nicht in Betracht. Lösung ii) liefert mit dem Anfangswert (27.68) für β_1 und mit (27.71) und (27.72):

$$\text{ii)}\quad \beta_j = (l + j)\,, \qquad \alpha_j = -\frac{\gamma}{(l+j)}\,, \qquad \lambda_j = -\frac{\hbar^2 \gamma^2}{(l+j)^2}\,. \tag{27.73}$$

Alle Nebenbedingungen (27.65) sind somit erfüllt und wir haben eine konkrete Darstellung von h_{j+1} entsprechend (27.69) gefunden, d. h. λ_{j+1} ist der (in aufsteigender Reihenfolge) nächste Eigenwert von h.

Mit der letzten Beziehung aus (27.73) sind die diskreten Energieeigenwerte des Wasserstoff-Spektrums, d. h. des radialen Hamilton-Operators $H = h/(2m)$ (27.60), durch

$$\frac{1}{2m}\lambda_j = -\frac{\hbar^2 \gamma^2}{2m(l+j)^2} = -\frac{m}{2}\left(\frac{Ze^2}{4\pi\hbar}\right)^2 \frac{1}{(l+j)^2} = -R\,\frac{Z^2}{n^2} \equiv E_n \tag{27.74}$$

gegeben, wobei R die Rydberg-Konstante[5] (18.9) ist und wir die Abkürzung

$$n = l + j \tag{27.75}$$

eingeführt haben. Da l die nicht-negative Bahndrehimpulsquantenzahl ($l = 0, 1, 2, \dots$) und j eine positive ganze Zahl ($j = 1, 2, 3, \dots$) ist, nimmt die Quantenzahl (27.75) die Werte

$$n = 1, 2, 3, \dots$$

an. Dies sind gerade die Werte der bereits in Abschnitt 18.3 eingeführten Hauptquantenzahl und Gl. (27.74) liefert somit das exakte diskrete Spektrum des Wasserstoff-Atoms (siehe Gl. (18.23)). Da dieses nach oben durch die Energie $E = 0$ beschränkt ist, existiert, wie in Abschnitt 18.3 festgestellt, ein Kontinuum von Zuständen $E > 0$, in denen das Elektron nicht mehr an den Atomkern gebunden ist.

Die Eigenfunktionen $\phi_j(r)$ von h_j (siehe Gl. (27.15)) folgen wiederum aus (27.64) durch Einsetzen der Koeffizienten α_j und β_j aus der Lösung (27.73)

5 Im Lorentz-Heavyside-Maßsystem mit $c = 1$.

$$\phi_{lj}(r) \sim r^{l+j} \cdot \exp\left(-\frac{\gamma}{(l+j)}\, r\right).$$

Hieraus erhalten wir nach Gl. (27.16) die Eigenfunktion von h (27.60), d. h. die radiale Wellenfunktion des j-ten gebundenen Zustands im Drehimpulskanal l zu

$$\varphi(r)_{lj} = a_1^\dagger a_2^\dagger \ldots a_{j-1}^\dagger \phi(r)_{lj}\,.$$

Da die $a_j^\dagger$ bereits bekannt sind (siehe Gln. (27.61) und (27.73)), lassen sich die Radialfunktionen $\varphi_{lj}(r)$ unmittelbar berechnen. Dies führt auf die bekannten Radialfunktionen des diskreten Spektrums des Wasserstoff-Atoms.

28 Relativistische Quantenmechanik

Alle unsere bisherigen Betrachtungen der Quantenmechanik basierten auf der klassischen, d. h. nichtrelativistischen Dynamik. Ausgehend von der Analyse des Doppelspaltexperimentes hatten wir gefunden, dass im atomaren Bereich Ort und Impuls eines Teilchens sich nicht gleichzeitig messen lassen. Ferner sind nur Wahrscheinlichkeitsaussagen über den Aufenthalt eines Teilchens zu einer gegebenen Zeit möglich. Die Wahrscheinlichkeitsamplitude ergab sich durch Summation über alle möglichen (i. A. klassisch nicht erlaubten) Trajektorien $x(t)$ mit dem Gewicht $\exp(\frac{i}{\hbar}S[x])$, wobei $S[x]$ die *klassische* Wirkung des Teilchens auf der Trajektorie $x(t)$ ist, siehe Gl. (3.24). Die so erhaltene Wahrscheinlichkeitsamplitude liefert (bis auf Normierung) die Wellenfunktion, die der zeitabhängigen Schrödinger-Gleichung genügt. Damit basiert die Schrödinger-Gleichung letztendlich auf der *klassischen* Dynamik. Die klassische Mechanik ist jedoch nur anwendbar, wenn die Geschwindigkeit des Teilchens klein gegenüber der Lichtgeschwindigkeit ist. Wir müssen deshalb erwarten, dass auch die zeitabhängige Schrödinger-Gleichung nur im Bereich von kleinen Geschwindigkeiten gilt. Außerdem gehen Raum und Zeit unsymmetrisch in die Schrödinger-Gleichung ein, denn sie ist eine partielle Differentialgleichung erster Ordnung in der Zeit und zweiter Ordnung im Ort. Diese unterschiedliche Behandlung von Raum und Zeit verletzt die relativistische Kovarianz: Raum und Zeit werden unter Lorentz-Transformationen gemischt und müssen deshalb in eine relativistisch-invariante Theorie auf äquivalente Weise eingehen. Im Folgenden fassen wir zunächst das Wesentliche der relativistischen Kinematik zusammen. Darauf aufbauend werden wir im Abschnitt 28.4 die quantenmechanische Bewegungsgleichung eines relativistischen, spinlosen Teilchens durch Summation über die Trajektorien im Minkowski-Raum ableiten.

28.1 Relativistische Kinematik

Die spezielle Relativitätstheorie basiert auf der Beobachtung, dass die Lichtgeschwindigkeit in allen Inertialsystemen dieselbe ist. Die Konstanz der Lichtgeschwindigkeit verlangt, dass der Übergang von einem Inertialsytem zu einem anderen durch eine *Lorentz-Transformationen* erfolgt. Die Lorentz-Transformation ist die relativistische Verallgemeinerung der Galilei-Transformation. Sie gewährleistet, dass die Lichtgeschwindigkeit in allen Inertialsystemen gleich groß ist, was für eine Galilei-Transformation nicht der Fall ist.

Die Lorentz-Transformation von einem Inertialsystem K mit Raum-Zeit-Koordinaten $t, \boldsymbol{x}$ in ein System K' mit Koordinaten $t', \boldsymbol{x}'$, das sich mit konstanter Geschwindigkeit v relativ zu K bewegt wird als *Boost* bezeichnet und ist durch

$$t \to t' = \gamma\left(t - \frac{v}{c^2}x_\parallel\right), \tag{28.1}$$

https://doi.org/10.1515/9783111271507-008

$$x_\parallel \to x'_\parallel = \gamma(x_\parallel - vt)\,, \tag{28.2}$$

$$\boldsymbol{x}_\perp \to \boldsymbol{x}'_\perp = \boldsymbol{x}_\perp \tag{28.3}$$

gegeben, wobei

$$\gamma = \frac{1}{\sqrt{1 - \frac{v^2}{c^2}}} \tag{28.4}$$

und $x_\parallel = \hat{\boldsymbol{n}} \cdot \boldsymbol{x}$ bzw. $\boldsymbol{x}_\perp = \boldsymbol{x} - x_\parallel \hat{\boldsymbol{n}}$ die räumlichen Koordinaten parallel bzw. senkrecht zur Geschwindigkeit $\boldsymbol{v} = v\,\hat{n}$, $\hat{n}^2 = 1$ sind. Zwei nacheinander in *verschiedene* räumliche Richtungen ausgeführte Boosts ergeben keinen reinen Boost, sondern einen Boost und eine Drehung im R^3. Eine allgemeine Lorentz-Transformation besteht somit aus einem Boost und einer Drehung. Die Gesamtheit der Lorentz-Transformationen bildet eine Gruppe; siehe Anhang E.

Drücken wir den Betrag der Geschwindigkeit v durch die *Rapidität* α aus,

$$v = c \tanh \alpha\,,$$

und benutzen

$$\cosh \alpha = \frac{1}{\sqrt{1 - \frac{v^2}{c^2}}}\,, \qquad \sinh \alpha = \frac{\frac{v}{c}}{\sqrt{1 - \frac{v^2}{c^2}}}\,, \tag{28.5}$$

so nimmt die Lorentz-Transformation (28.1) die folgende Gestalt an:

$$\begin{aligned} ct &\to ct' = ct \cosh \alpha - x_\parallel \sinh \alpha\,, \\ x_\parallel &\to x'_\parallel = x_\parallel \cosh \alpha - ct \sinh \alpha\,, \\ \boldsymbol{x}_\perp &\to \boldsymbol{x}'_\perp = \boldsymbol{x}_\perp\,. \end{aligned} \tag{28.6}$$

Für $t \to -it$ (und dementsprechend $\alpha \to i\alpha$) geht die Lorentz-Transformation in eine Drehung im vierdimensionalen (euklidischen) Raum-Zeit-Kontinuum über. Die Lorentz-Transformation mischt damit Raum und Zeit, und es ist deshalb zweckmäßig, Raum und Zeit zu einem vierdimensionalen Raum, dem sogenannten *Minkowski-Raum*, zusammenzufassen. Ort und Zeit eines Teilchens definieren einen Punkt im Minkowski-Raum, der als *Ereignis* bezeichnet und durch einen *Vierer-Vektor*

$$x^\mu = \{x^0, x^1, x^2, x^3\} \equiv \{x^0, x^i\} = \{ct, \boldsymbol{x}\}$$

charakterisiert wird. Dabei erweist es sich als zweckmäßig, statt der gewöhnlichen Zeit t die mit der Lichtgeschwindigkeit multiplizierte Größe $x^0 = ct$ zu benutzen, die wie die

Ortsvariable die Dimension einer Länge besitzt. In der Vierer-Vektor-Notation lautet die Lorentz-Transformation (28.6)[1]

$$x^\mu \to x'^\mu = \Lambda^\mu{}_\nu \, x^\nu \, . \tag{28.7}$$

Da die Lorentz-Transformation den *Abstand* zwischen zwei infinitesimal benachbarten Ereignissen

$$(ds)^2 = (dx^0)^2 - (dx^1)^2 - (dx^2)^2 - (dx^3)^2$$

invariant lässt, sind die $\Lambda^\mu{}_\nu$ *pseudo-orthogonale Matrizen*, siehe Abschnitt E.8. Der Abstand definiert über

$$(ds)^2 = g_{\mu\nu} \, dx^\mu \, dx^\nu \tag{28.8}$$

die Metrik $g_{\mu\nu}$ im Minkowski-Raum

$$g_{\mu\nu} = \begin{pmatrix} 1 & 0 & 0 & 0 \\ 0 & -1 & 0 & 0 \\ 0 & 0 & -1 & 0 \\ 0 & 0 & 0 & -1 \end{pmatrix} . \tag{28.9}$$

Mithilfe dieses Metriktensors lässt sich zu jeder *kontravarianten* Koordinate x^μ eine zugehörige *kovariante* Koordinate

$$x_\mu = g_{\mu\nu} x^\nu \, ,$$
$$x_\mu = \{x_0, x_i\} = \{x^0, -x^i\}$$

definieren. Ähnlich wie wir die Zeit gemeinsam mit dem Ort in einen vierdimensionalen Vektor x^μ im Minkowski-Raum einbezogen haben, lässt sich auch die Energie als *nullte* Komponente eines Vierer-Impulsvektors interpretieren:

$$p^\mu = \left\{ p^0 = \frac{E}{c}, \, p^i \right\} . \tag{28.10}$$

Wir verabreden außerdem, dass die üblichen dreidimensionalen Vektoren den räumlichen Teil des kontravarianten Vierer-Vektors bezeichnen:[2]

---

1 Hier und im Folgenden benutzen wir die Einstein'sche Summenkonvention: Über Indizes, die einmal in der oberen und einmal in der unteren Position auftreten, wird von 0 bis 3 summiert.

2 Wir weisen jedoch darauf hin, dass in der Vektoralgebra des $\mathbb{R}^3$ mit Metrik $g_{ij} = \delta_{ij}$ die kontravarianten Vektorkomponenten gewöhnlich mit einem unteren Index bezeichnet werden, d. h. $\boldsymbol{x} = (x_1, x_2, x_3)$, wie wir dies bisher auch getan haben.

$$\boldsymbol{x} = \{x^i\}.$$

Die einzige Ausnahme bildet der $\boldsymbol{\nabla}$-Operator, bei dem wir die vektorielle Schreibweise für die kovarianten Koordinaten benutzen:

$$\boldsymbol{\nabla} = \left\{(\boldsymbol{\nabla})^i \equiv \partial_i = \frac{\partial}{\partial x^i}\right\}. \tag{28.11}$$

Dies ist erforderlich, da wir, wie allgemein üblich, im dreidimensionalen euklidischen Raum $\mathbb{R}^3$ nicht zwischen ko- und kontravarianten Vektorkomponenten unterscheiden. Ferner vereinbaren wir für den total antisymmetrischen Tensor

$$\epsilon^{ijk} = \epsilon_{ijk}.$$

Für den total antisymmetrischen Tensor im vierdimensionalen Minkowski-Raum gelten jedoch die üblichen Regeln für das Hoch- bzw. Herunterziehen der Indizes mittels der Metrik $g_{\mu\nu}$, sodass

$$\epsilon^{\mu\nu\kappa\lambda} = -\epsilon_{\mu\nu\kappa\lambda}$$

mit

$$\epsilon^{0ijk} = \epsilon^{ijk}.$$

28.2 Dynamik eines relativistischen, spinlosen Teilchens

Die Bewegung eines relativistischen Massenpunktes erfolgt auf einer Trajektorie im Minkowski-Raum, der sogenannten *Weltlinie*, $x^\mu(\tau)$, $\mu = 0, 1, 2, 3$. Diese ist durch eine *zeitartige* Folge von Ereignissen gegeben, die innerhalb des *Lichtkegels* liegen, siehe Abb. 28.1, und durch einen Parameter τ unterschieden werden. Die Trajektorie selbst wird im Rahmen der klassischen Theorie durch das Prinzip der minimalen (extremalen) Wirkung bestimmt, genau wie die klassischen Trajektorien in der nichtrelativistischen Physik.

Die Wirkung einer freien relativistischen Punktmasse m ist durch die Länge seiner Trajektorie im Minkowski-Raum gegeben:

$$S[x](b, a) = -mc \int_a^b ds, \tag{28.12}$$

wobei die Länge ds eines infinitesimalen Abschnittes der Trajektorie in (28.8) definiert ist und $a = \{x_a^\mu\}$ und $b = \{x_b^\mu\}$ die Ereignisse des Anfangs und Endes der Trajektorie bezeichnen. Parametrisieren wir diese mittels eines Parameters τ, so ist sie durch die

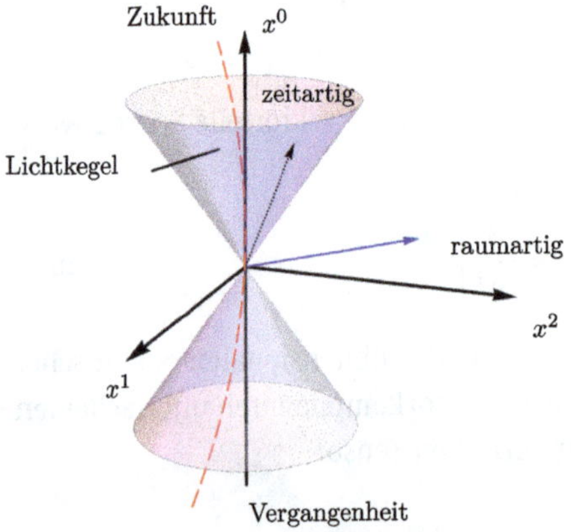

Abb. 28.1: Kausaler Zusammenhang von Ereignissen im Minkowski-Raum. Die Gebiete innerhalb, auf bzw. außerhalb des Lichtkegels bestehen aus Ereignissen, die mit dem Ereignis im Ursprung über zeitartige, lichtartige bzw. raumartige Vierer-Vektoren verknüpft sind. Die gestrichelte Linie illustriert eine mögliche Teilchentrajektorie.

vier Funktionen $x^\mu(\tau)$, $\mu = 0, 1, 2, 3$, gegeben und das Linienelement ds (28.8) nimmt die Gestalt

$$
\begin{aligned}
(ds)^2 &= g_{\mu\nu}\, dx^\mu\, dx^\nu = g_{\mu\nu}\dot{x}^\mu(\tau)\dot{x}^\nu(\tau)\,(d\tau)^2 = \dot{x}^\mu(\tau)\dot{x}_\mu(\tau)\,(d\tau)^2\,, \\
ds &= \sqrt{\dot{x}^\mu(\tau)\dot{x}_\mu(\tau)}\, d\tau
\end{aligned}
$$

an, wobei

$$\dot{x}^\mu(\tau) = \frac{dx^\mu(\tau)}{d\tau}$$

die *Vierer-Geschwindigkeit* ist.

Es seien τ_a und τ_b die Parameterwerte, die zum Anfangs- bzw. Endereignis gehören, d. h.

$$x^\mu(\tau_a) = x_a^\mu\,, \quad x^\mu(\tau_b) = x_b^\mu\,.$$

Für die Wirkung (28.12) erhalten wir dann:

$$\boxed{S[x(\tau)] = -mc\int_{\tau_a}^{\tau_b} d\tau\,\sqrt{\dot{x}^\mu(\tau)\dot{x}_\mu(\tau)}\,.} \tag{28.13}$$

Hieraus lesen wir die durch

$$S[x(\tau)](b,a) = \int_{\tau_a}^{\tau_b} d\tau\, \mathcal{L}(x(\tau))$$

definierte Lagrange-Funktion ab:

$$\mathcal{L}(x(\tau)) = -mc\sqrt{\dot{x}^2(\tau)}\,, \quad \dot{x}^2(\tau) = \dot{x}^\mu(\tau)\dot{x}_\mu(\tau)\,. \tag{28.14}$$

Für *zeitartige* Trajektorien $\dot{x}^2 > 0$, siehe Abb. 28.1, ist das Argument der Wurzel positiv. Ein massives Teilchen bewegt sich klassisch immer auf zeitartigen Trajektorien, da seine Geschwindigkeit stets kleiner als die Lichtgeschwindigkeit ist. Masselose Teilchen wie die Photonen bewegen sich auf dem *Lichtkegel*, der durch $\dot{x}^2 = 0$ definiert ist, und besitzen folglich stets Lichtgeschwindigkeit. *Raumartigen* Trajektorien $\dot{x}^2 < 0$ ordnet man sogenannte *Tachyonen* zu, die jedoch keine physikalischen Teilchen darstellen, da sie sich mit Überlichtgeschwindigkeit bewegen.

Bequeme Parametrisierungen sind z. B. $\tau = t$ oder $\tau = x^0 = ct$. Wählen wir die Letztere, so folgt

$$\dot{x}^0(\tau) = \frac{dx^0}{dx^0} = 1\,, \quad \dot{\boldsymbol{x}}(\tau) = \frac{1}{c}\frac{d\boldsymbol{x}}{dt} = \frac{\boldsymbol{v}}{c}\,. \tag{28.15}$$

Für die Wirkung finden wir in jedem Fall:

$$S[x] = -mc^2 \int_{t_a}^{t_b} dt\, \sqrt{1 - \frac{\boldsymbol{v}^2}{c^2}}\,.$$

Für Geschwindigkeiten, die klein gegenüber der Lichtgeschwindigkeit sind, d. h. $|\boldsymbol{v}| \ll c$, liefert die Taylor-Entwicklung der Wurzel in führender Ordnung in $|\boldsymbol{v}|/c$:

$$S = \int_{t_a}^{t_b} dt\left(\frac{m}{2}\boldsymbol{v}^2 - mc^2 + \cdots\right).$$

Dies ist die bekannte Form der klassischen (nichtrelativistischen) Wirkung, wo jedoch zusätzlich die Ruheenergie als potentielle Energie eingeht. Für eine nichtrelativistische Bewegung, bei der die Umwandlung von Masse in Energie nicht auftritt und die Ruheenergie somit erhalten ist, wird diese gewöhnlich nicht mit in die Wirkung einbezogen, da sie für die klassische Bewegung eine irrelevante Konstante darstellt, die lediglich den Energienullpunkt festlegt.

Wir können jetzt den oben eingeführten Parameter τ als abstrakte (verallgemeinerte) Zeit interpretieren und die Koordinaten des vierdimensionalen Minkowski-Raumes $x^\mu(\tau)$ als verallgemeinerte Koordinaten betrachten.

i Es sei jedoch darauf hingewiesen, dass die Lagrange- bzw. Hamilton-Formulierung die Einführung beliebiger Koordinaten erlaubt. Die eingeführten Koordinaten müssen nicht linear unabhängig sein, sondern wir können insbesondere überzählige Freiheitsgrade einführen. Des weiteren können wir beliebige Parameter, von denen diese Koordinaten abhängen, als „Zeit“ interpretieren.

Betrachten wir die Koordinaten des Minkowski-Raumes $x^\mu(\tau)$ als verallgemeinerte Koordinaten, so finden wir aus dem Prinzip der minimalen (extremalen) Wirkung,

$$\frac{\delta S[x]}{\delta x^\mu(\tau)} = 0\,, \tag{28.16}$$

die Euler-Lagrange-Gleichung:

$$\frac{\partial \mathcal{L}}{\partial x^\mu(\tau)} - \frac{d}{d\tau}\frac{\partial \mathcal{L}}{\partial \dot{x}^\mu(\tau)} = 0\,. \tag{28.17}$$

Hierin ist

$$p_\mu(\tau) = \frac{\partial \mathcal{L}}{\partial \dot{x}^\mu(\tau)} \tag{28.18}$$

der zur verallgemeinerten Koordinate $x^\mu(\tau)$ gehörige kanonisch konjugierte Impuls.

Für ein freies Teilchen ist die Wirkung $S[x]$ unabhängig von $x^\mu(\tau)$ und die Euler-Lagrange-Gleichung (28.17) reduziert sich auf

$$\frac{d}{d\tau}\frac{\partial \mathcal{L}}{\partial \dot{x}^\mu(\tau)} = \frac{d}{d\tau}p_\mu(\tau) = 0 \tag{28.19}$$

mit der Lösung $p_\mu(\tau) = \text{const.}$ Ferner finden wir aus Gl. (28.14) für die kanonischen Impulse (28.18) des freien Teilchens

$$p_\mu(\tau) = -mc\,\frac{\dot{x}_\mu(\tau)}{\sqrt{\dot{x}^2(\tau)}}\,, \tag{28.20}$$

und somit $\dot{x}_\mu(\tau) = \text{const.}$ Die Impulse (28.20) sind offenbar reparametrisierungsinvariant und genügen der sogenannten *Massenschalen-Bedingung*:

$$p_\mu(\tau)p^\mu(\tau) = (mc)^2\,. \tag{28.21}$$

Damit sind die vier verallgemeinerten Impulse $p_\mu(\tau)$, $\mu = 0, 1, 2, 3$, wie die verallgemeinerten Koordinaten $x^\mu(\tau)$, nicht unabhängig voneinander, sondern eine der Impulskomponenten kann durch die restlichen drei ausgedrückt werden. Üblicherweise wird das *Negative* des kanonischen Vierer-Impulses (28.20) als physikalischer Impuls (28.10) gewählt. Für den gewöhnlichen (Dreier-) Impuls $\boldsymbol{p}$ und die Energie E eines massiven Teilchens ergeben sich dann die Beziehungen

$$\boxed{\boldsymbol{p} = \frac{m\boldsymbol{v}}{\sqrt{1-\frac{\boldsymbol{v}^2}{c^2}}}\,, \quad E = c\sqrt{(mc)^2 + \boldsymbol{p}^2}\,,} \tag{28.22}$$

wobei m die Masse und $\boldsymbol{v} = d\boldsymbol{x}/dt$ die Geschwindigkeit des Teilchens ist. Für kleine Geschwindigkeiten $\boldsymbol{v}^2 \ll c^2$ geht der Impuls in den aus der nichtrelativistischen Physik bekannten Ausdruck

$$\boldsymbol{p} = m\boldsymbol{v}\left[1 + \mathcal{O}\left(\frac{\boldsymbol{v}^2}{c^2}\right)\right]$$

über. Entwickeln wir auch die Energie nach Potenzen von $\boldsymbol{v}^2/c^2$, so erhalten wir:

$$E = mc^2 + \frac{\boldsymbol{p}^2}{2m} + \cdots .$$

Der erste Term ist die Ruheenergie und drückt die Äquivalenz von Energie und Masse aus, die z. B. bei der Kernspaltung bzw. Kernfusion ausgenutzt wird. Der zweite Term ist die aus der klassischen Mechanik bekannte kinetische Energie. Dieser Term ist im Geltungsbereich der klassischen Mechanik, $\boldsymbol{v}^2 \ll c^2$, klein gegenüber der Ruheenergie mc^2. Die relativistischen Energie-Impuls-Beziehungen sind eine Folge der Invarianz der relativistischen Kinematik gegenüber Lorentz-Transformationen.

Mit (28.20) finden wir für die zugehörige Hamilton-Funktion:

$$\mathcal{H} = p_\mu \dot{x}^\mu - \mathcal{L} = 0 .$$

Die erhaltene Hamilton-Funktion, die der Wahl des Parameters τ als „Zeit" entspricht, stellt nicht die gewöhnliche Energie dar. Dies ist schon deshalb klar, da der Parameter τ dimensionslos gewählt werden kann. **i**

Die Bedingung $\mathcal{H} = 0$ hat ihre Ursache in den überzähligen Koordinaten $x^\mu(\tau)$, die wir eingeführt haben, und ist Ausdruck einer zusätzlichen Symmetrie der Wirkung, der Reparametrisierungsinvarianz, siehe Abschnitt 28.4.1.

28.3 Elektromagnetische Felder

Da wir im weiteren Verlauf dieses Kapitels auch relativistische Ladungen in elektromagnetischen Feldern untersuchen werden, empfiehlt es sich vorab, die wesentlichen Grundlagen der Elektrodynamik zu rekapitulieren.

Die Grundgleichungen der Elektrodynamik sind bekanntlich die Maxwell-Gleichungen[3]

$$\nabla \cdot \boldsymbol{E} = \rho\,, \quad \nabla \times \boldsymbol{B} = \frac{1}{c}\boldsymbol{j} + \frac{1}{c}\partial_t \boldsymbol{E} \tag{28.23}$$

$$\nabla \cdot \boldsymbol{B} = 0\,, \quad \nabla \times \boldsymbol{E} = -\frac{1}{c}\partial_t \boldsymbol{B}\,, \tag{28.24}$$

wobei $\boldsymbol{E}$ das elektrische und $\boldsymbol{B}$ das magnetische Feld ist. Ferner ist ρ die Ladungsdichte und $\boldsymbol{j}$ die Stromdichte, welche die Felder erzeugen. Die Potentialansätze

$$\boldsymbol{B} = \nabla \times \boldsymbol{A}\,, \quad \boldsymbol{E} = -\nabla\Phi - \frac{1}{c}\partial_t \boldsymbol{A} \tag{28.25}$$

lösen die letzten beiden Maxwell-Gleichungen (28.24).

Die Maxwell-Gleichungen respektieren bereits die relativistische Invarianz, d. h. die Konstanz der Lichtgeschwindigkeit in allen Inertialsystemen. Sie sind relativistisch kovariant, d. h. sie behalten ihre Form unter Lorentz-Transformationen bei, obgleich sich dabei $\boldsymbol{E}$- und $\boldsymbol{B}$-Felder ineinander umwandeln. Dass $\boldsymbol{E}$- und $\boldsymbol{B}$-Felder unter Lorentz-Transformationen ihre Identität nicht beibehalten können, ist völlig offensichtlich, da z. B. eine im Laborsystem ruhende Ladung in einem dazu bewegten Bezugssystem als Strom erscheint. Die relativistische Kovarianz der Maxwell-Gleichungen wird in der kompakten Vierer-Notation manifest, die auch eine wesentlich elegantere Formulierung der Elektrodynamik gestattet:

Das skalare Potential Φ und das Vektorpotential $\boldsymbol{A}(x)$ lassen sich zu einem Vierer-Potential

$$A^\mu \equiv \{A^0, \boldsymbol{A}\} \equiv \{\Phi, \boldsymbol{A}\}$$

zusammenfassen. In analoger Weise bilden die Ladungsdichte ρ und die Stromdichte $\boldsymbol{j}$ den Vierer-Strom

$$j^\mu \equiv \{j^0, \boldsymbol{j}\} \equiv \{c\rho, \boldsymbol{j}\}\,. \tag{28.26}$$

Die Potentialansätze (28.25) werden dann durch den *Feldstärketensor*

$$F^{\mu\nu} = \partial^\mu A^\nu - \partial^\nu A^\mu \tag{28.27}$$

---

3 Wir erinnern daran, dass wir in diesem Buch durchgehend das Heaviside-Lorentz-Maßsystem verwenden, in welchem die Faktoren 4π sowie die Dielektrizitätskonstante des Vakuums, ε_0, aus den Maxwell-Gleichungen eliminiert sind. Die dimensionslose Feinstrukturkonstante ist $\alpha = e^2/(4\pi\hbar c) \simeq 1/137$ und das Coulomb'sche Gesetz lautet $|\boldsymbol{F}_{12}| = q_1 q_2/(4\pi|\boldsymbol{x}_1 - \boldsymbol{x}_2|^2)$. In Kapitel 25 haben wir zusätzlich $c = 1$ gesetzt. Da wir im vorliegenden Kapitel auch den Übergang von der relativistischen zur nicht-relativistischen Beschreibung vollziehen, behalten wir die Lichtgeschwindigkeit explizit in den Gleichungen.

erfasst, der das elektrische und magnetische Feld vereinigt

$$F^{\mu\nu} = \begin{pmatrix} 0 & -E^1 & -E^2 & -E^3 \\ E^1 & 0 & -B^3 & B^2 \\ E^2 & B^3 & 0 & -B^1 \\ E^3 & -B^2 & B^1 & 0 \end{pmatrix} . \tag{28.28}$$

Es gelten offensichtlich die Beziehungen

$$F^{i0} = E^i , \quad F^{ij} = -\epsilon^{ijk} B^k . \tag{28.29}$$

Der Feldstärketensor ist invariant unter den *Eichtransformationen*

$$A^\mu(x) \to A^\mu(x) - \partial^\mu \alpha(x) , \tag{28.30}$$

wobei $\alpha(x)$ eine beliebige differenzierbare Funktion von Raum und Zeit ist. Dies folgt aus

$$(\partial^\mu \partial^\nu - \partial^\nu \partial^\mu)\alpha(x) = 0 .$$

Aufgrund seiner Eichabhängigkeit wird $A_\mu(x)$ auch als *Eichpotential* oder *Eichfeld* bezeichnet. Weiterhin genügt der Feldstärketensor (28.27) der *Bianchi-Identität*

$$\partial_\mu \tilde{F}^{\mu\nu} = 0 , \tag{28.31}$$

wobei

$$\tilde{F}^{\mu\nu} = \frac{1}{2} \epsilon^{\mu\nu\kappa\lambda} F_{\kappa\lambda} = \epsilon^{\mu\nu\kappa\lambda} \partial_\kappa A_\lambda$$

der *duale Feldstärketensor* ist. Dieser ergibt sich aus $F^{\mu\nu}$ (28.28) durch die Ersetzung

$$\boldsymbol{E} \to \boldsymbol{B} , \quad \boldsymbol{B} \to -\boldsymbol{E} .$$

Die Bianchi-Identität (28.31) ist äquivalent zu den beiden homogenen Maxwell-Gleichungen (28.24). Die beiden inhomogenen Maxwell-Gleichungen (28.23) lauten in der kovarianten Formulierung

$$\partial_\mu F^{\mu\nu} = \frac{1}{c} j^\nu . \tag{28.32}$$

Die Maxwell-Gleichungen (28.31) und (28.32) sind offenbar relativistisch forminvariant, sofern sich unter Lorentz-Transformationen (28.7)

$$x^\mu \to x'^\mu = \Lambda^\mu{}_\nu x^\nu$$

A^μ und j^μ wie Vierer-Vektoren,

$$A^\mu(x) \to A'^\mu(x') = \Lambda^\mu{}_\nu A^\nu(x)\,,$$
$$j^\mu(x) \to j'^\mu(x') = \Lambda^\mu{}_\nu j^\nu(x)\,,$$

und somit $F^{\mu\nu}$ und $\tilde{F}^{\mu\nu}$ wie Tensoren zweiter Stufe transformieren.

Bei Abwesenheit von äußeren Ladungen und Strömen, $j^\mu(x) = 0$, reduzieren sich die Maxwell-Gleichungen (28.32) auf

$$\partial_\mu F^{\mu\nu} = 0$$

und in der Lorentz-Eichung $\partial_\mu A^\mu = 0$ genügt jede Komponente des Eichfeldes der Wellengleichung

$$\Box A^\mu(x) = 0\,, \tag{28.33}$$

wobei

$$\Box = \partial_\mu \partial^\mu = \frac{1}{c^2}\frac{\partial}{\partial t^2} - \Delta \tag{28.34}$$

der d'Alambert'sche Operator ist. Dieselbe Wellengleichung wird dann auch von den zugehörigen $\boldsymbol{E}$- und $\boldsymbol{B}$-Feldern erfüllt. Die Vakuumlösungen der Maxwell-Gleichungen sind die elektromagnetischen Wellen, die sich mit der Lichtgeschwindigkeit ausbreiten.

Die Maxwell-Gleichungen (28.32) lassen sich als Euler-Lagrange-Gleichung

$$\delta S^j[A]/\delta A^\mu(x) = 0$$

des Eichfeldes $A^\mu(x)$ aus der Wirkung

$$S^j[A] = S[A] + S^j_{\text{int}}[A] \tag{28.35}$$

ableiten, wobei

$$\boxed{S[A] = -\frac{1}{4c}\int d^4x\, F_{\mu\nu}F^{\mu\nu} = \frac{1}{2}\int dt\, d^3x\,(\boldsymbol{E}^2 - \boldsymbol{B}^2)} \tag{28.36}$$

die Wirkung des freien elektromagnetischen Feldes ist, das nach Gl. (28.27) durch ein Eichpotential $A^\mu(x)$ generiert wird, und

$$\boxed{S^j_{\text{int}}[A] = -\frac{1}{c^2}\int d^4x\, j^\mu(x) A_\mu(x)} \tag{28.37}$$

die Wechselwirkung einer elektrischen Vierer-Stromdichte $j^\mu(x)$ mit dem elektromagnetischen Feld $A^\mu(x)$ beschreibt.[4] Hierbei ist $d^4x = dx^0dx^1dx^2dx^3$ das Volumenelement im Minkowski-Raum. Wegen der Antisymmetrie des Feldstärketensors $F^{\mu\nu} = -F^{\nu\mu}$ gilt $\partial_\mu\partial_\nu F^{\mu\nu} = 0$, womit aus der Maxwell-Gleichung (28.32) die Stromerhaltung

$$\partial_\mu j^\mu(x) = 0$$

folgt. Dies ist die bekannte Kontinuitätsgleichung

$$\partial_t \rho + \nabla \cdot \boldsymbol{j} = 0\,,$$

die die *lokale* Erhaltung der elektrischen Ladung gewährleistet. Offenbar lassen sich also nur erhaltene Ströme bzw. Ladungen konsistent an das Maxwell-Feld koppeln.

Eine Punktladung q, die sich auf der Weltlinie $\tilde{x}^\mu(\tau)$ bewegt, erzeugt einen Vierer-Strom, der durch das Linienintegral entlang seiner Weltlinie gegeben ist

$$\boxed{j^\mu(x) = qc\int d\tau \dot{\tilde{x}}^\mu(\tau)\delta^4(x - \tilde{x}(\tau)) = qc\int d\tilde{x}^\mu \delta^4(x - \tilde{x})\,,}$$

wobei

$$\delta^4(x) = \delta(x^0)\delta(x^1)\delta(x^2)\delta(x^3)\,.$$

Mit der Parametrisierung $\tau = x^0 = ct$, siehe Gl. (28.15), findet man hieraus unmittelbar die bekannten Ausdrücke der dreidimensionalen Notation

$$\begin{aligned} j^0(x) &\equiv c\rho\,(t,\boldsymbol{x})\,, \quad \rho(t,\boldsymbol{x}) = q\delta^3(\boldsymbol{x} - \tilde{\boldsymbol{x}}(t)) \\ \boldsymbol{j}(x) &\equiv \boldsymbol{j}(t,\boldsymbol{x}) = q\dot{\tilde{\boldsymbol{x}}}(t)\delta^3(\boldsymbol{x} - \tilde{\boldsymbol{x}}(t))\,, \end{aligned}$$

wobei $\tilde{\boldsymbol{x}}(t)$ die Trajektorie der Punktladung im gewöhnlichen Ortsraum $\mathbb{R}^3$ ist. Befindet sich die Punktladung im äußeren elektromagnetischen Feld, erfährt sie nach Gl. (28.37) die Wirkung

$$S^j_{\text{int}}[A] = -\frac{q}{c}\int d\tau\, \dot{\tilde{x}}^\mu(\tau)A_\mu(\tilde{x}(\tau))\,.$$

Mit der Parametrisierung $\tau = x^0 = ct$ geht dieser Ausdruck in die bekannte Form (25.4), (26.53)

---

4 Tatsächlich hatten wir bereits in Abschnitt 25.1 die Größe (25.4)

$$W = \frac{1}{c}\int d^3x j^\mu(x)A_\mu(x)$$

als die potentielle Energie der in $j^\mu(x)$ (28.26) enthaltenden Ladungen $\rho(x)$ und Ströme $\boldsymbol{j}(x)$ im elektromagnetischen Feld $A^\mu(x)$ identifiziert.

$$S_{\text{int}}^{j}[A] = \int dt \left[-q\Phi(\tilde{\boldsymbol{x}}(t)) + \frac{q}{c}\dot{\tilde{\boldsymbol{x}}}(t)\cdot\boldsymbol{A}(\tilde{\boldsymbol{x}}(t)) \right]$$

über.

In der klassischen Elektrodynamik erscheint Licht als elektromagnetische Welle und die hierauf beruhende Wellenoptik erklärt die meisten Lichtphänomene in unserem Alltagsleben. Die korpuskulare Natur des Lichtes und damit die Quantennatur des elektromagnetischen Feldes tritt jedoch in den folgenden Experimenten zutage:

Historische Experimente zum Nachweis der Quantennatur des Lichtes

1. *Der fotoelektrische Effekt*
   Wird Licht mit der Frequenz ω (gewöhnlich UV-Strahlung, bei Alkali-Metallen genügt auch Licht im sichtbaren Bereich) auf eine Metallfolie oder Metalloberfläche gestrahlt (H. Hertz 1887, P. Lenard 1902), treten Elektronen aus der Metalloberfläche. Nach der klassischen Physik sollte die kinetische Energie der Elektronen

   $$E_e = \frac{m}{2}v_e^2$$

   nur von der Intensität des eingestrahlten Lichtes abhängen, nicht aber von der Frequenz. Insbesondere sollte es keine untere Grenzfrequenz für das Licht geben, um Elektronen herauszulösen. Man beobachtet aber, dass die Elektronen mit einer maximalen kinetischen Energie von

   $$E_e = \hbar\omega - W$$

   aus der Metalloberfläche austreten, wobei W die Austrittsarbeit ist (Abb. 28.2). Die Energie der Elektronen hängt also entgegen der klassischen Erwartung von der Frequenz des Lichtes ab, und es gibt eine Grenzfrequenz ω_0 mit $\hbar\omega_0 = W$, unterhalb der keine Elektronen herausgelöst werden.
   Die Erklärung dieses fotoelektrischen Effektes erfolgte 1905 durch A. Einstein. Seine Erklärung basiert auf der Hypothese, dass Licht aus Energiequanten der Energie $\hbar\omega$ besteht, die, wie oben bereits

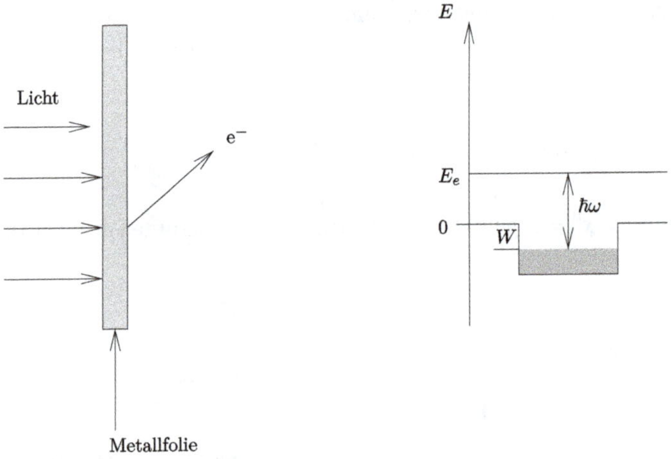

Abb. 28.2: Der fotoelektrische Effekt.

erwähnt, als Photonen bezeichnet werden. Die Elektronen werden demzufolge durch *einzelne* Photonen aus der Metalloberfläche geschlagen. Ein im Metall gebundenes Elektron kann nur dann aus der Oberfläche austreten, wenn die Energie des Photons die Austrittsarbeit des Elektrons übertrifft. Wir kommen also zu folgendem Schluss:

(a) Einige Experimente zeigen, dass Licht aus Photonen mit der Energie

$$E = \hbar\omega$$

besteht.

(b) In anderen Experimenten erweist sich Licht als klassische elektromagnetische Welle, die sich mit der Lichtgeschwindigkeit c in Richtung von $\boldsymbol{k}$ ausbreitet und der Dispersionsbeziehung

$$\omega = c|\boldsymbol{k}| \tag{28.38}$$

genügt.

Benutzen wir beide Ergebnisse, so finden wir für die Energie der Photonen:

$$E = \hbar c|\boldsymbol{k}| . \tag{28.39}$$

Die elektromagnetischen Wellen gehorchen der relativistischen Physik, in der für Energie und Impuls folgende Beziehung gilt:

$$E = c\sqrt{m^2c^2 + \boldsymbol{p}^2} . \tag{28.40}$$

Der Transport physikalischer Größen wie der Energie erfolgt in einer Welle bekanntlich mit der Gruppengeschwindigkeit (siehe auch Abschnitt 4.4)

$$\boldsymbol{v} = \frac{\partial E}{\partial \boldsymbol{p}} = \frac{\boldsymbol{p}c}{\sqrt{m^2c^2 + \boldsymbol{p}^2}} \overset{!}{=} |\boldsymbol{v}|\hat{\boldsymbol{v}} .$$

Da sich die Lichtwellen mit der Geschwindigkeit $|\boldsymbol{v}| = c$ ausbreiten, kann diese Beziehung nur erfüllt sein, wenn die Photonen masselos sind. Mit $m = 0$ folgt aus (28.40) für die Energie der Photonen

$$E = c|\boldsymbol{p}| ,$$

und durch Vergleich mit (28.39) für den Impuls der Photonen

$$|\boldsymbol{p}| = \hbar|\boldsymbol{k}| ,$$

bzw. da $\boldsymbol{k}$ und $\boldsymbol{p}$ in einer Welle parallel zueinander sind,

$$\boldsymbol{p} = \hbar\boldsymbol{k} .$$

Dieselbe Beziehung haben wir auch in (3.31) für Materiewellen gefunden.

2. *Der Compton-Effekt*
Die korpuskulare Natur des Lichtes zeigt sich auch im Compton-Effekt (Abb. 28.3): Die Röntgenstrahlung bzw. das sehr kurzwellige Licht trifft auf ein Elektron, das als ruhend angenommen werden soll. Bei dem elastischen Stoß zwischen Elektron und Photon bleiben Energie und Impuls erhalten. Da das Elektron kinetische Energie gewinnt, muss sich die Energie des Photons verringern. Wegen $E = \hbar\omega$ heißt das aber, dass ω und nach (28.38) auch die Wellenzahl $|\boldsymbol{k}| = 2\pi/\lambda$ kleiner wird. Die Wellenlänge des gestreuten Lichtes wird also größer. Dies wird in der Tat im Experiment beobachtet. Die

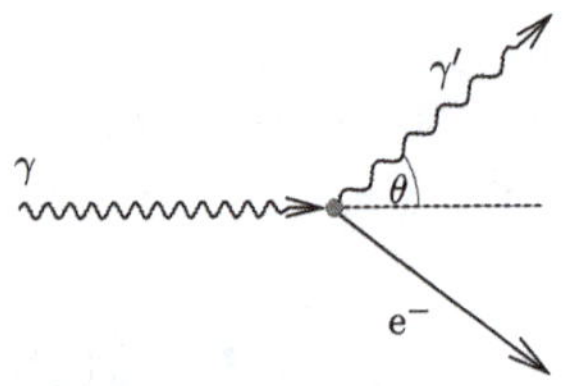

Abb. 28.3: Der Compton-Effekt.

Abnahme der Energie lässt sich aus Energie- und Impulserhaltung berechnen. Wird der Streuwinkel zwischen auslaufendem und einfallendem Photon mit θ bezeichnet, so erhält man

$$E' = \frac{E}{1 + E(1 - \cos\theta)/mc^2},$$

wobei E' und E die Energien von auslaufendem und einfallendem Photon sind und m die Elektronenmasse ist. Für die Änderung der Wellenlänge findet man

$$\lambda' - \lambda = 4\pi\lambda\!\!\!^{-}_c \sin^2\frac{\theta}{2},$$

wobei $\lambda\!\!\!^{-}_c = \hbar/mc = 3{,}86 \times 10^{-13}$ m die *Compton-Wellenlänge des Elektrons* ist.

Die in den oben beschriebenen Experimenten mit Licht zutage tretende Teilchen-Wellen-Dualität existiert, wie bereits im Kapitel 1 ausführlich erläutert, auch für massive Teilchen. Für Elektronen wurde diese Dualität erstmalig im historischen Doppelspaltexperiment von Jönssen und Möllenstedt in Tübingen nachgewiesen, siehe S. 6, Band 1.

28.4 Funktionalintegral-Quantisierung des relativistischen spinlosen Teilchens

In der nichtrelativistischen Quantenmechanik hatten wir die quantenmechanische Übergangsamplitude aus dem Grundprinzip der Summation über interferierende Alternativen abgeleitet. Dieses Grundprinzip war in keiner Weise an die nichtrelativistische Kinematik gebunden. Wir können deshalb davon ausgehen, dass dieses Grundprinzip auch in der relativistischen Physik Gültigkeit hat und somit die quantenmechanische Übergangsamplitude, analog zur nichtrelativistischen Quantenmechanik, aus der Summe über alle Trajektorien im Minkowski-Raum gewonnen werden kann.

Analog zu der in Abschnitt 7.1 gegebenen Ableitung der zeitabhängigen Schrödinger-Gleichung aus der klassischen Wirkung durch Summation über sämtliche interferierenden Pfade lassen sich auch ihre relativistische Verallgemeinerungen aus der Wirkung eines relativistischen Teilchens durch Summation über sämtliche interferierenden Alternativen gewinnen. Einfacher folgen die relativistischen Wellengleichungen jedoch in der Quantenfeldtheorie als „klassische“ Bewegungsgleichungen (Euler-Lagrange-Gleichungen) der entsprechenden Felder aus deren relativistisch-invarianten Wirkung, siehe Kapitel 38, Band 3. Deshalb beschränken wir uns im Folgenden auf die Funktionalintegralableitung der relativistischen Verallgemeinerung der Schrödinger-Gleichung für ein spinloses freies Teilchen.

Analog zur nichtrelativistischen Quantentheorie erwarten wir, dass die quantenmechanische Übergangsamplitude (Propagator) eines relativistischen Teilchens, $K(b,a) \equiv K(x_b, x_a)$, d. h. die Wahrscheinlichkeitsamplitude für den Übergang des Teilchens vom Anfangsereignis $x^\mu(\tau_a) = x^\mu_a$ zum Endereignis $x^\mu(\tau_b) = x^\mu_b$, sich durch Summation von $\exp(i/\hbar S[x](b,a))$ über alle Weltlinien (Trajektorien im Minkowski-Raum) ergibt, die vom Anfangsereignis x^μ_a zum Endereignis x^μ_b laufen:

$$K(b,a) = \sum_{\{x^\mu(\tau)\}} \exp\left[\frac{i}{\hbar} S[x](b,a)\right], \quad x^\mu(\tau_a) = x^\mu_a, \quad x^\mu(\tau_b) = x^\mu_b\,, \tag{28.41}$$

wobei $S[x](b,a)$ die klassische Wirkung (28.13) ist. Dabei ist jedoch zu beachten, dass nur über echte Alternativen summiert wird. Die kovariante Wirkung (28.13) des spinlosen Teilchens in den verallgemeinerten Koordinaten $x^\mu(\tau)$ besitzt jedoch eine Art Eichsymmetrie, wodurch verschiedene Funktionen $x_\mu(\tau)$ dieselbe Weltlinie, d. h. dieselbe Trajektorie im Minkowski-Raum liefern. Es empfiehlt sich daher zunächst diese Symmetrie zu extrahieren.

28.4.1 Die kovariante Wirkung des relativistischen spinlosen Teilchens

Die relativistische Wirkung (28.13):

$$S[x](b,a) = \int_{\tau_a}^{\tau_b} d\tau \mathcal{L}(x(\tau)), \quad \mathcal{L}(x(\tau)) = -mc\sqrt{\dot{x}^2(\tau)}, \quad \dot{x}^2 = \dot{x}^\mu \dot{x}_\mu, \tag{28.42}$$

ist *reparametrisierungsinvariant*, d. h. invariant unter der Umparametrisierung

$$\tau \to \tau(\sigma) \tag{28.43}$$

der Trajektorien des Minkowski-Raumes, wobei

$$\tau'(\sigma) = d\tau/d\sigma > 0 \tag{28.44}$$

vorausgesetzt ist.[5] Tatsächlich führen wir eine Umparametrisierung $\tau \to \tau(\sigma)$ der Weltlinie durch:

---

5 Die Reparametrisierungsinvarianz entspricht der Eichinvarianz der Elektrodynamik. Deshalb werden wir eine Umparametrisierung der Trajektorien auch als Eichtransformation bezeichnen. Genau wie die Eichinvarianz in der Elektrodynamik kann die Reparametrisierungsinvarianz durch Eichfixierung beseitigt werden, siehe Abschnitt 28.4.3.

$$x^\mu(\tau) \to x^\mu\big(\tau(\sigma)\big) =: \tilde{x}^\mu(\sigma)\,, \tag{28.45}$$

so erhalten wir wegen

$$\dot{\tilde{x}}^\mu(\sigma) = \frac{d\tilde{x}^\mu(\sigma)}{d\sigma} = \frac{dx^\mu(\tau)}{d\tau}\frac{d\tau}{d\sigma} = \dot{x}^\mu(\tau)\,\tau'(\sigma)\,, \quad d\tau = \frac{d\tau}{d\sigma}d\sigma = \tau'(\sigma)d\sigma$$

für die Wirkung:

$$\begin{aligned} S[x(\tau)] &= -mc\int d\tau\,\sqrt{\dot{x}^2(\tau)} \\ &= -mc\int d\sigma\,\tau'(\sigma)\,\frac{1}{|\tau'(\sigma)|}\,\sqrt{\dot{\tilde{x}}^2(\sigma)}\,. \end{aligned}$$

Unter der Bedingung $\tau'(\sigma) > 0$ hat die Wirkung in der neuen Parametrisierung der Trajektorie $\tilde{x}^\mu(\sigma)$ exakt dieselbe Gestalt wie in der ursprünglichen Parametrisierung $x^\mu(\tau)$[6]

$$S[x(\tau)] = -mc\int d\sigma\,\sqrt{\dot{\tilde{x}}^2(\sigma)} = S[\tilde{x}(\sigma)]\,.$$

Sowohl für die kanonische als auch für die Funktionalintegralquantisierung ist die Wirkung (28.42) nicht sehr bequem aufgrund der in ihr enthaltenen Wurzel. Eine alternative, bequemere aber dennoch äquivalente Form der Wirkung einer relativistischen Punktmasse ist:

$$S[x,\phi](b,a) = \int_{\tau_a}^{\tau_b} d\tau\mathcal{L}\big(x(\tau),\phi(\tau)\big), \quad \mathcal{L}\big(x(\tau),\phi(\tau)\big) = -\frac{mc}{2}\left[\frac{\dot{x}^2(\tau)}{\phi(\tau)} + \phi(\tau)\right], \tag{28.46}$$

die eine zusätzliche Variable $\phi(\tau)$ enthält.[7] Die Wirkung (28.46) ist ebenfalls invariant unter einer Reparametrisierung (28.43) der Weltlinie (28.45),

$$S\big[x(\tau),\phi(\tau)\big](b,a) = S\big[\tilde{x}(\sigma),\tilde{\phi}(\sigma)\big](b,a), \tag{28.47}$$

wenn man fordert, dass die Variable ϕ sich dabei wie

$$\phi(\tau) \to \phi\big(\tau(\sigma)\big) =: \frac{\tilde{\phi}(\sigma)}{\tau'(\sigma)} \tag{28.48}$$

6 Die Wahl der Parametrisierung $x^\mu(\tau)$ ist zwar beliebig, die über Gl. (28.14) definierte Lagrange-Funktion kann jedoch, je nach Wahl des Parameters τ, eine andere Dimension annehmen.

7 Wir erinnern hier daran, dass der Lagrange-Formalismus die Benutzung beliebiger und auch überzähliger Variablen zulässt.

transformiert. Die Äquivalenz beider Formen der Wirkung ergibt sich sofort aus der Euler-Lagrange-Gleichung der Variablen $\phi(\tau)$[8]

$$\frac{\partial \mathcal{L}}{\partial \phi(\tau)} = -\frac{mc}{2}\left[-\frac{\dot{x}^2(\tau)}{\phi^2(\tau)} + 1\right] = 0 \tag{28.49}$$

Diese besitzt die Lösung

$$\phi = \pm\sqrt{\dot{x}^2}. \tag{28.50}$$

Das Einsetzen der positiven Lösung in Gl. (28.46) liefert die ursprünglich Form (28.42) der Wirkung.[9] Um die negative Lösung auszuschließen, müssen wir die Variable $\phi(\tau)$ auf positive Werte beschränken:

$$\phi(\tau) > 0\,. \tag{28.51}$$

Unterschiedliche Parametrisierungen der verallgemeinerten Koordinaten $x^\mu(\tau)$ liefern natürlich dieselbe Weltlinie des Teilchens im Minkowski-Raum.

Zur Berechnung des Propagators des freien, nichtrelativistischen Teilchens war es vorteilhaft, die Phasenraumdarstellung des Pfadintegrals zu benutzen (siehe die Abschnitte 3.5, 3.6). Wir gehen deshalb zunächst von der Lagrange- zur Hamilton-Formulierung über. Aus der Lagrange-Funktion (28.46) finden wir den zur Teilchenkoordinate x^μ kanonisch konjugierte Impuls:

$$p_\mu = \frac{\partial \mathcal{L}}{\partial \dot{x}^\mu} = -mc\frac{\dot{x}_\mu}{\phi}\,. \tag{28.52}$$

Für die positive klassische Lösung (28.50) von ϕ reduziert sich dieser auf den früher aus der Larange-Funktion (28.42) gewonnenen Ausdruck (28.20). Ferner liefert auch die Lagrange-Funktion (28.46) über die Euler-Lagrange-Gleichung

$$\frac{d}{d\tau}\frac{\partial \mathcal{L}}{\partial \dot{x}^\mu(\tau)} = \frac{d}{d\tau}p_\mu(\tau) = 0\,. \tag{28.53}$$

die Erhaltung des Vierer-Impulses. Da die Lagrange-Funktion $\mathcal{L}$ (28.46) nicht von $\dot{\phi}$ abhängt, verschwindet der zur Variable ϕ gehörige kanonisch konjugierte Impuls

$$\pi(\tau) = \frac{\partial \mathcal{L}}{\partial \dot{\phi}(\tau)} = 0, \tag{28.54}$$

---

8 Da die Lagrange-Funktion (28.46) nicht die Zeitableitung $\dot{\phi}(\tau)$ enthält, ist die Euler-Lagrange-Gleichung von ϕ keine echte Bewegungsgleichung sondern eine Zwangsbedingung an die Lösungen der Euler-Lagrange-Gleichungen der dynamischen Variablen $x^\mu(\tau)$.

9 Aus ihrem klassischen Wert (28.50) ist ersichtlich, dass die Dimension von $\phi(\tau)$ von der Dimension des Parameters τ abhängt. Wählen wir τ mit der Dimension „Länge" (z. B. $\tau = x^0$), so ist $\phi(\tau)$ dimensionslos.

womit $\phi(\tau)$ keine dynamische Variable ist, was wir weiter unten noch vertiefen werden.

Die Hamilton-Funktion $\mathcal{H}$ ergibt sich aus der Lagrange-Funktion $\mathcal{L}$ durch Legendre-Transformation von den Geschwindigkeiten zu den kanonischen Impulsen. Mit den oben gefundenen Impulsen (28.52), (28.54) erhalten wir die Hamilton-Funktion:

$$\mathcal{H}(p,\phi) = p_\mu \dot{x}^\mu - \mathcal{L}(x,\phi) = -\frac{\phi}{2mc}[p^2 - (mc)^2], \quad p^2 = p^\mu p_\mu \tag{28.55}$$

und die kanonische oder Hamilton-Form der Wirkung lautet:

$$S[p,x,\phi](b,a) = \int_{\tau_a}^{\tau_b} d\tau [p_\mu \dot{x}^\mu - \mathcal{H}(p,\phi)] = \int_{\tau_a}^{\tau_b} d\tau \left[p_\mu \dot{x}^\mu + \frac{\phi}{2mc}[p^2 - (mc)^2] \right]. \tag{28.56}$$

---

i Die kanonische Form (28.56) der Wirkung bringt auch die physikalische Bedeutung der Hilfsvariable $\phi(\tau)$ zutage: $\phi(\tau)$ ist ein Lagrange-Multiplikator, der die Massenschalen-Bedingung (28.21) an jedem Punkt der *klassischen*[10] Trajektorie $x^\mu(\tau)$ im Minkowski-Raum erzwingt. In der Tat liefert die kanonische Bewegungsgleichung der Variablen ϕ die Zwangsbedingung:

$$\frac{\delta S[p,x,\phi](b,a)}{\delta \phi(\tau)} = \frac{1}{2mc}\left(p(\tau)^2 - (mc)^2\right) = 0\,. \tag{28.57}$$

Aus der kanonischen Bewegungsgleichung der Koordinaten $x^\mu(\tau)$,

$$\frac{\delta S[p,x,\phi](b,a)}{\delta x^\mu(\tau)} = -\dot{p}_\mu(\tau) = 0, \tag{28.58}$$

folgt wieder (wie in der Lagrange-Formulierung (28.53)) die Erhaltung des Vierer-Impulses, während die Bewegungsgleichung für die Impulsvariable

$$\frac{\delta S[p,x,\phi](b,a)}{\delta p_\mu(\tau)} = \dot{x}^\mu(\tau) + \frac{\phi(\tau)}{mc} p^\mu(\tau) = 0 \tag{28.59}$$

die Definition (28.52) des kanonischen Impulses liefert.

28.4.2 Summation über interferierende Weltlinien

Wir betrachten zunächst die Übergangsamplitude $K[\phi](b,a)$ bei festgehaltener Variable $\phi(\tau)$. Für eine feste, von außen vorgegebene Funktion $\phi(\tau)$ ist die Wirkung nicht reparametrisierungsinvariant. Die Reparametrisierungsinvarianz der Wirkung (28.46), in der $\phi(\tau)$ keine fest vorgegebene Funktion, sondern eine Variable mit der Eigenschaft (28.48) ist, wird sich dann bei der Summation über die alternativen $\phi(\tau)$ zur Gesamtamplitude

10 D. h. die Trajektorie, die die Wirkung extremiert.

$$K(b,a) = \sum_{\{\phi(\tau)\}} K[\phi](b,a) \tag{28.60}$$

bemerkbar machen.

Interpretieren wir den Parameter τ als „Zeit", so hat $\mathcal{L}(x(\tau),\phi(\tau))$ (28.46) für fest vorgegebenes $\phi(\tau)$ formal die Form der Lagrange-Funktion eines *nichtrelativistischen* Teilchens,

$$L(\tau) = \frac{M(\tau)}{2}\left(\dot{\boldsymbol{x}}^2(\tau) - (\dot{x}^0(\tau))^2\right) - V(\tau), \tag{28.61}$$

mit der zeitabhängige Masse

$$M(\tau) = \frac{mc}{\phi(\tau)}, \tag{28.62}$$

das sich in einem pseudo-euklidischen Raum $\mathbb{R}^{3,1}$ mit Koordinaten $x^\mu = \{\boldsymbol{x}, x^0\}$ in dem zeitabhängigen Potential

$$V(\tau) = \frac{mc}{2}\phi(\tau) \tag{28.63}$$

bewegt. Folglich lässt sich die Amplitude $K[\phi](b,a)$ völlig analog zur Übergangsamplitude $K(b,a)$ im nichtrelativistischen Fall berechnen. Die in Kapitel 3 abgeleitete Pfadintegraldarstellung der Übergangsamplitude eines nichtrelativistischen Teilchens gilt auch für explizit zeitabhängige Lagrange-Funktionen und somit auch für eine zeitabhängige Masse und ein zeitabhängiges Potential.

Analog zum nichtrelativistischen Fall (siehe Gl. (3.24)) ergibt sich daher die Amplitude $K[\phi](b,a)$ durch die Summation (Integration) über sämtliche Funktionen $x^\mu(\tau)$, die den Randbedingungen

$$x^\mu(\tau_a) = x_a^\mu, \quad x^\mu(\tau_b) = x_b^\mu \tag{28.64}$$

genügen:

$$K[\phi](b,a) = \int_{x(\tau_a)=x_a}^{x(\tau_b)=x_b} \mathcal{D}x(\tau) \exp\left[\frac{i}{\hbar} S[x,\phi](b,a)\right]. \tag{28.65}$$

Zur expliziten Berechnung des Funktionalintegrals ist es jedoch bequemer, wie im nichtrelativistischen Fall, die Phasenraumdarstellung der Übergangsamplitude:

$$K[\phi](b,a) = \int \mathcal{D}p(\tau) \int_{x(\tau_a)=x_a}^{x(\tau_b)=x_b} \mathcal{D}x(\tau) \exp\left[\frac{i}{\hbar} S[x,p,\phi](b,a)\right] \tag{28.66}$$

zu benutzen, wobei $S[x,p,\phi](b,a)$ die Wirkung (28.56) ist und das Pfadintegral sich über die Phasenraumtrajektorien erstreckt: Das Integral über die Koordinaten erstreckt sich über sämtliche Funktionen $x^\mu(\tau)$, die den Randbedingungen (28.64) genügen, während über die Impulsvariablen $p_\mu(\tau)$ uneingeschränkt integriert wird. Ferner ist das funktionale Integrationsmaß wie im nichtrelativistischen Fall in Kapitel 3 über eine Diskretisierung des Trajektorienparameters (hier τ) definiert. Setzen wir analog zur Diskretisierung der Zeit in Gl. (3.6)

$$\tau_b - \tau_a = N\varepsilon, \quad \tau_k = \tau_a + k\varepsilon, \quad \tau_0 = \tau_a, \quad \tau_N = \tau_b, \tag{28.67}$$

$$x_k^\mu = x^\mu(\tau_k), \quad p_{\mu k} = p_\mu(\tau_k), \quad \phi_k = \phi(\tau_k), \tag{28.68}$$

so ist das Funktionalntegrationsmaß durch (siehe Gl. (3.28))

$$\int \mathcal{D}p(\tau) \int_{x(\tau_a)=x_a}^{x(\tau_b)=x_b} \mathcal{D}x(\tau) = \int_{-\infty}^{\infty} \frac{dp_N}{2\pi\hbar} \int_{-\infty}^{\infty} \prod_{k=1}^{N-1} \frac{dp_k dx_k}{2\pi\hbar} \tag{28.69}$$

gegeben, wobei wir

$$dx_k := \prod_\mu dx_k^\mu \quad \frac{dp_k}{2\pi\hbar} := \prod_\mu \frac{dp_{\mu k}}{2\pi\hbar} \tag{28.70}$$

gesetzt haben. Ferner lautet dann die diskretisierte Form der Wirkung (28.56):

$$S[x,p,\phi](b,a) = \sum_{k=1}^{N} \left[p_k \cdot (x_k - x_{k-1}) + \varepsilon \frac{\phi_k}{2mc}(p_k^2 - (mc)^2) \right], \tag{28.71}$$

wobei $p \cdot x = p_\mu x^\mu$. Die Übergangsamplitude (28.66) bei festem ϕ is damit durch

$$K[\phi](b,a) = \int \frac{dp_N}{2\pi\hbar} \int \prod_{k=1}^{N-1} \frac{dp_k dx_k}{2\pi\hbar} \exp\left[\frac{i}{\hbar} \sum_{k=1}^{N} \left[p_k \cdot (x_k - x_{k-1}) + \varepsilon \frac{\phi_k}{2mc}(p_k^2 - (mc)^2) \right] \right] \tag{28.72}$$

gegeben. Per Konstruktion dieses Funktionalintegrals sind die hier eingehenden Trajektorien stetig, aber i. a. nicht stetig diffferenzierbar, d. h. sie enthalten auch *Knicke*. Ferner tragen auch „Weltlinien“ $x^\mu(\tau)$ bei, auf denen sich das Teilchen mit Überlichtgeschwindigkeit bewegt. Diese Weltlinien sind aber unbedingt erforderlich, um nach Aufsummation der Trajektorien einen relativistisch-invarianten Propagator zu erhalten. Physikalisch bedeutet dies, das ein relativistisches, quantenmechanisches Teilchen auch Trajektorien benutzt, auf denen es sich mit Überlichtgeschwindigkeit bewegt.

28.4.3 Der relativistische Propagator

Die Ausintegration der Impulse in Gl. (28.72) würde die Lagrange-Form (28.65) des Funktionalintegrals liefern. Wie wir im nichtrelativistischen Fall (siehe Abschnitt 3.6) gesehen haben, ist es jedoch zweckmäßig, die Koordinaten x_k und Impulse p_k alternierend zu integrieren und jeweils mit der Integration über die Koordinate zu beginnen: Die Integration über die $x_k = \{x_k^\mu\}$ liefert die Delta-Funktionen $\delta(p_k - p_{k+1}) \equiv \prod_\mu \delta(p_{\mu k} - p_{\mu k+1})$, die dann benutzt werden, um auf trivialer Weise die Integrationen über die Impulsvariablen $p_k = \{p_{\mu k}\}$ auszuführen. Beginnen wir mit der Integration über die x_1^μ, so bleiben zum Schluß die Integrale über die Variablen $p_{\mu N} =: p_\mu$ übrig und wir finden:

$$K[\phi](b,a) = \int \prod_\mu \frac{dp_\mu}{2\pi\hbar} \exp\left[\frac{i}{\hbar} p \cdot (x_b - x_a) + \frac{i}{\hbar}\frac{L}{2mc}(p^2 - (mc)^2)\right], \tag{28.73}$$

wobei

$$L = \varepsilon \sum_{k=1}^{N} \phi_k \tag{28.74}$$

eine *reparametrisierungsinvariante Länge* ist. Im Limes $\varepsilon \to 0$ ist diese durch das Riemann-Integral

$$L = \int_{\tau_a}^{\tau_b} d\tau \phi(\tau) \tag{28.75}$$

gegeben, welches nach Gl. (28.48) offensichtlich reparametrisierungsinvariant ist. Für eine Lösung der Euler-Lagrange-Gleichung (28.50) $\phi = \sqrt{\dot{x}^2}$ ist L gerade die Länge der Weltlinie $x^\mu(\tau)$.

Die verbleibenden Impulsintegrale über die p_μ sind Fresnel-Integrale, wobei wegen $p^2 = p_\mu p^\mu = p_0^2 - \mathbf{p}^2$ die quadratischen Terme im Exponenten mit unterschiedlichen Vorzeichen kommen. Nach Ausführen dieser Integrale erhalten wir für die Übergangsamplitude (28.73) bei festem $\phi(\tau)$:

$$K[\phi](b,a) = \sqrt{\frac{imc}{2\pi\hbar L}} \left(\sqrt{\frac{mc}{i2\pi\hbar L}}\right)^3 \exp\left[-\frac{i}{\hbar}\frac{mc}{2}\left(\frac{(x_b - x_a)^2}{L} + L\right)\right] =: K(b,a;L). \tag{28.76}$$

Für gleichzeitige Ereignisse $\tau_a = \tau_b$ verschwindet die invariante Länge L (28.75). Für

$$\lambda := \frac{mc}{\hbar L} \to \infty,$$

finden wir aus (28.76) unter Benutzung der asymptotischen Darstellung (5.13) der δ-Funktion:

$$\lim_{L\to 0} K(b,a;L) = \prod_{\mu} \delta(x_b^{\mu} - x_a^{\mu}). \tag{28.77}$$

Dieser Ausdruck ist sowohl relativistisch invariant als auch kovariant. Der Vergleich mit der analogen nichtrelativistischen Beziehung (3.5) zeigt, dass in der relativistischen Theorie die invariante Länge L (28.75) offenbar die Rolle übernimmt, die die Zeit in der nichtrelativistischen Evolutionsgleichung spielt. Dadurch wird eine Auszeichnung der Zeit gegenüber den räumlichen Koordinaten vermieden.

Bemerkenswert ist, dass die Übergangsamplitude (28.76) bei festem ϕ nicht vom Verlauf der Trajektorie $\phi(\tau)$, sondern nur von deren invarianten Länge L (28.75) abhängt. Verschiedene Trajektorien $\phi(\tau)$ mit derselben invarianten Länge L stellen offenbar keine *echten* Alternativen dar. Dies ist nicht verwunderlich, nicht weil $\phi(\tau)$ als zusätzliche (überzählige) Variable eingeführt wurde, deren kanonisch konjugierter Impuls verschwindet, sondern weil aufgrund des Transformationsverhaltens (28.48) der Variable $\phi(\tau)$ unter einer Reparametrisierung $\tau = \tau(\sigma)$ sich für jedes $\phi(\tau)$ durch geeignete Wahl von $\tau'(\sigma)$ stets eine alternative Parametrisierung finden lässt, in der

$$\tilde{\phi}(\sigma) = \tau'(\sigma)\phi(\tau(\sigma)) = 1. \tag{28.78}$$

In der Tat sind voraussetzungsgemäß $\phi(\tau(\sigma))$ und $\tau'(\sigma)$ beides positiv-definite Funktionen. Darüber hinaus ist aber $\tau(\sigma)$ bzw. $\tau'(\sigma)$ frei wählbar. Insbesondere muss $\tau'(\sigma)$ (im Gegensatz zu $\tau(\sigma)$) nicht differenzierbar sein, sondern kann wie $\phi(\tau)$ auch Knicke enthalten. Wir können deshalb auch $\tau'(\sigma) = 1/\phi(\tau(\sigma))$ wählen, was $\tilde{\phi}(\sigma) = 1$ liefert. Damit sind sämtliche $\phi(\tau)$ mit derselben (reparametrisierungs-)invarianten Länge L (28.75) äquivalent und die Integration über die inäquivalenten Trajektorien $\phi(\tau)$ reduziert sich auf die Integration über deren invariante Länge L. Dabei entsteht ein zusätzlicher Normierungsfaktor $\mathcal{N}$, der jedoch stets im Nachhinein durch die Normierung des Propagators bzw. der Wellenfunktion bestimmt werden kann.[11] Für die Gesamtübergangsamplitude (Propagator) des relativistischen spinlosen Teilchens erhalten wir deshalb

$$K(b,a) = \mathcal{N} \int_0^{\infty} dL K[\phi](b,a) \tag{28.79}$$

Das Einsetzen von Gl. (28.73) liefert schließlich

---

11 Dasselbe Ergebnis erhält man auch, indem man, analog zur Eichfixierung in den Eichtheorien, die Reparametrisierungsinvarianz der Wirkung $S[p,x,\phi](a,b)$ (28.56) durch eine Zusatzbedingung an die Variablen $p_\mu(\tau)$, $x_\mu(\tau)$, $\phi(\tau)$ explizit bricht und damit eine bestimmte Parametrisierung festlegt. Aufgrund des Transformationsverhaltens (28.48) der Variable $\phi(\tau)$ können wir diese Bedingung so wählen, dass $\phi(\tau)$ bis auf ihre invariante Länge fixiert ist und somit vom Funktionalintegral über $\phi(\tau)$ tatsächlich nur die Integration über die invariante Länge dieser Variable überlebt. Z. B. können wir aufgrund des Transformationsverhaltens (28.48) wie oben gezeigt die Eichbedingung $\phi(\tau) = 1$ wählen.

$$K(b,a) = \mathcal{N} \int_0^\infty dL \int \prod_\mu \frac{dp_\mu}{2\pi\hbar} \exp\left[\frac{i}{\hbar} p \cdot (x_b - x_a) + \frac{i}{\hbar} \frac{L}{2mc} (p^2 - (mc)^2)\right]. \tag{28.80}$$

Das Integral über L ist erst nach Einführen eines konvergenzerzeugenden Faktors (Dämpfungsgliedes) wohl definiert. Diesen wählen wir in der Form $\exp(-\varepsilon L/2mc\hbar)$ und erhalten

$$K(b,a) = \lim_{\epsilon \to 0} \mathcal{N} \int_0^\infty dL \int \prod_\mu \frac{dp_\mu}{2\pi\hbar} \exp\left[\frac{i}{\hbar} p \cdot (x_b - x_a) + \frac{i}{\hbar} \frac{L}{2mc} (p^2 - (mc)^2 + i\varepsilon)\right]. \tag{28.81}$$

Nach Ausführen des Integrals über L finden wir:

$$K(b,a) = \lim_{\epsilon \to 0} \int \prod_\mu \frac{dp_\mu}{2\pi\hbar} \frac{\exp[\frac{i}{\hbar} p \cdot (x_b - x_a)]}{p^2 - (mc)^2 + i\varepsilon}, \tag{28.82}$$

wobei wir den Normierungsfaktor auf

$$\mathcal{N} = \frac{1}{i2mc\hbar} \tag{28.83}$$

gesetzt haben. Der erhaltene Propagator $K(x, x_a)$ (28.82) ist die Greensche Funktion des Operators $(-\hbar^2\Box - (mc)^2)$:

$$(-\hbar^2\Box - (mc)^2) K(x, x_a) = \delta^4(x, x_a). \tag{28.84}$$

Wie im nichtrelativistischen Fall repräsentiert der Propagator $K(x, x_a)$ als Funktion der Endkoordinaten x die Wellenfunktion (siehe Gl. (4.4))

$$\Psi(x) \sim K(x, x_a), \tag{28.85}$$

die nach (28.84) (für $x \neq x_a$) der Beziehung

$$(\hbar^2\Box + (mc)^2)\Psi(x) = 0 \tag{28.86}$$

genügt. Dies ist die *Klein-Gordon-Gleichung*, die relativistische Verallgemeinerung der Schrödinger-Gleichung für ein spinloses (hier freies) Teilchen. Im Gegensatz zur Schrödinger-Gleichung gehen hier Raum und Zeit gleichberechtigt ein. Wie im nächsten Abschnitt gezeigt wird, ist diese Gleichung nichts weiter als die quantenmechanische Verallgemeinerung der relativistischen Energie-Impuls-Beziehung $p_\mu p^\mu = (mc)^2$.

Der oben durch Summation über alle Weltlinien abgeleitete Propagator (28.82) eines relativistischen spinlosen Teilchens ist der sogenannte *Feynman-Propagator* des skalaren Feldes, siehe Abschnitt 37.1.7.3, Band 3. Aufgrund der Translationsinvarianz von Raum und Zeit hängt er nur von der Koordinatendifferenz

$x^\mu = x_b^\mu - x_a^\mu$ ab. Um seinen physikalischen Inhalt transparent zu machen, führen wir die Partialbruchzerlegung

$$\frac{1}{p^2 - (mc)^2 + i\varepsilon} = \frac{1}{p_0^2 - [\boldsymbol{p}^2 + (mc)^2] + i\varepsilon} \tag{28.87}$$

$$= \frac{1}{p_0^2 - (E_p/c)^2 + i\varepsilon} \tag{28.88}$$

$$= \frac{c}{2E_p}\left[\frac{1}{p_0 - (E_p/c) + i\varepsilon} - \frac{1}{p_0 + (E_p/c) - i\varepsilon}\right] \tag{28.89}$$

durch, wobei

$$E_p = c\sqrt{\boldsymbol{p}^2 + (mc)^2} \tag{28.90}$$

die Energie eines relativistischen Teilchens mit Impuls $\boldsymbol{p}$ ist. Unter Benutzung der Fourier-Darstellung der Θ-Funktion (A.23)

$$\lim_{\epsilon\to 0}\int_{-\infty}^{\infty}\frac{dp_0}{2\pi\hbar}\frac{\exp\left[\frac{i}{\hbar}p_0x^0\right]}{p_0 \mp (E_p/c) \pm i\varepsilon} = \mp\frac{i}{\hbar}\Theta(\mp x^0)\exp\left[\pm i(E_p/c)\,x^0/\hbar\right] \tag{28.91}$$

finden wir mit $x^0 = ct$ für den Propagator (28.82) die Spektraldarstellung:

$$K(b,a) = \int\frac{d^3\boldsymbol{p}}{(2\pi\hbar)^3 2E_p/c}\exp\left[\frac{i}{\hbar}\boldsymbol{p}\cdot\boldsymbol{x}\right]K_{\boldsymbol{p}}(t), \tag{28.92}$$

$$K_{\boldsymbol{p}}(t) = -\frac{i}{\hbar}\left[\Theta(t)\exp\left(-\frac{i}{\hbar}E_pt\right) + \Theta(-t)\exp\left(\frac{i}{\hbar}E_pt\right)\right]. \tag{28.93}$$

Wie aus Gl. (28.93) ersichtlich, beschreibt dieser Propagator die Ausbreitung eines Teilchens mit positiver Energie E_p in positive und mit negativer Energie $(-E_p)$ in negative Zeitrichtung. Ferner enthält das Fourier-Integral (28.92) hier, im Gegensatz zum nichtrelativistischen Fall, einen zusätzlichen Faktor $c/2E_p$, der das Integrationsmaß

$$\frac{d^3p}{(2\pi\hbar)^3 2E_p/c} \tag{28.94}$$

relativistisch invariant macht. Von der relativistischen Invarianz dieses Maßes kann man sich leicht überzeugen: Dazu nehmen wir das vierdimensionale Impulsintegral über die Energieschale (28.21) des relativistischen Teilchens, $p^2 = (mc)^2$, $p^0 > 0$ und erhalten mit

$$\begin{aligned}\delta\big(p^2 - (mc)^2\big)\Theta(p_0) &= \delta\big(p_0^2 - [\boldsymbol{p}^2 + (mc)^2]\big)\Theta(p_0)\\ &= \delta\Big(\big[p_0 - \sqrt{\boldsymbol{p}^2 + (mc)^2}\big]\big[p_0 + \sqrt{\boldsymbol{p}^2 + (mc)^2}\big]\Big)\Theta(p_0)\\ &= \frac{1}{2\sqrt{\boldsymbol{p}^2 + (mc)^2}}\delta\big(p_0 - \sqrt{\boldsymbol{p}^2 + (mc)^2}\big)\end{aligned} \tag{28.95}$$

und E_p (28.90) die Beziehung

$$\int\frac{d^4p}{(2\pi\hbar)^4}2\pi\delta\big(p^2 - (mc)^2\big)\Theta(p_0) = \int\frac{d^3p}{(2\pi\hbar)^3 2E_p/c} \tag{28.96}$$

Das Integral auf der linke Seite ist aber manifest invariant unter Lorentz-Transformationen. Somit ist auch die rechte Seite Lorentz-invariant, siehe auch Abschnitt 3.7.1.6, Band 3.

28.4.4 Der nichtrelativistische Limes

Im Limes $c \to \infty$ sollte sich der oben abgeleitete Propagator (28.82) auf den nichtrelativistischen Propagator (3.34) reduzieren. Um dies zu zeigen, benutzen wir im vollen Propagator (28.79) für die Amplitude bei festem ϕ den Ausdruck (28.76) und erhalten:

$$K(b,a) = \int_0^\infty dL \sqrt{\frac{imc}{2\pi\hbar L}} \left(\sqrt{\frac{mc}{i2\pi\hbar L}}\right)^3 \exp\left[\frac{i}{\hbar} S(L)\right], \tag{28.97}$$

wobei wir die Wirkung

$$S(L) := -\frac{mc}{2}\left[\frac{x^2}{L} + L\right], \quad x^\mu := x_b^\mu - x_a^\mu \tag{28.98}$$

definiert haben und den irrelevanten Normierungsfaktor auf $\mathcal{N} = 1$ gesetzt haben. Im Gegensatz zu Gl. (28.80) ist dieses Integral bei $L \to \infty$ konvergent, erfordert jedoch eine Regularisierung bei $L \to 0$. Wir regularisieren es durch Einführen des konvergenzerzeugenden Faktors $\exp(-\varepsilon mc/\hbar L)$, wobei wir hier ε (im Gegensatz zu Gl. (28.81)) dimensionslos gewählt haben. Das regularisierte Integral schreiben wir in der Form:

$$K(b,a) = \lim_{\varepsilon \to 0} \int_0^\infty dL g(L,\varepsilon) \exp\left[\frac{i}{\hbar} S(L)\right], \tag{28.99}$$

mit

$$g(L,\varepsilon) = \sqrt{\frac{imc}{2\pi\hbar L}} \left(\sqrt{\frac{mc}{i2\pi\hbar L}}\right)^3 \exp\left(-\varepsilon \frac{mc}{\hbar L}\right). \tag{28.100}$$

Für $c \to \infty$ wird die Wirkung (28.98) groß gegenüber $\hbar$ und wir können das Integral über L in der stationären Phasenapproximation (siehe Abschnitt 5.1, Band 1) berechnen.

---

i

Man kann sich leicht davon überzeugen, dass für ein nichtrelativistisches System das Integral über L in der Stationäre-Phasen-Approximation berechnet werden kann. Die nichtrelativistische Schrödinger-Gleichung liefert z. B. eine sehr gute Näherung für die die Atomspektren. Wir schätzen daher die Wirkung (28.98) für die Elektronen im Atom ab:

Die Elektronen besitzen die Ruheenergie

$$m_e c^2 \simeq 0{,}5\,\text{MeV}. \tag{28.101}$$

Die charakteristische Längenskale für die Elektronen im Atom ist der Bohr'sche Atomradius

$$a = 0{,}5 \cdot 10^{-10}\,\text{m}. \tag{28.102}$$

Wir setzen deshalb die mit der Dimension einer Länge behafteten Variablen ins Verhältnis zum Bohr'schen Atomradius, indem wir die Wirkung (28.98) durch die dimensionslosen Größen

$$\bar{L} = \frac{L}{a}, \quad \bar{x}^{\mu} = \frac{x^{\mu}}{a} \tag{28.103}$$

ausdrücken:

$$\frac{S}{\hbar} = -\frac{m_e c^2}{\hbar c} a \frac{1}{2}\left(\bar{L} + \frac{\bar{x}^2}{\bar{L}}\right). \tag{28.104}$$

Mit

$$\hbar c \simeq 200\,\text{MeV} \cdot 10^{-15}\,\text{m} \tag{28.105}$$

finden wir für den dimensionslosen Vorfaktor

$$\frac{m_e c^2}{\hbar c} a \simeq 125. \tag{28.106}$$

Dieser Faktor ist groß gegen 1. Für atomare Systeme ist deshalb $\exp(iS(L)/\hbar)$ tatsächlich eine sehr rasch oszillierende Funktion von L und somit ist die Stationäre-Phasen-Approximation auf das Integral über L in Gl. (28.97) anwendbar.

Die Wirkung $S(L)$ (28.98) besitzt einen stationären Punkt, $\partial S(L)/\partial L = 0$, bei

$$L = \sqrt{x^2} \equiv \sqrt{(x_b - x_a)^2} =: \tilde{L}\,, \tag{28.107}$$

der gerade durch die Länge der klassischen Trajektorie eines freien Teilchens im Minkowski-Raum gegeben ist, das vom Ereignis x_a zum Ereignis x_b läuft. Die Taylor-Entwicklung der Wirkung (28.98) bis zur zweiten Ordnung um den stationären Punkt $\tilde{L}$ liefert

$$S(L) = S(\tilde{L}) + \frac{1}{2} S''(\tilde{L})(L - \tilde{L})^2 \tag{28.108}$$

mit

$$S(\tilde{L}) = -mc\sqrt{x^2}\,, \quad S''(\tilde{L}) = -\frac{mc}{\sqrt{x^2}}, \tag{28.109}$$

wobei $S(\tilde{L})$ gerade die relativistische Wirkung (28.13) eines freien Teilchens ist, welches auf der „klassischen" Weltlinie (die der Euler-Lagrange-Gleichung genügt) von Ereignis x_a nach Ereignis x_b läuft.

Nach Ausführen des L-Integrals in (28.99) in der stationären Phasenapproximation (5.5)

$$\lim_{\varepsilon \to 0} \int_0^{\infty} dL g(L, \varepsilon) \exp \frac{i}{\hbar} S(L) = \lim_{\varepsilon \to 0} \sqrt{\frac{i2\pi\hbar}{S''(\tilde{L})}} g(\tilde{L}, \varepsilon) \exp\left[\frac{i}{\hbar} S(\tilde{L})\right] \tag{28.110}$$

erhalten wir

$$K(b,a) = \left(\sqrt{\frac{mc}{i2\pi\hbar\sqrt{x^2}}}\right)^3 \exp\left[-\frac{i}{\hbar}mc\sqrt{x^2}\right], \tag{28.111}$$

wobei wir den Limes $\varepsilon \to 0$ ausgeführt haben.

Schließlich entwickeln wir den vierdimensionalen Abstand $\sqrt{x^2} = \sqrt{c^2t^2 - \boldsymbol{x}^2}$ für $c \to \infty$. Mit

$$\sqrt{c^2t^2 - \boldsymbol{x}^2} = ct\sqrt{1 - \frac{\boldsymbol{x}^2}{(ct)^2}} = ct - \frac{\boldsymbol{x}^2}{2ct} + \cdots \tag{28.112}$$

erhalten wir dann für den Propagator (28.111) bis auf Terme der Ordnung $1/c$

$$K(b,a) = \exp\left[-\frac{i}{\hbar}mc^2(t_b - t_a)\right]K(b,a)_{\mathrm{NR}} \tag{28.113}$$

wobei

$$K(b,a)_{\mathrm{NR}} = \left(\sqrt{\frac{m}{i2\pi\hbar(t_b - t_a)}}\right)^3 \exp\left[-\frac{i}{\hbar}\frac{m}{2}\frac{(\boldsymbol{x}_b - \boldsymbol{x}_a)^2}{t_b - t_a}\right]. \tag{28.114}$$

der nichtrelativistische Propagator (3.34) ist. Der zusätzliche Exponent in Gl. (28.113) resultiert von der Ruheenergie mc^2, die wie ein (konstantes) Potential in die klassische Wirkung eingeht, in einer nichtrelativistischen Beschreibung aber unberücksichtigt bleibt.

28.5 Die Klein-Gordon-Gleichung

Um den unmittelbaren Zusammenhang der Klein-Gordon-Gleichung mit der Schrödinger-Gleichung herzustellen, geben wir nachfolgend eine heuristische Herleitung, die auf unseren Erfahrungen in der nichtrelativistischen Quantenmechanik basiert:

Aus der nichtrelativistischen Energie-Impuls-Beziehung des freien Teilchens

$$E = \frac{\boldsymbol{p}^2}{2m}$$

folgt mittels der Ersetzungen

$$E \to i\hbar\frac{\partial}{\partial t}, \quad \boldsymbol{p} \to \frac{\hbar}{i}\nabla \tag{28.115}$$

und Anwendung auf die Wellenfunktion $\psi(\boldsymbol{x}, t)$ die Schrödinger-Gleichung[12]

12 Diese heuristische Ersetzung wurde historisch als Spaten-Mistgabel-Methode bezeichnet. Mit etwas Fantasie lassen sich die Symbole für diese Operatoren (28.115) als Karikaturen dieser Gegenstände interpretieren.

$$i\hbar \frac{\partial}{\partial t}\psi(\boldsymbol{x},t) = -\frac{\hbar^2}{2m}\,\Delta\,\psi(\boldsymbol{x},t)\,.$$

Führen wir dieselbe Ersetzung (28.115) in der relativistischen Energie-Impuls-Beziehung (28.22) einer Punktmasse

$$E^2 = c^2\boldsymbol{p}^2 + (mc^2)^2$$

durch, so erhalten wir die Materiewellengleichung

$$-\hbar^2\,\frac{\partial^2}{\partial t^2}\psi(\boldsymbol{x},t) = -c^2\hbar^2\Delta\psi(\boldsymbol{x},t) + (mc^2)^2\psi(\boldsymbol{x},t)\,.$$

Nach Division durch c^2 und Benutzung des d'Alembert'schen Operators (28.34) nimmt sie die Gestalt

$$\boxed{[\hbar^2\Box + (mc)^2]\psi(\boldsymbol{x},t) = 0} \tag{28.116}$$

an. Dies ist die *Klein-Gordon-Gleichung*, die wir bereits im vorigen Abschnitt durch Summation über die Weltlinien im Minkowski-Raum abgeleitet haben. Sie stellt die direkte relativistische Verallgemeinerung der zeitabhängigen Schrödinger-Gleichung dar und beschreibt die Bewegung eines relativistischen spinlosen Teilchens der Ruhemasse m. Für $m \to 0$ geht sie in die aus der Elektrodynamik bekannte gewöhnliche Wellengleichung (28.33) über,

$$\Box\psi(\boldsymbol{x},t) = 0\,,$$

die für jede einzelne Komponente des elektrischen und magnetischen Feldes einer elektromagnetischen Welle erfüllt ist. (Dies ist nicht verwunderlich, da das Photon ein masseloses Teilchen ist.) In der relativistisch kovarianten Notation wird bei der Substitution (28.115) der klassische Vierer-Impuls p^μ durch den Vierer-Impulsoperator

$$\hat{p}^\mu = i\hbar\partial^\mu$$

ersetzt und der d'Alembert'sche Operator ist durch

$$\Box = \partial_\mu\partial^\mu$$

gegeben. In dieser Notation lautet deshalb die Klein-Gordon-Gleichung (28.116):

$$\boxed{[\hbar^2\partial_\mu\partial^\mu + (mc)^2]\psi(x) = 0} \tag{28.117}$$

bzw.

$$[\hat{p}_\mu\hat{p}^\mu - (mc)^2]\psi(x) = 0\,. \tag{28.118}$$

In der letzten Darstellung erkennen wir unmittelbar die relativistische Massenschalenbeziehung (28.21) (Energie-Impuls-Beziehung) wieder.

Aus mathematischer Sicht stellt die Klein-Gordon-Gleichung eine lineare partielle Differentialgleichung zweiter Ordnung dar. Solche Differentialgleichungen lassen sich bekanntlich durch Fourier-Transformation lösen. Wir Fourier-transformieren deshalb die Wellenfunktion bezüglich Raum und Zeit,

$$\psi(x) = \int \frac{d^4p}{(2\pi\hbar)^4}\, e^{-\frac{i}{\hbar}p_\mu x^\mu}\, a(p)\,, \tag{28.119}$$

wobei im Exponenten das vierdimensionale Skalarprodukt

$$p_\mu x^\mu = Et - \boldsymbol{p}\cdot\boldsymbol{x}$$

steht. Das Einsetzen der Fourier-Darstellung (28.119) in die Klein-Gordon-Gleichung (28.118) liefert für die Amplitudenfunktionen $a(p)$:

$$\left[p_\mu p^\mu - (mc)^2\right]a(p) = 0\,.$$

Neben der trivialen Lösung $a(p) = 0$ besitzt diese Gleichung eine nichttriviale Lösung für:

$$p^2 = (mc)^2\,, \quad p^2 \equiv p_\mu p^\mu\,. \tag{28.120}$$

Diese Bedingung ist gerade die relativistische Energie-Impuls-Beziehung, d. h. die Klein-Gordon-Gleichung beschreibt freie Teilchen, deren Impuls und Energie über die relativistische Formel Gl. (28.22) zusammenhängen. In der Tat, drücken wir die Zeitkomponente p_0 durch die Energie aus, $p_0 = E/c$, so hat die Bedingung (28.120) die Lösungen

$$E = \pm c\sqrt{\boldsymbol{p}^2 + (mc)^2} =: \pm E_p\,.$$

Die allgemeine Lösung der Fourier-transformierten Klein-Gordon-Gleichung hat damit die Gestalt

$$a(p) = a_+(\boldsymbol{p})2\pi\hbar\,\delta\!\left(p_0 - \frac{E_p}{c}\right) + a_-(\boldsymbol{p})2\pi\hbar\,\delta\!\left(p_0 + \frac{E_p}{c}\right),$$

wobei a_+ und a_- willkürliche ($\boldsymbol{p}$-abhängige) Koeffizienten sind und der Faktor $2\pi\hbar$ aus Zweckmäßigkeitsgründen eingeführt wurde. Setzen wir diesen Ausdruck in Gl. (28.119) ein, so erhalten wir für die Wellenfunktion im Minkowski-Raum:

$$\psi(x) = \psi(\boldsymbol{x}, t) = \int \frac{d^3p}{(2\pi\hbar)^3}\, e^{\frac{i}{\hbar}\boldsymbol{p}\cdot\boldsymbol{x}}\left[a_+(\boldsymbol{p})e^{-\frac{i}{\hbar}E_p t} + a_-(\boldsymbol{p})e^{\frac{i}{\hbar}E_p t}\right]. \tag{28.121}$$

Sie ist eine Überlagerung von ebenen Wellen mit Koeffizienten $a_\pm(\boldsymbol{p})$. Im ersten Term erkennen wir das bereits aus der nichtrelativistischen Quantenmechanik bekannte Wellenpaket, wobei in (28.121) E_p jedoch die Energie eines *relativistischen* freien Teilchens ist. Der zweite Ausdruck repräsentiert ein Wellenpaket mit negativen Energien. Diese negativen Energielösungen können wir als Teilchen mit positiver Energien interpretieren, die sich in die negative Zeitrichtung entwickeln. Solche Teilchen werden als *Antiteilchen* bezeichnet. Als Beispiel sei hier das Pion erwähnt, das in drei Ladungszuständen π^+, π^0 und π^- auftritt. Während das π^0 elektrisch neutral ist und bereits allein in elektromagnetische Strahlung zerfallen kann, taucht das π^+ in elektromagnetischen Zerfallsprozessen nur zusammen mit dem π^- auf. In diesem Sinne ist das π^- das Antiteilchen des π^+, während das π^0 kein Antiteilchen besitzt, sondern sein eigenes Antiteilchen darstellt. Dementsprechend wird das π^0 durch eine reelle Wellenfunktion beschrieben,[13] während die Wellenfunktionen von π^+ und π^- zueinander komplex konjugiert sind. Auf die Problematik der negativen Energiezustände werden wir später im Zusammenhang mit der Dirac-Gleichung zurückkommen.

Die Klein-Gordon-Gleichung besitzt jedoch ein weiteres Problem, was die Interpretation der Wellenfunktion betrifft. Um dies zu verdeutlichen, multiplizieren wir die Klein-Gordon-Gleichung (28.117) mit $\psi^*/\hbar^2$

$$\psi^*(x)\left(\partial_\mu\partial^\mu + \left(\frac{mc}{\hbar}\right)^2\right)\psi(x) = 0$$

und ziehen hiervon die komplex konjugierte Gleichung

$$\psi(x)\left(\partial_\mu\partial^\mu + \left(\frac{mc}{\hbar}\right)^2\right)\psi^*(x) = 0$$

ab. Dies liefert

$$\begin{aligned}0 &= \psi^*\partial_\mu\partial^\mu\psi - \psi\partial_\mu\partial^\mu\psi^* \\ &= \partial_\mu\left(\psi^*\partial^\mu\psi - \psi\partial^\mu\psi^*\right) \\ &= \frac{1}{c^2}\partial_t\left(\psi^*\partial_t\psi - \psi\partial_t\psi^*\right) - \boldsymbol{\nabla}\cdot\left(\psi^*\boldsymbol{\nabla}\psi - \psi\boldsymbol{\nabla}\psi^*\right).\end{aligned}$$

Der Ausdruck in der letzten Klammer ist bis auf einen Faktor $\hbar/2mi$ die aus der nichtrelativistischen Quantenmechanik bekannte (Wahrscheinlichkeits)-Stromdichte (7.42). Die obige Gleichung lässt sich deshalb als Kontinuitätsgleichung (7.41)

$$\partial_t\rho + \boldsymbol{\nabla}\cdot\boldsymbol{j} = 0$$

schreiben, wenn wir

$$\rho = \frac{i\hbar}{2mc^2}\left(\psi^*\partial_t\psi - \psi\partial_t\psi^*\right) \tag{28.122}$$

13 Für eine reelle Lösung der Klein-Gordon-Gleichung $\psi(x)$ (28.121) muss offenbar $a_-^*(-\boldsymbol{p}) = a_+(\boldsymbol{p})$ gelten. Sie muss deshalb stets auch die Antiteilchenkomponente $\sim \exp(iEt/\hbar)$ enthalten.

als (Wahrscheinlichkeits-)Dichte interpretieren. Leider ist diese Interpretation nicht zulässig, da ρ (28.122) im Gegensatz zum nichtrelativistischen Ausdruck (7.38) $\psi^* \psi$ nicht positiv definit ist: Da die Klein-Gordon-Gleichung eine Differentialgleichung zweiter Ordnung bezüglich der Zeit ist, können die Anfangswerte von ψ und $\partial_t \psi$ unabhängig vorgegeben werden, sodass $\rho(\boldsymbol{x}, t)$ für festes t als Funktion des Ortes $\boldsymbol{x}$ sowohl positiv als auch negativ sein kann. Setzen wir die Lösung (28.121) der Klein-Gordon-Gleichung in die Dichte (28.122) ein, so erhalten wir nach Integration über den Raum

$$\int d^3x\, \rho(\boldsymbol{x}, t) = \frac{1}{mc^2} \int \frac{d^3p}{(2\pi\hbar)^3}\, E_p \left[\left| a_+(\boldsymbol{p}) \right|^2 - \left| a_-(\boldsymbol{p}) \right|^2 \right].$$

Die Anteile negativer Energie verursachen somit auch die negativen Beiträge zur Wahrscheinlichkeitsdichte. Die beiden Probleme der Klein-Gordon-Gleichung, nämlich Lösungen negativer Energien und eine nicht positiv definite Wahrscheinlichkeitsdichte, sind also miteinander verknüpft. Beide Probleme werden im Rahmen der Quantenfeldtheorie beseitigt, in welcher die Entwicklungskoeffizienten $a_\pm(\boldsymbol{p})$ in (28.121) zu Operatoren erhoben werden. (Die Wellenfunktion (28.121) wird dann selbst zum Operator.) Es zeigt sich dann, dass ρ (28.122) und j multipliziert mit der Ladung gerade die elektrische Ladungsdichte und Stromdichte des spinlosen Teilchens liefern.

Die Klein-Gordon-Gleichung in der Form (28.117) beschreibt die Ausbreitung eines freien, massiven, spinlosen Teilchens, das sich mit relativistischen Geschwindigkeiten bewegt. Gleichung (28.117) enthält zunächst noch keinerlei Wechselwirkung des spinlosen Teilchens mit äußeren Feldern. Wir wollen jetzt untersuchen, wie die Klein-Gordon-Gleichung modifiziert werden muss, wenn das spinlose Teilchen eine Ladung q besitzt und sich in einem elektromagnetischen Feld befindet. Dies ist das einzige Feld mit einer relativistischen Dynamik, das wir bisher kennengelernt haben.

Für eine nichtrelativistische Ladung q führte das Einschalten eines äußeren Magnetfeldes $\boldsymbol{B} = \nabla \times \boldsymbol{A}$ zur Ersetzung

$$\nabla \to \nabla - i \frac{q}{\hbar c} \boldsymbol{A}(x) \tag{28.123}$$

im Hamilton-Operator, siehe Kap. 25. Im relativistischen Fall wird wegen der gleichberechtigten Behandlung von Raum und Zeit eine analoge Ersetzung auch für die Zeitableitung erwartet. Eine solche Ersetzung findet bereits in der zeitabhängigen Schrödinger-Gleichung statt, wenn ein äußeres elektrisches Feld[14]

$$\boldsymbol{E} = -\nabla\Phi$$

eingeschaltet wird, welches zu einem Potential

$$V(x) = q\Phi(x)$$

im Hamilton-Operator der Ladung q führt. In der Schrödinger-Gleichung

14 Wir setzen hier der Einfachheit halber $\dot{\boldsymbol{A}} = \boldsymbol{0}$ voraus.

$$i\hbar\partial_t\psi = H\psi$$

ist die Addition dieses Potentials zum Hamilton-Operator

$$H \to H + V$$

äquivalent zur Ersetzung

$$i\hbar\partial_t \to i\hbar\partial_t - q\Phi = i\hbar\left(\partial_t + i\frac{q}{\hbar}\Phi\right). \tag{28.124}$$

In der relativistisch kovarianten Notation (siehe Abschnitt 28.3), in welcher $\Phi(x) = A_0(x)$, lassen sich die beiden Transformationen (28.123) und (28.124) zu[15]

$$\partial_\mu \to \partial_\mu + i\frac{q}{\hbar c}A_\mu(x) =: D_\mu(x) \tag{28.125}$$

zusammenfassen, wobei $D_\mu(x)$ als *kovariante Ableitung* bezeichnet wird. Mit der Ersetzung (28.125) erhalten wir aus der Klein-Gordon-Gleichung (28.117) die Grundgleichung für eine relativistische (spinlose) Punktladung in einem äußeren elektromagnetischen Feld $A_\mu(x)$:

$$\boxed{[\hbar^2 D_\mu(x)D^\mu(x) + (mc)^2]\psi(x) = 0\,.}$$

Die Klein-Gordon-Gleichung wurde zuerst von SCHRÖDINGER gefunden. Er fand diese Gleichung vor der eigentlichen Schrödinger-Gleichung, publizierte sie jedoch nicht, da ihre Anwendung auf die Bewegung eines geladenen Teilchens im Coulomb-Potential eine sehr schlechte Beschreibung des Wasserstoff-Atoms lieferte: Die Feinstrukturaufspaltung des Energieniveaus, die zur damaligen Zeit bereits gemessen war, wird durch diese Gleichung inkorrekt wiedergegeben, siehe Abb. 28.7. In der nichtrelativistischen Näherung dieser Gleichung, die dann später den Namen Schrödinger-Gleichung erhielt, hingegen fehlt die Feinstrukturaufspaltung. Der Grund für das Versagen der Klein-Gordon-Gleichung bei der Beschreibung des Wasserstoff-Spektrums ist, dass diese Gleichung nur spinlose Teilchen beschreibt, das Elektron aber einen halbzahligen Spin besitzt. Wir werden später bei der Behandlung der Dirac-Gleichung sehen, dass der Spin sehr wesentlich an die relativistische Bewegung gekoppelt ist. Demgegenüber spielt in der nichtrelativistischen Näherung der Spin eine untergeordnete Rolle, was die Dynamik des Teilchens betrifft.

15 Man beachte die Definition (28.11) der Vektorkomponenten des ∇-Operators.

28.6 Die Dirac-Gleichung

Mit der Klein-Gordon-Gleichung ist es gelungen, die Schrödinger-Gleichung auf eine relativistische Dynamik zu verallgemeinern. Der Vorteil der Klein-Gordon-Gleichung besteht darin, dass sie dem Minkowski-Raum entsprechend Raum und Zeit auf gleiche Weise behandelt. Damit ist diese Gleichung jedoch auch eine Differentialgleichung zweiter Ordnung bezüglich der Zeit. Dies verlangt, dass zur Lösung dieser Gleichung neben der Wellenfunktion auch noch ihre Ableitung am Anfangszeitpunkt bekannt sein muss. Die relativistische Klein-Gordon-Gleichung hat deshalb ein völlig anderes kausales Verhalten als ihre nichtrelativistische Näherung, die Schrödinger-Gleichung. Diese Tatsache ist vom physikalischen Standpunkt aus sehr verwunderlich, da der Übergang von der klassischen Mechanik zur relativistischen Mechanik das Kausalitätsverhalten der Wellenfunktion nicht so gravierend ändern sollte. Aus diesem Grunde versuchte Paul Dirac, eine Bewegungsgleichung für die Wellenfunktion abzuleiten, die einerseits der relativistischen Kinematik Rechnung trägt, andererseits aber dasselbe Kausalitätsverhalten wie die Schrödinger-Gleichung besitzt, nämlich erster Ordnung bezüglich der Zeit ist. Aufgrund der relativistischen Kovarianz darf eine solche Bewegungsgleichung dann auch die Ortsableitung nur in erster Ordnung enthalten. Dirac versuchte daher, die Klein-Gordon-Gleichung zu „linearisieren", gewissermaßen „die Wurzel aus dieser zu ziehen", und eine Gleichung der Form

$$i\hbar \frac{\partial}{\partial t}\Psi(\boldsymbol{x},t) = (c\boldsymbol{\alpha}\cdot\hat{\boldsymbol{p}} + \beta mc^2)\Psi(\boldsymbol{x},t) \tag{28.126}$$

aufzuschreiben, wobei die $\alpha^{i=1,2,3}$ und β noch zu bestimmende Koeffizienten sind. Diese Koeffizienten sind so zu bestimmen, dass die „Quadrierung" dieser Gleichung die relativistisch invariante Klein-Gordon-Gleichung liefert:[16]

$$\begin{aligned} -\hbar^2\partial_t^2\Psi(\boldsymbol{x},t) &= (c\boldsymbol{\alpha}\cdot\hat{\boldsymbol{p}} + \beta mc^2)^2\Psi(\boldsymbol{x},t) \\ &= \left[c^2(\boldsymbol{\alpha}\cdot\hat{\boldsymbol{p}})^2 + mc^3(\boldsymbol{\alpha}\cdot\hat{\boldsymbol{p}}\beta + \beta\boldsymbol{\alpha}\cdot\hat{\boldsymbol{p}}) + (mc^2)^2\beta^2\right]\Psi(\boldsymbol{x},t) \\ &\overset{!}{=} c^2(-\hbar^2\Delta + (mc)^2)\Psi(\boldsymbol{x},t)\,. \end{aligned} \tag{28.127}$$

Die letzte Gleichung ist nicht erfüllbar, wenn α^i und β komplexe Zahlen sind, da dies immer auf einen Term linear in $\hat{\boldsymbol{p}}$ führen würde. Sie lässt sich jedoch erfüllen, wenn $\alpha^{i=1,2,3}$ und β als sogenannte *Quaternionen* gewählt werden, die über die folgende Algebra[17]

$$\{\alpha^i,\alpha^j\} = 2\delta^{ij}\,, \quad \{\alpha^i,\beta\} = 0\,, \quad \{\beta,\beta\} \equiv 2\beta^2 = 2$$

16 Falls Gl. (28.126) für jede Wellenfunktion $\psi(\boldsymbol{x},t)$ gilt, müssen die Operatoren ihrer beiden Seiten äquivalent sein und aus (28.126) folgt durch Quadrieren dieser Operatoren Gl. (28.127).

17 Dies ist eine Unteralgebra der *Clifford-Algebra*.

definiert sind. Hierbei bezeichnet die geschweifte Klammer den Antikommutator

$$\{A, B\} = AB + BA .$$

Die Quaternionen α^i, β lassen sich durch vierdimensionale Matrizen realisieren.[18] Eine spezielle Darstellung ist

$$\boldsymbol{\alpha} = \begin{pmatrix} 0 & \boldsymbol{\sigma} \\ \boldsymbol{\sigma} & 0 \end{pmatrix} , \quad \beta = \begin{pmatrix} \mathbb{1} & 0 \\ 0 & -\mathbb{1} \end{pmatrix} , \tag{28.128}$$

wobei $\mathbb{1}$ die zweidimensionale Einheitsmatrix und σ^i die gewöhnlichen Pauli-Matrizen (15.44) bezeichnet. Alternative Matrixdarstellungen der Quaternionen sind möglich. Jedoch hängen die physikalischen Ergebnisse nicht von der speziellen Wahl der Darstellung ab.

Damit Gl. (28.126) für vierdimensionale Matrizen $\boldsymbol{\alpha}$, β mathematisch sinnvoll ist, muss die Wellenfunktion ein vierkomponentiger Spaltenvektor sein:

$$\Psi = \begin{pmatrix} \psi_1 \\ \psi_2 \\ \psi_3 \\ \psi_4 \end{pmatrix} , \tag{28.129}$$

der als *Dirac-Spinor* bezeichnet wird. Gleichung (28.126) wird nach ihrem Entdecker *Dirac-Gleichung* genannt. Sie besitzt dieselbe Form wie die zeitabhängige Schrödinger-Gleichung

$$\boxed{i\hbar \frac{\partial}{\partial t} \Psi(\boldsymbol{x}, t) = h\Psi(\boldsymbol{x}, t)} \tag{28.130}$$

mit dem Hamilton-Operator

$$\boxed{h = c\boldsymbol{\alpha} \cdot \hat{\boldsymbol{p}} + \beta mc^2 .} \tag{28.131}$$

Aus der expliziten Darstellung (28.136) von $\boldsymbol{\alpha}$ und β ist ersichtlich, dass h hermitesch ist. Für einen zeitunabhängigen Hamiltonian besitzt die Dirac-Gleichung (analog zur Schrödinger-Gleichung) stationäre Lösungen der Gestalt

$$\Psi(\boldsymbol{x}, t) = e^{-\frac{i}{\hbar}Et} \varphi(\boldsymbol{x}) , \tag{28.132}$$

wobei φ der Eigenwertgleichung

18 Man überzeugt sich leicht, dass die Dimension N dieser Matrizen gerade sein muss. In der Tat, aus $\alpha^i \alpha^j = -\alpha^j \alpha^i$ für $i \neq j$ folgt $\det(\alpha^i)\det(\alpha^j) = \det(-\hat{1})\det(\alpha^j)\det(\alpha^i)$ und somit $\det(-\hat{1}) = (-1)^N \stackrel{!}{=} 1$.

$$h\varphi(\boldsymbol{x}) = E\varphi(\boldsymbol{x}) \tag{28.133}$$

genügt, die das relativistische Pendant zur stationären Schrödinger-Gleichung ist. Während die Wellenfunktionen von der gewählten Darstellung der Quaternionen $\boldsymbol{\alpha}$, β abhängen, sind die Energieeigenwerte darstellungsunabhängig.

Die Dirac-Gleichung (28.126) lässt sich in eine symmetrischere Form umschreiben, die der äquivalenten Behandlung von Raum und Zeit Rechnung trägt. Dazu führen wir die Dirac-Matrizen γ^μ mit

$$\gamma^0 = \beta\,, \quad \gamma^i = \beta\alpha^i$$

ein, welche die Clifford-Algebra

$$\boxed{\{\gamma^\mu, \gamma^\nu\} = 2g^{\mu\nu}\hat{1}} \tag{28.134}$$

erfüllen, wobei $g^{\mu\nu}$ den in Gl. (28.9) definierten Metriktensor und $\hat{1}$ die vierdimensionale Einheitsmatrix bezeichnet.[19] Nach Multiplikation mit β nimmt die Dirac-Gleichung (28.126) die folgende kovariante Gestalt an:

$$\boxed{(i\hbar\gamma^\mu\partial_\mu - mc)\Psi(x) = 0\,.} \tag{28.135}$$

Aus der expliziten Darstellung von $\boldsymbol{\alpha}$ und β (28.128) finden wir für die *Dirac-Matrizen* γ^μ

$$\boxed{\gamma^0 = \begin{pmatrix} \mathbb{1} & 0 \\ 0 & -\mathbb{1} \end{pmatrix}, \quad \gamma^i = \begin{pmatrix} 0 & \sigma^i \\ -\sigma^i & 0 \end{pmatrix}.} \tag{28.136}$$

Während γ^0 offensichtlich hermitesch ist, sind die räumlichen Dirac-Matrizen γ^i antihermitesch (da $\sigma_i^\dagger = \sigma_i$):

$$\gamma^{0\dagger} = \gamma^0\,, \quad \gamma^{i\dagger} = -\gamma^i\,. \tag{28.137}$$

Hieraus folgt zusammen mit der Clifford-Algebra (28.134) die Beziehung

$$\gamma^{\mu\dagger}\gamma^0 = \gamma^0\gamma^\mu\,. \tag{28.138}$$

Mit dieser Beziehung finden wir aus der Dirac-Gleichung (28.135) die zu ihr duale Gleichung

$$\partial_\mu\bar{\Psi}(x)(-i\hbar\gamma^\mu - mc) \equiv \bar{\Psi}(x)(-i\hbar\gamma^\mu\overleftarrow{\partial}_\mu - mc) = 0\,. \tag{28.139}$$

---

19 Die vierdimensionale Einheitsmatrix $\hat{1}$ werden wir im Folgenden oft weglassen, wenn sie als Multiplikator auftritt.

Aus der Dirac-Gleichung folgt unmittelbar, dass jede einzelne Komponente ψ_i des Dirac-Spinors die Klein-Gordon-Gleichung erfüllt:

$$[\hbar^2 \partial_\mu \partial^\mu + (mc)^2]\psi_i(x) = 0\,.$$

Um dies zu zeigen, multiplizieren wir die Dirac-Gleichung (28.135) von links mit $(i\hbar\gamma^\nu\partial_\nu + mc)$:

$$\begin{aligned} 0 &= (i\hbar\gamma^\nu\partial_\nu + mc)(i\hbar\gamma^\mu\partial_\mu - mc)\Psi(x) \\ &= [-\hbar^2\gamma^\nu\gamma^\mu\partial_\nu\partial_\mu - (mc)^2]\Psi(x)\,. \end{aligned} \tag{28.140}$$

Benutzen wir, dass $\partial_\nu\partial_\mu = \partial_\mu\partial_\nu$, so können wir im obigen Ausdruck $\gamma^\nu\gamma^\mu$ durch $\{\gamma^\nu, \gamma^\mu\}/2$ ersetzen,

$$\left[\hbar^2 \frac{1}{2}\{\gamma^\nu, \gamma^\mu\}\partial_\mu\partial_\nu + (mc)^2\right]\Psi(x) = 0\,,$$

und aus der Definition der Clifford-Algebra (28.134) folgt mit $\hat{1}\psi = \psi$:

$$[\hbar^2 g^{\nu\mu}\partial_\mu\partial_\nu + (mc)^2]\Psi(x) = 0\,, \tag{28.141}$$

was wegen $g^{\nu\mu}\partial_\nu = \partial^\mu$ die gewünschte Klein-Gordon-Gleichung für den gesamten Spinor $\Psi(x)$ und somit für jede einzelne Komponente $\psi_i(x)$ liefert. Die Dirac-Gleichung stellt jedoch eine stärkere Bedingung an den Spinor dar als die Klein-Gordon-Gleichung (28.141), d. h. ein Dirac-Spinor, der die Dirac-Gleichung erfüllt, genügt auch der Klein-Gordon-Gleichung aber nicht umgekehrt. Während die Klein-Gordon-Gleichung (28.141) die einzelnen Spinorkomponenten unabhängig lässt, sind diese in der Dirac-Gleichung aufgrund deren Matrixstruktur korreliert.

28.7 Die Lösungen der freien Dirac-Gleichung

28.7.1 Stationäre Dirac-Gleichung

Der Dirac-Hamiltonian (28.131) ist ein linearer Differentialoperator und dementsprechend lässt sich die stationäre Dirac-Gleichung (28.133) durch Fourier-Transformation lösen. Anstatt der Fourier-Transformation können wir auch gleich die Lösung in Form einer ebenen Welle ansetzen:

$$\varphi(\boldsymbol{x}) = e^{\frac{i}{\hbar}\boldsymbol{p}\cdot\boldsymbol{x}} w(\boldsymbol{p})\,.$$

Mit diesem Ansatz reduziert sich die stationäre Dirac-Gleichung (28.133) auf eine algebraische Matrixgleichung

$$h(\boldsymbol{p})w(\boldsymbol{p}) = E(\boldsymbol{p})w(\boldsymbol{p}), \quad h(\boldsymbol{p}) = c\boldsymbol{\alpha}\cdot\boldsymbol{p} + \beta mc^2 . \tag{28.142}$$

Aufgrund der Drehinvarianz im $\mathbb{R}^3$ hängen die Energieeigenwerte $E(\boldsymbol{p})$ nur vom Betrag $p = |\boldsymbol{p}|$ des Impulses ab.[20] Die Bestimmung des Energieeigenwertes $E(\boldsymbol{p})$ für vorgegebenen Impulsvektor $\boldsymbol{p}$ ist ein vierdimensionales Matrixeigenwertproblem, das sich in Standardweise lösen lässt.

Bevor wir die allgemeine Lösung angeben, wollen wir zunächst den Spezialfall eines verschwindenden Impulses $\boldsymbol{p} = \boldsymbol{0}$ untersuchen. Da die Matrix $\beta = \gamma^0$ bereits diagonal ist (siehe (28.128)), sind die Lösungen unmittelbar bekannt: Die Energieeigenwerte $E(\boldsymbol{0})$ sind durch $\pm mc^2$, d. h. durch die Ruhemasse, gegeben. Die zugehörigen Eigenvektoren können wir in Form der vierdimensionalen Einheitsvektoren wählen:

$$\boxed{\begin{aligned} &w^{(1)}(\boldsymbol{0}) = \begin{pmatrix} 1 \\ 0 \\ 0 \\ 0 \end{pmatrix}, \quad w^{(2)}(\boldsymbol{0}) = \begin{pmatrix} 0 \\ 1 \\ 0 \\ 0 \end{pmatrix}, \quad E(\boldsymbol{0}) = mc^2 , \\ &w^{(3)}(\boldsymbol{0}) = \begin{pmatrix} 0 \\ 0 \\ 1 \\ 0 \end{pmatrix}, \quad w^{(4)}(\boldsymbol{0}) = \begin{pmatrix} 0 \\ 0 \\ 0 \\ 1 \end{pmatrix}, \quad E(\boldsymbol{0}) = -mc^2 . \end{aligned}} \tag{28.143}$$

Auch im allgemeinen Fall $\boldsymbol{p} \neq 0$ lassen sich die Energieeigenwerte $E(\boldsymbol{p})$ sehr einfach algebraisch bestimmen. Dazu bilden wir das Quadrat des Dirac-Hamiltonians (28.142)

$$\begin{aligned} (h(\boldsymbol{p}))^2 &= (c\boldsymbol{\alpha}\cdot\boldsymbol{p} + \beta mc^2)^2 \\ &= c^2(\boldsymbol{\alpha}\cdot\boldsymbol{p})^2 + mc^3\boldsymbol{p}\cdot\{\boldsymbol{\alpha},\beta\} + \beta^2(mc^2)^2 . \end{aligned}$$

Unter Ausnutzung der Algebra der Dirac-Matrizen (Clifford-Algebra) (28.134):

$$\{\alpha^k, \alpha^l\} = 2\delta^{kl}, \quad \{\alpha^k, \beta\} = 0, \quad \beta^2 = 1$$

finden wir

$$(h(\boldsymbol{p}))^2 = E_p^2, \quad E_p = c\sqrt{\boldsymbol{p}^2 + (mc)^2} \tag{28.144}$$

und somit die Energieeigenwerte

$$E(\boldsymbol{p}) = \pm E_p .$$

20 Die Gruppe $O(1,3)$ der Lorentz-Transformationen im Minkowski-Raum enthält die Drehgruppe $O(3)$ im $\mathbb{R}^3$ als Untergruppe, siehe Anhang E.8.

Wegen (28.144) sind die Operatoren

$$\Lambda_\pm(\boldsymbol{p}) = \frac{1}{2}\left(1 \pm \frac{h(\boldsymbol{p})}{E_p}\right) \tag{28.145}$$

orthogonale Projektoren

$$\Lambda_\pm^2(\boldsymbol{p}) = \Lambda_\pm(\boldsymbol{p})\,, \quad \Lambda_\pm(\boldsymbol{p})\Lambda_\mp(\boldsymbol{p}) = 0\,, \quad \Lambda_+(\boldsymbol{p}) + \Lambda_-(\boldsymbol{p}) = 1 \tag{28.146}$$

auf die Unterräume der Positiven- bzw. Negativen-Energie-Eigenzustände: Offenbar gilt

$$h(\boldsymbol{p}) = E_p(\Lambda_+(\boldsymbol{p}) - \Lambda_-(\boldsymbol{p}))$$

und somit wegen (28.146)

$$h(\boldsymbol{p})\Lambda_\pm(\boldsymbol{p}) = \pm E_p \Lambda_\pm(\boldsymbol{p})\,.$$

Aufgrund dieser Beziehung erhalten wir einen Eigenvektor von $h(\boldsymbol{p})$ zum positiven bzw. negativen Energieeigenwert, $\pm E_p$, indem wir mit dem Projektor $\Lambda_+(\boldsymbol{p})$ bzw. $\Lambda_-(\boldsymbol{p})$ auf einen beliebigen konstanten Dirac-Spinor wirken. Um sämtliche linear unabhängige Eigenvektoren zu finden, wirken wir mit $\Lambda_\pm(\boldsymbol{p})$ auf die vier Basisspinoren $w^{(\alpha)}(\boldsymbol{0})$, $\alpha = 1, 2, 3, 4$ (28.143). Dies liefert acht Eigenvektoren, $\Lambda_\pm(\boldsymbol{p})w^{(\alpha)}(\boldsymbol{0})$, von denen nur vier linear unabhängig sind. Diese wählen wir so, dass sie für $\boldsymbol{p} = 0$ in die bereits bekannten Eigenvektoren $w^{(\alpha)}(\boldsymbol{0})$ (28.143) übergehen. Beachten wir, dass

$$\Lambda_\pm(\boldsymbol{0}) = \frac{1}{2}(1 \pm \beta)$$

und somit

$$\begin{aligned} &\Lambda_+(\boldsymbol{0})w^{(\alpha)}(\boldsymbol{0}) = w^{(\alpha)}(\boldsymbol{0})\,, && \Lambda_-(\boldsymbol{0})w^{(\alpha)}(\boldsymbol{0}) = 0\,, && \alpha = 1, 2, \\ &\Lambda_+(\boldsymbol{0})w^{(\alpha)}(\boldsymbol{0}) = 0\,, && \Lambda_-(\boldsymbol{0})w^{(\alpha)}(\boldsymbol{0}) = w^{(\alpha)}(\boldsymbol{0})\,, && \alpha = 3, 4\,, \end{aligned}$$

so sind die vier linear unabhängigen Eigenvektoren von $h(\boldsymbol{p})$ durch

$$\begin{aligned} &\Lambda_+(\boldsymbol{p})w^{(\alpha)}(\boldsymbol{0})\,, \quad \alpha = 1, 2\,, \quad E(\boldsymbol{p}) = E_p\,, \\ &\Lambda_-(\boldsymbol{p})w^{(\alpha)}(\boldsymbol{0})\,, \quad \alpha = 3, 4\,, \quad E(\boldsymbol{p}) = -E_p \end{aligned} \tag{28.147}$$

gegeben. In der Darstellung (28.128) der Dirac-Matrizen lautet der Dirac-Hamiltonian (28.142)

$$h(\boldsymbol{p}) = \begin{pmatrix} mc^2 & c\boldsymbol{\sigma}\cdot\boldsymbol{p} \\ c\boldsymbol{\sigma}\cdot\boldsymbol{p} & -mc^2 \end{pmatrix}$$

und dementsprechend die orthogonalen Projektoren (28.145)

$$\Lambda_{\pm}(\boldsymbol{p}) = \frac{1}{2E_p}\begin{pmatrix} E_p \pm mc^2 & c\boldsymbol{\sigma}\cdot\boldsymbol{p} \\ c\boldsymbol{\sigma}\cdot\boldsymbol{p} & E_p \mp mc^2 \end{pmatrix}. \tag{28.148}$$

Damit sind die vier linear unabhängige Lösungen der stationären Dirac-Gleichung (28.142) für ein freies Teilchen (bis auf Normierung) explizit bekannt. Die Normierung dieser Zustände werden wir im nächsten Abschnitt bestimmen, wo wir die allgemeinen zeitabhängigen Lösungen der freien Dirac-Gleichung finden werden.

28.7.2 Kovariante Dirac-Gleichung

Zur Bestimmung der allgemeinen zeitabhängigen Lösung empfiehlt es sich, von der kovarianten Form der Dirac-Gleichung (28.135) auszugehen. *Der Einfachheit halber werden wir dabei $c = 1$ setzen.* Nach Fourier-Transformation der Wellenfunktion:

$$\Psi(x) = \int \frac{d^4p}{(2\pi\hbar)^4}\, e^{-\frac{i}{\hbar}p_\mu x^\mu}\, w(p)$$

reduziert sich die Dirac-Gleichung (28.135) (mit $c = 1$) auf eine algebraische Gleichung für die Fourier-Amplituden $w(p)$:

$$\boxed{(\not{p} - m)w(p) = 0\,, \quad \not{p} = \gamma^\mu p_\mu\,,} \tag{28.149}$$

wobei wir die übliche Abkürzung benutzt haben, dass ein Schrägstrich durch einen Vierer-Vektor seine Kontraktion mit den γ-Matrizen bedeutet (d. h. Multiplikation mit γ_μ und Summation über μ). Diese algebraische Gleichung ist äquivalent zu der oben angegebenen Form (28.142) und lässt sich unmittelbar lösen, wenn wir beachten, dass sich die Matrix $(\not{p} - m)$ nach Multiplikation mit $(\not{p} + m)$ diagonalisieren lässt (siehe Gln. (28.140) und (28.141)). In der Tat, mit

$$(\not{p} + m)(\not{p} - m) = p^2 - m^2 \tag{28.150}$$

erhalten wir aus (28.149):

$$(p^2 - m^2)w(p) = 0\,, \quad p^2 = p_\mu p^\mu\,.$$

Dies ist die Klein-Gordon-Gleichung (für jede einzelne Komponente des Dirac-Spinors $w(p)$), die nichttriviale Lösungen nur für

$$p_0 = \pm E_p\,, \quad E_p = \sqrt{m^2 + \boldsymbol{p}^2}$$

besitzt. Damit sind die Energieeigenwerte der stationären Lösungen der Dirac-Gleichung eines freien Teilchens bekannt. Um die Eigenvektoren $w(p) \equiv w(\pm E_p, \boldsymbol{p})$ zu finden, beachten wir, dass wegen der Beziehung (28.150) und $p^2 = m^2$ für $p_0 = \pm E_p$ die Lösung der Dirac-Gleichung (28.149) in der Form

$$w^{(\alpha)}(p) = \mathcal{N}(\not p + m)w^{(\alpha)}(\mathbf{0}) , \quad p_0 = \pm E_p \tag{28.151}$$

geschrieben werden kann, wobei $w^{(\alpha)}(\mathbf{0})$, $\alpha = 1, 2, 3, 4$, die in Gl. (28.143) gefundenen Eigenvektoren der stationären Dirac-Gleichung für verschwindende Impulse $\boldsymbol{p} = \mathbf{0}$ sind und $\mathcal{N}$ eine Normierungskonstante ist.[21] Für $p_0 = \pm E_p$ liefert dieser Ansatz acht Lösungen der Dirac-Gleichung. Wir wissen jedoch, dass nur vier linear unabhängige Lösungen existieren. Es empfiehlt sich, diese so zu wählen, dass sie für $\boldsymbol{p} = \mathbf{0}$ in die oben angegebenen Eigenvektoren (28.143) übergehen. Die so festgelegten linear unabhängigen Lösungen der Dirac-Gleichungen lauten:[22]

$$w^{(\alpha=1,2)}(p_0 = E_p, \boldsymbol{p}) , \quad w^{(\alpha=3,4)}(p_0 = -E_p, \boldsymbol{p}) .$$

Ferner hat es sich eingebürgert, die Lösungen positiver bzw. negativer Energie mit den Buchstaben U bzw. V zu bezeichnen. Aus Symmetriegründen wählt man bei den Lösungen negativer Energie auch das Impulsargument negativ und definiert:

$$\begin{aligned} U^{(\alpha=1,2)}(\boldsymbol{p}) &= w^{(\alpha=1,2)}(p_0 = E_p, \boldsymbol{p}) , \\ V^{(\alpha=1,2)}(\boldsymbol{p}) &= w^{(\alpha=3,4)}(p_0 = -E_p, -\boldsymbol{p}) . \end{aligned}$$

Die so definierten linear unabhängigen Lösungen der Dirac-Gleichung $U^{(\alpha)}(\boldsymbol{p})$, $V^{(\alpha)}(\boldsymbol{p})$, $\alpha = 1, 2$ lassen sich nach Gl. (28.151) dann in der kompakten Form

$$\begin{aligned} U^{(\alpha)}(\boldsymbol{p}) &= \mathcal{N}(\not p + m)w^{(\alpha)}(\mathbf{0}) , \\ V^{(\alpha)}(\boldsymbol{p}) &= \mathcal{N}(-\not p + m)w^{(\alpha+2)}(\mathbf{0}) \end{aligned} \tag{28.152}$$

schreiben, wobei $\alpha = 1, 2$ und $p_0 = E_p = \sqrt{m^2 + \boldsymbol{p}^2} > 0$. Man beachte, dass auch in der negativen Energie-Lösung $V^{(\alpha)}(\boldsymbol{p})$ die Zeitkomponente des Impulses jetzt auf $p_0 = E_p > 0$ fixiert ist.

Im Gegensatz zur stationären Schrödinger-Gleichung sollten wir die Größe $\Psi^\dagger\Psi$ hier nicht als Norm verwenden, da sie kein Lorentz-Skalar ist, sondern unter Lorentz-Transformationen ihren Wert ändert. Zur Normierung der Dirac-Spinoren empfiehlt es sich, die Lorentz-invariante Größe

---

21 Prinzipiell könnte anstatt der $w^{(\alpha)}(\mathbf{0})$ auf der rechten Seite von Gl. (28.151) auch ein beliebiger konstanter Dirac-Spinor stehen. Da jedoch die allgemeinen Lösungen $w^{(\alpha)}(\boldsymbol{p}) = w^{(\alpha)}(p_0, \boldsymbol{p})$ für $\boldsymbol{p} = \mathbf{0}$ in die bereits bekannten Lösungen (28.143) übergehen sollen, empfiehlt es sich den beliebigen Dirac-Spinor gleich in Form der $w^{(\alpha)}(\mathbf{0})$ zu wählen.

22 Die vier übrigen Lösungen (28.151) verschwinden für $\boldsymbol{p} = 0$: $w^{(\alpha=3,4)}(p_0 = m, \boldsymbol{p} = 0) = 0$, $w^{(\alpha=1,2)}(p_0 = -m, \boldsymbol{p} = 0) = 0$.

$$\Psi^\dagger \gamma^0 \Psi = \bar{\Psi}\Psi\,, \quad \bar{\Psi} = \Psi^\dagger \gamma^0$$

zu benutzen. Die Normierung der Lösung der freien Dirac-Gleichung wählen wir deshalb zweckmäßigerweise als:

$$\bar{U}^{(\alpha)}(\boldsymbol{p})U^{(\beta)}(\boldsymbol{p}) = \delta^{\alpha\beta}\,, \quad \bar{V}^{(\alpha)}(\boldsymbol{p})V^{(\beta)}(\boldsymbol{p}) = -\delta^{\alpha\beta}\,. \tag{28.153}$$

Da die $U(\boldsymbol{p})$ und $V(\boldsymbol{p})$ zu verschiedenen Eigenwerten $p_0 = \pm E_p$ gehören, erfüllen sie außerdem die Orthogonalitätsrelationen

$$\bar{U}^{(\alpha)}(\boldsymbol{p})V^{(\beta)}(\boldsymbol{p}) = 0\,, \quad \bar{V}^{(\alpha)}(\boldsymbol{p})U^{(\beta)}(\boldsymbol{p}) = 0\,.$$

Die so gewählte Normierung legt die Konstante $\mathcal{N}$ in (28.152) auf

$$\mathcal{N} = \frac{1}{\sqrt{2m(E_p + m)}} \tag{28.154}$$

fest.

Mit der expliziten Form der Dirac'schen γ-Matrizen (28.136) und der Normierungskonstante (28.154) lauten die normierten Eigenlösungen der Dirac-Gleichung ($\alpha = 1, 2$):

$$\boxed{\begin{aligned} U^{(\alpha)}(\boldsymbol{p}) &= S(\boldsymbol{p})w^{(\alpha)}(\boldsymbol{0})\,, \\ V^{(\alpha)}(\boldsymbol{p}) &= S(\boldsymbol{p})w^{(\alpha+2)}(\boldsymbol{0})\,, \end{aligned}}$$

wobei

$$S(\boldsymbol{p}) = \sqrt{\frac{E_p + m}{2m}} \begin{pmatrix} \mathbb{1} & \frac{\boldsymbol{\sigma p}}{E_p+m} \\ \frac{\boldsymbol{\sigma p}}{E_p+m} & \mathbb{1} \end{pmatrix} = \frac{E_p + m + \boldsymbol{\alpha}\cdot\boldsymbol{p}}{\sqrt{2m(E_p + m)}}\,.$$

Dieselben Zustandsvektoren findet man mit (28.148) aus Gl. (28.147) nach entsprechender Normierung (28.153). Man beachte, dass wir oben $c = 1$ gesetzt hatten. Behalten wir die Lichtgeschwindigkeit explizit in den Ausdrücken, so müssen wir $m \to mc^2$ bzw. $\boldsymbol{\sigma}\cdot\boldsymbol{p} \to c\boldsymbol{\sigma}\cdot\boldsymbol{p}$ ersetzen (siehe Gl. (28.142)) und erhalten:

$$\boxed{S(\boldsymbol{p}) = \sqrt{\frac{E_p + mc^2}{2mc^2}} \begin{pmatrix} \mathbb{1} & c\,\frac{\boldsymbol{\sigma p}}{E_p+mc^2} \\ c\,\frac{\boldsymbol{\sigma p}}{E_p+mc^2} & \mathbb{1} \end{pmatrix}}\,.$$

Hieraus ist ersichtlich, dass für positive Energielösungen $E = E_p > 0$ die oberen Komponenten von der Ordnung 1 sind, während die unteren Komponenten von der Ordnung $|\boldsymbol{v}|/c$ sind und damit für eine nichtrelativistisch verlaufende Bewegung $|\boldsymbol{v}| \ll c$ sehr klein sind:

$$c\,\frac{\boldsymbol{\sigma}\cdot\boldsymbol{p}}{E_p+mc^2}=c\,\frac{\boldsymbol{\sigma}\cdot\boldsymbol{p}}{c\sqrt{(mc)^2+p^2}+mc^2}\simeq\frac{\boldsymbol{\sigma}\cdot\boldsymbol{p}}{2mc}\simeq\frac{\boldsymbol{\sigma}\cdot\boldsymbol{v}}{2c}\sim\frac{|\boldsymbol{v}|}{c}\,.$$

Für die negativen Energielösungen $E = -E_p < 0$ sind umgekehrt die unteren Komponenten des Dirac-Spinors von der Ordnung 1, während die oberen Komponenten von der Ordnung $|\boldsymbol{v}|/c$ sind. Wir erkennen insbesondere, dass im nichtrelativistischen Grenzfall $|\boldsymbol{v}| \ll c$ die oberen und unteren Komponenten entkoppeln. Die relativen Größen der oberen und unteren Komponenten der Positiven- bzw. Negativen-Energie-Lösungen der Dirac-Gleichung erklären auch die unterschiedlichen Vorzeichen in der Norm (28.153).

Die Dirac'sche Theorie der Antiteilchen

Das Spektrum des Dirac-Hamiltonians ist in Abb. 28.4 illustriert. Oberhalb der Ruheenergie mc^2 gibt es ein Kontinuum von Zuständen, die durch den räumlichen Impuls $\boldsymbol{p}$ klassifiziert sind. Zu diesen Zuständen gibt es ein spiegelsymmetrisch gelegenes Kontinuum negativer Energiezustände, das bei der negativen Ruheenergie $-mc^2$ beginnt und sich bis minus unendlich erstreckt. Auch diese Zustände werden durch den räumlichen Impuls $\boldsymbol{p}$ klassifiziert.

Nehmen wir an, die Zustände mit negativer Energie seien unbesetzt. Wir könnten dann Energie durch Besetzung dieser Zustände gewinnen. Da unendlich viele negative Energiezustände existieren, ließe sich unendlich viel Energie gewinnen. Dies muss notwendigerweise zu einer Instabilität des Vakuums führen. Die Instabilität lässt sich nur dann vermeiden, wenn alle Zustände negativer Energie mit Fermionen besetzt sind. Diese unterliegen dem Pauli-Prinzip, wonach jeder Zustand höchstens durch ein einziges Fermion besetzt sein kann. Sind also diese Zustände bereits durch Fermionen besetzt, kann keine weitere Besetzung erfolgen und ein solcher Zustand wäre stabil. Die Gesamtheit der mit Fermionen besetzten negativen Energiezustände wird als *Dirac-See* bezeichnet. Es drängt sich hier die Frage auf: Sind diese besetzten negativen Energiezustände nur ein Artefakt der Theorie oder existieren sie real und lassen sich im Experiment nachweisen?

Falls die negativen Energiezustände mit $E = -E_p$ tatsächlich existieren und mit Teilchen besetzt sind, müssen sich diese Teilchen durch äußere Felder auch auf die unbesetzten positiven Energiezustände mit $E = E_p$ anregen lassen (siehe Abb. 28.4). Eine solche Anregung wäre ähnlich einer Teilchen-Loch-Anregung in einem Vielteilchensystem und würde die Anregungsenergie

$$\Delta E = E_{p_2} - (-E_{p_1}) = E_{p_2} + E_{p_1} \geq 2mc^2$$

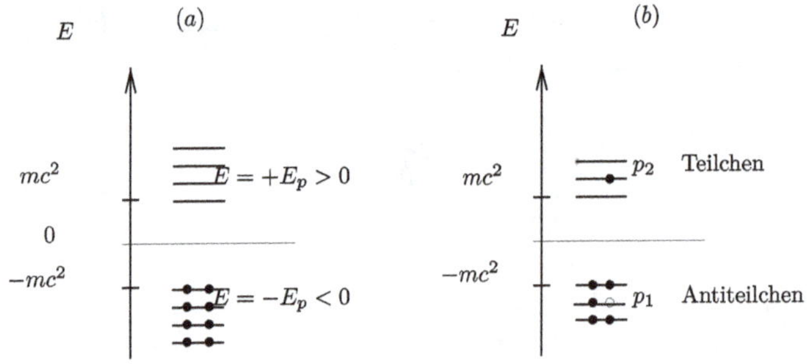

Abb. 28.4: Schematische Darstellung des Energiespektrums eines freien Dirac-Teilchens der Masse m: (a) Vakuum (gefüllter Dirac-See) und (b) Teilchen-Antiteilchen-Anregung des Dirac-Sees.

besitzen. Das zurückbleibende Loch im Dirac-See repräsentiert eine fehlende negative Energie und besitzt somit selbst eine positive Energie $E = E_{p_1}$ wie ein gewöhnliches Teilchen. Wir können deshalb das Loch im Dirac-See als ein Teilchen interpretieren. Andererseits kann dieses Teilchen durch Abregung des auf positive Energiezustände angeregten Fermions wieder vernichtet werden. Das Loch wird deshalb als *Antiteilchen* zu dem Teilchen, das den positiven Energiezustand $E = E_{p_2}$ besetzt, bezeichnet.

Mit dieser Interpretation der Lösungen der Dirac-Gleichung ist es deshalb möglich, aus dem Vakuum ein Teilchen-Antiteilchen-Paar zu erzeugen. Umgekehrt können Teilchen-Antiteilchen-Paare sich zu Energie vernichten. Diese Prozesse werden als *Paarerzeugung* bzw. *Paarvernichtung* bezeichnet und lassen sich im Experiment nachweisen. Zum Beispiel können durch starke elektromagnetische Felder, d. h. durch Photonen in der Nähe von Atomkernen, aus dem Vakuum Elektron-Positron-Paare erzeugt werden. Der Atomkern ist dabei erforderlich, um einen Teil des Impulses des Photons aufzunehmen.

Wenn unser Vakuum aus dem gefüllten Dirac-See besteht, so muss es auf (äußere) Felder reagieren und somit experimentell nachweisbar sein. Wie wir oben gesehen haben, können Felder, falls sie stark genug sind, Teilchen-Antiteilchen-Paare aus dem Vakuum erzeugen. Selbst schwache Felder können aufgrund der Energieunschärfe virtuelle Teilchen-Antiteilchen-Paare erzeugen, die mit den realen Teilchen wechselwirken und deren Eigenschaften verändern können. Damit müssten auch die Elektronen im Coulomb-Feld des Atomkerns eine Änderung ihrer Energieniveaus aufgrund des Vakuums, d. h. des gefüllten Dirac-Sees erfahren. In der Tat wird eine zusätzliche Verschiebung der Elektronenniveaus gegenüber den Lösungen der Dirac-Gleichung experimentell gemessen. Diese Verschiebung lässt sie im Rahmen der Quantenfeldtheorie berechnen und wird als *Lamb-Shift* bezeichnet.

Nach eigenen Aussagen ist Dirac auf die Antiteilcheninterpretation der Lochzustände durch folgende Aufgabe gekommen, die bei einem Schülerwettbewerb gestellt wurde:

Drei Fischer fuhren aufs Meer um zu fischen. Als sie zurückkehrten, war es bereits spät in der Nacht. Sie beschlossen sich schlafen zu legen und erst am Morgen die gefangenen Fische aufzuteilen. Der Fischer, der zuerst am nächsten Morgen aufwachte, zählte die Fische und teilte sie durch drei. Dabei blieb ein Fisch übrig, den er zurück ins Meer warf. Kurze Zeit darauf wachte der zweite Fischer auf, der jedoch nicht wusste, dass bereits einer seiner Kollegen seinen Anteil der Fische mitgenommen hatte. Er teilte wieder die Fische durch drei, wobei wieder ein Fisch übrig blieb, den er ins Meer warf. Auch dieser Fischer nahm sich ein Drittel der Fische und ging heim. Als der letzte Fischer aufwachte, zählte er wieder die Fische, teilte sie durch drei und es blieb wieder ein Fisch übrig. Wieviel Fische hatten die Fischer ursprünglich gefangen? Eine mögliche Antwort lautet 25. Die Aufgabe besitzt jedoch noch eine zweite unphysikalische Lösung, nämlich −2.

28.8 Der Drehimpuls des Dirac-Teilchens

In der nichtrelativistischen Quantenmechanik bleibt der Erwartungswert einer Observablen erhalten, wenn der zugehörige Operator nicht explizit von der Zeit abhängt und mit dem Hamilton-Operator kommutiert. Dies gilt offensichtlich auch für die Observablen eines Dirac-Teilchens, da die Dirac-Gleichung (28.130) bezüglich ihrer Zeitabhängigkeit die Form der nichtrelativistischen Schrödinger-Gleichung besitzt.

Sowohl in der nichtrelativistischen Mechanik als auch in der nichtrelativistischen Quantenmechanik hatten wir gefunden, dass der Drehimpuls eines freien Teilchens oder eines Teilchens im Zentralpotential erhalten bleibt. Um zu sehen, ob der Drehimpuls für ein Dirac-Teilchen erhalten bleibt, berechnen wir den Kommutator des Drehimpuls-Operators $\boldsymbol{L} = \boldsymbol{x} \times \boldsymbol{p}$ mit dem Dirac-Hamiltonian

$$h = c\boldsymbol{\alpha}\cdot\boldsymbol{p} + \beta mc^2 .$$

Der Drehimpulsoperator kommutiert natürlich mit dem konstanten Massenterm,

$$[\boldsymbol{L}, mc^2] = \hat{\boldsymbol{0}} ;$$

deshalb finden wir:

$$[L^i, h] = [L^i, c\boldsymbol{\alpha}\cdot\boldsymbol{p}] = c\alpha^k [L^i, p^k] .$$

Der hier auftretende Kommutator von Drehimpuls- und Impulsoperator wurde in Abschnitt 15.1 berechnet (siehe Gl. (15.12) oder (23.57)),

$$[L^i, p^k] = i\hbar\epsilon^{ikl} p^l ,$$

sodass wir schließlich erhalten:

$$[L^i, h] = i\hbar c(\boldsymbol{\alpha} \times \boldsymbol{p})^i \neq \hat{0} . \tag{28.155}$$

Somit ist der Bahndrehimpuls für ein freies Dirac-Teilchen nicht erhalten. Die Verletzung der Drehimpulserhaltung kommt offenbar durch die Tatsache zustande, dass die Dirac-Gleichung keine skalare Gleichung, sondern eine Matrixgleichung ist, was durch Anwesenheit der Clifford-Zahlen α^k, β angezeigt wird. Die Nichterhaltung des Bahndrehimpulses hätten wir bereits vermuten können, da der Dirac-Hamiltonian einen konstanten Vektor $\boldsymbol{\alpha}$ enthält, der die Rotationssymmetrie bricht. In der Tat enthält der nichtverschwindende Kommutatorterm von Drehimpuls mit Dirac-Operator gerade diese Dirac-Matrizen.

Wir können jedoch den Bahndrehimpuls-Operator erweitern zu einem Operator, der dieselbe Drehimpuls-Algebra erfüllt und dennoch mit dem Dirac-Hamiltonian für zentralsymmetrische Potentiale kommutiert. Dazu betrachten wir den Operator

$$\boxed{\boldsymbol{S} = \frac{\hbar}{2}\Sigma , \quad \Sigma = \begin{pmatrix} \boldsymbol{\sigma} & 0 \\ 0 & \boldsymbol{\sigma} \end{pmatrix} ,} \tag{28.156}$$

wobei die σ^i wieder die Pauli-Matrizen (15.44) sind, die den Kommutationsbeziehungen

$$[\sigma^i, \sigma^j] = 2i\epsilon^{ijk} \sigma^k$$

genügen. Diese Beziehungen stimmen bis auf einen Faktor $\hbar/2$ mit der Drehimpuls-Algebra überein. Der oben eingeführte Operator (28.156) erfüllt in der Tat die Drehimpuls-Algebra

$$[S^i, S^j] = i\hbar\epsilon^{ijk} S^k \,. \tag{28.157}$$

Für den Kommutator des Operators S^i mit dem Dirac-Hamiltonian finden wir:

$$[S^i, h] = c[S^i, \boldsymbol{\alpha}\cdot\boldsymbol{p}] = \frac{1}{2}\hbar c p^k [\Sigma^i, \alpha^k] \,. \tag{28.158}$$

Unter Benutzung der expliziten Form der Matrizen α^k (28.128) finden wir:

$$[\Sigma^i, \alpha^k] = i2\epsilon^{ikl}\alpha^l$$

und somit aus (28.158):

$$[S^i, h] = i\hbar c(\boldsymbol{p} \times \boldsymbol{\alpha})^i = -i\hbar c(\boldsymbol{\alpha} \times \boldsymbol{p})^i \,.$$

Der Vergleich mit Gl. (28.155) zeigt, dass der Operator

$$\boxed{\boldsymbol{J} = \boldsymbol{L} + \boldsymbol{S}}$$

mit dem Dirac-Hamiltonian kommutiert,

$$[\boldsymbol{J}, h] = \hat{\boldsymbol{0}} \,,$$

und folglich im Sinne der Quantenmechanik erhalten bleibt. Bei Anwesenheit eines skalaren Zentralpotentials können die Eigenfunktionen des Dirac-Hamiltonians folglich nach den Eigenwerten des Operators $\boldsymbol{J}$ klassifiziert werden.[23] Beachten wir, dass sowohl der Bahndrehimpuls L^i als auch der Operator S^i dieselbe Algebra erfüllen und ferner diese beiden Operatoren in unterschiedlichen Hilbert-Räumen wirken und somit $[S^k, L^i] = \hat{0}$, so folgt unmittelbar, dass auch ihre Summe, d. h. der Operator $\boldsymbol{J}$, dieselbe Algebra erfüllt:

$$\boxed{[J^k, J^l] = i\hbar\epsilon^{klm} J^m \,.} \tag{28.159}$$

Wie wir bereits in Abschnitt 15.1 für den Bahndrehimpuls festgestellt hatten, sind aufgrund dieser Kommutationsbeziehungen nicht alle Komponenten $J^{k=1,2,3}$ gleichzeitig messbar, sondern wegen (28.159)

$$[J^k, \boldsymbol{J}^2] = 0$$

23 Wie die obige Ableitung von $[\boldsymbol{J}, h] = 0$ zeigt, ist die Darstellung (28.156) des Spinoperators $\boldsymbol{S}$ an die Darstellung (28.128) der Dirac-Matrizen geknüpft. Alternative Darstellungen der Dirac-Matrizen $\boldsymbol{\alpha}$ führen auch auf andere Darstellungen des Spinoperators $\boldsymbol{S}$.

nur das Quadrat und eine Komponente, die gewöhnlich als die dritte Komponente gewählt wird. Ferner hatten wir gesehen, dass aufgrund der Drehimpuls-Algebra (28.157), (28.159) die Eigenwerte folgende Gestalt besitzen müssen:

$$\begin{aligned} \boldsymbol{S}^2 &: \quad \hbar^2 s(s+1)\,, \quad S^3 : \quad \hbar m_s\,, \quad -s \le m_s \le s\,, \\ \boldsymbol{J}^2 &: \quad \hbar^2 j(j+1)\,, \quad J^3 : \quad \hbar m\,, \quad -j \le m \le j\,, \end{aligned}$$

wobei die Quantenzahlen s und j halbzahlig oder ganzzahlig sein müssen. Ihre tatsächlichen Werte werden durch die explizite Darstellung der Drehimpulsoperatoren festgelegt. Im vorliegenden Fall findet man mit $(\sigma^i)^2 = \mathbb{1}$ für die Operatoren S^i (28.156):

$$\boldsymbol{S}^2 = \sum_{i=1}^{3}(S^i)^2 = \frac{\hbar^2}{4}\sum_{i=1}^{3}(\sigma^i)^2 = \frac{\hbar^2}{4}\sum_{i=1}^{3} 1 = \hbar^2\,\frac{3}{4} \stackrel{!}{=} \hbar^2 s(s+1)\,,$$

woraus

$$s = 1/2$$

folgt. Aus den allgemeinen Gesetzen der Drehimpuls-Vektoraddition, die in Abschnitt 15.7 besprochen wurde, folgt dann, dass die Quantenzahl des Operators $\boldsymbol{J}$ durch

$$j = |l \pm 1/2|$$

gegeben ist und somit ebenfalls halbzahlig ist, da die Quantenzahl l des Bahndrehimpulses ganzzahlig ist. Für $l = 0$ tritt nur der Wert $j = \frac{1}{2}$ auf, da j nicht negativ sein kann.

Der Drehimpuls $s = 1/2$, dessen Operatoren S^i nicht wie der Bahndrehimpuls durch Differentialoperatoren im Ortsraum realisiert werden können, sondern sich allein durch die Pauli-Matrizen darstellen lassen, wird als *innerer Drehimpuls* bzw. als *Spin* des Dirac-Teilchens bezeichnet. Damit kommen wir zu dem wichtigen Schluss, dass ein Dirac-Teilchen einen inneren Drehimpuls $\boldsymbol{S}$ mit der Quantenzahl $s = 1/2$ besitzt. Dieser koppelt zusammen mit dem Bahndrehimpuls $\boldsymbol{L}$ zu einem Gesamtdrehimpuls, $\boldsymbol{J} = \boldsymbol{L} + \boldsymbol{S}$, der für zentralsymmetrische Potentiale erhalten bleibt. Für Letztere können wir folglich die Lösung der Dirac-Gleichung durch die Quantenzahlen des Quadrates des Gesamtdrehimpulses j und dessen Projektion m charakterisieren. Es sei an dieser Stelle noch einmal betont:

Für ein Dirac-Teilchen im zentralsymmetrischen Potential sind Bahndrehimpuls $\boldsymbol{L}$ und Spin $\boldsymbol{S}$ nicht separat erhalten, sondern nur der Gesamtdrehimpuls $\boldsymbol{J} = \boldsymbol{L} + \boldsymbol{S}$.

28.9 Ladung im Magnetfeld

Für ein spinloses Teilchen wurden in der Klein-Gordon-Gleichung bei Einschalten eines äußeren elektromagnetischen Feldes der Vierer-Impulsoperator $p_\mu = i\hbar\partial_\mu$ um das Eichpotential $A_\mu(x)$ verschoben

$$p_\mu \to p_\mu - \frac{q}{c} A_\mu(x) , \tag{28.160}$$

d. h. die gewöhnliche Ableitung ∂_μ wird durch die *kovariante Ableitung* (28.125)

$$\boxed{D_\mu = \partial_\mu + i \frac{q}{\hbar c} A_\mu(x)} \tag{28.161}$$

ersetzt. Der Spin als (innerer) Drehimpuls eines Teilchens hat a priori nichts mit seiner elektrischen Ladung zu tun, die die Stärke charakterisiert, mit der das Teilchen an ein elektromagnetisches Feld koppelt. In der Tat können Elementarteilchen unterschiedlichen Spins dieselbe Ladung besitzen. Beispielsweise besitzt das Proton mit Spin 1/2 dieselbe Ladung wie das spinlose Pion π^+, siehe Abschnitt 23.7. Wir können deshalb erwarten, dass die Ersetzung (28.160) bei Einschalten eines elektromagnetischen Feldes unabhängig vom Spin der Ladung gilt und somit auch für Teilchen mit Spin 1/2.

Durch die Ersetzung $\partial_\mu \to D_\mu$ erhält man aus der Dirac-Gleichung eines freien Teilchens (28.135) die Dirac-Gleichung einer Punktladung q in einem äußeren elektromagnetischen Feld $A_\mu(x)$

$$\boxed{(i\hbar \not{D} - mc)\Psi(x) = 0 .}$$

Diese Gleichung enthält die allgemeinst mögliche Kopplung eines Dirac-Teilchens der Masse m und der Ladung q an ein äußeres elektromagnetisches Feld $A_\mu(x)$. Schreiben wir diese Gleichung in der Form der zeitabhängigen Schrödinger-Gleichung (28.130), so finden wir für den Dirac-Hamilton-Operator

$$\boxed{h = c\boldsymbol{\alpha}\cdot\boldsymbol{\pi} + \beta mc^2 + qA_0 ,} \tag{28.162}$$

wobei A_0 das skalare Potential und

$$\boldsymbol{\pi} = \boldsymbol{p} - \frac{q}{c}\boldsymbol{A}$$

der Operator des kinetischen Impulses ist. Das skalare Potential A_0 geht wie ein gewöhnliches Potential in den Hamilton-Operator (28.162) ein. Deshalb beschränken wir uns im Folgenden auf eine Punktladung in einem äußeren Magnetfeld und setzen $A_0 = 0$.

In vielen praktischen Anwendungen kann das äußere Magnetfeld, das auf die Elektronen wirkt, in guter Näherung als konstant angenommen werden. Für ein (raumzeitlich) konstantes Magnetfeld $\boldsymbol{B} = \mathbf{const}$. lässt sich die Dirac-Gleichung genau wie die Schrödinger-Gleichung analytisch lösen. Dazu benutzen wir die Dirac-Gleichung in Form der zeitabhängigen Schrödinger-Gleichung (28.130), wobei der Dirac-Hamiltonian nach (28.162) für $A_0 = 0$ durch

$$h = c\boldsymbol{\alpha}\cdot\boldsymbol{\pi} + \beta mc^2 \tag{28.163}$$

gegeben ist. Da h zeitunabhängig ist, können wir die zeitabhängige Dirac-Gleichung (28.130) mit dem Ansatz (28.132) auf die stationäre Gleichung (28.133)

$$h(\boldsymbol{x})\varphi(\boldsymbol{x}) = E\varphi(\boldsymbol{x})$$

reduzieren, wobei $\varphi(\boldsymbol{x})$ ein Dirac-Spinor ist, den wir durch zwei gewöhnliche (zweikomponentige) Spinoren ϕ, χ ausdrücken

$$\varphi = \begin{pmatrix} \phi \\ \chi \end{pmatrix}. \tag{28.164}$$

In der Darstellung (28.128)

$$\boldsymbol{\alpha} = \begin{pmatrix} 0 & \boldsymbol{\sigma} \\ \boldsymbol{\sigma} & 0 \end{pmatrix}, \quad \beta = \begin{pmatrix} \mathbb{1} & 0 \\ 0 & -\mathbb{1} \end{pmatrix}$$

zerfällt die stationäre Dirac-Gleichung in ein System von zwei gekoppelten Gleichungen für ϕ und χ

$$\begin{aligned} c\,\boldsymbol{\sigma}\cdot\boldsymbol{\pi}\,\chi &= (E - mc^2)\phi\,, \\ c\,\boldsymbol{\sigma}\cdot\boldsymbol{\pi}\,\phi &= (E + mc^2)\chi\,. \end{aligned}$$

Wir lösen die zweite Gleichung nach χ auf

$$\chi = \frac{1}{E + mc^2}\,\boldsymbol{\sigma}\cdot\boldsymbol{\pi}\,\phi \tag{28.165}$$

und setzen diesen Ausdruck in die erste Gleichung ein

$$c^2(\boldsymbol{\sigma}\cdot\boldsymbol{\pi})^2\phi = (E - mc^2)(E + mc^2)\phi\,. \tag{28.166}$$

Damit haben wir die Dirac-Gleichung auf eine Gleichung für den zweikomponentigen Spinor ϕ reduziert. Diese Gleichung lässt sich weiter vereinfachen, wenn man die Eigenschaften der Pauli-Matrizen

$$\{\sigma^i, \sigma^j\} = 2\delta^{ij}\,, \quad [\sigma^i, \sigma^j] = 2i\epsilon^{ijk}\sigma^k$$

benutzt, woraus

$$\sigma^i\sigma^j = \frac{1}{2}\{\sigma^i, \sigma^j\} + \frac{1}{2}[\sigma^i, \sigma^j] = \delta^{ij} + i\epsilon^{ijk}\sigma^k$$

folgt. Multiplizieren wir diese Identität mit den Koordinaten zweier beliebiger Vektoren $\boldsymbol{a}$ und $\boldsymbol{b}$, so finden wir

$$\boxed{(\boldsymbol{a}\cdot\boldsymbol{\sigma})(\boldsymbol{\sigma}\cdot\boldsymbol{b}) = \boldsymbol{a}\cdot\boldsymbol{b} + i(\boldsymbol{a}\times\boldsymbol{b})\cdot\boldsymbol{\sigma}\,.} \tag{28.167}$$

Setzen wir in dieser Beziehung $\boldsymbol{a} = \boldsymbol{b} = \boldsymbol{\pi}$, so erhalten wir:

$$(\boldsymbol{\sigma}\cdot\boldsymbol{\pi})(\boldsymbol{\sigma}\cdot\boldsymbol{\pi}) = \boldsymbol{\pi}^2 + i\boldsymbol{\sigma}\cdot(\boldsymbol{\pi}\times\boldsymbol{\pi})\,.$$

Für $\boldsymbol{A} \neq \boldsymbol{0}$ verschwindet das Vektorprodukt $\boldsymbol{\pi}\times\boldsymbol{\pi}$ nicht

$$\begin{aligned}
\boldsymbol{\pi}\times\boldsymbol{\pi}\,\phi &= \left(\frac{\hbar}{i}\nabla - \frac{q}{c}\boldsymbol{A}\right)\times\left(\frac{\hbar}{i}\nabla - \frac{q}{c}\boldsymbol{A}\right)\phi \\
&= -\frac{\hbar}{i}\frac{q}{c}(\nabla\times\boldsymbol{A} + \boldsymbol{A}\times\nabla)\phi \\
&= -\frac{\hbar}{i}\frac{q}{c}((\nabla\times\boldsymbol{A}) - \boldsymbol{A}\times\nabla + \boldsymbol{A}\times\nabla)\phi \\
&= i\hbar\frac{q}{c}(\nabla\times\boldsymbol{A})\phi = i\hbar\frac{q}{c}\boldsymbol{B}\phi\,.
\end{aligned}$$

Somit erhalten wir:

$$(\boldsymbol{\sigma}\cdot\boldsymbol{\pi})^2 = \boldsymbol{\pi}^2 - \frac{q}{c}\hbar\boldsymbol{\sigma}\cdot\boldsymbol{B}\,. \tag{28.168}$$

Mit dieser Beziehung vereinfacht sich die Gleichung (28.166) zu

$$c^2\left(\boldsymbol{\pi}^2 - \frac{q}{c}\hbar\boldsymbol{\sigma}\cdot\boldsymbol{B}\right)\phi = (E^2 - (mc^2)^2)\phi\,. \tag{28.169}$$

Zweckmäßigerweise legen wir die Quantisierungsachse des Drehimpulses in Richtung des (konstanten) $q\boldsymbol{B}$-Feldes. Dann gilt

$$q\boldsymbol{\sigma}\cdot\boldsymbol{B} = |q|B\sigma_3\,, \quad B = |\boldsymbol{B}|\,.$$

Die Eigenfunktionen von σ_3 kennen wir bereits

$$\sigma_3\chi_\sigma = \sigma\chi_\sigma\,, \quad \sigma = \pm 1$$

mit

$$\chi_1 = \begin{pmatrix}1\\0\end{pmatrix}, \quad \chi_{-1} = \begin{pmatrix}0\\1\end{pmatrix}.$$

Mit dem Separationsansatz

$$\phi(\boldsymbol{x}) = \varphi_\sigma(\boldsymbol{x})\chi_\sigma\,, \tag{28.170}$$

wobei $\varphi_\sigma(\boldsymbol{x})$ eine gewöhnliche skalare Wellenfunktion ist, reduziert sich dann die Dirac-Gleichung (28.169) auf

$$c^2\boldsymbol{\pi}^2\varphi_\sigma(\boldsymbol{x}) = \left(E^2 - (mc^2)^2 + \sigma\hbar c|q|B\right)\varphi_\sigma(\boldsymbol{x})\,. \tag{28.171}$$

Diese Gleichung hat dieselbe mathematische Struktur wie die nichtrelativistische Schrödinger-Gleichung für eine Punktladung im homogenen Magnetfeld (25.22)

$$\boldsymbol{\pi}^2\varphi^{\mathrm{NR}}(\boldsymbol{x}) = 2mE^{\mathrm{NR}}\varphi^{\mathrm{NR}}(\boldsymbol{x})\,, \tag{28.172}$$

deren Lösungen die Landau-Niveaus sind, die wir bereits in Kap. 25 gefunden haben. Zur Unterscheidung von dem Dirac-Teilchen haben wir die nichtrelativistischen Energieeigenwerte und Wellenfunktionen mit einem Index „NR" gekennzeichnet. Der Vergleich von Gl. (28.171) und (28.172) liefert für die Eigenenergien des Dirac-Teilchens im konstanten Magnetfeld $\boldsymbol{B}$:

$$E^2 = (mc^2)^2 - \sigma\hbar c|q|B + 2mc^2E^{\mathrm{NR}}\,, \tag{28.173}$$

während die Wellenfunktionen $\varphi_\sigma(\boldsymbol{x})$ (der oberen Komponenten des Dirac-Spinors, siehe Gln. (28.164), (28.170)) dieselbe ist wie die Wellenfunktion des entsprechenden nichtrelativistischen Landau-Niveaus

$$\varphi_\sigma(\boldsymbol{x}) = \varphi^{\mathrm{NR}}(\boldsymbol{x})\,, \qquad \sigma = \pm 1\,, \tag{28.174}$$

u. z. sowohl für $\sigma = 1$ als auch für $\sigma = -1$. Die nichtrelativistischen Landau-Niveaus E^{NR} hatten wir in Abschnitt 25.4.1 auf eichinvariante Weise bestimmt:

$$\begin{aligned} E^{\mathrm{NR}} &= E_k^{\parallel} + E_n^{\perp}\,, \\ E_k^{\parallel} &= \frac{(\hbar k_\parallel)^2}{2m}\,, \quad E_n^{\perp} = \hbar\omega_c\left(n + \frac{1}{2}\right), \quad \omega_c = \frac{|q|B}{mc}\,, \end{aligned} \tag{28.175}$$

wobei $\hbar k_\parallel$ der Impuls der Punktladung parallel zur Richtung des $\boldsymbol{B}$-Feldes und $n = 0, 1, 2, \ldots$ die Quantenzahl eines eindimensionalen harmonischen Oszillators in der Ebene senkrecht zum $\boldsymbol{B}$-Feld ist. Mit (28.175) erhalten wir aus (28.173) für die *relativistischen Landau-Niveaus*:

$$\boxed{E^2 = (mc^2)^2 + c^2(\hbar k_\parallel)^2 + |q|B\hbar c(2n + 1 - \sigma)\,.} \tag{28.176}$$

Der erste Term ist die Ruheenergie, der zweite die kinetische Energie für die (freie) Bewegung parallel zum $\boldsymbol{B}$-Feld und der letzte Term die Energie der Bewegung in der

Ebene senkrecht zum $\boldsymbol{B}$-Feld. Nur dieser Term hängt vom $\boldsymbol{B}$-Feld ab. Ziehen wir die Wurzel aus (28.176), so erhalten wir die Energieeigenwerte des Dirac-Hamilton-Operators (28.163)

$$E = \pm\sqrt{\left(mc^2\right)^2 + c^2(\hbar k_\parallel)^2 + |q|B\hbar c(2n+1-\sigma)} =: \pm E_{\sigma n k_\parallel} \,. \tag{28.177}$$

Während die Energieeigenwerte E^{NR} und somit E eichinvariant sind, hängen die Wellenfunktionen von der Eichung ab. Ferner sind die Landau-Niveaus unendlichfach entartet. Je nach der gewählten Eichung besitzt die Oszillatorquantenzahl n eine andere Interpretation und der Entartungsgrad zeigt sich in unterschiedlicher Form, d. h. in unterschiedlichen Quantenzahlen. Wählen wir die Coulomb-Eichung und das Eichpotential in der asymmetrischen Form

$$\boldsymbol{A} = Bx\boldsymbol{e}_y \,, \tag{28.178}$$

so ist die nichtrelativistische Wellenfunktion der Punktladung q durch (siehe Abschnitt 25.4.2)

$$\varphi^{\mathrm{NR}}(\boldsymbol{x}) \equiv \varphi^{\mathrm{NR}}(x,y,z) = e^{ik_\perp y + ik_\parallel z}\langle x - x_0|n\rangle =: \varphi_{nk_\perp k_\parallel}(\boldsymbol{x}) \tag{28.179}$$

gegeben, wobei $|n\rangle$ die gewöhnlichen Eigenfunktionen des eindimensionalen harmonischen Oszillators sind, (siehe Gln. (12.51), (12.63), (12.65)), der bei

$$x_0 = \frac{c\hbar k_\perp}{|q|B}$$

lokalisiert ist und mit der Zyklotronfrequenz ω_c (28.175) schwingt. In der Ortsdarstellung sind diese Funktionen durch die Hermite-Polynome $H_n(Q)$ gegeben, siehe Gl. (12.66)

$$\langle x - x_0|n\rangle = \varphi_n(Q) = \frac{1}{\sqrt{2^n n! x_c\sqrt{\pi}}} H_n(Q) e^{-\frac{1}{2}Q^2} \,,$$

wobei

$$Q = \frac{x - x_0}{x_c} \tag{28.180}$$

und

$$x_c = \sqrt{\frac{\hbar}{m\omega_c}} = \sqrt{\frac{\hbar c}{|q|B}}$$

die zu ω_c gehörige Oszillatorlänge ist.

Mit (28.174) und (28.179) finden wir für die oberen Komponenten (28.170) der Wellenfunktionen (Dirac-Spinoren) (28.164)

$$\phi_{\sigma n k_\perp, k_\parallel}(\boldsymbol{x}) = \chi_\sigma \varphi_{n k_\perp k_\parallel}(\boldsymbol{x}) .$$

Die zugehörigen unteren Komponenten ergeben sich dann aus (28.165) mit $E = \pm E_{\sigma n k_n}$ (28.177) und der expliziten Form (28.178) des Eichpotentials, für welches $\boldsymbol{\pi} = \boldsymbol{p} - \frac{qB}{c} x \boldsymbol{e}_y$. Dies führt auf die folgenden vier orthogonalen Dirac-Spinor-Wellenfunktionen

$$\psi^{(\pm)}_{\sigma=1,nk_\perp k_\parallel}(\boldsymbol{x}) = \mathcal{N}_1^{(\pm)} \begin{pmatrix} 1 \\ 0 \\ \frac{c\hbar k_\parallel}{\pm E_{1,nk_\parallel} + mc^2} \\ -i \frac{c\hbar \frac{d}{dx} + qB(x-x_0)}{\pm E_{1,nk_\parallel} + mc^2} \end{pmatrix} \varphi_{nk_\perp k_\parallel}(\boldsymbol{x}) ,$$

$$\psi^{(\pm)}_{\sigma=-1,nk_\perp k_\parallel}(\boldsymbol{x}) = \mathcal{N}_{-1}^{(\pm)} \begin{pmatrix} 0 \\ 1 \\ -i \frac{c\hbar \frac{d}{dx} - qB(x-x_0)}{\pm E_{-1,nk_\parallel} + mc^2} \\ -\frac{c\hbar k_\parallel}{\pm E_{-1,nk_\parallel} + mc^2} \end{pmatrix} \varphi_{nk_\perp k_\parallel}(\boldsymbol{x}) . \quad (28.181)$$

Der Einfachheit halber haben wir hier $qB > 0$ vorausgesetzt. Ferner sind $\mathcal{N}^{(\pm)}_{\pm 1}$ Normierungskonstanten. Die $\psi^{(\pm)}_{\sigma n k_\perp k_\parallel}$ gehören zu den Energieeigenwerten $E = \pm E_{\sigma n k_\parallel}$.

Die Ableitung, siehe Gl. (28.180),

$$\frac{d}{dx} = \frac{1}{x_c} \frac{d}{dQ}$$

lässt sich elementar mittels der bekannten Beziehung der Hermite-Funktionen (siehe die Formel vor Gl. (12.71))

$$\frac{d}{dQ} \varphi_n(Q) = \sqrt{2n} \varphi_{n-1}(Q) - Q\varphi_n(Q)$$

nehmen. Dies liefert mit (28.180)

$$\begin{aligned} &\left[\hbar \frac{d}{dx} \pm \frac{qB}{c}(x - x_0)\right] \varphi_n(Q) \\ &= \frac{\hbar}{x_c} \left[\frac{d}{dQ} \pm Q\right] \varphi_n(Q) \\ &= \frac{\hbar}{x_c} [\sqrt{2n} \varphi_{n-1}(Q) - Q\varphi_n(Q) \pm Q\varphi_n(Q)] \\ &= \frac{\hbar}{x_c} [\sqrt{2n} \varphi_{n-1}(Q) - (1 \mp 1) Q\varphi_n(Q)] . \end{aligned}$$

Für das untere Vorzeichen erhalten wir mit der Beziehung (siehe Kap. 12 vor Gl. (12.70))

$$\sqrt{2}Q\varphi_n(Q) = \sqrt{n+1}\varphi_{n+1}(Q) + \sqrt{n}\varphi_{n-1}(Q)$$

den Ausdruck

$$\sqrt{2n}\varphi_{n-1}(Q) - 2Q\varphi_n(Q) = -\sqrt{2(n+1)}\varphi_{n+1}(Q)\,.$$

Damit finden wir für die Wellenfunktionen (28.181) der relativistischen Landau-Niveaus

$$\psi^{(\pm)}_{\sigma=1,nk_\perp k_\parallel}(\boldsymbol{x}) = \mathcal{N}^{(\pm)}_{1,nk_\parallel}\begin{pmatrix}\varphi_n(Q)\\ 0\\ \frac{c\hbar k_\parallel}{\pm E_{1,nk_\parallel}+mc^2}\varphi_n(Q)\\ -i\frac{\sqrt{2n}\hbar cqB}{\pm E_{1,nk_\parallel}+mc^2}\varphi_{n-1}(Q)\end{pmatrix}e^{ik_\perp y+ik_\parallel z}\,, \tag{28.182}$$

$$\psi^{(\pm)}_{\sigma=-1,nk_\perp k_\parallel}(\boldsymbol{x}) = \mathcal{N}^{(\pm)}_{-1,nk_\parallel}\begin{pmatrix}0\\ \varphi_n(Q)\\ i\frac{\sqrt{2(n+1)}\hbar cqB}{\pm E_{-1,nk_\parallel}+mc^2}\varphi_{n+1}(Q)\\ -\frac{c\hbar k_\parallel}{\pm E_{-1,nk_\parallel}+mc^2}\varphi_n(Q)\end{pmatrix}e^{ik_\perp y+ik_\parallel z}\,.$$

Unter Berücksichtigung der Orthonormalität der Oszillatoreigenfunktionen

$$\int_{-\infty}^{\infty} dx\,\varphi_n^*(Q)\varphi_m(Q) \equiv \int_{-\infty}^{\infty} dx\,\varphi_n^*\left(\frac{x}{x_c}\right)\varphi_m\left(\frac{x}{x_c}\right) = \delta_{nm}$$

können wir die Wellenfunktionen (28.182) auf

$$\int d^3x\psi^{(\tau)\dagger}_{\sigma,nk_\perp k_\parallel}(\boldsymbol{x})\psi^{(\tau')}_{\sigma',n'k'_\perp k'_\parallel}(\boldsymbol{x}) = \delta^{\tau\tau'}\delta_{\sigma\sigma'}\delta_{nn'}(2\pi)^2\delta(k_\perp - k'_\perp)\delta(k_\parallel - k'_\parallel)$$

normieren. Dies liefert für die Normierungskonstanten

$$\mathcal{N}^{(\pm)}_{\sigma,nk_\parallel} = \sqrt{\frac{\pm E_{\sigma nk_\parallel} + mc^2}{\pm 2E_{\sigma,nk_\parallel}}}\,.$$

28.10 Nichtrelativistischer Limes der Dirac-Gleichung: Die Pauli-Gleichung

Im Folgenden wollen wir die Dirac-Gleichung für den Fall untersuchen, dass das geladene Teilchen sich langsam bewegt, d. h. dass die kinetische Energie klein ist im Vergleich zur Ruheenergie. Betrachten wir dazu die Dirac-Gleichung bei Anwesenheit eines äußeren elektromagnetischen Feldes:

$$i\hbar\partial_t\Psi = \left[c\boldsymbol{\alpha}\cdot\underbrace{\left(\boldsymbol{p} - \frac{q}{c}\boldsymbol{A}\right)}_{\pi} + \beta mc^2 + qA_0\right]\Psi\,.$$

Im nichtrelativistischen Limes ist die größte aller Energien auf der rechten Seite dieser Gleichung durch die Ruheenergie mc^2 gegeben. Diese Ruheenergie induziert damit die stärkste zeitliche Oszillation der Wellenfunktion. Diese Oszillation ist jedoch uninteressant, wenn wir uns für die Evolution der Wellenfunktion aufgrund der kinetischen bzw. potentiellen Energie des Teilchens interessieren, die beide klein gegenüber der Ruheenergie im nichtrelativistischen Limes sind. Der uninteressante Phasenfaktor $e^{-\frac{i}{\hbar}mc^2t}$ kann von der Wellenfunktion absepariert werden, wenn wir ähnlich wie beim Übergang vom Schrödinger-Bild zum Wechselwirkungsbild vorgehen und eine neue Wellenfunktion

$$\Psi = e^{-\frac{i}{\hbar}mc^2t}\begin{pmatrix}\phi\\ \chi\end{pmatrix} \tag{28.183}$$

definieren. Mit diesem Ansatz nimmt die Dirac-Gleichung unter Benutzung der expliziten Darstellung (28.128) der α^i und β die Gestalt

$$i\hbar\partial_t\begin{pmatrix}\phi\\ \chi\end{pmatrix} = \begin{pmatrix}c\boldsymbol{\sigma}\cdot\boldsymbol{\pi}\,\chi\\ c\boldsymbol{\sigma}\cdot\boldsymbol{\pi}\,\phi\end{pmatrix} + qA_0\begin{pmatrix}\phi\\ \chi\end{pmatrix} - 2mc^2\begin{pmatrix}0\\ \chi\end{pmatrix} \tag{28.184}$$

an. Wie wir sehen, ist es uns gelungen, den Massenterm für die oberen Komponenten zu beseitigen. Es tritt jedoch jetzt die doppelte Ruheenergie in der Gleichung für die untere Komponente auf, die jedoch klein im Vergleich zur oberen Komponente ist. Dieser Massenterm muss nicht zu einer sehr raschen Oszillation der unteren Komponente führen, falls er durch den kinetischen Term, der die große Komponente ϕ im unteren Teils des Spinors enthält, kompensiert wird. Unter den Voraussetzungen (im Sinne der Vektornorm)

$$i\hbar\partial_t\chi \ll 2mc^2\chi\,, \quad \Phi\chi \ll 2mc^2\chi \tag{28.185}$$

führt die untere Komponente der Dirac-Gleichung (28.184) auf die Beziehung

$$\chi = \frac{\boldsymbol{\sigma}\cdot\boldsymbol{\pi}}{2mc}\,\phi\,. \tag{28.186}$$

Für kleine Geschwindigkeiten $\boldsymbol{v} = \boldsymbol{\pi}/m$, $|\boldsymbol{v}| \ll c$, ist die untere Komponente χ gegenüber der oberen Komponente ϕ mit dem Faktor $|\boldsymbol{v}|/c$ unterdrückt. Somit ist die untere Komponente χ in der Tat klein gegenüber der oberen Komponente ϕ, was die Bezeichnung von χ als kleine Komponente rechtfertigt. Wenn wir ferner die zeitliche Ableitung der Gl. (28.186) nehmen, so erkennen wir, dass in der Tat

$$\partial_t\chi \sim \frac{v}{c}\partial_t\phi$$

eine kleine Größe ist, da die Ruhemasse mc^2 nicht zur zeitlichen Änderung von ϕ beiträgt und somit die Voraussetzung (28.185) $i\hbar\partial_t\chi \ll 2mc^2\chi$ durch die genäherte Lösung (28.186) erfüllt wird.

Setzen wir die Beziehung (28.186) in die Gleichung für die obere Komponente in (28.184) ein, so nimmt diese die Gestalt

$$i\hbar\frac{\partial}{\partial t}\phi = \left[\frac{(\boldsymbol{\sigma}\cdot\boldsymbol{\pi})(\boldsymbol{\sigma}\cdot\boldsymbol{\pi})}{2m} + qA_0\right]\phi \tag{28.187}$$

an. Für ein verschwindendes Vektorpotential $\boldsymbol{A} = \boldsymbol{0} \Longrightarrow \boldsymbol{\pi} = \boldsymbol{p}$ reduziert sich diese Gleichung auf die gewöhnliche (nichtrelativistische) Schrödinger-Gleichung

$$i\hbar\partial_t\phi = \left(\frac{\boldsymbol{p}^2}{2m} + qA_0\right)\phi\,,$$

die für jede Komponente des Spinors

$$\phi = \begin{pmatrix}\phi_1\\ \phi_2\end{pmatrix} \tag{28.188}$$

unabhängig erfüllt sein muss. Für $\boldsymbol{A} \neq 0$ benutzen wir die Beziehung (28.168) und erhalten für den nichtrelativistischen Limes der Dirac-Gleichung (28.187)

$$\boxed{i\hbar\partial_t\phi = \left[\frac{\boldsymbol{\pi}^2}{2m} - \frac{q\hbar}{2mc}\boldsymbol{\sigma}\cdot\boldsymbol{B} + qA_0\right]\phi\,,\quad \boldsymbol{\pi} = \boldsymbol{p} - \frac{q}{c}\boldsymbol{A}\,.} \tag{28.189}$$

Diese Gleichung wird als *Pauli-Gleichung* bezeichnet. Sie beschreibt eine nichtrelativistische Punktladung q mit Spin 1/2 im elektromagnetischen Feld. Man beachte, dass ϕ (28.188) ein zweikomponentiger Spinor ist und den beiden oberen Komponenten des Dirac-Spinors (28.183) entspricht. Diese sind durch das Magnetfeld gekoppelt.[24] Durch den Wegfall der beiden unteren Komponenten χ reduziert sich der Spin-Operator (28.156) auf den nichtrelativistischen Spin

$$\boldsymbol{S} = \frac{\hbar}{2}\boldsymbol{\sigma}\,.$$

Neben dem gewöhnlichen kinetischen Term

$$\frac{\boldsymbol{\pi}^2}{2m} = \frac{(\boldsymbol{p} - \frac{q}{c}\boldsymbol{A})^2}{2m}\,, \tag{28.190}$$

24 Bei Abwesenheit eines Magnetfeldes, $\boldsymbol{B} = \boldsymbol{0}$, gibt es im Hamilton-Operator (28.189) keine $\boldsymbol{\sigma}$-abhängigen Terme, welche die beiden Spinorkomponenten ϕ_1 und ϕ_2 koppeln.

den ein spinloses geladenes Teilchen in einem äußeren magnetischen Feld besitzt, tritt in der Pauli-Gleichung noch die Kopplung des Spins an das äußere Magnetfeld auf:

$$\frac{q\hbar}{2mc}\,\boldsymbol{\sigma}\cdot\boldsymbol{B} = \frac{q}{mc}\,\boldsymbol{S}\cdot\boldsymbol{B}\,. \tag{28.191}$$

Ein analoger Kopplungsterm zwischen dem Bahndrehimpuls $\boldsymbol{L}$ und Magnetfeld $\boldsymbol{B}$ ist in dem kinetischen Term (28.190) enthalten. Um dies zu erkennen, betrachten wir der Einfachheit halber ein *homogenes* Magnetfeld $\boldsymbol{B} = \mathbf{const}$, für welches wir in Abschnitt 25.3 die Beziehung

$$\pi^2(\boldsymbol{x}) \equiv \left(\boldsymbol{p} - \frac{q}{c}\boldsymbol{A}(\boldsymbol{x})\right)^2 \equiv \boldsymbol{p}^2 - \frac{q}{c}\boldsymbol{L}\cdot\boldsymbol{B} + \frac{q^2}{c^2}\boldsymbol{A}^2(\boldsymbol{x})$$

abgeleitet hatten. Für ein *schwaches* $\boldsymbol{B}$-Feld kann der letzte Term vernachlässigt werden, sodass

$$\pi^2 = \boldsymbol{p}^2 - \frac{q}{c}\boldsymbol{L}\cdot\boldsymbol{B}\,.$$

Der Hamilton-Operator in der Pauli-Gleichung (28.189)

$$h = \frac{\pi^2}{2m} - \frac{q\hbar}{2mc}\,\boldsymbol{\sigma}\cdot\boldsymbol{B} + qA_0(x) \tag{28.192}$$

vereinfacht sich dann zu:

$$\begin{aligned} h &= \frac{\boldsymbol{p}^2}{2m} - \frac{q}{2mc}(\boldsymbol{L} + \hbar\boldsymbol{\sigma})\cdot\boldsymbol{B} + qA_0(x) \\ &= \frac{\boldsymbol{p}^2}{2m} - \frac{q}{2mc}(\boldsymbol{L} + 2\boldsymbol{S})\cdot\boldsymbol{B} + qA_0(x)\,. \end{aligned} \tag{28.193}$$

Wie wir explizit sehen, *koppelt der halbzahlige Spin doppelt so stark an das äußere Magnetfeld wie der ganzzahlige Bahndrehimpuls.* Diese Tatsache hatten wir bereits in Kap. 14 gefunden. Wie oben gezeigt, folgt sie zwangsläufig aus der Dirac-Gleichung.

Die Kopplung an den Bahndrehimpuls hatten wir in Abschnitt 25.3 in der Form

$$\frac{q}{2mc}\,\boldsymbol{L}\cdot\boldsymbol{B} = \boldsymbol{\mu}_l\cdot\boldsymbol{B} \tag{28.194}$$

geschrieben, wobei

$$\boldsymbol{\mu}_l = \frac{q}{2mc}\,\boldsymbol{L} \tag{28.195}$$

das magnetische Moment des Bahndrehimpulses bezeichnet. In Analogie zu Gl. (28.194) schreiben wir den Kopplungsterm (28.191) des Spins an das Magnetfeld in der Form

$$\frac{q}{mc}\,\boldsymbol{S}\cdot\boldsymbol{B} = \boldsymbol{\mu}_s\cdot\boldsymbol{B}\,,$$

wobei

$$\boldsymbol{\mu}_s = \frac{q}{mc}\boldsymbol{S} \tag{28.196}$$

als *magnetisches Moment des Spins* bezeichnet wird.

Um das von Spin und Bahndrehimpuls erzeugte magnetische Moment in einer einheitlichen Notation zu erfassen, schreibt man allgemein das magnetische Moment $\boldsymbol{\mu}_j$, welches durch einen beliebigen Drehimpuls $\boldsymbol{J}$ erzeugt wird, in der Form

$$\boldsymbol{\mu}_j = g_j \frac{q}{2mc}\boldsymbol{J},$$

wobei der Faktor g_j als *Landé-Faktor* bezeichnet wird. Vergleich mit Gln. (28.195), (28.196) zeigt:[25]

$$g_l = 1, \quad g_s = 2.$$

Die oben als nichtrelativistischer Limes der Dirac-Gleichung abgeleitete Pauli-Gleichung liefert automatisch für ein Spin 1/2 den korrekten Landé-Faktor $g_s = 2$, während für einen ganzzahligen (Bahn-)Drehimpuls die nichtrelativistische Beziehung $g_l = 1$ gilt.

Ersetzen wir in der Pauli-Gleichung (28.189) den exakten Hamilton-Operator (28.192) durch den genäherten Ausdruck (28.193), so finden wir die Bewegungsgleichung für eine Punktladung q mit Spin $s = 1/2$, die sich in einem schwachen, homogenen Magnetfeld $\boldsymbol{B} = \nabla \times \boldsymbol{A}$ mit Geschwindigkeiten bewegt, die klein gegenüber der Lichtgeschwindigkeit sind:

$$\boxed{i\hbar \frac{\partial}{\partial t}\phi = \left[\frac{\boldsymbol{p}^2}{2m} - \frac{q}{2mc}(\boldsymbol{L} + 2\boldsymbol{S})\cdot\boldsymbol{B} + qA_0\right]\phi\,.}$$

Hierbei ist $\boldsymbol{S} = \hbar\boldsymbol{\sigma}/2$ und

$$\phi = \begin{pmatrix}\phi_1\\ \phi_2\end{pmatrix}$$

ein gewöhnlicher (nichtrelativistischer) Spinor (ϕ_1 und ϕ_2 sind die Wellenfunktionen für die Spinkomponenten $m_s = \pm 1/2$). Wie die obige Ableitung zeigt, folgt diese Gleichung im nichtrelativistischen Limes aus der Dirac-Gleichung für ein schwaches, konstantes Magnetfeld, wenn Terme der Ordnung $\boldsymbol{A}^2(\boldsymbol{x})$ vernachlässigt werden können. Die Pauli-Gleichung (28.189) hingegen gilt für eine nichtrelativistische Ladung mit Spin 1/2 in einem beliebigen (auch starken und inhomogenen) Magnetfeld.

---

25 Ursprünglich wurde nur das Verhältnis $g_s/g_l = 2$ nach seinem Entdecker als Landé-Faktor bezeichnet.

28.11 Elektron im Coulomb-Potential

Die stationäre Dirac-Gleichung (28.133) lässt sich exakt für eine Punktladung im Coulomb-Potential lösen. Im Folgenden tun wir dies für ein Elektron im Coulomb-Potential des Atomkerns

$$V(r) = -\frac{Ze^2}{4\pi r} . \tag{28.197}$$

Für $qA_0 = V(r)$ und $\boldsymbol{A} = 0$ lautet der Dirac-Hamilton-Operator (28.162)

$$h = c\boldsymbol{\alpha}\cdot\boldsymbol{p} + \beta mc^2 + V(r) .$$

28.11.1 Punktmasse im Zentralpotential

Wir betrachten zunächst die stationäre Dirac-Gleichung für ein beliebiges (skalares) Potential $V(r)$. Nach Division durch $\hbar c$ lautet diese

$$(-i\boldsymbol{\alpha}\cdot\nabla + \beta\mu + v(r))\varphi = \epsilon\varphi , \tag{28.198}$$

wobei wir die skalierten Größen

$$\epsilon = \frac{E}{\hbar c} , \quad \mu = \frac{mc^2}{\hbar c} = \frac{mc}{\hbar} , \quad v(r) = \frac{V(r)}{\hbar c} \tag{28.199}$$

eingeführt haben. Zur Lösung der Dirac-Gleichung (28.198) benutzen wir zweckmäßigerweise die *chirale Darstellung* der Dirac-Matrizen

$$\boldsymbol{\alpha} = \begin{pmatrix} \boldsymbol{\sigma} & 0 \\ 0 & -\boldsymbol{\sigma} \end{pmatrix} , \quad \beta = \begin{pmatrix} 0 & -\mathbb{1} \\ -\mathbb{1} & 0 \end{pmatrix}$$

und drücken den Dirac-Spinor φ durch zwei gewöhnliche (nichtrelativistische) Spinoren $\phi_\pm$ aus

$$\varphi = \begin{pmatrix} \phi_+ \\ \phi_- \end{pmatrix} ,$$

für welche wir dann die gekoppelten Gleichungen

$$\begin{aligned} (\epsilon - v(r) + i\boldsymbol{\sigma}\cdot\nabla)\phi_+ &= -\mu\phi_- , \\ (\epsilon - v(r) - i\boldsymbol{\sigma}\cdot\nabla)\phi_- &= -\mu\phi_+ \end{aligned} \tag{28.200}$$

erhalten. Vertauschung von $\phi_+ \longleftrightarrow \phi_-$ in diesen Gleichungen ist äquivalent zur Ersetzung $\boldsymbol{\sigma} \longrightarrow (-\boldsymbol{\sigma})$. Definieren wir die Operatoren

$$Q_\pm := \epsilon - v(r) \pm i\boldsymbol{\sigma}\cdot\nabla , \tag{28.201}$$

so lassen sich die Gleichungen (28.200) in der kompakten Form

$$Q_\pm \phi_\pm = -\mu \phi_\mp \tag{28.202}$$

schreiben. Wir multiplizieren diese Gleichung mit $Q_\mp$ und erhalten

$$Q_\mp Q_\pm \phi_\pm = \mu^2 \phi_\pm \,. \tag{28.203}$$

Dies sind zwei entkoppelte Gleichungen für die Spinoren $\phi_\pm$.

---

i

Die beiden Gleichungen (28.203) sind nicht mehr äquivalent zur Dirac-Gleichung (28.202).[26] Durch die Multiplikation der letzteren mit $Q_\mp$ haben wir deren Lösungen auf den Raum projiziert, der senkrecht auf dem Kern von $Q_\mp$ steht. Jede Lösung von (28.202) ist zwar auch Lösung von (28.203), jedoch sind die Lösungen $\phi_\pm$ von (28.203) i. A. noch keine Lösungen von (28.202). Wir können jedoch für[27] $\mu \neq 0$ sehr einfach aus den Lösungen $\phi_\pm$ der entkoppelten Gleichungen (28.203) die Lösungen der Dirac-Gleichung (28.202) gewinnen, indem wir die Lösungen $\phi_\pm$ von (28.203) auf der linken Seite von (28.202) einsetzen und von der rechten Seite die zugehörigen $\phi_\mp$ gewinnen. Dies liefert die beiden Lösungen der Dirac-Gleichung

$$\psi = \begin{pmatrix} \phi_+ \\ -\frac{1}{\mu} Q_+ \phi_+ \end{pmatrix}, \quad \psi = \begin{pmatrix} -\frac{1}{\mu} Q_- \phi_- \\ \phi_- \end{pmatrix},$$

wobei $\phi_\pm$ Lösungen der Gl. (28.203) sind. Die Operatoren $Q_\pm$ sind zwar hermitesch

$$Q_\pm^\dagger = Q_\pm \,,$$

aber vertauschen nicht miteinander

$$[Q_-, Q_+] = 2\left[i\boldsymbol{\sigma}\cdot\nabla, v(r)\right] = 2i\boldsymbol{\sigma}\cdot\nabla v(r) \,.$$

Mit

$$(Q_\mp Q_\pm)^\dagger = Q_\pm Q_\mp$$

folgt aus (28.203) die adjungierte Gleichung

$$\phi_\pm^\dagger Q_\pm Q_\mp = \mu^2 \phi_\pm^\dagger \,. \tag{28.204}$$

Der Vergleich von (28.204) mit (28.203) zeigt, dass zu einem rechtsseitigen Eigenvektor $\phi_\pm$ von $Q_\mp Q_\pm$ der linksseitige Eigenvektor $\phi_\mp^\dagger$ gehört. Deshalb muss als Norm

$$\phi_\mp^\dagger \phi_\pm$$

gewählt werden.

---

26 Für die Bestimmung der Energieeigenwerte ist dieser Umstand irrelevant.

27 Für $\mu = 0$ entkoppeln die beiden Gleichungen (28.200).

Mit dem expliziten Ausdruck (28.201) für $Q_\pm$ lautet Gl. (28.203)

$$\left((\epsilon - v(r))^2 + (\boldsymbol{\sigma}\cdot\nabla)^2 \pm [i\boldsymbol{\sigma}\cdot\nabla\,,\, v(r)]\right)\phi_\pm = \mu^2\phi_\pm\,.$$

Mit

$$(\boldsymbol{\sigma}\cdot\nabla)^2 = \nabla^2 = \Delta\,, \quad [\boldsymbol{\sigma}\cdot\nabla, v(r)] = \boldsymbol{\sigma}\cdot(\nabla v(r)),$$
$$\nabla v(r) = \hat{\boldsymbol{x}}v'(r)\,, \quad \hat{\boldsymbol{x}} = \frac{\boldsymbol{x}}{|\boldsymbol{x}|} = \frac{\boldsymbol{x}}{r}$$

vereinfacht sich diese Gleichung weiter zu

$$\left[(\epsilon - v(r))^2 + \Delta \pm iv'(r)\hat{\boldsymbol{x}}\cdot\boldsymbol{\sigma}\right]\phi_\pm = \mu^2\phi_\pm\,. \tag{28.205}$$

Über die Ableitung des Potentials koppelt der Spin an die Bahnbewegung.

Bereits für ein freies Dirac-Teilchen hatten wir festgestellt, dass Drehimpuls $\boldsymbol{L}$ und Spin $\boldsymbol{S} = \frac{\hbar}{2}\boldsymbol{\sigma}$ nicht separat erhalten bleiben, sondern nur der Gesamtdrehimpuls

$$\boldsymbol{J} = \boldsymbol{L} + \boldsymbol{S} \tag{28.206}$$

erhalten ist. Daran ändert sich nichts durch die Anwesenheit des Zentralpotentials $V(r)$, da dieses mit $\boldsymbol{L}$ kommutiert und außerdem unabhängig vom Spin ist. In der Tat zeigt man leicht analog zum Abschnitt 28.8, in welchem $[\boldsymbol{J}, \boldsymbol{\alpha}\cdot\boldsymbol{p}] = 0$ gezeigt wurde, dass $[\boldsymbol{J}, \boldsymbol{\sigma}\cdot\nabla] = 0$ und somit

$$[\boldsymbol{J}, Q_\pm] = 0\,.$$

Damit lassen sich die Spinorlösungen $\phi_\pm$ der Dirac-Gleichung durch die Quantenzahlen von $\boldsymbol{J}^2$ und J_z klassifizieren.

Die Spinorkugelfunktionen

Im Folgenden bestimmen wir die Eigenfunktionen zum Gesamtdrehimpuls $\boldsymbol{J}$

$$\boldsymbol{J}^2|jm\rangle = \hbar^2 j(j+1)|jm\rangle\,,$$
$$J_z|jm\rangle = \hbar m|jm\rangle\,.$$

Wir kennen bereits die Eigenfunktionen des Drehimpulses

$$\boldsymbol{L}^2|lm_l\rangle = \hbar^2 l(l+1)|lm_l\rangle\,, \quad L_z|lm_l\rangle = \hbar m|lm_l\rangle\,,$$

die in der Ortsdarstellung durch die Kugelfunktionen

$$\langle \boldsymbol{x}|lm_l\rangle = Y_{lm}(\hat{\boldsymbol{x}})$$

gegeben sind. Ebenso sind die Eigenfunktionen des Spins

$$\boldsymbol{S}^2|sm_s\rangle = \hbar^2 s(s+1)|sm_s\rangle$$
$$S_z|sm_s\rangle = \hbar m_s|sm_s\rangle$$

bekannt; für $s = \frac{1}{2}$ lauten sie

$$|\tfrac{1}{2}m_s = \tfrac{1}{2}\rangle = \begin{pmatrix}1\\0\end{pmatrix}, \quad |\tfrac{1}{2}m_s = -\tfrac{1}{2}\rangle = \begin{pmatrix}0\\1\end{pmatrix}. \tag{28.207}$$

Durch elementare Drehimpulskopplung, siehe Abschnitt 15.7, können wir hieraus die Eigenfunktionen zum Gesamtdrehimpuls $\boldsymbol{J}$ gewinnen

$$|l,jm\rangle = \sum_{m_s,m_l} \langle lm_l, \tfrac{1}{2}m_s|jm\rangle|lm_l\rangle|\tfrac{1}{2}m_s\rangle, \tag{28.208}$$

wobei $\langle lm_l, sm_s|jm\rangle$ die Clebsch-Gordan-Koeffizienten sind. Nach der Dreiecksrelation (15.76) ist die Quantenzahl j auf die Werte

$$j = l \pm \frac{1}{2}$$

beschränkt. (Wir erinnern hier daran, dass $j \geq 0$ und somit für $l = 0$ nur $j = \frac{1}{2}$ möglich ist.) Die Ortsdarstellung der Drehimpulseigenfunktionen (28.208)

$$\boxed{Y^l_{jm}(\hat{\boldsymbol{x}}) := \langle\hat{\boldsymbol{x}}|l,jm\rangle = \sum_{m_s,m_l} \langle lm_l, \tfrac{1}{2}m_s|jm\rangle Y_{lm_l}(\hat{\boldsymbol{x}})|\tfrac{1}{2}m_s\rangle}$$

wird als *Spinorkugelfunktion* bezeichnet. Mit den expliziten Werten der Clebsch-Gordan-Koeffizienten $\langle lm_l, \frac{1}{2}m_s|jm\rangle$ (siehe Tabelle 28.1) und der expliziten Form der Spineigenfunktionen (28.207) erhalten wir für die Spinorkugelfunktionen

$$Y^{l=j-\frac{1}{2}}_{jm} = \frac{1}{\sqrt{2j}}\begin{pmatrix}\sqrt{j+m} & Y_{j-\frac{1}{2},m-\frac{1}{2}}\\ \sqrt{j-m} & Y_{j-\frac{1}{2},m+\frac{1}{2}}\end{pmatrix},$$
$$Y^{l=j+\frac{1}{2}}_{jm} = \frac{1}{\sqrt{2j+2}}\begin{pmatrix}-\sqrt{j-m+1} & Y_{j+\frac{1}{2},m-\frac{1}{2}}\\ \sqrt{j+m+1} & Y_{j+\frac{1}{2},m+\frac{1}{2}}\end{pmatrix}.$$

Per Konstruktion sind die $Y^l_{jm}(\hat{\boldsymbol{x}}) = \langle\boldsymbol{x}|l,jm\rangle$ Eigenfunktionen von $\boldsymbol{J}^2, J_z, \boldsymbol{L}^2, \boldsymbol{S}^2$ (jedoch nicht von L_z, S_z)

$$\boldsymbol{J}^2|l,jm\rangle = \hbar^2 j(j+1)|l,jm\rangle,$$
$$J_z|l,jm\rangle = \hbar m|l,jm\rangle,$$
$$\boldsymbol{L}^2|l,jm\rangle = \hbar^2 l(l+1)|l,jm\rangle,$$
$$\boldsymbol{S}^2|l,jm\rangle = \hbar^2\frac{1}{2}\left(\frac{1}{2}+1\right)|l,jm\rangle, \tag{28.209}$$

und erfüllen die Orthonormierungsbedingung

$$\langle l,jm|l',j'm'\rangle = \int d\Omega\left[Y^l_{jm}(\Omega)\right]^* Y^{l'}_{j'm'}(\Omega) = \delta_{ll'}\delta_{jj'}\delta_{mm'}. \tag{28.210}$$

Beachten wir, dass $[L_k, S_l] = 0$ (da die Operatoren L_k und S_k in unterschiedlichen Hilberträumen wirken), erhalten wir durch Quadrieren von Gl. (28.206)

Tab. 28.1: Die Clebsch-Gordan-Koeffizienten $\langle lm_l, \frac{1}{2}m_s|jm\rangle$ für die Kopplung eines Spins $s = 1/2$ mit dem Bahndrehimpuls l zum Gesamtspin j.

j	$m_s = \frac{1}{2}$	$m_s = -\frac{1}{2}$
$l+\frac{1}{2}$	$\left(\frac{j+m}{2j}\right)^{1/2}$	$\left(\frac{j-m}{2j}\right)^{1/2}$
$l-\frac{1}{2}$	$-\left(\frac{j-m+1}{2j+2}\right)^{1/2}$	$\left(\frac{j+m+1}{2j+2}\right)^{1/2}$

$$\hbar\boldsymbol{\sigma}\cdot\boldsymbol{L} = 2\boldsymbol{S}\cdot\boldsymbol{L} = \boldsymbol{J}^2 - \boldsymbol{L}^2 - \boldsymbol{S}^2$$

und somit aus Gl. (28.209)

$$2\boldsymbol{L}\cdot\boldsymbol{S}|l,jm\rangle = \hbar^2\left[j(j+1) - l(l+1) - \frac{3}{4}\right]|l,jm\rangle\,.$$

Weitere nützliche Beziehungen der Ortsdarstellung der Spinorkugelfunktionen, die wir ohne Beweis angeben, sind

$$\hat{\boldsymbol{x}}\cdot\boldsymbol{\sigma}Y_{jm}^{j\pm\frac{1}{2}}(\hat{\boldsymbol{x}}) = -Y_{jm}^{j\mp\frac{1}{2}}(\hat{\boldsymbol{x}})\,, \tag{28.211}$$

$$r\boldsymbol{\sigma}\cdot\nabla Y_{jm}^{j\pm\frac{1}{2}}(\hat{\boldsymbol{x}}) = \mp\left(j+\frac{1}{2}\pm 1\right)Y_{jm}^{j\mp\frac{1}{2}}(\hat{\boldsymbol{x}})\,.$$

28.11.2 Lösung der Dirac-Gleichung für das Coulomb-Potential

Die obigen Umformungen gelten allgemein für beliebige Zentralpotentiale. Wir betrachten jetzt das Coulomb-Potential (28.197), für das

$$v(r) = -\frac{Z\alpha}{r}\,.$$

Hierbei ist α die Feinstrukturkonstante

$$\alpha = \frac{e^2}{4\pi\hbar c} = \frac{1}{\mu a}\,, \tag{28.212}$$

wobei μ die skalierte Masse (28.199) und a der Bohr'sche Atomradius (18.7) ist. Wie für Zentralpotentiale üblich, drücken wir den Laplace-Operator in Kugelkoordinaten aus (17.6)

$$\Delta = \frac{1}{r}\,\partial_r^2 r - \frac{\boldsymbol{L}^2}{\hbar^2 r^2}$$

und erhalten aus Gl. (28.205) nach elementaren Umformungen

$$\left[-\frac{1}{r}\,\partial_r^2 r + \frac{K_\pm}{r^2} - 2\frac{Z\alpha}{r}\,\epsilon\right]\phi_\pm = (\epsilon^2 - \mu^2)\phi_\pm\,, \tag{28.213}$$

wobei wir die Abkürzung

$$K_\pm = \frac{1}{\hbar^2}\boldsymbol{L}^2 - Z^2\alpha^2 \mp iZ\alpha\hat{\boldsymbol{x}}\cdot\boldsymbol{\sigma} \tag{28.214}$$

eingeführt haben.[28] Dieser Operator kommutiert mit sämtlichen Operatoren in den Klammern von Gl. (28.213). Die Lösungen dieser Gleichungen können deshalb als Eigenvektoren von $K_\pm$ gewählt werden, die sich algebraisch bestimmen lassen. Dazu führen wir zunächst den Operator

$$\Lambda_\pm = M \pm iZ\alpha\hat{\boldsymbol{x}}\cdot\boldsymbol{\sigma} \tag{28.215}$$

mit

$$M = 1 + \frac{1}{\hbar}\boldsymbol{L}\cdot\boldsymbol{\sigma}$$

ein. Durch elementare Rechnungen zeigt man unter Ausnutzung der Kommutationsbeziehung (15.11) und der Eigenschaften der Pauli-Matrizen, dass

$$\hat{\boldsymbol{x}}\cdot\boldsymbol{\sigma}M + M\hat{\boldsymbol{x}}\cdot\boldsymbol{\sigma} = 0\,.$$

Mit dieser Beziehung und $(\hat{\boldsymbol{x}}\cdot\boldsymbol{\sigma})^2 = 1$ folgt

$$\Lambda_\pm^2 = M^2 - (Z\alpha)^2\,.$$

Unter Ausnutzung von Gl. (28.167) und der Drehimpulsalgebra (15.10) findet man

$$(\boldsymbol{L}\cdot\boldsymbol{\sigma})^2 = \boldsymbol{L}^2 - \hbar\boldsymbol{L}\cdot\boldsymbol{\sigma}\,,$$

womit

$$M^2 = M + \frac{\boldsymbol{L}^2}{\hbar^2}$$

folgt. Damit gilt

$$\Lambda_\pm^2 = \frac{\boldsymbol{L}^2}{\hbar^2} - (Z\alpha)^2 + M\,, \tag{28.216}$$

woraus mit (28.215) unmittelbar

---

28 Wird der letzte Term $\sim\ \hat{\boldsymbol{x}}\cdot\boldsymbol{\sigma}$ in $K_\pm$ vernachlässigt, geht Gleichung (28.213) in die Klein-Gordon-Gleichung für eine Punktladung $q = -e$ im elektrostatischen Coulomb-Potential über. Dies ist nicht verwunderlich, da dieser Term gerade die gesamte Kopplung der Bahnbewegung an den Spin enthält.

$$\Lambda_\pm(\Lambda_\pm - 1) = \Lambda_\pm^2 - \Lambda_\pm = \frac{\boldsymbol{L}^2}{\hbar^2} - (Z\alpha)^2 \mp iZ\alpha\hat{\boldsymbol{x}}\cdot\boldsymbol{\sigma} = K_\pm \tag{28.217}$$

folgt. Damit lassen sich die Eigenwerte von $K_\pm$ durch die von $\Lambda_\pm$ ausdrücken. Letztere lassen sich aber sehr einfach ermitteln. Wir bestimmen zunächst die Eigenwerte des Operators $\Lambda_\pm^2$ (28.216), den wir in der Form

$$\begin{aligned}\Lambda_\pm^2 &= \frac{1}{\hbar^2}[(\boldsymbol{L}+\boldsymbol{S})^2 - \boldsymbol{S}^2] + 1 - (Z\alpha)^2\\ &= \frac{1}{\hbar^2}\boldsymbol{J}^2 + \frac{1}{4} - (Z\alpha)^2\end{aligned}$$

schreiben. Hierbei haben wir $\boldsymbol{S} = \hbar\boldsymbol{\sigma}/2$ und $\boldsymbol{S}^2 = \hbar^2 s(s+1) = 3\hbar^2/4$ benutzt. Da die Eigenfunktion $|\phi_\pm\rangle \equiv |\phi_\pm(jm)\rangle$ guten Gesamtdrehimpuls besitzt

$$\boldsymbol{J}^2|\phi_\pm(jm)\rangle = \hbar^2 j(j+1)|\phi_\pm(jm)\rangle$$

finden wir

$$\begin{aligned}\Lambda_\pm^2|\phi_\pm(jm)\rangle &= \left[j(j+1) + \frac{1}{4} - (Z\alpha)^2\right]|\phi_\pm(jm)\rangle\\ &= \left[\left(j+\frac{1}{2}\right)^2 - (Z\alpha)^2\right]|\phi_\pm(jm)\rangle\,.\end{aligned}$$

Die Eigenwerte von sowohl Λ_+ als auch Λ_- lauten deshalb

$$\pm\sqrt{\left(j+\frac{1}{2}\right)^2 - (Z\alpha)^2}\,.$$

Nach (28.217) ergeben sich dann die Eigenwerte von

$$K_\pm|\phi(jm)\rangle = k(j)|\phi(jm)\rangle$$

zu

$$k(j) = \sqrt{\left(j+\frac{1}{2}\right)^2 - (Z\alpha)^2}\left(\sqrt{\left(j+\frac{1}{2}\right)^2 - (Z\alpha)^2} \pm 1\right). \tag{28.218}$$

Man beachte, dass diese Eigenwerte für die beiden Matrizen $K_+(j)$ und $K_-(j)$ dieselben sind.[29] (Ihre Eigenvektoren sind jedoch verschieden.)

29 Das ± Zeichen in der zweiten Klammer von Gl. (28.218) hat nichts mit dem Index ± von $K_\pm$ zu tun!

Die Eigenwerte von $K_\pm$ (28.214) lassen sich auch sehr leicht durch Diagonalisierung im Raum der Spinorkugelfunktionen (28.208) finden:

Die Beziehung (28.211) zeigt, dass der Operator $K_\pm$ (28.214) in der Basis der Spinorkugelfunktionen nicht diagonal ist. Die übrigen Terme in der Dirac-Gleichung (28.213) hängen weder vom Drehimpuls $\boldsymbol{L}$ noch vom Spin $\boldsymbol{\sigma}$, sondern allein vom Radius $r = |\boldsymbol{x}|$ ab. Die Matrix $K_\pm$ kann deshalb separat im Raum der Spinorkugelfunktionen (28.208) diagonalisiert werden. Unter Benutzung der Eigenwertgleichungen (28.209) und der Beziehungen (28.211) und (28.210) finden wir für die Matrixelemente dieses Operators

$$\begin{aligned}\langle l, jm|K_\pm|l', j'm'\rangle &= \delta_{jj'}\delta_{mm'}\left[\delta_{ll'}\left(l(l+1) - Z^2\alpha^2\right) \pm iZ\alpha(\delta_{l,l'+1} + \delta_{l,l'-1})\right] \\ &=: \delta_{jj'}\delta_{mm'}\left(K_\pm(j)\right)_{ll'} .\end{aligned} \tag{28.219}$$

Diese Matrixelemente sind unabhängig von der Projektion des Drehimpulses m. Für festes j, m müssen wir deshalb die (2×2)-Matrix (28.219) in den Indizes $l, l' = j \mp \frac{1}{2}$

$$K_\pm(j) = \begin{pmatrix} (j-\frac{1}{2})(j+\frac{1}{2}) - Z^2\alpha^2 & \pm iZ\alpha \\ \pm iZ\alpha & (j+\frac{1}{2})(j+\frac{3}{2}) - Z^2\alpha^2 \end{pmatrix} =: \begin{pmatrix} a & \pm ib \\ \pm ib & c \end{pmatrix}$$

diagonalisieren. Die Eigenwerte dieser Matrix lauten

$$\begin{aligned} k(j) &= \frac{a+c}{2} \pm \sqrt{\left(\frac{a-c}{2}\right)^2 - b^2} \\ &= \left(j + \frac{1}{2}\right)^2 - Z^2\alpha^2 \pm \sqrt{\left(j+\frac{1}{2}\right)^2 - Z^2\alpha^2} \\ &= \sqrt{\left(j+\frac{1}{2}\right)^2 - Z^2\alpha^2}\left(\sqrt{\left(j+\frac{1}{2}\right)^2 - Z^2\alpha^2} \pm 1\right) \end{aligned}$$

und stimmen mit den in Gl. (28.218) gegebenen Ausdrücken überein.

Die Eigenwerte (28.218) lassen sich in der Form

$$k(j) = \lambda(\lambda + 1) \tag{28.220}$$

schreiben mit

$$\lambda = j \pm \frac{1}{2} - \delta_j , \quad \delta_j = j + \frac{1}{2} - \sqrt{\left(j + \frac{1}{2}\right)^2 - Z^2\alpha^2} . \tag{28.221}$$

Beachten wir, dass

$$l = j \pm \frac{1}{2} \tag{28.222}$$

die beiden möglichen Drehimpulsquantenzahlen für gegebenes j sind, so haben wir

$$\lambda = l - \delta_j \,. \tag{28.223}$$

Wir können deshalb die beiden Eigenwerte $k(j)$ (28.220), (28.223) der Matrix $K_\pm$ (neben j noch) durch die Quantenzahl l (28.222) charakterisieren $k(j) \equiv k(j,l)$. Die zugehörigen Eigenvektoren bezeichnen wir mit $|\phi_\pm(j,l)\rangle$. Sie sind zweikomponentige Spinoren und genügen der Eigenwertgleichung

$$K_\pm|\phi_\pm(j,l)\rangle = \lambda(\lambda+1)|\phi_\pm(j,l)\rangle \,.$$

Mit dem Ansatz

$$\phi_\pm(\boldsymbol{x}) = \frac{1}{r}\, u^\pm_{jl}(r)\langle\hat{\boldsymbol{x}}|\phi_\pm(j,l)\rangle$$

reduziert sich Gl. (28.213) auf die Radialgleichung

$$\left(-\partial_r^2 + \frac{\lambda(\lambda+1)}{r^2} - 2\,\frac{Z\alpha}{r}\,\epsilon\right)u_{jl}(r) = (\epsilon^2 - \mu^2)u_{jl}(r) \,. \tag{28.224}$$

Die l-Abhängigkeit des Ausdruckes auf der linken Seite entsteht durch die Größe λ (28.223).

Gleichung (28.224) hat dieselbe Form wie die radiale Schrödinger-Gleichung für ein Elektron im Coulomb-Potential (18.11)

$$\left(-\partial_r^2 + \frac{l(l+1)}{r^2} - 2\,\frac{Z\tilde{\alpha}}{r}\,\mu\right)\tilde{u}_l(r) = \frac{2m}{\hbar^2}\,\tilde{E}\tilde{u}_l(r) \,. \tag{28.225}$$

Aus didaktischen Gründen haben wir hier die Feinstrukturkonstante mit $\tilde{\alpha}$ statt α bezeichnet und auch die Energieeigenwerte sowie die Radialwellenfunktion mit einer Tilde versehen. Der Operator auf der linken Seite der Schrödinger-Gleichung (28.225) geht in den der Dirac-Gleichung (28.224) über, wenn wir folgende Ersetzungen

$$l \to \lambda \,, \quad \tilde{\alpha} = \alpha\,\frac{\epsilon}{\mu} = \alpha\,\frac{\hbar}{mc}\,\epsilon \tag{28.226}$$

vornehmen, mit denen dann die Beziehungen

$$\epsilon^2 - \mu^2 = \frac{2m}{\hbar^2}\,\tilde{E} \,, \quad u_{jl}(r) = \tilde{u}_\lambda(r) \tag{28.227}$$

folgen.

Die radiale Schrödinger-Gleichung (28.225) konnten wir durch den Potenzreihenansatz (18.16), (18.18)

$$\tilde{u}_l(r) \sim r^{l+1}e^{-\kappa r}\sum_{k=0}^{k_{\max}} c_k r^k \,, \quad \kappa = \frac{1}{\hbar}\sqrt{-2m\tilde{E}}$$

lösen, wobei für gebundene Zustände wegen ihrer Normierbarkeit die Potenzreihe bei einem endlichen $k_{\max}$ abbrechen musste, was auf die Abbruchbedingung

$$\frac{Z\tilde{\alpha}\mu}{\kappa} \stackrel{!}{=} k_{\max} + l + 1 =: n \tag{28.228}$$

führte, die eine Quantisierungsbedingung an die Energien $\tilde{E}$ darstellt und aus der die quantisierten Energieeigenwerte

$$\tilde{E}_n = -\frac{1}{2} mc^2 \tilde{\alpha}^2 \frac{Z^2}{n^2} \tag{28.229}$$

folgten.

Analog zur Schrödinger-Gleichung (28.215) können wir die radiale Dirac-Gleichung (28.224) durch den Ansatz

$$u_{jl}(r) \sim r^{\lambda+1} e^{-\kappa r} \sum_{k=0}^{k_{\max}} c_k r^k \tag{28.230}$$

lösen, was analog zur Gleichung (28.228) auf die Abbruchbedingung

$$\frac{Z\tilde{\alpha}\mu}{\kappa} \stackrel{!}{=} k_{\max} + \lambda + 1 =: \tilde{n} \tag{28.231}$$

führt. Mit dem expliziten Ausdruck (28.223) für λ sowie der Definition (28.228) von n haben wir

$$\tilde{n} = n - \delta_j \,. \tag{28.232}$$

Die Quantisierungsbedingung (28.231) liefert die Energieeigenwerte $\tilde{E}_{\tilde{n}}$, die aus Gl. (28.229) durch die Ersetzung $n \to \tilde{n}$ hervorgehen

$$\tilde{E}_{\tilde{n}} = -\frac{1}{2} mc^2 \tilde{\alpha}^2 \frac{Z^2}{\tilde{n}^2} = -\frac{1}{2} mc^2 \left(\frac{\epsilon}{\mu}\right)^2 \left(\frac{\alpha Z}{\tilde{n}}\right)^2 , \tag{28.233}$$

wobei wir wieder gemäß (28.226) $\tilde{\alpha} = \alpha\epsilon/\mu$ eingesetzt haben. Aus Gl. (28.227) finden wir dann für die quantisierten Energien der Dirac-Gleichung

$$\epsilon^2 = \mu^2 + \frac{2m}{\hbar^2} \tilde{E}_{\tilde{n}} \,.$$

Setzen wir hier den Ausdruck (28.233) ein, so erhalten wir nach elementaren Umformungen und Benutzung von $\mu = mc/\hbar$ (28.199)

$$\epsilon = \frac{\mu}{\sqrt{1 + (\frac{\alpha Z}{\tilde{n}})^2}} \,.$$

Für die dimensionsbehaftete Energie (28.199) $E = \hbar c \epsilon$ finden wir hieraus mit den expliziten Ausdrücken für $\tilde{n}$ (28.232) und δ_j (28.221)

$$\boxed{\begin{aligned} E_{nj} &= mc^2\left[1+\left(\frac{Z\alpha}{n-\delta_j}\right)^2\right]^{-\frac{1}{2}} \\ &= mc^2\left[1+\left(\frac{Z\alpha}{n-(j+\frac{1}{2})+\sqrt{(j+\frac{1}{2})^2-(Z\alpha)^2}}\right)^2\right]^{-\frac{1}{2}} . \end{aligned}} \qquad (28.234)$$

Im Gegensatz zu den nichtrelativistischen Energien (28.229) hängen die relativistischen Energieeigenwerte (28.234) neben der Hauptquantenzahl n auch vom Gesamtdrehimpuls j ab. Sie hängen jedoch nicht zusätzlich von der Drehimpulsquantenzahl l ab.

Die Aufspaltung der Energieniveaus mit verschiedenen j zum selben n wird durch die Spin-Bahn-Kopplung $\mp iZ\alpha\hat{\boldsymbol{x}}\cdot\boldsymbol{\sigma}/r^2$ in der Dirac-Gleichung (28.213), (28.214) hervorgerufen und als *Feinstrukturaufspaltung* bezeichnet. Wie aus Gl. (28.234) ersichtlich, liegen für festes n die Zustände mit größeren j generell energetisch höher. Da die Quantenzahl $l = j \pm \frac{1}{2}$ die Werte

$$l = 0, 1, \ldots, n-1$$

annimmt (siehe Gl. (28.228)), ergeben sich für den Gesamtdrehimpuls $j = l \mp \frac{1}{2}$ die Werte

$$j = \frac{1}{2}, \frac{3}{2}, \ldots, n - \frac{1}{2} .$$

Jedes Energieniveau E_{nj} ist $(2j+1)$-fach in der Drehimpulsprojektion entartet. Dies ist die übliche Konsequenz der Rotationsinvarianz des Hamilton-Operators, $[\boldsymbol{J}, h] = 0$. Darüber hinaus sind die Zustände mit $j \leq n - \frac{3}{2}$ noch zweifach entartet, sodass sich insgesamt folgender Entartungsgrad ergibt

$$\begin{aligned} 2j+1 \quad & \text{für } j = n - \frac{1}{2} , \\ 2(2j+1) \quad & \text{für } j \leq n - \frac{3}{2} . \end{aligned}$$

Man überprüft leicht, dass die Gesamtzahl der Zustände zu einem festen n gerade $2n^2$ beträgt, wie in der nichtrelativistischen Theorie

$$\begin{aligned} 2\sum_{j=\frac{1}{2}}^{n-\frac{3}{2}}(2j+1) + (2j+1)\Big|_{j=n-\frac{1}{2}} &= 2\sum_{k=0}^{n-2}(2k+2) + 2n \\ &= 4\frac{(n-2)(n-1)}{2} + 4(n-1) + 2n = 2n^2 . \end{aligned}$$

Das exakte Spektrum der Dirac-Gleichung (28.234) ist in Abb. 28.5 für die Hauptquantenzahlen $n = 1, 2, 3$ illustriert. Dabei ist für die Quantenzahl l, siehe Gl. (28.222), die

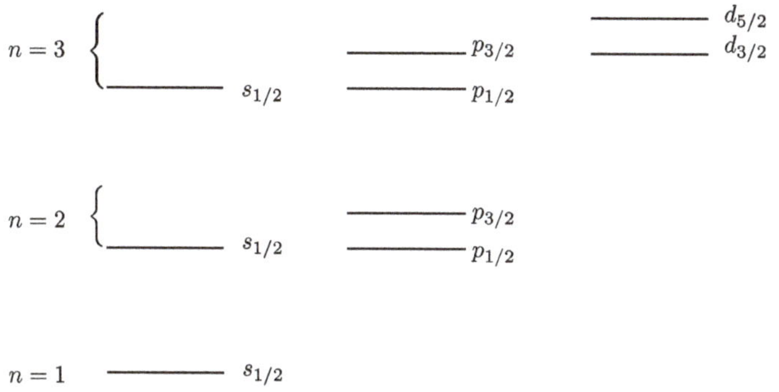

Abb. 28.5: Schematische Darstellung der Elektronenniveaus des Wasserstoffatoms gemäß der Lösung der Dirac-Gleichung für die Hauptquantenzahlen $n = 1, 2$ und 3.

Tab. 28.2: Die untersten Energieniveaus im Coulomb-Potential.

	n	l	j	$E_{nj}/(mc^2)$
$1s_{1/2}$	1	0	$\frac{1}{2}$	$\sqrt{1-(Z\alpha)^2}$
$2s_{1/2}$	2	0	$\frac{1}{2}$	$\sqrt{\frac{1+\sqrt{1-(Z\alpha)^2}}{2}}$
$2p_{1/2}$	2	1	$\frac{1}{2}$	
$2p_{3/2}$	2	1	$\frac{3}{2}$	$\sqrt{4-(Z\alpha)^2}$

übliche spektroskopische Notation für den Drehimpuls benutzt worden, d. h. die Quantenzahlen $l = 0, 1, 2$ sind mit den Buchstaben s, p und d bezeichnet. Wir betonen jedoch, dass die Eigenzustände der Dirac-Gleichung keinen guten Drehimpuls tragen und die in Gl. (28.222) eingeführte Quantenzahl l formal nur der Unterscheidung der beiden Eigenwerte der Matrix $K_\pm$ dient. Dass sie dieselben Werte wie der Bahndrehimpuls für ein Teilchen mit Spin $\frac{1}{2}$ bei vorgegebenen Gesamtdrehimpuls j annimmt, ist als Zufall zu betrachten. Im nichtrelativistischen Limes hingegen wird l die Quantenzahl des dann erhaltenen Bahndrehimpulses.

Schließlich geben wir in Tabelle 28.2 die analytischen Ausdrücke der niedrigsten Energieeigenwerte an. Die Energie des Grundzustandes verschwindet für

$$Z = 1/\alpha \simeq 137\,.$$

Die Bindungsenergie durch das Coulomb-Potential ist dann so groß wie die Ruheenergie. Für $Z > 1/\alpha$ wird die Energie des Grundzustandes imaginär, was auf eine Instabilität des Vakuums (d. h. des besetzten Dirac-Sees) bei Anwesenheit starker elektrischer Felder hindeutet. Für real existierende Kerne ist jedoch $\alpha \cdot Z < 1$. Darüber hinaus besitzen reale Kerne eine endliche Ausdehnung. Wird diese im Coulomb-Potential berücksichtigt, verschiebt sich das kritische Z zu größeren Werten.

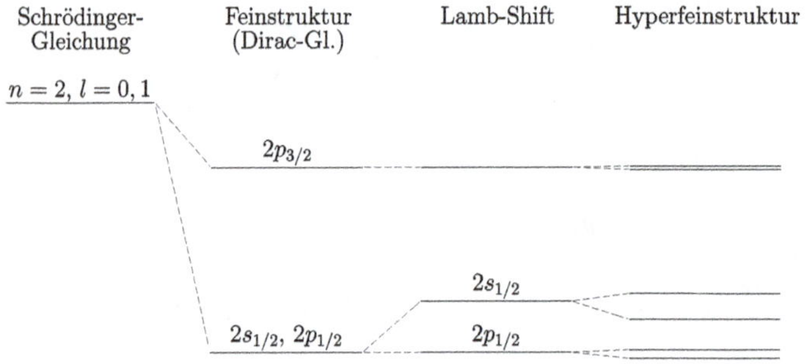

Abb. 28.6: Schematische Darstellung der verschiedenen Beiträge zu den Energieniveaus des Elektrons im Wasserstoffatom. Die Lamb-Shift-Aufspaltung wurde zur besseren Darstellung um einen Faktor 2, die Hyperfeinstrukturaufspaltung um einen Faktor 4 gegenüber der Feinstrukturaufspaltung vergrößert.

Die Lösungen der Dirac-Gleichungen liefern noch nicht die experimentellen Elektronenniveaus. Diese werden noch durch die Anregung virtueller Elektron-Positron-Paare verschoben. Diese sogenannte *Lamb-Shift* wird im Rahmen der Quantenfeldtheorie erklärt und führt zu einer Aufspaltung der Niveaus mit gleichem Gesamtdrehimpuls j einer Hauptschale n. Darüber hinaus wechselwirken die Elektronen noch mit dem magnetischen Moment der Atomkerne, was zur sogenannten *Hyperfeinstrukturaufspaltung* führt. Der Effekt der verschiedenen Beiträge zu den Elektronenniveaus ist schematisch in Abb. 28.6 für die Hauptschale $n = 2$ dargestellt.

Entwicklung des Ausdruckes (28.234) nach Potenzen von $Z\alpha$ liefert

$$E_{nj} = mc^2 \left\{ 1 - \frac{(Z\alpha)^2}{2n^2} - \frac{(Z\alpha)^4}{2n^3} \left(\frac{1}{j + \frac{1}{2}} - \frac{3}{4n} \right) + O((Z\alpha)^6) \right\} .$$

Der erste Term ist hier die Ruheenergie, der zweite liefert die nichtrelativistischen Energieeigenwerte der Schrödinger-Gleichung, alle weiteren Terme sind relativistische Korrekturen. Abbildung 28.7 zeigt die Energieniveaus der ($n = 2$)-Hauptschale, die durch Lösen der Schrödinger-, Dirac- und Klein-Gordon-Gleichung erhalten werden. In der Schrödinger-Theorie fehlt die Aufspaltung der $2s$-, $2p$-Niveaus, sie liegen jedoch dichter an dem Ergebnis der Dirac-Theorie als die der Klein-Gordon-Gleichung.

Die radiale Wellenfunktion der Dirac-Gleichung (28.224) lässt sich analog zu der Schrödinger-Gleichung (28.225) durch einen Potenzreihenansatz (28.230) mit der Abbruchbedingung (28.231) bestimmen. Darauf soll jedoch hier verzichtet werden.

Abschließend sei bemerkt, dass auch die Dirac-Gleichung im Rahmen der gewöhnlichen Quantenmechanik noch zu weiteren Inkonsistenzen führt. Als Beispiel sei das *Klein'sche Paradoxon* genannt: In gewissen Situationen (Potentialschwellen in der Größenordnung der Ruheenergie) liefert die Dirac-Gleichung Transmissionskoeffizienten, die größer als eins sind, was als Hinweis auf Paarerzeugung verstanden werden kann. Die Existenz von Antiteilchen und die damit verbundene Paarerzeugung und -vernichtung lässt sich jedoch nicht im Rahmen einer Einteilchen-Quantenmechanik beschrei-

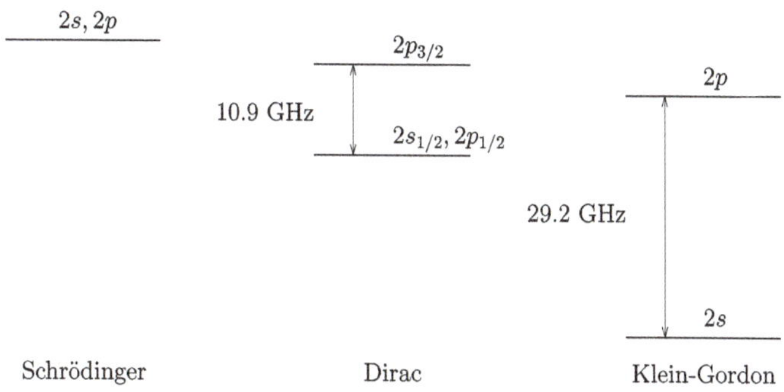

Abb. 28.7: Vergleich der ($n = 2$)-Energieniveaus von Schrödinger-, Dirac- und Klein-Gordon-Gleichung.

ben, sondern erfordert eine relativistische Vielteilchentheorie, die durch die Quantenfeldtheorie geliefert wird. Sie vereinheitlicht die Quantentheorie mit der speziellen Relativitätstheorie und bildet die Grundlage für die Theorie der Elementarteilchen.

E Grundzüge der Gruppentheorie

E.1 Grundlagen

Im Folgenden soll ein kurzer Abriss der Gruppentheorie gegeben werden. Wir werden uns dabei vor allem auf solche Gruppen beschränken, die für die Quantentheorie relevant sind.

Gruppenaxiome:

Eine nicht-leere Menge von Elementen $\{g_i\}$ bildet eine *Gruppe G*, wenn sie die folgenden Eigenschaften besitzt:

1. Die Menge ist abgeschlossen unter Multiplikation[1], d. h. falls g_i und g_j Elemente der Gruppe sind, so ist auch ihr Produkt $g_i g_j$ Element der Gruppe:

$$g_i, g_j \in G \quad \Rightarrow \quad g_i g_j \in G \,.$$

2. Die Gruppenmultiplikation erfüllt das Assoziativgesetz

$$g_i(g_j g_k) = (g_i g_j) g_k \,.$$

3. Es existiert ein *neutrales Element* (auch als Einselement bezeichnet) $e = 1$, sodass für jedes $g_i \in G$ gilt:

$$e g_i = g_i e = g_i \,.$$

4. Zu jedem Element $g_i \in G$ existiert ein Inverses $g_i^{-1} \in G$, sodass gilt:

$$g_i g_i^{-1} = g_i^{-1} g_i = e = 1 \,.$$

Wenn sämtliche Gruppenelemente miteinander kommutieren,

$$g_1 g_2 = g_2 g_1 \,, \quad \forall g_1, g_2 \in G \,,$$

so sprechen wir von einer *abelschen* Gruppe; anderenfalls nennt man die Gruppe nichtabelsch.

Wir unterscheiden *diskrete* Gruppen, die eine abzählbare Anzahl von Elementen besitzen, und *kontinuierliche* Gruppen, die eine nichtabzählbare Anzahl von Elementen enthalten. Eine (diskrete) Gruppe heißt *endlich*, falls die Anzahl ihrer Elemente endlich ist. Die Anzahl der Gruppenelemente wird dann als *Ordnung* der Gruppe bezeichnet. Beispiel für eine endliche Gruppe ist die Gruppe der Permutationen von N Elementen, die als S_N bezeichnet wird. Beispiele für kontinuierliche Gruppen sind die Drehgruppe und die Lorentz-Gruppe bzw. die Poincaré-Gruppe, die wir später kennenlernen wer-

---

1 Allgemeiner definiert man eine Gruppe durch eine Verknüpfung der Gestalt $\circ : G \times G \to G$. Wir werden uns aber hier auf die multiplikative Verknüpfung beschränken und das Verknüpfungssymbol „∘“ weglassen.

https://doi.org/10.1515/9783111271507-009

den. Kommutieren sämtliche Elemente einer Gruppe, so wir diese als *abelsche* andernfalls als *nichtabelsche* Gruppe bezeichnet.

Im Folgenden geben wir einige Beispiele für Gruppen an.

1. Die *Gruppe S_N der Permutationen von N Elementen*

$$\begin{pmatrix} 1 & 2 & \dots & N \\ p_1 & p_2 & \dots & p_N \end{pmatrix},$$

   wobei die p_i jeweils eine der Zahlen von 1 bis N sind, dabei jedoch kein p_i dem anderen gleicht. Diese Gruppe besitzt $N!$ Elemente.
2. Die *Gruppe der orthogonalen Matrizen* $\mathrm{O}(N)$. Man überzeugt sich leicht, dass die orthogonalen Matrizen in N Dimensionen eine Gruppe bilden. In der Tat, falls A, B orthogonale Matrizen sind, so gilt:

$$A^T = A^{-1}, \quad B^T = B^{-1}$$

   und damit für das Produkt:

$$(AB)^T = B^T A^T = B^{-1} A^{-1} = (AB)^{-1}.$$

   Damit sind die orthogonalen Matrizen abgeschlossen unter Multiplikation. Offensichtlich besitzen die orthogonalen Matrizen ein Inverses. Ferner ist das Einselement durch die N-dimensionale Einheitsmatrix gegeben. Damit erfüllen die orthogonalen Matrizen sämtliche Gruppenaxiome. Aus der definierenden Gleichung für orthogonale Matrizen folgt, dass diese die Determinante +1 oder −1 besitzen.
3. Die *Gruppe der speziellen orthogonalen Matrizen* $\mathrm{SO}(N)$. Dies sind orthogonale Matrizen mit Determinante +1. Wegen

$$\det(AB) = \det(A)\det(B)$$

   sind auch diese Matrizen unter Matrixmultiplikation abgeschlossen und bilden eine Gruppe. Die Gruppen $\mathrm{O}(N)$ bzw. $\mathrm{SO}(N)$ sind die Symmetriegruppen des N-dimensionalen euklidischen Raumes $\mathbb{R}^N$ und beschreiben Drehungen der Vektoren in diesem Raum (siehe Abschnitt E.4).

Falls N eine Untermenge von G ist ($N \subseteq G$) und ferner für alle $h \in N$ und für alle $g \in G$ gilt:

$$ghg^{-1} \in N,$$

so bezeichnet man N als *invariante Untergruppe* oder *Normalteiler* von G. In abelschen Gruppen ist offenbar jede Untergruppe ein Normalteiler. Außerdem besitzt jede Gruppe offensichtlich sich selbst sowie die nur aus dem neutralen Element bestehende triviale Untergruppe als Normalteiler. Gruppen, die außer sich selbst und der trivialen Untergruppe keine Normalteiler besitzen, heißen *einfach*.

Ist N eine invariante Untergruppe von G, so bezeichnet man die Menge der Elemente

$$gN = \{gh : h \in N\}$$

für festes $g \in G$ als *Nebenklasse* von G bezüglich N. Die Menge der Nebenklassen von G

$$G/N = \{gN : g \in G\}$$

(sprich: *G modulo N*) bildet eine Gruppe, die als *Faktorgruppe* bezeichnet wird.

Darstellungen einer Gruppe

Sei G eine Gruppe und V ein Vektorraum. Eine Abbildung D, die jedem $g \in G$ einen bijektiven linearen Operator $D(g)$ über V (d. h. eine invertierbare lineare Abbildung $D(g) : G \to V$) zuordnet, heißt *Darstellung* der Gruppe G, falls für alle $g_1, g_2 \in G$ gilt:

$$D(g_1)D(g_2) = D(g_1 g_2)\,.$$

Von besonderem Interesse sind die *Matrixdarstellungen*, für welche $V = \mathbb{R}^n$ und die $D(g)$ invertierbare $(n \times n)$-Matrizen sind.

Eine Darstellung D heißt *reduzibel*, falls sie sich auf Block-Diagonalform

$$D(g) = \begin{pmatrix} D_1(g) & 0 & \dots & 0 \\ 0 & D_2(g) & & 0 \\ \vdots & & \ddots & \vdots \\ 0 & 0 & \dots & D_k(g) \end{pmatrix}, \quad \forall g \in G$$

bringen lässt, wobei die D_i Darstellungen niederer Dimension sind; andernfalls heißt die Darstellung *irreduzibel*.

Die *triviale Darstellung* einer Gruppe ordnet jedem Gruppenelement die 1 zu. Sie ist offensichtlich irreduzibel und besitzt die Dimension 0. Die nicht-triviale irreduzible Darstellung niedrigster Dimension wird als *fundamentale Darstellung* bezeichnet.

E.2 Kontinuierliche Gruppen

Bei den *kontinuierlichen Gruppen* hängen die Gruppenelemente $g(\boldsymbol{\alpha})$ von kontinuierlich veränderlichen Parametern $\alpha_1, \alpha_2, \dots, \alpha_n$ ab, die wir reell wählen können und die wir zu einem Vektor

$$\boldsymbol{\alpha} = \begin{pmatrix} \alpha_1 \\ \alpha_2 \\ \vdots \\ \alpha_n \end{pmatrix}$$

im $\mathbb{R}^n$ zusammenfassen. Für die Gruppenmultiplikation gilt hier:

$$g(\boldsymbol{\alpha})g(\boldsymbol{\beta}) = g(\boldsymbol{\gamma})\,, \tag{E.1}$$

wobei

$$\gamma = \gamma(\boldsymbol{\alpha}, \boldsymbol{\beta})$$

eine differenzierbare Abbildung der Parameter $\boldsymbol{\alpha}$ und $\boldsymbol{\beta}$ ist.

Im Folgenden wollen wir uns auf die sogenannten *Lie-Gruppen* beschränken. Dies sind spezielle kontinuierliche Gruppen, deren Elemente sich auf einige wenige *Erzeuger* (oder *Generatoren*) G_k, $k = 1, \ldots, d$ zurückführen lassen. Diese Erzeuger sind i. A. keine Gruppenelemente, sondern bilden eine sogenannte *Lie-Algebra*, die durch die Kommutationsbeziehungen

$$[G_k, G_l] = if_{klm} G_m \tag{E.2}$$

definiert ist. Hierbei sind die f_{klm} i. A. komplexe Zahlen, die als *Strukturkonstanten* der Algebra, bzw. der Gruppe bezeichnet werden. Die Anzahl d der Erzeuger definiert die *Dimension* der Algebra. Die gesamte (lokale) Struktur der Gruppe bzw. der Algebra ist in den Strukturkonstanten enthalten. (Dennoch sind die Strukturkonstanten nicht eindeutig, da die Wahl der Erzeuger selbst nicht eindeutig ist, siehe Abschnitt E.12.) Die Strukturkonstanten definieren die *adjungierte Darstellung* (auch *reguläre Darstellung* genannt) der Lie-Algebra

$$(G_k)_{lm} = if_{lkm} \,. \tag{E.3}$$

Ein Beispiel für eine Lie-Gruppe ist die Gruppe der Drehungen in drei Dimensionen, SO(3), siehe Abschnitt E.3 und E.4, deren Erzeuger die Drehimpulsoperatoren L_k sind, $G_k = \frac{1}{\hbar} L_k$. Wie aus der Quantenmechanik bekannt, erzeugen die Drehimpulsoperatoren eine Lie-Algebra, wobei die Strukturkoeffizienten (bis auf einen Faktor $\hbar$) durch den vollständigen antisymmetrischen Tensor dritter Stufe $f_{klm} = \epsilon_{klm}$ gegeben sind.

---

i Allgemein ist eine Lie-Algebra definiert als ein Vektorraum $\mathcal{G}$ über einen *Körper* $\mathcal{K}$ zusammen mit einer inneren Verknüpfung

$$[\cdot,\cdot] : \mathcal{G} \times \mathcal{G} \longrightarrow \mathcal{G}\,, \quad (G_1, G_2) \mapsto [G_1, G_2]\,, \quad G_1, G_2 \in \mathcal{G}\,,$$

die als *Lie-Klammer* bezeichnet wird und die folgenden Eigenschaften besitzt:

1. Antisymmetrie

$$[G_1, G_2] = -[G_2, G_1]$$

2. Linearität

$$[a_1 G_1 + a_2 G_2, G_3] = a_1 [G_1, G_3] + a_2 [G_2, G_3] \,. \tag{E.4}$$

Aus der Linearität und der Antisymmetrie folgt, dass die Lie-Klammer bilinear, d. h. linear in beiden Argumenten ist. Neben (E.4) gilt somit auch

$$[G_1, a_2G_2 + a_3G_3] = a_2[G_1, G_2] + a_3[G_1, G_3] .$$

Die Lie-Klammer ist i. A. aber nicht assoziativ, d. h. $[G_1, [G_2, G_3]]$ ist gewöhnlich nicht dasselbe wie $[[G_1, G_2], G_3]$. Sie genügt jedoch der

3. Jacobi-Identität:

$$\big[G_1, [G_2, G_3]\big] + \big[G_2, [G_3, G_1]\big] + \big[G_3, [G_1, G_2]\big] = 0 . \tag{E.5}$$

Bei den in diesem Buch betrachteten Lie-Gruppen ist der Vektorraum gewöhnlich der Raum der quadratischen Matrizen oder ein Hilbertraum, während die Lie-Klammer durch den gewöhnlichen Kommutator gegeben ist. Als alternatives Beispiel sei der Vektorraum $\mathbb{R}^3$ genannt, der zusammen mit dem Kreuzprodukt als Lie-Klammer eine Lie-Algebra bildet.

Mittels der Erzeuger lassen sich die Gruppenelemente durch

$$g(\boldsymbol{\alpha}) = e^{-i\alpha_k G_k}$$

darstellen. Hierbei sind die α_k verallgemeinerte Winkel. Eine explizite Matrixdarstellung der Drehgruppe SO(3) ist die in Gl. (23.36) angegebene Drehmatrix.

Da die Erzeuger der Lie-Algebra i. A. nicht-triviale Kommutationsbeziehungen besitzen, sind die durch Gruppenmultiplikation (E.1) definierte Funktion $\gamma_i = \gamma_i(\boldsymbol{\alpha}, \boldsymbol{\beta})$ i. A. nicht-triviale Funktionen der ursprünglichen Parameterwerte $\boldsymbol{\alpha}, \boldsymbol{\beta}$.

Kommutieren sämtliche Erzeuger einer Lie-Gruppe, so ist diese offenbar abelsch. Gewöhnlich kommutiert jedoch nur eine Teilmenge der Erzeuger, welche wir mit $\{H_k, k = 1, 2, \dots, r\}$ bezeichnen

$$[H_k, H_l] = 0 , \quad k, l = 1, 2, 3, \dots, r \tag{E.6}$$

und welche die miteinander kommutierende Gruppenelemente

$$g(\alpha) = \exp(-i\alpha_k H_k)$$

erzeugen, die die *Cartan-Untergruppe* bilden. Die Zahl r der kommutierenden Erzeuger heißt *Rang* der Gruppe.

Entsprechend dem Definitionsbereich der Parameter sprechen wir von *kompakten* Gruppen, wenn der Parameterraum der α_k kompakt (d. h. beschränkt und abgeschlossen) ist, im anderen Fall heißen die kontinuierlichen Gruppen nicht-kompakt.

Als *Casimir-Operator* einer Gruppe bzw. Algebra bezeichnet man einen solchen Operator, der mit sämtlichen Erzeugern vertauscht. Für die Drehgruppe SO(3) ist z. B. das Quadrat des Drehimpulses $\boldsymbol{L}^2 = L_1^2 + L_2^2 + L_3^2$ ein Casimir-Operator, da dieser mit sämtlichen Drehimpulsoperatoren vertauscht. Eine Lie-Gruppe vom Rang r hat genau r-Casimir-Operatoren.

E.3 Die Drehgruppe in $N = 2$ Dimensionen: SO(2)

Wir betrachten den zweidimensionalen euklidischen Vektorraum $\mathbb{R}^2$, der eine Ebene definiert. Die Koordinaten dieser Ebenen seien x_1, x_2. Eine *Drehung* in der Ebene wird durch eine zweidimensionale orthogonale Matrix R vermittelt. Dabei transformieren sich die Koordinaten nach (23.26)

$$x_k \to x'_k = R_{kl} x_l \,. \tag{E.7}$$

Die Orthogonalität der Matrix R garantiert, dass das Skalarprodukt zweier Vektoren bei Drehungen invariant bleibt.

Sämtliche zweidimensionale orthogonale Matrizen mit $\det(R) = 1$ lassen sich durch einen Winkel $\omega \in [0, 2\pi]$ parametrisieren:

$$R(\omega) = \begin{pmatrix} \cos\omega & -\sin\omega \\ \sin\omega & \cos\omega \end{pmatrix}. \tag{E.8}$$

Alternativ lassen sich diese Matrizen durch

$$R(\omega) = e^{-\omega\epsilon} \tag{E.9}$$

darstellen, wobei ϵ die zweidimensionale antisymmetrische Matrix

$$\epsilon = \begin{pmatrix} 0 & 1 \\ -1 & 0 \end{pmatrix}$$

ist. Sie besitzt die Eigenschaft

$$\epsilon^2 = -\mathbb{1} \equiv -\begin{pmatrix} 1 & 0 \\ 0 & 1 \end{pmatrix}$$

und repräsentiert den (einzigen) Generator der SO(2)-Gruppe. Die Taylor-Entwicklung des Exponenten liefert unmittelbar:

$$e^{-\omega\epsilon} = \mathbb{1}\cos\omega - \epsilon\sin\omega = \begin{pmatrix} \cos\omega & -\sin\omega \\ \sin\omega & \cos\omega \end{pmatrix}.$$

Aus der exponentiellen Darstellung lässt sich sofort erkennen, dass die Matrizen $R(\omega)$ abgeschlossen sind unter der Multiplikation:

$$R(\omega)R(\omega') = R(\omega + \omega') \,.$$

Ebenso leicht lassen sich die übrigen Gruppenaxiome überprüfen. Gleichungen (E.8) bzw. (E.9) liefern die fundamentale Darstellung der SO(2)-Gruppe.

Aus der Quantenmechanik wissen wir, dass die Drehung in der x_1x_2-Ebene durch den Drehimpulsoperator

$$L := L_3 = \frac{\hbar}{i}\epsilon_{3kl}x_k\frac{\partial}{\partial x_l} = \frac{\hbar}{i}\epsilon_{kl}x_k\frac{\partial}{\partial x_l} = \frac{\hbar}{i}\left(x_1\frac{\partial}{\partial x_2} - x_2\frac{\partial}{\partial x_1}\right) \tag{E.10}$$

beschrieben wird, wobei ϵ die oben eingeführte antisymmetrische Matrix ist. Der Drehoperator

$$\mathcal{R}(\omega) = e^{-\frac{i}{\hbar}\omega L} \tag{E.11}$$

erfüllt dasselbe Gruppenmultiplikationsgesetz wie die zweidimensionalen orthogonalen Matrizen (E.9) $R(\omega) \in \mathrm{SO}(2)$. In der Tat haben wir:

$$\mathcal{R}(\omega)\mathcal{R}(\omega') = \mathcal{R}(\omega + \omega')\,.$$

Die Operatoren $\mathcal{R}(\omega)$ bilden ebenfalls eine Darstellung der Drehgruppe SO(2), die jedoch in einem Hilbert-Raum operiert. Der Hilbert-Raum ist ein unendlich dimensionaler Vektorraum. In einer konkreten Basis des Hilbert-Raumes sind die Operatoren $\mathcal{R}(\omega)$ durch unendlich dimensionale Matrizen gegeben. Diese Matrizen repräsentieren Darstellungen der Drehgruppe SO(2), die jedoch reduzibel sind und in eine Vielzahl von endlich dimensionalen irreduziblen Darstellungen zerfallen.

E.4 Die Gruppen O(*N*) und SO(*N*)

Im Folgenden soll die oben besprochene Gruppe SO(2) auf N Dimensionen verallgemeinert werden. Dies ist die Gruppe der orthogonalen N-dimensionalen Matrizen $\mathrm{O}(N)$, die auch als Drehgruppe in $\mathbb{R}^N$ bezeichnet wird. Betrachten wir einen Vektor im N-dimensionalen Vektorraum $\mathbb{R}^N$,

$$\boldsymbol{x} = \begin{pmatrix} x_1 \\ x_2 \\ \vdots \\ x_N \end{pmatrix},$$

und definieren wie üblich das Skalarprodukt zwischen zwei Vektoren durch:

$$(x, y) := \boldsymbol{x}^T\boldsymbol{y} \equiv \boldsymbol{x}\cdot\boldsymbol{y} = \sum_{i=1}^{N} x_i y_i\,,$$

so bleibt dieses unter orthogonalen Transformationen der Koordinaten,

$$\boldsymbol{x} \to \boldsymbol{x}' = R\boldsymbol{x}\,, \quad x_k \to x'_k = R_{kl}x_l\,, \quad R^T = R^{-1}$$

invariant:

$$\boldsymbol{x}'^T\boldsymbol{y}' = \boldsymbol{x}^T R^T R \boldsymbol{y} = \boldsymbol{x}^T\boldsymbol{y}\,.$$

Insbesondere bleibt damit die Länge (Norm) eines Vektors im $\mathbb{R}^N$,

$$\|\boldsymbol{x}\| := \sqrt{(x,x)} = \sqrt{\boldsymbol{x}^T\boldsymbol{x}} = \sqrt{\boldsymbol{x}\cdot\boldsymbol{x}}\,,$$

invariant unter Drehungen.

Die orthogonalen Matrizen besitzen entweder Determinante +1 oder −1. Die orthogonalen Matrizen mit Determinante +1 bilden die Untergruppe SO(N).

Die Menge der orthogonalen Matrizen mit Determinante −1 bilden keine Gruppe, da das Produkt von zwei orthogonalen Matrizen mit Determinante −1 eine orthogonale Matrix mit Determinante +1 ist, d. h. diese Matrizen sind nicht abgeschlossen unter Gruppenmultiplikation.

Eine N-dimensionale Matrix besitzt N^2 Elemente. Die Orthogonalität einer Matrix impliziert

$$\frac{1}{2}N(N+1) = \binom{N+1}{2}$$

Nebenbedingungen. Damit beträgt die Anzahl der unabhängigen Elemente einer orthogonalen $N \times N$-Matrix:

$$N^2 - \binom{N+1}{2} = \binom{N}{2}\,.$$

Dies ist aber gerade die Anzahl der unabhängigen antisymmetrischen $(N \times N)$-Matrizen.

Der Kommutator zweier antisymmetrischer Matrizen ist wieder eine antisymmetrische Matrix. Die antisymmetrischen Matrizen sind deshalb unter der Kommutation abgeschlossen und bilden eine Lie-Algebra. Als Basis für die antisymmetrischen $(N \times N)$-Matrizen können wir die Matrizen

$$(M_{kl})_{ij} = \delta_{ki}\delta_{lj} - \delta_{kj}\delta_{li} \tag{E.12}$$

wählen. Diese Matrizen erfüllen die Kommutationsbeziehungen

$$\begin{aligned}[M_{kl}, M_{mn}] &= -(\delta_{km}M_{ln} - \delta_{lm}M_{kn} - \delta_{kn}M_{lm} + \delta_{ln}M_{km}) \\ &\equiv -f_{(kl)(mn)(pq)}M_{pq}\,,\end{aligned} \tag{E.13}$$

welche die Lie-Algebra der SO(N) definieren und die Erzeuger (E.2) der SO(N)-Gruppe in der fundamentalen Darstellung sind ($G_{kl} = -iM_{kl}$). Mittels dieser Erzeuger können wir die Elemente dieser Gruppe in Analogie zu (E.9) durch

$$R(\omega) = e^{-\sum_{k>l} \omega_{kl} M_{kl}} \tag{E.14}$$

darstellen, wobei die Parameter ω_{kl} analog zum Winkel ω im zweidimensionalen Fall als Rotationswinkel interpretiert werden können. Die Summation im Exponenten ist auf unabhängige Indexpaare ($k > l$) beschränkt. Wegen $M_{kl} = -M_{lk}$ können wir die ω_{kl} als Elemente einer antisymmetrischen Matrix

$$\omega_{kl} = -\omega_{lk}$$

auffassen und die Summation dann über beide Indizes unabhängig voneinander laufen lassen,

$$R(\omega) = e^{-\frac{1}{2}\omega_{kl} M_{kl}}, \tag{E.15}$$

was auf den zusätzlichen Faktor 1/2 führt. (Das Summationszeichen haben wir hier wieder entsprechend unserer Konvention, über wiederholte Indizes zu summieren, fallen gelassen.) Die $R(\omega)$ (E.15) definieren die fundamentale Darstellung der SO(N)-Gruppe. Wegen der Antisymmetrie der Matrizen M_{kl} (E.12),

$$(M_{kl})_{ij} = -(M_{kl})_{ji},$$

sind die $R(\omega)$ (E.14) offensichtlich orthogonal.

In Analogie zum $\mathbb{R}^2$ definieren wir eine *Drehung* im $\mathbb{R}^N$ durch eine orthogonale Koordinatentransformation in einer zweidimensionalen Unterebene. Im $\mathbb{R}^N$ gibt es $\binom{N}{2}$ linear unabhängige (zweidimensionale) Ebenen, die wir als die Koordinatenebenen wählen können, welche jeweils durch zwei Koordinatenachsen aufgespannt werden. Folglich gibt es im $\mathbb{R}^N$ genau $\binom{N}{2}$ unabhängige Drehungen, welche jeweils durch die unabhängigen Paare (k, l) von Koordinatenachsen charakterisiert werden.

---

i Im $\mathbb{R}^3$ können wir mittels des total antisymmetrischen Tensors ϵ_{ikl} jedem Paar (k, l) von Koordinatenachsen eindeutig eine dritte Koordinatenachse i zuordnen, bzw. eine Ebene lässt sich durch ihren Normalenvektor charakterisieren. Folglich lässt sich im $\mathbb{R}^3$ eine Drehung statt durch eine Ebene auch durch einen Vektor charakterisieren, dessen Richtung die *Drehachse* definiert. Dies ist aber eine Besonderheit des $\mathbb{R}^3$.

In Analogie zum zweidimensionalen Fall (E.10) führen wir deshalb die folgenden verallgemeinerten Drehimpulsoperatoren

$$L_{kl} = \frac{\hbar}{i}(x_k \partial_l - x_l \partial_k) = \hat{x}_k \hat{p}_l - \hat{x}_l \hat{p}_k \tag{E.16}$$

ein, wo k und l zwei Koordinatenachsen des $\mathbb{R}^N$ bezeichnen und $\hat{p}_k = \frac{\hbar}{i}\partial_k$ der Impulsoperator ist. Unter Benutzung der Vertauschungsrelation zwischen Ort- und Impulsoperator

$$[\hat{x}_k, \hat{p}_l] = i\hbar\delta_{kl} \tag{E.17}$$

zeigt man leicht, dass diese verallgemeinerten Drehimpulsoperatoren der Lie-Algebra

$$[L_{kl}, L_{mn}] = i\hbar f_{(kl)(mn)(pq)} L_{pq} \tag{E.18}$$

genügen, wobei die $f_{(kl)(mn)(pq)}$ die bereits in (E.13) eingeführten Strukturkonstanten der Gruppe SO(N) sind:

$$[L_{kl}, L_{mn}] = i\hbar(\delta_{km}L_{ln} - \delta_{lm}L_{kn} - \delta_{kn}L_{lm} + \delta_{ln}L_{km})\,. \tag{E.19}$$

Der Vergleich von (E.13) und (E.18) zeigt, dass die Operatoren $\frac{i}{\hbar}L_{kl}$ dieselben Kommutationsbeziehungen wie die Matrizen M_{kl} erfüllen und somit Generatoren der SO(N) sind. Folglich erhalten wir durch die Ersetzung $M_{kl} \to \frac{i}{\hbar}L_{kl}$ aus (E.15) eine Operatordarstellung der SO(N)-Gruppe im Hilbert-Raum:

$$\mathcal{R}(\omega) = e^{-\frac{1}{2}\frac{i}{\hbar}\omega_{kl}L_{kl}}\,, \tag{E.20}$$

wobei die ω_{kl} in Analogie zum zweidimensionalen Fall verallgemeinerte Rotationswinkel sind. Dementsprechend sind die $\mathcal{R}(\omega)$ die verallgemeinerten Drehoperatoren der SO(N)-Gruppe. Da die Drehimpulsperatoren hermitesch sind, ist der Drehoperator unitär

$$\mathcal{R}^\dagger(\omega) = \mathcal{R}^{-1}(\omega) = \mathcal{R}(-\omega)\,.$$

Wählt man eine konkrete Basis des Hilbert-Raumes, auf welchem die L_k definiert sind, so sind in dieser Basis die Drehoperatoren (E.20) durch unendlich dimensionale Matrizen gegeben. Diese stellen *reduzible* Darstellungen der Gruppe SO(N) dar, die sich in unendlich viele endlich dimensionale *irreduzible* Darstellungen zerlegen lassen (siehe das weiter unten angegebene Beispiel der Gruppe SO(3)). Die fundamentale Darstellung (nichttriviale irreduzible Darstellung niedrigster Dimension) steht mit den oben eingeführten antisymmetrischen Matrizen (E.12) über

$$\langle m|L_{kl}|n\rangle = \frac{\hbar}{i}(M_{kl})_{mn}$$

in Beziehung.

Wegen der Vertauschungsregeln (E.17) vertauschen offenbar Drehimpulsoperatoren L_{kl} (E.16), die zu disjunkten Koordinatenebenen gehören, z. B. $[L_{12}, L_{34}] = \hat{0}$, während $[L_{12}, L_{23}] \neq \hat{0}$. In $N = 2\nu$ und $N = 2\nu + 1$ Dimensionen gibt es ν disjunkte Koordinatenebenen und somit ν Erzeuger der Gruppen SO(2ν) und SO($2\nu + 1$), die sämtlich miteinander kommutieren und folglich die entsprechende Cartan-Algebra aufspannen. Als diese können wir offensichtlich wählen:

$$L_{2k-1,2k}\,, \quad k = 1, 2, \ldots, \nu\,.$$

E.5 Die Drehgruppe SO(3)

Für die Anwendungen in der Physik ist die Gruppe SO(3), die Gruppe der Drehungen im dreidimensionalen Raum $\mathbb{R}^3$, von besonderem Interesse. Im $\mathbb{R}^3$ lässt sich jeder antisymmetrische Tensor zweiter Stufe durch einen Vektor repräsentieren. Diese Verknüpfung erfolgt mithilfe des total antisymmetrischen Tensors dritter Stufe ϵ_{klm}. Die Drehimpulstensoren L_{kl} (E.16) lassen sich im $\mathbb{R}^3$ durch die gewöhnlichen Drehimpulsoperatoren L_k ausdrücken:

$$L_{kl} = \epsilon_{klm} L_m \,, \tag{E.21}$$

welche der Algebra

$$[L_k, L_l] = i\hbar\epsilon_{klm} L_m \tag{E.22}$$

genügen. Dementsprechend lassen sich die Drehoperatoren (E.20) in der Form

$$\mathcal{R}(\boldsymbol{\omega}) = e^{-\frac{i}{\hbar}\boldsymbol{\omega}\cdot\boldsymbol{L}} \tag{E.23}$$

angeben, wobei wegen (E.21) die Drehwinkel ω_k durch die früher eingeführten ω_{kl} definiert sind:

$$\omega_k = \frac{1}{2}\epsilon_{klm}\omega_{lm} \,.$$

Den Drehoperator (E.23) haben wir bereits in Abschnitt 23.5 kennengelernt (siehe Gl. (23.32)). Die Drehoperatoren (E.23) sind wie die Drehimpulse Operatoren im Hilbert-Raum der Zustandsfunktionen. Für ein spinloses Teilchen lassen sich die Basiszustände des entsprechenden Hilbert-Raumes als

$$|n\rangle|lm\rangle$$

wählen, wobei $|n\rangle$ die Radialwellenfunktionen und $|lm\rangle$ die Drehimpulseigenzustände

$$\begin{aligned} \boldsymbol{L}^2|lm\rangle &= \hbar^2 l(l+1)|lm\rangle \,, \\ L_z|lm\rangle &= \hbar m|lm\rangle \end{aligned}$$

sind. Da die Drehimpulsoperatoren nur auf die Winkelvariablen wirken, können wir die Radialfunktionen zur Berechnung der Matrixelemente von $\mathcal{R}(\boldsymbol{\omega})$ außer Acht lassen. Da ferner die Drehimpulsoperatoren L_k mit $\boldsymbol{L}^2$ kommutieren und somit keine nichtverschwindenen Matrixelemente zwischen Zuständen mit unterschiedlichen l besitzen, erhalten wir:

$$\langle lm|\mathcal{R}^{-1}(\boldsymbol{\omega})|l'm'\rangle = \delta_{ll'}\mathcal{D}^l_{mm'}(\boldsymbol{\omega}) \,. \tag{E.24}$$

Für feste l bilden die $\mathcal{D}^l_{mm'}(\boldsymbol{\omega})$ eine $(2l+1)$-dimensionale irreduzible Darstellung der Drehgruppe SO(3). Die Hilbert-Raum-Matrix des (inversen) Drehoperators $\langle lm|\mathcal{R}^{-1}(\boldsymbol{\omega})|l'm'\rangle$ zerfällt damit in c $\mathcal{D}^l_{mm'}(\boldsymbol{\omega})$, welche durch die Drehimpulsquantenzahl l charakterisiert werden:

$$\begin{pmatrix} \mathcal{D}^0(\boldsymbol{\omega}) & 0 & 0 & \cdots \\ 0 & \mathcal{D}^1(\boldsymbol{\omega}) & 0 & \cdots \\ 0 & 0 & \mathcal{D}^2(\boldsymbol{\omega}) & \\ \vdots & \vdots & & \ddots \end{pmatrix}.$$

Hierbei ist $\mathcal{D}^0(\boldsymbol{\omega}) = 1$ die triviale Darstellung, welche zum Drehimpuls $l = 0$ gehört. Eine analoge Struktur hatten wir für die Matrix des Drehimpulsoperators in Gl. (15.40) gefunden. Eine alternative Darstellung des Drehoperators $\mathcal{R}(\boldsymbol{\omega})$ (E.23) haben wir in (24.10) kennen gelernt:

$$\mathcal{R}(\alpha,\beta,\gamma) = e^{-\frac{i}{\hbar}\gamma L_z} e^{-\frac{i}{\hbar}\beta L_y} e^{-\frac{i}{\hbar}\alpha L_z},$$

wobei die (α,β,γ) als *Euler-Winkel* bezeichnet werden. Die zugehörigen Matrixelemente

$$\mathcal{D}^l_{mm'}(\alpha,\beta,\gamma) = \langle lm|\mathcal{R}^{-1}(\alpha,\beta,\gamma)|lm'\rangle = \langle lm|e^{\frac{i}{\hbar}\alpha L_z} e^{\frac{i}{\hbar}\beta L_y} e^{\frac{i}{\hbar}\gamma L_z}|lm'\rangle$$

sind die *Wigner'schen* $\boldsymbol{\mathcal{D}}$*-Funktionen*, die ausführlich in Kap. 24 behandelt wurden.

Analog zu (E.21) können wir im $\mathbb{R}^3$ die antisymmetrischen Matrizen M_{kl} (E.12) durch drei unabhängige antisymmetrische Matrizen M_m ausdrücken:

$$M_{kl} = \epsilon_{klm} M_m\,,$$

deren Matrixelemente durch

$$(M_k)_{ij} = \epsilon_{kij} \tag{E.25}$$

gegeben sind. Die fundamentale Darstellung (E.15) der Gruppe SO(3) nimmt dann die Gestalt

$$R(\boldsymbol{\omega}) = e^{-\boldsymbol{\omega}\cdot\boldsymbol{M}} \tag{E.26}$$

an. Die Matrizen M_k (E.25) liefern gerade die Drehimpuls ($l = 1$)-Darstellung S_k (23.35) des Drehimpulsoperators L_k im Hilbert-Raum:

$$(S_k)_{lm} = \frac{\hbar}{i}(M_k)_{lm} = i\hbar\epsilon_{lkm} \tag{E.27}$$

und somit ist die fundamentale Darstellung $R(\boldsymbol{\omega})$ (E.26) die irreduzible Darstellung, $\mathcal{D}^{l=1}(\boldsymbol{\omega})$ zum Drehimpuls $l = 1$. Mit der Beziehung (E.27) erkennen wir die fundamentale Darstellung $R(\boldsymbol{\omega})$ (E.26) als die in (23.36) definierte Drehmatrix.

E.6 Die Gruppe der unitären Matrizen U(N) und SU(N)

Diese Gruppe ist das komplexe Analogon der N-dimensionalen Drehgruppe O(N). Genau wie die orthogonalen Matrizen sind auch die unitären Matrizen $U^\dagger = U^{-1}$ unter Multiplikation abgeschlossen und erfüllen auch die übrigen Gruppenaxiome. Da jede reelle orthogonale Matrix auch gleichzeitig unitär ist, bildet die orthogonale Gruppe O(N) eine Untergruppe der unitären Gruppe U(N).

Die unitären Matrizen erzeugen unitäre Transformationen im N-dimensionalen komplexen Vektorraum $\mathbb{C}^N$, welcher $2N$ reelle Dimensionen besitzt. Die Elemente dieses Raumes sind N-komponentige Vektoren

$$\mathbf{z} = \begin{pmatrix} z_1 \\ z_2 \\ \vdots \\ z_n \end{pmatrix}$$

mit i. A. komplexen Koordinaten $z_i \in \mathbb{C}$. Das in diesem Raum definierte Skalarprodukt

$$(z, w) = \mathbf{z}^\dagger \boldsymbol{w} \equiv \mathbf{z}^* \cdot \boldsymbol{w} = \sum_{i=1}^{N} z_i^* w_i$$

von Vektoren $\mathbf{z}, \boldsymbol{w} \in \mathbb{C}^N$ bleibt unter unitären Transformationen

$$\mathbf{z} \to \mathbf{z}' = U\mathbf{z} \tag{E.28}$$

invariant. Unitäre Matrizen besitzen Determinanten vom Betrag 1:

$$\det(U) = e^{i\alpha}, \quad \alpha \in \mathbb{R}.$$

Die Untermenge der unitären Matrizen mit Determinante $\det(U) = 1$ bildet die Gruppe der *speziellen unitären Matrizen* SU(N). Für die Physik sind von besonderem Interesse die Gruppen U(2) bzw. SU(2) sowie SU(3).

Die Erzeuger G_k der SU(2) sind in der fundamentalen Darstellung durch die Pauli-Matrizen σ_k (15.44),

$$G_k = \frac{1}{2}\sigma_k, \quad k = 1, 2, 3, \tag{E.29}$$

gegeben, welche den Kommutationsbeziehungen

$$[\sigma_k, \sigma_l] = 2i\epsilon_{klm}\sigma_m \tag{E.30}$$

genügen. Folglich sind die Strukturkonstanten f_{klm} (E.2) der SU(2) durch den antisymmetrischen Tensor ϵ_{klm} gegeben. Dieselben Strukturkonstanten findet man auch für die Gruppe SO(3), was bedeutet, dass SO(3) und SU(2) *lokal* isomorph sind, vergl. Abschnitt E.7. Mit (E.29) erhalten wir für die Elemente der SU(2) in der fundamentalen Darstellung:

$$U(\boldsymbol{\omega}) = e^{-\frac{i}{2}\boldsymbol{\omega}\cdot\boldsymbol{\sigma}} . \qquad \text{(E.31)}$$

Für die unitären Gruppen SU($N \geq 3$) gibt es neben den *antisymmetrischen* Strukturkonstanten (E.2) noch *symmetrische Strukturkonstanten* d_{klm}, die über den Antikommutator der Generatoren in der fundamentalen Darstellung definiert sind:

$$\{G_k, G_l\} = d_{klm} G_m + \frac{1}{N}\delta_{kl} . \qquad \text{(E.32)}$$

Da die Generatoren der SU(N) spurlos sind

$$\mathrm{Sp}\, G_k = 0 , \qquad \text{(E.33)}$$

folgt aus (E.32) die Orthonormierungsbedingung:

$$\mathrm{Sp}\,(G_k G_l) = \frac{1}{2}\delta_{kl} . \qquad \text{(E.34)}$$

Mit (E.33) und (E.34) erhalten wir aus den Beziehungen (E.2) und (E.32)

$$\mathrm{Sp}(G_k[G_l, G_m]) = \frac{1}{2} i f_{klm} , \quad \mathrm{Sp}(G_k\{G_l, G_m\}) = \frac{1}{2} d_{klm} .$$

Unter Ausnutzung der zyklischen Eigenschaft der Spur ($\mathrm{Sp}\,(AB) = \mathrm{Sp}\,(BA)$) folgt

$$\mathrm{Sp}\,(G_k[G_l, G_m]) = \mathrm{Sp}\,(G_l[G_m, G_k]) = \mathrm{Sp}\,(G_m[G_k, G_l]) ,$$
$$\mathrm{Sp}(G_k\{G_l, G_m\}) = \mathrm{Sp}\,(G_l\{G_m, G_k\}) = \mathrm{Sp}\,(G_m\{G_k, G_l\}) .$$

Die f_{klm} bzw. d_{klm} sind folglich antisymmetrisch bzw. symmetrisch in jedem Indexpaar. Ferner bleiben diese Strukturkonstanten offensichtlich invariant unter *zyklischer* Permutation der Indizes.

E.7 Homomorphismus und Isomorphismus

Eine Gruppe H heißt *homomorph* zu einer Gruppe G ($H \sim G$), wenn es eine Abbildung $\phi : G \to H$ mit der Eigenschaft

$$\phi(g_1 g_2) = \phi(g_1)\phi(g_2) , \quad \forall\, g_1, g_2 \in G$$

gibt. Bei der homomorphen Abbildung können mehr als ein Element von G in dasselbe Element von H abgebildet werden (d. h. sie muss nicht injektiv sein). Für jede Untergruppe $U \subseteq G$ ist auch ihr *Bild* unter ϕ:

$$\phi(U) := \{\phi(g), g \in U\}$$

eine Untergruppe von H. Die Menge

$$\phi(G) := \{\phi(g), g \in G\}$$

wird als das *Bild* von ϕ bezeichnet. Das Bild von ϕ ist stets eine *Untergruppe* von H. Ferner folgt aus den Gruppenaxiomen, dass das Einselement von G stets auf das Einselement von H abgebildet wird. Die Menge aller Elemente von G, die auf das Einselement von H abgebildet werden, heißt der *Kern* von ϕ. Er enthält mindestens das Einselement von G und ist stets ein *Normalteiler* (siehe Abschnitt E.1) von G.

Ist die homomorphe Abbildung von G nach H darüber hinaus eineindeutig (bijektiv), d. h. auch jedem Element von H ist genau ein Element von G zugeordnet, so ist H *isomorph* zu G. Falls H isomorph zu G ist, so ist offensichtlich auch G isomorph zu H. Wir sagen deshalb einfach H und G sind isomorph und bezeichnen dies mit $G \simeq H$.

Im Folgenden geben wir einige Beispiele für Isomorphismus und Homomorphismus an. Wir werden uns dabei auf die orthogonalen und unitären Gruppen beschränken.

E.7.1 Der Isomorphismus U(1) $\simeq$ SO(2)

Die zweidimensionale Ebene $\mathbb{R}^2$, die durch die Koordinaten (x_1, x_2) aufgespannt wird, ist isomorph zur komplexen Zahlenebene $\mathbb{C}^1$, die durch die Gesamtheit der komplexen Zahlen

$$z = x_1 + ix_2 \tag{E.35}$$

aufgespannt wird. Eine komplexe Zahl $x_1 + ix_2$ definiert damit einen Vektor

$$\boldsymbol{x} = \begin{pmatrix} x_1 \\ x_2 \end{pmatrix} \tag{E.36}$$

in $\mathbb{R}^2$. Ferner ist der Betrag der komplexen Zahl gleich der Norm des entsprechenden Vektors

$$|z| = \sqrt{z^* z} = \sqrt{(x, x)} = \sqrt{\boldsymbol{x}^T \boldsymbol{x}} = \sqrt{x_1^2 + x_2^2}\,.$$

Der Betrag einer komplexen Zahl ändert sich bekanntlich nicht unter Multiplikation mit einer Phase

$$z \to e^{i\omega} z\,.$$

Die Gesamtheit der Phasen bilden die Gruppe der eindimensionalen unitären Matrizen U(1). Die Multiplikation der komplexen Zahl z (E.35) mit der Phase $e^{i\omega}$ ist äquivalent zur

Drehung (E.7), (E.8) des zugehörigen zweidimensionalen Vektors $\boldsymbol{x}$ (E.36) um den Winkel ω. In der Tat, aus

$$\begin{aligned} z' &= e^{i\omega} z \\ &= (\cos\omega + i\sin\omega)(x_1 + ix_2) \stackrel{!}{=} x_1' + ix_2' \end{aligned}$$

finden wir die aktive Drehung (23.27) des Vektors $\boldsymbol{x}$ um den Winkel ω:

$$\begin{pmatrix} x_1' \\ x_2' \end{pmatrix} = \begin{pmatrix} \cos\omega & -\sin\omega \\ \sin\omega & \cos\omega \end{pmatrix} \begin{pmatrix} x_1 \\ x_2 \end{pmatrix} .$$

Eine orthogonale Transformation im $\mathbb{R}^2$ ist damit äquivalent zur einer unitären Transformation in der komplexen Ebene $\mathbb{C}^1$. Somit haben wir folgenden Isomorphismus:

$$\phi : \mathrm{U}(1) \to \mathrm{SO}(2) , \quad e^{i\omega} \mapsto R(\omega) ,$$

wobei $R(\omega)$ die in Gl. (E.8) bzw. (E.9) definierte Matrix bezeichnet. Deshalb sind die zugehörigen Gruppen isomorph:

$$\mathrm{SO}(2) \simeq \mathrm{U}(1) .$$

Die oben angegebene Operatordarstellung der Gruppe SO(2) liefert automatisch auch eine Darstellung der Gruppe U(1), was man unmittelbar erkennt, wenn man den Drehimpulsoperator (E.10) in Radialkoordinaten (r, φ),

$$z = re^{i\varphi} = x_1 + ix_2 ,$$

aufschreibt:

$$L = \frac{\hbar}{i} \frac{\partial}{\partial\varphi} .$$

E.7.2 Der Homomorphismus SO(3) ~ SU(2)

Die Gruppen SO(3) und SU(2) besitzen dieselbe Lie-Algebra. Die Erzeuger der Gruppe SO(3), sind (bis auf einen Faktor $\hbar$) durch die antisymmetrischen Tensoren L_{kl} (E.16) bzw. die gewöhnlichen Drehimpulsoperatoren L_k (E.21) gegeben, die der Lie-Algebra (E.22) genügen. Dieselbe Algebra wird von den Erzeugern $\frac{\hbar}{2}\sigma_k$ der Gruppe SU(2) (E.29) erfüllt (siehe Gl. (E.30)). Die Gruppen SO(3) und SU(2) besitzen jedoch verschiedene Darstellungen. Um den Zusammenhang zwischen den beiden Gruppen zu finden, konstruieren wir zunächst eine Abbildung von $\mathbb{C}^2$ auf $\mathbb{R}^3$. Dazu stellen wir die Vektoren $\boldsymbol{z} \in \mathbb{C}^2$ als Spaltenvektor

$$\boxed{\mathbf{z} = \begin{pmatrix} z_1 \\ z_2 \end{pmatrix}, \quad \mathbf{z}^\dagger = (z_1^*, z_2^*)}$$

dar, wobei $z_1, z_2 \in \mathbb{C}$ gewöhnliche komplexe Zahlen sind. Mithilfe der Pauli-Matrizen σ_k (15.44) können wir die $\mathbf{z} \in \mathbb{C}^2$ auf die Koordinaten x_k des $\mathbb{R}^3$ abbilden

$$\boxed{x_k = \mathbf{z}^\dagger \sigma_k \mathbf{z}\,.} \tag{E.37}$$

Unter einer unitären Transformation $U \in \mathrm{SU}(2)$ transformieren sich die Vektoren $\mathbf{z} \in \mathbb{C}^2$ und ihre Adjungierten nach (E.28)

$$\mathbf{z} \to \mathbf{z}' = U\mathbf{z} \quad \Longrightarrow \mathbf{z}^\dagger \to \mathbf{z}'^\dagger = \mathbf{z}U^\dagger\,.$$

Über die Abbildung (E.37) transformieren sich dabei die Koordinaten x_k des $\mathbb{R}^3$

$$x_k \to x_k' = \mathbf{z}'^\dagger \sigma_k \mathbf{z}' = \mathbf{z}^\dagger U^\dagger \sigma_k U \mathbf{z}\,. \tag{E.38}$$

Für die speziellen unitären (2×2)-Matrizen $U \in \mathrm{SU}(2)$ wählen wir die Darstellung (E.31)

$$U(\boldsymbol{\omega}) = e^{-\frac{i}{2}\boldsymbol{\omega}\boldsymbol{\sigma}}\,.$$

Unter Benutzung der SU(2)-Lie-Algebra (E.30) lässt sich unmittelbar folgende Identität beweisen:

$$U^\dagger(\boldsymbol{\omega})\sigma_k U(\boldsymbol{\omega}) = R_{kl}(\boldsymbol{\omega})\sigma_l\,, \tag{E.39}$$

wobei

$$R(\boldsymbol{\omega}) = e^{-\boldsymbol{\omega}\cdot\boldsymbol{M}} \tag{E.40}$$

die fundamentale Darstellung (E.26) der Gruppe SO(3) ist, welche mit der Drehmatrix (23.36) zusammenfällt.

Zum Beweis von (E.39) muss man lediglich die linke Seite der Gleichung in eine Reihe von Vielfach-Kommutatoren entwickeln (siehe Gl. (C.17)) und wiederholt die Algebra (E.30) benutzen. Da die Generatoren (der fundamentalen Darstellung) der SU(2), $\sigma_k/2$, dieselbe Algebra erfüllen wie die Generatoren der SO(3), $L_k/\hbar$, folgt die Gl. (E.39) bereits aus der Gl. (23.58).

Einsetzen von (E.39) in (E.38) liefert unter Benutzung von (E.37) das Transformationsgesetz (23.48) der aktiven Drehung:

$$x_k' = R_{kl}(\boldsymbol{\omega})x_l\,.$$

Durch die Abbildung (E.37) induziert eine unitäre Transformation $U(\boldsymbol{\omega})$ der $\boldsymbol{z} \in \mathbb{C}^2$ eine orthogonale Transformation $R(\boldsymbol{\omega})$ (Drehung) der $\boldsymbol{x} \in \mathbb{R}^3$. Dies ist der gesuchte Zusammenhang zwischen SU(2)- und SO(3)-Transformationen.

Multiplizieren wir Gl. (E.39) mit σ_l, bilden die Spur und benutzen $\mathrm{Sp}(\sigma_k\sigma_l) = 2\delta_{kl}$, so erhalten wir für die Drehmatrix $R(\boldsymbol{\omega})$ (E.40) die Spinordarstellung

$$\boxed{R_{kl}(\boldsymbol{\omega}) = \frac{1}{2}\,\mathrm{Sp}(\sigma_k U(\boldsymbol{\omega})\sigma_l U^\dagger(\boldsymbol{\omega}))\,,} \tag{E.41}$$

welche den gesuchten Homomorphismus

$$\phi : \mathrm{SU}(2) \to \mathrm{SO}(3)\,, \quad U(\boldsymbol{\omega}) \mapsto R(\boldsymbol{\omega}) \tag{E.42}$$

liefert. Man beachte, dass ein Vorzeichenwechsel

$$U(\boldsymbol{\omega}) \to -U(\boldsymbol{\omega})$$

die Drehmatrix $R(\boldsymbol{\omega})$ (E.41) invariant lässt. Damit bildet der Homomorphismus (E.42) $U \in \mathrm{SU}(2)$ und $(-U) \in \mathrm{SU}(2)$ auf dieselbe Matrix $R \in \mathrm{SO}(3)$ ab. Damit ist die Abbildung (E.42) nicht injektiv und die Gruppen SU(2) und SO(3) sind nicht isomorph.

Beachten wir, dass die ϵ_{klm} die Strukturkonstanten f_{klm} der SU(2) sind, so erkennen wir aus (E.3), dass die Matrizen $-iM_k$ (E.25) bzw. $S_k/\hbar$ (E.27) die Erzeuger der SU(2) in der adjungierten Darstellung sind. Dementsprechend definiert die Drehmatrix (E.40) $R(\boldsymbol{\omega}) \in \mathrm{SO}(3)$ die adjungierte Darstellung der SU(2). (Gleichzeitig bilden die $R(\boldsymbol{\omega})$ die fundamentale Darstellung der SO(3).)

Neben den oben bereits besprochenen Iso- bzw. Homomorphismen zwischen den orthogonalen und unitären Gruppen existieren noch folgende weitere Homomorphismen:

$$\begin{aligned} \mathrm{SO}(4) &\sim \mathrm{SU}(2) \times \mathrm{SU}(2)\,, \\ \mathrm{SO}(6) &\sim \mathrm{SU}(4)\,. \end{aligned}$$

Ersteren hatten wir explizit in Abschnitt 18.6.2, *Band 1* herausgearbeitet. Dort hatten wir die Beziehung (18.48)

$$\mathrm{SO}(4) \simeq (\mathrm{SU}(2) \times \mathrm{SU}(2))/Z(2) \tag{E.43}$$

gefunden, die den Homorphismus $\mathrm{SO}(4) \sim \mathrm{SU}(2) \times \mathrm{SU}(2)$ impliziert.

Man überzeugt sich leicht, dass keine weiteren Isomorphismen zwischen orthogonalen und unitären Gruppen existieren können, indem man die Anzahl der Erzeuger der beiden Gruppen betrachtet. Während die Gruppe $\mathrm{O}(N)$

$$\binom{N}{2}$$

Erzeuger besitzt, nämlich die Anzahl der linear unabhängigen antisymmetrischen N-dimensionalen Matrizen, hat die Gruppe $\mathrm{SU}(N)$

$$N^2 - 1$$

Erzeuger, was der Anzahl der linear unabhängigen N-dimensionalen hermiteschen spurlosen Matrizen entspricht. Die Gruppe $\mathrm{U}(N)$ besitzt darüber hinaus die N-dimensionale Einheitsmatrix als Erzeuger, sodass die Gesamtheit der Erzeuger der Gruppe $\mathrm{U}(N)$ durch die N^2 unabhängigen hermiteschen $(N \times N)$-Matrizen gegeben sind.

E.8 Nicht-kompakte Gruppen: Die Lorentz-Gruppe

Bisher haben wir solche Lie-Gruppen behandelt, deren Parameterräume kompakte Mannigfaltigkeiten waren. Beispielsweise waren bei den orthogonalen Drehgruppen die Parameter durch Winkel gegeben, deren Definitionsbereich auf das Intervall $[0, 2\pi]$ beschränkt werden konnte. Ähnliches gilt für die unitären Gruppen, z. B. für die Gruppe $\mathrm{U}(1)$, deren Darstellungen durch die Phasen $e^{i\omega}$ mit reellem Winkel $\omega \in [0, 2\pi]$ gegeben sind. Deshalb ist die Gruppenmannigfaltigkeit dieser Gruppe durch denen Einheitskreis S^1 in zwei Dimensionen gegeben. Ähnlich ist die Gruppenmannigfaltigkeit der Gruppe $\mathrm{SU}(2)$ durch die Einheitskugel S^3 in vier Dimensionen gegeben. Kontinuierliche Gruppen (wie die oben angegebenen Beispiele), deren Parameter auf eine *kompakte* Mannigfaltigkeit beschränkt sind, werden als *kompakte Gruppen* bezeichnet. Neben diesen kompakten Gruppen existieren auch *nichtkompakte Gruppen*, bei denen die Definitionsbereiche der Gruppenparameter nicht-kompakte (unbeschränkte) Mannigfaltigkeiten sind. Wir wollen uns im Folgenden auf die nicht-kompakten *pseudo-orthogonalen Gruppen* $\mathrm{O}(n, m)$ beschränken.

Wir hatten festgestellt, dass die orthogonalen Gruppen $\mathrm{O}(N)$ das Skalarprodukt im euklidischen Raum $\mathbb{R}^N$ invariant lassen. Schreiben wir dieses Skalarprodukt wie allgemein üblich mithilfe eines Metriktensors,

$$\boldsymbol{x} \cdot \boldsymbol{y} = x^\mu g_{\mu\nu} y^\nu = x^\mu y_\mu \,, \tag{E.44}$$

so besitzt dieser für den euklidischen Raum die einfache Gestalt

$$g_{\mu\nu} = \delta_{\mu\nu} = \mathrm{diag}(1, 1, \ldots, 1) \,.$$

Der Metriktensor ist hier durch die Einheitsmatrix gegeben. Neben diesen euklidischen Räumen gibt es sogenannte *pseudo-euklidische Räume* $\mathbb{R}^{n,m}$, in denen die Metrik durch

$$g_{\mu\nu} = \mathrm{diag}(\underbrace{1, 1, \ldots, 1}_{n}, \underbrace{-1, -1, \ldots, -1}_{m}) \tag{E.45}$$

definiert ist. Im Gegensatz zu den euklidischen Räumen ist die Metrik hier nicht positiv definit. Ein wichtiger Spezialfall der pseudo-euklidischen Räume ist der Minkowski-Raum, in welchem die Metrik durch

$$g_{\mu\nu} = \mathrm{diag}(1, -1, -1, -1)$$

definiert ist. Lineare Koordinatentransformationen

$$x^{\mu} \to x'^{\mu} = \Lambda^{\mu}{}_{\nu} x^{\nu} , \qquad \text{(E.46)}$$

welche das Skalarprodukt (E.44) mit dem Metriktensor (E.45) invariant lassen, werden als *pseudo-orthogonale Transformationen* bezeichnet. Sie werden durch *pseudo-orthogonale Matrizen* $\Lambda^{\mu}{}_{\nu}$ vermittelt, die wie die orthogonalen Matrizen eine Gruppe bilden, die mit $\mathrm{O}(n, m)$ bezeichnet wird. Im Folgenden wollen wir uns auf die pseudo-orthogonale Gruppe $\mathrm{O}(1, 3) \simeq \mathrm{O}(3, 1)$ beschränken, welche die Drehgruppe im Minkowski-Raum repräsentiert und als *Lorentz-Gruppe* bezeichnet wird. Ihre Elemente sind die Lorentz-Transformationen.

Die Lorentz-Transformation lässt die Länge eines Vektors im Minkowski-Raum

$$x^2 = x^{\mu} g_{\mu\nu} x^{\nu} = (x^0)^2 - \sum_{i=1}^{3} (x^i)^2$$

invariant. Diese ist offenbar nicht positiv definit. Da die Lorentz-Transformation diese Länge invariant lässt, können wir drei Bereiche des Minkowski-Raumes unterscheiden, siehe Abb. 28.1:

1. *zeitartig:* $x^2 > 0$,
2. *lichtartig:* $x^2 = 0$,
3. *raumartig:* $x^2 < 0$.

Aus der Relativitätstheorie wissen wir, dass die Lichtgeschwindigkeit die maximale Signalgeschwindigkeit darstellt. Jeder Punkt im Minkowski-Raum repräsentiert ein *Ereignis*. Ereignisse, die sich mit Lichtgeschwindigkeit ausbreiten, werden durch Vektoren verbunden, welche die Länge null besitzen. Solche Ereignisse sind mit der Bewegung von masselosen Teilchen wie den Photonen verbunden, die sich mit Lichtgeschwindigkeit bewegen. Massive Teilchen breiten sich demgegenüber mit einer Geschwindigkeit aus, die kleiner als die Lichtgeschwindigkeit ist. Deshalb sind die Punkte der Trajektorien von massiven Teilchen im Minkowski-Raum durch zeitartige Vektoren verknüpft, die eine positive Länge besitzen. Hypothetische Teilchen, die sich mit Überlichtgeschwindigkeit bewegen, werden *Tachyonen* genannt. Die Punkte der Trajektorien dieser Teilchen im Minkowski-Raum sind durch raumartige Vektoren, d. h. Vektoren mit negativer Länge verbunden. Diese Sachverhalte sind in Abb. 28.1 dargestellt. Auf dem Lichtkegel befinden sich die Trajektorien der masselosen Teilchen, die sich mit Lichtgeschwindigkeit bewegen. Ereignisse, zwischen denen ein kausaler Zusammenhang besteht, d. h.

die durch Trajektorien von (massiven) Teilchen verbunden sind, die sich bekanntlich mit einer Geschwindigkeit kleiner als der Lichtgeschwindigkeit ausbreiten, sind durch Vektoren im Inneren des Lichtkegels gegeben. Dieses Gebiet heißt deshalb der kausale oder zeitartige Bereich. Trajektorien von Tachyonen verlaufen hingegen außerhalb des Lichtkegels. Kausalität bedeutet auch, dass Signale nur *vorwärts* in der Zeit propagiert werden, d. h. vom Ursprung in den Vorwärtslichtkegel. (In der Quantenfeldtheorie ist man allerdings auch gezwungen, Propagatoren in dem Rückwärtskegel zu betrachten. Sie verletzen nicht die Kausalität, da sie als (kausale) Propagatoren von Antiteilchen in dem Vorwärtskegel interpretiert werden können.)

Aus der Forderung nach der Invarianz der Länge unter Lorentz-Transformation (E.46), $x'^2 = x^2$, erhalten wir die Bedingung an die Matrizen $\Lambda^\mu{}_\nu$

$$g_{\mu\nu}\Lambda^\mu{}_\kappa\Lambda^\nu{}_\lambda = g_{\kappa\lambda} \tag{E.47}$$

bzw. in Matrixschreibweise[2]

$$\Lambda^T g\Lambda = g\,.$$

Hieraus finden wir

$$\det\Lambda = \pm 1\,. \tag{E.48}$$

Setzen wir in (E.47) $\kappa = \lambda = 0$, so folgt

$$(\Lambda^0{}_0)^2 = 1 + \sum_{i=1}^{3}(\Lambda^i{}_0)^2\,,$$

was

$$\Lambda^0{}_0 \geq 1 \quad \text{oder} \quad \Lambda^0{}_0 \leq -1$$

impliziert. Damit lassen sich die Lorentz-Transformationen nach dem Vorzeichen von $\Lambda^0{}_0$ und dem von $\det\Lambda$ klassifizieren, siehe Tabelle E.1, und somit zu vier Klassen zusammenfassen. Die Lorentz-Transformationen $\mathcal{L}^\uparrow$ bzw. $\mathcal{L}^\uparrow_+$ werden als *orthochron* bzw. *eigentliche orthochron* bezeichnet. Sie bilden jeweils eine Untergruppe der Lorentz-Gruppe. Die Klassen $\mathcal{L}^\uparrow_-$, $\mathcal{L}^\downarrow_\mp$ bilden offensichtlich keine Untergruppe der Lorentz-Gruppe, da sie das Einselement nicht enthalten. Sie gehen durch Raum (P)- bzw. Zeitspiegelung (T) oder beiden aus der Gruppe $\mathcal{L}^\uparrow_+$ hervor

$$\mathcal{L}^\uparrow_- = P\mathcal{L}^\uparrow_+\,, \quad \mathcal{L}^\downarrow_- = T\mathcal{L}^\uparrow_+\,, \quad \mathcal{L}^\downarrow_+ = PT\mathcal{L}^\uparrow_+\,.$$

2 Hierbei wird $\Lambda^\mu{}_\nu$ als die gewöhnliche Matrix $M_{\mu\nu} := \Lambda^\mu{}_\nu$ interpretiert.

Tab. E.1: Klassifikation der Lorentz-Transformationen (LT).

sgn $\Lambda^0{}_0$	LT	det Λ	LT
+1	$\mathcal{L}^\uparrow$	+1	$\mathcal{L}_+^\uparrow$
		−1	$\mathcal{L}_-^\uparrow$
−1	$\mathcal{L}^\downarrow$	+1	$\mathcal{L}_+^\downarrow$
		−1	$\mathcal{L}_-^\downarrow$

Wie im euklidischen Raum können wir auch im Minkowski-Raum verallgemeinerte Drehimpulsoperatoren definieren, die durch

$$L^{\mu\nu} = \hat{x}^\mu \hat{p}^\nu - \hat{x}^\nu \hat{p}^\mu = i\hbar(x^\mu \partial^\nu - x^\nu \partial^\mu), \quad \hat{p}_\mu = i\hbar\partial_\mu \tag{E.49}$$

gegeben sind. Diese Operatoren erfüllen die Lie-Algebra der Lorentz-Gruppe:

$$[L^{\mu\nu}, L^{\rho\sigma}] = i\hbar(g^{\nu\rho}L^{\mu\sigma} - g^{\mu\rho}L^{\nu\sigma} - g^{\nu\sigma}L^{\mu\rho} + g^{\mu\sigma}L^{\nu\rho}). \tag{E.50}$$

Ersetzen wir den Metriktensor $g^{\mu\nu}$ durch $(-\delta^{\mu\nu})$, so geht diese Algebra in die der orthogonalen Gruppen (E.19) über. Analog zu den orthogonalen Gruppen (vergl. Gl. (E.20)) ist die Hilbert-Raum-Darstellung der pseudo-orthogonalen Gruppen durch

$$\mathcal{R}(\omega) = e^{-\frac{1}{2}\frac{i}{\hbar}\omega_{\mu\nu}L^{\mu\nu}} \tag{E.51}$$

gegeben. Hierbei sind die $\omega_{\mu\nu}$ Parameter, die den Drehwinkeln der orthogonalen Gruppen entsprechen. Diese Parameter stehen in einem nichtlinearen Zusammenhang mit der Matrix $\Lambda^\mu{}_\nu$ der zugehörigen Lorentz-Transformation der Koordinaten. Für infinitesimale Lorentz-Transformationen, d. h. infinitesimale Parameter $\omega_{\mu\nu}$, besteht der lineare Zusammenhang

$$\Lambda_{\mu\nu}(\omega) = g_{\mu\nu} + \omega_{\mu\nu}. \tag{E.52}$$

Schließlich geben wir noch die Wirkung der Lorentz-Gruppe auf ein Vektorfeld $\phi^\mu(x)$ im Minkowski-Raum an. Dieses transformiert sich nach:

$$\mathcal{R}^{-1}(\omega)\phi^\mu(x)\mathcal{R}(\omega) = \Lambda(\omega)^\mu{}_\nu \phi^\nu(x), \quad x'^\mu = \Lambda(\omega)^\mu{}_\nu x^\nu, \tag{E.53}$$

was die Verallgemeinerung des Transformationsgesetzes (23.55) von Vektoren im $\mathbb{R}^3$ unter Drehungen ist. Für eine infinitesimale Lorentz-Transformation (E.52) genügt es, diese Gleichung in führender Ordnung in $\omega_{\mu\nu}$ zu entwickeln. Dies liefert

$$\phi^\mu(x) + \frac{i}{2\hbar}\omega_{\kappa\lambda}[L^{\kappa\lambda}, \phi^\mu(x)] = \phi^\mu(x) + \omega^\mu{}_\nu \phi^\nu(x).$$

Berücksichtigen wir die Antisymmetrie $\omega_{\kappa\lambda} = -\omega_{\lambda\kappa}$, so erhalten wir von den Termen linear in $\omega_{\kappa\lambda}$ die Beziehung

$$[L^{\kappa\lambda}, \phi^{\mu}(x)] = i\hbar(\phi^{\kappa}(x) g^{\lambda\mu} - \phi^{\lambda}(x) g^{\kappa\mu}), \tag{E.54}$$

was die differentielle Form des Transformationsgesetzes (E.53) für Vektorfelder $\phi^{\mu}(x)$ unter Lorentz-Transformationen darstellt. Gl. (E.54) ist die Verallgemeinerung der Beziehung (23.56) für Vektoren V_k in $\mathbb{R}^3$ auf Vierervektoren im Minkowski-Raum.

In Abschnitt E.7.2 haben wir auf den Homomorphismus zwischen der SO(4)-Gruppe und der Produktgruppe SU(2) × SU(2) hingewiesen, siehe Gl. (E.43). Da die Lorentz-Gruppe der Gruppe SO(4) sehr ähnlich ist, sollte auch ein Zusammenhang dieser zu der Gruppe SU(2) × SU(2) bestehen. Um diesen Zusammenhang herzustellen, bezeichnen wir die Erzeuger der Lorentz-Gruppe mit zeitartigen Anteil mit

$$L^{0k} = K^k ,$$

und ersetzen die räumlichen Komponenten durch die zugehörigen Drehimpulsoperatoren

$$L^k = \frac{1}{2}\epsilon_{klm} L^{lm} .$$

Es lässt sich dann leicht zeigen, dass die so eingeführten Operatoren der Algebra

$$\begin{aligned} [K^k, K^l] &= -i\hbar\epsilon_{klm} L^m , \\ [L^k, K^l] &= i\hbar\epsilon_{klm} K^m , \\ [L^k, L^l] &= i\hbar\epsilon_{klm} L^m \end{aligned} \tag{E.55}$$

genügen. Diese Algebra unterscheidet sich von der der Gruppe SO(4) (siehe Gln. (18.44), (18.45), (18.46)) nur durch das Vorzeichen auf der rechten Seite der ersten Gleichung. Die letzte Beziehung ist die gewöhnliche Kommutationsbeziehung für Drehimpulsoperatoren. Die beiden ersten Gleichungen verkoppeln die räumlichen und zeitlichen Komponenten der Generatoren der Lorentz-Gruppe. Die Operatoren K^i erzeugen einen sogenannten *Lorentz-Boost* (d. h. eine Lorentz-Transformation, die Raum- und Zeitkoordinaten mischt, siehe Gl. (28.6)), während die L^i die gewöhnlichen Drehimpulsoperatoren des dreidimensionalen Raumes sind. Da die Generatoren K^i der Boost-Transformationen keine abgeschlossene Algebra bilden (d. h. bezüglich Kommutation nicht abgeschlossen sind), siehe Gl. (E.55), bilden die Boosts keine Untergruppe der Lorentz-Transformationen. Vielmehr zeigt Gl. (E.55), dass eine Folge zweier Boosts eine Drehung enthält.

Führen wir schließlich die Linearkombinationen

$$I^k_{(\pm)} = \frac{1}{2}(L^k \pm iK^k)$$

ein (vergl. die analogen Beziehungen (18.47) für die Gruppe SO(4)), so zerfällt die obige Algebra der Lorentz-Gruppe in zwei unabhängige SU(2)-Algebren:

$$[I^k_{(+)}, I^l_{(-)}] = \hat{0}\,,$$
$$[I^k_{(\pm)}, I^l_{(\pm)}] = i\hbar\epsilon_{klm} I^m_{(\pm)}\,.$$

Damit lassen sich sämtliche Darstellungen der Lorentz-Gruppe aus zwei irreduziblen SU(2)-Darstellungen aufbauen. Die Quantenzahlen $j^{(\pm)}$ der zugehörigen Casimiroperatoren $\boldsymbol{I}^{2(\pm)}$

$$\boldsymbol{I}^2_{(\pm)} : \hbar^2 j_{(\pm)}(j_{(\pm)} + 1)$$

können die Werte $j_{(\pm)} = 0, \frac{1}{2}, 1, \frac{3}{2}, \ldots$ annehmen. Wenn $j_{(+)}, j_{(-)}$ halbzahlig ist, besitzen die resultierenden Darstellungen der Lorentz-Gruppe Spinor-Charakter, d. h. beschreiben Teilchen mit halbzahligen Spin (Fermionen). Im alternativen Fall beschreiben sie Teilchen mit ganzzahligen Spin (Bosonen).

E.9 Minimale Darstellung der Lorentz-Gruppe durch die Gruppe SL(2, ℂ)

Bekanntlich werden Drehungen im dreidimensionalen Raum durch dreidimensionale orthogonale Matrizen mit Determinante 1 beschrieben und die Gesamtheit der Drehungen bildet die Gruppe SO(3). Die Darstellungen dieser Gruppe besitzen ungerade Dimension $(2l+1)$ und erlauben nur die Beschreibung von ganzzahligen Drehimpulsen l. Halbzahlige Drehimpulse werden durch Darstellungen der SU(2) beschrieben, die dieselbe Algebra wie die SO(3) besitzt und als universelle Überlagerungsgruppe (oder kleinste getreue Abbildung ihrer Algebra) bezeichnet wird. Zwischen diesen beiden Gruppen besteht ein Homomorphismus mit Kern $Z(2) = \{-e, e\}$, d. h. es existiert der Zusammenhang (Isomorphismus)

$$\mathrm{SU}(2)/\mathrm{Z}(2) \simeq \mathrm{SO}(3)\,. \tag{E.56}$$

Im Gegensatz zur SO(3) ist die Gruppe SU(2) *einfach zusammenhängend*. Dies bedeutet, dass jede geschlossene Kurve in der Gruppenmannigfalt (S^3 für SU(2)) topologisch trivial ist, d. h. sich stetig auf einen Punkt zusammenziehen lässt. Ähnlich besitzt die zusammenhängende Komponente $\mathcal{L}^\uparrow_+$ der Lorentz-Gruppe als universelle Überlagerungsgruppedie „spezielle lineare“ Gruppe SL(2, ℂ) der komplexen (2×2)-Matrizen mit Determinante 1. Um dies zu sehen, stellen wir den Vierervektor x^μ als hermitesche (2×2)-Matrix dar:

$$\boxed{X = x^0 \mathbb{1} + \boldsymbol{x} \cdot \boldsymbol{\sigma} = \begin{pmatrix} x^0 + x^3 & x^1 - ix^2 \\ x^1 + ix^2 & x^0 - x^3 \end{pmatrix},} \tag{E.57}$$

wobei $\sigma^{k=1,2,3}$ die Pauli-Matrizen sind. Offenbar gilt:

$$\det(X) = (x^0)^2 - \boldsymbol{x}^2 = x^\mu x_\mu = x^2 \,. \tag{E.58}$$

Führen wir auch die Vierervektoren

$$\sigma^\mu = (\sigma^0, \sigma^1, \sigma^2, \sigma^3) \equiv (\mathbb{1}, \boldsymbol{\sigma}) \,,$$
$$\tilde{\sigma}^\mu = (\tilde{\sigma}^0, \tilde{\sigma}^1, \tilde{\sigma}^2, \tilde{\sigma}^3) = (\mathbb{1}, -\boldsymbol{\sigma})$$

ein, so läßt sich die Matrix X (E.57) als Skalarprodukt im Minkowski-Raum,

$$X = x^\mu \tilde{\sigma}_\mu \,, \tag{E.59}$$

schreiben. Wegen

$$\mathrm{Sp}(\sigma_\mu \tilde{\sigma}_\nu) = 2 g_{\mu\nu} \quad \text{bzw.} \quad \mathrm{Sp}(\sigma^\mu \tilde{\sigma}_\nu) = 2\delta^\mu{}_\nu \tag{E.60}$$

erhalten wir

$$x^\mu = \frac{1}{2}\mathrm{Sp}(\sigma^\mu X) \,. \tag{E.61}$$

Eine Lorentz-Transformation $\Lambda^\mu{}_\nu$ (E.46) des Vierervektors x^μ lässt sich durch die lineare Transformation der Matrix (E.57)

$$\boxed{X \to X' = L(\Lambda) X L^\dagger(\Lambda)} \tag{E.62}$$

beschreiben, wobei $X' = x'^\mu \tilde{\sigma}_\mu$ und $L(\Lambda) \in \mathrm{SL}(2, \mathbb{C})$ eine zweidimensionale Darstellung der Lorentz-Gruppe definiert, wie wir nachfolgend zeigen werden: Die Invarianz der Länge des Vierervektors x^μ unter Lorentz-Transformation verlangt nach Gl. (E.58), dass:

$$\det(X') = \det(X) \left|\det(L(\Lambda))\right|^2 \stackrel{!}{=} \det(X) \,,$$

d. h.

$$\left|\det L(\Lambda)\right| = 1 \,.$$

Da eine globale Phase der Matrix $L(\Lambda)$ aus dem transformierten Vierervektor X' (E.62) herausfällt, können wir uns o. B. d. A. auf Matrizen mit

$$\det L(\Lambda) = 1$$

beschränken. Die komplexen (2×2)-Matrizen L mit $\det L = 1$ bilden aber gerade die Gruppe $\mathrm{SL}(2, \mathbb{C})$.

Um den Zusammenhang zwischen der zweidimensionale komlexen Matrix $L(\Lambda)$ und der vierdimensionalen reelen Matrix $\Lambda^{\mu}{}_{\nu}$ der Lorentz-Transformation (E.46) herzustellen, benutzen wir in Gl. (E.62) für X (und analog für X') die Darstellung (E.59), multiplizieren diese Gleichung mit σ^{μ} und bilden die Spur. Unter Benutzung von Gl. (E.61) erhalten wir dann:

$$x'^{\mu} = \frac{1}{2}\mathrm{Sp}(\sigma^{\mu} L \tilde{\sigma}_{\nu} L^{\dagger}) x^{\nu} \,.$$

Der Vergleich dieser Beziehung mit der ursprünglichen Lorentz-Tranformation (E.46) leifert den gesuchten Zusammenhang

$$\boxed{\Lambda(L)^{\mu}{}_{\nu} = \frac{1}{2}\mathrm{Sp}(\sigma^{\mu} L \tilde{\sigma}_{\nu} L^{\dagger})\,.} \tag{E.63}$$

Hieraus folgt unmittelbar

$$\Lambda^{0}{}_{0} = \frac{1}{2}\mathrm{Sp}(L L^{\dagger})\,. \tag{E.64}$$

Analog zu Gln. (E.57) und (E.59) läßt sich jede *komplexe* 2×2 Matrix L in der Form

$$\boxed{L = z^{0} + \mathbf{z} \cdot \boldsymbol{\sigma} = z^{\mu} \tilde{\sigma}_{\mu}} \tag{E.65}$$

mit *komplexen* z^{μ} schreiben. Ihre Determinante ist dann durch

$$\det L = z_0^2 - \mathbf{z}^2$$

gegeben. Für die $L(\Lambda) \in \mathrm{SL}(2, \mathbb{C})$ gilt dann

$$z_0^2 - \mathbf{z}^2 = 1\,. \tag{E.66}$$

Mit der Darstellung (E.65) finden wir aus (E.64)

$$\Lambda^{0}{}_{0} = |z_0|^2 + \mathbf{z}^{*} \cdot \mathbf{z} > 0$$

und somit

$$\mathrm{sgn}\,(\Lambda^{0}{}_{0}) = 1\,.$$

Nach (E.48) besitzen die Lorentz-Matrizen $\Lambda^{\mu}{}_{\nu}$ die Determinanten ± 1. Da die Matrizen $\Lambda(L)^{\mu}{}_{\nu}$ (E.63) analytische Funktionen der komplexen Parameter z^{μ} in L (E.65) sind, lässt sich durch Änderung dieser Parameter kein sprunghaftes Ändern von $\det(\Lambda(L))$ und damit auch kein Vorzeichenwechsel erreichen. Um festzustellen, welches Vorzeichen die Determinante der Matrix $\Lambda(L)$ (E.63) besitzt, genügt es daher, diese für ein speziellen

Parameterwert zu berechnen. Zweckmäßigerweise wählen wir dazu $\mathbf{z} = 0$, was nach (E.66) $z_0^2 = 1$ impliziert. Für $\mathbf{z} = 0$ ist die Berechnung der Matrix (E.63) trivial. Mit (E.60) findet man

$$\Lambda(L)^{\mu}{}_{\nu}|_{\mathbf{z}=0} = \delta^{\mu}{}_{\nu}|z_0|^2$$

und folglich mit (E.66)

$$\det \Lambda(L) = 1\,.$$

Damit gehören die durch die Matrizen $L \in \mathrm{SL}(2,\mathbb{C})$ generierten Lorentz-Transformationen $\Lambda(L)$ zur eigentlichen orthochronen Lorentz-Gruppe $\mathcal{L}_+^{\uparrow}$. Da mit $L \in \mathrm{SL}(2,\mathbb{C})$ auch $(-L) \in \mathrm{SL}(2,\mathbb{C})$, das Vorzeichen von L aber für $\Lambda(L)^{\mu}{}_{\nu}$ (E.63) irrelevant ist, d. h.

$$\Lambda(-L)^{\mu}{}_{\nu} = \Lambda(L)^{\mu}{}_{\nu}\,,$$

gilt der Zusammenhang

$$\boxed{\mathrm{SL}(2,\mathbb{C})/\mathrm{Z}(2) \simeq \mathcal{L}_+^{\uparrow}}$$

analog zur Beziehung (E.56) zwischen SU(2) und SO(3).

Als illustratives Beispiel wählen wir $L = U$ als unitäre Matrix U mit $\det U = 1$. Wegen $U^{\dagger}U = 1$ erhalten wir aus (E.63) unmittelbar

$$\Lambda(U)^0{}_0 = 1\,, \quad \Lambda(U)^0{}_i = \Lambda(U)^i{}_0 = 0$$

und ferner

$$\Lambda(U)^i{}_j = \frac{1}{2}\mathrm{Sp}(\sigma_i U \sigma_j U^{\dagger})\,.$$

Nach Gl. (E.41) ist dies aber gerade die SU(2)-Darstellung der Drehmatrix $R_{ij} \in \mathrm{SO}(3)$. Die zu $L = U \in \mathrm{SU}(2)$ gehörige Lorentz-Transformation ist somit eine Drehung im $\mathbb{R}^3$.

E.10 Die Poincaré-Gruppe

E.10.1 Definition und Casimir-Operatoren

Die *Poincaré-Transformationen*

$$x^{\mu} \to x'^{\mu} = \Lambda^{\mu}{}_{\nu}x^{\nu} + a^{\mu} \qquad \text{(E.67)}$$

enthalten neben den Lorentz-Transformationen noch die (linearen) Translationen. Wie bereits aus der nichtrelativistischen Quantenmechanik bekannt, sind die Erzeuger der Translationen die Impulse, d. h. im Minkowski-Raum der Vierer-Impuls

$$\hat{p}_\mu = i\hbar\partial_\mu .$$

Die Gesamtheit der Poincaré-Transformationen bilden ebenfalls eine Gruppe, die *Poincaré-Gruppe*. Sie ist ebenfalls eine Lie-Gruppe, die von den Generatoren der Lorentz-Gruppe $L^{\mu\nu}$ und den Impulsen $\hat{p}_\mu$ erzeugt wird. Die zugehörige Poincaré-Algebra enthält neben der Lorentz-Algebra (E.50) noch die Kommutationsbeziehungen

$$[L_{\mu\nu}, \hat{p}_\rho] = i\hbar(g_{\nu\rho}\hat{p}_\mu - g_{\mu\rho}\hat{p}_\nu) ,$$
$$[\hat{p}_\mu, \hat{p}_\nu] = \hat{0} .$$

Die erste dieser beiden Gleichungen zeigt, dass der Impuls selbst ein Lorentz-Vektor ist, d. h. sich wie ein Vierervektor unter Lorentz-Transformationen verhält, siehe Gl. (E.54).

Die Poincaré-Gruppe besitzt zwei Casimir-Operatoren:

1. $\hat{p}^2 = \hat{p}_\mu\hat{p}^\mu$
   Diese Größe ist ein Casimir-Operator, da $\hat{p}^2$ ein Skalar unter Lorentz-Transformationen ist, d. h.

   $$[\hat{p}^2, L_{\mu\nu}] = \hat{0} ,$$

   was unmittelbar aus der Poincaré-Algebra folgt. Ferner kommutieren die Impulse untereinander. Damit kommutiert $\hat{p}^2$ mit allen Erzeugern der Poincaré-Gruppe.
2. $\hat{W}^2 = \hat{W}_\mu\hat{W}^\mu$
   Hierbei ist

   $$\hat{W}^\mu = \frac{1}{2}\epsilon^{\mu\nu\kappa\lambda}\hat{p}_\nu L_{\kappa\lambda}$$

   der *Pauli-Lubanski-Vektor*. (Streng genommen ist diese Größe ein Pseudovektor wegen der Anwesenheit des total antisymmetrischen Tensors vierter Stufe $\epsilon^{\mu\nu\kappa\lambda}$, der sich unter Raumspiegelungen wie ein Pseudoskalar verhält.)

Aus der Definition des Pauli-Lubanski-Vektors folgt unmittelbar:

$$\hat{p}_\mu\hat{W}^\mu = \hat{0} .$$

Alle physikalischen Teilchenzustände lassen sich nach den Eigenwerten dieser zwei Casimir-Operatoren klassifizieren.

---

i Der gewöhnliche Spinoperator $\boldsymbol{S}^2$ ist kein Casimir-Operator der Lorentz-Gruppe. Dies ist intuitiv klar, da bei einem Lorentz-Boost eines Teilchens Zeit- und Raumkoordinaten gemischt werden, und so die Definition eines Drehimpulses ihren Sinn verliert.

E.10.2 Physikalische Bedeutung der Casimir-Operatoren

Wie bereits aus der relativistischen Kinematik einer Punktmasse bekannt ist, ist das Quadrat des Vierer-Impulses durch die Ruhemasse des Teilchens gegeben:

$$p^2 = (mc)^2 .$$

Die Ruhemasse m legt den Eigenwert des Casimir-Operators $\hat{p}^2$ fest und charakterisiert somit die Darstellungen der Poincaré-Gruppe. Im Ruhesystem des Teilchens,

$$p^\mu = (mc, \mathbf{0}) ,$$

nimmt der Pauli-Lubanski-Vektor die Gestalt

$$\hat{W}_0 = \hat{0} , \quad \hat{W}_i = -\frac{1}{2} mc\epsilon_{ijk0} L^{jk}$$

an. Beachten wir, dass

$$\epsilon_{ijk0} = \epsilon_{ijk} ,$$

und führen die gewöhnlichen Drehimpulsoperatoren

$$\hat{J}_i = \frac{1}{2} \epsilon_{ijk} L^{jk}$$

ein, so nimmt der Pauli-Lubanski-Vektor im Ruhesystem die Gestalt

$$\hat{W}^\mu = (\hat{0}, \hat{\boldsymbol{W}}) , \quad \hat{\boldsymbol{W}} = -mc\hat{\boldsymbol{J}}$$

an. Sein räumlicher Anteil repräsentiert (bis auf einen Proportionalitätsfaktor) somit den Drehimpuls im Ruhesystem des Teilchens, der als *Spin* bezeichnet wird. (Im Ruhesystem kann das Teilchen keinen Bahndrehimpuls besitzen.) Für das Quadrat dieses Vektors erhalten wir daher:

$$-\hat{W}^2 = -\hat{W}_\mu \hat{W}^\mu = \hat{\boldsymbol{W}}^2 = m^2 c^2 \hat{\boldsymbol{J}}^2 = m^2 c^2 \hbar^2 s(s+1)\hat{1} \equiv -W^2 \hat{1} ,$$

wobei wir die Quantenzahl des Quadrates des inneren Drehimpulses mit s bezeichnet haben.

Für masselose Teilchen mit Impuls p (d. h. für Teilchen, die sich in einem Vierer-Impulseigenzustand $|p\rangle$ befinden) haben wir offenbar:

$$W_\mu W^\mu = 0 , \quad W_\mu p^\mu = 0 , \quad p_\mu p^\mu = 0 .$$

Diese drei Gleichungen können nur dann gleichzeitig erfüllt sein, wenn ein linearer Zusammenhang zwischen W_μ und p_μ besteht, wie wir im Folgenden zeigen.

Ohne Beschränkung der Allgemeinheit gilt:

$$\boldsymbol{W} = h\boldsymbol{p} + g\boldsymbol{W}_{\perp}\,,$$

wobei $\boldsymbol{W}_{\perp}$ der Anteil von $\boldsymbol{W}$ ist, der senkrecht auf $\boldsymbol{p}$ steht, d. h.

$$\boldsymbol{p}\cdot\boldsymbol{W}_{\perp} = 0\,,$$

und h und g zunächst beliebige reelle Zahlen sind. Aus $W^2 = 0$ folgt:

$$W_0^2 = \boldsymbol{W}^2 = h^2\boldsymbol{p}^2 + g^2\boldsymbol{W}_{\perp}^2\,, \tag{E.68}$$

aus $p^2 = 0$ folgt:

$$p_0^2 = \boldsymbol{p}^2 \tag{E.69}$$

und aus $pW = 0$ folgt:

$$p_0 W_0 = \boldsymbol{p}\cdot\boldsymbol{W} = h\boldsymbol{p}^2\,.$$

Setzen wir hier (E.69) ein, so erhalten wir

$$W_0 = hp_0\,. \tag{E.70}$$

Aus (E.68), (E.69) und (E.70) folgt schließlich $g = 0$ und somit:

$$\boldsymbol{W} = h\boldsymbol{p}\,.$$

Damit gilt für ein masseloses Teilchen der lineare Zusammenhang

$$W_\mu = hp_\mu\,.$$

Die hier auftretende Größe h wird als *Helizität* bezeichnet. Nehmen wir diese Beziehung für $\mu = 0$ und benutzen die Definition des Pauli-Lubanski-Vektors

$$\begin{aligned} W_0 &= \frac{1}{2}\epsilon^{0\nu\kappa\lambda}p_\nu L_{\kappa\lambda} \\ &= -\frac{1}{2}\epsilon^{ijk}p_i L_{jk} = -p_i J^i = p^i J^i = \boldsymbol{p}\cdot\boldsymbol{J} \end{aligned}$$

und beachten ferner, dass für ein masseloses Teilchen die Beziehung $p_0 = |\boldsymbol{p}|$ besteht, so finden wir für die Helizität:

$$h = \frac{\boldsymbol{J}\cdot\boldsymbol{p}}{|\boldsymbol{p}|}\,.$$

Tab. E.2: Darstellungen der Poincaré-Gruppe.

p^2 (Massen)	Spin s	Teilchenzustände
$p^2 = m^2 > 0$	$0, \frac{1}{2}, 1, \frac{3}{2}, \ldots$	$\lvert ms\rangle$
$p^2 = 0$	$\frac{1}{2}, 1, \frac{3}{2}, \ldots$	$\lvert \pm s\rangle$
$p^2 = 0$	kontinuierlich	—
$p^2 < 0$	—	Tachyonen

Unter Paritätstransformationen (Raumspiegelungen) ändert die Helizität offenbar ihr Vorzeichen, $h \to -h$, da der Impuls als Vektor sein Vorzeichen ändert, $p_\mu \to -p_\mu$, während der Pauli-Lubanski-Pseudo-Vektor sich nicht verändert, $W_\mu \to W_\mu$. Masselose Teilchen besitzen daher zwei Helizitätszustände, in denen der Pauli-Lubanski-Vektor W^μ parallel oder antiparallel zum Vierer-Impuls p^μ ausgerichtet ist. Damit kann die Helizität für jeden Wert des Spins nur zwei verschiedene Werte $\pm|h|$ annehmen.

Sämtliche physikalische Teilchen sind durch irreduzible Darstellungen der PoincaréGruppe charakterisiert und müssen sich deshalb durch die Eigenwerte der beiden Casimir-Operatoren, d. h. durch die Masse und den Spin im Ruhesystem des Teilchens ausdrücken lassen. Die Poincaré-Gruppe besitzt die in Tabelle E.2 angegebenen irreduziblen Darstellungen.

In der Natur sind nur die ersten beiden Darstellungen realisiert, d. h. massive und masselose Teilchen mit ganzzahligen bzw. halbzahligen Spin, wobei keine Teilchen existieren, die sowohl spinlos als auch masselos sind. Bemerkenswert ist, dass die Poincaré-Gruppe für masselose Teilchen auch eine Darstellung mit kontinuierlichen Spinwerten besitzt. Die Darstellung mit $p^2 < 0$ repräsentiert hypothetische Teilchen, die sich mit Überlichtgeschwindigkeit bewegen und als *Tachyonen* bezeichnet werden.

E.11 Spinoren

Die bisher von uns betrachteten Darstellungen (mit Ausnahme der fundamentalen Darstellung der SU(2)-Gruppe) werden als Tensordarstellungen bezeichnet. Unter Tensoren versteht man bekanntlich Objekte, die sich wie Produkte von Vektoren unter Koordinatentransformationen bzw. Drehungen transformieren. Als Beispiel betrachten wir die Drehgruppe im dreidimensionalen Raum SO(3). Diese Gruppe besitzt eine Darstellung im Hilbert-Raum, die durch die Matrixelemente des Drehoperators $\mathcal{R}(\boldsymbol{\omega})$ gegeben ist, siehe Gl. (E.24). Letzterer wird durch die Drehimpulsoperatoren erzeugt. (Die Drehimpulse L_i sind bekanntlich die Erzeuger der Drehgruppe in drei Dimensionen.) Für ein spinloses Teilchen bilden die Drehimpulseigenzustände $|lm\rangle$ eine vollständige Basis im Hilbert-Raum. Aus den Hilbert-Vektoren $|lm\rangle$ können wir Produktzustände $|l_1 m_1\rangle^{(1)} |l_2 m_2\rangle^{(2)}$ formen, die als Produkte von Vektoren einen Tensor bilden. Diese Tensoren sind jedoch i. A. reduzibel. Wir können leicht zu irreduziblen Tensoren übergehen, indem wir das Produkt der Vektoren zu einem Vektor mit gutem Gesamtdrehimpuls koppeln:

$$|lm\rangle = \sum_{\substack{m_1, m_2 \\ (m_1+m_2=m)}} (l_1 m_1 l_2 m_2 | lm) |l_1 m_1\rangle^{(1)} |l_2 m_2\rangle^{(2)} .$$

Die hier auftretenen Koeffizienten sind die bekannten Clebsh-Gordan-Koeffizienten. Während die Matrixelemente des Drehoperators in der Produktbasis

$$^{(1)}\langle l_1 m_1|^{(2)}\langle l_2 m_2|\mathcal{R}(\boldsymbol{\omega})|l_1' m_1'\rangle^{(1)}|l_2' m_2'\rangle^{(2)}$$

eine reduzible Darstellung der Drehgruppe SO(3) bilden, liefern die Matrixelemente des Drehoperators $\mathcal{R}(\boldsymbol{\omega})$ in der gekoppelten Basis $|lm\rangle$ eine irreduzible Darstellung, die durch die Quantenzahl l charakterisiert wird und durch die Wigner'sche $\mathcal{D}$-Funktion gegeben ist, siehe Gl. (E.24). Neben diesen Tensordarstellungen, die durch Produkte von Vektoren aufgespannt werden, gibt es noch sogenannte *Spinordarstellungen*, die sich nicht auf Produkte von Vektoren zurückführen lassen. Die einfachste Spinordarstellung ist die der SO(3)-Gruppe, die gleichzeitig die fundamentale Darstellung der SU(2)-Gruppe ist. Ihre Erzeuger (E.29) sind durch die Pauli-Matrizen σ_k gegeben. Diese erfüllen neben der Algebra (E.30) der Erzeuger noch die Antikommutationsbeziehung

$$\{\sigma_k, \sigma_l\} = 2\delta_{kl}$$

und liefern die einfachste Realisierung der sogenannten *Clifford-Zahlen* Γ_k. Diese sind durch die *Clifford-Algebra*

$$\boxed{\{\Gamma_k, \Gamma_l\} = 2\delta_{kl} , \quad k, l = 1, 2, \ldots, N} \tag{E.71}$$

definiert und erzeugen die Spinordarstellung der orthogonalen Gruppen.

E.11.1 Spinordarstellung der O(N)

Mithilfe dieser Clifford-Zahlen lässt sich die Lie-Algebra der O(N) realisieren, indem wir die Erzeuger (E.2) G_{kl} der Gruppe in der Form $G_{kl} = -i\Sigma_{kl}$ mit

$$\Sigma_{kl} = \frac{1}{2}[\Gamma_k, \Gamma_l] \tag{E.72}$$

wählen. Unter Benutzung der Clifford-Algebra zeigt man in der Tat sehr leicht, dass die so definierten Objekte Σ_{kl} der Lie-Algebra der O(N)-Gruppe genügen (vgl. (E.13))

$$[\Sigma_{kl}, \Sigma_{mn}] = -(\delta_{km}\Sigma_{ln} - \delta_{lm}\Sigma_{kn} - \delta_{kn}\Sigma_{lm} + \delta_{ln}\Sigma_{km}) .$$

Die Clifford-Zahlen sind zunächst abstrakt durch ihre Algebra definiert. Diese ist ausreichend, um zu gewährleisten, dass die oben eingeführten Objekte Σ_{kl} die Lie-Algebra der $O(N)$-Gruppe aufspannen und somit eine Realisierung der Erzeuger sind. Für praktische Rechnungen ist es jedoch vorteilhaft, explizite Darstellungen der Clifford-Zahlen zu besitzen. Für eine gerade Anzahl von Dimensionen N lassen sich die Clifford-Zahlen durch $2^{N/2}$-dimensionale komplexe Matrizen realisieren:

$$\dim(\Gamma_k) = 2^{N/2}, \quad N = 2, 4, 6, \ldots .$$

Für die Spinordarstellung der O(4) sind die Clifford-Zahlen durch die Dirac-Matrizen (28.136) des euklidischen Raumes gegeben.

Aus der Matrixdarstellung der N-dimensionalen Clifford-Algebra lässt sich leicht die der $(N+1)$-dimensionale Algebra gewinnen, indem man zu den bereits vorhandenen N Clifford-Zahlen als neues Element das Produkt

$$\boxed{\Gamma_{N+1} = \Gamma_1 \Gamma_2 \ldots \Gamma_N} \tag{E.73}$$

einführt. Man zeigt leicht, dass es die Eigenschaften

$$\{\Gamma_{N+1}, \Gamma_k\} = 0, \quad k = 1, 2, \ldots, N,$$
$$\{\Gamma_{N+1}, \Gamma_{N+1}\} = 2$$

besitzt. Die so definierten Objekte

$$\{\Gamma_1, \ldots \Gamma_N, \Gamma_{N+1}\}$$

erfüllen dann die $(N+1)$-dimensionale Clifford-Algebra (E.71).

Aus der oben angegebenen Konstruktion der $(N+1)$-dimensionalen Clifford-Algebra aus der N-dimensionalen folgt, dass die Matrix-Darstellung der N- und $(N+1)$-dimensionalen Clifford-Algebra dieselbe Dimension besitzt, wenn N gerade ist. In N-gerade Dimensionen existiert neben den N Clifford-Zahlen $\Gamma_{k=1,\ldots,N}$ noch die zusätzliche Clifford-Zahl Γ_{N+1} (E.73), welche nicht Bestandteil der Clifford-Algebra (E.71) ist und mit den sogenannten *chiralen* Eigenschaften der Fermionen verbunden ist. In $(N+1)$-Dimensionen mit geradem N ist hingegen Γ_{N+1} bereits Bestandteil der Clifford-Algebra. Unter Ausnutzung der Clifford-Algebra (E.71) zeigt man unmittelbar, dass eine zu (E.73) analoge Konstruktion

$$\Gamma_{N+2} = \underbrace{\Gamma_1 \Gamma_2 \ldots \Gamma_N}_{=\Gamma_{N+1}} \Gamma_{N+1} = (\Gamma_{N+1})^2$$

wegen $(\Gamma_k)^2 = 1$ auf

$$\Gamma_{N+2} = 1$$

führt und somit keine neue Clifford-Zahl liefert. Daher existiert in ungeraden Dimensionen N kein Γ_{N+1}.

Mithilfe der Spinordarstellung (E.72) der Generatoren der orthogonalen Gruppe $O(N)$ können wir (in analoger Weise wie für Tensor-Darstellungen) eine Spinordarstellung der Drehgruppe erhalten:

$$\boxed{\mathcal{R}(\omega) = e^{-\frac{1}{2}\omega_{kl}\Sigma_{kl}}\,.} \tag{E.74}$$

Unter Benutzung der Clifford-Algebra lässt sich nun zeigen, dass die Clifford-Zahlen selbst sich unter einer $O(N)$-Transformation wie

$$\boxed{\mathcal{R}^{-1}(\omega)\Gamma_k\mathcal{R}(\omega) = R_{kl}(\omega)\Gamma_l} \tag{E.75}$$

transformieren (vgl. Gl. (23.55)). Hierbei ist

$$R(\omega) = e^{-\frac{1}{2}\omega_{kl}M_{kl}}$$

die bereits früher eingeführte orthogonale Matrix (E.15), wobei die M_{kl} die antisymmetrischen N-dimensionalen Basismatrizen (E.12) sind. Die Matrizen M_{kl} sind die Erzeuger und die $R(\omega)$ die Elemente der Drehgruppe $O(N)$ in in der fundamentalen Darstellung.

Abschließend sei bemerkt, dass die Spinordarstellung der Gruppe $O(N)$ reduzibel ist. Sie lässt sich in zwei irreduzible Darstellungen durch Einführung der Projektoren

$$P^{(R/L)} = \frac{1}{2}(1 \pm \Gamma_{N+1})$$

zerlegen. Diese Objekte erfüllen die Beziehungen

$$\left(P^{(L/R)}\right)^2 = P^{(L/R)}\,, \quad P^{(R)}P^{(L)} = 0\,, \quad P^{(R)} + P^{(L)} = 1$$

und sind deshalb orthogonale Projektoren. Die Generatoren sind in diesen beiden irreduziblen Darstellungen dann durch

$$\Sigma_{kl}^{(R/L)} = P^{(R/L)}\Sigma_{kl}$$

gegeben.

Wenn die entsprechende Zerlegung der Spinordarstellung auf die Lorentz-Gruppe $O(3,1)$ angewandt wird, gehören die zugehörigen beiden irreduziblen Darstellungen zu den rechts- und linkshändigen Weyl-Darstellungen der Spinoren. Diese beschreiben masselose Fermionen. (Die zur Flavour-Familie der Elektronen gehörigen Neutrinos lassen sich näherungsweise als masselos betrachten.)

Eine der fundamentalen Forderungen der Quantenfeldtheorie ist, dass sämtliche Felder sich wie irreduzible Darstellungen der Lorentz- und Poincaré-Gruppe (und darüber hinaus gegebenenfalls als Darstellung einiger innerer Symmetriegruppen) transformieren.

E.11.2 Spinordarstellung der Lorentz-Gruppe

In Abschnitt E.11.1 haben wir die Spinordarstellung der orthogonalen Gruppe $O(N)$ kennengelernt. Die Lorentz-Gruppe $O(3,1) \sim SU(2,2)$ entsteht, wie wir gesehen hatten, durch analytische Fortsetzung aus der orthogonalen Gruppe $O(4)$ und repräsentiert die „Drehgruppe" im pseudo-euklidischen Minkowski-Raum mit der Metrik $g^{\mu\nu} = \text{diag}(1, -1, -1, -1)$.

Analog zum Euklidischen Raum (E.71) führen wir deshalb Clifford-Zahlen γ^μ ein, welche der Clifford-Algebra mit der Metrik $g^{\mu\nu}$ genügen:

$$\{\gamma^\mu, \gamma^\nu\} = 2g^{\mu\nu} .$$

Dies sind gerade die in Abschnitt 28.6 behandelten Dirac-Matrizen. Es lässt sich dann leicht zeigen, dass die Größen $\frac{1}{2}\hbar\sigma^{\mu\nu}$ mit

$$\sigma^{\mu\nu} = \frac{i}{2}[\gamma^\mu, \gamma^\nu]$$

dieselbe Algebra wie die Erzeuger der Lorentz-Gruppe $L^{\mu\nu}$ (die verallgemeinerten Drehimpulse (E.49)) erfüllen und deshalb die Clifford-Darstellung der Erzeuger der Lorentz-Gruppe repräsentieren. Die Spinordarstellung der Lorentz-Gruppe ist deshalb durch (vgl. (E.51))

$$\boxed{\mathcal{R}(\omega) = \exp\left(-\frac{i}{4}\omega_{\mu\nu}\sigma^{\mu\nu}\right)} \tag{E.76}$$

gegeben, wobei die $\omega_{\mu\nu} = -\omega_{\nu\mu}$ verallgemeinerte Winkel sind, die die Lorentz-Matrix $\Lambda^\mu{}_\nu$ definieren. (Für infinitesimale $\omega_{\mu\nu}$ sind die $\Lambda_{\mu\nu}$ in (E.52) gegeben.) Aus der Definition der Spinordarstellung der Lorentz-Gruppe lässt sich sofort die Beziehung (vgl. (E.53))

$$\boxed{\mathcal{R}^{-1}(\omega)\gamma^\mu\mathcal{R}(\omega) = (\Lambda(\omega))^\mu{}_\nu\gamma^\nu} \tag{E.77}$$

beweisen, die das Transformationsverhalten der Dirac-Matrizen unter Lorentz-Transformationen angibt. Zum Beweis benutzt man die Beziehung

$$\frac{1}{2}[\sigma^{\kappa\lambda}, \gamma^\mu] = i(\gamma^\kappa g^{\lambda\mu} - \gamma^\lambda g^{\kappa\mu}) ,$$

welche zeigt, dass die Dirac-Matrizen sich unter der Spinordarstellung der Lorentz-Gruppe wie Vierervektoren des Minkowski-Raumes transformieren, siehe Gl. (E.54).

E.12 Die Algebra einfacher und halbeinfacher Lie-Gruppen

In Abschnitt E.1 wurden die *einfachen Gruppen* als solche definiert, die keine *echten* Normalteiler (oder invariante Untergruppen) besitzen. (Unter einem em echten Normalteiler versteht man nur solche Normalteiler, die nicht aus der gesamten Gruppe oder nur aus dem neutralen Element bestehen.) Abweichend von der in Abschnitt E.1 gegebenen allgemein in der Gruppentheorie üblichen Definition einer *einfachen Gruppe* bezeichnet man eine Lie-Gruppe als *einfach*, wenn alle ihre echten Normalteiler diskrete Untergruppen sind. So ist z. B. die Gruppe SU(2), die den Normalteiler $Z(2) = \{\mathbb{1}, -\mathbb{1}\}$ besitzt, einfach im Sinne der Theorie der Lie-Gruppen, nicht jedoch einfach im Sinne der allgemeinen Gruppentheorie. Demgegenüber ist die Gruppe $SO(3) = SU(2)/Z(2)$ auch einfach im allgemeinen Sinn.

Die einfachen Lie-Gruppen lassen sich auf äquivalente Weise auch durch die Eigenschaften ihrer zugrunde liegenden Algebra definieren:

Eine *invariante Unteralgebra* besteht aus Generatoren, deren Kommutator mit einem beliebigen Element der Lie-Algebra sich als Linearkombination der Generatoren der invarianten Unteralgebra ausdrücken lässt. Die Generatoren der invarianten Unteralgebra erzeugen eine invariante Untergruppe. Falls eine Lie-Algebra keine invariante Unteralgebra besitzt, wird sie als *einfach* bezeichnet und die zugehörige Gruppe als *einfache Lie-Gruppe*. Lie-Algebren ohne abelsche invariante Unteralgebra werden als *halbeinfach* bezeichnet. Jede halbeinfache Lie-Algebra lässt sich als direkte Summe von einfachen Lie-Algebren schreiben. Es genügt deshalb, einfache Lie-Gruppen zu untersuchen.

Im Folgenden werden wir allgemeine Eigenschaften der Algebren einfacher Lie-Gruppen kennenlernen. Zur Motivation dieser Überlegungen betrachten wir zunächst die Drehgruppe. Die Generatoren der Drehgruppe SO(3) sind die Drehimpulsoperatoren $L_{k=1,2,3}$, aus denen der Casimir-Operator $\boldsymbol{L}^2$ gebildet werden kann. Wegen $[L_i, \boldsymbol{L}^2] = 0$ kann eine Eigenbasis von $\boldsymbol{L}^2$ gewählt werden, siehe Gl. (15.32)

$$\boldsymbol{L}^2 |lm\rangle = \hbar^2 l(l+1)|lm\rangle \,,$$

in der einer der Drehimpulsoperatoren diagonal ist. Gewöhnlich wird dieser als L_3 gewählt

$$L_3 |lm\rangle = \hbar m |lm\rangle \,.$$

Die beiden übrigen Generatoren lassen sich zu Leiteroperatoren $L_\pm = L_1 \pm iL_2$ zusammenfassen, die die Quantenzahl des diagonalen Generators um eine Einheit vergrößern bzw. verringern, siehe Gl. (15.29)

$$L_\pm |lm\rangle = \hbar \sqrt{(l \pm m + 1)(l \mp m)}\,|lm \pm 1\rangle$$

und mit dem diagonalen Generator die Kommutationsbeziehungen (15.20), (15.21)

$$[L_3, L_\pm] = \pm\hbar L_\pm\,,$$
$$[L_+, L_-] = 2\hbar L_3 \qquad \text{(E.78)}$$

erfüllen, die äquivalent zur Drehimpulsalgebra, Gl. (15.10) sind. Diese Betrachtungen lassen sich auf beliebige einfache bzw. halbeinfache Lie-Gruppen erweitern: Unter den Generatoren G_k einer Lie-Algebra (siehe Abschnitt E.2) gibt es einige Generatoren H_k, die miteinander kommutieren und die Cartan-Untergruppe erzeugen. Die restlichen Generatoren lassen sich zu Leiteroperatoren E_α zusammenfassen, wie wir nachfolgend zeigen werden. Im Allgemeinen sind die H_k wie die E_α Linearkombinationen der ursprünglich gewählten Generatoren G_a.

E.12.1 Gewichte und Wurzeln

Die Generatoren der Cartan-Untergruppe H_k kommutieren sämtlich miteinander und können deshalb gleichzeitig diagonalisiert werden. Somit existiert eine Basis des Darstellungsraumes, in der sämtliche Cartan-Generatoren diagonal sind

$$\boxed{H_k|\mu\rangle = \mu_k|\mu\rangle\,,} \qquad \text{(E.79)}$$

wobei

$$k = 1, 2, \ldots, r$$

und r der *Rang* der Gruppe ist, siehe Abschnitt E.2. Die Eigenwerte μ_k werden als *Gewichte* bezeichnet und zum *Gewichtsvektor*

$$\boldsymbol{\mu} = (\mu_1, \mu_2, \ldots, \mu_r)$$

zusammengefasst. Sie hängen von der benutzten Darstellung ab. In einer d_D-dimensionalen Darstellung D besitzt ein Cartan-Generator d_D-Eigenwerte, die wir durch einen Superskript „i“ unterscheiden:

$$\mu_k^{(i)}\,, \quad i = 1, 2, \ldots, d_D\,.$$

Dementsprechend gibt es in der betrachteten Darstellung d_D Gewichtsvektoren

$$\boldsymbol{\mu}^{(i)} = (\mu_1^{(i)}, \mu_2^{(i)}, \ldots, \mu_r^{(i)})\,.$$

Den Superskript „i“ werden wir jedoch immer weglassen, wenn er für das Verständnis nicht notwendig ist.

Da die Lie-Algebra (E.2) nichtlinear in den Generatoren ist, legen die Strukturkonstanten f_{klm} bereits die Normierung der Generatoren

$$\mathrm{Sp}(H_k H_l) = \delta_{kl} c_D \tag{E.80}$$

und somit die Beträge der Eigenwerte, d. h. der Gewichte μ_k fest. Hierbei ist c_D eine nichtnegative reelle Zahl, die von der Darstellung D, nicht jedoch von den Indizes k, l abhängt.[3]

Die Gewichte der adjungierten Darstellung $\hat{H}_k$, die wir im Folgenden mit einem „ ̂ “ kennzeichnen, werden *Wurzeln* genannt und gewöhnlich mit α_k bezeichnet

$$\boxed{\hat{H}_k|\alpha\rangle = \alpha_k|\alpha\rangle\,.} \tag{E.81}$$

Sie bilden die em Wurzelvektoren

$$\boldsymbol{\alpha}^{(i)} = \left(\alpha_1^{(i)}, \alpha_2^{(i)}, \ldots, \alpha_r^{(i)}\right).$$

Die adjungierte Darstellung (E.3) besitzt dieselbe Dimension wie die Lie-Algebra, d. h. in der adjungierten Darstellung sind die Generatoren durch quadratische Matrizen

$$(G_k)_{lm} =: \langle l|G_k|m\rangle$$

der Dimension d gegeben, wobei d die Zahl der Generatoren G_k ist. Folglich besitzt jeder Cartan-Generator $\hat{H}_k$ (in der adjungierten Darstellung) d-Eigenwerte

$$\alpha_k^{(i)}\,, \quad i = 1, 2, \ldots, d$$

und dementsprechend gibt es d Wurzelvektoren $\boldsymbol{\alpha}^{(i)}$. Ferner sind die Eigenvektoren $|\alpha\rangle$ (E.81) d-komponentige Vektoren, deren Komponenten wir mit

$$\langle l|\alpha\rangle\,, \quad l = 1, 2, \ldots, d \tag{E.82}$$

bezeichnen.

E.12.2 Leiteroperatoren

Mit den Komponenten $\langle l|\alpha\rangle$ der Eigenvektoren $|\alpha\rangle$ der Cartan-Generatoren überlagern wir die Generatoren G_l zu

$$E_\alpha := \sum_l G_l \langle l|\alpha\rangle \tag{E.83}$$

3 Eine Änderung der Normierung der Generatoren bringt somit eine Skalierung der Strukturkonstanten mit sich.

und bilden den Kommutator

$$[H_k, E_\alpha] = \sum_l [H_k, G_l] \langle l|\alpha\rangle \,. \tag{E.84}$$

Unter Benutzung der Algebra

$$[H_k, G_l] = i \sum_m f_{klm} G_m$$

und der expliziten Form der adjungierten Darstellung (E.3)

$$\langle m|\hat{H}_k|l\rangle = (\hat{H}_k)_{ml} = if_{mkl} = if_{klm} \tag{E.85}$$

finden wir aus (E.84)

$$[H_k, E_\alpha] = \sum_{l,m} G_m \langle m|H_k|l\rangle \langle l|\alpha\rangle \,.$$

Benutzen wir schließlich die Eigenwertgleichung (E.81):

$$\sum_l \langle m|\hat{H}_k|l\rangle \langle l|\alpha\rangle = \alpha_k \langle m|\alpha\rangle \,, \tag{E.86}$$

so erhalten wir

$$\boxed{[H_k, E_\alpha] = \alpha_k E_\alpha \,,} \tag{E.87}$$

wobei wir wieder die Definition (E.83) benutzt haben. Zusammen mit $[H_k, H_l] = 0$ definieren diese Beziehungen die Lie-Algebra (E.2). Da die Algebra der Gruppe unabhängig von der Darstellung der Generatoren ist, gilt diese Beziehung für sämtliche Darstellungen der Gruppe (außer natürlich der trivialen Darstellung).

Multiplizieren wir Gl. (E.87) mit H_l, benutzen die zyklische Eigenschaft der Spur und $[H_k, H_l] = 0$, so finden wir

$$\mathrm{Sp}(H_k E_\alpha) = 0 \,.$$

Genau wie Gl. (E.87) gilt diese Beziehung in jeder Darstellung.

Man kann sich leicht davon überzeugen, dass für eine nichtverschwindende Wurzel $\boldsymbol{\alpha}$ (d. h. bei der nicht sämtliche $\alpha_k = 0$) die Erzeuger der Cartan-Untergruppe H_k nicht zu den E_α (E.83) beitragen, während für eine verschwindende Wurzel $\boldsymbol{\alpha} = 0$ ausschließlich die Cartan-Erzeuger H_k zu E_α beitragen:

Für $\alpha_k \neq 0$ folgt aus der Eigenwertgleichung (E.86)

$$\langle m|\alpha\rangle = \frac{1}{\alpha_k} \sum_l \langle m|\hat{H}_k|l\rangle \langle l|\alpha\rangle = \frac{1}{\alpha_k} i \sum_l f_{mkl} \langle l|\alpha\rangle \,.$$

Die Strukturkonstanten f_{mkl} verschwinden aber, wenn zwei Indizes zu Cartan-Generatoren gehören. Da k bereits zum Cartan-Generator gehört, finden wir $\langle m|\alpha\rangle = 0$, wenn m zum Cartan-Generator H_m gehört. Damit tragen die H_k nicht zu den E_α (E.83) der nichttrivialen Wurzeln $\boldsymbol{\alpha} \neq 0$ bei.

Für eine triviale Wurzel $\boldsymbol{\alpha} = 0$ reduziert sich die Eigenwertgleichung (E.86) auf

$$\sum_l \langle m|\hat{H}_k|l\rangle\langle l|\alpha\rangle \equiv i\sum_l f_{mkl}\langle l|\alpha\rangle = 0\,.$$

Diese Gleichung muss für sämtliche k (die zu einem Cartan-Generator H_k gehören) und für sämtliche $m = 1, 2, \ldots, d$ erfüllt sein. Dies sind insgesamt $r \cdot d$-homogene Gleichungen. Diese Gleichungen besitzen nur dann nichttriviale Lösungen, d. h. nichtverschwindende Amplituden $\langle l|\alpha\rangle \neq 0$, wenn auch l zu einem Generator H_l der Cartan-Gruppe gehört, da dann $f_{mkl} = 0$. Folglich tragen nur die Cartan-Generatoren H_k zu den E_α (E.83) der trivialen Wurzeln $\boldsymbol{\alpha} = 0$ bei.

---

i Die oben abgeleitete Struktur der Eigenvektoren $|\alpha\rangle$ bzw. der E_α (E.83) wird sehr transparent, wenn wir eine Permutation der Indizes an den Generatoren G_k so durchführen, dass die Cartan-Generatoren H_k durch die Indizes $k = 1, \ldots, r$ nummeriert werden. In der adjungierten Darstellung besitzt die Matrix der Cartan-Generatoren (E.85) dann folgende Gestalt

$$\hat{H}_k = \left(\begin{array}{c|c} 0 & 0 \\ \hline 0 & X \end{array}\right) \begin{array}{c} 1 \\ 2 \\ \vdots \\ r \\ \hline r+1 \\ \vdots \\ d \end{array}$$

$$1 \;\; 2 \;\; \cdots \;\; r \;\mid\; r+1 \;\; \cdots \;\; d$$

Hieraus ist auch sofort ablesbar:

Eine Algebra mit Rang r besitzt r triviale Wurzeln $\boldsymbol{\alpha} = 0$.

Die E_α besitzen die Eigenschaft der Leiteroperatoren $L_\pm$ (E.78) der Drehimpulsalgebra. Wie die $L_\pm$ sind die E_α (im Gegensatz zu den H_k) nicht hermitesch. In der Tat finden wir durch Bildung des hermitesch Adjungierten von Gl. (E.87)

$$[H_k, E_\alpha^\dagger] = -\alpha_k E_\alpha^\dagger\,. \tag{E.88}$$

Der Vergleich mit Gl. (E.87) liefert folglich

$$\boxed{E_\alpha^\dagger = E_{-\alpha}\,.} \tag{E.89}$$

Die Wurzeln treten deshalb stets in Paaren $(\alpha, -\alpha)$ auf.

Es ist nun leicht zu sehen, dass die $E_{\pm\alpha}$ in der Tat als Leiteroperatoren wirken. Mit (E.87), (E.88) finden wir aus der Eigenwertgleichung (E.79) in einer beliebigen Darstellung der Gruppe

$$H_k E_{\pm\alpha}|\mu\rangle = \left([H_k, E_{\pm\alpha}] + E_{\pm\alpha} H_k\right)|\mu\rangle = (\mu_k \pm \alpha_k) E_{\pm\alpha}|\mu\rangle\,.$$

Somit gilt entweder

$$E_{\pm\alpha}|\mu\rangle = 0$$

oder

$$E_{\pm\alpha}|\mu\rangle \sim |\mu \pm \alpha\rangle\,.$$

E.12.3 Normalform der Algebra

Bilden wir den Kommutator von (E.87) mit E_β, so finden wir unter Ausnutzung der Jacobi-Identität (E.5) nach elementaren Umformungen

$$[H_k, [E_\alpha, E_\beta]] = (\alpha_k + \beta_k)[E_\alpha, E_\beta]\,. \tag{E.90}$$

Der Vergleich mit (E.87) zeigt: Falls $\boldsymbol{\alpha} + \boldsymbol{\beta} \neq 0$ und $[E_\alpha, E_\beta] \neq 0$, so gilt

$$[E_\alpha, E_\beta] \sim E_{\alpha+\beta}\,.$$

Die Summe $\boldsymbol{\alpha} + \boldsymbol{\beta}$ der Wurzeln $\boldsymbol{\alpha}$ und $\boldsymbol{\beta}$ ist dann wieder eine Wurzel. Für $\boldsymbol{\beta} = -\boldsymbol{\alpha}$ folgt aus (E.90)

$$[H_k, [E_\alpha, E_{-\alpha}]] = 0\,.$$

Da die $E_{\pm\alpha}$ (E.83) Linearkombinationen der Erzeuger G_l der Gruppe sind, die eine abgeschlossene Algebra (E.2) bilden, ist $[E_\alpha, E_{-\alpha}]$ ebenfalls eine Linearkombination der Erzeuger und da $[E_\alpha, E_{-\alpha}]$ mit sämtlichen Erzeugern der Cartan-Algebra H_k kommutiert, folgt dass $[E_\alpha, E_{-\alpha}]$ eine Linearkombination der H_k ist, d. h. es muss gelten

$$[E_\alpha, E_{-\alpha}] = c_k H_k\,, \tag{E.91}$$

wobei die c_k zunächst noch unbestimmte Koeffizienten sind, die von der Normierung der $E_{\pm\alpha}$ abhängen. Da $E_\alpha^\dagger E_\alpha = E_{-\alpha}E_\alpha$ (E.89) eine hermitesche, positiv-semidefinite[4] Matrix ist und folglich ihre Eigenwerte reell und nichtnegativ sind, können wir die E_α auf

$$\mathrm{Sp}(E_\alpha^\dagger E_\alpha) = \mathrm{Sp}(E_{-\alpha}E_\alpha) = c_D \tag{E.92}$$

normieren, wobei c_D die bereits in (E.80) eingeführte nichtnegative reelle Zahl ist, die von der Darstellung der Erzeuger abhängt. Nach Multiplikation von Gl. (E.91) mit H_l und Spurbildung erhalten wir unter Benutzung von (E.80)

$$\mathrm{Sp}(H_l[E_\alpha, E_{-\alpha}]) = c_l c_D\,.$$

Benutzen wir hier die zyklische Eigenschaft der Spur sowie (E.87) und (E.92),

$$\begin{aligned}\mathrm{Sp}(H_l[E_\alpha, E_{-\alpha}]) &= \mathrm{Sp}([H_l, E_\alpha]E_{-\alpha})\\ &= \alpha_l \mathrm{Sp}(E_\alpha E_{-\alpha}) = \alpha_l c_D\,,\end{aligned}$$

so erhalten wir $c_k = \alpha_k$ und somit aus (E.91)

$$\boxed{[E_\alpha, E_{-\alpha}] = \alpha_k H_k\,.} \tag{E.93}$$

Die Gleichungen (E.87) und (E.93) bilden zusammen eine alternative, aber äquivalente Darstellung der Algebra (E.2), die als *Normalform* bezeichnet wird. Sie entspricht der Darstellung (E.78) der Drehimpulsalgebra (E.22). In der Tat folgt aus (E.87) und (E.93):

Für jedes nicht verschwindende Wurzelpaar $(\alpha, -\alpha)$ existiert eine SU(2)-Unteralgebra mit den Generatoren

$$E_\pm := \frac{1}{\sqrt{\alpha^2}}E_{\pm\alpha}\,, \quad E_3 = \frac{1}{\alpha^2}\boldsymbol{\alpha}\cdot\boldsymbol{H}\,,$$

die dieselben Kommutationsbeziehungen wie die Drehimpulsoperatoren $\frac{1}{\sqrt{2}}L_\pm$, L_3 (für $\hbar = 1$) erfüllen:

$$[E_3, E_\pm] = \pm E_\pm\,, \quad [E_+, E_-] = E_3\,.$$

In Kapitel 16 hatten wir gesehen, dass allein aus diesen Kommutationsbeziehungen die Eigenwerte der Drehimpulsoperatoren folgen. Da die Eigenwerte von $L_3/\hbar$ und somit von E_3 halbzahlig sind, folgt aus

$$E_3|\mu\rangle \equiv \frac{1}{\alpha^2}\boldsymbol{\alpha}\cdot\boldsymbol{H}|\mu\rangle = \frac{\boldsymbol{\alpha}\cdot\boldsymbol{\mu}}{\alpha^2}|\mu\rangle$$

dass die *Cartan-Zahl*

4 Aus $E_\alpha^\dagger E_\alpha|\lambda\rangle = \lambda|\lambda\rangle$ folgt $\lambda = \langle\lambda|E_\alpha^\dagger E_\alpha|\lambda\rangle = \|E_\alpha|\lambda\rangle\|^2 \geq 0$.

$$2\frac{\boldsymbol{\alpha}\cdot\boldsymbol{\mu}}{\alpha^2}$$

ganzzahlig ist.

---

i

Die obigen Betrachtungen zum „Wurzelwerk" der Algebra lassen sich etwas eleganter und kompakter, wenn auch nicht unbedingt verständlicher, wie folgt durchführen: Da die adjungierte Darstellung dieselbe Dimension wie die Algebra besitzt, lässt sich jedem Generator $\hat{G}_k$ ein Basiszustand $|\hat{G}_k\rangle$ des Darstellungsraumes zuordnen, wobei die Wirkung der Generatoren auf diese Zustände durch

$$\hat{G}_l|\hat{G}_k\rangle = |[\hat{G}_l, \hat{G}_k]\rangle \tag{E.94}$$

definiert ist. Die abgeschlossene Algebra (E.2) garantiert, dass der Zustand

$$|[\hat{G}_l, \hat{G}_k]\rangle = if_{lkm}|\hat{G}_m\rangle$$

ebenfalls im Darstellungsraum liegt. Die Eigenzustände $|E_\alpha\rangle$ der Cartan-Generatoren

$$\hat{H}_k|\hat{E}_\alpha\rangle = \alpha_k|\hat{E}_\alpha\rangle \tag{E.95}$$

ergeben sich durch geeignete Superpositionen

$$\hat{E}_\alpha = \sum_l \hat{G}_l\langle l|\alpha\rangle \tag{E.96}$$

der Generatoren $\hat{G}_l$. Nach (E.94) ist die Eigenwertgleichung (E.95) äquivalent zu der Kommutationsbeziehung

$$[\hat{H}_k, \hat{E}_\alpha] = \alpha_k\hat{E}_\alpha\,. \tag{E.97}$$

Hieraus folgt sofort, dass die r Basisvektoren $|\hat{H}_l\rangle$, die zu den Cartan-Generatoren $\hat{H}_l$, $l, = 1, 2, \ldots, r$, gehören, jeweils eine triviale Wurzel

$$\boldsymbol{\alpha}^{(l)} \equiv \left(\alpha_1^{(l)}, \alpha_2^{(l)}, \ldots, \alpha_r^{(l)}\right) = (0, 0, \ldots, 0)$$

liefern.

Einsetzen von (E.96) in (E.97) liefert unter Benutzung von (E.85) wieder die Eigenwertgleichung (E.86), die sich mit Standardmethoden lösen lässt, um die nichttrivialen Wurzeln $\boldsymbol{\alpha}$ explizit zu finden.

E.12.4 Gewichte und Wurzeln der speziellen unitären Gruppen SU(2) und SU(3)

E.12.4.1 Die SU(2)-Gruppe

Die Gruppen SO(3) und SU(2) besitzen dieselbe Lie-Algebra. Die Strukturkoeffizienten sind hier durch den total antisymmetrischen Tensor $f_{klm} = \epsilon_{klm}$ gegeben. Eine Realisierung ihrer Erzeuger sind die Drehimpulsoperatoren $L_k/\hbar$. Keiner der Drehimpulsoperatoren kommutiert mit einem anderen. Deshalb besitzt die SO(3)- bzw. SU(2)-Algebra den Rang $r = 1$. Demzufolge sind die Gewichts- und Wurzelvektoren einkomponentig. In der fundamentalen Darstellung sind die G_k der SU(2) durch die Pauli-Matrizen σ_k gegeben:

$$G_k = \frac{1}{2}\sigma_k\,. \tag{E.98}$$

Wegen $\{\sigma_k, \sigma_l\} = 2\delta_{kl}$ verschwinden die symmetrischen Strukturkonstanten (E.32) d_{klm} für die SU(2)-Gruppe. Als Erzeuger der Cartan-Gruppe wählen wir

$$H_1 = \frac{1}{2}\sigma_3\,,$$

der in der üblichen Darstellung der Pauli-Matrizen (15.44) bereits diagonal ist. Da die Eigenwerte von σ_3 durch ± 1 gegeben sind, finden wir die Gewichte (E.79)

$$\boxed{\mu = \pm\frac{1}{2}\,.}$$

In der adjungierten Darstellung (E.3) ist der Erzeuger der Cartan-Gruppe durch

$$\langle m|H_1|l\rangle \equiv \langle m|G_3|l\rangle = i\epsilon_{m3l} = (S_3)_{ml}$$

gegeben, wobei S_3 die in (23.40) angegebene Spin 1 Matrix ist. Sie besitzt die Darstellung (23.41)

$$S_3 = \begin{pmatrix} \multicolumn{2}{c}{\sigma_2} & 0 \\ & & 0 \\ 0 & 0 & 0 \end{pmatrix}$$

Da σ_2 genau wie σ_3 die Eigenwerte ± 1 beseitzt, finden wir die Wurzeln

$$\boxed{\alpha = 0\,, \pm 1\,.}$$

Die zugehörigen normierten Eigenvektoren von S_3 lauten:

$$|0\rangle = \begin{pmatrix} 0 \\ 0 \\ 1 \end{pmatrix}, \quad |\pm 1\rangle = \frac{1}{\sqrt{2}}\begin{pmatrix} 1 \\ \pm i \\ 0 \end{pmatrix}.$$

Für die zugehörige Linearkombination (E.83) finden wir

$$\begin{aligned} E_0 &= G_3 = \frac{1}{2}\sigma_3 = H_1\,, \\ E_{\pm 1} &= \frac{1}{\sqrt{2}}(G_1 \pm iG_2) = \frac{1}{2\sqrt{2}}(\sigma_1 \pm i\sigma_2)\,. \end{aligned} \tag{E.99}$$

Diese besitzen bereits die korrekte Normierung (E.80), (E.92)

$$\mathrm{Sp}(H_1 H_1) = \frac{1}{2} = \mathrm{Sp}(E_{+1}E_{-1}) \tag{E.100}$$

und erfüllen die Kommutationsbeziehungen (E.87), (E.93)

$$[H_1, E_{\pm 1}] = \pm E_{\pm 1}, \quad [E_{+1}, E_{-1}] = H_1 .$$

Zu der trivialen Wurzel $\alpha = 0$ gehört der Erzeuger der Cartan-Gruppe $E_0 = H_1$. Im allgemeinen Fall gehören zu den trivialen Wurzeln $\boldsymbol{\alpha} = 0$ Linearkombinationen der Erzeuger der Cartan-Algebra H_k.

E.12.4.2 Die SU(3)-Gruppe

Als nächstes Beispiel betrachten wir die Gruppe SU(3), die für die starke Wechselwirkung wesentlich ist. Die nichtverschwindenden, unabhängigen Strukturkonstanten der SU(3) sind in Tabelle E.3 gegeben. Die Generatoren der Gruppe SU(3) können durch die *Gell-Mann-Matrizen* λ_k dargestellt werden

$$G_k = \frac{1}{2}\lambda_k ,$$

die gewöhnlich als

$$\lambda_1 = \begin{pmatrix} 0 & 1 & 0 \\ 1 & 0 & 0 \\ 0 & 0 & 0 \end{pmatrix}, \quad \lambda_2 = \begin{pmatrix} 0 & -i & 0 \\ i & 0 & 0 \\ 0 & 0 & 0 \end{pmatrix}, \quad \lambda_3 = \begin{pmatrix} 1 & 0 & 0 \\ 0 & -1 & 0 \\ 0 & 0 & 0 \end{pmatrix},$$

$$\lambda_4 = \begin{pmatrix} 0 & 0 & 1 \\ 0 & 0 & 0 \\ 1 & 0 & 0 \end{pmatrix}, \quad \lambda_5 = \begin{pmatrix} 0 & 0 & -i \\ 0 & 0 & 0 \\ i & 0 & 0 \end{pmatrix}, \quad \lambda_6 = \begin{pmatrix} 0 & 0 & 0 \\ 0 & 0 & 1 \\ 0 & 1 & 0 \end{pmatrix},$$

$$\lambda_7 = \begin{pmatrix} 0 & 0 & 0 \\ 0 & 0 & -i \\ 0 & i & 0 \end{pmatrix}, \quad \lambda_8 = \frac{1}{\sqrt{3}}\begin{pmatrix} 1 & 0 & 0 \\ 0 & 1 & 0 \\ 0 & 0 & -2 \end{pmatrix}$$

Tab. E.3: Die nichtverschwindenen, unabhängigen antisymmetrischen (f_{klm}) und symmetrischen (d_{klm}) Strukturkonstanten der SU(3).

klm	f_{klm}
123	1
147	1/2
156	−1/2
246	1/2
257	1/2
345	1/2
367	−1/2
458	$\sqrt{3}/2$
678	$\sqrt{3}/2$

klm	d_{klm}
118	$1/\sqrt{3}$
146	1/2
157	1/2
228	$1/\sqrt{3}$
247	−1/2
256	1/2
338	$1/\sqrt{3}$
344	1/2

klm	d_{klm}
355	1/2
366	−1/2
377	−1/2
448	$-1/(2\sqrt{3})$
558	$-1/(2\sqrt{3})$
668	$-1/(2\sqrt{3})$
778	$-1/(2\sqrt{3})$
888	$-1/\sqrt{3}$

gewählt werden. Die Generatoren

$$H_1 = G_3 = \frac{1}{2}\lambda_3 , \quad H_2 = G_8 = \frac{1}{2}\lambda_8 \tag{E.101}$$

kommutieren offensichtlich miteinander und spannen die Cartan-Algebra auf. Da sie in der obigen Darstellung bereits diagonal sind, können wir ihre Eigenwerte, d. h. die Gewichte μ_k unmittelbar ablesen. Zu den Basisvektoren

$$|\mu^{(1)}\rangle = \begin{pmatrix} 1 \\ 0 \\ 0 \end{pmatrix} , \quad |\mu^{(2)}\rangle = \begin{pmatrix} 0 \\ 1 \\ 0 \end{pmatrix} , \quad |\mu^{(3)}\rangle = \begin{pmatrix} 0 \\ 0 \\ 1 \end{pmatrix}$$

gehören die Gewichtsvektoren $\boldsymbol{\mu}^{(i)} \equiv (\mu_1^{(i)}, \mu_2^{(i)})$:

$$\boxed{\boldsymbol{\mu}^{(1)} = \left(\frac{1}{2}, \frac{1}{2}\frac{1}{\sqrt{3}}\right), \quad \boldsymbol{\mu}^{(2)} = \left(-\frac{1}{2}, \frac{1}{2}\frac{1}{\sqrt{3}}\right), \quad \boldsymbol{\mu}^{(3)} = \left(0, -\frac{1}{\sqrt{3}}\right),} \tag{E.102}$$

die in Abbildung E.1 in der H_1-H_2-Ebene dargestellt sind. Offenbar können nur zwei der drei Gewichtsvektoren linear unabhängig sein. In der Tat gilt die Beziehung

$$\boldsymbol{\mu}^{(1)} + \boldsymbol{\mu}^{(2)} + \boldsymbol{\mu}^{(3)} = 0 ,$$

die eine Folge von $\mathrm{Sp} H_k = 0$ ist.

Die übrigen Generatoren, die nicht zur Cartan-Unteralgebra gehören, lassen sich zu den Leiteroperatoren (E.83) $E_{\pm\alpha^{(i)}}$ zusammenfassen, die wir nachfolgend explizit bestimmen.

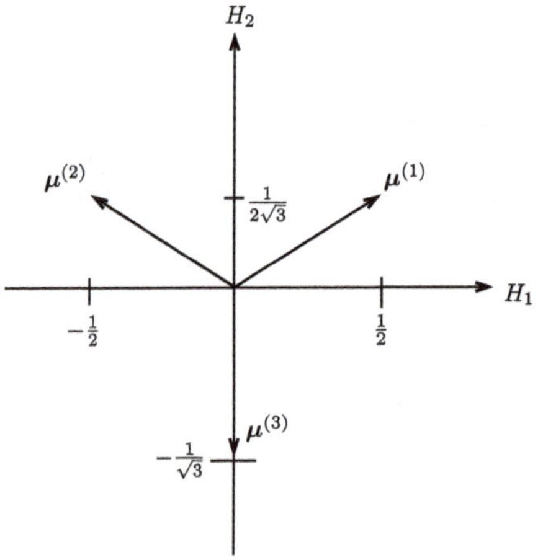

Abb. E.1: Die Gewichtsvektoren (E.102) der fundamentalen Darstellung der SU(3)-Gruppe.

Da die SU(3)-Algebra die beiden Cartan-Generatoren H_1, H_2 (E.101) besitzt, lautet die allgemeine Beziehung (E.93) in diesem Fall

$$[E_\alpha, E_{-\alpha}] = \alpha_1 H_1 + \alpha_2 H_2 \,. \tag{E.103}$$

Da die Gruppe SU(3) den Rang $r = 2$ hat, ist die triviale Wurzel

$$(\alpha_1, \alpha_2) = (0, 0)$$

zweifach entartet. Zur Bestimmung der nichtverschwindenden Wurzeln greifen wir auf unsere Erkenntnisse zurück, die wir bei der SU(2)-Gruppe gewonnen haben:

Die Matrizen $\lambda_{k=1,2,3}$ entstehen durch Einbettung der Pauli-Matrizen $\sigma_{k=1,2,3}$

$$\lambda_k = \begin{pmatrix} \multicolumn{2}{c}{\multirow{2}{*}{σ_k}} & 0 \\ & & 0 \\ 0 & 0 & 0 \end{pmatrix}, \quad k = 1, 2, 3 \,.$$

Folglich bilden die $\frac{1}{2}\lambda_{k=1,2,3}$ eine SU(2)-Algebra, die als *I-Spin* bezeichnet wird. In Analogie zu Gl. (E.99) können wir deshalb die Leiteroperatoren

$$E_{\pm\alpha^{(1)}} = \frac{1}{2\sqrt{2}}(\lambda_1 \pm i\lambda_2) \tag{E.104}$$

definieren, die den Kommutator

$$[E_{\alpha^{(1)}}, E_{-\alpha^{(1)}}] = \frac{1}{2}\lambda_3 = H_1 \tag{E.105}$$

sowie die korrekte Normierung (E.92)

$$\mathrm{Sp}(E_{-\alpha^{(1)}} E_{\alpha^{(1)}}) = \frac{1}{2} = \mathrm{Sp}(H_k)^2$$

besitzen. Der Vergleich von (E.105) mit (E.103) liefert die zu den Leiteroperatoren (E.104) gehörige Wurzel $\boldsymbol{\alpha} = (\alpha_1, \alpha_2)$

$$\boxed{\boldsymbol{\alpha}^{(1)} = (1, 0) \,.}$$

Die Matrizen $\lambda_{k=4,5}$ sind ebenfalls triviale Einbettungen der Pauli-Matrizen $\sigma_{k=1,2}$. (Dies erkennt man sofort, wenn man in $\lambda_{k=4,5}$ die zweite Zeile und zweite Spalte streicht, die komplett aus Nullen bestehen.) Zusammen mit der Matrix

$$\frac{1}{4}(\lambda_3 + \sqrt{3}\lambda_8) = \frac{1}{2}H_1 + \frac{1}{2}\sqrt{3}H_2$$

bilden die Matrizen $\frac{1}{2}\lambda_{k=4,5}$ eine SU(2)-Algebra, die als *U-Spin* bezeichnet wird. Folglich besitzen die Leiteroperatoren (vgl. (E.104))

$$E_{\pm\alpha^{(2)}} = \frac{1}{2\sqrt{2}}(\lambda_4 \pm i\lambda_5)$$

den Kommutator

$$[E_{\alpha^{(2)}}, E_{-\alpha^{(2)}}] = \frac{1}{2}H_1 + \frac{1}{2}\sqrt{3}H_2\,.$$

Der Vergleich mit (E.103) liefert die zugehörige Wurzel

$$\boxed{\boldsymbol{\alpha}^{(2)} = \left(\frac{1}{2}, \frac{1}{2}\sqrt{3}\right).}$$

Auch die Matrizen $\lambda_{k=6,7}$ sind triviale Einbettungen der $\sigma_{k=1,2}$. Die Matrizen $\frac{1}{2}\lambda_{k=6,7}$ und

$$\frac{1}{4}(-\lambda_3 + \sqrt{3}\lambda_8) = -\frac{1}{2}H_1 + \frac{1}{2}\sqrt{3}H_2$$

bilden eine SU(2)-Algebra, die als *V-Spin* bezeichnet wird. Folglich besitzen die Leiteroperatoren

$$E_{\pm\alpha^{(3)}} = \frac{1}{2\sqrt{2}}(\lambda_6 \pm i\lambda_7)$$

den Kommutator

$$[E_{\alpha^{(3)}}, E_{-\alpha^{(3)}}] = -\frac{1}{2}H_1 + \frac{1}{2}\sqrt{3}H_2\,.$$

Vergleich mit (E.103) liefert die zugehörige Wurzel

$$\boxed{\boldsymbol{\alpha}^{(3)} = \left(-\frac{1}{2}, \frac{1}{2}\sqrt{3}\right).}$$

Damit haben wir sämtliche Wurzeln der SU(3)-Algebra gefunden. (Die oben eingeführten $E_{\pm\alpha^{(i=1,2,3)}}$ erfassen sämtliche Generatoren, die nicht der Cartan-Unteralgebra angehören!) Die Wurzelvektoren $\pm\boldsymbol{\alpha}^{(i=1,2,3)}$ sind in Abb. E.2 in der H_1-H_2-Ebene dargestellt. Zwischen den Wurzelvektoren besteht die Beziehung

$$\boldsymbol{\alpha}^{(1)} = \boldsymbol{\alpha}^{(2)} - \boldsymbol{\alpha}^{(3)}\,.$$

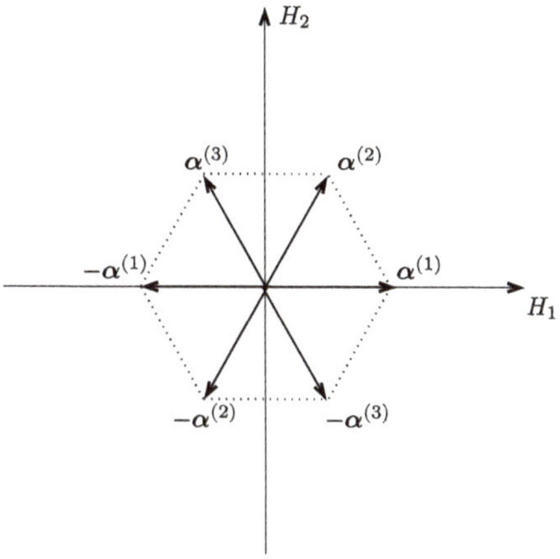

Abb. E.2: Die nichttrivialen Wurzelvektoren (Gewichtsvektoren der adjungierten Darstellung) der SU(3)-Gruppe.

Stichwortverzeichnis

https://doi.org/10.1515/9783111271507-010

www.ingramcontent.com/pod-product-compliance
Lightning Source LLC
Chambersburg PA
CBHW080136220326
41598CB00032B/5084